U0230525

自动化导学与实践

胡立坤　韦善革　梁旭斌／主编

科学出版社

北京

内 容 简 介

本书主要内容可以用 $1^12^23^3$ 概括，围绕自动化一条主线，学习使用两类工具仪器（电工工具和常用仪器），掌握两类电学基础知识（基本电路知识、电源与用电安全知识），掌握三类元件（电子电气元件、机械元件、液压气动元件），学会三个工程软件（Altium Designer、AutoCAD、SolidWorks），构建三个系统（接触器-继电器电气控制系统、机械液压气动系统、温度闭环控制系统）。为贯彻"学中做、做中学"的教学理念，配套出版了《自动化基础实训》。

本书可供自动化、电气工程及其自动化、机械电子工程等专业教学使用，也可作为相关特设专业如机器人工程、轨道交通信号与控制、建筑电气与智能化、电气工程与智能控制等专业教学参考书。

图书在版编目(CIP)数据

自动化导学与实践/胡立坤，韦善革，梁旭斌主编. —北京：科学出版社，2019.3

ISBN 978-7-03-060625-9

I. ①自… II. ①胡… ②韦… ③梁… III. ①自动化技术－教材 IV. ①TP2

中国版本图书馆 CIP 数据核字（2019）第 034994 号

责任编辑：郭勇斌 肖 雷 邓新平/责任校对：邹慧卿
责任印制：赵 博/封面设计：无极书装

科学出版社 出版
北京东黄城根北街 16 号
邮政编码：100717
http://www.sciencep.com

三河市骏杰印刷有限公司印刷
科学出版社发行 各地新华书店经销
*
2019 年 3 月第 一 版 开本：787×1092 1/16
2025 年 1 月第八次印刷 印张：34
字数：793 000
定价：88.00 元
（如有印装质量问题，我社负责调换）

前　言

涉电涉机类专业的实践性非常强，长期以来，涉电涉机类专业往往在低年级安排基础理论课，而较少考虑安排系统性的低年级动手实践课程，这导致学生在大学时期，相当一部分学生动手实践能力欠缺，这里忽视了一个关键点：学生的动手实践能力应是循序渐进培养起来的。所以，要强化学生的动手实践能力必须从低年级开始抓起，这也是新时代工程教育的内在要求——提高全体工程专业学生动手实践能力。正是应这一要求，同时考虑与高中物理、数学知识的衔接，编写了适用于培养自动化、电气、机械类等相关专业低年级学生动手能力的教材。

本书共 14 章。第 1 章以"无处不在的自动化"为题简明扼要地阐述了自动化方方面面的应用、发展简史、基本概念和原理及三个工程设计软件；第 2 章围绕三个无源元件阐述了电路基本定律及应用；第 3 章阐述了各类电子元器件概念、分类、标识、检测等，对接插件和导线的基本常识进行了介绍；第 4 章介绍了常用的电工工具和常用仪器仪有；第 5 章介绍了电能产生、传输、变换、分配、使用方面的基础知识，并对安全用电进行了较详细地阐述；第 6 章介绍了使用 Altium Designer 软件绘制电子线图与印制电路板的基本方法；第 7 章对常用的低压电器和高压电器及电气控制元件和电机进行了介绍；第 8 章对常用的机械元件进行了介绍；第 9 章对常用的液压气动元件进行了介绍；第 10 章对电气、机械、液压气动系统进行了介绍，通过一些例子阐述了基本工作原理；第 11 章对 AutoCAD 绘制电气工程图与机械零件图进行了简要介绍；第 12 章介绍了检测相关的基本概念与数据获取、处理基本方法，并对温度传感器进行了重点介绍，为构件温度控制闭环系统奠定基础；第 13 章介绍了闭环控制系统的基本原理，并构建了一个简易温度控制系统；第 14 章介绍了使用 SolidWorks 设计三维造型的基本方法。

本书的内容丰富，教师应在课堂上择取对低年级学生难以理解的重点内容进行详细讲授，而对其他内容只作引导性讲授，并在教学过程中主动引导学生自主学习。本书配有习题册，以配合学生自主学习，可以向编者索取。同时，建议教师布置适量的调研任务（如电子元器件、电器与电机、机械元件、液压气动元件等方面的市场调研），安排与课程内容相关的企业观摩课，或者请企业讲师进课堂。另外，为方便开展与本书相关的实训，配套实践教材《自动化基础实训》已于 2018 年 7 月出版。

本书的写作分工为：广西大学胡立坤撰写了第 1、2、3、6、8、10、11、14 章，广西大学韦善革撰写了第 12、13 章，广西大学梁旭斌撰写了第 9 章，中国船舶重工集团公司第七一二研究所李波撰写了第 7 章，广西电网有限责任公司吴敏撰写了第 5 章，安阳工学院邢春芳撰写了第 4 章，最后由胡立坤负责统稿。在撰写本书期间，得到了广西大学的莫仕勋、梁冰红、蔡义明、卢泉、杨达亮、黄奂、黄清宝、黄阳、李深旺、卢子广、李国进等的帮助，在此对他们表示衷心的感谢。

本书配套有相关课件、教案和习题，读者可扫描文后二维码下载，若有疑问，请联系本书作者（邮箱：hlk3email@163.com）。

由于编著者水平有限，书中难免存在不足和错误，殷切希望广大读者批评指正。

编　者

2019 年 2 月于南宁

目　　录

第1章 绪　　论

1.1　生活与工作中的自动化

自动化（automation）是指机器设备、系统或过程（生产、管理过程），在没有人或较少人直接参与的情况下，按照人的要求，经过自动检测、信息处理、分析判断、操纵控制，实现预期的目标。

自动化是一门对社会发展有着重要影响的综合性技术，所涉及的范围非常广阔，包括农业（第一产业）自动化（图 1-1）、工业（第二产业）自动化（图 1-2）和服务业（第三产业）自动化（图 1-3）。工业不仅在国民经济中有着举足轻重的地位，还在国家综合实力提升方面起着重要的作用，工业自动化对工业大规模、高品质生产起着支撑作用。

（a）温室大棚

（b）无人驾驶农机

（c）精准灌溉或喷药无人机

图 1-1　农业自动化

（a）化工产品生产线

（b）钢铁高速线材生产线

（c）啤酒生产线

图 1-2　工业自动化

（a）银行 ATM 机

（b）医疗机器人

（c）电力巡检机器人

图 1-3　服务业自动化

工业化通常是指工业或第二产业产值在国民生产总值中比重不断上升的过程，以及工业就业人数在总就业人数中比重不断上升的过程，它是人类通向现代文明的必由之路，也是一个与时俱进的、动态的概念。工业化发展经历了三个阶段：机械化时代——大规模使用机械系统；电气化时代——各机械系统加入电机、供电网络；自动化时代——加入自动控制器（自动化是工业化最重要的标志）。

工业化起源于 1760 年第一次技术革命，以动力机械（蒸汽机）的应用为标志，完成了手工业向机器大工业的过渡，工业化开始进入机械化时代。19 世纪下半叶，以电气的发明和普及应用为标志的第二次技术革命，使电机和供电网络逐步成为各生产机械的高效、安全的动力源，并逐步代替了机器系统中的动力机和传动机，使机器大工业发生了革命性的变化，人类社会进入了电气化时代。自 1927 年电子反馈放大器开始出现后，人类开始逐渐应用自动控制的方法来代替人工控制各种机械和电气设备，这使得生产的产品质量明显提高，并由此形成大规模的自动化生产线，社会生产力得到了大幅度提高，工业化进入了自动化时代。

近 20 年来，信息技术与信息产业对整个经济与社会活动产生了巨大影响，使人们在谈到自动化时无法回避信息化这一概念。所谓信息化，是指发展以计算机和通信网络为主要工具的新生产力，并使之造福于社会的历史过程。传统的工业化主要还是物质与能量的交换，在工业化中融入信息化，使工业化的基础自动化发展成更先进的自动化，物质与能量的交换在信息的控制下实现高效转换与利用，信息自然也成为人类活动不可或缺的基本要素。信息化的下一个发展阶段是知识化，所谓知识化是指以智能化信息工具的广泛应用为基础，知识被高度应用，使得人的智能潜力及社会物质资源潜力被充分发挥。先进自动化全面引入智能化就标志着人类社会将进入知识化时代。而在当下，信息化和工业化的深入融合与交织，正在催生着人类工业 4.0 时代的到来，工业 4.0 是以智能制造为主导的新型工业形式，以德国在 2011 年的德国汉诺威工业展览上提出的以实现资源、信息、物品和人相互关联的"虚拟网络-实体物理系统"（cyber-physical system，CPS）为标志，到 2013 年，德国政府将其上升为国家战略。与工业 4.0 不谋而合的是，我国工业和信息化部 2015 年发布了《中国制造 2025》，这是我国实施制造强国战略第一个十年期行动纲领。随着新一代人工智能技术的突破和知识化时代的到来，智能自动化的应用将更加普及，也能够极大地促进人类文明的进步。

物质、能量和信息是人类赖以生存和发展的三个基本要素，其实也是系统组成的三要素，任何系统都是物质、能量和信息相互作用和有序化运动的产物，可以说，系统论、信息论和控制论共同协调物质、能量和信息的交互。从自动化的发展过程看，**自动控制系统的核心是控制与系统**，其实施过程离不开信息。

系统论（Bertalanffy，1968）、控制论（Wiener，1948）和信息论（Shannon，1948）合称"老三论"，它们是在同一历史背景下，从不同侧面研究同一个问题而产生的，从横向综合的角度，**研究物质运动的规律**，从而揭示世界各种互不相同的事物在某些方面的**内在联系和本质特性**，三者各成体系，但都应用系统、控制、信息的基本概念和基本思想，互相交叉、互相借鉴，协同发展。

系统论研究系统的一般模式、结构和规律，研究各种系统的共同特征，并用数学方法定量地描述系统功能，寻求并确立适用于系统的原理、原则和数学模型。显然任何系统都离不开信息，因此研究系统就必须研究反映系统与环境、系统与子系统之间的联系的不可缺少的要素信息，一个系统信息量的大小，反映系统的组织化、复杂化程度的高低。而系统的运行又离不开控制，对系统的控制同样离不开信息。

信息论研究信息的本质及度量方法，研究信息的获得、传输、存储、处理和变换等一般规律。

控制论揭示了事物联系的反馈原理，用以实现对系统的有效控制。

三论的发展有统一的趋势，但其还在继续发展中，还远未成熟，但有一点是肯定的，三论已成为现代科学技术的生长点，它已为研究动态问题、复杂系统问题提供了新的认识工具，为一切通讯和控制系统找到了解决问题的有效途径。

工业化、信息化及知识化的关系如图 1-4 所示。

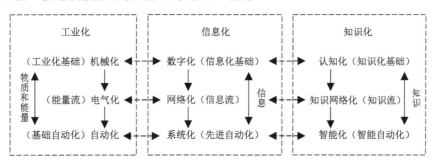

图 1-4　工业化、信息化及知识化的关系

1.2　自动化发展历史

美国福特公司的机械工程师 D.S.哈德最先在 1946 年提出"自动化"一词，最早的自动化物件可追溯到公元前。本节将简单介绍自动化发展历史。

水钟是根据等时性原理制造的。滴水记时有两种方法，一种是利用特殊容器记录把水漏完的时间（泄水型），另一种是底部不开口的容器，记录它用多少时间把水装满（受水型）。中国的水钟，最先是泄水型，自公元 85 年左右，浮子上装有漏箭的受水型漏壶逐渐流行。约在公元 120 年，著名的科学家张衡提出了用补偿壶解决随水头降低计时不准确问题的巧妙方法。公元 1090 年，天文学家苏颂设计并建成的水运仪象台堪称中古时代中国时钟的登峰造极之作（图 1-5）。该装置是一座天文钟楼，高约 12 m。顶部有一架体积庞大的球形天文仪器，即浑仪。浑仪为铜制，靠水力驱动，用于观测星相。但由于战争，这些技术没能最终保留下来，图 1-6 是厦门科技馆里一个类似于水运仪象台的仿制品。

图 1-5　水运仪象台

图 1-6　水运仪象台的仿制品

候风地动仪（图 1-7）是世界上第一座测验地震的仪器，张衡（图 1-8）于汉顺帝阳嘉元年（公元 132 年）制成，它是利用物体惯性制成的仪器，通过巧妙的设计，使地震时仪体与都柱之间产生相对运动，利用这一运动触发仪内机关测验地震。据史料记载，公元 138 年候风地动仪朝向西边的那条龙突然吐丸，但当时洛阳城里并无震感，人们议论纷纷，都说候风地动仪不可靠。过了几日，送信人来到洛阳，报告说甘肃发生了大地震，从而证明了它的准确性和可靠性。

图 1-7　候风地动仪展览模型

图 1-8　张衡

指南车，又称司南车，是中国古代用来指示方向的一种自动机械装置。它利用差速齿轮原理（与指南针利用地磁效应不同），利用齿轮传动系统，根据车轮的转动，由车上木人指示方向。马钧在公元 235 年研制出能自动指示方向的指南车（图 1-9），他是历史典籍记录的第一个成功制造指南车的人，他所造的指南车除用齿轮传动外，还有自动离合装置，是利用齿轮传动系统和离合装置来指示方向。公元 477 年祖冲之也制造过类似的指南车。

　　1788 年英国机械师瓦特发明了离心式调速器（又称飞球调速器），如图 1-10 所示，通过把它与蒸汽机的阀门连接起来，构成蒸汽机转速的闭环自动控制系统。当负载或蒸汽供给量发生变化时，离心式调速器能够自动调节阀门的开度大小，从而控制蒸汽机的转速。瓦特的这项发明开创了自动调节装置应用的新纪元，是自动化发展中的第一个里程碑。

（a）指南车复制品（一）

（b）指南车复制品（二）

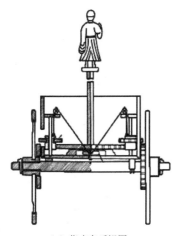
（c）指南车后视图

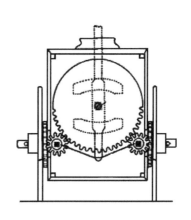
（d）指南车俯视图

图 1-9　指南车

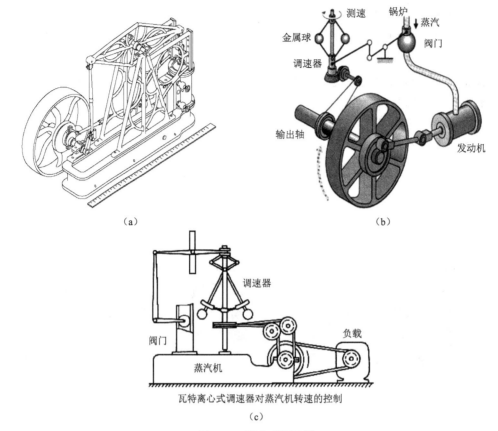

（a）　　　　　　　　　　　　　　　　（b）

瓦特离心式调速器对蒸汽机转速的控制

（c）

图 1-10　离心式调速器

1858 年，英国布鲁内尔设计制造了第一艘全自动蒸汽轮船"大东方"（Great Eastern）号（图 1-11）。1862 年，中国第一艘蒸汽轮船"黄鹄"号在安庆内军械所下水。1868 年，中国第一艘木质明轮蒸汽舰船"恬吉"号在江南机器制造总局下水。

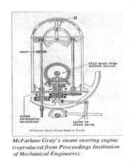 

图 1-11　"大东方"号

1904 年，世界上第一只电子管在英国物理学家弗莱明的手下诞生了，随后，美国福特公司建成最早的汽车装配流水线（图 1-12）。20 世纪 40 年代是自动化技术和理论形成的关键时期，一批科学家为了解决军事上提出的火炮控制、鱼雷导航、飞机导航等技术问题，逐步形成了以分析和设计单变量控制系统为主要内容的经典控制理论与方法。在经典控制理论与方法的支持下，各种电子式控制器大量应用于各机械系统，并使得各自动化设备的生产效率明显提高。可以说，电子式控制器的应用是自动化发展中的第二个里程碑。

图 1-12　美国福特公司建成最早的汽车装配流水线

20 世纪 50～60 年代，大量的工程实践，尤其是航天技术的发展，涉及大量的多输入多输出系统的最优控制问题，用经典控制理论已难于解决，于是产生了以极大值原理、动态规划和状态空间法等为核心的现代控制理论，并成功地应用于各个领域。美国 1952 年研制出第一台数控机床（图 1-13），并于 1959 年研制出第一台工业机器人（图 1-14），1957 年苏联成功发射了第一颗人造卫星（图 1-15），1969 年美国的阿波罗 11 号飞船第一次登上月球（图 1-16）。

图 1-13　第一台数控机床　　　　　　　　图 1-14　第一台工业机器人

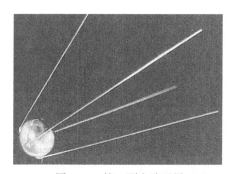

图 1-15　第一颗人造卫星　　　　　图 1-16　阿波罗 11 号飞船第一次登上月球

从 20 世纪 70 年代开始，随着计算机网络的迅速发展，管理自动化取得较大进步，出现了管理信息系统、办公自动化系统、决策支持系统。与此同时，人类开始综合利用传感技术、通信技术、计算机、系统控制和人工智能等新技术和新方法来解决所面临的工厂自动化、办公自动化、医疗自动化、农业自动化及各种复杂的社会经济问题，研制出了柔性制造系统、决策支持系统、智能机器人和专家系统等高级自动化系统。在此期间，以计算机控制为代表的自动化技术、加工中心和工业机器人（图 1-17）得到广泛应用，标志着自动化发展的第三个里程碑。

从 20 世纪 70 年代至今，自动化从工业自动化（主要是制造业自动化）向非制造业自动化快速扩展。用于制造业的自动化装置多是在不变的、已知的环境下作业，而用于非制造业的自动化装置则不同，需要在变化的、未知的情况下完成相应动作，这就加大了控制的难度，也要求装置更智能。现在出现的仿人机器人（图 1-18）引入仿人类智能的因素，成为一种高智能的自动化产品。自动化发展的第四个里程碑或许就是智能自动化装置的普及应用。

图 1-17　汽车配件厂中的工业机器人

图 1-18　仿人机器人

从自动化发展历史来看，自动化从机械自动化（1.0）到电气自动化（2.0）再到电子自动化（3.0），本质都是物理空间的自动化，主要特点是对实体过程进行精确建模及控制。计算机和互联网的兴起，开始了信息空间的信息自动化（4.0），并且逐渐向智能自动化发展。

1.3　常见的三类自动化控制系统

1.3.1　过程控制系统

过程控制系统是以生产过程的参量为被控制量，使之接近给定值或保持在给定范围内的自动控制系统。其中的"生产过程"是指从投料开始，经过一系列的加工，直至成品生产出来的全部过程，在此过程中，生产装置中的物质和能量会发生相互作用和转换。表征过程的主要参量有温度、压力、流量、液位、成分、浓度等。通过对过程参量的控制，可使生产过程中产品的产量增加、质量提高，并且减少能源的消耗。一般的过程控制系统通常采用反馈控制的形式。

最常见的液位控制系统（图 1-19）即为一个过程控制系统，图 1-20 是其系统结构图。当液体的注入量 Q_1 与流出量 Q_2 相等时，水箱液位（H）保持在给定的正常标准值，流出量（或注入量）的增加或减少即引起液位的下降或上升，浮子的位置也将相应地发生改变，浮子的改变量称为偏差，控制器再根据偏差值按照指定规律发出相应信号，控制液体输入端调节阀的开度，从而使液体注入量增加或减少，最终使液位恢复到给定的标准位置，从而实现对液位的自动控制。

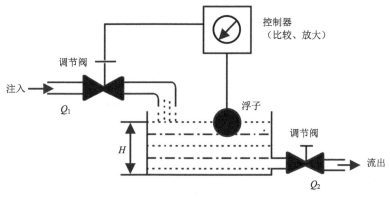

图 1-19　液位控制系统原理图

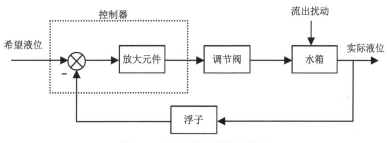

图 1-20　液位控制系统结构图

1.3.2　运动控制系统

运动控制系统指以电动机为控制对象，以控制器为核心，以电力电子功率变换装置为执行机构，在自动控制理论的指导下组成的电气传动自动控制系统。按被控量的不同，可分为调速系统和位置随动系统；按驱动电机类型的不同，可分为直流传动控制系统和交流传动控制系统；按控制器的不同，可分为模拟控制系统和数字控制系统。

从生产机械要求控制的物理量看，各种传动控制系统往往通过控制转速来实现。图 1-21 即为一个直流调速模拟控制系统，其系统结构图如图 1-22 所示，此系统属于带反馈控制的闭环系统，在电动机同轴安装一台测速发电机 TG 构成反馈装置，从而引出与被调量转速成正比的负反馈电压 U_n，与给定电压 U_n^* 相比较后，得到转速偏差电压 ΔU_n，经过放大器 A，产生电力电子变换器 UPE 的控制电压 U_c，用以控制电动机转速 n。这就实现了一个带转速负反馈控制的闭环直流调速系统。

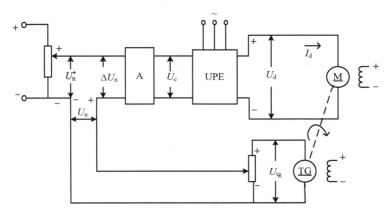

图 1-21　带转速负反馈的闭环直流调速模拟控制系统原理图

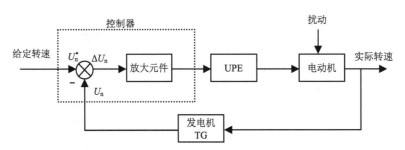

图 1-22　带转速负反馈的闭环直流调速模拟控制系统结构图

1.3.3　程序控制系统

程序控制系统的给定量是按照一定的时间函数变化的，系统的输出量的变化应与给定量的变化规律相同。程序控制系统主要由开关信号、输入回路、程序控制器、输出回路和执行机构等组成，这类系统普遍应用于间歇式生产过程，如多种液体自动混合加热控制系统（图 1-23）。

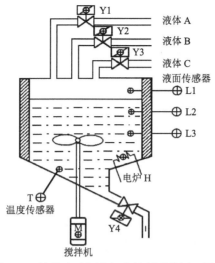

图 1-23　液体自动混合加热控制系统原理图

当系统开始运行时，依次开启电磁阀 Y1、Y2、Y3，注入液体 A、B、C，在每种液体加入后分别至液面高度为 L3、L2、L1 时，依次关闭 Y1、Y2、Y3，之后，开启搅拌机 M，搅拌一定的时间后停止，随后电炉 H 开始给混合液加热，当混合液温度达到某一指定值时（由温度传感器 T 测量）电炉 H 停止，待一定的时间后 Y4 打开，放出混合液体直到液体放完，Y4 关闭，最后按下停止按钮。若没有按停止按钮，该系统可循环运作。此多种液体自动混合加热控制系统属于间歇式生产过程。运行流程图如图 1-24 所示。

图 1-24　液体自动混合加热控制系统运行流程图

1.4 实现工业系统的基本形式与各部分的物化

按照信号传递路径的不同，可把实现工业系统的基本控制形式分为开环控制和闭环控制两种，其各组成部分均以各种具体的物件体现。

1.4.1 开环控制

开环控制是指信号从输入端到输出端单方传递，且被控量不反馈回输入端的控制。开环控制结构简单、成本低，但易受环境因素影响而难以保证控制性能，因为它完全按照给定信号来控制，而不顾被控量实际情况。开环控制系统由控制器、执行环节及被控对象组成，其结构图如图 1-25 所示。

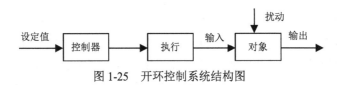

图 1-25 开环控制系统结构图

开环控制适用于系统结构稳定、外部干扰弱及系统工作流程确定的场合。如图 1-26 所示的液位控制系统就是一个开环控制系统，由人控制流入端调节阀（执行环节）来调节流入流量，使液位（输出）达到所希望的高度并保持不变，这实际上是一种手工控制。但因为外部干扰等因素使流出流量发生变化时，其液位难以保持不变。

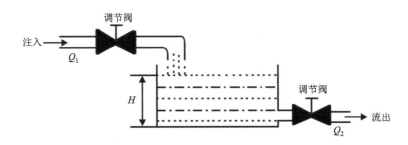

图 1-26 开环液位控制系统原理图

还有一种开环控制系统是具有扰动补偿功能的控制系统，结构图如图 1-27 所示。当系统存在外部可测量干扰时，则可利用干扰对系统进行补偿。扰动补偿控制系统也称前馈控制系统，前馈控制是一种主动控制方式，它具有在干扰影响被控量之前就将其抵消的功能。但是单纯的前馈控制很难满足控制要求，因为系统往往存在不止一种干扰，有的干扰由于技术条件的限制而无法检测到，也就无法对其进行补偿，控制准确度得不到保证，故其应用场合也会受到限制。

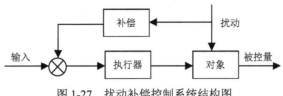

图 1-27 扰动补偿控制系统结构图

图 1-28 即为具有扰动补偿作用的水箱液位控制系统,当流出端调节阀状态由于某种原因发生变化时,水箱输出液流量随着发生变化,此时会导致水箱液位也发生变化,通过杠杆将流出端调节阀的变化测量出来,并同时对流入端调节阀产生作用,补偿因流出调节阀扰动引起的液面波动,从而恢复并保持水箱的液位值。

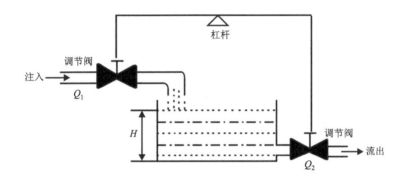

图 1-28 具有扰动补偿的水箱液位控制系统原理图

1.4.2 闭环控制

控制一个系统,通过传感器测量系统的输出,并把测量结果送给控制器,控制器再根据测量结果与期望值的偏差给出一个控制信号,输送给执行器,执行器根据控制信号对被控对象进行操作。这一过程可以用图 1-29 所示的闭环控制回路描述,它由 4 个部分组成:对象、检测单元、执行单元和控制单元。由于测量结果与期望值相减产生偏差信号,所以控制系统的反馈总是负反馈,这样的系统称为反馈控制系统或闭环控制系统。图 1-19 所示的液位控制系统就属闭环控制系统。

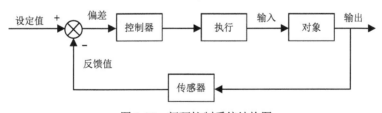

图 1-29 闭环控制系统结构图

闭环控制以消除或者减少偏差为控制目的,因此它能自动修正被控量出现的偏差,能有效地抑制外界干扰和系统内部结构参数变化引起的被控量的变化,具有控制效果好、控制精度高等优点，特别适用于存在事先难以预测的扰动场合。实际上，按负反馈原理组成的闭环控制系统才是真正意义上的自动控制系统，反馈控制是自动控制最基本的形式，自动控制理论主要就是围绕反馈控制来研究自动控制系统的。

当前，在控制器稍复杂时一般采用微处理器实现控制算法，这种闭环控制系统称为计算机闭环控制系统，显然嵌入式代码成型在这类系统中是非常重要的。当前，要求较高的系统均采用这种数字化的闭环控制系统，如高精度温控系统、自动驾驶仪系统、工业机器人伺服控制系统等。

为了更有效地克服外界扰动对被控量的影响，可以在反馈控制的基础上增加对可测量扰动的补偿控制，同时为快速跟踪设定值的变化，也可以加入设定值补偿环节，构成一个复合控制系统，如图 1-30 所示。

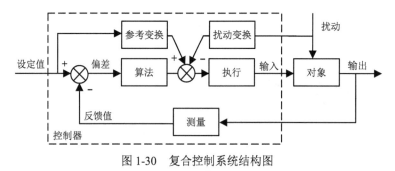

图 1-30　复合控制系统结构图

控制系统一般有稳、快、准三个基本性能指标。其中，稳有两个含义，一是指稳定性，二是指暂态过程的平稳；快是指要求暂态响应过程尽可能短；准是指稳态响应应该与期望的输出一样。同时，一般系统中存在干扰和对象本身的参数摄动两方面不确定性，所以通常要求控制器也应具有一定的鲁棒性，而且还要强调资源利用的"少省"性。

较简单的控制系统可以采用单（闭环）回路控制系统，但对于较复杂的控制对象或控制任务，为了得到更好的控制系统特性，必须采用具有多个控制器、多个反馈闭合回路控制系统。对一个电动机仅采用速度环控制时就是单回路调速控制系统；若内环采用电测环、外环采用速度环就是双回路调速控制系统；若再加一个外环——位置环，则形成了三闭环位置随动系统。

根据输入量的多少可以将控制系统分成单变量闭环控制系统和多变量闭环控制系统。多变量闭环控制系统的典型例子是混合槽液位控制系统，将两种不同液体通过两个控制阀流入混合槽中，要求保持液位恒定。这种系统通常存在耦合，而单闭环调整控制器达不到很好的效果，需要采用解耦控制方法。

1.4.3　系统各部分物件

工业系统是由多种相关装置构成的系统，这些装置工作时会改变系统的物理状态，以此实现能量、物质和信息的传送和变换。一个具有反馈结构的完整工业系统，一般由5 个部分组成，即执行器与驱动器、传感器、信息处理器、控制对象和信号转换与传输网络。能直接产生物理作用的装置称为执行器；向执行器提供动力的装置称为驱动器；

执行器要按照控制器发出的指令工作；控制器接收了传感器传来的信息后生成指令；传感器从被控对象处接收信息；信号转换与传输网络实现信号适配与传递。

1. 执行器与驱动器

在工业系统中，执行器的作用是实现物理作用，是控制作用的最终实现者，使系统达到或保持某种状态。从信息传输和处理的角度来看，执行器是信息处理的落脚点，是信息流对能量流、物质流的转换装置，执行器将控制信号变换为被控量按要求变化所需要的能量或物质。例如，执行器工作输出力、力矩、电功率、热量，结果是诸如位移、速度、加速度、流量、液位、温度、开度等物理量的改变。执行器是系统的终端操作部件，必须安装在需要施加物理作用的地方，有的执行器可能长年与工作现场的介质直接接触，因此执行器选择不当或维护不到位可能使整个系统工作不稳定，甚至严重影响系统品质。

为执行器提供能量或动力的是驱动器。驱动器可分为两类，其中一类驱动器称为一次原动机，其将燃料中的化学能、自然界的水能或风能转化为机械能，自然界的这些能源统称为一次能源，故这一类驱动器称为一次原动机，如蒸汽轮机（图 1-31）、燃气轮机、内燃机（图 1-32）、风车等。另一类驱动器称为二次原动机，主要是电动机，可将属于二次能源的电能转化为机械能。

图 1-31　蒸汽轮机　　　　　　　图 1-32　内燃机

执行器与驱动器均属于信息应用设备，是控制系统中的功率部件，直接驱动被控对象。在某些工业系统中，执行器和驱动器的划分并不明显。譬如，汽车发动机曲轴有时被视为原动机的输出端，也有人将曲轴视为执行器，而将气缸、活塞视为驱动器。阀、泵、缸、风机、电动机（图 1-33）、电热器、固态继电器（图 1-34）等都常被视为执行器。有时将电动机-水泵、固态继电器-电热丝等密切联系的部件看作一个模块，整体被看作一个执行器。有时将电动机看作驱动器，而电动机拖动的部件被视为执行器，称为生产机械，如机床的转动轴、升降机的主轴。

图 1-33　电动机　　　　　　　图 1-34　固态继电器

至今已经发展了非常多的执行器和驱动器，常见的执行器和驱动器大多是通过电气传动、流体传动、机械传动实现的，它们有各自的特点和应用场合：电气传动利用电力设备产生的电磁力工作并可通过调节参数来传递力或力矩；流体传动以液体或气体为工作介质进行能量转换、传递和控制；机械传动则通过齿轮、齿条、带、链等机件传递力或力矩。下面以过程控制系统中的调节阀为例说明。

1）调节阀概念与分类

通过接受调节控制单元输出的控制信号，借助动力操作改变介质流量、压力、温度、液位等工艺参数的控制元件，称为调节阀或控制阀，一般由执行机构和阀门组成。调节阀适用于空气、水、蒸汽、各种腐蚀性介质、泥浆、油品等介质。

按行程特点，调节阀分为直线行程和角度行程。按其所配执行机构使用的动力，调节阀分为气动调节阀、电动调节阀、液动调节阀三种。按流量特性，调节阀分为快开型、直线型、抛物线型和百分比型 4 种流量特性表征了在阀两端压差保持恒定的条件下，介质流经电动调节阀的相对流量(Q/Q_{max})与它的开度(l/L)之间关系，如图 1-35 所示。

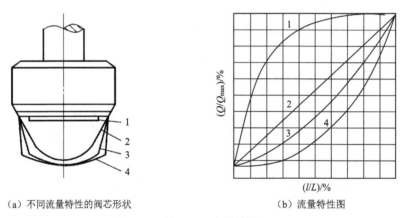

（a）不同流量特性的阀芯形状　　　　（b）流量特性图

图 1-35　流量特性

1.快开；2.直线；3.抛物线；4.百分比

2）调节阀的工作原理

调节阀是由执行机构与控制操纵机构组成，如图 1-36 所示。执行机构由信号比较与转换、解算装置、阀门位置检测和位置负反馈等环节组成。调节器输出信号与阀门位置检测信号比较，其差值输入到解算装置，以确定执行机构动作的方向与大小，其输出的力或位移控制信号，驱动控制操纵机构（阀芯），改变调节阀的流通面积，从而改变介质流量。当阀门位置与输入信号一致时，系统达到平衡状态。

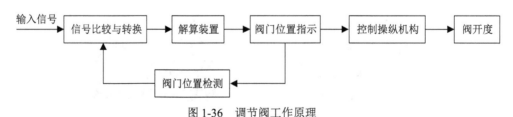

图 1-36　调节阀工作原理

3）调节阀的结构

调节阀有不同的结构，以适应不同的应用场合，几种常用的结构示意图如图 1-37 所示，一些实物图如图 1-38 所示。其中直通单座阀和直通双座阀在生产过程中应用最为普遍。单座阀指只有一个阀芯和一个阀座的阀门，双座阀则有两个阀芯与两个阀门。直通单座阀阀门两端的压差对阀芯的作用力较大，会出现"关不死"的情况，而双座阀上下两个阀芯的推力近似相等、方向相反而抵消，适合压差较大的场合。但是单座阀易关闭，泄漏量小，而双座阀不能保证两个阀芯同时关闭，泄漏量大。其他的阀门在后续课程中再适时介绍。

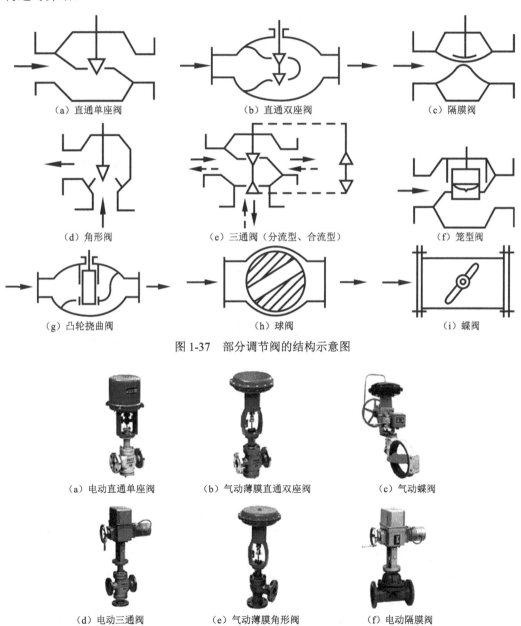

（a）直通单座阀　　　　　　（b）直通双座阀　　　　　　（c）隔膜阀

（d）角形阀　　　　（e）三通阀（分流型、合流型）　　　　（f）笼型阀

（g）凸轮挠曲阀　　　　　　（h）球阀　　　　　　（i）蝶阀

图 1-37　部分调节阀的结构示意图

（a）电动直通单座阀　　　　（b）气动薄膜直通双座阀　　　　（c）气动蝶阀

（d）电动三通阀　　　　（e）气动薄膜角形阀　　　　（f）电动隔膜阀

图 1-38　部分调节阀实物图

2. 传感器

工业系统运行过程中，一些物理量会发生变化。比如，含有运动装置的系统中，会产生力、力矩、位移、角速度、速度、加速度等的连续变化或断续变化。又如，有的工业系统中含有热力学、化学或微生物学过程，会产生温度、湿度、压力、流量、液位等的连续变化。另外，系统运行过程中某部件移动到指定位置、液位达到规定高度、炉温达到预定的报警温度等，这些事件会引起开关的通、断，导致某一信号的有、无或电平的高、低。这些统称为物理量，其携带着系统的状态信息，用它们描述系统的状态。获取系统运行的状态信息是由传感器完成的。

传感器是信息获取元件，经常与信号调理电路和显示装置一起构成测量系统，其中传感器将各种物理量转换成信号（通常是电信号）。信号调理电路是测量系统中的重要组成部分，其作用是对传感器输出的信号进行初步处理，使信号适宜传输或显示。获得的信号通常要以适当的形式表现出来，如指示灯、指针、数字、图形、声音、振动等。图 1-39 给出了几种常见的传感器。

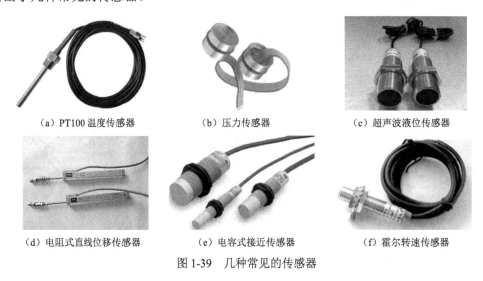

（a）PT100 温度传感器　　　　（b）压力传感器　　　　（c）超声波液位传感器

（d）电阻式直线位移传感器　　　（e）电容式接近传感器　　　（f）霍尔转速传感器

图 1-39　几种常见的传感器

目前，传感器的概念进一步拓展，如无线传感器、环境感知传感器，或者将智能的元素融入到传感器中。

3. 信息处理器（含控制器）

信息处理器通过算法程序处理各种传感器传送的信息，并且可以对相关的即时信息和历史信息进行融合，甚至可以与互联网数据进行融合，也可以对当前的行为进行决策。控制器属于信息处理设备，通常通过四类信号与外界联系，即数字输入（DI）、数字输出（DO）、模拟输入（AI）、模拟输出（AO）。在自动控制系统中，控制器是核心，控制系统设计工作的主要任务之一就是设计合适的控制器以达到控制目的。其作用是通过对系统的外部信息（如给定信号、扰动信号等）和内部信息（如状态变量、被控变量等）进行处理，并按一定规律产生控制信号，使给定与实际偏差减小到所期望的范围内。

控制器物理类型可分为传统的模拟控制器和现代的具有存储、计算等功能的数字控制器。传统的模拟控制器用模拟电路或机电装置实现信号处理，只能实现较简单的信号处理方式，因此也只能实现较简单的控制规则。随着时代的发展，控制系统变得越来越复杂，对控制器的要求也越来越高，在工业现场和日常生活中，控制器得到了普遍应用，如由单片机、数字信号处理（digital singnal processor，DSP）芯片、工业控制计算机、可编程逻辑控制器（programmable logic controller，PLC）（图 1-40）和普通计算机为核心构成的控制器，控制系统运行是按程序代码功能进行的。

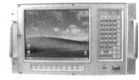

（a）51 单片机芯片　　（b）数字信号处理芯片　　（c）工业控制计算机（ICP）　　（d）可编程逻辑控制器

图 1-40　几种数字控制器载体

4. 控制对象

在自动控制系统中，一般称被控制的设备或过程为控制对象。在简单控制系统中，工程上也有称被控参数为对象的，如流量控制、压力控制和温度控制等。广义上来说，控制对象是除控制器（调节器）以外的执行器（调节阀）及测量变送装置及实际对象。狭义上来说，控制对象的端部参数（输入、输出）有被控量、控制量和扰动量，而这些参数通过控制对象的内部状态相互联系。

建立控制系统的数学模型是自动控制系统理论的基础性工作，所谓控制系统的数学模型是指用来描述控制系统输入-输出变量及系统内部各个变量之间相互关系的数学表达式。建立被控对象数学模型的方法主要有解析法和实验法两种。解析法是根据对象运动的物理、化学等原理等建立数学模型的方法；实验法建模，就是把对象看作一个黑箱，通过对它施加输入信号及由此产生的输出响应来确定它的数学模型，如图 1-41 所示。

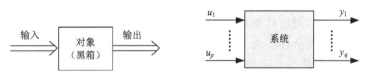

图 1-41　实验法"黑箱"建模

对于简单的系统，其建模相对简单。而对于复杂系统的建模，则存在很多困难，例如：

（1）对大范围变化或非线性特性强烈的对象，不能通过泰勒级数展开忽略高次项的方法进行线性近似，而必须用精确非线性的数学表达式去描述。

（2）对于变量多的系统，其数学模型将是高阶微分方程或大阶数的状态方程。

（3）实际系统的参数经常不是固定不变的，往往可表示为时间的函数，这时系统的模型应为变参数微分方程。

（4）实际系统的参数往往是分布的，这时需要用偏微分方程描述，属多维系统。

5. 信号转换与传输网络

自动控制系统对信息传输的要求是准确、可靠和快速，这些性能的好坏主要受信息传输环节的影响。自动控制系统按信息传输的途径和特点分为点对点控制系统和网络控制系统。点对点控制是传统的方法。

在传统的模拟控制系统及直接数字控制（direct digital control，DDC）系统中也存在大量的信息转换部件：

（1）变送器将现场传感器得到的信号转换成适合远距离传输的标准信号（如 4～20 mA 直流电信号），实现现场信号的采集和控制器之间的信息传输。与之相应的还有，控制器的控制信号变换成适合远距离传送的标准信号（如 4～20 mA 直流电信号），实现控制器到现场执行器的信息传输。

（2）A/D 和 D/A 转换器实现模拟量与数字量相互转换，实现计算机与被控对象之间信号变换与信息传输。

网络控制系统的信息传输要经过通信网络，其信号的传输相对比较复杂，如存在传输时延和数据包丢失等现象。网络控制系统已被广泛应用于大型工业过程控制、因存在危险而难以近距离操作的控制系统、局域系统（如航天器、船舶、新型高性能汽车等）控制中。典型的网络控制系统结构如图 1-42 所示，网络控制系统中的执行器、传感器与控制器之间的信息交换是通过网络进行的。

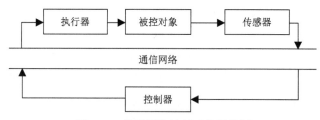

图 1-42　典型网络控制系统结构图

控制系统的通信网络与商业通信网络相比较，在技术性能上有如下特点：

（1）高实时性要求。网络堵塞及网络传输引起的大延时在控制系统中都是不允许的。

（2）高可靠性、高安全性要求。网络传输过程中引起的信息出错及信息丢失将导致控制系统错控或失控，也是不允许的。

（3）良好的确定性要求。网络传输的信息必须语义明确，解释单一。

1.5　初识自动化系统设计中常用工程设计软件

1. Altium Designer

Altium Designer 是 Altium 公司开发的一个软件集成平台，它把原理图设计、电路仿真、PCB 设计、拓扑逻辑自动布线、信号完整性分析与基于 FPGA 的嵌入式系统设计和开发等技术进行融合，可对 Altium Designer 工作环境加以定制，以满足用户的各种不同需求。

Altium Designer 软件的设计致力于革新的电子产品设计平台，为设计者提供了全新的设计解决方案以轻松进行设计，为广大工程师提供统一的一体化的电子设计环境，让工程师集中精力推出不断创新的下一代电子产品。

打开 Altium Designer 时，最常见的初始任务显示在特殊视图 Home Page（图 1-43）中，以方便选用。图 1-44 为在 Schematic Editor 中打开原理图文档进行编辑。

2. AutoCAD

AutoCAD（autodesk computer aided design）是 Autodesk 公司首次于 1982 年开发的自动计算机辅助设计软件，用于二维绘图和基本三维设计等。它的应用十分广泛，可以用于土木建筑、装饰装潢、工业制图、工程制图、电气系统、服装加工等多领域。AutoCAD具有良好的用户界面，通过交互菜单或命令行方式便可以进行各种操作，可以在各种操作系统支持的微型计算机和工作站上运行，具有广泛的适应性，现已成为国际上广为流行的绘图工具。

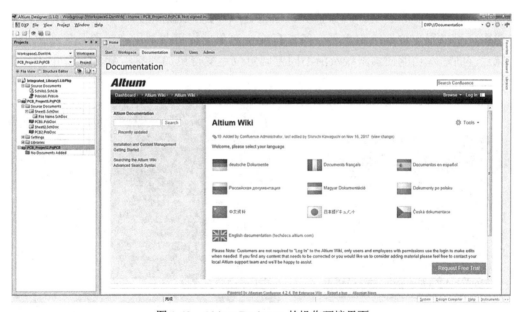

图 1-43　Altium Designer 的操作环境界面

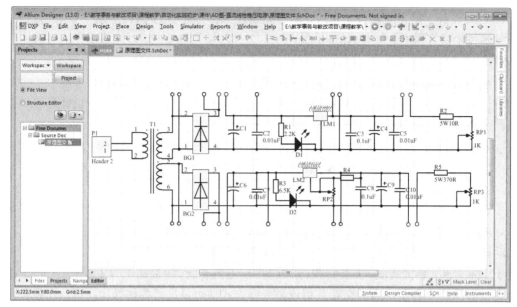

图 1-44　在 Schematic Editor 中打开原理图文档

　　AutoCAD 的基本功能是能以多种方式创建直线、圆、椭圆、多边形、样条曲线等基本图形。它还提供了正交、对象捕捉、极轴追踪、捕捉追踪等绘图辅助工具，正交功能使用户可以很方便地绘制水平、竖直直线，对象捕捉可帮助用户拾取几何对象上的特殊点，而追踪功能使画斜线及沿不同方向定位点变得更加容易。AutoCAD 的操作界面如图 1-45 所示，图 1-46 是通过 AutoCAD 根据三视图绘制的三维模型。

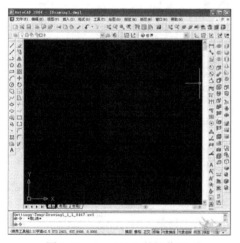

图 1-45　AutoCAD 的操作界面

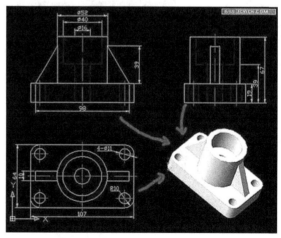

图 1-46　用 AutoCAD 绘制出的三维模型

3. SolidWorks

　　SolidWorks 是由美国 SolidWorks 公司（法国 Dassult System 公司的子公司）于 1995 年推出的三维机械 CAD 软件，功能强大、易学易用和技术创新是其三大特点，自问世以来，就得到了广大设计者的青睐。

尽管 SolidWorks 易学易用，但它不是一个简单的实体建模工具，而是一个面向产品级的机械设计系统。它既能提供自底向上的装配方式，同时还能提供自顶向下的装配方式。自顶向下的装配方法使工程师能够在装配环境中参考装配体其他零件的位置及尺寸设计新零件，在装配设计（特别是大装配设计）的情形下，SolidWorks 具有独创性的"封套"功能，分块处理复杂装配体。装配设计中的"产品配置"功能，为用户设计不同"构型"的产品提供了解决方案，同时为产品数据管理系统的实施打下坚实的基础。其操作界面如图 1-47 所示。

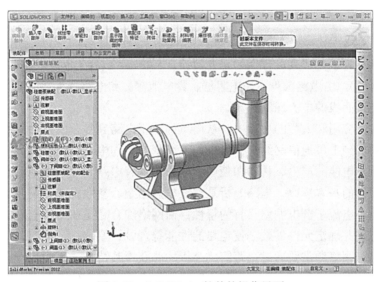

图 1-47　SolidWorks 软件的操作界面

1.6　关于本课程的学习

"自动化导学与实践"的学习目标是使学生能够掌握自动化工程师应具备的基本知识和应用技能，学习器件与部件的选型知识、学会电气控制系统设计和简易控制系统的集成，学会举一反三，初步具有设计和调试自动化系统的能力，同时从整体理解自动化专业所涉及的理论与技术。其目的在于培养学生的自学能力、初步动手能力、沟通能力，并激发学生对专业的兴趣，为其掌握自动化系统工程设计打下良好的基础。"自动化导学与实践"是从学生、社会、教师三个角度出发而开发设计的一门理论和实践相结合的课程，对自动化相关专业的学生和教师大有裨益。在学习过程中，通过科学的阅读方法和良好的阅读习惯及学与教的互动，养成学习主动性，同时提高课堂（包括理论课与实践课）效率，促进实践能力的整体提升。具体内容请通过扫描二维码 R1-1 阅读。

R1-1　关于本课程的学习

第2章 电路基本定律与计算

2.1 引 言

实际电路是为了完成某种预期的目的而设计、安装、运行（也可以是在非预期情况，如短路、漏电等），由电路部件（如电阻器、蓄电池等）和电路器件（如晶体管、集成电路等）相互连接而成的电流通路装置。

在工程实际应用和人类的生活中，从简单的照明电路到复杂的电力系统，从手机、收音机、电视机到卫星通信网络、计算机、互联网，都与电路理论有一定的关系。可以说，只要在涉及电能的产生、传输和使用的地方，就有电路。电路理论研究电路分析和网络综合与设计的基本规律。电路分析是指在电路给定、参数已知的条件下，通过求解电路中的电压、电流了解电网络具有的特性；而网络综合是指在给定电路技术指标的情况下，设计电路并确定元件参数，使电路的性能符合设计要求。

复杂的电路网络通常要通过电路简化分析才能获得其特性，下面是一个静态纯电阻网络的引例：如图 2-1 所示，电阻框架为四维空间中的超立方体在三维空间中的投影模型（可视为内外两个立方体框架，对应顶点互相连接起来），若该结构中每条棱均由电阻 R 的材料构成，则 AB 节点间的等效电阻为多少？

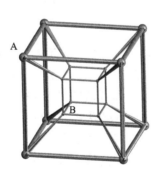

图 2-1 电阻框架

解 根据四维空间的对称性，可以将图形简化成图 2-2（a），图中已标注的是 R，未标注的是 $0.5R$，将图形"拉直"，便可如图 2-2（b）所示，将其从左侧看过去，可得图 2-2（c）。其中最中间的各边的电阻值和最外边的各边的电阻值均为 R，其余边的电阻值为 $0.5R$。因为图 2-2（c）中"•"处等势（即各点的电动势相等），可化简为图 2-2（d）。通过计算可得到 AB 节点间的等效电阻为 $7R/12$。

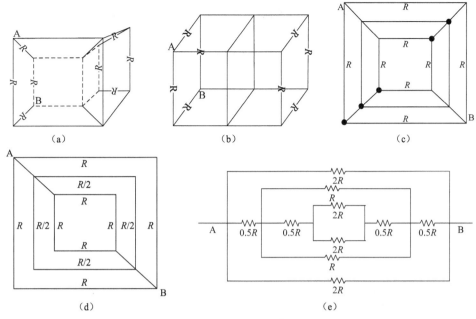

图 2-2　引例解法

在科学技术发展的过程中，电路理论与众多学科相互影响和相互促进。例如，电路理论在电力系统中应用，产生了电力系统分析这门学科，并为电力系统运行分析建立了理论体系。当代电子技术从电子管、半导体晶体管、集成电路到超大规模集成电路，更离不开电路理论的支持和发展。当然，电子技术的发展也促进了电路理论的发展，如新型电子元器件的出现，促使电路模型的多样化和建模理论的发展。

2.2　电路作用、组成部分

电路主要由电源、负载、开关、熔丝、仪表和连接导线组成。电源是电路中输出电能的一个装置；负载是使用电能的装置，又称用电设备；开关用来控制电路；熔丝是保护电路；仪表用来测量电路；连接导线是用来传输和分配电能或提供信号传输的通路。可见，电路有两个方面的作用：实现电能的传输和转换；实现信号的传递和处理。

如图 2-3 所示，三相交流电源经过中间环节变成家用电器可以使用的交流电或直流电。中间环节是连接电源和负载的部分，有传输和分配电能的作用。中间环节主要有输配电线路、变配电所，以及交流-交流（AC/AC）、交流-直流（AC/DC）、直流-交流（DC/AC）变换环节。

图 2-3　电能的传输和转换

如图 2-4 所示，接收天线接收到的信号经过中间的调谐、选频、检波、放大等处理变成声音。天线接收电磁波后通过调谐器选出某一频率的电磁波，从高频电磁波中取出音频电信号，放大后送到扬声器，最后扬声器把音频电信号转换成声音。

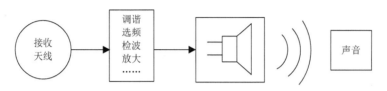

图 2-4 信号的传递和处理

2.3 电路的模型

电路模型将实际元器件理想化（或称模型化），是对实际电路的电磁性质进行科学抽象而得到的实体模型，它由一些理想电路元件用理想导线连接而成，近似地反映实际电路的电气特性。用不同特性的电路元件按照不同的方式连接就构成不同特性的电路。通常，电路模型简称为电路。

用理想电路元件或它们的组合模拟实际器件建立模型，简称建模。建模时必须考虑工作条件，并按不同准确度的要求把给定工作情况下的主要物理现象和功能反映出来。

如图 2-5 所示，是三地控一盏灯。图中 A、B、C 分别是三个开关，根据图可以分析灯 L 处于亮或灭时的开关情况，任何一个开关均可控制灯的亮灭。思考：如何将其改造成双控灯电路？

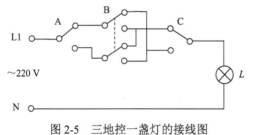

图 2-5 三地控一盏灯的接线图

2.4 电流和电压的参考方向

在电路分析中，当涉及某个元件或部分电路的电流或电压时，有必要指定电流或电压的参考方向。这是因为电流或电压的实际方向可能是未知的，也可能是随时间变动的。

指定参考方向的用意是把电流看成代数量，方便计算。例如，当电流和参考方向一致时，电流值是正值；电流和参考方向相反，则电流值为负值。在指定的电流参考方向下，电流值的正和负就可以反映电流的实际方向。只有规定参考方向以后，才能写出随时间变化的电流函数值。

电流的实际方向是正电荷运动的方向，从高电位到低电位；电流的参考方向是把电流看作代数量（有正有负）。电压的实际方向是高电位指向低电位；电压的参考方向是把电压看作代数量（有正有负），通过在电源或负载两端标注"+"、"−"体现。当电压和电流的参考方向选择一致时称为关联参考方向。图 2-6 是电流和电压参考方向的一个例子。

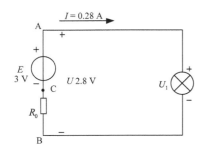
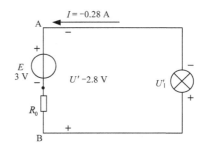

（a）电压、电流参考方向和实际方向相同　　　　　　（b）电压、电流参考方向和实际方向相反

图 2-6　电流和电压的参考方向

2.5　电路基本定律与应用

电路中三种基本的无源元件是电阻、电感和电容。电阻是耗能元件，电感和电容是储能元件。

2.5.1　电阻欧姆定律

欧姆定律简述为在同一电路中,通过某段导体的电流跟这段导体两端的电压成正比,跟这段导体的电阻成反比。

$$I = \frac{U}{R} \tag{2-1}$$

2.5.2　电感的伏安关系

电感电压与其电流对时间的变化率成正比。电感的电流保持不变时，电感的电压为零。电感元件相当于短路 $(u = 0)$。因为 u 是有限的，电流变化率 $\mathrm{d}i/\mathrm{d}t$ 必然有限，所以电感电流只能连续变化而不能跳变。

$$u = L\frac{\mathrm{d}i}{\mathrm{d}t} \Longleftrightarrow i = i(t_0) + \frac{1}{L}\int_{t_0}^{t} u(\xi)\mathrm{d}\xi \tag{2-2}$$

电感元件不仅与 t_0 到 t 的电压值有关，还与 $i(t_0)$ 有关。电感电流 i 有"记忆"电压全部历史的作用，取决于电压 $(-\infty, t)$ 的值。

2.5.3　电容的伏安关系

电容的电流与其电压对时间的变化率成正比。电容的电压保持不变时，电容的电流为零，电容元件相当于开路 $(i = 0)$ 。因为 i 是有限的，电压变化率 $\mathrm{d}u/\mathrm{d}t$ 必然有限，电容电压只能连续变化而不能跳变。

$$i = C\frac{\mathrm{d}u}{\mathrm{d}t} \Leftrightarrow u = u(t_0) + \frac{1}{C}\int_{t_0}^{t} i(\xi)\mathrm{d}\xi \tag{2-3}$$

电容元件不仅与 t_0 到 t 的电流值有关，还与 $u(t_0)$ 有关。电容电压 u 有"记忆"电流全部历史的作用，取决于电流 $(-\infty, t)$ 的值。

2.5.4　基尔霍夫定律（Kirchhoff's law）

1. 基本概念

支路：单个或若干个元件串联成的分支称为一条支路。
节点：三条或三条以上的支路的连接点称为节点。
回路：由若干支路组成的闭合路径。
网孔：内部不含有支路的回路称为网孔。

2. 基尔霍夫电流定律和基尔霍夫电压定律

基尔霍夫电流定律（Kirchhoff current law，KCL）：假设进入某节点的电流为正值，离开这节点的电流为负值（或反过来规定），则所有涉及该节点的电流的代数和等于零，即 $\sum i = 0$ 。

基尔霍夫电流定律应用于节点，是电流的连续性在集总参数电路上的体现，其物理背景是电荷守恒定律。基尔霍夫电流定律是确定电路中任意节点处各支路电流之间关系的定律，因此又称为节点电流定律。

基尔霍夫电压定律（Kirchhoff voltage law，KVL）：沿着闭合回路的所有电动势的代数和等于所有电压降的代数和，即 $\sum u = 0$ 。

基尔霍夫电压定律应用于回路，是电场为位势场时电位的单值性在集总参数电路上的体现，其物理背景是能量守恒定律。基尔霍夫电压定律是确定电路中任意回路内各电压之间关系的定律，因此又称为回路电压定律。

KCL 和 KVL 体现了守恒性。KCL 在支路电流之间施加线性约束关系；KVL 对支路电压施加线性约束关系。这两个定律仅与元件的相互连接有关，与元件的性质无关。

3. 定律的应用

对一个电路应用 KCL 和 KVL 时，应对各节点和支路编号，并指定有关回路的绕行方向，同时指定各支路电流和支路电压的参考方向，一般两者取关联参考方向。

如图 2-7 所示的电路，有 4 个节点、7 个回路，但独立节点有 3 个，独立回路有 3 个。

根据 KCL，选取 1、2、3 节点可以列 3 个独立的方程：

$$i_1 - i_4 - i_6 = 0$$
$$-i_1 - i_2 + i_3 = 0$$
$$i_2 + i_5 + i_6 = 0$$

（2-4）

根据 KVL，选取图中虚线所示的独立回路，可以列 3 个方程：

$$u_1 + u_3 + u_4 = 0$$
$$u_1 - u_2 + u_4 + u_5 = 0$$
$$-u_4 - u_5 + u_6 = 0$$

（2-5）

例 2-1　在图 2-8 中，设 $I_1 = 3\,\mathrm{A}$，$I_2 = -6\,\mathrm{A}$，$I_3 = -2\,\mathrm{A}$，试求 I_4。

解　由图可列方程如下：

$$-I_1 + I_2 - I_3 + I_4 = 0$$
$$-3 - 6 - (-2) + I_4 = 0$$

可得：$I_4 = 7\,\mathrm{A}$。

例 2-2　电路如图 2-9 所示，设 $I_a = 2\,\mathrm{A}$，$I_b = 3\,\mathrm{A}$，试求 I_c。

解　由图对各个节点据 KCL 可列方程：

$$I_{ab} - I_{ca} - I_a = 0$$
$$I_{bc} - I_{ab} - I_b = 0$$
$$I_{ca} - I_{bc} - I_c = 0$$

于是有 $-I_a - I_b - I_c = 0$，

得：$I_c = -I_a - I_b = -2 - 3 = -5\mathrm{A}$。

实际上，可以将虚线圆中的部分看成一个广义节点看待，就可以直接得到结果。

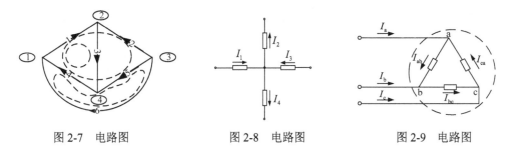

图 2-7　电路图　　　　　　图 2-8　电路图　　　　　　图 2-9　电路图

例 2-3　有一闭合回路如图 2-10 所示，各支路的元件是任意的，但已知 $U_{ab} = 5\,\mathrm{V}$，$U_{bc} = -4\,\mathrm{V}$，$U_{da} = -3\,\mathrm{V}$，试求 U_{cd} 和 U_{ac}。

解　由图可知：

$$U_{ab} + U_{bc} + U_{cd} + U_{da} = 0$$

将已知条件代入，可得

$$5 + (-4) + U_{cd} + (-3) = 0$$

求得 $U_{cd} = 2\,\text{V}$。

已知 $U_{ab} + U_{bc} - U_{ac} = 0$，将已知条件代入，可得

$$5 + (-4) - U_{ac} = 0$$

求得 $U_{ac} = 1\,\text{V}$。

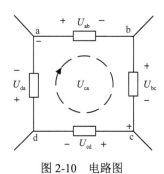

图 2-10　电路图

2.6　电源及其等效模型

2.6.1　电源工作方式

电源与负载的判别：电源是 U 和 I 的实际方向相反，电流从电压"+"端流出，发出功率 $UI<0$；负载是 U 和 I 的实际方向相同，电流从电压"+"端流入，消耗功率 $UI>0$。

电源工作方式如图 2-11 所示。

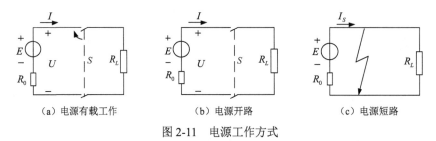

（a）电源有载工作　　　　　（b）电源开路　　　　　（c）电源短路

图 2-11　电源工作方式

（1）有载工作状态时的主要特点如下。

电路中的电流：

$$I = \frac{E}{R_0 + R_L} \tag{2-6}$$

负载端电压：

$$U = E - R_0 I \tag{2-7}$$

功率平衡：

$$P = UI = (E - R_0 I)I = EI - R_0 I^2 = P_E - \Delta P \tag{2-8}$$

额定值是制造厂家为了使产品能在给定的工作条件下正常运行而规定的正常允许值，由生产厂家标注在铭牌。电气设备的额定电压、额定电流、额定功率、功率因数分别用 U_N、I_N、P_N、$\cos\varphi$ 表示（关于功率因数在第 5 章中介绍）。额定值在直流时 $P_N = U_N I_N$；单相交流时 $P_N = U_N I_N \cos\varphi$；三相交流时 $P_N = \sqrt{3} U_N I_N \cos\varphi$。当电路中的实际值等于额定值时，电气设备的工作状态称为满载；大于额定值时称为过载；小于额定值时称为轻载。

（2）开路状态时的主要特点：

$$\begin{cases} I = 0 \\ U = E \\ P = I^2 R_L = 0 \end{cases} \tag{2-9}$$

（3）短路状态时的主要特点：

$$\begin{cases} I_S = \dfrac{E}{R_0} \\ U = 0 \\ P = UI = 0 \\ \Delta P = R_0 I_S^2 \end{cases} \tag{2-10}$$

2.6.2　电压源模型

实际电压源，如图 2-12 所示的普通电池，因为有内阻，其端电压随电流的变化而变化。

图 2-12　普通电池

由于电压源的内阻比负载电阻小很多，端电压是基本不变或是规律基本不变的函数 $U_S(t)$，故在一定工况下可近似为内阻为 0 的理想电压源。通过理想电压源的电流取决于它所连接的外电路。在实际应用中，直流稳压电源在工作电流小于或等于额定电流时，其内阻很小，可认为是理想的；当直流电源工作电流大于额定电流，小于最大电流时，输出电压有很小的变化，但仍可视作理想电压源，如图 2-13 所示。

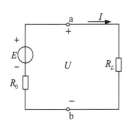
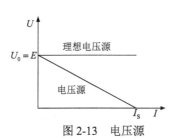
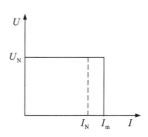

图 2-13　电压源

例 2-4　如图 2-14 所示，电压表的内阻可看作为无穷大，电流表的内阻为零。当开关 S 处于位置 1 时，电压表的读数为 10 V；当 S 处于位置 2 时，电流表的读数为 5 mA。试求当 S 处于位置 3 时，电压表和电流表的读数各为多少？

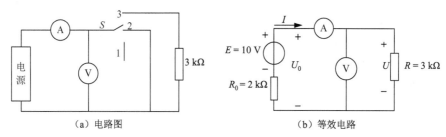

（a）电路图　　　　　　　　　　　（b）等效电路

图 2-14　电路图

解　当 S 处于 1 时，$E = 10\,\text{V}$。

当 S 处于 2 时，$R_0 = \dfrac{E}{I_S} = \dfrac{10}{5 \times 10^{-3}} = 2\,\text{k}\Omega$。

因此，当 S 处于 3 时，$I = \dfrac{E}{R_0 + R} = \dfrac{10}{2 \times 10^3 + 3 \times 10^3} = 2\,\text{mA}$，$U = IR = 2 \times 10^{-3} \times 3 \times 10^3 = 6\,\text{V}$。

2.6.3　电流源模型

电流源的内阻相对负载阻抗很大，负载阻抗波动基本不会改变电流大小，故在一定的工况下，可近似为内电阻无穷大的理想电流源。由于理想电流源输出的电流恒定不变，故电流源两端的电压取决于它所连接的外电路。由于内阻等多方面的原因，理想电流源在现实世界是不存在的，但这样的模型对电路分析十分有价值。实际上，如果一个电流源在电压变化时，电流的波动不明显，通常就假定它是一个理想电流源。在电流源回路中串联电阻无意义，因为它不会改变负载的电流，也不会改变负载上的电压。在原理图上这类电阻应简化掉。负载阻抗只有并联在电流源上才有意义，与内阻是分流关系，如图 2-15 所示。

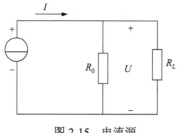

图 2-15　电流源

光伏电池板可视为非理想的电流源，如图 2-16 所示。

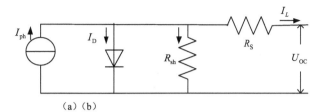

（a）（b）

图 2-16　非理想的电流源

2.7　电路参数的计算

2.7.1　电位

在电路中，指定某点为电压的参考零点，其他各点的电位都同参考点相比较，所得到的电压差即为该点的电位。选择参考点便于比较与计算。电子线路中通常选取直流电源的地为参考点，电气控制线路中则选取零线 N 为参考点。

2.7.2　电阻的串并联

电路 n 个电阻 $R_1, R_2, \cdots, R_n$ 的串联组合，其中，每个电阻中的电流为同一个电流。所以，可以将所有电阻之和等效为一个电阻。显然，等效电阻必大于任一个串联的电阻。串联电阻起到分压作用。

$$R_{eq} = R_1 + R_2 + \cdots + R_n \tag{2-11}$$

电阻并联时，多个电阻的电压为同一个电压。由于电压相等，所有电阻可等效为一个电阻，即等效电阻。但是，等效电阻必小于任一个并联电阻。并联电阻起到分流的作用。

$$\frac{1}{R_{eq}} = \frac{1}{R_1} + \frac{1}{R_2} + \cdots + \frac{1}{R_n} \tag{2-12}$$

图 2-17 是两个电阻的串联、并联示意图。

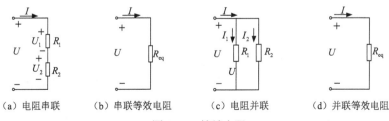

（a）电阻串联　　　（b）串联等效电阻　　　（c）电阻并联　　　（d）并联等效电阻

图 2-17　等效电阻

例 2-5　$3\frac{1}{2}$（$3\frac{1}{2}$ 位的整数位表示能显示 0～9 所有数字的位数，分数 $\frac{1}{2}$ 表示最高位

的实际最大值、理论最大值）位数字万用表测量直流电压输入部分等效电路如图 2-18 所示。COM 和 V/I/Ω 是万用表连接被测电路的两个外接端子。开关 $S_1 \sim S_5$ 对应直流电压档的档位，被测时，只有一个开关导通。被测电路的电压 U 经过模拟/数字（analog/digital，A/D）转换后直接送入液晶显示屏（liquid crystal display，LCD），由 LCD 显示出测量值，并由与档位开关对应的电路改变小数点显示的位置。已知 U_1 的取值范围为 –199.9～199.9 mV，试问：

（1）开关 $S_1 \sim S_5$ 各自分别对应万用表的哪个档位？

（2）当被测电路的电压为 30～50 V 时应该选用哪个档位测量合适？

（3）如果 $E=1.5\,V$，$R_6=100\,\Omega$，应该选用哪个档位测量合适？U_1 为多少？

（4）如果 $E=1.5\,V$，$R_6=10\,M\Omega$，应该选择哪个档位测量合适？

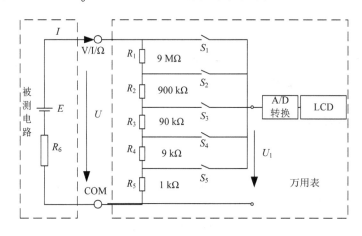

图 2-18　例 2-5 的电路图

解　（1）设 $R = R_1 + R_2 + R_3 + R_4 + R_5$，则 $R = 10\,M\Omega$，被测电路的两端电压为 U。

①当开关 S_1 闭合时，$U=U_1$。

因为 $U_1 = -199.9 \sim 199.9\,mV$，所以 $U = -199.9 \sim 199.9\,mV$。

可知 S_1 对应 200 mV 档。

②当开关 S_2 闭合时，$U_1 = \dfrac{(R_2 + R_3 + R_4 + R_5)}{R} \times U = 0.1U$。

因为 $U = 10U_1$，所以 $U = -1.999 \sim 1.999\,V$。

可知 S_2 对应 2 V 档。

③同理可得，S_3 对应 20 V 档，S_4 对应 200 V 档位。

④同理可得，S_5 对应 2000 V 档，但由于被测电压过高，将导致安全事故。所以设计万用表时，规定只能测量 700 V 以下的电压，所以 S_5 对应 700 V 档位合适。

（2）因为 30 V>20 V，50 V<200 V，所以应选择 200 V 档位合适。

（3）因为 $E = 1.5\,V$，应选择 2 V 档位测量合适，此时档位开关 S_2 闭合。所以有

$$U_1 = \frac{(R_2 + R_3 + R_4 + R_5)}{R} \times U = \frac{(R_2 + R_3 + R_4 + R_5)}{R} \times \frac{R}{R + R_6} E$$

$$= \frac{(900 + 90 + 9 + 1) \times 10^3}{100 + 10 \times 10^6} \times 1.5\,\text{V} \approx 150\,\text{mV}$$

（4）因为 E=1.5 V，因选择 2 V 档位测量合适，此时档位开关 S_2 闭合。所以有

$$U_1 = \frac{(R_2 + R_3 + R_4 + R_5)}{R} \times U = \frac{(R_2 + R_3 + R_4 + R_5)}{R} \times \frac{R}{R + R_6} E$$

$$= \frac{(900 + 90 + 9 + 1) \times 10^3}{(10 + 10) \times 10^6} \times 1.5\,\text{V} = 75\,\text{mV}$$

比较（3）和（4）的计算结果可知：由于 R_6 的数值不同，U_1 的电压值亦不同，导致在 LCD 上显示的测量值也不同。

当 $R_6 = 100\ \Omega$ 时，其阻值远小于万用表的等效输入电阻 $R = 10\ \text{M}\Omega$，可忽略不计，所以 U 近似等于 E，LCD 上显示的读数也近似等于 1.5 V。

当 $R_6 = 10\ \text{M}\Omega$ 时，其阻值和万用表的等效输入电阻 $R = 10\ \text{M}\Omega$ 相等，不能忽略，两者和 E 共同组成一个回路，导致 U 是 E 的一半，等于 0.75 V，LCD 上显示的读数等于 0.75 V。

综上所述，只有当被测电路的等效内阻远小于万用表的输入内阻时，LCD 上显示的数字等于 E。

2.7.3　支路电流法

支路电流法是以支路电流为未知量，直接利用 KCL 和 KVL 分别对电路中的节点和回路列出独立方程。并使独立方程的个数与支路电流数相等，通过解方程组得到支路电流，进而求出电路中的其他物理量。

如图 2-19 所示，由 KCL 和 KVL 可得方程：

$$\begin{cases} I_1 + I_2 - I_3 = 0 \\ R_1 I_1 + R_3 I_3 - E_1 = 0 \\ R_2 I_2 + R_3 I_3 - E_2 = 0 \end{cases} \tag{2-13}$$

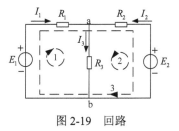

图 2-19　回路

对一个有 n 个节点、b 条支路的电路，可列出 $n-1$ 个独立的 KCL 方程，$b-(n-1)$ 个独立的 KVL 方程。因而一共可列出 b 个独立的方程，所以可求解 b 条支路的电流。归纳出支路电流法的解题步骤：

（1）标出待求支路电流的参考方向和回路的绕行方向。

（2）判定电路的支路数 b 和节点数 n。

（3）根据 KCL 列出 $n-1$ 个独立的节点电流方程式。

（4）根据 KVL 列出 $b-(n-1)$ 个独立回路的电压方程式。

（5）联立方程组，求解各支路电流。

例 2-6　如图 2-20 所示，0 是两个电源的公共地端，应用支路电流法求各支路的电流和 a 点的电位 U_a。

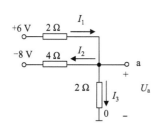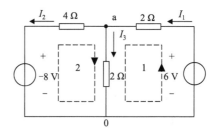

图 2-20　电路图

解　根据电路图求解。

对节点 a 列 KCL 方程：$I_2 + I_3 - I_1 = 0$。

对回路 1 列 KVL 方程：$2I_1 + 2I_3 - 6 = 0$。

对回路 2 列 KVL 方程：$-4I_2 + 2I_3 - (-8) = 0$。

可得 $I_1 = 2.6\,\text{A}$，$I_2 = 2.2\,\text{A}$，$I_3 = 0.4\,\text{A}$。

则 $U_a = 6 - 2I_1 = 0.8\,\text{V}$。

2.7.4　节点电压法

在给定的电路中，任取一个节点作为参考零点，其他各节点与该节点相比较，得到该节点的节点电压。节点电压法是以电路中节点的电压为未知量，利用节点电压列出各节点的 KCL 方程，再将各个 KCL 方程联立成一个方程组，求解这各个节点的电压，进而求解电路中其他的物理量。

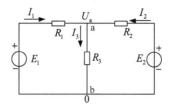

图 2-21　电路图

如图 2-21 所示，可对节点 a 的 KCL 方程用节点电压表示，即

$$I_3 - I_1 - I_2 = 0 \qquad\qquad (2\text{-}14)$$

其中 $I_1 = \dfrac{U_1}{R_1} = \dfrac{E_1 - U_a}{R_1}$ 　$I_2 = \dfrac{U_2}{R_2} = \dfrac{E_2 - U_a}{R_2}$ 　$I_3 = \dfrac{U_3}{R_3} = \dfrac{U_a}{R_3}$ 。由此，可得

$$\frac{E_1 - U_a}{R_1} + \frac{E_2 - U_a}{R_2} - \frac{U_a}{R_3} = 0 \tag{2-15}$$

对一个有 n 个节点、b 条支路的电路，任意选取一个参考点之后，利用节点电压可列出 $n-1$ 个独立的 KCL 方程，联立这些 KCL 方程，可解出除参考点之外的节点电压。归纳出节点电压法解题的步骤：

（1）标出各支路电流的参考方向。

（2）合理的选取一个节点为参考零点，标出其他节点的电压。

（3）写出节点的 KCL 方程。

（4）利用节点电压，计算出各支路电流，并代入 KCL 方程。

（5）联立 KCL 方程组，求解各节点电压。

例 2-7　已知电路如图 2-22 所示，求各支路电流。

解　根据电路图求解。

对节点 a 列 KCL 方程得：$I_3 - I_1 - I_2 = 0$。

对节点 b 列 KCL 方程得：$I_4 + I_2 - I_5 = 0$。

由此：

$$\frac{U_a}{5} - \frac{15 - U_a}{5} - \frac{U_b - U_a}{10} = 0$$

$$\frac{U_b - U_a}{10} + \frac{U_b}{10} - \frac{65 - U_b}{15} = 0$$

根据欧姆定律得：$I_1 = \dfrac{15 - U_a}{5}$，$I_2 = \dfrac{U_b - U_a}{10}$，$I_3 = \dfrac{U_a}{5}$，$I_4 = \dfrac{U_b}{10}$，$I_5 = \dfrac{65 - U_b}{15}$。

则可得：$U_a = 10\,\mathrm{V}$，$U_b = 20\,\mathrm{V}$。

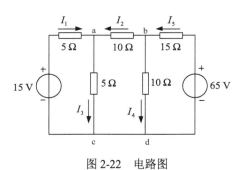

图 2-22　电路图

2.8　基本动态电路——电容的充电过程、电感的储能过程

自然界事物的运动，在一定的条件下有一定的稳定状态。当条件改变时，就会过渡

到新的稳定状态。像电动机从静止状态（一种稳定状态）启动，它的转速从零逐渐上升，最后到达稳定值（新的稳定状态）；当电动机停下来时，它的转速从某一稳态值逐渐下降，最后为零。由此可见，从一种稳定状态到另一种新的稳定状态往往不能跃变，而是需要一定过程（时间）的，这个物理过程就称为过渡过程。在电路中也存在过渡过程。

　　将 R、L、C 分别串联一只同样的灯泡，并接在直流电压源上，如图 2-23 所示。闭合线路上的开关，可以发现：R 支路的灯泡立即发光，而且亮度始终不变；L 支路的灯泡开始瞬间不亮，并由暗逐渐变到最亮；C 支路的灯泡开始最亮，继而由亮变暗，最后熄灭。三条支路的不同现象，是因为 R、L、C 三个元件上电流与电压之间关系所遵循的规律不同。思考：接上交流电又如何？

图 2-23　三种元件的不同特性

　　电阻遵循欧姆定律。它不能储能，电流流过它即刻将电能消耗转化为热能，由能量计算公式 $W = \int_0^{+\infty} u(t)i(t)\mathrm{d}t$，便得 $W = \int_0^{+\infty} Ri^2(t)\mathrm{d}t$，电阻通过电流时无过渡过程。

　　对电感，电感的电流与电压遵循电感的伏安关系，即电感是否还有电压，取决于电流是否变化。当电路接通时，电感中的能量从 0 向 $W_L = Li_L^2(\infty)/2$ 变化（i_L 在无穷时刻取值），在这个储能过程中电感从电源吸收的功率为 $P_L = \mathrm{d}W_L/\mathrm{d}t$。上面两个式子说明电感中的电流不应发生突变，否则储能过程的功率也将为无穷大，这与客观实际不符，所以电感储能是有过渡过程的。同样，电感释放能量同样也是有过渡过程的。

　　对电容，电流与电压遵循电容的伏安关系，即电容是否还有电流，取决于电压是否变化。当电路接通时，由能量计算公式 $W = \int_0^{+\infty} u(t)i(t)\mathrm{d}t$，将电容的表达式代入，能量从 0 向 $W_C = Cu_C^2(\infty)/2$ 变化（u_C 在无穷时刻取值），在这个储能过程中电容从电源吸收的功率为 $P_C = \mathrm{d}W_C/\mathrm{d}t$。上面两个式子说明电容中的电压不应发生突变，否则储能过程的功率也将为无穷大，这与客观实际不符，所以电容储能也是有过渡过程的。同样，电容释放能量同样也是有过渡过程的。

　　正是因为电感与电容的能量不会突变，在存在电感和电容的电路中，计算换路时刻的电路参数时要按换路前电感或电容的状态进行计算。这实际上就是换路定律，准确一些的表述就是，假设电路在 0 时刻换路，换路前（0_- 表示换路前的终了瞬间）时刻与换路后（0_+ 表示换路后的初始瞬间）时刻，电容的电压值与电感的电流值应连续变化，用公式表示为 $u_C(0_+) = u_C(0_-)$ 和 $i_L(0_+) = i_L(0_-)$。

　　换路后瞬间可将电容用恒压源等效代替，电感用恒流源等效替代，画出换路后 $t = 0_+$ 时的等效电路，与常规电路一样通过计算可确定换路后各元件上的电流或电压的初始值。由初始值和电路的电压方程可计算电路暂态过程中各元件上电压或电流的变化。当电容元件的初始电压为零或者电感元件的初始电流为零时，在换路的一瞬间，电容等效为短路，电感等效为断路。

　　例 2-8　如图 2-24 所示，设已知 $u = 12\,\mathrm{V}$，$R_1 = 4\,\mathrm{k}\Omega$，$R_2 = 8\,\mathrm{k}\Omega$，$C = 1\,\mu\mathrm{F}$。求当

开关 S 闭合后 $t=0_+$ 时各支路电流和电容电压的初始值及稳定时的储能值。

解　已知在 S 闭合前 $u_C(0_-)$（换路前电容上无电压）。根据换路定律：

$$u_C(0_-)=u_C(0_+)=0$$

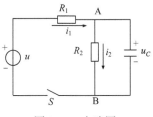

图 2-24　电路图

由于 R_2 和 C 并联，故有 $i_2(0_+)=\dfrac{u_C(0_+)}{R_2}=0$。

为求 $i_1(0_+)$，可根据基尔霍夫电压定律列出回路电压方程，即

$$u=i_1(0_+)R_1+i_2(0_+)R_2=i_1(0_+)R_1+0$$

可得：$i_1(0_+)=u/R_1=12/(4\times10^3)=3\times10^{-3}\,\text{A}=3\,\text{mA}$。

再用基尔霍夫电流定律 $i_c(0_+)=i_1(0_+)-i_2(0_+)=3-0=3\,\text{mA}$。

当开关闭合电路稳定后的直流电路，无限长时间后各稳态值分别为

$$i_1(\infty)=i_2(\infty)=u/(R_1+R_2)=12/[(4+8)\times10^3]=1\,\text{mA}$$

$$u_1(\infty)=i_1(\infty)R_1=1\times10^{-3}\times4\times10^3=4\,\text{V}$$

$$u_2(\infty)=i_2(\infty)R_2=1\times10^{-3}\times8\times10^3=8\,\text{V}$$

则 $W_C=Cu_C^2(\infty)/2=1\times10^{-6}\times8\times8/2=3.2\times10^{-5}\,\text{J}$。

例 2-9　如图 2-25 所示，设已知 $u=12\,\text{V}$，$R_1=4\,\text{k}\Omega$，$R_2=8\,\text{k}\Omega$，$L=1\,\mu\text{H}$。求当开关 S 闭合后 $t=0_+$ 时流过电感的电压初始值及稳定时的储能值。

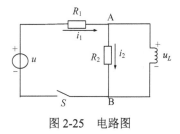

图 2-25　电路图

解　已知在 S 闭合前 $i_L(0_-)$。根据换路定律：

$$i_L(0_-)=i_L(0_+)=0$$

由于 R_2 和 L 并联，故有 $u_L(0_+)=R_2i_2(0_+)$。

由于初始时 $u_L(0_+)=0$，电感相当于开路。

为求 $i_1(0_+)$，可根据基尔霍夫定律电流定律，即

$$i_1(0_+) = i_2(0_+) + i_L(0_+) = i_2(0_+)$$

可得：$i_1(0_+) = i_2(0_+) = u/(R_1 + R_2) = 12/(4 \times 10^3 + 8 \times 10^3) = 1 \times 10^{-3} \text{A} = 1 \text{mA}$

$$u_L(0_+) = R_2 i_2(0_+) = 8 \times 10^3 \times 1 \times 10^{-3} = 8 \text{V}$$

当开关闭合，电路稳定后的直流电路，无限长时间后电感相当于短路，所以 $i_2(\infty) = 0$，则各稳态值分别为

$$i_1(\infty) = i_2(\infty) + i_L(\infty) = u/R_1 = 12/(4 \times 10^3) = 3 \text{mA}$$

$$i_1(\infty) = i_L(\infty)$$

$$u_1(\infty) = i_1(\infty)R_1 = 3 \times 10^{-3} \times 4 \times 10^3 = 12 \text{V}$$

$$u_2(\infty) = i_2(\infty)R_2 = 0$$

$$W_L = Li_L^2(\infty)/2 = 1 \times 10^{-6} \times 3 \times 3/2 = 4.5 \times 10^{-6} \text{J}$$

例 2-10 如图 2-26 所示，试着说明日光灯的工作原理。

灯管在工作时可认为是一个电阻负载 R。镇流器是一个铁芯线圈，可等效为一个电感很大的感性负载（r、L 串联）。灯亮后，启辉器[①]就不起作用了。

日光灯的工作原理：当接通 220 V 交流电源时，电源电压通过镇流器施加于启辉器两电极上，使极间气体产生辉光放电。辉光放电的热量使双金属片受热膨胀，辉光产生的热量使 U 形动触片膨胀伸长，与静触片接通，于是镇流器线圈和灯管中的灯丝就有电流通过。接通之后，由于两电极接触不再产生热量，双金属片冷却复原使电路突然断开，此时镇流器产生较高的自感电动势经回路施加于灯管两端，而使灯管迅速起燃，电流经镇流器、灯管而流通。灯管起燃后，两端压降较低，启辉器不工作，日光灯正常工作。电容的作用是为了提高功率因数。

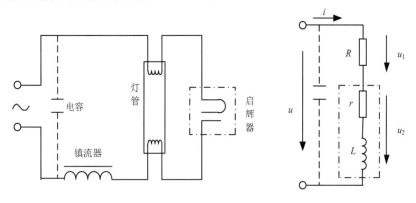

图 2-26 日光灯的工作原理图

---

① 启辉器主要是一个充有氖气的小氖泡，里面装有两个电极，一个是静触片，一个是由两个膨胀系数不同的金属制成的 U 形动触片，它是一个双层金属片，当温度升高时，因两层金属片的膨胀系数不同，且内层膨胀系数比外层膨胀系数高，所以动触片在受热后会向外伸展。

2.9　小　　结

　　电路是电路模型的简称。本章介绍了电路的作用、电路模型及其电路参数的基本分析方法与计算。电路的 4 个基本定律是电路分析的基础，电压和电流的参考方向可将电路参数计算转化为代数方程；电阻串、并联计算有助于电路的简化；电位的概念有助于电路的相对分析；在此基础上，根据电路构成运用支路电流法或节点电压法可解决复杂电路参数的计算。电路参数计算中最容易产生混淆的是元器件的电压和回路电压的参考方向、支路电流和回路电流的参考方向。只要把它们相互之间的关系分析清楚，电路参数的计算就会变成一个简单的代数方程问题。另外，电源有开路、短路和有载工作三种状态，每种状态都具有各自的等效模型和特点。短路状态在实际应用中要尽量避免；有载工作时一定要清楚电源和用电设备的额定值和实际值。电容的充电与电感的储能过程均是需要一个过渡过程才能达到稳定，这一过程不可能跃变。有关复杂电路与网络分析将在"电路分析"课程中展开。

第3章 基础电子元器件、接插件和导线

3.1 引　言

电子元器件、接插件和导线是构成电子电路的基础。熟悉和掌握基础电子元器件的结构、性能、特点和用途，以及接插件与导线分类和特点，对设计、安装和调试自动化和电气控制系统十分重要。本章从功能、类别、性能指标和用途等方面对常用电子元器件进行详细的介绍，力求使读者对各类常用电子元器件有一个较全面的了解，以便在设计和研制产品时能正确选用元器件，在调试和维护时能正确判断元器件的好坏。要想深入准确地了解某种电子元器件的性能指标，必须查阅相应的资料手册。

3.2 电阻器与电位器

3.2.1 电阻器

1. 电阻器介绍

电阻反映导体对电流的阻碍作用。在电路中起阻碍电流作用的元件称为电阻器，通常简称为电阻。电阻通常用字母 R 表示，其单位用欧姆（Ω），常用换算公式如下：

$$1\,\mathrm{k\Omega} = 10^3\,\Omega,\ 1\,\mathrm{M\Omega} = 10^3\,\mathrm{k\Omega} = 10^6\,\Omega \tag{3-1}$$

用途：在电路中稳定和调节电路中的电流和电压，可作为分流器、分压器和负载等使用。特殊电阻可当传感器使用。电阻在电路中占电子元器件总数的 30%左右。

2. 电阻器实物图与符号

常用电阻的实物图如图 3-1 所示。

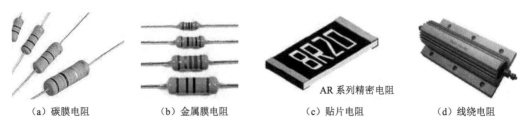

（a）碳膜电阻　　　（b）金属膜电阻　　　（c）贴片电阻　　　（d）线绕电阻

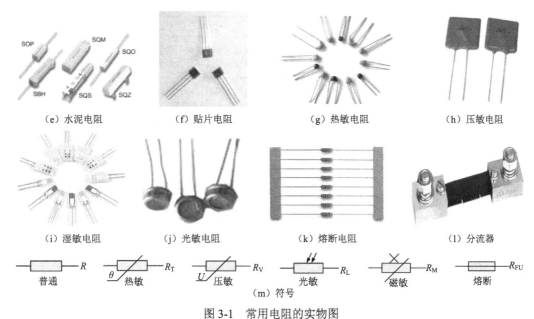

（e）水泥电阻	（f）贴片电阻	（g）热敏电阻	（h）压敏电阻
（i）湿敏电阻	（j）光敏电阻	（k）熔断电阻	（l）分流器

普通　　　θ/热敏　　　U/压敏　　　光敏　　　磁敏　　　熔断
R　　R_T　　R_V　　R_L　　R_M　　R_{FU}

（m）符号

图 3-1　常用电阻的实物图

（1）熔断电阻是一次性的，通常几十欧姆，在直流供电电路中起到保护作用。

（2）绕线电阻中有一种用水泥填充固化的形式称水泥电阻，采用压接工艺，压接点在电流过大时迅速熔断。水泥电阻功率大，散热好，且阻燃防爆、绝缘（>100 MΩ）。

（3）贴片电阻体积小、精度高、稳定性和高频性能好。

（4）分流器：一种小电阻，使用电压量来表示电流量。

（5）电阻排及网络：电阻的集成，集成的方式可以是多种多样的。如图 3-2 所示，BX103-9（表示 10 k，9 个引脚，即有 8 个 10 k 电阻）是一种最简单的方式，存在公共端。

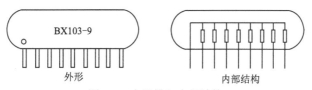

外形　　　　　　　　　　　内部结构

图 3-2　电阻排与内部结构

3. 电阻器的分类

电阻分为薄膜类、合金类、合成类和敏感类。具体情况如表 3-1 所示。

表 3-1　电阻器的分类

	类型	型号	制成	优点	缺点	应用场合
薄膜类	金属膜电阻	RJ	在陶瓷骨架表面，经真空高温或烧渗工艺蒸发沉积一层金属膜或合金膜	精度高、稳定性好、噪声低、体积小、高频特性好、允许工作环境温度范围大	—	电子电路应用最广泛
	金属氧化膜电阻	RY	在玻璃、瓷器等材料上，通过高温以化学反应形式生成以二氧化锡为主体的金属氧化层	因氧化膜膜层比较厚，具有极好的脉冲、高频和过负荷性能，且耐磨、耐腐蚀、化学性能稳定	阻值范围窄，温度系数比金属膜电阻差	—

续表

类型		型号	制成	优点	缺点	应用场合
薄膜类	碳膜电阻	RT	在陶瓷骨架表面上，将碳氢化合物在真空中通过高温蒸发分解沉积成碳结晶导电膜	碳膜电阻价格低廉，阻值范围宽，温度系数为负值	—	—
合金类	线绕电阻	RX	将康铜丝或镍铬合金丝绕在磁管上，并将其外层涂以珐琅或玻璃釉加以保护	线绕电阻具有高稳定性、高精度、大功率等特点	自身电感和分布电容比较大，不适合在高频电路中使用	—
	精密合金箔电阻	RJ	在玻璃基片上粘贴一块合金箔，用光刻法蚀出一定图形，并涂敷环氧树脂保护层，引线封装后形成	具有自动补偿电阻温度系数功能，故精度高、稳定性好、高频响应好	—	—
合成类	金属玻璃釉电阻	RI	以无机材料做黏合剂，用印刷烧结工艺在陶瓷基体上形成电阻膜	具有较高的耐热性和耐潮性	—	制成小型化贴片式
	实心电阻	RS	用有机树脂和碳粉合成电阻率不同的材料后热压而成	体积与相同功率的金属膜电阻相当	噪声比金属膜电阻大	—
	合成膜电阻	RH	—	—	—	分高压型和高阻型
	厚膜电阻网络	电阻排	以高铝瓷做基体，综合掩膜、光刻、烧结等工艺，在一块基片上制成多个参数性能一致的电阻，连接成电阻网络，也称为集成电阻	温度系数小，阻值范围宽，参数对称性好	—	应用在各种电子设备中
敏感类		—	—	使用不同材料和工艺制造的半导体电阻，具有对温度、光照度、湿度、压力、磁通量、气体浓度等非电物理量敏感的性质	—	主要应用于自动检测和自动控制领域中

4. 电阻器的命名

电阻器的命名如表 3-2 所示。

表 3-2 一般电阻器的命名

第一部分：主称		第二部分：材料		第三部分：特征		第四部分：序号
符号	意义	符号	意义	符号	意义	
		T	碳膜	1	普通	
		H	合成膜	2	普通	
		S	有机实心	3	超高频	对主称、材料相同，仅性能指标尺寸大小有区别，但基本不影响互换使用的产品，给同一序号；若性能指标、尺寸大小明显影响互换时，则在序号后面用大写字母作为区别代号
		N	无机实心	4	高阻	
R	电阻器	J	金属膜	5	高温	
		Y	氧化膜	6	—	
		C	沉积膜	7	精密	
		I	玻璃釉膜	8	高压	
		P	硼酸膜	9	特殊	
		U	硅酸膜	G	高功率	
		X	线绕	T	可调	

5. 电阻器的主要参数

电阻器的主要参数包含标称阻值、允许偏差、额定功率、极限工作电压、额定电压、稳定性、噪声电动势、最高工作温度、高频特性和温度特性。

（1）标称阻值 R：标称在电阻器上的阻值称为标称阻值。

导线的电阻值公式为

$$R = \rho L/S \qquad (3-2)$$

式中，ρ 为导体电阻率；L 为导体长度；S 为导体横截面。可见，电阻器的阻值大小与材质、长度及横截面有关。

在电阻生产中，为了满足技术和经济上的合理性，采用 E 数列作为元件生产系列化规格，即按公式 $a_n = (\sqrt[E]{10})^{n-1}$（$n = 1, 2, \cdots$），E 取不同的值，计算形成数值系列。当 E 取 6、12、24… 所得值构成数列，即在数字 1～10 内，该系列有 6、12、24… 个取值，分别称为 E6、E12、E24… 系列。阻抗元件的标称阻值为标称系列值再乘以 10^n 倍，n 为正整数或负整数。常用 E6、E12、E24 系列标称阻值如表 3-3 所示。

表 3-3　常用 E6、E12、E24 系列标称阻值

E6		1.0		1.5		2.2		3.3		4.7		6.8	
E12	1.0		1.2	1.5	1.8	2.2	2.7	3.3	3.9	4.7	5.6	6.8	8.2
E24	1.0	1.1	1.2	1.3	1.5	1.6	1.8	2.0	2.2	2.4	2.7	3.0	3.3	3.6	3.9	4.3	4.7	5.1	5.6	6.2	6.8	7.5	8.2	9.1

（2）允许偏差：标称阻值与实测值的最大偏差范围和标称阻值之比的百分数。如：005(D)——0.5%、01(F)——1%、02(G)——2%、Ⅰ(05)——5%、Ⅱ(10)——10%、Ⅲ(20)——20%。

（3）额定功率 P：在规定温度下，在电路中长期连续工作而不损坏或不显著改变其性能所允许消耗的最大功率。电路设计时需要充分考虑该电阻的实际功率最大能达到多少，选择一个额定功率比这个最大实际功率还要大的电阻。电阻的额定功率一般有 1/16 W、1/8 W、1/4 W、1/2 W、1 W、2 W、5 W、10 W 等，如果电阻功率大于 1/8 W，必须在电路图中按图 3-3 所示的大功率电阻电路符号标明，否则很容易误用电阻而导致事故。如果电路中使用的是电阻的一般符号，则可使用额定功率为 1/16 W 或 1/8 W 的电阻。

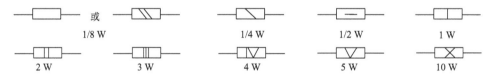

图 3-3　10 W 以下额定功率

（4）极限工作电压 V_e：不能超过的电压值，否则马上烧损。

（5）额定电压 U：$U = \min(\sqrt{PR}, V_e)$。

（6）稳定性：不受环境和工作状态影响的程度。

（7）噪声电动势：由热噪声和电流噪声产生的电势，一般是弱信号系统考虑。

（8）最高工作温度：电阻能正常工作的最高温度。

（9）高频特性：任何一种电阻均存在分布电感和寄生电容，只是大小的问题，线绕电阻的分布电感和寄生电容要比非线绕电阻大得多。

（10）温度特性：由于非金属与金属原子的内部结构及原子间的结合方式不同，金属具有正的电阻温度系数，即金属的电阻随着温度的升高而增大，而非金属则相反，具有负的温度系数，随着温度的升高而降低。

6. 电阻器的标识

电阻器的标识方法有直标法、色标法和文字符号法。

（1）直标法：把元件的主要参数直接印制在元件的表面上，这种方法主要用于功率比较大的电阻。如 24 kΩ±10 色标法%。若无偏差标识，则认为允许误差是 20%。

（2）色标法：小功率电阻广泛采用色标法，一般用色环表示电阻器的数值及精度，如图 3-4 所示。三色环电阻不提供偏差信息，四色、五色环电阻提供偏差信息。电阻器一般用背景区别电阻器的种类：如浅色（淡绿色、淡蓝色、浅棕色）表示碳膜电阻，用红色表示金属或金属氧化膜电阻，深绿色表示线绕电阻。

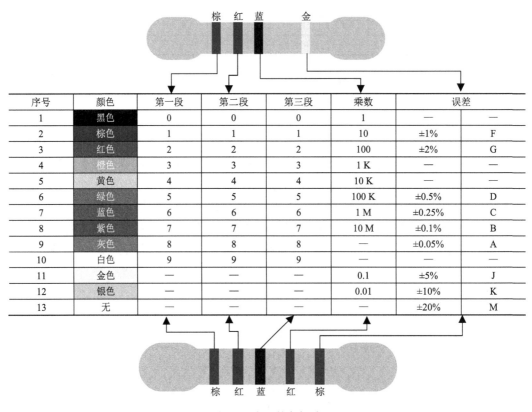

序号	颜色	第一段	第二段	第三段	乘数	误差	
1	黑色	0	0	0	1	—	—
2	棕色	1	1	1	10	±1%	F
3	红色	2	2	2	100	±2%	G
4	橙色	3	3	3	1 K	—	—
5	黄色	4	4	4	10 K	—	—
6	绿色	5	5	5	100 K	±0.5%	D
7	蓝色	6	6	6	1 M	±0.25%	C
8	紫色	7	7	7	10 M	±0.1%	B
9	灰色	8	8	8	—	±0.05%	A
10	白色	9	9	9	—	—	—
11	金色	—	—	—	0.1	±5%	J
12	银色	—	—	—	0.01	±10%	K
13	无	—	—	—	—	±20%	M

图 3-4　电阻的色标法

普通电阻器大多用四个色环表示其阻值和允许偏差。从有两个等间距的色环的左侧开始读数。第一、二环表示有效数字，第三环表示倍率（乘数），与前三环距离较大的第四环表示精度，一般只有金色与银色。精密电阻器采用五个色环标志，第一、二、三环表示有效数字，第四环表示倍率，与前四环距离较大的第五环表示精度。

例如：▮▮▮▮ 表示的是 $12×10^6$，误差为±5%；▮▮▮▮▮ 表示的是 $126×10^2$，误差

为±1%。

（3）文字符号法：电阻器的基本标注单位是欧姆（Ω），其数值大小用三位数字标注；对于十以上阻值的电阻器，前两位数字表示数值的有效数字，第三位数字表示数值的倍率；对于十以下的阻值的电阻器，第一位、第三位数字表示数值的有效数字，第二位用字母"R"表示小数点。

例如：3.3 Ω 等同于 3Ω3、3R3；4k7 就是 4.7 kΩ；223J 表示其阻值为 $22×10^3 = 22$ kΩ，误差±5%；允许偏差用Ⅰ、Ⅱ、Ⅲ表示。

随着电子元件的小型化，特别是表面安装元器件制造工艺的不断进步，使得电阻器的体积越来越小，其元件表面上标注的文字符号也做出了相应改革，一般仅用 3 位数字标注标称阻值，如表 3-4 所示，前两位是有效数字，后一位是倍率，单位是 Ω。但是要根据实际情况在 SMT 精密电阻查询表中查找；允许偏差不再标注，通常小于±5%。

表 3-4　SMT 精密电阻查询表

前两位有效字代表的阻值/Ω								后一位倍率	
代码	表示数字	代码	表示数字	代码	表示数字	代码	表示数字	代码	含义
01	100	26	182	51	332	76	604	A	10^0
02	102	27	187	52	340	77	619	B	10^1
03	105	28	191	53	348	78	634	C	10^2
04	107	29	196	54	357	79	649	D	10^3
05	110	30	200	55	365	80	665	E	10^4
06	113	31	205	56	374	81	681	F	10^5
07	115	32	210	57	383	82	698	G	10^6
08	118	33	215	58	392	83	715	H	10^7
09	121	34	221	59	402	84	732		
10	124	35	226	60	412	85	750		
11	127	36	232	61	422	86	768		
12	130	37	237	62	432	87	787		
13	133	38	243	63	442	88	806		
14	137	39	249	64	453	89	825		
15	140	40	255	65	464	90	845		
16	143	41	261	66	475	91	866	—	—
17	147	42	267	67	487	92	887		
18	150	43	274	68	499	93	909		
19	154	44	280	69	511	94	921		
20	158	45	287	70	523	95	935		
21	162	46	294	71	536	96	956		
22	165	47	301	72	549	97	973		
23	169	48	309	73	562	98	985	X	10^{-1}
24	174	49	316	74	576	99	998	Y	10^{-2}
25	178	50	324	75	590	—	—	Z	10^{-3}

例如：02C 为 $102 \times 10^2 = 10.2$ kΩ；27E 为 $187 \times 10^4 = 1.87$ MΩ。

7. 电阻器的选用规范

电阻选用必须遵守 5 个指标：功率、表面温度、工作电压、强电电路使用要求、电阻的高频特性。

1）功率

（1）当电阻工作的环境温度小于额定温度时，其实际功耗必须小于额定功率的 50%；

（2）当电阻工作的环境温度大于额定温度时，其实际功耗必须小于电阻功率降额曲线上对应功率限制的 50%；额定温度通常为 70℃，具体数值参阅各厂家的电阻规格书。图 3-5 为电阻功率降额使用曲线。

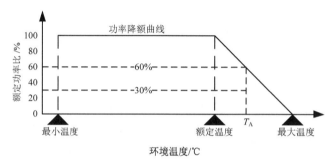

图 3-5　电阻功率降额使用曲线

假设电阻实际工作环境的温度为 T_A，其功率降额使用曲线对应额定功率比为 60%，则有

电阻实际工作功率 ≤ 50% ×（60% × 额定功率）= 30% × 额定功率

一般电阻规格书所给出的工作温度范围多指图中"最小温度－最大温度"所对应范围，图中"额定温度"指标若未给出，则取为 70℃，将最大温度作为零额定功率比对应的温度。在通常使用环境下（70℃以内），电阻实际消耗的最大功率也应小于电阻额定功率的 50%。

2）表面温度

对于用于室内控制器的电阻，在电压 220 V±15%、工况 32℃、湿度 80% 测试，电阻的表面温度应小于 80℃；对于用于室外控制器的电阻，在电压 220 V±15%、工况 43℃、湿度 80% 测试，电阻的表面温度应小于 90℃。

3）工作电压

（1）电阻的最大工作电压应小于其额定电压。

$$额定电压(V) = \min\left(\sqrt{额定功率(W) \times 标称电阻(\Omega)}, \ 极限电压(V)\right)$$

（2）各类电阻的额定功率和极限电压如表 3-5 所示。

表 3-5　各类电阻的额定功率和极限电压

电阻类型	额定功率/W	极限电压/V
氧化膜电阻	0.5	250
	1	350
	2	350
	3	350
	5	500
金属膜电阻	0.25	250
	0.5	300
	1	350
	2	400
碳膜电阻	0.5	250
	1	350
	2	350
	3	350
	5	500
玻璃釉电阻	0.25	500
	0.5	600
	1	800
	2	1000
	3	1000
	5	1000
金属釉电阻	0.25	800
	0.5	1500
	1	3000
	2	6000

4）强电电路使用要求

（1）在强电电路使用条件下，且电阻实际应用时的最大温升小于 15 K 时，必须选用玻璃釉电阻或金属釉电阻，禁止使用金属膜电阻和氧化膜电阻。

（2）强电电路中，当电阻的温升大于 15 K 时应选用氧化膜电阻；在跨越零火线使用时，需采用两个氧化膜电阻串联。

5）电阻的高频特性

低频时，阻抗约等于电阻值；频率增加，容抗减小，感抗增大，当容抗较小时，感抗起主要作用，总阻抗增加；频率继续增加，达到谐振频率时，阻抗最小，等于电阻；超过谐振频率时，阻抗又会增加。这一点从图 3-6 的电阻器等效电路及其频率特性反映出来。一般情况下，非线绕电阻器的高频分布参数较小，L_R 为 0.01～0.09μH，C_R 为 0.1～5pF。线绕电阻器的高频分布参数较大，L_R 为几十微亨，C_R 为几十皮法。电容非常小，一般可以忽略，所以多数情况只考虑电感，（引线）电感值根据电阻两边的引线长度和直径计算。需要注意的是，只有频率非常高的情况下才考虑分布电容。

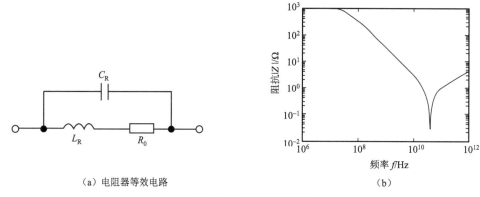

（a）电阻器等效电路 （b）

图 3-6 电阻的高频特性

8. 电阻器的质量判别方法与检测

电阻的质量判别方法：

（1）从外观上进行检查，看外形是否端正、标志是否清晰、保护漆层是否完好。

（2）使用万用表适当的欧姆挡量程测量该电阻的阻值，将此值和该电阻的标称阻值比较，是否符合误差范围。注意测量时将电阻一端与电路断开后才能进行测量；特别注意测量高阻值时，不允许用手触表笔。

（3）精确测量电阻值需要使用电桥——惠斯通电桥[①]。具体如图 3-7 所示。

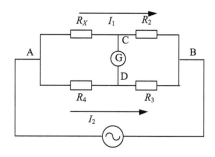

图 3-7 惠斯通电桥

当电桥平衡时平衡指示器 G 的值指向零，即 CD 之间等电势，则在平衡指示器左右两边桥臂的电压值相等，即 $U_{AC} = U_{AD}$，$U_{CB} = U_{DB}$，$I_1 R_X = I_2 R_4$，$I_1 R_2 = I_2 R_3$，由此得

$$R_X / R_2 = R_4 / R_3 , R_X = R_2 \times R_4 / R_3 \tag{3-3}$$

式中，R_4 是可调参数。

3.2.2 电位器

1. 电位器介绍

电位器是一种可调电阻，也是电子电路中用途最广泛的元器件之一。它对外有三个

---

① 惠斯通电桥不是惠斯通发明的，而是英国发明家克里斯蒂在 1833 年发明的，惠斯通只是第一个用它来测量电阻。

引出端，其中两个为固定端，另一个是中心抽头。转动或调节电位器转动轴，其中心抽头与固定端之间的电阻值将发生变化。

电位器常用于经常需要改变阻值的电路中，比如：音量、音调、声道控制，电视机中的亮度、对比度，直流电流表扩大量程，设定给定值，反映阀门开度变化。

2. 电位器实物图与符号

常用电位器的实物图如图 3-8 所示。

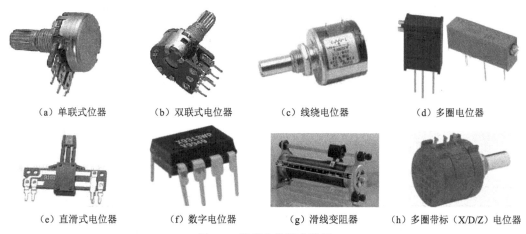

（a）单联式位器　　（b）双联式电位器　　（c）线绕电位器　　（d）多圈电位器

（e）直滑式电位器　　（f）数字电位器　　（g）滑线变阻器　　（h）多圈带标（X/D/Z）电位器

图 3-8　常用电位器实物图

3. 电位器的分类

通常电位器根据不同条件可以分为不同种类。

（1）按调节方式：旋转（单圈、多圈）、直滑。

（2）按联数：单联、双联。

（3）按有无开关：带开关（旋转、推拉）、无开关。

（4）按输出函数特性，即阻值与操作量关系：线性（X/B）——声道平衡；对数（D/C）——音调控制；指数（Z/A）——音量控制（图 3-9）。

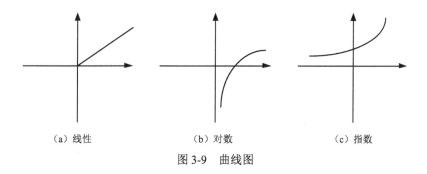

（a）线性　　　　　　（b）对数　　　　　　（c）指数

图 3-9　曲线图

（5）按驱动方式：手动调节、电动调节。

通常使用的电位器是有机实心电位器、线绕电位器、合成膜电位器、多圈电位器和数字电位器（表3-6）。

表3-6 通常使用电位器

分类	形成	优点	缺点	应用
有机实心电位器	由导电材料与有机填料、热固性树脂配制成电阻粉，经过热压，在基座上形成实心电阻体	结构简单、耐高温、体积小、寿命长、可靠性高	耐压低、噪声大	广泛用于焊接在电路板上作微调使用
线绕电位器	用合金电阻丝在绝缘骨架上绕制成电阻体，中心抽头的簧片在电阻丝上滑动	用途广泛，额定功率比较大、电阻的温度系数小、噪声低、耐压高	—	—
合成膜电位器	在绝缘基体上涂敷一层合成碳膜，经加温聚合后形成碳膜片，再与其他零件组合而成	阻值变化连续、分辨率高、阻值范围宽、成本低	对温度和湿度的适应性差，使用寿命短	—
多圈电位器	精密电位器，分有带指针、不带指针等形式，调整圈数有5圈、10圈等	线性优良，能进行精细调整	—	广泛应用于对电阻实行精密调整的场合
数字电位器	半导体集成电路，它通过一组数控模拟开关来控制阻值的改变	无机械触点，寿命长	—	音频视频设备和数字系统

4. 电位器的命名

电位器命名如表3-7所示。

表3-7 一般电位器的命名

第一部分：主称		第二部分：材料		第三部分：特征		第四部分：序号
符号	意义	符号	意义	符号	意义	
W	电位器	T	碳膜	1	普通	对主称、材料相同，仅性能指标尺寸大小有区别，但基本不影响互换使用的产品，给同一序号；若性能指标、尺寸大小明显影响互换时，则在序号后面用大写字母作为区别代号
		H	合成膜	2	普通	
		S	有机实心	3	—	
		N	无机实心	4	—	
		J	金属膜	5	—	
		Y	氧化膜	6	—	
		C	沉积膜	7	精密	
		I	玻璃釉膜	8	特殊函数	
		P	硼酸膜	9	特殊	
		U	硅酸膜	G	—	
		X	线绕	T	—	
		—	—	W	微调	
		—	—	D	多圈	
		—	—	X	小型	

5. 电位器的结构和工作原理

电位器的电阻体有两个固定端，通过调节转轴或滑柄，改变动触点在电阻体上的位置，则改变了动触点与任一个固定端之间的电阻值，从而改变了电压与电流的大小。以旋转式电位器为例，电位器主要由电阻体、滑动片、转动轴、焊片和外壳等组成。

6. 电位器的主要参数

（1）标称阻值：名义阻值，与电阻一样。

（2）额定功率：在直流或交流电路中，大气压为 87～107 kPa 时，在规定的额定温度下两个固定端上长期连续负荷所允许消耗的最大功率。

（3）符合度：电位器的实际输出函数特性和所要求的理论函数特性之间的符合程度。它用实际特性和理论特性之间的最大偏差对外加总电压的百分数表示。

（4）阻值变化特性：线性、对数、指数。

（5）零位电阻：动触点滑到固定端时两端电阻。

（6）分辨率（分辨力）：电位器的理论精度。

线绕电位器和线性电位器：用动触点在绕组上每移动一匝所引起的电阻变化量与总电阻的百分比表示，即绕线总匝数 N 的倒数。

函数特性的电位器：由于绕组上每一匝的电阻不同，故分辨率是个变量。以函数特性曲线上斜率最大的一段作为平均分辨率。

（7）滑动噪声：电位器电阻分配不当、转动系统配合不当及电位器存在接触电阻等原因造成的叠加在信号上的噪声。

（8）耐磨性：电位器在规定的试验条件下，动触点可靠运动的总次数，常用"周"表示。

7. 电位器的标识

电位器一般均采用直标法，在电位器外壳上用字母和数字标志着它们的型号、额定功率、标称阻值、阻值与转角间的关系等。如图 3-10（a）所示电位器的标称阻值为 5 kΩ，偏差±5%，线性输出特性，线性度误差±0.25%；如图 3-10（b）所示电位器的标称阻值为 5.6 kΩ，偏差±5%，对数输出特性，对数特性误差±0.3%。

（a）　　　　　　　　　　　　（b）

图 3-10　电位器的标识

8. 电位器的选用规范

电位器的选用同样要遵守电阻选用规范要求，如功率、表面温度、工作电压、强电电路使用环境、电阻的高频特性。同时注意：根据用途选择合适的阻值变比；要求高分辨率可选用非线绕电位器和多圈电位器；调节后不需要再调整的，选用微调电位器。对电位器的主要要求是阻值符合要求、中心滑动端与电阻体之间接触良好，转动平滑、对带开关电位器，开关部分应动作准确可靠、灵活。

9. 电位器的判别方法与检测

电位器检测需要注意以下几点：

（1）机械部件是否完好、通断音、旋转是否顺畅等；

（2）测量固定端间的阻值是否与标称阻值一致，同时旋动滑动触头，其值应固定不变；

（3）测量过程中，慢慢旋转转轴，正常情况下读数应平稳地朝一个方向变化；

（4）各端子、外壳、转轴间的绝缘电阻是否够大。

3.3 电 容 器

3.3.1 电容器介绍

电容器由两个相互靠近的导体之间夹一层不导电的绝缘材料（电介质）构成。电流是通过电场的形式在电容器间通过的。

电容通常用字母 C 表示，电容的基本单位为法拉（F），换算如式（3-4）：

$$1F = 10^3\,mF = 10^6\,uF = 10^9\,nF = 10^{12}\,pF \tag{3-4}$$

对于极板电容决定式：$C = \varepsilon S / 4\pi kd$，其中，静电常数 $k = 8.988 \times 10^9 N \cdot m^2/C^2$，$\varepsilon$ 是介电常数。电容器的电容量 C 反映电容器储能能力的强弱 $Q = CU$。可知电容大小与电介质和正对面积及直径有关。

3.3.2 电容器实物图与符号

电容器的实物图如图 3-11 所示。

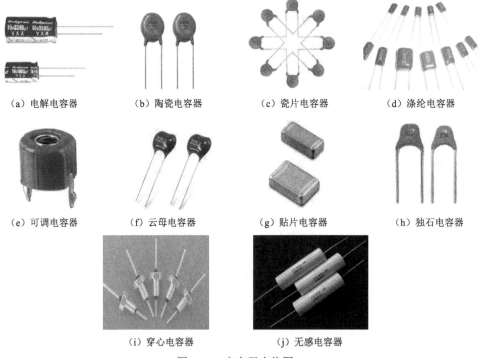

（a）电解电容器	（b）陶瓷电容器	（c）瓷片电容器	（d）涤纶电容器
（e）可调电容器	（f）云母电容器	（g）贴片电容器	（h）独石电容器

（i）穿心电容器　　　　（j）无感电容器

图 3-11　电容器实物图

电容器的符号如图 3-12 所示。

一般电容　　极性电容　　微调电容　压敏极性电容　穿心电容　可变电容　双联可变电容

图 3-12　电容器符号

3.3.3　电容器的分类

根据分析统计，电容器可以按照以下方式分类。

（1）按照结构分类：固定电容器、可变电容器和微调电容器。

（2）按电解质分类：有机介质电容器、无机介质电容器、电解电容器、电热电容器和空气介质电容器等。

（3）按用途分类：高频旁路、低频旁路、滤波、调谐、低频耦合、小型电容器。

高频旁路：陶瓷电容器、云母电容器、玻璃膜电容器、涤纶电容器、玻璃釉电容器。

低频旁路：纸介电容器、陶瓷电容器、铝电解电容器、涤纶电容器。

滤波：铝电解电容器、纸介电容器、复合纸介电容器、液体钽电容器。

调谐：陶瓷电容器、云母电容器、玻璃膜电容器、聚苯乙烯电容器。

低频耦合：纸介电容器、陶瓷电容器、铝电解电容器、涤纶电容器、固体钽电容器。

小型电容：金属化纸介电容器、陶瓷电容器、铝电解电容器、聚苯乙烯电容器、固体钽电容器、玻璃釉电容器、金属化涤纶电容器、聚丙烯电容器、云母电容器。

（4）按制造材料的不同可以分为：瓷介电容、涤纶电容、电解电容、钽电容，还有先进的聚丙烯电容，等等。

3.3.4　电容器的命名

1．国内命名方式

国产电容器的型号一般由四部分组成（不适用于压敏、可变、真空电容器），依次分别为名称、材料、特征和序号，如表 3-8 所示。

表 3-8　电容器命名方式

第一部分		第二部分		第三部分		第四部分
用字母表示名称		用字母表示材料		用数字或字母表示特征		序号
符号	意义	符号	意义	符号	意义	包括：品种、尺寸、代号、温度特性、直流工作电压、标称值、允许偏差、标准
C	电容器	C	瓷介	T	铁电	
		I	玻璃釉	W	微调	
		O	玻璃膜	J	金属化	
		Y	云母	X	小型	

续表

第一部分		第二部分		第三部分		第四部分
用字母表示名称		用字母表示材料		用数字或字母表示特征		序号
符号	意义	符号	意义	符号	意义	
C	电容器	V	云母纸	S	独石	包括：品种、尺寸、代号、温度特性、直流工作电压、标称值、允许偏差、标准
		Z	纸介	D	低压	
		J	金属化纸	M	封密	
		B	聚苯乙烯	Y	高压	
		F	聚四氟乙烯	C	穿芯式	
		L	涤纶	—	—	
		S	聚碳酸酯	—	—	
		Q	漆膜	—	—	
		H	纸膜复合	—	—	
		D	铝电解	—	—	
		A	钽电解	—	—	
		G	金属电解	—	—	
		N	铌电解	—	—	
		T	钛电解	—	—	
		M	压敏	—	—	
		E	其他材料	—	—	

第一部分：名称，用字母表示，电容器用 C。

第二部分：材料，用字母表示。

第三部分：特征，一般用数字表示，个别用字母表示。

第四部分：序号，用数字表示，以区别电容器的外形尺寸及性能指标。

第三部分是数字时所代表的意义如表 3-9 所示。

表 3-9　电容器型号第三部分是数字时所代表的意义

符号	特征（型号的第三部分）意义			
数字	瓷介电容器	云母电容器	有机电容器	电解电容器
1	圆片	非密封	非密封	箔式
2	管形	非密封	非密封	箔式
3	叠片	密封	密封	烧结粉液体
4	独石	密封	密封	烧结粉液体
5	穿芯	—	穿心	—
6	支柱	—	—	—
7	—	—	—	无极性
8	高压	高压	高压	—
9	—	—	特殊	特殊

2. 国外命名方式

命名依次分别代表类型、结构、温度特性、耐压、容量、偏差。

第一部分用字母表示电容器的类型；第二部分用数字表示外形结构；第三部分用字母表示温度特性；第四部分用字母或数字表示耐压值；第五部分用数字表示标称容量；第六部分用字母表示允许偏差。

3.3.5　电容器的主要参数

电容器的主要参数如下。

（1）标称电容量：标志在电容器上的电容量，也按电阻类似的方式系列化。

（2）允许偏差：实际电容量与标称偏差。通常用精度等级进行标注。精度等级有 01（1%）、02（2%）、Ⅰ（5%）、Ⅱ（10%）、Ⅲ（20%）、Ⅳ（−30%～+20%）、Ⅴ（+50%～−20%）、Ⅵ（−10%～+100%），一般电容器常用Ⅰ、Ⅱ、Ⅲ级，电解电容器用Ⅳ、Ⅴ、Ⅵ级，根据用途选取。

（3）额定电压：在最低环境温度和额定环境温度下可连续加在电容器的最高直流电压有效值，一般直接标注在电容器外壳上。当电容器两端的电压加到一定程度后，中间介质也能够导电，称这个电压为击穿电压。电容器击穿，会造成不可修复的永久损坏。

（4）绝缘电阻 R_{ins}：直流电压加在电容上，并产生漏电电流，两者之比称为绝缘电阻，其值越大越好。当电容较小时，主要取决于电容的表面状态；容量>0.1 μF 时，主要取决于介质的性能。

（5）电容的时间常数：为恰当地评价大容量电容的绝缘情况而引入了时间常数，它等于电容的绝缘电阻与容量的乘积 $R_{ins}C$。

（6）频率特性：随着频率的上升，一般电容器的电容量呈现下降的规律。

（7）损耗：电容在电场作用下，在单位时间内因发热所消耗的能量称为损耗。各类电容都规定了其在某频率范围内的损耗允许值。电容的损耗主要由介质损耗、电导损耗和电容所有金属部分的电阻引起。在直流电场的作用下，电容器的损耗以漏导损耗的形式存在，一般较小。在交变电场的作用下，电容的损耗不仅与漏导有关，而且与周期性的极化建立过程有关。

3.3.6　电容器的标识

1. 直标法

直接法：通常是用表示数量的字母 m（10^{-3}）、μ（10^{-6}）、n（10^{-9}）和 p（10^{-12}）加上数字组合表示。例如，4n7 表示 $4.7×10^{-9}$ F=4700 pF，47n 表示 $47×10^{-9}$ F= 47000 pF=0.047 μF，6p8 表示 6.8 pF。另外，有时在数字前冠以 R，如 R33，表示 0.33 μF；有时用大于 1 的四位数字表示，单位为 pF，如 2200 表示为 2200 pF；有时用小于 1 的数字表示，单位为 μF，如 0.22 为 0.22 μF。

2. 数码表示法

数码表示法：用数字有规律组合来表示容量。一般用三位数字来表示容量的大小，单位为 pF。前两位为有效数字，后一位表示位率，即乘以 10^i，i 是第三位数字。若第三位数字为 9，则乘以 10^{-1}。如 223 代表 $22×10^3$ pF＝22000 pF＝0.022 μF，又如 479 代表 $47×10^{-1}$ pF＝4.7 pF。这种表示法最为常见。

3．文字符号法

文字符号法：用文字符号有规律组合来表示容量。如 p10 表示 0.1 pF，1p0 表示 1 pF，6P8 表示 6.8 pF，2μ2 表示 2.2 μF。

4．色标法

色标法：用色环或色点表示电容器主要参数。这种表示法与电阻器的色环表示法类似，颜色涂于电容器的一端或从顶端向引线侧排列。色码一般只有三种颜色，前两环为有效数字，第三环为倍率，单位为 pF。

3.3.7　电容器的用途

电容器的最基本的性质是隔直通交。

"隔直"：电容器接通直流电源时，仅在刚接通的短暂时间内发生充电过程，在电路中形成充电电流。充电结束后，因电容器两端的电压等于电源电压且不再发生变化，所以电容器电路中的电流为零，相当于电容器把直流电流隔断。

"通交"：当电容器接通交流电源时（交流电的最大值不允许超过电容器的额定工作电压），由于交流电源电压的大小和方向随时间不断变化，电容器不断地进行充放电，所以电路中就会反复出现充放电电流，相当于交流电流能够通过电容器。实际上，电流方向的变化在极板间形成变化的电场，电流以电场的形式在电容器间传递。

电容器在电路中发挥的具体功能一般有耦合、去耦、滤波、储能、调谐几种。旁路是实现去耦、滤波功能的有效手段和方法，但是要注意：既然是旁路，必须要有旁路的对象，若没有旁路对像，就不可用"旁路"这个术语。

1．耦合

耦合指从一个电路部分到另一个电路部分的能量传递。在电路中，可以通过串联电容将信号中直流成分阻断，而让交流成分顺利传递到后级电路。隔直电容的大小应该由交流信号的最低频率来决定。例如，示波器采用交流耦合功能可以测量直流信号的纹波，这里的耦合不存在旁路的对象。

2．滤波

滤波是将信号中特定波段频率滤除的操作，是抑制和防止干扰的一项重要措施。从理论上说，电容越大（容抗越小），充放电周期越长，通过的频率也越低，但超过 1 μF 电容大多为电解电容，有很大的电感成分，所以频率高后反而阻抗会增大。因此一般滤波用较大容量与较小容量的两个电解电容并联，大电容（1000 μF）通低频，小电容（0.1 μF

以下）通高频。一般用于滤波的电容是存在旁路对象的，所以可将这两个电容称为旁路电容。在整流电路中也经常要使用滤波电容。

3. 去耦

去耦一般专指去除芯片电源管脚上的噪声，该噪声是芯片本身工作产生的。在直流电源回路中，负载的变化也会引起电源噪声，例如，在数字电路中，当电路从一个状态转换为另一种状态时，就会在电源线上产生一个很大的尖峰电流，形成瞬变的噪声电压。配置去耦（旁路）电容可以抑制因负载变化而产生的噪声，是电路板可靠性设计的一种常规做法。

高频时，电容由于存在等效串联电感（ESL），采取多个小的去耦电容并联，这样可以大大减小电容的回路电感效应，谐振频率一般取 0.1 μF、0.01 μF 等。

4. 储能

电容可以当成容纳电荷的容器，把正负电荷储存在极板上。用于储能的电容器通过整流器收集电荷，并将存储的能量通过变换器引线传送至电源的输出端。电压额定值为 40～450 V（直流）、电容值为 220～150 000 μF 的铝电解电容是较为常用的。

根据不同的电源要求，电容器件有时会采用串联、并联或其组合的形式，对于功率等级超过 10 kW 的电源，通常采用体积较大的罐形螺旋端子电容器。

超级电容具有快充快放、高功率密度、高输出功率、寿命长，可用于车辆制动能量回收系统等。其工作原理是基于电极和电解液中的正负离子间的相互作用，电极表面积越大、正负离子间的相互作用越强，电容就越大。

5. 调谐

调谐是指调节一个振荡电路的频率使它与另一个正在发生振荡的振荡电路（或电磁波）发生谐振。由于振荡电路的频率 $f = \dfrac{1}{2\pi\sqrt{LC}}$，显然可以改变线圈的电感 L 或者改变电容器的电容 C 进行调谐，但后一种较常采用。调谐电路是无线电、电视接收机的重要组成部分。如果调谐不好，则信号接收效果差，甚至什么也接收不到。

3.3.8　常用电容器的特点

1. 有机介质电容器

有机介质电容器：纸质、金属化纸介电容器和常见的涤纶、聚苯乙烯、聚丙烯等有机薄膜类电容器。

1）聚酯（涤纶）电容（CL）

电容量为 40 pF～4 μF；额定电压为 63～630 V。

主要特点：小体积，大容量，耐热耐湿，稳定性差。

应用：对稳定性和损耗要求不高的低频电路。

2）聚苯乙烯电容（CB）

电容量为 10 pF～1 μF；额定电压为 100V～30 kV。

主要特点：稳定，低损耗，体积较大。

应用：对稳定性和损耗要求较高的电路。

3）聚丙烯电容（CBB）

电容量为 1000 pF～10 μF；额定电压为 63～2000 V。

主要特点：性能与聚苯相似但体积小，稳定性略差。

应用：代替大部分聚苯或云母电容，用于要求较高的电路。

从上面三种典型的有机介质电容器，可以看出其优点是：①由于膜的厚度可以做得很薄，易于卷绕，所以这种电容器的电容量和工作电压范围很宽；②介电损耗小；③有机介质材料大多是合成的高分子聚合物，原料丰富，品种繁多，有利于有机介质电容器的发展。

其缺点有：①有机介质易于老化，电容器的性能会逐渐降低；②有机介质的热膨胀系数较大，电容器的稳定性较差；③有机介质的耐热性差，电容器的工作温度上限受到限制；④不能做成大的容量。

2. 无机介质电容器

无机介质电容器：包括用陶瓷、云母、玻璃等无机材料制成的电容器。

（1）陶瓷电容器（有穿芯式或支柱式）：在陶瓷基体两面喷涂银层，然后烧成银质薄膜作极板制成。其特点是体积小、耐热性好、损耗小、绝缘电阻高。有高频与低频瓷介电容之分。低频瓷介电容器用在对稳定性和损耗要求不高的场合或工作频率较低的回路中起旁路或隔直流作用，它易被脉冲电压击穿，故不能使用在脉冲电路中。高频瓷介电容器适用于高频电路。

（2）独石电容器（多层陶瓷电容器）：在若干片陶瓷薄膜坯上被覆以电极材料，叠合后一次绕结成一块不可分割的整体，外面再用树脂包封而成小体积、大容量、高可靠和耐高温的电容器，高介电常数的低频独石电容器也具有稳定的性能，体积极小，Q 值高，容量误差较大。常用于噪声旁路、滤波器、积分、振荡电路。

（3）云母电容器：用金属箔或在云母片上喷涂银层作电极板，极板和云母一层一层叠合后，再压铸在胶木粉或封固在环氧树脂中制成。其特点是介质损耗小、绝缘电阻大、温度系数小，适用于高频电路。

（4）玻璃釉电容器：介质是玻璃釉粉加压制成的薄片，具有介质介电系数大、体积小、损耗较小等特点，耐温性和抗湿性也较好。玻璃釉电容器适合半导体电路和小型电子仪器中的交、直流电路或脉冲电路使用，在潮湿环境中稳定性很高。

3. 铝电解电容器

铝电解电容器：用浸有糊状电解质的吸水纸夹在两条铝箔中间卷绕而成，以薄的氧化膜作为介质。氧化膜有单向导电性质，因此电解电容器具有极性。

电容量为 0.47 μF～10 000 μF；额定电压为 6.3～450 V。

主要特点：体积小，容量大（误差也大），能耐受大的脉动电流、发热损耗大，绝缘性能差、漏电流大，长期存放可能会因电解液干涸而老化。

应用：大容量场合的电源滤波、低频耦合、去耦、旁路等，不适于在高频和低温下应用，不宜使用 25 kHz 以上频率。

4. 钽/铌电解电容器

钽电解电容器（CA）和铌电解电容（CN）：用烧结的钽（铌）块作正极，电解质使用固体二氧化锰。

电容量为 0.1 μF～1000 μF；额定电压为 6.3～125 V。

主要特点：各种指标优于铝电解电容，若损坏易呈短路状态。

应用：在要求高的电路中代替铝电解电容，应用于超小型高可靠机件中。

3.3.9　电容器的选用规范

选用电容器的基本思路：

（1）满足电子设备对电容器主要参数的要求；

（2）选用符合电路要求的类型；

（3）从电容器的外表面和形状上考虑；

（4）根据不同的电路及电路中信号频率的高低选择合适的型号，合理确定电容器的精度与电容器的额定工作电压及容量，尽量选择绝缘电阻大的电容，同时考虑温度系数和频率特性及使用环境。下面是一些电容选择常识：

（1）大容量值的电容通常适合用于滤除低频干扰噪声；

（2）小容量值的电容通常适合用于滤除高频干扰噪声；

（3）谐波回路可选云母电容、高频陶瓷电容；

（4）隔直流时可选云母电容、涤纶电容、陶瓷电容和电解电容；

（5）作滤波器时，应选电解电容。

3.3.10　电容器使用注意事项、故障处理、检测

1. 注意事项

（1）由于电容器的两极具有剩留残余电荷的特点，维修时应设法将其电荷放尽，否则容易发生触电事故。

（2）极性电容一定不要接反，否则会引起爆炸。

（3）对采用串联接线方式的电容器还应单独放电。

（4）运行或检修人员在接触故障电容器前，还应戴好绝缘手套，并用短路线短接故障电容器的两极以使其放电。

（5）当发现电容器的下列情况之一时应立即切断电源：电容器外壳膨胀或漏油；套管破裂，发生闪络有火花；电容器内部声音异常。

2. 检测

电桥法测量电容如图 3-13 所示。

当电桥平衡时平衡指示器 G 的指示值为零，即 CD 之间等电势，则在平衡指示器左右两边的两桥臂的电压值相等，即 $U_{AC}=U_{AD}$，$U_{CB}=U_{DB}$，可得

$$R_x + \frac{1}{\mathrm{j}\omega C_x} = \frac{R_2}{R_3}\left(R_4 + \frac{1}{\mathrm{j}\omega C_4}\right) \tag{3-5}$$

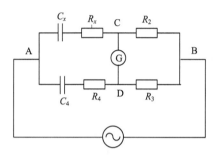

图 3-13　电桥法测量电容

利用虚部和虚部相等，实部和实部相等，可求得

$$C_x = \frac{R_3}{R_2}C_4 \qquad R_x = \frac{R_2}{R_3}R_4 \tag{3-6}$$

式中，R_x 为电容的漏电阻；C_x 为电容量；C_4、R_4 为可调参数。固定 R_2、R_3，能实现分别读数，易于调节平衡，若用此桥测高损耗电容，要求 R_4 很大，导致电桥灵敏度下降较多。

3.4　电　感　器

3.4.1　电感器介绍

电感器是能够把电能转化为磁能而存储起来的元件。电感器的结构类似于变压器，但只有一个绕组。电感器具有一定的电感，它只阻碍电流的变化。如果电感器在没有电流通过的状态下，电路接通时它将试图阻碍电流流过它；如果电感器在有电流通过的状态下，电路断开时它将试图维持电流不变。电感器又称扼流器、电抗器、动态电抗器。

电感通常用字母 L 表示，电感的单位用亨利（H）、毫亨（mH）和微亨（μH）表示。单位换算关系是

$$1\mathrm{H} = 10^3\,\mathrm{mH} = 10^6\,\mu\mathrm{H} \tag{3-7}$$

当线圈中有电流通过时候，线圈的周围就会产生磁场。当线圈中电流发生变化时，

其周围的磁场也产生相应的变化，此变化的磁场可使线圈自身产生感应电动势（或称感生电动势，电动势用以表示有源元件理想电源的端电压），这就是自感。

两个电感线圈相互靠近时，一个电感线圈的磁场变化将影响另一个电感线圈，这种影响就是互感。互感的大小取决于电感线圈的自感与两个电感线圈耦合的程度，利用此原理可以制成互感器。

3.4.2　电感器实物图与符号

常用电感器的实物图如图 3-14 所示。

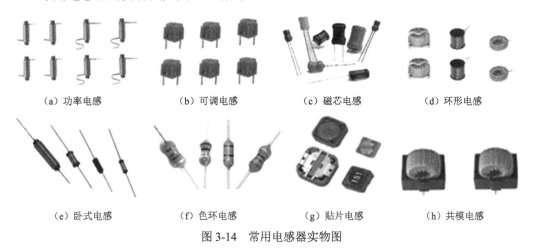

（a）功率电感　　　　（b）可调电感　　　　（c）磁芯电感　　　　（d）环形电感

（e）卧式电感　　　　（f）色环电感　　　　（g）贴片电感　　　　（h）共模电感

图 3-14　常用电感器实物图

电感器的符号图如图 3-15 所示。

（a）普通电感　　　　　　（b）微调电感　　　　　　（c）可调电感

图 3-15　电感器的符号图

3.4.3　电感器的分类

电感器的分类如下。
（1）按工作特性分：固定、可变。
（2）按有无磁芯分：空心、磁芯。
（3）按安装形式分：立式、卧式、小型固定式。
（4）按工作频率分：高频、低频。
（5）按应用场合分：天线线圈、振荡线圈、扼流线圈、滤波线圈、陷波线圈、偏转线圈。

3.4.4　磁珠

　　磁珠按照它在某一频率（100 MHz）产生的阻抗来标称的，所以其单位是 Ω。频率越高，阻值越大，所以通常用于吸收高频。铁氧体是其主要材料。磁珠有三个参数：初始磁通量、居里温度、工作频率（磁芯材料）。常用磁珠如图 3-16 所示。

　　电感和磁珠的联系与区别：

　　（1）电感是储能元件，而磁珠是能量转换（消耗）器件；

　　（2）电感多用于电源滤波回路，磁珠多用于信号回路，用于电磁兼容（electromagnetic compability，EMC）对策；

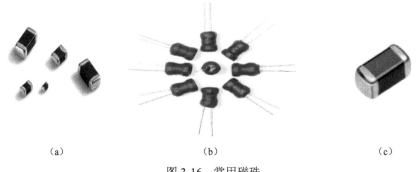

（a）　　　　　　　　　　（b）　　　　　　　　　　（c）

图 3-16　常用磁珠

　　（3）磁珠主要用于抑制电磁辐射干扰，而电感用于这方面则侧重于抑制传导性干扰，两者都可用于处理 EMC、电磁干扰（electromagnetic interference，EMI）问题。EMI 有两个途径，即辐射和传导，不同的途径采用不同的抑制方法，前者用磁珠，后者用电感；

　　（4）磁珠是用来吸收超高频信号，像射频（radio frequency，RF）电路，锁相环（phase locked loop，PLL）振荡电路，以及含超高频存储器电路都需要在电源输入部分加磁珠，而电感是一种蓄能元件，用在 LC 谐振电路、LC 振荡电路及中低频的滤波电路等，其应用频率范围很少超过 50 MHz；

　　（5）电感用于电路的匹配和信号质量的控制上，一般地的连接和电源的连接均用电感。而磁珠用于模拟地和数字地结合的地方，对信号线也采用磁珠。

　　磁珠的大小（确切地说应该是磁珠的特性曲线）取决于需要磁珠吸收的干扰波的频率。磁珠的数据手册一般会附有频率和阻抗的特性曲线图。

3.4.5　电感器的主要参数

　　电感器的主要参数如下。

　　（1）电感量（自感系数）：电感量也称自感系数，是表示电感器产生自感应能力的一个物理量。电感器电感量的大小，主要取决于线圈的圈数（匝数）、绕制方式、有无磁芯及磁芯的材料等。通常，线圈圈数越多、绕制的线圈越密集，电感量就越大。有磁芯的线圈比无磁芯的线圈电感量大；磁芯磁导率越大的线圈，电感量也越大。电感器的标称值也按电阻类似的方式系列化。

电感的决定式为 $L = \mu N^2 S / l$。式中，电感量 L 反映电感器储能能力的强弱；μ 是相对于真空的介质磁导率；N 是线圈匝数；S 是截面积；l 是磁芯磁路的长度。电感与磁通 Ψ 间的关系为

$$L = \Psi / I \qquad (3\text{-}8)$$

（2）允许偏差：允许偏差是指电感器上标称的电感量与实际电感的允许误差值。一般用于振荡或滤波等电路中的电感器要求精度较高，允许偏差为±0.2%～±0.5%；用于耦合、高频阻流等线圈的精度要求不高，允许偏差为±10%～15%。

（3）品质因数（Q 值）：品质因数是衡量电感器质量的主要参数，反映电感线圈的损耗大小，它是指电感器在某一频率的交流电压下工作时，所呈现的感抗与其等效损耗电阻之比 $Q = 2\pi f L / r$。电感器的 Q 值越高，其损耗越小，效率越高。电感器品质因数的高低与线圈导线的直流电阻、线圈骨架的介质损耗及磁芯、屏蔽罩等引起的损耗等有关。

（4）分布电容：分布电容是指线圈的匝与匝之间、线圈与磁芯之间、线圈与地之间、线圈与金属之间都存在的电容。电感器的分布电容越小，其稳定性越好。分布电容能使等效耗能电阻变大，品质因数变差。减少分布电容常用丝包线或多股漆包线，有时也用蜂窝式绕线法等。

（5）固有频率：电感由于其自身的结构存在分布电容，所以可能产生谐振，频率 $f_0 = 1 / 2\pi \sqrt{LC}$（Hz）。

（6）额定电流：额定电流是指电感器在允许的工作环境下能承受的最大电流值。若工作电流超过额定电流，则电感器就会因发热而使性能参数发生改变，甚至还会因过流而烧毁。

3.4.6 电感器的标识

直标法：在电感线圈的外壳上直接用数字和文字标出电感线圈的电感量，允许偏差及最大工作电流等主要参数，或者按一定规律组合在电感体上。允许偏差：A（0.05%）、B（0.1%）、C（0.25%）、D（0.5%）、F（1%）、G（2%）、J（5%）、K（10%）、M（20%）。

色标法：用色环表示电感量，单位为 μH，第一、二位表示有效数字，第三位表示倍率，第四位为误差。电感器的色标法与电阻类似。

文字标识法：文字符号法是将电感器的标称值和允许偏差值用数字和文字符号按一定的规律组合标在电感体上。采用这种标识方法的通常是一些小功率电感器。

3.4.7 电感器的用途

电感器的特性与电容器的特性正好相反，它具有阻止交流电通过而让直流电顺利通过的特性。直流信号通过线圈时的电阻就是导线本身的电阻，压降很小；当交流信号通过线圈时，线圈两端将会产生自感电动势，自感电动势的方向与外加电压的方向相反，阻碍交流的通过，所以电感器的特性是通直流、阻交流，频率越高，线圈阻抗越大。电

感器在电路中经常和电容器一起工作，构成 LC 滤波器、LC 振荡器等。另外，人们还利用电感的特性，制造了阻流圈、变压器、继电器等。通直流是指电感器对直流呈通路状态，如果不计电感线圈的电阻，那么直流电可以"畅通无阻"地通过电感器，对直流而言，线圈本身电阻对直流的阻碍作用很小，所以在电路分析中往往忽略不计。阻交流是指当交流电通过电感线圈时电感器对交流电存在着阻碍作用，阻碍交流电的是电感线圈的感抗。

电感器在电路中主要有滤波、振荡、延迟、陷波等作用，还有筛选信号、过滤噪声、稳定电流及抑制电磁波干扰等作用。电感在电路最常见的作用就是与电容一起，组成 LC 滤波电路。电容具有"阻直流，通交流"的特性，而电感则有"通直流，阻交流"的功能。如果把伴有许多干扰信号的直流电通过 LC 滤波电路，那么，交流干扰信号将被电感变成热能消耗掉；变得比较纯净的直流电流通过电感时，其中的交流干扰信号也被变成磁感和热能，频率较高的最容易被电感阻抗，这就可以抑制较高频率的干扰信号。

3.4.8　电感的选用规范

电感的选用从两个方面进行。

按工作频率的要求选择：几百千赫兹至几兆赫兹间的电感最好选用铁氧体芯，并以多股绝缘线绕制；几兆赫兹至几十兆赫兹间的电感宜采用单股镀银粗铜线绕制，磁芯采用短波高频铁氧体或用空心线圈；大于 100 MHz 时，采用空心线圈。

选用骨架：高频场合选用高频瓷作为骨架，以减小高频损耗；其他场合选用塑料、胶木和纸。选用电感时应该注意成本和环境。

3.4.9　电感器检测

对电感进行检查时，需要检查外观是否完好；测量电感阻值将万用表打到蜂鸣二极管档，把表笔放在两引脚上，看万用表的读数。读数小，表示正常；如果读数无穷大，则表示断路。线圈与磁芯的电阻应是无穷大。

可以采用电桥法测量电感，如图 3-17 所示。

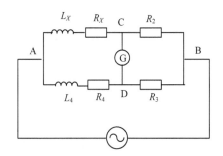

图 3-17　电桥法测量电感

当电桥平衡时平衡指示器 G 的指标为零，即 CD 之间等电势，则在平衡指示器左右

两边的两桥臂的电压值相等，即 $U_{AC}=U_{AD}$，$U_{CB}=U_{DB}$，则可得到

$$R_x + \mathrm{j}\omega L_x = \frac{R_2}{R_3}(R_4 + \mathrm{j}\omega L_4) \qquad (3\text{-}9)$$

利用虚部和虚部相等，实部和实部相等，可求得

$$L_x = \frac{R_2}{R_3}L_4 \qquad R_x = \frac{R_2}{R_3}R_4 \qquad (3\text{-}10)$$

式中，R_x 为电感的等效电阻；L_x 为电感量；L_4、R_4 为可调参数。固定 R_2、R_3，能实现"分别读数"，易于调节平衡。

3.5　变　压　器

3.5.1　变压器介绍

法拉第在 1831 年 8 月 29 日发明了一个电感环，称为法拉第感应线圈，实际上是世界上第一只变压器（transformer）雏形。西屋公司在 1885 年制造了第一台实用的变压器，于 1886 年开始商业运用。变压器是利用电磁感应的原理来改变交流电压的装置，主要构件是初级线圈、次级线圈和铁芯（磁芯）。主要功能有：电压变换、电流变换、阻抗变换、隔离、稳压（磁饱和变压器）等。按用途可以分为：电力变压器和特殊变压器（电炉变、整流变、工频试验变压器、调压器、矿用变、音频变压器、中频变压器、高频变压器、冲击变压器、仪用变压器、电子变压器、电抗器、互感器等）。注意变压器只用于变换交流电。

3.5.2　变压器的分类与实物图

（1）按相数分：单相、三相（图 3-18）。
单相变压器用于单相负荷和三相变压器组；三相变压器用于三相系统的升、降电压。

（a）单相　　　　　　　　　　（b）三相

图 3-18　单相、三相变压器实物图

（2）按冷却方式分：干式、油浸式（图 3-19）。
干式变压器依靠空气对流进行自然冷却或增加风机冷却，多用于高层建筑、高速收

费站点用电及局部照明、电子线路等小容量变压器；油浸式变压器依靠油作冷却介质、如油浸自冷、油浸风冷、油浸水冷、强迫油循环等。

（a）干式　　　　　　　（b）油浸式

图 3-19　干式、油浸式变压器实物图

（3）按用途分：电力、仪用、试验、特种（图 3-20）。

电力变压器用于输配电系统的升、降电压；仪用变压器中如电压互感器、电流互感器、用于测量仪表和继电保护装置；试验变压器能产生高压，对电气设备进行高压试验；特种变压器有电炉变压器、整流变压器、调整变压器、电容式变压器、移相变压器等。

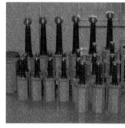

（a）电力　　　　　（b）仪用　　　　　（c）试验　　　　　（d）特种

图 3-20　电力、仪用、试验、特种变压器实物图

（4）按绕组形式分：双绕组、三绕组、自耦（图 3-21）。

双绕组变压器用于连接电力系统中的两个电压等级；三绕组变压器一般用于电力系统区域变电站中，连接三个电压等级；自耦变压器用于连接不同电压的电力系统，也可作为普通的升压或降压变压器。

（a）双绕组　　　　　　（b）三绕组　　　　　　（c）自耦

图 3-21　双绕组、三绕组、自耦变压器实物图

（5）按线圈和磁芯之间的关系分为：空心、芯式（铁氧体磁芯、铁芯）、非晶合金、壳式（图 3-22）。

　　芯式变压器是用于高压的电力变压器；非晶合金变压器采用新型导磁材料，空载电流下降约 80%，是节能效果较理想的配电变压器，特别适用于农村电网和发展中地区等负载率较低地方；壳式变压器是用于大电流的特殊变压器，如电炉变压器、电焊变压器。

（a）空心

（b）铁氧体磁芯

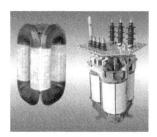
（c）铁芯

（d）非晶合金

（e）壳式

图 3-22　空心、芯式、非晶合金、壳式变压器实物图

　　（6）按工作频率分：工频、高频（图 3-23）。

（a）工频

（b）高频

图 3-23　工频、高频变压器实物图

3.5.3　变压器符号

　　变压器的符号如图 3-24 所示。

（a）铁氧体磁芯变压器

（b）铁氧体磁芯微调变压器

（c）用屏蔽隔离的铁芯双绕组变压器

（d）抽头变压器

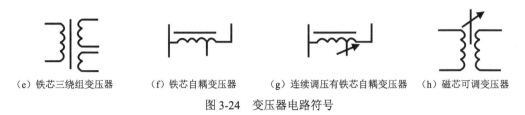

（e）铁芯三绕组变压器　　　（f）铁芯自耦变压器　　　（g）连续调压有铁芯自耦变压器　　　（h）磁芯可调变压器

图 3-24　变压器电路符号

3.5.4　变压器的工作原理

变压器主要由闭合铁芯和一次（原边）、二次（副边）绕组等几个主要部分构成，如图 3-25 所示。图中电流 i_1 流经一次绕组产生磁势，在磁势的作用下铁芯内将产生磁通，由主磁通 Φ（占 99%）和漏磁通 $\Phi_{\sigma 1}$（占 1%）构成，前者起到传递能量的作用，而后者则是非工作磁通。主磁通分别在一、二次绕组中产生感应电势 e_1、e_2。漏磁通 $\Phi_{\sigma 1}$ 在一次绕级组产生感应电势 $e_{\sigma 1}$，在二次绕组中在有负载情况下有电流流动，致使二次绕组也会产生漏磁通 $\Phi_{\sigma 2}$，进而有产生感应电势 $e_{\sigma 2}$。实际上，在二次绕组空载时，一次绕组中也会有电流，这一电流称为空载电流。

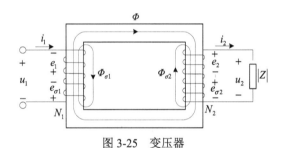

图 3-25　变压器

一次、二次绕组的电压之比为

$$\frac{U_1}{U_2} \approx \frac{N_1}{N_2} = K \tag{3-11}$$

一次、二次绕组的电流关系为

$$\frac{I_1}{I_2} \approx \frac{N_2}{N_1} = \frac{1}{K} \tag{3-12}$$

3.5.5　变压器的主要参数

工作频率：变压器铁芯损耗与频率关系很大，故应根据使用频率来设计和使用，这种频率称为工作频率。

额定电压：指在变压器的线圈上所允许施加的电压，工作时不得大于规定值，一次侧和二次侧均有额定电压，分别记为 U_{1N}、U_{2N}。三相变压器中额定电压指线电压。

额定电流：指在变压器额定运行时线圈上所允许承受的电流，工作时不得大于规定值，一次侧和二次侧均有额定电流，分别记为 I_{1N}、I_{2N}。三相变压器中额定电流指线电流。

额定容量：它是变压器的视在功率，通常把变压器的原边与副边的额定容量设计相同，记为 S_N。

对于单相变压器有 $I_{1N}=S_N/U_{1N}$，$I_{2N}=S_N/U_{2N}$。

对于三相变压器有 $I_{1N}=S_N/\sqrt{3}U_{1N}$，$I_{2N}=S_N/\sqrt{3}U_{2N}$。

额定功率：在规定的频率和电压下，变压器能长期工作，而不超过规定温升的输出功率。

电压比：指变压器初级电压和次级电压的比值，有空载电压比和负载电压比的区别。

变比：变压器初级绕组匝数与次级绕组匝数之比。

效率：指次级功率 P_2 与初级功率 P_1 比值的百分比。20 W 以下的变压器通常在 0.7～0.8。通常变压器的额定功率愈大，效率就愈高。

空载电流：变压器次级开路时，初级仍有一定的电流，这部分电流称为空载电流。一般不超过额定电流的 10%。空载电流由磁化电流（产生磁通）和铁损电流（由铁芯损耗引起）组成。对于 50 Hz 电源变压器而言，空载电流基本等于磁化电流。

漏电感：线圈所产生的磁力线不能都通过次级线圈的那些泄漏磁通产生的电感。

空载损耗：指变压器次级开路时，在初级测得的功率损耗。主要损耗是铁芯损耗，其次是空载电流在初级线圈铜阻上产生的损耗（铜损），这部分损耗很小。

3.5.6　特殊变压器

1. 自耦变压器

自耦变压器的特点是二次绕组是一次绕组的一部分。调压器是典型的自耦变压器，它利用手柄旋转改变二次绕组匝数，在其正面有 4 个接线端子，其中 A、X 为一次绕组输入端，a、x 为二次绕组输出端。自耦变压器的外形和原理如图 3-26 所示。

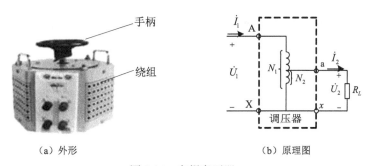

（a）外形　　　　　　　　　　（b）原理图

图 3-26　自耦变压器

2. 互感器

电流互感器（current transformer，CT）是依据变压器原理制成的，如图 3-27 所示。电流互感器是由闭合的铁芯和绕组组成。它的一次侧绕组匝数很少，串在需要测量的电流的线路中，线路的全部电流流过一次绕组，二次侧绕组匝数比较多，串接在测量仪表和保护回路中，电流互感器在工作时，二次侧回路始终是闭合的，因此测量仪表和保护回路串联线圈的阻抗很小，电流互感器的工作状态接近短路。电流互感器是把一次侧大电流转换成二次侧小电流来进行测量的，二次侧不可开路。电流互感器如果二次开路就会产生高压，对人和设备都很危险。它主要和交流电流表（其量程有限）配合测量交流电路中的大电流。使用电流互感器也是为了使测量仪表与高压电路隔开，以保证人与设备的安全。

电压互感器（potential transformer 或 Voltage transformer，PT/VT）以将高压电变换为低电压（100 V）来进行测量为目的，主要是用来给测量仪表和继电保护装置供电，用来测量线路的电压、功率和电能，或者用来在线路发生故障时保护线路中的贵重设备、电机和变压器，因此电压互感器的容量很小，一般都只有几伏、几十伏，最大也不超过1000 V。电压互感器二次侧不能短路，否则二次回路会产生很大电流。

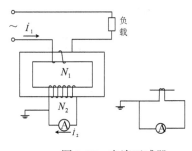

图 3-27　电流互感器

3.5.7　变压器性能检测

对于降压变压器而言，其一次绕组接交流 220 V，匝数较多，线圈电阻较大，而二次绕组输出电压较小，匝数较少，线圈电阻也小。利用这一特点可以用万用表很容易就判断出一次绕组和二次绕组。

变压器性能检测从两个方面来考虑，即开路和闭路。开路的检查用万用表的欧姆挡很容易进行；闭路可用空载通电法、串联灯泡法。

3.6　二　极　管

3.6.1　半导体相关的概念

半导体指常温下导电性能介于导体与绝缘体之间的材料。大部分的电子产品，如电视机、收音机、计算机、移动电话或数字录音机中的核心单元都和半导体有着极为密切的关联。常见的半导体材料有硅、锗、砷化镓等，而硅是最常用的一种。

纯净的、不含杂质的晶体半导体，称为本征半导体。在本征半导体中，掺入少量的五价元素（如 P），就形成了 N 型半导体，其中自由电子是多数载流子（多子），空穴是少数载流子（少子）。在本征半导体中掺入少量的三价元素（如 B），可以形成 P 型半导体，其中空穴是多子，自由电子是少子。半导体材料导电率与载流子浓度和迁移率有关系。

在一块完整的硅片上，用不同的掺杂工艺使其一边形成 N 型半导体，另一边形成 P 型半导体，我们称两种半导体的交界面附近的区域为 PN 结。PN 结具有单向导电性，单向导电性只有在外加电压时才显示出来。PN 结加反向电压大到一定程度时将被击穿、烧毁。

3.6.2　二极管及其实物图和符号

将 PN 结封装并引出电极后便成为二极管，它是晶体二极管的简称，是一种具有单向导电特性的半导体器件。常见二极管实物图如图 3-28 所示。

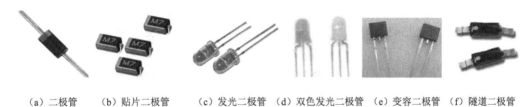

（a）二极管　　（b）贴片二极管　　　（c）发光二极管　（d）双色发光二极管　（e）变容二极管　（f）隧道二极管

图 3-28　常见二极管的实物图

二极管的符号如图 3-29 所示。

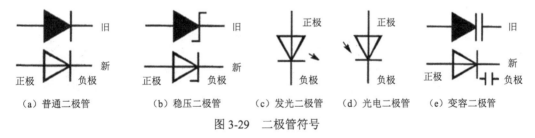

（a）普通二极管　　　（b）稳压二极管　　　（c）发光二极管　　（d）光电二极管　　（e）变容二极管

图 3-29　二极管符号

3.6.3　二极管的伏安特性

二极管的伏安特性如图 3-30 所示。

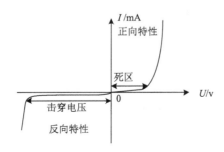

图 3-30　二极管的伏安特性

正向特性：此时加于二极管的正向电压不大，流过管子的电流相对来说却很大，因此管子呈现的正向电阻很小。但是，在正向特性的起始部分，由于正向电压较小，外电场还不足以克服 PN 结的内电场，所以这时的正向电流几乎为零，二极管呈现一个大电阻，还像一个门槛，称为门槛电压 V_{th}（又称死区电压）。当正向电压大于 V_{th} 时，内电场大为削弱，电流因而迅速增长，二极管正向导通。

反向特性：P 型半导体中的少数载流子——电子和 N 型半导体中的少数载流子——空穴，在反向电压作用下和容易通过 PN 结，形成反向饱和电流。但由于少数载流子的数目很少，所以反向电流是很小的。温度升高时，半导体受热激发，少数载流子数目增加，反向电流将随之明显增加。

反向击穿特性：当增加反向电压时，在一定温度条件下，少数载流子数目有限，故起始一段反向电流没有多大变化，当反向电压增加到一定大小时，反向电流剧增，这称为二极管的反向击穿。

3.6.4　二极管的主要参数

二极管的主要参数如下。

（1）最大整流电流 I_F：指管子长期运行时，允许通过的最大正向平均电流。因为电流通过 PN 结要引起管子发热，电流太大，发热量超过限度，就会使 PN 结烧坏。

（2）反向击穿电压 V_{BR}：指能将管子反向击穿时的电压值。击穿时，反向电流剧增，二极管的单向导电性被破坏，甚至因过热而烧坏。一般手册上给出的最高反向工作电压约为击穿电压的一半，以确保关系安全运行。

（3）反向电流 I_R：指管子未击穿时的反向电流，其值越小，则管子的单向导电性越好。由于温度增加，反向电流会明显增加，所以在使用二极管时要注意温度的影响。

（4）极间电容 C_d：极间电容是反映二极管 PN 结电容效应的参数。在高频或开关状态运用时，必须考虑极间电容的影响。

（5）最大（小）工作电流（对稳压管）：使用时，应特别注意不要超过最大整流电流和最高反向工作电压，否则将容易损坏管子。

（6）最高工作频率 f_M：由于 PN 结的结电容存在，当工作频率超过某一值时，它的单向导电性将变差。点接触式二极管的 f_M 值较高，在 100 MHz 以上；整流二极管的 f_M 较低，一般不高于几千赫兹。

（7）反向恢复时间 t_{rr}：指二极管由导通突然反向时，反向电流由很大衰减到接近 I_S 时所需要的时间。大功率开关管工作在高频开关状态时，此项指标至为重要。

3.6.5　常用二极管

半导体二极管按其用途可分为：普通二极管和特殊二极管。普通二极管包括整流二极管、检波二极管、开关二极管、快速二极管、稳压二极管等；特殊二极管包括变容二极管、发光二极管、隧道二极管、触发二极管等。下面对其中的 4 种二极管进行介绍。

1. 整流二极管

整流二极管是利用 PN 结的单向导电性能，将交流电变成脉动的直流电的二极管。其特点是允许通过的电流比较大，反向击穿电压比较高，但 PN 结电容比较大，一般广泛应用于处理频率不高的电路中，如整流电路、嵌位电路、保护电路等。整流二极管在使用中主要考虑的问题是最大整流电流和最高反向工作电压应大于实际工作中的值。

2. 快速二极管

快速二极管的工作原理与普通二极管是相同的，但由于普通二极管工作在开关状态下的反向恢复时间较长，约 $4 \sim 5$ ms，不能适应高频开关电路的要求。快速二极管主要应用于高频整流电路、高频开关电源、高频阻容吸收电路、逆变电路等，其反向恢复时间小于 10 ns。快速二极管主要包括肖特基二极管和快恢复二极管。

3. 稳压二极管

稳压二极管：利用二极管反向击穿时，其两端电压基本不随电流大小变化的特性来起到稳压作用。在电路上应用时一定要串联限流电阻，以避免二极管击穿后电流无限增长，造成器件被烧毁。

稳压二极管是利用 PN 结反向击穿特性所表现出的稳压性能制成的器件，其主要参数如下。①稳压值 V_z：指当流过稳压管的电流为某一规定值时，稳压管两端的压降。②电压温度系数：稳压管温度系数在 V_z 低于 4 V 时为负值；当 V_z 的值大于 7 V 时，其温度系数为正值；而 V_z 的值在 6V 左右时，其温度系数近似为零。目前低温度系数的稳压管是由两只稳压管反向串联而成，利用两只稳压管处于正反向工作状态时具有正、负不同的温度系数，可得到很好的温度补偿。③动态电阻 r_z：表示稳压管稳压性能的优劣，一般工作电流越大，r_z 越小。④允许功耗 P_z：由稳压管允许达到的温升决定，小功率稳压管的 P_z 值为 $100 \sim 1000$ mW，大功率的可达 50 W。⑤稳定电流 I_z：测试稳压管参数时所加的电流。实际流过稳压管的电流低于 I_z 时仍能稳压，但 r_z 较大。

4. 发光二极管

发光二极管（LED）：是一种把电能变成光能的半导体器件。在电子仪表中常用作显示、状态信息指示等。用符号 LED 表示。发光二极管长的一端是阳极。

发光二极管的伏安特性与普通二极管类似，所不同的是当发光二极管正向偏置时，正向电流达到一定值时能发出某种颜色的光。根据在 PN 结中所掺入的材料不同，发光二极管可发出红、绿、黄、橘及红外光线。在使用发光二极管时应注意两点。

（1）若用直流电源电压驱动发光二极管时，在电路中一定要串联限流电阻，以防止通过发光二极管的电流过大而烧坏管子，注意发光二极管的正向导通压降为 $1.2 \sim 2$ V（可见光 LED 为 $1.2 \sim 2$ V，红外线 LED 为 $1.2 \sim 1.6$ V）。

（2）发光二极管的反向击穿电压比较低，一般仅有几伏。因此当用交流电压驱动 LED 时，可在 LED 两端反极性并联整流二极管，使其反向偏压不超过 0.7 V，以保护发光二极管，如图 3-31 所示。

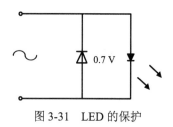

图 3-31　LED 的保护

3.6.6　选用与检测

在选用二极管时首先按用途选择二极管类型；类型确定后，按参数选择元件；最后根据压降和温度的要求决定选用硅管还是锗管。

对于普通二极管，根据单向导电性表现出来的正向电阻小、反向电阻大及正反向电压的特点，利用万用表进行极性和质量的判别。注意二极管的电阻与通过它的电流有关，而导通时压降基本是确定的。

通过数字万用表的"二极管挡"确定好坏和区分锗管和硅管（压降分别为 0.3 V 和 0.7 V 左右）。

对于常用的特殊二极管其判别方法类似但也有不同，如发光二极管可以采用试运行的方式检测。

3.6.7　应用

常用在整流、隔离、稳压、极性保护、编码控制、调频调制和静噪等电路中。图 3-32 是二级管用于全波整流的例子。

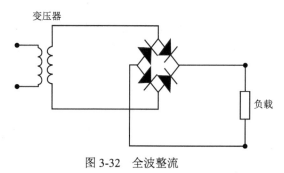

图 3-32　全波整流

3.7　其他半导体分立器件

除二极管以外，半导体分立器件还包括：双极型三极管（晶体管）、场效应晶体管（包括结型场效应晶体管 JFET 和金属-氧化物-半导体场效应晶体管 MOSFET）、晶闸管（第 7 章再介绍）。

3.7.1　双极型三极管

1. 双极型三极管的结构和分类

晶体三极管主要用于信号放大（流控型），分为 NPN 和 PNP 型两种结构形式。内部均由发射区（E 极）、基区（B 极）和集电区（C 极）构成。各区之间有 PN 结，发射区与基区之间的 PN 结称为发射结，基区与集电区之间的 PN 结称为集电结。三极管的符号如图 3-33 所示。

半导体三极管亦称双极型晶体管，其种类非常多。按照结构工艺分类，有 PNP 和 NPN 型；按照制造材料分类，有锗管和硅管；按照工作频率分类，有低频管和高频管；一般低频管用于处理频率在 3 MHz 以下的电路中，高频管的工作频率可以达到几百兆赫。按照允许耗散的功率大小分类，有小功率管和大功率管；一般小功率管的额定功耗在 1 W 以下，而大功率管的额定功耗可达几十瓦以上。

（a）NPN 双极型三极管　　　　　　　　　　（b）PNP 双极型三极管

图 3-33　双极型三极管

2. 双极型三极管分类命名

双极型三极管的分类命名如表 3-10 所示。

表 3-10　双极型晶体管的分类命名

第一部分		第二部分		第三部分				第四部分	第五部分
数字表示器件电极数目		用汉语拼音字母表示器件的材料和极性		用汉语拼音字母表示器件的类型				用数字表示器件序号	用汉语拼音表示规格的区别代号
符号	意义	符号	意义	符号	意义	符号	意义		
2	二极管	A	N 型：锗材料	P	普通管	D	低频大功率管（$f_a \leqslant$ 3 MHz，$p_c \geqslant 1\ W$）		
		B	P 型：锗材料	V	微波管	A	高频大功率管（$f_a \geqslant$ 3 MHz，$p_c \geqslant 1\ W$）		
		C	N 型：硅材料	W	稳压管	T	半导体闸流管（可控硅整流管）		
		D	P 型：硅材料	C	参量管	Y	体效应器件		
3	三极管	A	PNP 型：锗材料	Z	整流管	B	雪崩管		
		B	NPN 型：锗材料	L	隧道管	J	节约恢复管		
		C	PNP 型：硅材料	S	阻尼管	CS	场效应晶体管件		

第一部分		第二部分		第三部分				第四部分	第五部分
数字表示器件电极数目		用汉语拼音字母表示器件的材料和极性		用汉语拼音字母表示器件的类型				用数字表示器件序号	用汉语拼音表示规格的区别代号
符号	意义	符号	意义	符号	意义	符号	意义		
3	三极管	D	NPN 型：硅材料	N	光电器件	BT	半导体特殊器件		
		E	化合物材料	U	开关管	FH	复合管		
		—	—	X	低频小功率管（f_a≤3MHz，p_c≤1 W）	PIN	PIN 型管		
		—	—	G	高频小功率管（f_a≥3MHz，p_c≤1W）	JG	激光器件		

3. 双极型三极管主要参数

（1）共射电流放大倍数 β：β 值一般为 20～200，它是表征三极管电流放大作用的最主要的参数。

（2）反向击穿电压值 $U_{(BR)CEO}$：指基极开路时加在 c、e 两端电压的最大允许值，一般为几十伏，高压大功率管可达千伏以上。

（3）最大集电极电流 I_{CM}：指由于三极管 I_C 过大使 β 值下降到规定允许值时的电流（一般指 β 值下降到 2/3 正常值时的 I_C 值）。实际管子在工作时超过 I_{CM} 并不一定损坏，但管子的性能将变差。

（4）最大管耗 P_{CM}：指根据三极管允许的最高结温而定出的集电结最大允许耗散功率。在实际工作中三极管的 I_C 与 U_{CE} 的乘积要小于 P_{CM} 值，反之则可能烧坏管子。

（5）穿透电流 I_{CEO}：指在三极管基极电流 $I_B = 0$ 时，流过集电极的电流 I_C。它表明基极对集电极电流失控的程度。小功率硅管的 I_{CEO} 约为 0.1 mA，锗管的值要比它大 1000 倍，大功率硅管的 I_{CEO} 约为毫安数量级。

（6）特征频率 f_T：指三极管的 β 值下降到 1 时所对应的工作频率。f_T 的实际工作频率为 100～1000 MHz。

4. 双极型三极管的检测

1）确定类型和 B 极

（1）用电阻挡确定类型：对于功率在 1 W 以下的中小功率管，用 R×1 kΩ 或 R×100 Ω 挡测量；对于功率在 1 W 以上的中小功率管，可 R×1 Ω 或 R×100 Ω 挡测量。

用红表笔（内部电池的正极）接触某一端子，黑表笔分别接触另两个端子，若表头读数很小，则与红表笔接触的端子是基极，同时可知道此三极管为 NPN 型；用黑表笔（内部电池的负极）接触某一端子，红表笔分别接触另两个端子，若表头读数很小，则与黑表笔接触的端子是基极，同时可以知道此三极管为 PNP 型。

（2）用二极管挡确定类型：对于 NPN 管，红表笔（连表内电池正极）连在基极上，黑表笔测另两个极时一般为相差不大的较小读数（一般为 0.5～0.8），如表笔反过来接则为一个较大的读数（一般为 1）。这样也就确定了基极 B 的引脚。对于 PNP 管，当黑表笔（连表内电池负极）在基极上，红表笔去测另两个极时一般为相差不大的较小读数（一般 0.5～0.8），如表笔反过来接则为一个较大的读数（一般为 1）。这样也就确定了基极 B 的引脚。

2）确定其他两极

（1）用电阻挡确定其他两极：对 NPN 型，假定其余的两个端子中的一个是集电极，将红表笔接触到此端子上，黑表笔接触到假定的发射极上。用手指把假定的集电极和已测出的基极捏起来（但不要相碰，用手指代替偏置电阻），看万用表指标值，并记录此阻值的读数。比较两次读数的大小，若前者阻值小（导通电阻小），说明前者的假设是对的，那么接触红表笔的端子就是集电极，另一个端子是发射极。对 PNP 型，表笔极性对调一下测量即可。

（2）用 hFE 挡确定：将基极 B 的引脚插入万用表上面的 B 字母孔，其他两引脚插在其他两孔中，有两种方式，分别读这两种方式下的读数，读数较大的那次极性就对应万用表上所标的字母，由此便确定了 C 极和 E 极。

5. 半导体三极管的正确使用

（1）使用三极管时，不得有两项以上的参数同时达到极限值。

（2）焊接时，应使用低熔点焊锡。管脚引线不应短于 10 mm，焊接动作要快，每根引脚焊接时间不应超过两秒。

（3）三极管在焊入电路时，应先接通基极，再接入发射极，最后接入集电极。拆下时，应按相反次序，以免烧坏管子。在电路通电的情况下，不得断开基极引线，以免损坏管子。

（4）使用三极管时，要先固定好，以免因振动而发生短路或接触不良，并且不应靠近发热元件。

（5）功率三极管应加装有足够大的散热器。

6. 三极管的工作状态

三极管有三种工作状态，分别如下：

（1）截止状态：当加在三极管发射结的电压小于 PN 结的导通电压，基极电流为零，集电极电流和发射极电流都为零，三极管这时失去了电流放大作用，集电极和发射极之间相当于开关的断开状态，即三极管处于截止状态。

（2）放大状态：当加在三极管发射结的电压大于 PN 结的导通电压，并处于某一恰当的值时，三极管的发射结正向偏置，集电结反向偏置，这时基极电流对集电极电流起着控制作用，使三极管具有电流放大作用，其电流放大倍数 $\beta = \Delta I_c / \Delta I_b$，这时三极管处于放大状态。

（3）饱和导通状态：当加在三极管发射结的电压大于 PN 结的导通电压，并当基极电流增大到一定程度时，集电极电流不再随着基极电流的增大而增大，而是处于某一定值附近不怎么变化，这时三极管失去电流放大作用，集电极与发射极之间的电压很小，集电极和发射极之间相当于开关的导通状态。三极管的这种状态称之为饱和导通状态。

根据三极管工作时各个电极的电位高低，就能判别三极管的工作状态，因此，电子维修人员在维修过程中，经常要拿万用表测量三极管各引脚的电压，从而判别三极管的工作情况和工作状态。

3.7.2　场效应晶体管

1. 场效应晶体管

场效应晶体管是压控器件，它可分为两类：JFET 和 MOSFET。这两类均有源极（S）、栅极（G）和漏极（D）3 个电极。场效应晶体管有 P 沟道和 N 沟道之分。其符号如图 3-34 所示。

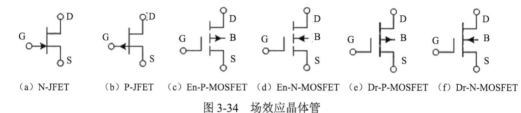

（a）N-JFET　　（b）P-JFET　　（c）En-P-MOSFET　（d）En-N-MOSFET　（e）Dr-P-MOSFET　（f）Dr-N-MOSFET

图 3-34　场效应晶体管

2. 功率 MOSFET 的主要参数

（1）漏极额定电流 I_D：指漏极允许连续通过的最大电流，在选择器件时要考虑充分的余量，以防止器件在温度升高时漏极额定电流降低而损坏器件。

（2）通态电阻 $R_{DS(ON)}$：它是功率 MOSFET 导通时漏源电压与漏极电流的比值。通态电阻越大耗散功率越大，越容易损坏器件。通态电阻与栅源电压有关，随着栅源电压的升高通态电阻值将减少。这样似乎栅源电压越高越好，但过高的栅源电压会延缓 MOSFET 的开通和关断时间，故一般选择栅源电压为 12 V。

（3）阀值电压 $U_{GS(th)}$：指漏极流过一个特定量的电流所需的最小栅源电压。有人认为阈值电压 $U_{GS(th)}$ 小一点好，这样功率 MOSFET 可以用互补金属氧化物半导体（CMOS）或逻辑门（transistor-transistor logic，TTL）等低电压电路驱动。但是太小的阈值电压抗干扰能力差，驱动信号的噪声干扰会引起 MOSFET 的误导通，影响它的正常工作。

（4）漏源击穿电压 $U_{(BR)DSS}$：漏源击穿电压 $U_{(BR)DSS}$ 是在 $U_{GS}=0$ 时漏极和源极所能承受的最大电压。功率 MOSFET 在工作时绝对不能超过这个电压。

（5）最大耗散功率 P_D 它表示器件所能承受的最大发热功率。一般手册中给出的是 $T_C=25℃$ 时的最大耗散功率。

（6）开关时间：$t_{d(ON)}$ 为开通延时时间，t_r 为开通上升时间，$t_{d(OFF)}$ 为关断延时时间，t_f 为下降时间。其中 $t_{ON}=t_{d(ON)}+t_r$ 称开通时间，$t_{OFF}=t_{d(OFF)}+t_f$ 称关断时间。这些都是表示 MOSFET 开关速度的参数，对功率开关器件来说是非常重要的。

3. 场效应晶体管的检测

JFET 检测和 MOSFET 检测均是根据场效应晶体管的 PN 结正、反向电阻值不一样的现象，判别出场效应晶体管类型及三个电极名称。需要注意的是：增强型在无栅源电压时，即使加上漏源电压，漏极电流也为 0，而耗尽型在无栅源电压时，加上漏源电压，漏极电流较大。N 沟道电流一般是由漏到源，而 P 沟道电流一般是由源到漏。下面以 MOSFET 为例介绍检测方法。

实际的场效应晶体管的引脚布局一般都是一样的，手持场效应晶体管正面对管子从左往右依次为栅极 G、漏极 D、源极 S，或者可以从数据手册上轻松获得开关管的详细资料。在不能确定的情况下，往往采用如下方式进行检测。

1）栅极 G 的确定

将场效应晶体管放在绝缘面板上对三个电极进行手指触碰放电，使用指针式万用表拨在 R×1 kΩ 档，利用表笔轮流选取两个电极，分别测出其正、反向电阻值。当某两个电极的正、反向阻值中有一向阻值比较小时，则该两个电极分别是漏极 D 和源极 S，剩下的电极肯定是栅极 G。

2）增强型与耗尽型的确定

将场效应晶体管放在绝缘面板上利用手指触碰的方法将场效应晶体管三个电极进行放电，使用指针式万用表拨在 R×1 kΩ 档，将红、黑表笔分别交替点触漏极 D 和源极 S，如果阻值始终保持一致或者变化不大的则为耗尽型场效应晶体管，反之为增强型场效应晶体管。

3）增强型 N 沟道与 P 沟道的确定

将场效应晶体管放在绝缘面板上利用手指触碰的方法将场效应晶体管三个电极进行放电，使用指针式万用表拨在 R×1 kΩ 档，将黑表笔点到栅极 G 不动（注意：栅极 G 不能接触任何物体，只能悬在空中），红表笔依次点触另外两个电极（漏极 D 和源极 S），实现场效应晶体管沟道的建立；然后将红、黑表笔分别接在漏源两个电极上测量正、反方向电阻，此时当电阻的阻值大体相同时为 N 沟道场效应晶体管，电阻阻值不相等时为 P 沟道。

4）增强型漏极 D 和源极 S 引脚的确定

将场效应晶体管放在绝缘面板上利用手指触碰的方法将场效应晶体管三个电极进行放电，使用指针式万用表拨在 R×1kΩ 档。

当检测的是 N 沟道场效应晶体管，红黑表笔分别交替接触漏极 D 和源极 S 两个电极，指针有明显摆动并且稳定指向某一数值，则黑表笔接触的是 N 沟道场效应晶体管的源极 S。

当检测的是 P 沟道场效应晶体管，红黑表笔分别交替接触漏极 D 和源极 S 两个电极，指针有明显摆动并且稳定指向某一数值，则黑表笔接触的是 P 沟道场效应晶体管的漏极 D。

4. 场效应晶体管的使用注意事项

（1）为了安全使用场效应晶体管，在线路的设计中不能超过管的耗散功率、最大漏源电压、最大栅源电压和最大电流等参数的极限值。

（2）各类型场效应晶体管在使用时，都要严格按要求的偏置接入电路中，要遵守场效应晶体管偏置的极性。如结型场效应晶体管栅源漏之间是 PN 结，N 沟道管栅极不能加正偏压；P 沟道管栅极不能加负偏压，等等。

（3）MOSFET 由于输入阻抗极高，所以在运输、贮躲中必须将引出脚短路，要用金属屏蔽包装，以防止外来感应电势将栅极击穿。尤其要留意，不能将 MOSFET 放入塑料盒子内，保存时最好放在金属盒内，同时也要留意管的防潮。

（4）为了防止场效应晶体管栅极感应击穿，要求一切测试仪器、工作台、电烙铁、线路本身都必须有良好的接地；管脚在焊接时，先焊源极；在连进电路之前，管的全部引线端保持互相短接状态，焊接完后才把短接材料取掉；从元器件架上取下管时，应以适当的方式确保人体接地如采用接地环等；当然，假如能采用先进的气热型电烙铁，焊接场效应晶体管是比较方便的，并且确保安全；在未关断电源时，不可以把管插入电路或从电路中拔出。以上安全措施在使用场效应晶体管时必须留意。

（5）在安装场效应晶体管时，留意安装的位置要尽量避免靠近发热元件；为了防管件振动，有必要将管壳体紧固起来；管脚引线在弯曲时，应当在大于根部尺寸 5 mm 处进行，以防止弯断管脚和引起漏气等。对于功率型场效应晶体管，要有良好的散热条件。由于功率型场效应晶体管在高负荷条件下运用，必须设计足够的散热器，确保壳体温度不超过额定值，使器件长期稳定可靠地工作。

总之，确保场效应晶体管安全使用，要留意的事项多种多样，采取的安全措施也是各种各样，都要根据实际情况出发，采取切实可行的办法，安全有效地用好场效应晶体管。

3.8　集成稳压器

直流线性电源通常由整流滤波电路、取样电路、基准电路、比较放大和调整电路等组成，后 4 个部分能方便地集成在一块芯片上，构成集成电路稳压器。集成稳压器使用方便，外围所用的元件不多，性能稳定，内部具有限流保护、过压保护和过热保护等措施，在电源电路中应用广泛。

集成稳压器按取样电阻是否集成在芯片上，可分为输出电压固定的稳压器与输出电压可调的稳压器两种基本形式，后者又称为通用稳压器。

3.8.1　固定输出稳压器

1. W78XX/79XX 系列

W78XX 系列集成稳压器如图 3-35 所示。

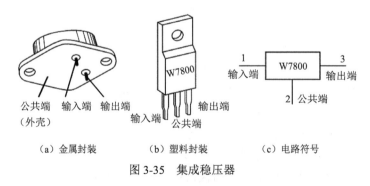

（a）金属封装　　　（b）塑料封装　　　（c）电路符号

图 3-35　集成稳压器

78XX 输出正电压，79XX 输出负电压（引脚功能 1 和 2 互换）。采用串联型稳压电源结构，具有过压和过流保护为了使调整管工作在放大区，要求输入电压比输出电压至少高 3V。W78XX/79XX 系列集成稳压器的主要参数如表 3-11 所示。

表 3-11　W78XX/79XX 系列集成稳压器的主要参数

参数名称	符号	单位	7805	7815	7820	7905	7915	7920
输出电压	U_0	V	5±5%	15±5%	25±5%	−5±5%	−15±5%	−20±5%
输入电压	U_i	V	10	23	28	−10	−23	−28
电压调整率	S_U	mA	50	150	200	50	150	200
静态工作电流	I_0	mA	6	6	6	6	6	6
输出电压温漂	S_T	mV/°C	0.6	1.8	2.5	−0.4	−0.9	−1
最小输入电压	U_{min}	V	7.5	17.5	22.5	−7	−17	−22
最大输入电压	U_{imax}	V	35	35	35	−35	−35	−35
最大输出电流	I_{omax}	A	1.5	1.5	1.5	1.5	1.5	1.5

2. 检测

（1）78XX 系列三端集成稳压器的检测注意事项如下。

用万用表测量 78XX 系列集成稳压器各引脚之间的电阻值，可以根据测量的结果粗略判断出被测集成稳压器的好坏。

由于集成稳压器的品牌及型号众多，其电参数具有一定的离散性。通过测量集成稳压器各引脚之间的电阻值，也只能估测出集成稳压器是否损坏。若测得某两脚之间的正、反向电阻值均很小或接近 0 Ω 则可判断该集成稳压器内部已击穿损坏。若测得这两脚之间的正、反向电阻值均为无穷大，则说明该集成稳压器已开路损坏。若测得集成稳压器的阻值不稳定，随温度的变化而改变，则说明该集成稳压器的热稳定性能不良。

即使测量集成稳压器的电阻值正常，也不能确定该稳压器就是完好的，还应进一步测量其稳压值是否正常。测量时，可在被集成稳压器的电压输入端与接地端之间加上一个直流电压（正极接输入端）。此电压应比被测稳压器的标称输出电压高 3 V 以上（例如，被测集成稳压器是 7806，加的直流电压就为+9 V），但不能超过其最大输入电压。若测得集成稳压器输出端与接地端之间的电压值输出稳定，且在集成稳压器标称稳压值的±5%范围内，则说明该集成稳压器性能良好。

（2）79XX 系列三端集成稳压器的检测注意事项如下。

测量各引脚之间的电阻值与 78XX 系列集成稳压器的检测方法相似，用万用表 R×1 kΩ 档测量 79XX 系列集成稳压器各引脚之间的电阻值，若测得结果与正常值相差较大，则说明该集成稳压器性能不良。

测量 79XX 系列集成稳压器的稳压值，与测量 78XX 系列集成稳压器稳压值的方法相同，也是在被测集成稳压器的电压输入端与接地端之间加上一个直流电压（负极接输入端）。

此电压应比被测集成稳压器的标称电压低 3 V 以下（例如，被测集成稳压器是 7905，加的直流电压应为–8 V），但不允许超过集成稳压器的最大输入电压。若测得集成稳压器输出端与接地端之间的电压值输出稳定，且在集成稳压器标称稳压值的±5%范围内，则说明该集成稳压器完好。

3.8.2　可调输出稳压器

可调输出稳压器也有两个系列：LM317 系列（输出正电压）和 LM337 系列（输出负电压，引脚 2 和 3 功能互换），输入电压范围为 4～40 V，输出可调电压范围为 1.25～37 V，要求输入电压比输出电压至少高 3 V。例如，LM317 系列若输入电压为 40 V，则输出电压为 1.25～37 V 连续可调，如图 3-36 为 LM317 系列三端固定电压集成稳压器引脚功能。

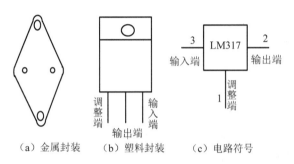

（a）金属封装　　（b）塑料封装　　（c）电路符号

图 3-36　LM317 系列三端固定电压集成稳压器的引脚功能

3.9　其他常用器件

3.9.1　光电器件

利用半导体光敏特性工作的光电导器件、利用半导体光生伏特效应工作的光电池和半导体发光器件等统称为光电器件。常用的光电器件有以下类别。

（1）光敏电阻：应用半导体光电效应原理制成，其阻值随光照强度增大而减小。

（2）光电二极管（光敏二极管）：在无光照的条件下，其工作在截止状态，当受到光照时，都具有单向导通性能。

（3）光电三极管：是一种相当于在基极和集电极上接入光电二极管的三极管。

（4）光电耦合器：是把发光二极管和光敏三极管组装在一起而制成的光-电转换器件，可提高电路的抗干扰能力。

（5）光电池：实际当中用得比较多的光电池是硅光电池，能够把光能直接转化成为电能。光电池的一个重要特点是短路时的电流与光照基本成线性比例。在运用中一般选择负载电阻很小，负载电阻越小，线形度愈好。

（6）发光二极管：是当加适当的正向电压时，二极管导通并且发光的器件。发光颜色有红、绿、蓝和白。

3.9.2　压电器件

压电器件是利用材料的压电效应[①]制成的器件。大多数压电器件的结构由电极、压电片、支架和外壳组成。其中压电片可以是圆片、长条片、棒、圆柱等形状。压电器件的应用范围很广。当电信号频率接近压电片的固有频率时，压电器件靠逆压电效应产生机械谐振，谐振频率主要决定于压电片的尺寸和形状。石英晶体振荡器为典型的压电器件，如图 3-37 所示。

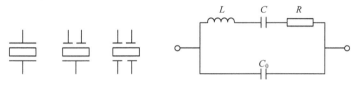

图 3-37　石英晶体振荡器电路及等效电路

3.9.3　扬声器

电声器件即电声换能器，它能将电能转换为声能，或将声能转换为电能，其包括扬声器、传声器等。扬声器在音响设备中是一个最薄弱的器件，而对于音响效果而言，它又是一个最重要的部件。扬声器的种类繁多，而且价格相差很大。音频电能通过电磁、压电或静电效应，使其纸盆或膜片振动并与周围的空气产生共振（共鸣）而发出声音。

最常见的为电动式锥形纸盆扬声器。锥形纸盆扬声器大体由磁回路系统（永磁体、心柱、导磁板）、振动系统（纸盆、音圈）和支撑辅助系统（定心支片、盆架、垫边）等三大部分构成，如图 3-38 所示。

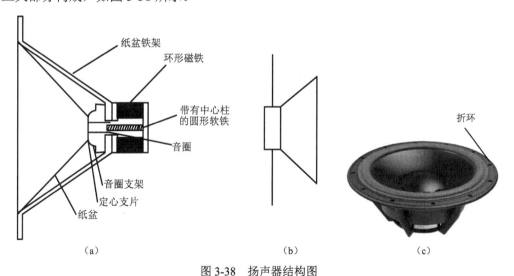

（a）　　　　　　　　　　（b）　　　　　　　　　　（c）

图 3-38　扬声器结构图

---

① 压电效应：某些电介质在沿一定方向上受到外力的作用而变形时，其内部会产生极化现象，同时在它的两个相对表面上出现正负相反的电荷。当外力去掉后，它又会恢复到不带电的状态，这种现象称为正压电效应。当作用力的方向改变时，电荷的极性也随之改变。相反，当在电介质的极化方向上施加电场，这些电介质也会发生变形，电场去掉后，电介质的变形随之消失，这种现象称为逆压电效应。依据电介质压电效应研制的一类传感器称为压电传感器。

音圈是锥形纸盆扬声器的驱动单元,它是用很细的铜导线分两层绕在纸管上,一般绕有几十圈,又称线圈,放置于导磁芯柱与导磁板构成的磁隙中。音圈与纸盆固定在一起,当声音电流信号通入音圈后,音圈振动带动着纸盆振动。锥形纸盆扬声器的锥形振膜所用的材料有很多种类,一般有天然纤维和人造纤维两大类。由于纸盆是扬声器的声音辐射器件,在相当大的程度上决定着扬声器的放声性能,所以无论哪一种纸盆,要求既要质轻又要刚性良好,不能因环境温度、湿度变化而变形。折环是为保证纸盆沿扬声器的轴向运动、限制横向运动而设置的,同时起到阻挡纸盆前后空气流通的作用。折环的材料除常用纸盆的材料外,还利用塑料、天然橡胶等,经过热压粘接在纸盆上。定心支片用于支持音圈和纸盆的结合部位,保证其垂直而不歪斜。定心支片上有许多同心圆环,使音圈在磁隙中自由地上下移动而不作横向移动,保证音圈不与导磁板相碰。定心支片上的防尘罩是为了防止外部灰尘等落进磁隙,避免造成灰尘与音圈摩擦,而使扬声器产生异常声音。

3.9.4　传声器

传声器是一种将声音转变为相应的电信号的声电器件,俗称话筒,如图 3-39 所示。传声器包括动圈式、电容式和压电式传声器等类型。其中动圈式传声器结构坚固,工作稳定,具有单方向性,经济耐用,广泛应用于广播、录音、卡拉 OK 等场所。

图 3-39　传声器

3.10　接　插　件

3.10.1　接插件

接插件也称连接器,国内也称为接头和插座,一般是指电器接插件,即连接两个有源器件的器件,传输电流或信号。接插件可以改善生产过程、易于维修、便于升级和提高设计的灵活性。接插件可以分为大电流接插件(图 3-40)和小信号接插件(图 3-41)。

　(a)　　　　　　　　　　(b)　　　　　　　　　　(c)　　　　　　　　　　(d)

图 3-40　大电流接插件

（a）

（b）

（c）

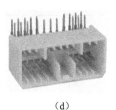
（d）

图 3-41　小信号接插件

3.10.2　通信接头

1. VGA

VGA 是 IBM 于 1987 年提出的一个使用模拟信号的电脑显示标准。VGA 接口（图 3-42）即电脑采用 VGA 标准输出数据的专用接口。VGA 接口共有 15 针（表 3-12），分成 3 排，每排 5 个孔，是显卡上应用最为广泛的接口类型，绝大多数显卡都带有此种接口。它传输红、绿、蓝模拟信号及同步信号（水平和垂直信号）。

（a）

（b）

图 3-42　VGA 接口

表 3-12　VGA 15 针介绍

序号	作用	序号	作用	序号	作用	序号	作用	序号	作用
1	红基色	4	地址码	7	绿地	10	数字地	13	行同步
2	绿基色	5	自测试	8	蓝地	11	地址码	14	场同步
3	蓝基色	6	红地	9	保留	12	地址码	15	地址码

2. DB9

DB9 通常用于计算机的 COM 口（UART/RS232）。通常直连通信中只使用 2、3、5 引脚，其中，2、3 引脚交叉连用；其他引脚，通常在与调制解调器（MODEM）连接时使用。DB9 接口各功能见表 3-13，实物见图 3-43。

表 3-13　DB9 接口

序号	信号方向来自	缩写	描述
1	调制解调器	CD	载波检测
2	调制解调器	RXD	接收数据
3	PC	TXD	发送数据

续表

序号	信号方向来自	缩写	描述
4	PC	DTR	数据终端准备好
5	—	GND	信号地
6	调制解调器	DSR	通信设备准备好
7	PC	RTS	请求发送
8	调制解调器	CTS	允许发送
9	调制解调器	RI	响铃指示器

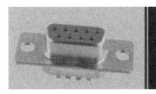 

　　DB9 母头　　　　　　　　　　DB9 公头

图 3-43　DB9 接口

3. RJ11 接口

RJ11 接口（图 3-44）通常用于固定电话的语言传输。电话传输的两根线（中间）不分顺序，而听筒线四根（中间）线序是扬声器+、MIC-、MIC+、扬声器-，分别对应扬声器和麦克风。电话线的压线也需使用压线钳。

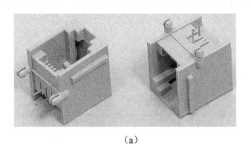 

　　　　　　（a）　　　　　　　　　　　　　　　　（b）

图 3-44　RJ11 接口

4. RJ45 接口

RJ45 接口通常用于计算机网络数据传输，最常见的应用为网卡或网线接口。接头有两种接法：直通线（12345678 对应 12345678）、交叉线（12345678 对应 36145278）。常见的 RJ45 接口有两类，分别是用于以太网卡、路由器以太网接口等的 DTE 类型，还有用于交换机等的 DCE 类型。

DTE 可以称作"数据终端设备"，DCE 可以称作"数据通信设备"。从某种意义来说，DTE 设备称为"主动通信设备"（图 3-45），DCE 设备称为"被动通信设备"。两个类型一样的设备使用 RJ45 接口连接通信时，必须使用交叉线连接。

RJ45 接口 DCE（数据通信设备）类型引脚中 1 是数据接收正端，2 是数据接收负端，3 是数据发送正端，6 是数据发送负端。

（a）　　　　　　　　　　　　　（b）

图 3-45　RJ45 接口 DTE 类型引脚定义

RJ45 接口有两种线序：T568A 和 T568B（图 3-46）。T568A 线序：1 代表绿白；2 代表绿；3 代表橙白；4 代表蓝；5 代表蓝白；6 代表橙；7 代表棕白；8 代表棕。T568B 线序：1 代表橙白；2 代表橙；3 代表绿白；4 代表蓝；5 代表蓝白；6 代表绿；7 代表棕白；8 代表棕。

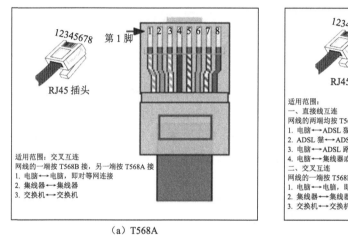
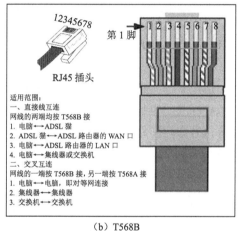

（a）T568A　　　　　　　　　　　　　（b）T568B

图 3-46　RJ45 两种线序

网线钳使用步骤如下：

第一步，去外皮。利用网线钳的剪线刀口或双绞线剥线器剪裁出计划需要使用到的双绞线长度（15 mm 左右）。

第二步，剥线。用到网线钳的剪线刀口将线头剪齐，再将线头放入剥线专用的刀口，稍微用力握紧压线钳慢慢旋转，让刀口划开双绞线的保护胶皮。再把双绞线的灰色保护层剥掉。

第三步，排列线缆。解开后则根据需要接线的规则把几组线缆依次地排列好并理顺，排列的时候应该注意尽量避免线路的缠绕和重叠。

第四步，剪齐双绞线头。将排列好线序的双绞线用压线钳的剪线口剪下，只剩约 12 mm 的长度，之所以留下这个长度是为了符合标准，要确保各色线的线头整齐、长度一致。

第五步，线缆插入水晶头内。将双绞线的每一根线依序放入 RJ-45 水晶头的引脚内，第一只引脚内应该放白橙色的线，其余类推。

第六步，压线操作。确认无误之后就可以把水晶头插入网线钳的槽内压线，把水晶头插入后，用力握紧网线钳，把水晶头凸出在外面的针脚全部压入水晶并头内，受力之后听到轻微的"啪"一声即可。

注意事项：

（1）去外皮操作中避免将外皮切去过长，内部缠绕线不宜做过多的解绕，这样会导致线间串扰增大。

（2）在剥双绞线外皮时，手握压线钳要适当，不要使剥线刀刃口间隙过小，以防止损伤内部线芯。即使线芯没有被完全剪断，双绞线在使用时经过多次拔插以后非常容易折断。

（3）在排列线序过程中，要确保各色线排列顺序准确。

（4）在剪线齐头过程中，保留的长度要准确，各色线的切口要整齐。过长会出现外皮无法插入 RJ-45 水晶头中，缩短双绞线的使用寿命；过短或切口不齐会出现各色线不能完全插入 RJ-45 水晶头中，无法保证 RJ-45 水晶头的铜片被正常地压入色线中，也就无法保证网线的连通。

5. USB

通用串行总线（universal serial bus，USB）是连接计算机系统与外部设备的一种串口总线标准，也是一种输入输出接口的技术规范，被广泛地应用于个人计算机和移动设备等信息通信产品，并扩展至摄影器材、数字电视（机顶盒）、游戏机等其他相关领域。USB 设备可以热插拔、携带方便、标准统一和可以连接多个设备。

USB 实物图如图 3-47 所示。

（a）各种 USB 2.0 接口

（b）USB 3.0 接口

图 3-47　USB 实物图

常规 USB 接口一般有 4 个引脚，如表 3-14 所示；mini/micro-USB 则有 5 个引脚，如表 3-15 所示。它们均采用半双功方式工作，USB 2.0 速度可达到 480 Mb/s，USB 1.0 速度是 1.5 Mb/s 和 12 Mb/s。目前，已推出 USB 3.0，它可以向下兼容，引脚已多达 9 个，如表 3-16 所示，将高速接收与发送的差分信号单独引出，实现了全双功，速度可达到 4.8 Gb/s。

表 3-14　常规 USB 2.0 引脚

针脚	名称	说明	接线颜色
1	VCC	+5V 电压	红色
2	D-	数据线负极	白色
3	D+	数据线正极	绿色
4	GND	接地	黑色

表 3-15　mini/micro-USB 2.0 引脚

针脚	名称	说明	接线颜色
1	VCC	+5V 电压	红色
2	D-	数据线负极	白色
3	D+	数据线正极	绿色
4	ID	Micro-A 型接地 Micro-B 型不接	无
5	GND	接地	黑色

表 3-16　USB 3.0 引脚

针脚	名称	说明	接线颜色
1	VCC	+5V 电压	红色
2	D-	USB2.0 数据线负极	白色
3	D+	USB2.0 数据线正极	绿色
4	GND	电源接地	黑色
5	StdA-SSRX-	USB3.0 数据线接收负极	—
6	StdA-SSRX+	USB3.0 数据线接收正极	—
7	GND-DRAIN	信号地	—
8	StdA-SSTX-	USB3.0 数据线发送负极	—
9	StdA-SSTX+	USB3.0 数据线发送正极	—

3.11　导　　线

3.11.1　导线及分类

导线是用作电线电缆的材料，一般由铜或铝制成，也有用银线所制（导电、热性好），用来疏导电流或者是导热。

导线可以分为电源类和信号类。其中，电源类是输送电能的线，信号类是输送信号的线。

3.11.2　导线规格

1. 国家标准

我国的导线规格由额定电压、芯数及标称截面组成。

电线及控制电缆等一般额定电压为 300/300 V、300/500 V、450/750 V；中低压电力电缆额定电压（芯线与屏蔽层耐压/芯线与芯线间耐压）有 0.6/1 kV、1.8/3 kV、3.6/6 kV、6/6（10）kV、8.7/10（15）kV、12/20 kV、18/20（30）kV、21/35 kV、26/35 kV 等。

电缆的芯数根据实际需要来定，一般电力电缆主要有 1、2、3、4、5 芯，电线主要也是 1～5 芯，控制电缆有 1～61 芯。

标称截面是指导体横截面的近似值。为了达到规定的直流、电阻，方便记忆并且统一而规定的一个导体横截面附近的一个整数值。我国统一规定的导体横截面有 0.5、0.75、1、1.5、2.5、4、6、10、16、25、35、50、70、95、120、150、185、240、300、400、500、630、800、1000、1200、2500（mm²）等。这里要强调的是导体的标称截面不是导体的实际的横截面，导体实际的横截面许多比标称截面小，有几个比标称截面大。实际生产过程中，只要导体的直流、电阻能达到规定的要求，就可以说这根电缆的截面是达标的。

目前，我国导线型号规格可以分为以下几种。

B 系列：属于布（绝缘）电线，布局在墙上不动的线，电压是 300/500V；

V 系列：聚氯乙烯塑料（PVC）电线；

L 系列：铝芯；

R 系列：特点是软，但是要做到软，就需增加导体根数；

BV 系列：铜芯聚氯乙烯绝缘电线；

BLV 系列：铝芯聚氯乙烯绝缘电线；

BVR：铜芯聚氯乙烯绝缘软电线；

RV：铜芯聚氯乙烯绝缘连接软电线，它比 BVR 更软；

RVV：铜芯聚氯乙烯绝缘聚氯乙烯护套连接软电线，它比 RV 多了一层塑料护套；

BVVB：铜芯聚氯乙烯绝缘加上白色聚氯乙烯扁型外层护套，就是 2 根 BV 线，再加一层白色的塑料护套。

2. AWG 规格

AWG（American wire gauge）是美制电线标准的简称，AWG 值是导线厚度（英寸计）的函数。AWG 与公制、英制对照表如表 3-17 所示。其中，4/0 表示 0000，3/0 表示 000，2/0 表示 00，1/0 表示 0。例如，常用的电话线直径为 26AWG，约为 0.4 mm。由表 3-17 归纳出的 AWG 与英寸的关系如下：

$$AWG = A\lg X - B \tag{3-13}$$

式中，$A = -19.93156857$；$B = 9.73724$；X 代表着导线直径（英寸）。

表 3-17　AWG 规格表

AWG	外径		截面积/mm²	电阻值/(Ω/km)	AWG	外径		截面积/mm²	电阻值/(Ω/km)
	公制/mm	英制/in				公制/mm	英制/in		
4/0	11.68	0.46	107.22	0.17	12	2.05	0.0808	3.332	5.31
3/0	10.40	0.4096	85.01	0.21	13	1.82	0.0720	2.627	6.69
2/0	9.27	0.3648	67.43	0.26	14	1.63	0.0641	2.075	8.45
1/0	8.25	0.3249	53.49	0.33	15	1.45	0.0571	1.646	10.6
1	7.35	0.2893	42.41	0.42	16	1.29	0.0508	1.318	13.5
2	6.54	0.2576	33.62	0.53	17	1.15	0.0453	1.026	16.3
3	5.83	0.2294	26.67	0.66	18	1.02	0.0403	0.8107	21.4
4	5.19	0.2043	21.15	0.84	19	0.912	0.0359	0.5667	26.9
5	4.62	0.1819	16.77	1.06	20	0.813	0.0320	0.5189	33.9
6	4.11	0.1620	13.30	1.33	21	0.724	0.0285	0.4116	42.7
7	3.67	0.1443	10.55	1.68	22	0.643	0.0253	0.3247	54.3
8	3.26	0.1285	8.37	2.11	23	0.574	0.0226	0.2588	48.5
9	2.91	0.1144	6.63	2.67	24	0.511	0.0201	0.2047	89.4
10	2.59	0.1019	5.26	3.36	25	0.44	0.0179	0.1624	79.6
11	2.30	0.0907	4.17	4.24	26	0.404	0.0159	0.1624	143

3.11.3　铜导线与铝导线截面积与承受最大电流的关系

导线截面积一般按如下公式计算。

$$铜线：S = (I \times L) / (54.4 \times \Delta U) \tag{3-14}$$

$$铝线：S = (I \times L) / (34 \times \Delta U) \tag{3-15}$$

式中，I 代表导线中通过的最大电流（A）；L 代表导线的长度（m）；ΔU 代表允许的电压降（V）；S 代表导线的截面积（mm²）。

实际上不同温度下的导线截面积所能承受最大电流不同，表 3-18 给出了不同温度下的铜导线截面积与所能承受的最大电流。

表 3-18　不同温度下的铜导线截面积与所能承受的最大电流

截面积（大约值）/mm²	铜线温度			
	60℃	75℃	85℃	90℃
	电流/A			
2.5	20	20	25	25
4	25	25	30	30
6	30	35	40	40
8	40	50	55	55
14	55	65	70	75
22	70	85	95	95
30	85	100	110	110
38	95	115	125	130
50	110	130	145	150
60	125	150	165	170
70	145	175	190	195
80	165	200	215	225
100	195	230	250	260

3.11.4　导线连接

常见的导线根据材料主要分为铜导线与铝导线两种，根据线芯还有单股与多股之分，所以导线的连接方式也会因为材料与形式的不同而发生变化。但是导线的连接方式主要有导线与导线的连接、线头与接线桩的连接两种。导线与导线的连接包含：单股铜芯导线的直线连接、单股铜导线的分支连接、多股铜导线的直接连接、多股铜导线的分支连接等、单股与多股铜导线的分支连接等；线头与接线桩的连接包含：线头与针孔接线桩的连接、线头与平压式接线桩的连接、线头与瓦形接线桩的连接等。具体内容请通过扫描二维码 R3-1 阅读。

R3-1　导线连接方式

3.12　小　结

电子元器件在电子产品中占有重要的地位。应该注意的是，每种元器件在不同的应用场合有不同的参数值要求。以电阻为例，在电路中只有参数 R，而在实际应用中却要考虑 P_N、I_N 等技术参数，在批量生产时有系列、精度等参数，在选用安装时有外形等参数。掌握电子元器件的结构、性能、特点和用途对正确使用电子元器件起至关重要的作用。本章介绍了电阻、电位器、电感、电容、变压器、二极管、三极管、场效应晶体管、集成稳压器等的基本结构、主要参数、实物图和符号及它们各自的主要参数和用途，并且介绍了它们各自的选用及检测方法。本章还介绍了其他常用器件、接插件、导线分类与规格及导线载流能力。本章各种器件的工作原理与相关计算分析将在"电路分析"和"模拟电子技术"课程中展开。

第4章　常用工具与仪表

4.1　常用电工工具与使用

4.1.1　紧固工具

1. 螺钉旋具

螺丝刀：又称为改锥、旋凿或起子。按照功能可分为一字形和十字形，如图 4-1 所示。

图 4-1　螺丝刀

注意：拿握螺丝刀的正确方法是手一般不要放在螺钉处，带电作业时，手不可触及螺丝刀的金属杆。为防止金属杆触到人体或邻近带电体，在必要情况下金属杆应套上绝缘管。螺丝刀使用时，以小代大或者以大代小均会损坏螺钉或电气元件。

螺钉（日常生活中也叫螺丝、螺丝钉）常见于机械，电器及建筑物等，一般为金属制造，呈圆筒形，表面刻有凹凸的沟，如一个环绕螺钉侧面的倾斜面，让螺钉可紧锁着螺母或其他物件，如图 4-2 所示。

图 4-2　螺钉

2. 螺母旋具

螺母旋具：又称为螺帽起子，适应于拆装六角螺母或螺钉，如图 4-3 所示。螺母旋具有两种，一种适用于外沿拆装的螺母，一种适用于内沿拆装的螺母。

图 4-3　螺母旋具

螺母：又称螺帽，与螺栓或螺杆拧在一起用来起紧固作用的零件，所有生产制造机械必须用的一种元件根据材质的不同，分为碳钢、不锈钢、有色金属（如铜）等类型，如图 4-4 所示。

图 4-4　螺母

3. 扳手

扳手：是用于紧固和拆卸螺栓、螺母的常用工具，分为固定扳手、套筒扳手及活络扳手，如图 4-5 所示。常用有 200 mm、250 mm、300 mm 三种，使用时应根据螺母的大小选配。

图 4-5　扳手

注意：使用活络扳手时，必须把工件两侧平面夹牢，以免损坏工件棱角；不准反方向用力，否则容易扳裂活络扳唇；不准用钢管套在手柄上作加力杆使用；不准用作撬棍撬重物；不准扳手当手锤使用。

4.1.2　剪切工具

1. 电工刀

电工刀：电工常用的一种切削工具。普通的电工刀由刀片、刀刃、刀把、刀挂等构成。刀片根部与刀柄相铰接，其上带有刻度线及刻度标识，前端形成有螺丝刀刀头，两面加工有锉刀面区域，刀刃上具有一段内凹形弯刀口，弯刀口末端形成刀口尖，刀柄上设有防止刀片退弹的保护钮，如图 4-6 所示。

图 4-6　电工刀

注意：电工刀使用时，不能用于带电操作；使用时刀口朝外，以免伤手；剥削导线绝缘层时，刀面与导线成 45°角倾斜切入，以免削伤线芯。不用时，把刀片收缩到刀把内。

2. 剪刀

剪刀：包括普通剪刀和剪切金属线材专用剪刀，如图 4-7 所示。剪切金属线材专用剪刀头部短而宽，刀口角度较大，能承受较大的剪切力。

图 4-7　常用剪刀

4.1.3　钳口工具

1. 剥线钳

剥线钳：主要用于剥削直径在 6 mm 以下的塑料和橡胶绝缘导线的绝缘层，如图 4-8 所示。

图 4-8　剥线钳

注意：剥线时，为了不损伤线芯，线头应放在大于线芯的切口上剥削。

使用操作：①根据缆线的粗细型号，选择相应的剥线刀口；②将准备好的电缆放在剥线工具的刀刃中间，选择好要剥线的长度；③握住剥线工具手柄，将电缆夹住，缓缓用力使电缆外表皮慢慢剥落；④松开工具手柄，取出电缆线，这时电缆金属整齐露出外面，其余绝缘塑料完好无损。

2. 老虎钳

老虎钳：一种夹钳和剪切工具，也称为钢丝钳（图4-9）。

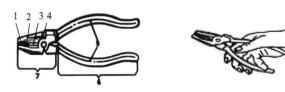

图 4-9　老虎钳
1.钳口；2.齿口；3.刀口；4.侧口

钳口 1 可用来弯绞或钳夹导线线头；齿口 2 可用来紧固或起松螺母；刀口 3 可用来剪切导线或钳削导线绝缘层；侧口 4 可用来铡切导线线芯、钢丝等较硬线材。

钢丝钳使用注意事项：不能当榔头使用；使用钳子要量力而行，不可以超负荷使用，否则易崩牙或损坏；钢丝钳子分绝缘和不绝缘的，在带电操作时应该注意区分，并确保绝缘良好，以免被强电伤到；在带电剪切导线时，不得用刀口同时剪切不同电位的两根线（如相线与零线、相线与相线等），以免发生短路事故；带电操作时，手与钢丝钳的金属部分保持 2 cm 以上的距离；钳头的轴销上应经常加机油润滑防止生锈；根据不同用途，选用不同规格的钢丝钳。

3. 断线钳

断线钳：又称为斜口钳、偏嘴钳。专门用于尖端较粗的电线或其他金属丝，外形如图 4-10 所示。

图 4-10　断线钳外形图

4. 尖嘴钳

尖嘴钳：主要用于切断较小的导线、金属丝，夹持小螺钉、垫圈，并可以将导线断头弯曲成型，可以在狭小空间中操作，其外形如图4-11 所示。

图 4-11　尖嘴钳外形图

注意：若使用尖嘴钳带电作业，应检查其绝缘是否良好，并在作业时金属部分不要触及人体或邻近的带电体。

5. 镊子与压接钳

镊子：主要用于夹持导线线头、元器件、螺钉等小型工件，常用类型有尖头镊子和宽口镊子，分别用于夹持较小物件和较大物件，其外形如图 4-12 所示。

压接钳：用于压接操作的基本工具，其外形如图 4-13 所示。

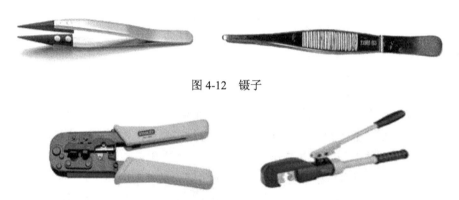

图 4-12　镊子

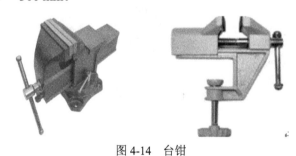

图 4-13　压接钳

6. 台钳

台钳：又称虎钳、台虎钳，如图 4-14 所示。物件安装在钳工台上进行操作处理。钳工的大部分工作都是在台钳上完成的，如锯、锉、錾及零件的装配和拆卸。以钳口的宽度为标定规格：75 ～ 300 mm。

图 4-14　台钳

4.1.4　钻孔工具与攻丝工具

1. 钻孔工具

钻孔：指用钻头在实体材料（如电路板）上加工出孔的操作，钻通过旋转和冲击来工作。常用的有手工钻、普通孔钻、冲击钻、台钻。钻头以形状（如麻花钻）和直径（如 Φ3 mm）区分。图 4-15 给出了手工钻、冲击钻和台钻。

（a）手工钻　　　　　（b）冲击钻　　　　　（c）台钻

图 4-15　钻孔工具

2. 攻丝工具

攻丝：用一定的扭矩将丝锥旋入要钻的底孔中加工出内螺纹。攻丝内径有手动和自动两种，如图 4-16 所示。

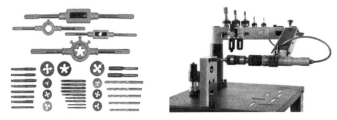

图 4-16　攻丝工具

4.1.5　焊接、拆焊工具与工艺

1. 焊接与拆焊工具

焊接是将两个或两个以上分离的工件，按一定的形式和位置连接成一个整体的工艺过程。焊接分为熔化焊和压力焊两大类。电工自行操作的焊接工艺，通常用的是熔化焊中的烙铁钎焊（俗称锡焊）、手工电弧焊（俗称电焊）和火焰钎焊三种。本节只涉及烙铁钎焊。焊接错误时，需要拆焊，就是将已焊点拆除，并将焊点清理干净。

1）电烙铁

手工焊接的基本工具是电烙铁，其作用是加热焊接部位，熔化焊料，使焊料和被焊金属连接起来。

电烙铁是手工焊接的基本工具，其作用是加热焊接部位，熔化焊锡，使焊料与被焊金属连接起来。基本结构有发热部分、储热部分和手柄部分。其中，发热部分是将电能转化为热能，储热部分是通过烙铁头积蓄热量，手柄部分是由木材、胶木等加工而成。常见结构如图 4-17 所示。

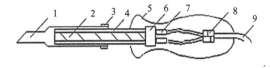

图 4-17　焊接工具

1.烙铁头；2.烙铁芯；3.卡箍；4.金属外壳；5.手把；6.固定座；7.接线柱；8.线卡；9.软电线

电烙铁种类有吸锡电烙铁、内热式电烙铁、外热式电烙铁、热风焊台和恒温电烙铁，如图 4-18 所示。

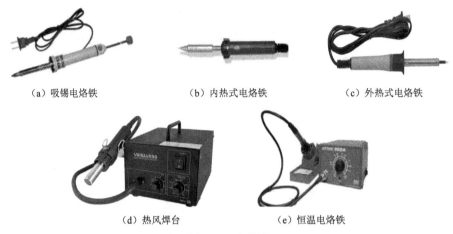

（a）吸锡电烙铁　　　　　　（b）内热式电烙铁　　　　　　（c）外热式电烙铁

（d）热风焊台　　　　　　（e）恒温电烙铁

图 4-18　电烙铁

2）电烙铁与焊锡的握法

为了能使被焊件焊接牢靠，又不烫伤被焊件周围的元器件及导线，视被焊件的位置、大小及电烙铁的规格大小，适当地选择电烙铁的握法是很重要的。掌握正确的操作姿势，可以保证操作者的身心健康，减少焊剂加热时挥发出的化学物质对人的危害，减少有害气体的吸入量，一般情况下，烙铁到鼻子的距离应不少于 20 cm，通常以 30 cm 为宜。电烙铁的握法可分为三种，如图 4-19 所示。

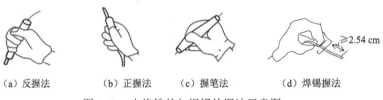

（a）反握法　　　　（b）正握法　　　　（c）握笔法　　　　（d）焊锡握法

图 4-19　电烙铁的与焊锡的握法示意图

3）焊接方法

（1）器件加热

加热时，应该让焊件上需要焊锡浸润的各部分均匀受热，而不是仅加热焊件的一部分，对于热容量相差较多的两个部分焊件，加热应偏向需热较多的部分，这是顺礼成章的。但不要采用烙铁对焊件增加压力的办法，以挽造成损坏或不易觉察的隐患。有些初学者企图加快焊接，用烙铁头对焊接面施加压力，这是不对的。正确的方法是，要根据焊件的形状选用不同的烙铁头，或者自己修正烙铁头，让烙铁头与焊件形成面的接触而不是点或线的接触，这样，还可提高效率。加热方法如图 4-20 所示。

在非流水线作业中，一次焊接的焊点形状是多种多样的，不可能不断更换烙铁头，要提高烙铁头的效率，需要形成热量传递的焊锡桥，如图 4-21 所示。

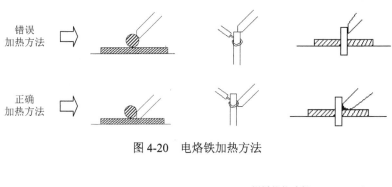

图 4-20　电烙铁加热方法

图 4-21　电烙铁锡桥加热方法

焊锡桥,就是靠烙铁头上保留少量的焊锡作为加热时烙铁头与焊件之间传热的桥梁。显然,由于金属液的导热效率远高于空气,而使焊件很快加热到焊接温度。应注意作为焊锡桥的保留量不可过多,以免造成焊点误连。

（2）焊锡用量

手工焊接常使用管状的焊锡丝,内部已装有松香和活化剂制成的助焊剂。焊锡丝的直径有 0.5、0.8、1.0、…、5.0 mm 等多种规格,要根据焊点的大小选用。一般应使焊锡丝的直径略小于焊盘的直径。

过量的焊锡不但浪费材料,还增加焊接时间,降低工作速度。更为严重的是,过量的焊锡很容易造成不易察觉的短路故障。焊锡过少也不能形成牢固的结合,同样是不利的。特别是焊接印制板引出导线时,焊锡用量不足,极容易造成导线脱落。焊锡用量的选择如图 4-22 所示。

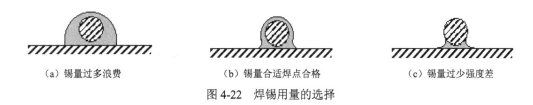

（a）锡量过多浪费　　　　　　（b）锡量合适焊点合格　　　　　　（c）锡量过少强度差

图 4-22　焊锡用量的选择

（3）烙铁撤离

电烙铁的撤离角度与方向都会影响焊点工艺,图 4-23 为烙铁不同的撤离方向对焊料的影响的示意图。

4）拆焊

（1）用合适的空心针头拆焊。

医用针头锉平,作为拆焊的工具,具体方法是:一边用烙铁熔化焊点,一边把针头套在被焊的元器件引脚上,直至焊点熔化后,将针头迅速插入印制电路板的内孔,使元器件的引脚与印制电路板的焊盘脱开,如图 4-24 所示。

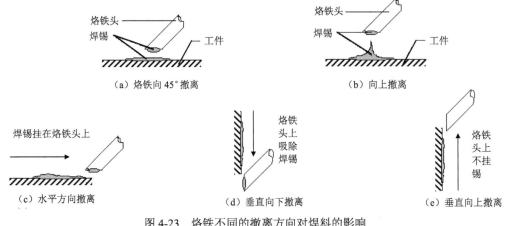

图 4-23　烙铁不同的撤离方向对焊料的影响

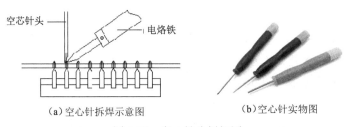

（a）空心针拆焊示意图　　　　（b）空心针实物图

图 4-24　空心针头拆焊图

（2）用铜编织线进行拆焊。

将铜编织线的部分吃上松香焊剂，然后放在将要拆焊的焊点上，再把电烙铁放在铜编织线上加热焊点，待焊点上的焊锡熔化后就被铜编织线吸去，如焊点上的焊锡一次没有被吸完，则可进行第二次、第三次，直至吸完。当编织线吸满焊料后就不能再用，就需要把已吸满焊料的部分剪去，如图 4-25 所示。

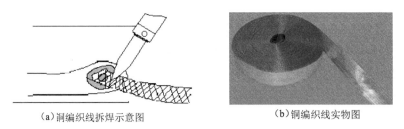

（a）铜编织线拆焊示意图　　　　（b）铜编织线实物图

图 4-25　铜编织线拆焊图

（3）用吸锡器进行拆焊。

将被拆的焊点加热，使焊料熔化，然后把吸锡器挤瘪，将吸嘴对准熔化的焊料，然后放松吸锡器，焊料就被吸进吸锡器内，如图 4-26 所示。

（4）采用专用拆焊电烙铁拆焊。

专用拆焊电烙铁头，能一次完成多引线脚元器件的拆焊，而且不易损坏印制电路板及其周围的元器件。如集成电路、中频变压器等就可专用拆焊烙铁拆焊。拆焊时也应注意加热时间不能太长，当焊料一熔化，应立即取下元器件，同时拿开专用烙铁，如加热时间略长，就会使焊盘脱落。

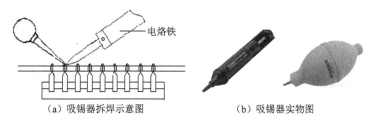

　　（a）吸锡器拆焊示意图　　　　　　　（b）吸锡器实物图

图 4-26　吸锡器拆焊图

　　5）电烙铁使用注意事项

　　（1）一把新烙铁不能拿来就用，必须先对烙铁进行处理后才能正常使用，就是说在使用前先给烙铁头镀上一层焊锡。

　　具体的方法是：先接上电源，当烙铁头温度升至能熔锡时，将松香涂在烙铁头上，等松香冒烟后再涂上一层焊锡，如此进行 2～3 次，使烙铁头的刃面部挂上一层锡便可使用了。当烙铁使用一段时间后，烙铁头的刃面及其周围就要产生一层氧化层，这样便产生吃锡困难的现象，此时可锉去氧化层，重新镀上焊锡。

　　（2）焊接集成电路与晶体管时，烙铁头的温度就不能太高，且时间不能过长；可以通过将烙铁头插在烙铁芯上的长度进行适当的调整，从而控制烙铁头的温度。

　　（3）电烙铁不宜长时间通电而不使用，因为这样容易使电烙铁芯加速氧化而烧断，同时也将使烙铁头因长时间加热而氧化，甚至被烧“死”不再“吃锡”。

　　（4）更换烙铁芯时要注意引线不要接错，因为电烙铁有三个接线柱，而其中一个是接地的，另外两个是接烙铁芯两根引线的（这两个接线柱通过电源线，直接与 220 V 交流电源相接）。如果将 220 V 交流电源线错接到接地线的接线柱上，则电烙铁外壳就要带电，被焊件也要带电，这样就会发生触电事故。

　　（5）电烙铁在焊接时，最好选用松香焊剂，以保护烙铁头不被腐蚀。氯化锌和酸性焊油对烙铁头的腐蚀性较大，使烙铁头的寿命缩短，因而不易采用。烙铁应放在烙铁架上。应轻拿轻放，决不要将烙铁上的锡乱抛。

2. 焊点工艺

　　对焊接的基本要求：焊点必须牢固，锡液必须充分渗透，焊点表面光滑有泽，应防止出现“虚焊”“夹生焊”。“虚焊”的原因：焊件表面未清除干净或焊剂太少，使得焊锡不能充分流动，造成焊件表面挂锡太少，焊件之间未能充分固定。“夹生焊”的原因：烙铁温度低或焊接时烙铁停留太短，焊锡未能充分熔化。图 4-27 为常见几种器件的正确焊点示意图。良好的焊点具备下面特点：

　　（1）结合性好——光泽好且表面是凹形曲线。

　　（2）导电性佳——不在焊点处形成高电阻（不在凝固前移动零件），不造成短路或断路。

　　（3）散热性良好——扩散均匀，全扩散。

（4）易于检验——除高压点外，焊锡不得太多，务使零件轮廓清晰可辨。

（5）易于修理——勿使零件叠架装配，除非特殊情况当由制造工程师说明。

（6）不伤及零件——烫伤零件或加热过久（常伴随松香焦化）损及零件寿命。

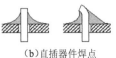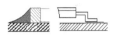

（a）圆柱贴片焊点　　　　　（b）直插器件焊点　　　　　（c）贴片器件焊点

图 4-27　正确焊点示意图

研究表明：对直插式器件进行焊接，沙漏形焊点的疲劳寿命远大于柱形和桶型焊点的疲劳寿命。

直插器件不良焊点形状与成因和 SMT 贴片元件焊点标准与缺陷分析请通过扫描二维码 R4-1 阅读。

R4-1　直插器件不良焊点形状与成因和 SMT 贴片元件焊点标准与缺陷分析

4.2　测 量 工 具

4.2.1　万用表及摇表

1. 万用表

万用表能测量电流、电压、电阻；有的还可以测量三极管的放大倍数、频率、电容容量等。万用表包含有机械指针式与数字式两种。常用万用表如图 4-28 所示。

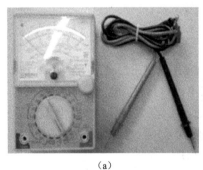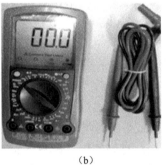

　　　　　　　（a）　　　　　　　　　　　　　　　　（b）

图 4-28　常用万用表

普通数字式万用表由主表体与表笔组成，主表体包含：液晶显示屏、开关机按钮、抓屏按钮、功能旋转钮、4 个表笔插口；能够对电容、电阻、二极管及交流电压电流、直流电压电流进行测量。

中间的功能旋钮周边可以清楚地看见旋钮的挡位功能标注，包含：二极管/蜂鸣器挡位、量程 2 kΩ 的电阻挡位、量程 20 kΩ 的电阻挡位、量程 750 V 的交流电压挡位、量程 1000 V 的直流电压挡位等多个挡位；在底部是表笔的插口分别是：安培插口、微安毫安插口、电压电阻二极管插口、公共 COM 插口。

数字表测量精度和分辨率都很高，读数直观使用方便，尤其是输入阻抗高，直流电压挡最低的都在 1 MΩ 以上，测量时对电路的影响很小。缺点是由于输入阻抗较高，测量一些混合有脉冲波的直流电压时会受其干扰，得不到正确的测量值，另外就是数字表的 A/D（模数转换）芯片工作机制是分时段扫描的，每秒三、四次，因此不能实时地监控电路连续的变化。

指针表的优点是能显示出所测电路的连续变化的情况，且不会出现数字表受干扰的情况。指针表电阻挡的测量电流较大，特别适合用来检测元器件。缺点是输入阻抗低，测量时对电路的工作状况会产生一些影响。指针表的刻度线性度也差，读数会有些误差。综合考虑各有优缺点，两种表互补使用为佳。

对于指针式万用表，红表笔插孔是电流流入仪表的接口，黑表笔插孔是电流流出仪表的接口，所以在测量直流电源的电压时，红表笔接正极，黑表笔接负极；测量直流电路中电流时，电流由红表笔流入万用表，黑表笔流出万用表；而测量电阻时由表内的直流电源供电，依然是由黑表笔插孔流出电流经过被测电阻流入红表笔插孔。

万用表具体使用操作方法请通过扫描二维码 R4-2 阅读。

R4-2　万用表具体使用操作指南

万用表注意事项：

（1）数字式万用表是使用 9 V 蓄电池供电的，所以在使用完万用表之后需要将电源关掉，避免电能的浪费。

（2）在使用万用表前注意功能旋钮的位置与表笔的插口是否接对了，特别在测量电流之后再测量电压时一定要检查表笔接口是否正确，一旦接错有可能造成万用表的损坏甚至涉及人身安全。

（3）数字式万用表尽量避免强光、高温与潮湿的环境，在不使用时尽可能存放在室内阴暗干燥的地方。

（4）在测量时不要更换量程，要将测量电路断开后才可切换量程，否则可能会烧坏挡位开关及损坏内部电子元器件，影响以后的使用。

2. 兆欧表

兆欧表如图 4-29 所示。测量额定电压在 500 V 以下的设备或线路的绝缘电阻时，可选用 500 V 或 1000 V 的兆欧表;测量额定电压在 500 V 以上的设备或线路的绝缘电阻时,可选用 1000～2500 V 的兆欧表;测量瓷瓶时,应选用 2500～5000 V 的兆欧表。

图 4-29　兆欧表

测量低压电气设备的绝缘电阻时可选用 0～200 MΩ 的兆欧表;测量高压电气设备或电缆时可选用 0～2000 MΩ 的兆欧表。有些兆欧表的起始刻度不是零,而是 1 MΩ 或 2 MΩ,这种仪表不宜用来测量处于潮湿环境中的低压电气设备的绝缘电阻,因其绝缘电阻可能小于 1 MΩ,造成仪表上无法读数或读数不准确。

测量前,要先切断被测设备或线路的电源,并将其导电部分对地进行充分放电。用兆欧表测量过的电气设备,也须进行接地放电,才可再次测量或使用;并且要先检查仪表是否完好:将接线柱 L、E 分开,由慢到快摇动手柄约 1 min,使兆欧表内发电机转速稳定(约 120 r/min),指针应指在"∶"处;再将 L、E 短接,缓慢摇动手柄,指针应指在"0"处。测量时,兆欧表应水平放置平稳。测量过程中,不可用手去触及被测物的测量部分,以防触电,如图 4-30 所示。

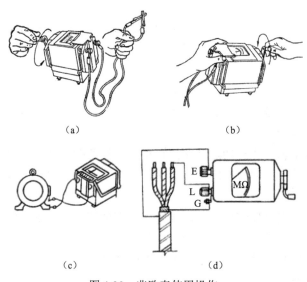

(a)　　　　　　　　　　　　　　　(b)

(c)　　　　　　　　　　　　　　　(d)

图 4-30　兆欧表使用操作

4.2.2　示波器

示波器是一种综合性电信号显示和测量仪器,它不但可以直接显示出电信号随时间变化的波形及其变化过程，测量出信号的幅度、频率、脉宽、相位差等，还能观察信号的非线性失真，测量调制信号的参数等。配合各种传感器，示波器还可以进行各种非电量参数的测量。示波器可分为模拟示波器与数字示波器，如图 4-31 所示。

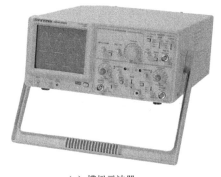
（a）模拟示波器

（b）数字示波器

图 4-31　示波器

1. 模拟示波器工作原理

模拟示波器是一种以连续方式将被测信号显示出来的一种观测仪器，它利用示波管内电子束在电场或磁场中的偏转，在屏幕上显示随时间变化的电压信号来达到观测目的。

模拟示波器的基本结构框图如图 4-32 所示。它由垂直系统（Y 轴信号通道）、水平系统（X 轴信号通道）、示波管及其电路、电源等组成。

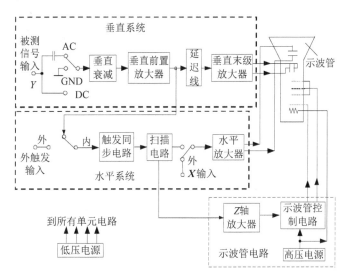

图 4-32　模拟示波器结构示意图

1）示波管的结构

示波管是用以将被测电信号转变为光信号而显示出来的一个光电转换器件，它主要由电子枪、偏转系统和荧光屏三部分组成，如图 4-33 所示。

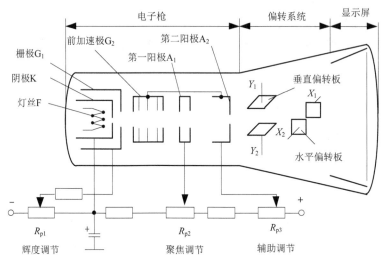

图 4-33　示波管结构示意图

（1）电子枪：电子枪由灯丝 F、阴极 K、栅极 G_1、前加速极 G_2、第一阳极 A_1 和第二阳极 A_2 组成。阴极 K 是一个表面涂有氧化物的金属圆筒，灯丝 F 装在圆筒内部，灯丝通电后加热阴极，使其发热并发射电子，经栅极 G_1 顶端的小孔、前加速极 G_2 圆筒内的金属限制膜片、第一阳极 A_1、第二阳极 A_2 汇聚成可控的电子束冲击荧光屏使之发光。栅极 G_1 套在阴极外面，其电位比阴极低，对阴极发射出的电子起控制作用。调节栅极电位可以控制射向荧光屏的电子流密度。栅极电位较高时，绝大多数初速度较大的电子通过栅极顶端的小孔奔向荧光屏，只有少量初速度较小的电子返回阴极，电子流密度大，荧光屏上显示的波形较亮；反之，电子流密度小，荧光屏上显示的波形较暗。当栅极电位足够低时，电子会全部返回阴极，荧光屏上不显示光点。调节电阻 R_{p1} 即"辉度"调节旋钮，就可改变栅极电位，也即改变显示波形的亮度。

第一阳极 A_1 的电位远高于阴极，第二阳极 A_2 的电位高于 A_1，前加速极 G_2 位于栅极 G_1 与第一阳极 A_1 之间，且与第二阳极 A_2 相连。G_1、G_2、A_1、A_2 构成电子束控制系统。调节 R_{p2}（"聚焦"调节旋钮）和 R_{p3}（"辅助聚焦"调节旋钮），即第一、第二阳极的电位，可使发射出来的电子形成一条高速且聚集成细束的射线，冲击到荧光屏上会聚成细小的亮点，以保证显示波形的清晰度。

（2）偏转系统：偏转系统由水平（X 轴）偏转板和垂直（Y 轴）偏转板组成。两对偏转板相互垂直，每对偏转板相互平行，其上加有偏转电压，形成各自的电场。电子束从电子枪射出之后，依次从两对偏转板之间穿过，受电场力作用，电子束产生偏移。其中，垂直偏转板控制电子束沿垂直（Y）轴方向上下运动，水平偏转板控制电子束沿水平（X）轴方向运动，形成信号轨迹并通过荧光屏显示出来。例如，只在垂直偏转板上加一直流电压，如果上板正，下板负，电子束在荧光屏上的光点就会向上偏移；反之，光点就会向下偏移。可见，光点偏移的方向取决于偏转板上所加电压的极性，而偏移的距离则与偏转板上所加的电压成正比。示波器上的"X 位移"和"Y 位移"旋钮就是用来调节偏转板上所加的电压值，以改变荧光屏上光点（波形）的位置。

（3）荧光屏：荧光屏内壁涂有荧光物质，形成荧光膜。荧光膜在受到电子冲击后能将电子的动能转化为光能形成光点。当电子束随信号电压偏转时，光点的移动轨迹就形成了信号波形。

由于电子打在荧光屏上，仅有少部分能量转化为光能，大部分则变成热能。所以，使用示波器时，不能将光点长时间停留在某一处，以免烧坏该处的荧光物质而在荧光屏上留下不能发光的暗点。

2）波形显示原理

电子束的偏转量与加在偏转板上的电压成正比，将被测正弦电压加到垂直（Y 轴）偏转板上，通过测量偏转量的大小就可以测出被测电压值。但由于水平（X 轴）偏转板上没有加偏转电压，电子束只会沿 Y 轴方向上下垂直移动，光点重合成一条竖线，无法观察到波形的变化过程。为了观察被测电压的变化过程，就要同时在水平（X 轴）偏转板上加一个与时间呈线性关系的周期性的锯齿波。电子束在锯齿波电压作用下沿 X 轴方向匀速移动即"扫描"。在垂直（Y 轴）和水平（X 轴）两个偏转板的共同作用下，电子束在荧光屏上显示出波形的变化过程，如图 4-34 所示。

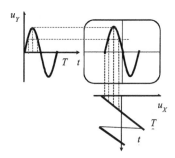

图 4-34　模拟示波器波形显示原理

水平偏转板上所加的锯齿波电压称为扫描电压。当被测信号的周期与扫描电压的周期相等时，荧光屏上只显示一个正弦波。当扫描电压的周期是被测电压周期的整数倍时，荧光屏上将显示多个正弦波。示波器上的"扫描时间"旋钮就是用来调节扫描电压周期的。

3）水平系统

水平系统结构框图如图 4-35 所示，其主要作用是：产生锯齿波扫描电压并保持与 Y 通道输入被测信号同步，放大扫描电压或外触发信号，产生增辉或消隐作用以控制示波器 Z 轴电路。

（1）触发同步电路的主要作用：将触发信号（内部 Y 通道信号或外触发输入信号）经触发放大电路放大后，送到触发整形电路以产生前沿陡峭的触发脉冲，驱动扫描电路中的闸门电路。

"触发源"选择开关：用来选择触发信号的来源，使触发信号与被测信号相关。"内触发"：触发信号来自垂直系统的被测信号。"外触发"：触发信号来自示波器"外触发输入"（EXT TRIG）端的输入信号。一般选择"内触发"方式。

"触发源耦合"方式开关：用于选择触发信号通过何种耦合方式送到触发输入放大

器。"AC"为交流耦合，用于观察低频到较高频率的信号；"DC"为直流耦合，用于观察直流或缓慢变化的信号。

触发极性选择开关：用于选择触发时刻是在触发信号的上升沿还是下降沿，用上升沿触发的称为正极性触发；用下降沿触发的称为负极性触发。

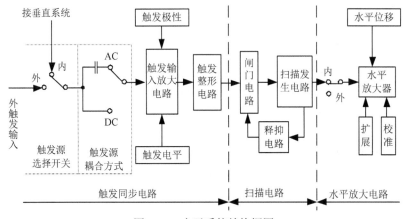

图 4-35　水平系统结构框图

触发电平旋钮：触发电平是指触发点位于触发信号的什么电平上。触发电平旋钮用于调节触发电平高低。

示波器上的触发极性选择开关和触发电平旋钮，用来控制波形的起始点并使显示的波形稳定。

（2）扫描电路主要由扫描发生器、闸门电路和释抑电路等组成。扫描发生器用来产生线性锯齿波。闸门电路的主要作用是在触发脉冲作用下，产生急升或急降的闸门信号，以控制锯齿波的始点和终点。释抑电路的作用是控制锯齿波的幅度，达到等幅扫描，保证扫描的稳定性。

（3）水平放大器的作用是进行锯齿波信号的放大或在 X-Y 方式下对 X 轴输入信号进行放大，使电子束产生水平偏转。

工作方式选择开关：选择"内"，X 轴信号为内部扫描锯齿波电压时，荧光屏上显示的波形是时间 T 的函数，称为"X-T"工作方式；选择"外"，X 轴信号为外输入信号，荧光屏上显示水平、垂直方向的合成图形，称为"X-Y"工作方式。

"水平位移"旋钮："水平位移"旋钮用来调节水平放大器输出的直流电平，以使荧光屏上显示的波形水平移动。

"扫描扩展"开关："扫描扩展"开关可改变水平放大电路的增益，使荧光屏水平方向单位长度（格）所代表的时间缩小为原值的 $1/k$。

4）垂直系统

垂直系统主要由输入耦合选择器、衰减器、延迟电路和垂直放大器等组成。其作用是将被测信号送到垂直偏转板，以再现被测信号的真实波形。

（1）输入耦合选择器：选择被测信号进入示波器垂直通道的偶合方式。"AC"（交流耦合）：只允许输入信号的交流成分进入示波器，用于观察交流和不含直流成分的信号；

"DC"（直接耦合）：输入信号的交、直流成分都允许通过，适用于观察含直流成分的信号或频率较低的交流信号及脉冲信号；"GND"（接地）：输入信号通道被断开，示波器荧光屏上显示的扫描基线为零电平线。

（2）衰减器用来衰减大输入信号的幅度，以保证垂直放大器输出不失真。示波器上的"垂直灵敏度"开关即为该衰减器的调节旋钮。

（3）垂直放大器为波形幅度的微调部分，其作用是与衰减器配合，将显示的波形调到适宜于人观察的幅度。

（4）延迟电路的作用是使作用于垂直偏转板上的被测信号延迟到扫描电压出现后到达，以保证输入信号无失真地显示出来。

2. 数字示波器工作原理

数字示波器是一种将连续信号经过信号抽样和量化变为二进制信号，将二进制信号存储后从存储空间中经过相应的算法以连续的形式在屏幕上显示出来，如图 4-36 所示。

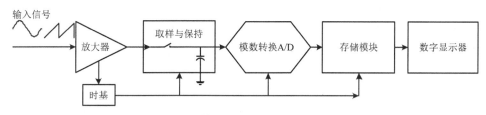

图 4-36　数字示波器工作原理示意图

数字示波器一般具备以下几种特点：

（1）数字示波器在存储工作阶段，对快速信号采用较高的速率进行取样与存储，对慢速信号采用较低速率进行取样与存储，但在显示工作阶段，其读出速度采取了一个固定的速率，不受取样速率的限制，因而可以获得清晰而稳定的波形。它可以无闪烁地观察频率很低的信号，这是模拟示波器无能为力的。

对于观测频率很高的信号来说，模拟示波器必须选择带宽很高的阴极射线示波管，这就使造价上升，并且显示精度和稳定性都较低。而数字示波器采用了一个固定的相对较低的速率显示，从而可以使用低带宽、高分辨率、高可靠性而低造价的光栅扫描式示波管，这就从根本上解决了上述问题。若采用彩色显示，还可以很好地分辨各种信息。

（2）数字示波器能长时间地保存信号。这种特性对观察单次出现的瞬变信号尤为有利。有些信号，如单次冲击波、放电现象等都是在短暂的一瞬间产生，在示波器的屏幕上一闪而过，很难观察。数字示波器问世以前，屏幕照相是"存储"波形采取的主要方法。数字示波器把波形以数字方式存储起来，因而操作方便，且其存储时间在理论上可以是无限长的。

（3）具有先进的触发功能。数字示波器不仅能显示触发后的信号，而且能显示触发前的信号，并且可以任意选择超前或滞后的时间，这为材料强度、地震研究、生物机能实验提供了有利的工具。除此之外，数字示波器还可以向用户提供边缘触发、组合触发、状态触发、延迟触发等多种方式，来实现多种触发功能，方便、准确地对电信号进行分析。

（4）测量精度高。

模拟示波器水平精度由锯齿波的线性度决定，故很难实现较高的时间精度，一般限制在 3%～5%。而数字示波器由于使用晶振作高稳定时钟，有很高的测时精度。采用多位 A/D 转换器也使幅度测量精度大大提高。尤其是能够自动测量直接读数，有效地克服了示波管对测量精度的影响，使大多数的数字示波器的测量精度优于 1%。

（5）具有很强的处理能力。

这是由于数字示波器内含微处理器，因而能自动实现多种波形参数的测量与显示，例如，上升时间、下降时间、脉宽、频率、峰、峰值等参数的测量与显示。数字示波器能对波形实现多种复杂的处理，例如，取平均值、取上下限值、频谱分析及对两波形进行加、减、乘等运算处理；同时还能使仪器具有许多自动操作功能，如自检与自校等功能，使仪器使用很方便。

（6）具有数字信号的输入/输出功能。

可以很方便地将存储的数据送到计算机或其他外部设备，进行更复杂的数据运算或分析处理。同时还可以通过 GP-IB 接口与计算机一起构成强有力的自动测试系统。

3. 接地系统

市面上示波器的品种有许多，型号更是多种多样，有双通道输入不隔离的、四通道的输入不隔离的、双通道输入隔离的、四通道的输入隔离的等。

在输入不隔离的接地系统图 4-37（a）中示波器的探头不能同时监测不共地系统的波形，否则会出现波形错误甚至示波器烧毁。当需要同时监测不共地系统的波形时，采用输入隔离示波器接地系统，如图 4-37（b）所示。

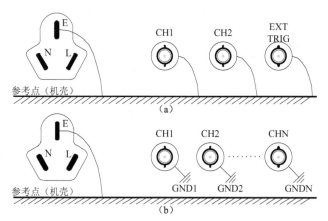

图 4-37　示波器接地系统示意图

MOS-620/640 模拟示波器与普源 DS1102E 示波器均是双通道输入不隔离的系统，系统只有一个参考点，如图 4-37（a）所示。

MOS-620/640 模拟示波器与普源 DS1102E 示波器具体使用操作方法请通过扫描二

维码 R4-3 阅读。

R4-3　MOS-620/640 模拟示波器与普源 DS1102E 示波器使用指南

4.2.3　信号发生器

信号发生器是指能够产生所需参数的电测试信号的仪器，主要由频率产生单元、调制单元、缓冲放大单元、衰减输出单元、显示单元、控制单元组成。信号发生器在生活中应用十分广泛，比如：通信、广播、电视、感应加热、熔炼、淬火、超声诊断、核磁共振成像等系统中均有信号发生器。信号发生器又称信号源或振荡器，能够产生多种波形如：正弦波、方波、锯齿波、脉冲波、白噪声、任意波形。

信号发生器应用广泛，市面上的品牌有许多，型号更是多种多样。信号发生器实物图如图 4-38 所示。

图 4-38　信号发生器实物图

普源 DG1022 型号数字信号发生器具体使用操作方法可通过扫描二维码 R4-4 阅读。

R4-4　普源 DG1022 型号数字信号发生器使用指南

4.2.4　LCR数字电桥

LCR 电桥就是能够精确测量实际电感、电容、电阻三者阻抗的仪器，这是一个传统习惯的说法。随着现代模拟和数字技术的发展，当 LCR 电桥加入了微处理器后称为 LCR 数字电桥；除此之外还有许多种称呼，如 LCR 测试仪、LCR 电桥、LCR 表、数字电桥、LCR-Meter 等。传统的电桥原理如图 4-39（a）所示。

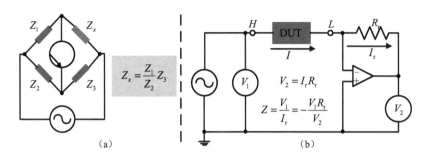

图 4-39　LCR 电桥原理图

在高速运放不断出现与微处理器技术迅速提高的背景下，现代阻抗测量大都使用自动平衡电桥法。首先由信号源发生一个一定频率和幅度的正弦交流信号，这个信号加到被测件（device under test，DUT）上产生电流流到虚地"0 V"，由于运放输入电流为零，所以流过 DUT 的电流完全流过 R_r，最后根据欧姆定律可计算出 DUT 的阻抗：$Z=V_1 \cdot R_r/V_2$。因为运算放大器虚地功能的引入，使这种测量方法的精度和抗干扰能力产生了质的飞跃，如图 4-39（b）所示。因为运放器的"虚短虚断"，可知被测阻抗两端的电压为 V_1，标准阻抗两端电压为 V_2。

被测阻抗 $Z = R + \mathrm{j}X$，所以 $X = |Z|\sin\varphi$，其中 $|Z| = \dfrac{|V_1|}{|V_2|} \times R_r$，并且 φ 是被测阻抗两端电压与流经被测阻抗的电流之间的相位角，又因为流经被测阻抗的电流与流经标准阻抗的电流是同一电流，所以电压与电流之间的相位差也就是两个电压（V_1 和 V_2）之间的相位差。

目前市面上电桥仪器大多数都是数字式电桥，品种有许多，型号更是多种多样。TH2811D 型号数字式电桥实物图如图 4-40 所示。

图 4-40　数字式电桥实物图

TH2811D 型号数字式电桥具体使用操作方法通过扫描二维码 R4-5 阅读。

R4-5　TH2811D 型号数字式电桥使用指南

4.2.5　其他测量仪器

1. 低压验电器

低压验电器（试电笔）是检验导线、电器和电气设备外壳是否对地带有较高电压的辅助安全工具，如图 4-41 所示。电笔又分钢笔式和螺丝刀式两种，它由笔尖、电阻、氖管、弹簧和笔身等组成，如图 4-42 所示。

图 4-41　试电笔

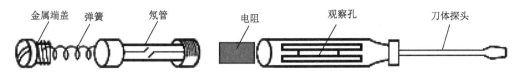

金属端盖　弹簧　氖管　　　　　电阻　　　观察孔　　　　刀体探头

图 4-42　试电笔结构

工作原理：弹簧与后端外部的金属部分相接触，使用时，手应触及后端金属部分，当用试电笔测试带电体时，电流经带电体、试电笔、人体及大地形成通电回路，只要带电体与大地之间的电位差超过 60 V 时，电笔中的氖管就会发光。低压验电器检测的电压范围是 60～500 V。低压验电器可用来判断电压的高低，氖泡越暗，表明电压越低；氖泡越亮，表明电压越高。

如图 4-43 所示，在使用试电笔时必须手指触及笔尾的金属部分，并使氖管小窗背光且朝自己，以便观测氖管的亮暗程度，防止因光线太强造成误判断。验电时，应使验电器逐渐靠近被测物体，直至氖管发亮，不可直接接触被测体；验电时，要防止手指触及笔尖的金属部分，以免造成触电事故。

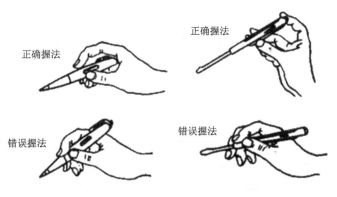

正确握法　　　　　正确握法
错误握法　　　　　错误握法

图 4-43　试电笔握法

2. 接地电阻测试仪

接地电阻测试仪是用于测量接地电阻的常用仪表，也是电气安全检查与接地工程竣工验收不可缺少的工具，如图 4-44 所示。由于计算机技术的飞速发展，接地电阻测试仪也渗透了大量的微处理机技术，其测量功能、内容与精度是一般仪器所不能相比拟的。目前先进接地电阻测试仪能满足所有接地测量要求。运用新式钳口法，无须打桩放线就可以进行在线直接测量。一台功能强大的接地电阻测试仪均由微处理器控制，可自动检测各接口连接状况及地网的干扰电压、干扰频率，并具有数值保持及智能提示等独特功能。

图 4-44　接地电阻测试仪

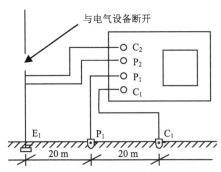

图 4-45　接地电阻测试仪的使用

工作原理：由机内 DC/AC 变换器将直流变为交流的低频恒流，经过辅助接地极 C 和被测物 E 组成回路，在被测物上产生交流压降，经辅助接地极 P 送入交流放大器放大，再经过运算后，得到接地电阻的数值检测送入表头显示。借助倍率开关可得到三个不同的量限：$0\sim2\,\Omega$、$0\sim20\,\Omega$、$0\sim200\,\Omega$。

测量步骤：

（1）将两个接地探针沿接地体辐射方向分别插入距接地体 20 m、40 m 的地下，插入深度为 400 mm。

（2）将接地电阻测量仪平放于接地体附近，并进行接线，如图 4-45 所示。接线方法：①用最短的专用导线将接地体与接地测量仪的接线端"E_1"（三端钮的测量仪）或与"C_2"（四端钮的测量仪）相连。②用最长的专用导线将距接地体 40 m 的测量探针（电流探针）与测量仪的接线钮"C_1"相连。③用余下的长度居中的专用导线将距接地体 20 m 的测量探针（电位探针）与测量仪的接线端"P_1"相连。

（3）将测量仪水平放置后，检查检流计的指针是否指向中心线，否则调节"零位调整器"使测量仪指针指向中心线。

（4）将"倍率标度"（或称粗调旋钮）置于最大倍数，并慢慢地转动发电机转柄（指针开始偏移），同时旋动"测量标度盘"（或称细调旋钮）使检流计指针指向中心线。

（5）当检流计的指针接近于平衡时（指针近于中心线）加快摇动转柄，使其转速达到 120 r/min 以上，同时调整"测量标度盘"，使指针指向中心线。

（6）若"测量标度盘"的读数过小（小于 1）不易读准确时，说明倍率标度倍数过大。此时应将"倍率标度"置于较小的倍数，重新调整"测量标度盘"使指针指向中心线上并读出准确读数。

（7）计算测量结果，即 $R_{地}$="倍率标度"读数×"测量标度盘"读数。

4.3　小　　结

电工工具和测量仪器是工科学生打开自动化专业实践之门的一把钥匙。本章以图文并茂的形式介绍了常用电工工具和自动化专业主要测量仪器及其使用方法。电工工具分为紧固工具、剪切工具、钳口工具和焊接工具等，是从事电子产品生产、加工、调试、维修等工作的常用工具。

常用测量仪器有万用表、数字示波器、数字信号发生器、LCR 电桥、低压验电器和接地电阻测试仪等，本章以实验室常用典型型号仪器为对象，以实例教学的形式，介绍了其基本使用方法和使用中的注意事项。由于篇幅限制，相关详细的功能，读者可以参考仪器的使用说明书。

本章对于自动化专业使用的其他常用测量仪器如低压验电器和接地电阻测试仪也做了介绍。

第5章 电源及用电安全

5.1 电能与电力系统

5.1.1 电能

能源是由自然界物质（矿物质能源、核物理能源、大气环流能源、地理性能源）转化而来。能源是人类活动的物质基础。在当今世界，能源和环境，是全世界、全人类共同关心的问题，也是我国社会经济发展的重要问题。

一次能源是在自然界现成存在的能源，可分为可再生能源与非可再生能源。其中，非可再生能源包括煤炭、核能、石油、天然气；可再生能源含有水能、风能、太阳能、位能、地热能、海洋能。

二次能源是由一次能源加工转换而成的能源产品，如电力、煤气、汽油、柴油、焦炭、洁净煤、激光和沼气等。

目前可以产生电能的方法有两种，分别是旋转机组发电和静止机组发电。其中，旋转机组发电普遍使用，是电力的主要来源；静止机组发电以太阳能为代表。

电能，是指使用电以各种形式做功（即产生能量）的能力。电能方便传输，也方便存储，被广泛应用在动力、照明、化学、纺织、通信、广播等各个领域，是科学技术发展、人民经济飞跃的主要动力。电能在人们的生活中起到重大的作用。

5.1.2 电力系统

电力系统是由发电机、升降压变压器、各种电压等级的输电线路和广大用户的用电设备组成的统一整体。它的功能是将自然界的一次能源通过发电动力装置转化成电能，再经输电、变电和配电将电能供应到各用户。为实现这一功能，电力系统在各个环节和不同层次还具有相应的信息与控制系统，对电能的生产过程进行测量、调节、控制、保护、通信和调度，以保证用户获得安全、优质的电能。

传统上将电力系统划分为发电、输电和配电三大组成系统。发电系统发出的电能经由输电系统输送，最后由配电系统分配给各个用户。输电是用变压器将发电机发出的电能升压后，再经断路器等控制设备接入输电线路来实现。按结构形式，输电线路分为架空输电线路和电缆线路。按照输送电流的性质，输电分为交流输电和直流输电。输电线路通常采用高压输送电能，有 35 kV、110 kV、220 kV、330 kV、500 kV、750 kV、1000 kV

等不同的高压输电方式，目的是减少电能在输送的过程中的损耗。电力系统中从降压配电变电站（高压配电变电站）出口到用户端的这一段系统称为配电系统。

5.2　配　电　系　统

一般地，配电系统是由多种配电设备（或元件）、配电设施所组成的变换电压和直接向终端用户分配电能的一个电力网络。在电力负荷中心向各个电力用户分配电能的线路称为配电系统。在我国，配电系统可划分为高压配电系统、中压配电系统和低压配电系统三部分。配电线路电压为 3.6～40.5 kV，称高压配电线路；配电交流电压不超过 1 kV、频率不超过 1000 Hz、直流不超过 1500 V 称低压配电线路。

低压配电系统由配电变电所（通常是将电网的输电电压降为配电电压）、高压配电线路（即 1 kV 以上电压）、配电变压器、低压配电线路（1 kV 以下电压）及相应的控制保护设备组成。配电线路的建设要求安全可靠，保持供电连续性，减少非线路损失，提高输电效率，保证电能质量良好。

低压配电线路通常采用放射式配电线路和树干式配电线路，如图 5-1 所示。放射式用于负载点比较分散又具有相当大的集中负载场合；树干式用于负载集中，各负载位于配电箱同一侧，间距短或者负载均匀地分布在同一条线上的场合；双电源式用于集中负载，为了提高供电可靠性，由两回不同的电源为重要负载提供电源支撑。图 5-2 是某一栋大楼的单相电配电示意图。其中 A 相电为一、二、三楼供电，B 相电为四、五、六楼供电，C 相电七、八、九楼供电。这样配电可以有效减小三相不平衡。

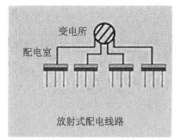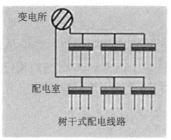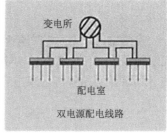

图 5-1　低压配电线路结构

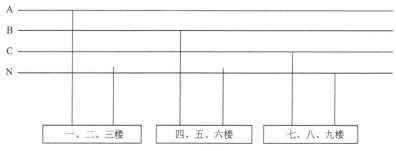

图 5-2　配电线路示意图

5.3　单相交流电

5.3.1　交流电的定义

电流的大小及方向都随时间做周期性变化，并且在一个周期内的平均值为零的电流称作交流电（流）。单相交流电中电路中只具有单一的交流电压，在电路中产生的电流、电压都以一定的频率随时间变化。

大小及方向均随时间按正弦规律做周期性变化的电流、电压、电动势称为正弦交流电。大小及方向均随时间按方波规律做周期性变化的电流、电压、电动势称为方波交流电。依此类推可以定义其他的交流电。所有交流电中，由于正弦函数方便的表示方法与良好的性质，正弦交流电是最常用的。

5.3.2　正弦交流电的表示法

1. 解析式表示法

解析式表示法用三角函数式来表示正弦交流电随时间变化的关系，是正弦交流电的基本表示方法。电压、电流，在某一时刻 t 的瞬时值可用三角函数式来表示：

$$u = U_m \sin(\omega t + \varphi_u) \tag{5-1}$$

$$i(t) = I_m \sin(\omega t + \varphi_i) \tag{5-2}$$

式中，U_m 和 I_m 分别表示电压和电流的幅值；两个 φ 分别表示了各自的初相位；ω 为角频率。

正弦量的三要素分别是幅值、频率和初相位，幅值是表示瞬时值中的最大值；频率表示每秒内变化的次数；初相位表示的是 $t = 0$ 时刻的相位。显然，知道了交流电的有效值、频率和初相就可以写出它的解析式，可以算出交流电在任何时刻的瞬时值。

2. 波形图表示法

曲线法就是利用三角函数式求出个时刻的相应角和对应的瞬时值，然后在平面直角坐标系中画出正弦曲线。波形图中的横坐标表示时间，纵坐标表示变化的电动势、电压或电流的瞬时值。在波形图上可以反映出最大值、初相位和周期。如图 5-3 所示。

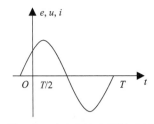

图 5-3　正弦交流电的波形图

3. 向量图表示法

一个既有大小、又有方向的量，称为矢量。当一个矢量，以角速度绕点做反时针方向旋转时，称为旋转矢量。正弦量可以用最大值向量或有效值向量表示，如图 5-4 所示。

（1）最大值向量表示法是用正弦量的振幅值作为向量的模（长度）、用初相角作为向量的幅角。例如：$e = 60\sin(\omega t + 60°)\text{V}$，$u = 30\sin(\omega t + 30°)\text{V}$，$i = 40\sin(\omega t - 30°)\text{A}$ 表示，如图 5-4（a）所示。

（2）有效值向量表示法是用正弦量的有效值作为向量的模（长度）、仍用初相角作为向量的幅角，这种表示法是最常用的表示方法。例如：$u = 20\sqrt{2}\sin(\omega t + 53°)\text{V}$，$i = 30\sqrt{2}\sin(\omega t + 53°)\text{V}$，如图 5-4（b）所示。

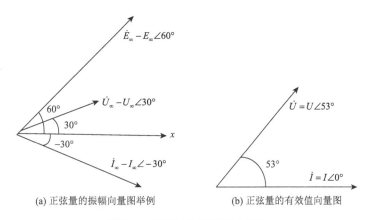

(a) 正弦量的振幅向量图举例　　　　　(b) 正弦量的有效值向量图

图 5-4　正弦量的向量图表示法

5.3.3　表征交流电的物理量

1. 周期/频率

正弦交流电完成一次循环变化所用的时间称为周期。显然正弦交流电流或电压相邻的两个最大值（或相邻的两个最小值）之间的时间间隔即为周期。

交流电周期的倒数称为频率（用符号 f 表示）。频率表示正弦交流电流在单位时间内作周期性循环变化的次数，即表征交流电交替变化的速率（快慢）。

2. 相位差/相位

正弦量的相位差是表示两个相同频率的正弦量之间的相位之差，即

$$(\omega t + \varphi_1) - (\omega t + \varphi_2) = \varphi_1 - \varphi_2 \tag{5-3}$$

在交流电中，相位是反映交流电任何时刻的状态的物理量。相位关系有同相、反相、超前、滞后 4 种关系，如图 5-5 所示。

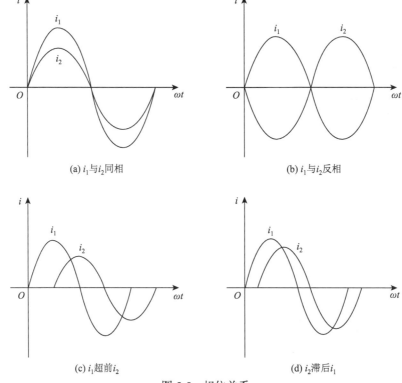

图 5-5　相位关系

3. 有效值

有效值是利用电流的热效应等效求得，即某一周期电流 i 通过电阻 R 在一个周期内产生的热量和另一个直流电流 I 通过同一个电阻 R 在相同时间内产生的热量相等，即

$$\int_0^T R i^2 \mathrm{d}t = R I^2 T \tag{5-4}$$

从而可以导出：

$$I = \sqrt{\frac{1}{T} \int_0^T i^2 \mathrm{d}t} \tag{5-5}$$

代入 $i = I_m \sin(\omega t + \varphi)$，有

$$I = \frac{I_m}{\sqrt{2}} = 0.707 I_m \tag{5-6}$$

式中，I_m 是电流幅值；I 代表有效值。通常标识或显示的均是有效值，如 AC380/AC220。

4. 瞬时功率

瞬时功率是指交流电路中任何一瞬间的功率。

$$
\begin{aligned}
p(t) = u(t)i(t) &= U_m I_m \sin(\omega t) \sin(\omega t - \varphi) \\
&= UI \cos\varphi (1 - \cos 2\omega t) - UI \sin\varphi \sin 2\omega t \\
&= UI \cos\varphi - UI \cos(2\omega t - \varphi)
\end{aligned} \tag{5-7}
$$

式中，$UI\cos\varphi(1-\cos2\omega t)$ 代表电源发出或负载吸收的瞬时有功功率；$UI\sin\varphi\sin2\omega t$ 代表电源与负载交换的瞬时无功功率；$UI\cos(2\omega t-\varphi)$ 是 2 倍频的脉动信号，说明瞬时功率是波动的，存在无功交换；φ 是正值说明电流滞后于电压，φ 是负值说明电流超前电压。

5. 有功功率/无功功率/视在功率

有（无）功率瞬时值等于有（无）功电流瞬时值与电压瞬时值的乘积。有功功率又称为平均功率，为功率（或瞬时有功功率）在一个周期内的平均值。

$$P=\frac{1}{T}\int_0^T p(t)\mathrm{d}t=\frac{1}{T}\int_0^T p_{\text{active}}(t)\mathrm{d}t=UI\cos\varphi \tag{5-8}$$

无功功率是衡量储能元件（电感、电容）与外部电路交换的功率。将瞬时无功功率的幅值定义为无功功率，即 $Q=UI\sin\varphi$。

视在功率是电压和电流有效值的乘积，即 $S=UI$。

有功功率的单位用瓦（W）表示；无功功率单位用乏（Var）表示；视在功率单位用伏安（VA）表示。这三个单位在量纲上是一致的，用不同的形式只是为了方便区分这三种功率概念。

6. 功率因数

功率因数是指有功功率所占的比例，即 $\lambda=\cos\varphi$。特例是在纯电阻电路中，电源提供给电路的全是有功功率，故 $\lambda=1$。若 $\lambda=0$，表示电源向电路提供的能量与电路向电源提供的能量相等，即不消耗有功功率。

例 5-1 已知 $U=100\text{ V}$，$I=0.6\text{ A}$，电压与电流的相位差为 $-53°$，求电源发出的有功功率、无功功率、视在功率和电路的功率因数。

解 已知 $U=100\text{ V}$，$I=0.6\text{ A}$，$\varphi=-53°$，可得

$$P=UI\cos\varphi=100\times0.6\times0.6=36\text{ W}$$
$$Q=UI\sin\varphi=100\times0.6\times(-0.8)=-48\text{ Var}$$
$$S=UI=100\times0.6=60\text{ VA}$$
$$\lambda=\cos\varphi=0.6$$

电阻元件 R 在交流电路中的电压与电流无相位差，即功率因数为 1，电源不会发出无功功率，此时的瞬时功率和有功功率分别为 $p=ui=UI-UI\cos(2\omega t)$，$P=UI=U^2/R=I^2R$。

5.4　三相交流电

5.4.1　三相交流电概念

配电变压器一般是三相电力变压器（降压），其原理如图 5-6 所示。二次绕组从始端引出的 L_1、L_2、L_3 三根导线称为相线，俗称火线，从三个末端连在一起的连接点称为中

性点或零点，用 N 表示。

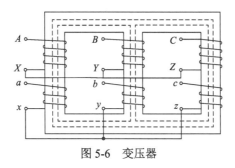

图 5-6　变压器

设 L_1、L_2、L_3 和 N 之间的瞬时电压用 u_1、u_2 和 u_3 表示，如图 5-7 所示，变压器从电网得到同频同幅相位互差 120° 的三相交流电压，分别是

$$\begin{cases} u_1 = U_m \sin(\omega t) \\ u_2 = U_m \sin(\omega t - 120°) \\ u_3 = U_m \sin(\omega t - 240°) = U_m \sin(\omega t + 120°) \end{cases} \qquad (5-9)$$

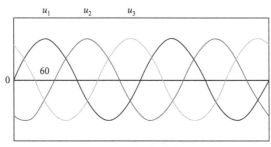

图 5-7　三相交流电压

三相交流电的特点是幅值相等、频率相等和相位互差 120°。通过三角函数性质与运算，易证明：

$$u_1 + u_2 + u_3 = 0 \qquad (5-10)$$

三相交流电压出现正幅值的顺序称为相序。相线 L 与中性线 N 之间的电压称为相电压，相线与相线之间的电压称为线电压，有

$$\begin{cases} u_{12} = u_1 - u_2 = \sqrt{3} U_m \sin(\omega t + 30°) \\ u_{23} = u_2 - u_3 = \sqrt{3} U_m \sin(\omega t + 30° - 120°) \\ u_{31} = u_3 - u_1 = \sqrt{3} U_m \sin(\omega t + 30° + 120°) \end{cases} \qquad (5-11)$$

可见，线电压与相电压同频，且超前相电压 30°，线电压幅值为相电压幅值的 $\sqrt{3}$ 倍。

5.4.2　三相对称电路

1）三相对称电路的电源电压与负载电流

采用星型连接的三相对称电路，即电源对称、负载对称。此时三相电源电压为

$$\begin{cases} u_1 = U_m \sin(\omega t) \\ u_2 = U_m \sin(\omega t - 120°) \\ u_3 = U_m \sin(\omega t - 240°) = U_m \sin(\omega t + 120°) \end{cases} \tag{5-12}$$

三相负载电流为

$$\begin{cases} i_1 = I_m \sin(\omega t - \varphi) \\ i_2 = I_m \sin(\omega t - 120° - \varphi) \\ i_3 = I_m \sin(\omega t + 120° - \varphi) \end{cases} \tag{5-13}$$

式中，φ 是电压和电流的相位差。

2）三相对称电路基本性质

（1）三相对称正弦供电系统的有功功率为与频率及时间无关的恒定值（直流量）$3UI\cos\varphi$。请通过扫描二维码 R5-1 访问该性质的证明。

R5-1　三相对称电路基本性质（1）的证明

该性质说明，三相对称情况下，有功功率可以通过对功率的瞬时值检测来实现，不需要计算平均功率。另外，通过测量三相电压、电流的瞬时值就可以确定电压、电流的峰值和相位角。对三相负载通常需要标注三相额定线电压 U_N、额定线电流 I_N、功率因数 $\cos\varphi$，于是额定有功功率写成 $\sqrt{3}U_N I_N \cos\varphi$。

例 5-2　某负载额定功率为 7.5 kW，三相交流额定电压为 380 V，功率因数是 0.85，求额定电流的大小。

解　由题知 $U_N = 380\,\text{V}$，$P_N = 7.5\,\text{kW}$，$\cos\phi = 0.85$，可得

$$I_N = \frac{P_N}{\sqrt{3}U_N \cos\phi} = \frac{7500}{\sqrt{3} \times 380 \times 0.85} = 13.4\,\text{A}$$

（2）三相对称正弦供电系统相间交换无功功率为与频率及时间无关的恒定值 $-3UI\sin\varphi$。请通过扫描二维码 R5-2 访问该性质的证明。

R5-2　三相对称电路基本性质（2）的证明

5.4.3　三相不对称电路

采用星型连接的三相不对称电路，考虑电源对称、负载不对称，此时三相电源电压为

$$\begin{cases} u_1 = U_m \sin(\omega t) \\ u_2 = U_m \sin(\omega t + 120°) \\ u_3 = U_m \sin(\omega t - 120°) \end{cases} \tag{5-14}$$

三相负载电流：

$$\begin{cases} i_1 = I_{m1} \sin(\omega t - \varphi_1) \\ i_2 = I_{m2} \sin(\omega t - 120° - \varphi_2) \\ i_3 = I_{m3} \sin(\omega t + 120° - \varphi_3) \end{cases} \tag{5-15}$$

其中 φ_1、φ_2、φ_3 分别是电流和对应的电压的相位差。

三相电路的瞬时功率

$$\begin{cases} p_1 = \sqrt{2}U_p \sin(\omega t)\sqrt{2}I_1 \sin(\omega t - \varphi_1) \\ p_2 = \sqrt{2}U_p \sin(\omega t - 120°)\sqrt{2}I_2 \sin(\omega t - 120° - \varphi_2) \\ p_3 = \sqrt{2}U_p \sin(\omega t + 120°)\sqrt{2}I_3 \sin(\omega t + 120° - \varphi_3) \end{cases} \tag{5-16}$$

其中电源三相对称 $U_1 = U_2 = U_3 = U_p$。化简可得

$$\begin{cases} p_1 = U_p I_1 \cos\varphi_1 (1 - \cos 2\omega t) - U_p I_1 \sin\varphi_1 \sin 2\omega t \\ p_2 = U_p I_2 \cos\varphi_2 [1 - \cos(2\omega t + 120°)] - U_p I_2 \sin\varphi_2 \sin(2\omega t + 120°) \\ p_3 = U_p I_3 \cos\varphi_3 [1 - \cos(2\omega t - 120°)] - U_p I_3 \sin\varphi_3 \sin(2\omega t - 120°) \end{cases} \tag{5-17}$$

按交流电瞬时有功功率和无功功率的定义，有

$$\begin{aligned} p_{active} = {} & U_p I_1 \cos\varphi_1 (1 - \cos 2\omega t) + U_p I_2 \cos\varphi_2 [1 - \cos(2\omega t + 120°)] \\ & + U_p I_3 \cos\varphi_3 [1 - \cos(2\omega t - 120°)] \end{aligned} \tag{5-18}$$

$$\begin{aligned} q_{reactive} = {} & -U_p I_1 \sin\varphi_1 \sin 2\omega t - U_p I_2 \sin\varphi_2 \sin(2\omega t + 120°) \\ & - U_p I_3 \sin\varphi_3 \sin(2\omega t - 120°) \end{aligned} \tag{5-19}$$

当负载对称时，$I_1 = I_2 = I_3 = I_p$；$\varphi_1 = \varphi_2 = \varphi_3 = \varphi$ 时，$q_{reactive} = 0$，说明三相电源与负载间不存在无功交换，三相负载的无功只在相间交换。

对一个周期取平均，可得

$$P = \frac{1}{2\pi}\int_0^{2\pi} p_{active}\,d(\omega t) = U_p I_1 \cos\varphi_1 + U_p I_2 \cos\varphi_2 + U_p I_3 \cos\varphi_3 \tag{5-20}$$

当负载不对称时，为了得到三相负载与三相电源间交换的无功功率 Q 大小，定义复无功功率。

$$\tilde{Q}_1 = U_p I_1 \sin\varphi_1 \angle 0°, \quad \tilde{Q}_2 = U_p I_2 \sin\varphi_2 \angle 120°, \quad \tilde{Q}_3 = U_p I_3 \sin\varphi_3 \angle(-120°) \tag{5-21}$$

由此可知

$$\tilde{Q} = \tilde{Q}_1 + \tilde{Q}_2 + \tilde{Q}_3 = Q\angle\varphi_q$$

$$Q^2 = [U_p(I_1\sin\varphi_1 - 0.5I_2\sin\varphi_2 - 0.5I_3\sin\varphi_3)]^2 \qquad (5\text{-}22)$$

$$+ [(\sqrt{3}/2)U_p(I_2\sin\varphi_2 - I_3\sin\varphi_3)]^2$$

5.4.4　三相交流电与低压配电

图 5-8 给出了接线原理图与低压电器/插座。低压三相配电中三相电经变压器之后需要经过三相断路器，才能接到负载端。在三相四线制配电中，带有漏电保护的断路器中，必须将中线 N 穿过互感器，而 PE 线是就近的地线，而不是从变配电站拉线且不经过开关或者断路器；在三相五线制配电中，PE 线是从变配电站拉线的。注意：三相四线制配电与三相四线制插座配线是不一样的。运行中的低压电气设备和低压线路要求对地的绝缘电阻不低于 1KΩ/V。

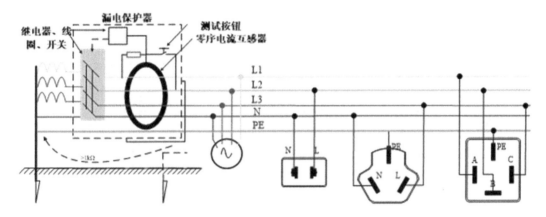

图 5-8　低压配电接线原理图与低压插座

规定的电力传输线颜色（非强制性）是：

（1）三相电 A 相线——黄色；B 相线——绿色；C 相线——红色；零线——蓝色；地线 PE——黄绿色。

（2）单相电相线——红色；零线——蓝色；地线——黄绿色。

电能质量指标如下。

（1）电网频率：我国电力系统的标称频率为 50 Hz，《电能质量　电力系统频率偏差》（GB/T 15945—2008）中规定电力系统正常运行条件下一般频率偏差限值为±0.2Hz。

（2）电压偏差：《电能质量　供电电压偏差》（GB/T 12325—2008）中规定 35 kV 及以上供电电压偏差不能超过标称电压的 10%，20 kV 及以下不能超过±7%，220 V 单相供电则为+7%～−10%。

（3）三相电压不平衡：《电能质量　三相电压不平衡》（GB/T 15543—2008）中规定电网正常运行时，负序电压不平衡度不超过 2%，短时不得超过 4%；公共连接点负序电压不平衡度允许值为 1.3%，短时不超过 2.6%。

5.5　线性直流稳压电源

5.5.1　直流稳压电源特性

直流稳压电源可以分为化学电源、线性稳压电源和开关电源三种，如图 5-9 所示。其中，化学电源是把化学能转化为电能，如干电池、铅酸蓄电池等；线性稳压电源是将调整管工作在线性状态下的直流稳压电源；开关电源是利用现代电力电子技术，控制开关管开关来维持稳定的输出电压的一种电源。

线性直流稳压电源主要技术指标是特性指标和质量指标。

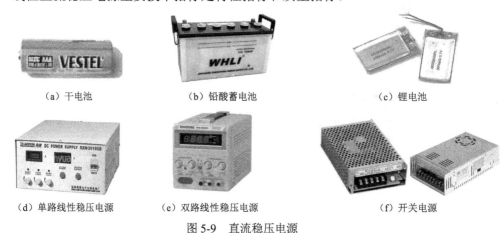

（a）干电池　　　　　　　　　（b）铅酸蓄电池　　　　　　　　　（c）锂电池

（d）单路线性稳压电源　　　　（e）双路线性稳压电源　　　　　　（f）开关电源

图 5-9　直流稳压电源

线性直流稳压电源特性指标包含输入电压及其变化范围、输出电压 V_o 及其调节范围 $V_{omin} \sim V_{omax}$、额定输出电流 I_{omax} 及过电流保护值和额定功率 P_N。其中在测量 V_o 的基础上，逐渐减小 R_L，直到 V_o 下降 5%，此时负载 R_L 中的电流即为 I_{omax}。

线性直流稳压电源质量指标有：

（1）效率 $\eta = \dfrac{\text{输出电压} \times \text{输出电流}}{\text{输入电压} \times \text{输入电流}} \times 100\%$；

（2）功率因数 $\cos\varphi = \dfrac{\text{输入有功功率}}{\text{视在功率}} = \dfrac{\text{输入有功功率}}{\text{输入电压} \times \text{输入电流}}$；

（3）稳压系数 S_r 在负载电流、环境温度不变的情况下，输入电压 V_i 变化±10%时引起输出电压的相对变化，实际上表达的是电压调整率，即 $S_r = \dfrac{\Delta V_o / V_o}{\Delta V_i / V_i}\bigg|_{I_o=C_1, T=C_2}$，此系数越小越好；

（4）电流调整率（负载效应）S_i 是当输入电压及温度不变，输出电流 I_o 从零变化到最大时，输出电压的相对变化量称为电流调整率），即 $S_i = \dfrac{\Delta V_o}{V_o} \times 100\%\bigg|_{\Delta I_o = I_{omax}, \Delta T=0}$，此系数越小越好；

（5）输出电阻是当电压和温度不变时，因 R_L 变化，导致负载电流变化了 ΔI_o，相应的输出电压变化了 ΔV_o，两者比值的绝对值称为输出电阻，即 $R_o = \dfrac{\Delta V_o}{\Delta I_o}$；

（6）温度系数 S_T 是输入电压和负载电流不变时，温度所引起的输出电压相对变化量与温度变化的比值，即 $S_T = \dfrac{\Delta V_o/V_o}{\Delta T}\bigg|_{\Delta V_i = 0,\Delta I_o = 0}$；

（7）纹波电压是在额定输出电流情况下，叠加在输出电压上的交流分量，一般为毫伏级；

（8）纹波抑制比（dB）是稳压电路输入纹波电压峰值与输出纹波电压峰值之比。

5.5.2　线性直流稳压电源组成

线性直流稳压电源由变压器、整流电路（将交流电转换为直流电）、滤波电路和稳压电路组成。其中，整流电路是把交流电变换成直流电，滤波电路是当整流输出电压脉动大时，需要将其滤波得到较为平滑的直流电压；稳压电路是为了得到稳定平直的电压。其原理图如图 5-10 所示。

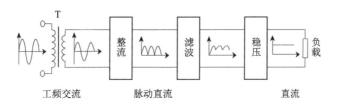

图 5-10　线性直流稳压电源原理图

1. 整流电路

半波整流电路是一种利用二极管的单向导通特性来进行整流的常见电路，该电路将负半周除去、剩下正半周（图 5-11）。

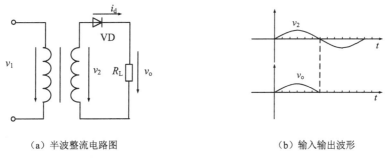

（a）半波整流电路图　　　　　　　　　　（b）输入输出波形

图 5-11　单相半波整流电路

设变压器输出电压为 $v_2 = \sqrt{2}V_2 \sin(2\pi ft)$，忽略二极管压降，则其输出脉动电压的平均值 V_o 为

$$V_{o} = \frac{1}{2\pi}\int_{0}^{\pi}v_{2}\mathrm{d}(2\pi ft) = \frac{\sqrt{2}V_{2}}{\pi} = 0.45V_{2} \qquad (5\text{-}23)$$

桥式（全波）整流电路是利用二极管的单向导通性进行整流的最常用的电路，常用来将交流电转变为直流电（图 5-12）。桥式整流电路输出的直流平均电压比半波整流高一倍。其输出直流电压平均值为

$$V_{o} = \frac{1}{2\pi}\int_{0}^{\pi}v_{2}\mathrm{d}(2\pi ft) + \frac{1}{2\pi}\int_{\pi}^{2\pi}v_{2}\mathrm{d}(2\pi ft) = \frac{2\sqrt{2}V_{2}}{\pi} = 0.9V_{2} \qquad (5\text{-}24)$$

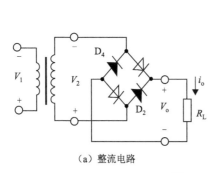 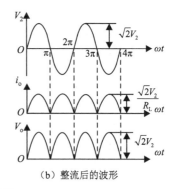

（a）整流电路　　　　　　　　　　　　　　（b）整流后的波形

图 5-12　桥式整流电路

2. 滤波电路

整流桥输出的电压 V_o 的脉动较大，需要经过电容滤除高频，如图 5-13 所示，输出 V_o 已接近直流电压，实际输出电压的范围为 $V_o = (1.1 \sim 1.4)V_2$，其中 V_2 是变压器副边交流有效值。

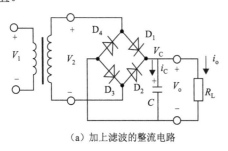 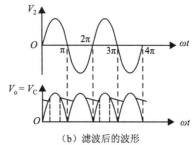

（a）加上滤波的整流电路　　　　　　　　　　（b）滤波后的波形

图 5-13　滤波电路

3. 稳压电路

在输入电压、负载、环境温度、电路参数等发生变化时仍能保持输出电压恒定的电路。这种电路能提供稳定的直流电源，被各种电子设备广泛采用。

由图 5-14 可知，经稳压管 LM317 输出的是平整的直流电压为 $V_o = 1.25(1 + R_p/R_1)$。通常改变 R_p 就可以改变输出电压。线性直流稳压电源优点是电源稳定度低，但是负载稳定度高；输出纹波电压较小；瞬态响应速度快；线路简单，便于理解和维修；无高频开关噪声；成本低。但缺点是内部功耗大，转换效率一般只有 45%；体积大、质量重，不

便小型化；必须具有较大的输入和输出滤波电容；输入电压动态范围小，线性调整率低；输出电压不能高于输入电压。

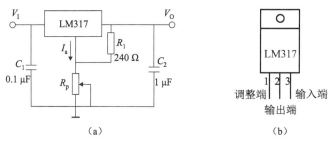

图 5-14　LM317 稳压电路

线性直流稳压电源已有很多类似的产品，常见的是双路直流稳压电源，它的主要特点与使用方法请通过扫描二维码 R5-3 了解。

R5-3　双路直流稳压电源

5.6　电磁干扰与电磁兼容性

5.6.1　电磁干扰

电磁干扰（electromagnetic interference，EMI）是指电磁波与电子元件作用后而产生的干扰现象，所谓"干扰"，有两层意思：一是设备受到干扰后性能降低（如雷电使收音机产生杂音、拿起电话后听到无线电声音），二是对设备产生干扰的干扰源。

理论和实践的研究表明，不管复杂系统还是简单装置，任何一个电磁干扰的发生必须具备三个基本条件，即电磁干扰三要素：第一应该具有干扰源；第二有传播干扰能量的途径和通道；第三还必须有被干扰对象。

电磁干扰源一般分为两大类：自然干扰源与人为干扰源。自然干扰源主要来源于大气层的天电噪声、地球外层空间的宇宙噪声。它们既是地球电磁环境的基本要素组成部分，同时又是对无线电通信和空间技术造成干扰的干扰源。自然噪声会对人造卫星和宇宙飞船的运行产生干扰，也会对弹道导弹运载火箭的发射产生干扰。人为干扰源是有机电或其他人工装置产生电磁能量干扰，其中一部分是专门用来发射电磁能量的装置，如广播、电视、通信、雷达和导航等无线电设备，称为有意发射干扰源。另一部分是在完成自身功能的同时附带产生电磁能量的发射，如交通车辆、架空输电线、照明器具、电动机械、家用电器及工业、医用射频设备等，这部分又称为无意发射干扰源。

电磁干扰有传导干扰和辐射干扰两种。传导干扰是指通过导电介质把一个电网络上的信号耦合（干扰）到另一个电网络，即在干扰源和敏感器之间有完整的电路连接。辐射干扰是指干扰源通过空间把其信号耦合（干扰）到另一个电网络，干扰能量按电磁场的规律向周围空间发射，在高速印制电路板（PCB）及系统设计中，高频信号线、集成电路的引脚、各类接插件等都可能成为具有天线特性的辐射干扰源，能发射电磁波并影响其他系统或本系统内其他子系统的正常工作。常见的辐射耦合有三种：甲天线发射的电磁波被乙天线意外接收，称为天线对天线耦合；空间电磁场经导线感应而耦合，称为场对线的耦合；两根平行导线之间的高频信号感应，称为线对线的感应耦合。在实际工程中，两个设备之间发生干扰通常包含着许多种途径的耦合。正因为多种途径的耦合同时存在，反复交叉耦合，共同产生干扰，才使电磁干扰变得难以控制。

敏感设备是对干扰对象的总称，它可以是一个很小的元件或一个电路板组件，也可以是一个单独的用电设备甚至可以是一个大型系统。

5.6.2　电磁兼容性

电磁兼容性（electro magnetic compatibility，EMC）并非电与磁的兼容，而是指设备或系统在其电磁环境中符合要求运行并不对其环境中的任何设备产生无法承受的电磁干扰的能力。因此，EMC 包括两个方面的要求：一方面是指设备在正常运行过程中对所在环境产生的电磁干扰不能超过一定的限值；另一方面是指器具对所在环境中存在的电磁干扰具有一定程度的抗扰度，即电磁敏感性。

电磁兼容主要是研究和解决干扰的产生、传播、接收、抑制机理及其相应的测量和计量技术，并在此基础上根据技术经济最合理的原则，对产生的干扰水平、抗干扰水平和抑制措施做出明确的规定，使处于同一电磁环境的设备都是兼容的，同时又不向该环境中的任何实体引入不能允许的电磁扰动。

要使产品具有良好的电磁兼容性，需要专门考虑与电磁兼容相关的设计内容。电磁兼容设计一般包含以下几个方面。

（1）地线设计：许多电磁干扰问题是由地线产生的，因为地线电位是整个电路工作的基准电位，如果地线设计不当，地线电位就不稳，就会导致电路故障。地线设计的目的是要保证地线电位尽量稳定，从而消除干扰现象。

（2）线路板设计：无论设备产生电磁干扰发射还是受到外界干扰的影响，或者电路之间产生相互干扰，线路板都是问题的核心，因此设计好线路板对保证设备的电磁兼容性具有重要的意义。线路板设计的目的就是减小线路板上的电路产生的电磁辐射和对外界干扰的敏感性，减小线路板上电路之间相互影响。

（3）滤波设计：对任何设备而言，滤波都是解决电磁干扰的关键技术之一。因为设备中的导线是效率很高的接收和辐射天线，所以设备产生的大部分辐射发射都是通过各种导线实现的，而外界干扰往往也是首先被导线接收到，然后串入设备的。滤波的目的就是消除导线上的这些干扰信号，防止电路中的干扰信号传到导线上，借助导线辐射，也防止导线接收到的干扰信号传入电路。

（4）屏蔽与搭接设计：对于大部分设备而言，屏蔽都是必要的。特别是随着电路工作的频率日益提高，单纯依靠线路板设计往往不能满足电磁兼容标准的要求。机箱的屏蔽设计与传统的结构设计有许多不同之处，一般如果在结构设计时没有考虑电磁屏蔽的要求，很难将屏蔽效果加到机箱上。所以，对于现代电子产品设计，必须从开始就考虑屏蔽的问题。

电磁兼容认证是产品质量稳定并具备批量生产能力的证明材料，通常采用下面的抽样及判定规则。

（1）在 30～50 台抽样母体中随机抽取 4 台样品，其中 3 台样品用于检验，1 台样品用于企业留存备查；母体数大于 50 台的情况，可随机确定 50 台样品作为抽样母体。

（2）企业从用于检验的 3 台样品中任意抽取 1 台样品送指定的 EMC 试验室进行检验，检验结果按比认证执行标准规定的限值加严 2 dB 进行判定。

（3）若单台样品的测量结果满足比认证执行标准规定的限值严 2 dB 的要求，则判定样品检验合格。

（4）若单台样品的测量结果不满足认证执行标准所规定限值的要求，则判定样品检验不合格。

（5）若单台样品的测量结果满足认证执行标准所规定限值的要求，但不满足比认证执行标准规定的限值严 2dB 的要求，企业应将抽取的另 2 台样品送检测机构进行检验，若送检的 2 台样品的结果均满足认证执行标准所规定限值的要求，则判定样品检验合格，否则判定样品检验不合格。

5.7　用　电　安　全

5.7.1　触电的基本常识

人体接触电源（有意或无意），由于人体是导体，会与其他导体一起形成电流通路，从而触电。触电的实质是流过人体的电流过大。人体触电有以下三种情况。

（1）单线触电：是指人体在地面或其他接地体上，人体的一部分触及一相带电体的触电。

（2）两相触电：是指人体的两个部位同时触及两相带电体的触电。此时加于人体的电压比较高，所以对人的危害性比单相触电要大。

（3）跨步电压触电：在电气设备对地绝缘损坏之处，或在带电设备发生接地故障之处，就有电流流入地下，电流在接地点周围土壤中产生电压降，当人体走进接地点附近时，两脚之间便承受电压，于是人就遭到跨步电压而触电。

人体一般可以承受的电流是交流 20 mA 或直流 50 mA。但是长时间触电，即使 8 mA 左右，也可致人死亡。电流流过心肌时，10 mA 的电流也是致命的。一般情况下人体电阻大约 1 kΩ，当皮肤潮湿时，电阻显著下降，干燥时在 100 kΩ 以上。电流流过人体最危险的路径是从左手到前胸直至双脚。

5.7.2 触电对人体的危害

触电包含电击和电伤两种伤害。

（1）电击是电流流过人体内部，影响呼吸、心脏和神经系统，造成人体内部组织损伤乃至死亡。当交流电频率是 40～1000 Hz 时可以引起电击。电击对人体的危害程度用电击强度表示，主要取决于通过人体电流的大小和通电时间长短，用两者乘积表示大小。电流强度越大，致命危险越大；持续时间越长，死亡的可能性越大。但同时应注意电击也可用于治病，如 20 000 Hz 交流电可以用于理疗。

（2）电伤是电流热效应、机械和化学效应造成人体触电部位的外部伤痕——电烧伤、皮肤金属化、机械损伤、电光眼。直流电一般引起电伤。

5.7.3 触电原因及防护

1. 触电原因

触电的原因一般有下面 4 种情况。

（1）直接触及电源。因此应该在设备断电时检查绝缘。

（2）错误使用设备。例如，在自耦变压器中，应该使用三孔插座，并注意 L、N、PE 的连接。

（3）接线不当或工艺不良导致金属外壳带电，因此需要细查。

（4）电容器放电触电。因此在测试前必须先对电容器放电。

2. 防护触电

为了防止触电应该先检查，再接通。分别是：检查电源线有无破损及绝缘电气性能；检查插头有无外露金属或内部松动；检查电源插头两端是否短路，与金属外壳有无通路；检查设备所需电压值是否与供电电压相符。

为安全操作应该注意以下几点：检修电器和电路要拔下电源插头；不要湿手开关、插拔电源线；尽可能单手操作；不在疲劳状态下电工作业；对电容器要放电后再对电路检修。

受到电击者，一两秒的迟缓可能造成不可挽回的后果。在保护自己不受二次触电的情况下，最快速度使触电者脱离电源，可以用绝缘物体拨开电线或者用衣物套住触电者某部位将其拉开。

当触电时的救护措施：脊柱固定后，对触电未失知觉者，令其在通风暖和的地方静卧休息，观察，同时请医生或送医院；对触电已失知觉者应该解衣以利于呼吸，空气流通、保暖，同时用人工呼吸和胸外按压施急救，并请医生。

非专业人员成人现场心肺复苏术（CPR2010 版）的步骤（图 5-15）如下：

（1）所有操作前应排除险情，确保周围环境安全，并做好自我防护措施。

（2）然后利用轻拍重唤的方法判断反应，并初步判断呼吸情况。如没有反应或仅仅只有喘息样呼吸，即可实施心肺复苏术。

（3）快速呼救，请求附近人员的帮助。将伤员摆放成心肺复苏体位，仰卧在坚硬的平面上，迅速解除缚束物，进行胸外按压，建立有效的人工循环。将抢救者双手掌根重叠，手臂绷紧垂直使肩、肘、腕关节成一直线，在胸廓中央（胸骨中下 1/2～1/3 段）垂直按压，连续按压 30 次，频率为至少 100 次/分（按压间隔不得超过 5 s），按压深度至少 5 cm。每次按压与放松时间相同，节奏平稳，掌根接触胸壁面不分离。

（4）若还无反映，则判断有口腔内无异物或者假牙等，如有，需要立即清除，保持呼吸畅通。采用仰头举颏法开放气道，使伤员耳垂与下颌角的连线与施救平面呈 90°（即垂直于施救平面）。

（5）保持气道开放位，进行人工呼吸，吹气两口。吹气量为 500～600 ml（不超过 1200 ml），持续吹气时间 1～2 s，两口气之间要有 1～2 s 的间隔。吹气时，将放在患者前额的手的拇指、食指捏紧患者的鼻翼，吸一口气，用双唇包严患者口唇周围，开始吹气，两口气吹气间隔要放松鼻翼，偏离患者口部。

建立以 30∶2 的比例进行按压和吹气循环，5 个循环后，快速检查伤病员的呼吸脉搏，如没有恢复，继续反复进行心肺复苏。

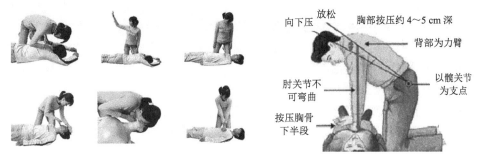

图 5-15　急救图

5.7.4　安全用电与电流行业规定

当皮肤干燥时，行业规定的安全电压、电流各标准如下。

（1）国际电工委员会（international electrotechinal commission，IEC）：50 V。

（2）中国：①交流 50 V、42 V、36 V、24 V、12 V；②直流 72 V、42 V、36 V、24 V、12 V、6 V。

（3）德国：交流 25 V，直流 60 V。

人体对电流的反应是：

（1）8～10 mA 手摆脱电极已感到困难，有剧痛感（手指关节）；

（2）20～25 mA 手迅速麻痹，不能自动摆脱电极，呼吸困难；

（3）50～80 mA 呼吸困难，心房开始震颤；

（4）90～100 mA 呼吸麻痹，3 s 后心脏开始麻痹，停止跳动。

注意在高度危险的场合，交流安全电流取 10 mA，直流安全电流取 5 mA。

5.7.5　各种电器设备的防护等级

IP（ingress protection）防护等级系统是由 IEC 所起草，将电器依其防尘防湿气之特性加以分级。这里所指的外物含工具、人的手指均不可接触到电器内之带电部分，以免触电。IP 防护等级是由两个数字所组成，第 1 个数字表示电器防尘、防止外物侵入的等级，第 2 个数字表示电器防湿气、防水侵入的密闭程度，数字越大表示其防护等级越高。其中 I 代表接触保护和防止固体异物进入的等级，用第一个 x 指示，最高级别是 6；P 代表防止进水的等级，用第二个 x 指示，最高级别是 8。

I 的等级分布如下：

0 表示无防护；

1 表示防护 50 mm 直径和更大的固体外来物体，球体直径为 50 mm，不应完全进入；

2 表示防护 12.5 mm 直径和更大的固体外来物体，球体直径为 12.5 mm，不应完全进入；

3 表示防护 2.5 mm 直径和更大的固体外来物体，球体直径为 2.5 mm，不应完全进入；

4 表示防护 1.0 mm 直径和更大的固体外来物体，球体直径为 1.0 mm，不应完全进入；

5 表示防护灰尘不可能完全阻止灰尘进入，但灰尘进入的数量不会对设备造成伤害；

6 表示灰尘封闭柜体内在 20 mPa 的低压时不应进入灰尘。

P 的等级分布如下：

0 表示无防护；

1 表示水滴防护垂直落下的水滴不应引起损害；

2 表示柜体倾斜 15° 时，防护水滴柜体向任何一侧倾斜 15° 时，垂直落下的水滴不应引起损害；

3 表示防护溅出的水以 60° 从垂直线两侧溅出的水不应引起损害；

4 表示防护喷水从每个方向对准柜体的喷水都不应引起损害；

5 表示防护射水从每个方向对准柜体的射水都不应引起损害；

6 表示防护强射水从每个方向对准柜体的强射水都不应引起损害；

7 表示防护短时浸水柜体在标准压力下短时浸入水中时，不应有能引起损害的水量浸入；

8 表示防护长期浸水可以在特定的条件下浸入水中，不应有能引起损害的水量浸入。

5.7.6　各种电器设备的防爆等级

引起爆炸的三个必要条件是有可燃物和助燃物并达到燃点，三个条件同时具备才会产生爆炸。防止爆炸的产生应从三个必要条件来考虑，限制了其中的一个必要条件，就限制了爆炸的产生。

可能发生爆炸的环境，即存在可燃性气体、粉尘的环境——炼油、石化厂、加油站、加气站等。大气条件下气体、蒸汽或雾状的可燃物质与空气构成的混合物，在该混合物中点燃后，燃烧将传遍整个未燃混合物的环境。国际电工委员会/欧洲电工委员会和中国标准委员会划分的危险区域的等级分类如下。

0 区（Zone 0）：易爆气体始终或长时间存在，连续地存在危险性大于 1000 h/年的区域。

1 区（Zone 1）：易燃气体在仪表的正常工作过程中有可能发生或存在，断续地存在危险性 10～1000 h/年的区域。

2 区（Zone 2）：一般情形下，不存在易燃气体且即使偶尔发生，其存在时间亦很短，事故状态下存在的危险性 0.1～10 h/年的区域。

防爆电气设备是在规定条件下不会引起周围爆炸性环境点燃的设备，它分为以下三类。

Ⅰ类：煤矿井下用的电气设备，防爆典型气体甲烷。

Ⅱ类：除煤矿、井下之外的所有其他爆炸性气体环境用的电气设备。Ⅱ类又可分为ⅡA（典型气体丙烷）、ⅡB（典型气体乙烯）、ⅡC（典型气体氢气）。标记ⅡB 的设备可适用于ⅡA 设备的使用条件；ⅡC 可适用于ⅡA、ⅡB 的使用条件。

Ⅲ类：除煤矿以外的爆炸性粉尘环境中用的电气设备。Ⅲ类又可分为ⅢA——可燃性飞絮、ⅢB——非导电性粉尘、ⅢC——导电性粉尘。

电气设备在规定范围内的最不利运行条件下工作时，可能引起周围爆炸性环境点燃的电气设备任何部件所达到的最高温度称为最高表面温度，它应低于可燃温度。例如：防爆传感器环境的爆炸性气体的点燃温度为 100℃，那么传感器在最恶劣的工作状态下，其任何部件的最高表面温度应低于 100℃。爆炸性环境用的电气设备按其最高表面温度划分为 $T1$～$T6$ 六个组别：$T1$——450℃、$T2$——300℃、$T3$——200℃、$T4$——135℃、$T5$——100℃、$T6$——85℃。

按防爆型式可以将电气设备进行以下分类。

（1）隔爆型电气设备（d）：是指把能点燃爆炸性混合物的部件封闭在一个外壳内，该外壳能承受内部爆炸性混合物的爆炸压力并阻止和周围的爆炸性混合物传爆的电气设备。

（2）增安型电气设备（e）：正常运行条件下，不会产生点燃爆炸性混合物的火花或危险温度，并在结构上采取措施，提高其安全程度，以避免在正常和规定过载条件下出现点燃现象的电气设备。

（3）本质安全型电气设备（i）：在正常运行或在标准试验条件下所产生的火花或热效应均不能点燃爆炸性混合物的电气设备。有火花的触点须加隔爆外壳、气密外壳或加倍提高安全系数，并且有故障自显示的措施。该型防爆型又有两种。

ia 等级：在正常工作、一个故障和二个故障时均不能点燃爆炸性气体混合物的电气设备。正常工作时，安全系数为 2.0；一个故障时，安全系数为 1.5；二个故障时，安全系数为 1.0。

ib 等级：在正常工作和一个故障时不能点燃爆炸性气体混合物的电气设备。正常工作时，安全系数为 2.0；一个故障时，安全系数为 1.5。

（4）充油型电气设备（o）：将电气设备的全部或部分浸在变压器油内，使设备不能点燃油面以上的或外壳以外的爆炸性混合物。

（5）无火花型电气设备（n）：在正常运行条件下不产生电弧或火花，也不产生能够点燃周围爆炸性混合物的高温表面或灼热点，且一般不会发生有点燃作用的故障的电气设备。

（6）气密型电气设备（h）：具有气密外壳的防爆电气设备。

（7）正压型电气设备（p）：具有正压外壳的电气设备。所谓正压外壳是指向内通入保护性气体，保持内部保护性气体的压力高于周围爆炸性环境的压力，以阻止外部爆炸性混合物进入壳内，即它具有能保持正压的外壳。

（8）特殊型电气设备（s）：电气设备或部件采用《爆炸性气体环境用电气设备》（GB3836—2010）未包括的防爆型式时，由主管部门制定暂行规定。送劳动人事部备案，并经指定的鉴定单位检验后，按特殊型电气设备处置。

上述防爆方法对危险场所的适用性如表 5-1 所示。

表 5-1　防爆方法对危险场所的适用性

序号	防爆型式	代号	国家标准	防爆措施	适用区域
1	隔爆型	d	GB3836.2—2010	隔离存在的点火源	Zone 1，Zone 2
2	增安型	e	GB3836.3—2010	设法防止产生点火源	Zone 1，Zone 2
3	本安型	ia	GB3836.4—2010	限制点火源的能量	Zone 0～2
4	本安型	ib	GB3836.4—2010		Zone 1，Zone 2
5	正压型	px，py，pz	GB3836.5—2010	危险物质与点火源隔开	Zone 1，Zone 2
6	充油型	o	GB3836.6—2010		Zone 1，Zone 2
7	充砂型	q	GB3836.7—2010		Zone 1，Zone 2
8	无火花型	nA，nL，nC，nR，nZ	GB3836.8—2010	设法防止产生点火源	Zone 2
9	浇封型	ma，mb	GB3836.9—2010		Zone 1，Zone 2
10	气密型	h	GB3836.10—2010		Zone 1，Zone 2

在防爆电气设备上通常设置防爆标志。例如，Ex（d）ⅡBT4 代表：防爆电气产品的型式为隔爆型，是使用在Ⅱ类场所的ⅡB级（类）别，爆炸性气体的引燃温度为 T4 的组别。

5.7.7　用电安全技术与措施

用电安全可以分为直接防护和间接防护。间接防护主要是通过接地方式实现。

1. 直接防护

1）带电体直接防护

对带电体与周边环境，直接防护是包含绝缘、屏护、根据际情况设置安全电压及安全距离。绝缘是利用绝缘材料对带电体进行封闭和隔离，如果绝缘材料与其工作条件不相适应，将引起绝缘电气性能过早老化，由此可起短路；屏护是采用遮拦、护罩等把危险的带电体同外界隔离开来的安全防护措施；安全距离（间距）是带电体与地面、带电体与树木、带电体与其他设施及带电体与带电体之间应保持一定的安全距离（安全净距）。

表 5-2、表 5-3 给出了带电体在各种环境下的安全距离（J 表示中性点有效接地系统）。

表 5-2　带电体在室内的安全距离

适用范围（室内）/mm	额定电压/kV										
	0.4	1~3	6	10	15	20	35	60	110J	110	220J
带电部分至接地部分之间	20	75	100	125	150	180	300	550	850	950	1800
不同相的带电部分之间；断路器和隔离开关的断口两侧带电部分之间	20	75	100	125	150	180	300	550	900	1000	2000
栅状遮栏至带电部分之间；交叉的不同时停电检修的无遮栏带电部分之间	800	825	850	875	900	930	1050	1300	1600	1700	2550
网状遮栏至带电部分之间	100	175	200	225	250	280	400	650	950	1050	1900
无遮栏裸导体至地（楼）面之间	2300	2375	2400	2425	2450	2480	2600	2850	3150	3250	4100
平行的不同时停电检修的无遮栏裸导体之间	1875	1875	1900	1925	1950	1980	2100	2350	2650	2750	3600

表 5-3　带电体在室外的安全距离

适用范围（室外）/mm	额定电压/kV									
	0.4	1~10	15~20	35	60	110J	110	220J	330J	500J
带电部分至接地部分之间	75	200	300	400	650	900	1000	1800	2500	2800
不同相的带电部分之间；断路器和隔离开关的断口两侧引线带电部分之间	75	200	300	400	650	1000	1100	2000	2800	4300
带电作业时的带电部分至接地部分之间；交叉的不同时停电检修的无遮栏带电部分之间	825	950	1050	1150	1400	1650	1750	2550	3250	4550
网状遮栏至带电部分之间	175	300	400	500	750	1000	1100	1900	2600	3900
无遮栏裸导体至地（楼）面之间；无遮栏裸导体至建筑物、构筑物顶部之间	2500	2700	2800	2900	3100	3400	3500	4300	5000	7500
平行的不同时停电检修的无遮栏带电部分之间；带电部分与建筑物、构筑物的边沿部分之间	2000	2200	2300	2400	2600	2900	3000	3800	4500	5800

根据各种电气设备（设施）的性能、结构和工作的需要，工作人员与带电设备间的安全距离有三种。

第一种工作安全距离：设备不停电时的安全距离，其规定数值如下：10 kV 及以下为 0.7 m、35 kV 为 1.0 m、110 kV 为 1.5 m、220 kV 为 3.0 m、330 kV 为 4.0 m、500 kV 为 5.0 m。该安全距离规定值是指在移开设备遮栏的情况下，并考虑了工作人员在工作中的正常活动范围内。如工作人员对带电部分的距离，能够保持上述数值时，则允许在该带电设备不停电的情况下进行工作，若开关柜后部铁门内无网状遮栏，打开铁门后也应按此规定的距离执行。该安全距离并不是单纯从放电距离考虑，也不是"最小安全距离"，而是考虑了一定的意外情况和安全裕度以后所确定的数值。

第二种工作安全距离：工作人员工作中正常活动范围内和带电设备的安全距离，它考虑了工作人员在正常工作中可能活动的最大的空间位置，对带电设备所必须保持的安全距离。其规定数值如下：10 kV 及以下为 0.4 m、35 kV 为 0.6 m、110 kV 为 1.5 m、220 kV 为 3.0 m、330 kV 为 4.0 m、500 kV 为 5.0 m。如工作人员在正常工作中对带电导体的安全距离小于上列数值时，带电部分必须停电；当安全距离大于上列数值且又小于第一种安全距离数值时，在工作地点和带电部分之间加装牢固可靠的遮栏后，允许在该带电部分不停电的情况下进行工作。但是，如带电导体在检修人员的后侧或两侧，即使大于第一种安全距离，亦应将该带电设备停电。

第三种工作安全距离：地电位带电作业时，人身与带电体的安全距离。规定数值如下：10 kV 及以下为 0.4 m、35 kV 为 0.6 m、110 kV 为 1.0 m、220 kV 为 1.8 m（1.6m）、500 kV 为 3.6 m。如 220 kV 设备进行地电位的带电作业时，人身与带电设备的安全距离，受设备条件限制不能满足 1.8 m 的要求时，可使用括号中 1.6 m 的安全距，它是进行特别需要的地电位带电作业时所做的适当放宽数值。作业前，必须在技术上采取可靠的措施并经企业主管领导批准后，方可作业，否则就不宜进行地电位的带电作业。

请注意：第一、二种工作安全距离中 110 kV、220 kV、500 kV 的数值相同；第二、三种工作安全距离中的 10 kV 及以下、35 kV 的数值相同。

另外，机械作业时机械设备与带电设备的安全距离按 0.01×[电压等级(kV) – 50]+3 计算。如对 500 kV，设备安全距离为 7.5 m。

2）雷电的直接防护

雷暴的放电对象具有选择性，雷电流总是选择距离最近，最易导电的路径向大地泄放，即容易对发生区域内最高的物体放电。在一个空旷的地方，树、人都是相对较高的，所以往往就会被雷电击中。因此空旷的田野、沙滩、海面甚至足球场、高尔夫球场，在雷暴天气里都是非常危险的地方。

另外，雷电对停留在树底下的人们危害有三种形式：

（1）当人体与大树接触，强大的雷电流流经树干时产生很高的电压把人击倒。这是因为人体与这个高电压直接接触，通常称为接触电压伤害。

（2）人虽没有与大树接触，但雷电流流经大树干时产生很高的电压足以通过空气对人体进行放电而造成伤害，通常称为反击伤害。

（3）人虽没有与大树直接接触，也距大树有一定距离，但由于站在大树底下，当强大的雷电流通过大树流入地下向四周扩散时，会在不同的地方产生不同的电压，而人体站立的两脚之间存在着电位差，因而有电流流过人体造成伤害，通常称为跨步电压伤害。

雷雨天时，人在室内外注意事项请通过扫描二维码 R5-4 阅读。

R5-4　室内外注意事项

2. 接地及接地的作用

大地是一个电阻非常低、电容量非常大的物体，拥有吸收无限电荷的能力，而且在吸收大量电荷后仍能保持电位不变（等电位体）。与大地紧密接触并形成电气接触的一个或一组导电体称为接地极，通常采用圆钢或角钢，也可采用铜棒或铜板。当流入地中的电流通过接地极向大地作半球形散开时，由于这个半球形的球面在离接地极越近的地方越小，越远的地方越大，所以在离接地极越近的地方电阻越大，越远的地方电阻越小。实验证明：在距单根接地极或碰地处 20 m 以外的地方，实际已没有什么电阻存在，该处的电位已趋近于零。因此常将大地作为电气系统中的参考电位体，即零电位。

接地指电力系统和电气装置的中性点、电气设备的外露导电部分和装置外导电部分经接地线连接到接地极。接地极与接地线合称为接地装置。若干接地体在大地中互相连接则组成接地网，接地线又可分为接地干线和接地支线。按规定，接地干线应采用不少于两根导体在不同地点与接地网连接。电力系统中接地的点一般是中性点。电气装置的接地部分为外露导电部分，它是电气装置中能被触及的导电部分，它正常时不带电，故障情况下可能带电。

接地是为保证电工设备正常工作和人身安全而采取的一种用电安全措施，其作用主要是防止人身遭受电击、设备和线路遭受损坏、预防火灾和防止雷击、防止静电损害和保障电力系统正常运行。接地通过金属导线与接地装置连接来实现，常用的有保护接地、工作接地、防雷接地、屏蔽接地、防静电接地等。接地装置将电工设备和其他生产设备上可能产生的漏电流、静电荷及雷电电流等引入地下，从而避免人身触电和可能发生的火灾、爆炸等事故。

工作接地由使系统及与之相连的仪表均能可靠运行并保证测量和控制精度需要而设置（如中性点接地），因此在正常情况下就会有电流长期流过接地电极。它分为机器逻辑地、信号回路接地、屏蔽接地，在石化和其他防爆系统中还有本安接地。在配电系统中工作接地正常时只是几安到几十安的不平衡电流，但在系统发生接地故障时，会有很大（上千安培）的工作电流流过接地电极，该电流会被继电保护装置在 0.05～0.1 s 内切除（即使是后备保护，动作一般也在 1 s 以内），从而防止设备外壳带电。

电气设备的外壳、旋钮、插座、操作杆、钢筋混凝土杆和金属杆塔等外露的导体正常工作时不带电，但是为了防止因意外或绝缘损坏带电而造成危险，用导线将外露导体与深埋在地下的接地导体紧密连接起来，迫使外露导体与大地处于等电位。这种做法称为保护接地。保护接地只是在设备绝缘损坏、外壳带电的情况下才会有电流流过，其值可以在较大范围内变动。当人接触设备外壳时，接地电流将同时沿着接地极和人体两条通路流过。流过每条通路的电流值将与其电阻的大小成反比，接地极电阻越小，流经人体的电流也就越小。当接地电阻极小时，流经人体的电流趋近于零，人体因此避免触电的危险。保护接地还可以防止静电的积聚。

防雷接地只是在雷电冲击的作用下才会有电流流过，流过防雷接地电极的雷电流幅值可达数十至上百千安，但是持续时间很短。因此，无论任何情况，都应保证接地电阻不大于设计或规程中规定的接地电阻值。

另外，电流流经接地电极时都会引起接地电极电位的升高，影响人身和设备的安全。为此还必须对接地电极的电位升高加以限制，或者采取相应的安全措施来保证设备和人身安全。

3. 配电系统的间接防护

对于配电力系统中的接地有工作接地和保护接地之分。据在系统侧与设备侧的地接方式不同，配电系统的间接接触防护包含 IT 系统保护、TT 系统保护及 TN 系统保护三种。

　　第一个字母表示系统电源端与地的关系。T 表示电源端有一点直接接地；I 表示电源端所有带电部分不接地或经消弧线圈（或大电阻）接地。

　　第二个字母表示系统中的电气设备（或装置）外露可导电部分与地的关系。T 表示电气设备（或装置）外露可导电部分与大地有直接的电气连接；N 表示电气设备（或装置）外露可导电部分与配电系统的中性点有直接的电气连接。

　　第二个字母后的字母表示系统的中性线和保护线的组合关系。S 表示整个系统的中性线和保护线是分开的；C 表示整个系统的中性线和保护线是共用的；C-S 表示系统中有一部分中性线与保护线是公用的。

　　1）IT 系统（中性点不接地系统）保护

　　IT 系统电源侧没有工作接地，或经过高阻抗接地，负载侧电气设备进行接地保护，如图 5-16 所示。IT 系统在供电距离不是很长时，供电的可靠性高，安全性好。一般用于不允许停电的场所，或者是要求严格连续供电的场所，如电力、炼钢、大医院的手术室、地矿井等处。地下矿井内供电条件比较差，电缆易受潮。运用 IT 方式供电系统，即使电源中性点不接地，一旦设备漏电，单相对地漏电流仍小，不会破坏电源电压的平衡，所以比电源中性点接地的系统还安全。不过，当相线碰壳或接地时，其他两相对地电压，在中性点不接地系统中将升高为相电压的 1.732 倍。IT 系统要求接地电阻在 100 kVA 及以上时小于 4 Ω，在 100 kVA 以下时小于 10 Ω。

　　但是，在供电距离很长时，供电线路对大地的分布电容就不能忽视。由图 5-17 可见，在负载发生短路故障或漏电使设备外壳带电时，漏电电流经大地形成回路，保护设备不一定动作，这是危险的。只有在供电距离不太长时才比较安全。因设备外壳需要接地线，IT 系统不提供地线，而在工地并不总有地线可用；另外，由于没有零线，所以存在大量单相设备无法使用。

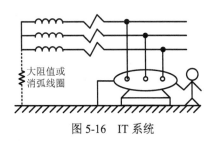

图 5-16　IT 系统

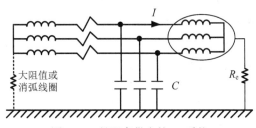

图 5-17　长距离供电的 IT 系统

　　2）TT 系统保护

　　在电源中性点直接接地的三相四线系统中，所有设备的外露可导电部分均经各自的保护线 PE 分别直接接地（而与系统如何接地无关），称之为 TT 系统，如图 5-18 所示。第一，当电气设备的金属外壳带电（相线碰壳或设备绝缘损坏而漏电）时，由于有接地保护，可以大大减少触电的危险性。但是，低压断路器不一定能跳闸，造成漏电设备的外壳对地电压高于安全电压，属于危险电压。第二，当漏电电流比较小时，即使有熔断器也不一定能熔断，所以还需要漏电保护器作保护。第三，TT 系统接地装置用钢材多，而且难以回收、费工时、费料。因此 TT 系统难以推广。

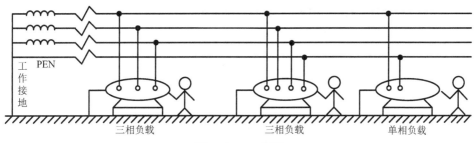

图 5-18　TT 系统

现在有的建筑单位采用带专用保护线的 TT 系统，施工单位借用其电源作临时用电时，应用一条专用保护线，以减少需接地装置钢材用量，如图 5-19 所示。图中点画线框内是施工用电总配电箱，把新增加的专用保护线（PE 线）和工作零线 N 分开，其特点是：①共用接地线与工作零线没有电的联系；②正常运行时，工作零线可以有电流，而专用保护线没有电流；③TT 系统适用于接地保护站很分散的地方。

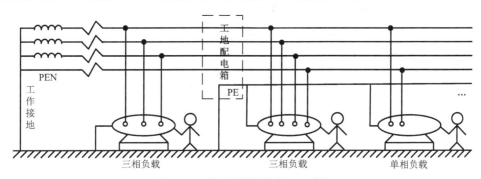

图 5-19　带专用保护线的 TT 系统

3）TN 系统保护

当相线碰壳或接地时，其他两相对地电压，在中性点接地的系统中接近于相电压。三相四线制供电系统中，中性线（零线）N 在供电变压器端是接地的，与大地之间电位差为零，通常称为零线。在 TN 系统中，所有电气设备的外露可导电部分均接到保护线上，并与电源的接地点相连称为 TN 系统，即保护接零。在 TN 系统中需要注意：在接零保护装置的施工中，严禁在 PE 线上安装熔断器和单极开关。

如果将工作零线 N 重复接地，碰壳短路时，一部分电流就可能分流于重复接地点，会使保护装置不能可靠动作或拒动，使故障扩大化。故中性线（即 N 线）除电源中性点外，不应重复接地。

TN 方式供电系统中，根据其保护线 PE 是否与工作零线 N 分开又划分为 TN-C、TN-S、TN-C-S 系统。

（1）TN-C 系统注意事项如下。

如图 5-20 所示，该系统中保护线 PE 与中性线 N 合并为 PEN 线，所有负载设备外露可导电部分均与 PEN 线相连，具有简单、经济的优点。当发生接地短路故障时，故障电流大，可使电流保护装置动作，切断电源。

该系统对于单相负荷及三相不平衡负荷的线路，PEN 线总有电流流过，其产生的压降，将会呈现在电气设备的金属外壳上，对敏感性电子设备不利。故 TN-C 系统一般只使用于三相负载基本平衡情况。另外，PEN 线上微弱的电流在危险的环境中可能引起爆炸，所以有爆炸危险环境严禁使用 TN-C 系统。

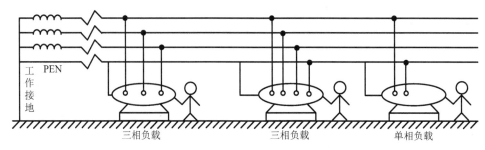

图 5-20　TN-C 系统

（2）TN-S（三相五线制）系统注意事项如下。

如图 5-21 所示，TN-S 系统中保护线和中性线严格分开，系统造价略贵。由于正常时 PE 线不通过负荷电流，故与 PE 线相连的电气设备金属外壳在正常运行时不带电，所以适用于数据处理和精密电子仪器设备的供电，也可用于爆炸危险环境中。

在 TN 系统中，因 N 线与 PE 线从总电柜分开的，到后面都是分开敷设的，这样互不干扰，同时与用电设备外壳相连接的是 PE 线而不是 N 线，因此主要关心的是 PE 线的电位，而不是 N 线的电位。如果将 PE 线和 N 线共同接地，由于 PE 线与 N 线在重复接地处相接，重复接地点与配电变压器工作接地点之间的接线已无 PE 线和 N 线的区别，原由 N 线承担的中性线电流变为由 N 线和 PE 线共同承担，并有部分电流通过重复接地点分流。由于这样可以认为重复接地点前侧已不存在 PE 线，只有由原 PE 线及 N 线并联共同组成的 PEN 线，原 TN-S 系统所具有的优点将丧失，所以不能将 PE 线和 N 线共同接地。故在 TN-S 系统中重复接地不是对 N 线的重复接地，而是对 PE 线的重复接地。

采用 TN-S 系统供电既方便又安全，用于工业与民用建筑等低压供电系统。在建筑工程工前的"三通一平"（电通、水通、路通和地平）必须采用 TN-S 系统。

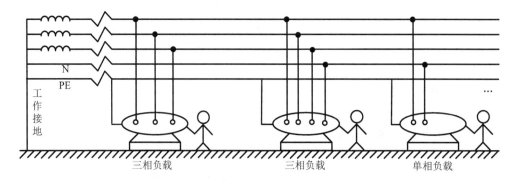

图 5-21　TN-S 系统

（3）TN-C-S 系统注意事项如下。

如图 5-22 所示，TN-C-S 系统有一部分 PEN 线不分开，但一部分自工地配电箱处分开为保护线 PE 和中性线 N，自分开后，PE 线不能再与 N 线合并，可用黄绿相间和浅蓝色区分。

需要注意的是电源进线的 PEN 线必须先与 PE 母线连接，并作接地，再将 PE 母线与 N 母线连接起来。为什么要这样呢？在 PEN 线先接 PE 母线，再将 PE 母线与 N 母线进行连接的情况下，当 PE 母线与 N 母线之间的连接线接触不良时，中性线路（N 线）不通，系统设备运行不正常，单相设备甚至不工作。这时故障容易被发现并修复，不致造成大的危害。若 PEN 线先与 N 母线连接，再将 N 母线与 PE 母线进行连接时，当 PE 母线与 N 母线之间的连接线接触不良时，则整个系统失去 PE 线的接零保护，但系统内的设备仍正常工作，失去 PE 接零保护的故障将不被发现，对人身安全构成极大威胁。

TN-C-S 系统是一个广泛采用的配电系统，无论在工矿企业还是在民用建筑（独立变压器的生活小区）中，其线路结构简单，又能保证一定安全水平。

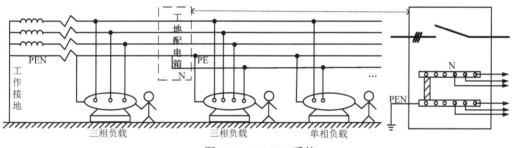

图 5-22　TN-C-S 系统

4. 雷击间接防护

一般将雷击分成直接雷击、感应雷击和架空线路雷电侵入波三种。雷击间接防护的核心还是接地，消除过电压危险影响。防止这三种雷击的主要措施分别为：

（1）防止直接雷击（图 5-23），应该使雷击时的电流迅速流散到大地中去，一般采用避雷针（闪电能被尖端吸收）或架空防雷线作为避雷装置；

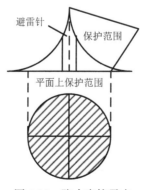

图 5-23　防止直接雷击

（2）防止感应雷击，应该将所有导体（电源相线除外）接成接触良好的闭合回路并可靠接地；

（3）防止架空线路雷电侵入波，应该在架空线和电缆连接处加装避雷器，其接地线与电缆屏蔽线连接并接地，再和感应雷击的保护系统的接地线相连接。

根据建筑物防雷等级的要求不同，所要求的防雷接地电阻等级也不同。第一类防雷建筑物是指具有 0 区（连续出现或长期出现爆炸性气体混合物的环境）、10 区（连续出现或长期出现爆炸性粉尘环境）、1 区（在正常运行时可能出现爆炸性气体混合物的环境）或其他因电火花爆炸而造成巨大破坏的爆炸危险环境的建筑物；第二类防雷建筑物包括国家级建筑物或其他爆炸危险环境的建筑物；第三类防雷建筑物是指除第一、二类之外的其他需要防雷的建筑物。它们的防雷接地功能与接地电阻如表 5-4 所示。

表 5-4　建筑物防雷功能与接地电阻

建筑物分类	接地功能	接地电阻/Ω
第一类防雷建筑	防止直接雷击	小于 10
	防止感应雷击	小于 10
	防止架空线路雷电侵入波	小于 10
第二类防雷建筑	防止直接雷击	小于 10
	防止感应雷击	小于 5
	防止架空线路雷电侵入波	小于 5
第三类防雷建筑	防止直接雷击	小于 30
	防止感应雷击	小于 10
	防止架空线路雷电侵入波	小于 30

5.7.8　静电防护

1. 静电和静电的危害

静电是一种电能，它存留于物体表面，是正负电荷在局部范围内失去平衡的结果，是通过电子或离子的转换而形成的。静电现象是电荷在产生和消失过程中产生的电现象的总称。

一方面，随着科技发展，静电现象已在静电喷涂、静电纺织、静电分选、静电成像等领域得到广泛的有效应用。另一方面，静电的产生在许多领域会带来重大危害和损失，如对于敏感器件制造造成危害，在某些场合下引起爆炸，具体内容请通过扫描二维码 R5-5 阅读。

R5-5　静电的危害

为了控制和消除静电放电（electro-static discharge，ESD），各国均制定了国家、军用和企业标准或规定，从静电敏感元器件 SSD 的设计、制造、购买、入库、检验、仓储、装配、调试、半成品与成品的包装、运输等均有相应规定，对静电防护器材的制造使用和管理也有较严格的规章制度要求。

2．静电防护原理

产生静电不是危害所在，其危害在于静电积聚及由此产生的静电放电。静电防护的核心是"静电消除"。静电防护原理：①对可能产生静电的地方要防止静电积聚，在安全范围内采取措施。②对已经存在的静电积聚迅速消除掉，即时释放。

3．静电防护方法

（1）使用防静电材料：金属是导体，因导体的漏放电流大，会损坏器件。另外由于绝缘材料容易产生摩擦起电，所以不能采用金属和绝缘材料作防静电材料。而是采用表面电阻 $1 \times 10^5 \, \Omega \cdot cm$ 以下的所谓静电导体，以及表面电阻 $1 \times 10^5 \sim 1 \times 10^8 \, \Omega \cdot cm$ 的静电亚导体作为防静电材料。例如，常用的静电防护材料是在橡胶中混入导电炭黑来实现的，将表面电阻控制在 $1 \times 10^6 \, \Omega \cdot cm$ 以下。

静电防护材料接地方法：将静电防护材料（如工作台面垫、地垫、防静电腕带等）通过 $1 \, M\Omega$ 的电阻接到通向独立大地线的导体上。串接 $1 \, M\Omega$ 电阻，起到分压限流的作用，确保对地泄放小于 $5 \, mA$ 的电流，保护操作人员，称为软接地。如果操作人员在静电防护系统中，不小心触及 $220 \, V$ 工业电压，也不会带来危险。

（2）泄漏与接地：对可能产生或已经产生静电的部位（如设备外壳和静电屏蔽罩），其接地线应与均压环、等电位端子排相连，通过建筑钢筋结构进行直接接地（硬接地），提供静电释放通道。防静电接地电阻值按照国家规范是 $\leqslant 100 \, \Omega$。采用埋大地线的方法建立"独立"地线，使地线与大地之间的电阻 $< 10 \, \Omega$。

（3）非导体带静电的消除：对于绝缘体上的静电，由于电荷不能在绝缘体上流动，所以不能用接地的方法消除静电，可采用离子风机、表面活性剂、增加湿度、静电屏蔽、工艺控制等方法。

5.7.9　日常生活、工作中安全用电注意事项

在生活、工作中安全用电应该从以下 6 个方面注意：①注意把好用电线缆、电器、设备质量关；②注意用电行为习惯；③注意安装插座或拉线要符合安全规定；④注意采用相关安全措施；⑤禁使用替代品；⑥出现日常事故的处理。具体内容请通过扫描二维码 R5-6 阅读。

R5-6　在生活、工作中安全用电应该注意的事项

5.8　小　结

电力系统由各种类型的发电厂、电力网和用户组成。在各行各业中应用最广泛的是单相交流电和三相交流电，它们都是正弦交流电，标准频率为 50 Hz。

单相交流电由幅值、频率和初始相位三要素确定，其幅值是有效值的 $\sqrt{2}$ 倍。根据定义，本章推导出瞬时功率、平均功率、有功功率、无功功率和视在功率的计算公式，并以电阻元件交流电为例，加以说明。三相交流电源电压有效值为 380 V，相电压有效值为 220 V，线电压超前相电压 30°。接入负载时，应尽可能使其平衡。直流稳压电源按习惯可分为化学电源、线性稳压电源和开关型稳压电源，本章重点介绍了线性直流稳压电源，其主要技术指标有效率、功率因素、额定输入电流、负载效应、源效应、纹波、输出电阻等。

最后，为确保安全用电，介绍了用电的基本常识和用电安全技术与措施。

本章的相关内容将在"电路分析""模拟电子技术""电力系统工程""工厂企业配电""电磁兼容技术"等课程中详细展开。

第6章　Altium Designer 软件绘制电子线路图与印制

6.1　Altium Designer软件概况

6.1.1　Altium发展史与特点

随着计算机行业的高速发展，电路设计自动化不断加快进程，相应的电子线路辅助设计软件应运而生如 Cadence、PowerPCB、PADS 及 Altium Designer 等。其中 Altium Designer 在国内使用最为广泛。

Altium Designer 是由 Protel 发展而来。Protel 98 是 Protel 发展史上的一个重要转折点，其出众的自动布线功能获得了业内人士的一致好评，为 Protel 公司扩大市场及新产品推送奠下重要的基石。2001 年 Protel 公司更名 Altium 公司，在此之后新产品便以 Altium Designer 及年份命名。从 Altium Designer Summer 8.0 的兼容 OrCAD 与 PowerPCB 文件，到 Altium Designer Winter 09 的全三维 PCB 设计环境，再到 Altium Designer 10 团队式的实时互动 PCB，每一次更新都推动着行业不断向前发展。2013 年 Altium 公司推出 Altium Designer 13 不仅添加和完善了软件功能，开放了开发平台，而且构建了使用者、合作伙伴及系统集成商云服务平台，使得设计与制造形成一条完整的系统。

6.1.2　Altium Designer 13 设计环境简述

Altium Designer 13 是一款基于 Windows 的电路设计和仿真软件，拥有人性化的人机界面。Altium Designer 下的 DXP 平台（图 6-1）可以使工程师完成设计，应用接口自动地配置成适合文本。例如，当打开一张原理图文件，工具栏、菜单和快捷键都被激活。这个功能意味着当设计 PCB、生成物料清单（BOM）表、电路仿真等工作的时候与之相关的工具栏菜单和快捷键都将被激活。所有的工具栏、菜单和快捷键也可以被用户自定义为熟悉的排列方式。

在使用该软件时，要采用工程项目的思维。项目是每项电子产品设计的基础，它将设计元素链接起来，包括原理图、印制板图、网表和预保留在项目中的所有库或模型，同时它还能存储项目级选项设置，例如，错误检查设置、多层连接模式和多通道标注方案。项目共有 6 种类型：PCB 项目、现场可编辑门阵列（FPGA）项目、内核项目、嵌入式项目、脚本项目和库封装项目（集成库的源）。Altium Designer 允许用户通过项目（Projects）面板访问与项目相关的所有文档，还可在通用的工作空间（Workspace）中链接相关项目，访问与您目前正在开发的某种产品相关的所有文档。在将如原理图图纸之类的文档添加到项目时，项目文件中将会加入每个文档的链接，这些文档可以存储在网络的任何位置，无需与项目文件放置于同一文件夹。若这些文档的确存在于项目文件所在目录或子目录之外，则在 Projects 面板中，这些文档图标上会显示小箭头标记。下面给出几种具体的开发环境界面。

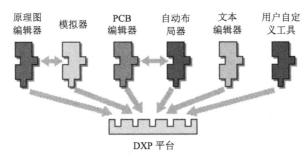

图 6-1　Altium Designer DXP 平台架构

　　图 6-2～图 6-4 为 PCB 工程中的常用开发环境界面。简单电路板从无到有的过程主要需经过印制电路板工程中的原理图绘制、PCB 板元件布局、线路布线等过程。Altium Designer 13 印制板电路开发环境有 2D 与 3D 视图；在线路布线时需要在 2D 视图之下进行，3D 视图主要方便设计者查看元器件之间是否有位置冲突，以便进行调整。

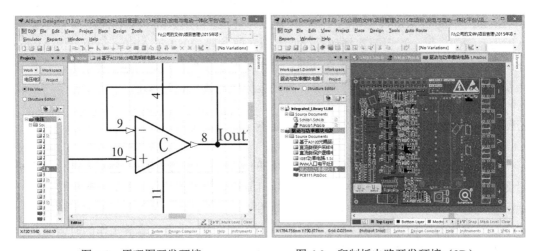

图 6-2　原理图开发环境　　　　　　图 6-3　印制板电路开发环境（2D）

　　在一般电路设计过程中，部分元器件为标准常规元器件，在 Altium Designer 13 的自带库中均可以找到，如 0805 封装电阻、0805 封装电容、DB9 接线头等；但是有很大部分为非常规元器件在自带库中无法找到，这时就需要自定义库文件。库工程中的 3 个开发环境界面：原理图库设计环境、2D 封装库绘制环境、3D 封装库绘制环境，如图 6-5～

图 6-7 所示。与印制电路板工程中的印制板电路开发环境一样，封装库绘制环境 3D 视图主要方便设计者查看元器件外观以便进行调整。

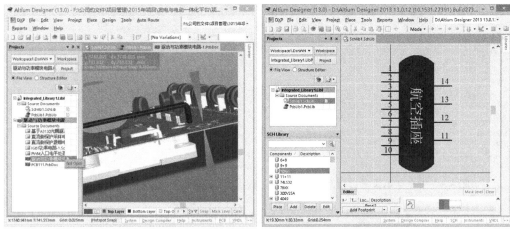

图 6-4　印制板电路开发环境（3D）　　　　图 6-5　器件原理图库设计环境

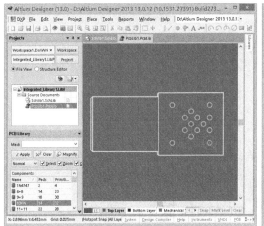

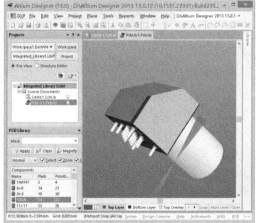

图 6-6　封装库绘制环境（2D）　　　　　图 6-7　封装库绘制环境（3D）

6.1.3　Altium Designer 13 人机环境设置

首先进行 Altium Designer 13 中文菜单的设置。

开启 Altium Designer 13 软件→单击左上角"DXP"→单击 preferences（参数选择）（图 6-8）→选择 System（系统）→选择 General（常规）→选择 Localization（定位）→将 use Localized resources（使用本地资源）打钩（图 6-9）→按下"OK"，重新开启软件就可以看见中文的菜单界面，如图 6-10 所示。注意：即使已经使用中文界面，还是有部分英文显示。

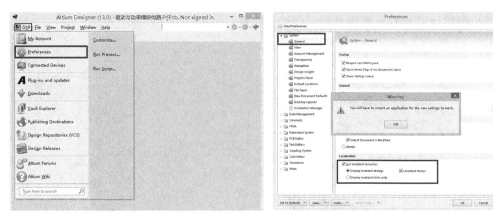

| 图 6-8　中文菜单设置过程图 1 | 图 6-9　中文菜单设置过程图 2 |

图 6-10　中文菜单设置过程图 3

6.2　工程文件与图纸模板

6.2.1　新建工程

1）新建 PCB 工程

PCB 工程包含 Schematic 文件与 PCB 文件，下面给出原理图的建立过程。

首先开启 Altium Designer 13 软件，在软件的左上角左键单击→"File"（文件）→"New"（新建）→"Project"（工程）→"PCB Project"（PCB 工程），如图 6-11 所示。

向 PCB 工程中添加原理图文件：在左侧"Project"工作面板中选中工程单击右键→选择"Add New to Project"（添加新项目）→"Schematic"（原理图），如图 6-12（a）所示，这样就完成了原理图的在 PCB 工程中的添加；在此之外可以按照相同的方式在 PCB 工程添加 PCB 文件。完成后如图 6-12（c）所示。提示：如果"Project"工作面板未显示，请按照 6.3.3（5）中的方法进行调出。

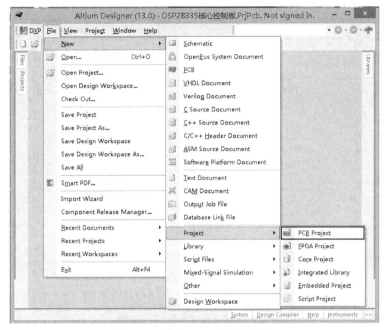

图 6-11　新建 PCB 工程流程图 1

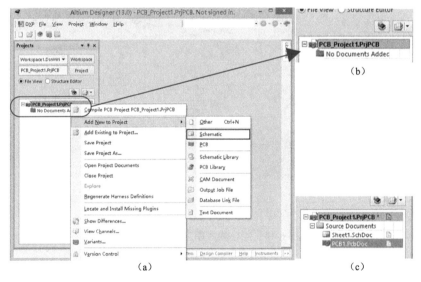

图 6-12　新建 PCB 工程流程图 2

2）新建集成库工程

集成库工程包含原理图库文件与 PCB 库文件，新建方式基本与 PCB 工程一致。

首先开启 Altium Designer 13 软件，在软件的左上角左键单击→"File"（文件）→
"New"（新建）→ "Project"（工程）→ "Integrated LibraryProject"（集成库工程），如
图 6-13 所示；并按照 PCB 工程添加原理图文件、PCB 文件的方法在集成库中添加原理
图库文件、PCB 库文件，如图 6-14 所示。

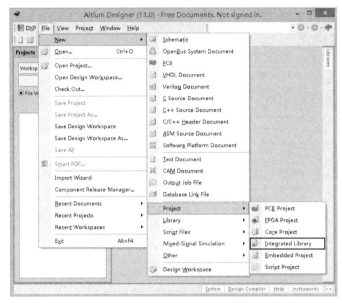

图 6-13　新建集成库工程流程图 1

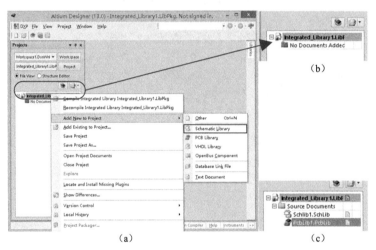

图 6-14　新建集成库工程流程图 2

6.2.2　保存工程

这里只介绍 Altium Designer 13 软件中常用的一种文件与工程保存方式。

在左侧"Project"工作面板中选中工程单击右键→选择"Save Project As…"（工程另存到…）→选择自己文件夹→命名 PCB 文件（电灯电路 PCB）→命名原理图文件（电灯电路原理图）→命名 PCB 工程（电灯电路工程）→左键单击保存就完成一次新建工程的保存如图 6-15～图 6-18 所示；同时我们可以发现工程面板中工程文件右上角的星号（*）没有了，以及红色小图标（📄）消失，如图 6-19 所示。

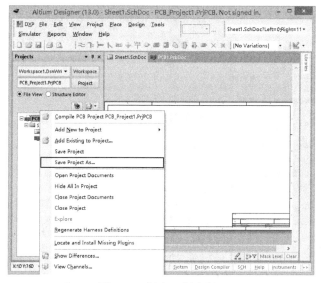

图 6-15　保存工程流程 1

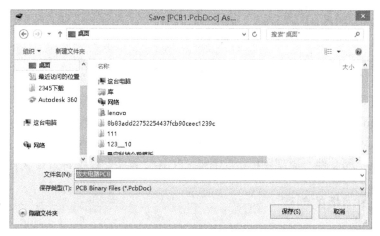

图 6-16　保存工程流程 2

图 6-17　保存工程流程 3

图 6-18　保存工程流程 4

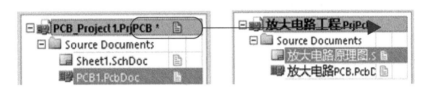

图 6-19　保存工程流程图 5

在保存过程中注意观察文件的后缀名，判断所保存文件的类型，例如，PCBBinary Flies（*.PcbDoc）为 PCB 文件，Advanced Schematic binary（*.SchDoc）为原理图文件，PCB Projects（*.PrjPcb）为 PCB 工程项目文件，等等，此外还有原理图库文件、PCB 库文件、集成库工程文件、原理图模板文件、FPGA 工程文、C 文件、H 文件等。

6.2.3　原理图模板的创建

在实际应用过程中不同的企业会根据自身的需要创建属于自己企业的原理图模板，以便工程图纸的归档、查阅、升级。下面对创建原理图模板进行详细的讲解。

（1）新建一张原理图（A4）：在工作区单击右键→选择 Options（选项）→选择 Document Options（文件选项）→选择 Sheet Options（工作表选项）→在 standard style（标准风格）栏选择 A4，如图 6-20 所示。

（2）将原有的图纸标题栏去掉设计符合自己企业的标题栏：进入 Document Options（文件选项）→选择 Sheet Options（工作表选项）→在 Options（选项）栏将 Title Block（标题栏）的"√"去掉，如图 6-21 所示。

（3）在工具栏选择画线工具与画图工具进行标题的绘制如图 6-22 所示。标题栏样式仅仅是样式，填写内容需放置文本字符串，并与 Document Options（文档选项）中参数页中的参数对应起来。

（4）绘制完成之后将文件保存为 Advanced Schematic template（*.SchDot）原理图模板文件。

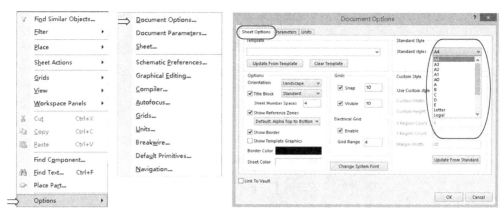

图 6-20　创建原理图模板过程图 1

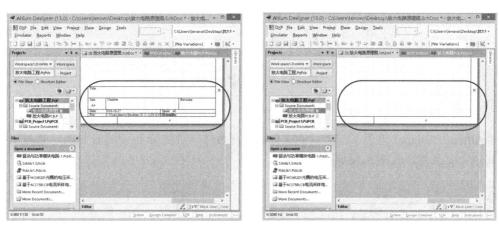

图 6-21　创建原理图模板过程图 2

标题	A4(自定义).SchDot		页码	*	地址/联系方式
规格	A4		版权	×××××××	×××××××
绘制人	*			日期	2016-10-27	
监制人		日期	审批人		日期	
项目名称	*					

（a）　　　　　　　　　　　　　　（b）

图 6-22　创建原理图模板过程图 3

6.3　PCB 工程设计基础

6.3.1　原理图绘制

1. 编辑环境介绍

在打开一个原理图设计文件或新建一个原理图文件的同时，Altium Designer 13 的原理图编辑器将被启动，即打开了原理图的编辑软件的环境，如图 6-23 所示。

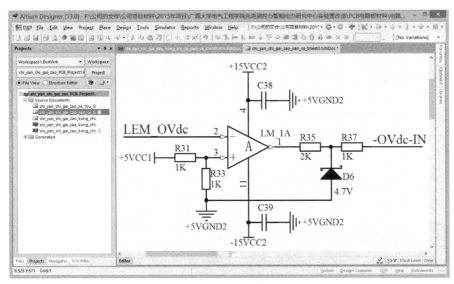

图 6-23　原理图编辑环境

1）原理图编辑器-主菜单栏

Altium Designer 对于不同类型的文件操作过程中，主菜单也会随着变化。原理图编辑器的主菜单栏，如图 6-24 所示。

DXP　File　Edit　View　Project　Place　Design　Tools　Simulator　Reports　Window　Help

图 6-24　原理图编辑器-主菜单栏

"File"（文件）：用于新建、打印、保存与文件转换等操作。

"Edit"（编辑）：用于对象的复制、粘贴、剪切、撤销与寻找等操作。

"View"（视图）：用于工作窗口的放大、缩小，各种工具栏的现实与隐藏及工作窗口的 2D～3D 转换。

"Project"（项目）：用于工程文件的打开、关闭、编译与转出 PCB 等。

"Place"（放置）：用于放置原理图中各种组成部分。

"Design"（设计）：用于元件库的操作、原理图纸的模板切换、生成网络报表等。

"Tools"（工具）：为原理图的设计提供各种工具，如元器件标识的排列与元器件快速定位等操作。

"Reports"（报告）：生成原理图各种报表。

"Window"（窗口）：可以对窗口的各种操作。

"Help"（帮助）：为用户提供帮助。

2）原理图编辑器-工具栏

（1）标准工具栏：主要提供一些文件操作的快捷方式，如新建文件、打开文件、保存、打印、缩放、剪切、复制、粘贴撤销等。提示：隐藏时可以在菜单栏里面单击右键打钩选择调出（图 6-25）。

图 6-25　原理图编辑器标准工具栏

（2）连线工具栏：主要放置单连线、总线、电源、接地、端口、图纸符号、未用引脚标志等，完成电路图的连线操作与端口标识（图 6-26）。

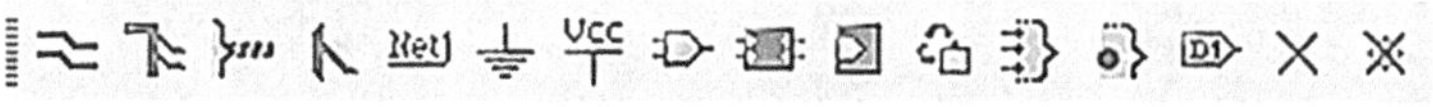

图 6-26　原理图编辑环境连线工具栏

（3）绘图工具栏：主要放置电阻、电容、电源、接地、仪表、栅格调整、文本等图标按钮（图 6-27）。

图 6-27　原理图编辑环境绘图工具栏

3）原理图编辑器-常用工作面板

"Files"面板：该面板列出的文件、工程均是最近在 Altium Designer 软件中打开过的文件或工程，如图 6-28（a）所示。

"Projects"面板：可以在这个面板里面找到已经被打开的项目，也可以在这里向项目添加原理图文件、PCB 文件与库文件等如图 6-28（b）所示。

"Libraries"面板：常用到的元器件库，这里可以对器件的封装、3D 模型、SPICE 模型与 SI 模型进行浏览，并且可以查看器件的供应商、单价及生产厂家等信息，如图 6-28（c）所示。

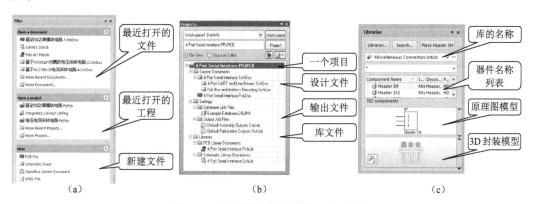

图 6-28　原理图编辑器常用工作面板

2. 简单绘制原理图

1）图纸模板更换

新建原理图→在菜单栏中选择 Design（设计）→General Templates（通用模板）→Choose Another File（选择另一个文件）进入文件选择，选取自己需要的原理图模板，如图 6-29 所示。提示：可以更改进入 manage General Templates folder（管理通用模板文件夹）选择模板输出默认文件方便后期更换图纸模板，如图 6-30 所示。

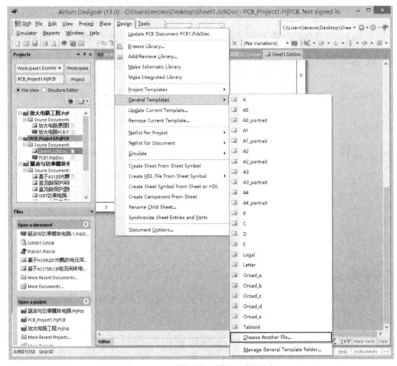

图 6-29　更换原理模板过程图 1

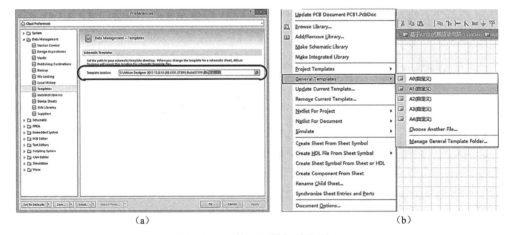

（a）　　　　　　　　　　　　　　　　　　（b）

图 6-30　更换原理模板过程图 2

2）绘制电灯电路

（1）在原理图编辑器中找出器件库"Libraries"工作面板，在 Altium Designer 13 自带库"Miscellaneous Devices.lntlib"中找到需要的元器件符号如 LED "▶"、电阻"▭"直接单击从库中拖拽到原理图编辑器中进行器件的放置，如图 6-31（a）所示。提示：在元件拖拽的同时按下空格键可以翻转元件（Altium Designer 13 默认翻转的角度为 90°）。

（2）元件安置好后左键单击"Place Wire" 对器件进行连接，光标靠近器件后 Altium Designer 13 默认自动捕捉光标到器件连接点，如图 6-31（b）所示，单击左键选取线的第一个连接点（在连接过程中可以按下空格键进行线的转角放置），按照同样的方法连接好器件单击右键推出连线功能。提示：双击器件如 LED 进入元件属性对话框对器件的标识进行更改，如图 6-32 所示；在器件选中拖拉过程中同时按下"Ctrl"键可实现带连接线的移动。

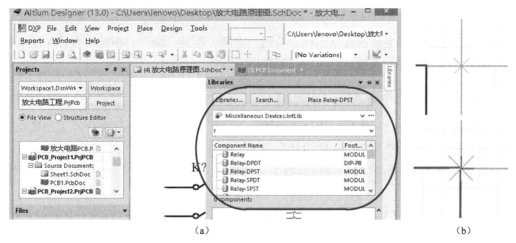

（a）　　　　　　　　　　　　　　　　　　　　（b）

图 6-31　自带库元件列表图

图 6-32　LED 器件属性对话框

（3）完成如图 6-33 所示的电灯原理图绘制。提示：电池符号根据 6.4 节的方法添加库后才可以绘制。

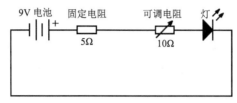

图 6-33　电灯原理图

在原理图绘制中主要放置单连线、总线、电源、接地、端口、图纸符号、未用引脚标志等，完成电路图的连线操作与端口标识。

3. 层次化原理图绘制

Altium Designer 13 支持层次化原理图设计，可将大型系统分化多个小型的模块电路，方便技术人员的查阅与产品的设计升级。

层次化原理图一般分为：顶层原理图、子系统原理图、底层子原理图，如图 6-34 所示。

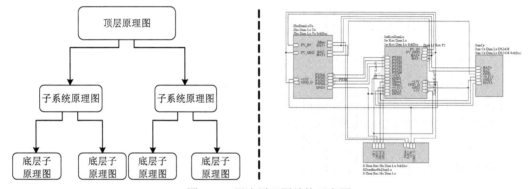

图 6-34　层次原理图结构示意图

在顶层原理图中，为了较好的表示各个子原理图之间的连接关系，Altium Designer 13 中采用了方块电路代表子模块电路，并且有相应的端口（▇）配合，可以清楚地表达子原理图之间的电气连接关系。在建立了层次原理图之后，在 File（文件）工作面板中我们能清楚观察出原理图之间的层次关系，如图 6-35 所示。

下面绘制工层原理图。新建 PCB 工程，并且在里面添加原理图和 PCB 文件各一个。

（1）绘制顶层原理图：在原理图编辑器工具栏中选择"▇"工具，绘制方块电路→同时按下"Tab"键进行属性编辑，如图 6-36（a）所示。

（2）通过端口工具"▇"对方块电路图进行端口的设定。

（3）创建子原理图图纸，通过在菜单栏选择 Design（设计）→单击 Create Sheet From Sheet Symbol（从表符号创建表）→鼠标呈现"十"字光标→单击方块电路完成子原理图的创建，如图 6-36（b）所示。

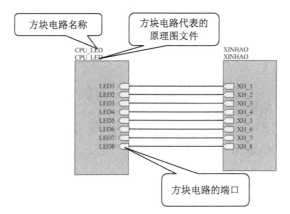

图 6-35　层次原理图层次化分析

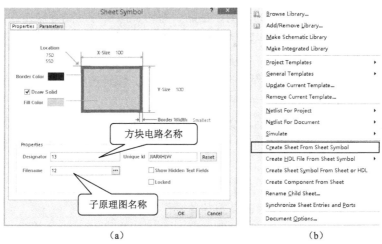

（a）　　　　　　　　　　　　　　　　　　（b）

图 6-36　层次原理图绘制过程图 1

（4）通过 6.2.2 中提到的方法保存工程。

（5）通过 project（工程）→选择 compile PCB project PCB_project1.prjPCB（编译项目 pcb_project1.prjpcb）这时原理图层次建立，如图 6-37 所示。

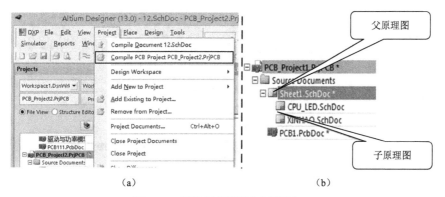

（a）　　　　　　　　　　　　　　　　　　（b）

图 6-37　层次原理图绘制过程图 2

6.3.2　PCB绘制

1. 编辑环境介绍

1）PCB 编辑器-主菜单栏

Altium Designer 对于不同类型的文件操作过程中，主菜单也会随着变化。原理图编辑器的主菜单栏，如图 6-38 所示。

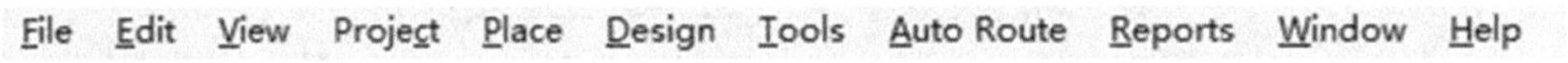

File　Edit　View　Project　Place　Design　Tools　Auto Route　Reports　Window　Help

图 6-38　PCB 编辑器-主菜单栏

"File"（文件）：用于新建、打印、保存与文件转换等操作。

"Edit"（编辑）：用于对象的复制、粘贴、剪切、撤销与寻找等操作。

"View"（视图）：用于工作窗口的放大、缩小，各种工具栏的现实与隐藏及 2D～3D 转换。

"Project"（项目）：用于工程文件的打开、关闭、编译与转出 PCB 等。

"Place"（放置）：用于放置原理图中各种组成部分。

"Design"（设计）：用于元件库的操作、原理图纸的模板切换、生成网络报表等。

"Tools"（工具）：为原理图的设计提供各种工具，如元器件标识的排列与元器件快速定位等操作。

"Reports"（报告）：生成原理图各种报表。

"Window"（窗口）：可以对窗口的各种操作。

"Help"（帮助）：为用户提供帮助。

图 6-39 为 PCB 编辑器的工作环境界面。

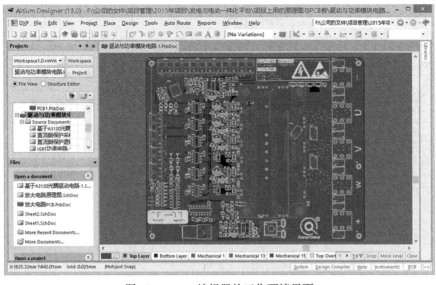

图 6-39　PCB 编辑器的工作环境界面

2）PCB 编辑器-工具栏

（1）标准工具栏：主要提供一些文件操作的快捷方式，如新建文件、打开文件、保存、打印、缩放、剪切、复制、粘贴撤销等。提示：隐藏时可以在菜单栏里面单击右键打钩选择调出（图 6-40）。

图 6-40　PCB 编辑器标准工具栏

（2）连线工具栏：主要放置连接导线、焊盘、过孔、弧形线、方形铜箔、敷铜、文本等，完成电路图的电线连线操作与端口标识（图 6-41）。

图 6-41　PCB 编辑环境连线工具栏

（3）实用工具栏：主要放置线条、器件排列、长度测量、栅格调整等图标按钮（图 6-42）。

图 6-42　PCB 编辑环境实用工具栏

3）PCB 编辑器-常用层说明

图 6-43 为 PCB 编辑器底部的层次工作面板。

图 6-43　PCB 编辑器底部的层次工作面板

"Toplayer"：顶层走线层（默认红色），是信号层用于建立电气连接的铜箔层。

"Bottomlayer"：底层走线层（默认蓝色），是信号层用于建立电气连接的铜箔层。

"Top Overlayer"：顶层丝印层（默认黄色），用于添加电路板的说明文字、图形。

"Bottom Overlayer"：底层丝印层，用于添加电路板的说明文字、图形。

"Keep Outlayer"：禁止层，用于定义 PCB 板框、设立布线范围，支持系统的自动布局和自动布线。

"Multilayer"：穿透层（焊盘镀锡层）。

"Mechanical Layer 1～4"：机械层，用于尺寸标注等。

2. 绘制 PCB 图

绘制 PCB 之前要掌握的关键点包括 PCB 规划、网络表导入和规则设计。

PCB 规划包括以下方面。板层设置：操作 Design→Layer Stack Manager。工作面板的颜色和属性：操作 Design→Board Layer & Colors。PCB 物理边框设置：在 Mechanical 1 工作层，操作 Place→Line 绘制物理边框。PCB 布线框设置：操作在 Keepout layer 工作层上，Place→Line 根据物理边框设置紧靠的电气边界。

网络表导入需要在 PCB 工作面板操作 Design→Import Changes From[文件名].prj PCB 菜单命令，在对话框中，Validate Change 是变化生效，Execute Changes 是执行变化。

　　规则设计则需要操作 Design→PCB Rules and Constraints Editor 菜单命令，对安全间距、线宽、布线层、敷铜连接方式等进行设置。

　　进行上述工作之后，便可通过通过移动、旋转元器件，将元器件移动到电路板内合适的位置，使电路的布局最合理，确定后进行布线。

　　下面对电灯进行布线设计。

　　（1）绘制好原理图后，在原理图编辑环境下选择菜单栏中的 Design（设计）→单击 Update PCB Document 电灯电路 PCB.PcbDoc，如图 6-44 所示→按下 Execute Changes（执行的变化）将元器件在原理图编辑环境下更新到 PCB 编辑环境下，如图 6-45 所示。

　　（2）将电灯电路原理图元器件的空间层去掉：单击选中按下 Delete 键。

　　（3）排布元器件：拖拽元器件的封装，同时按下空格键调整元器件封装位置。

　　（4）定义电路板的大小：单击 Keep Out layer（禁止层）→在实用工具单击 Place Line "╱" 绘制电路板的大小→全选 Keep Out layer（禁止层）线→菜单栏单击 Design（设计）→Board Shape（板形）→define from selected objects（从选定对象定义），如图 6-46 所示。

　　（5）选择走线层：这里选择 Bottomlayer 底层走线层（默认蓝色）。

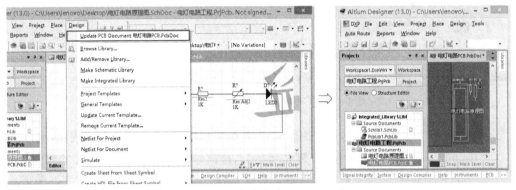

图 6-44　电灯电路布线设计过程图 1

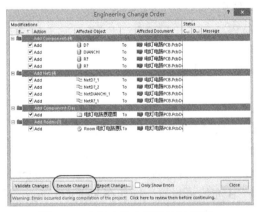

图 6-45　电灯电路布线设计过程图 2

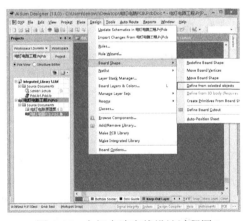

图 6-46　电灯电路布线设计过程图 3

　　（6）布线：在工具栏中单击选中 " " 布线工具，这时鼠标光标变为 "十" 字将光标，将光标移动到器件的引脚周边，Altium Designer 13 默认自动捕捉光标→选中引脚单击左键进行导线的牵引连接。

（7）添加泪滴：菜单栏 Tools（工具）→Teardrops（泪滴）→Add→单击"OK"完成泪滴的添加，如图 6-47 所示（提示：添加泪滴可以让电路在 PCB 板上的连接更加稳固，可靠性高，这样做出来的系统才会更稳定）。

图 6-47　添加泪滴前后对比图

6.3.3　设计常用知识点汇总

1. 原理图批量更改元器件封装

在原理图中左键单击选中想要更换封装的其中一个元件→右键选择 Find Similar Objects（发现相似的对象）→在 current Footprint 栏选择 same 单击 OK→在菜单栏中选择 Edit（编辑）→Select（选择）→All（所有）→在 SCH Inspector 中修改 Library 的库名称及 Current Footprint 封装名称，如图 6-48～图 6-50 所示。

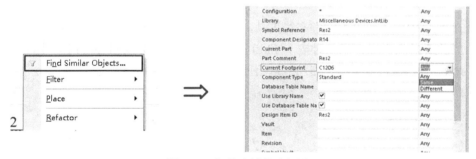

图 6-48　批量改封装过程图 1

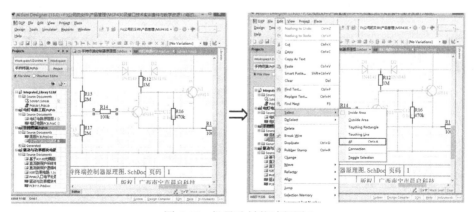

图 6-49　批量改封装过程图 2

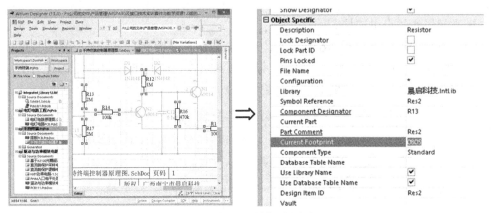

图 6-50　批量改封装过程图 3

2. 原理图批量更改元器件标识

在原理图编辑环境下单击菜单栏的 Tools（工具）→Annotate Schmatics（注释原理图）
→选择左上角自动编号的方向 order of processing（处理顺序）→单击右下角 Reset All（重
置所有）→单击 OK→单击右下角 Accept Changs（Create ECO）→按下 Execute Changes
（执行的变化）等待自动编辑完成关闭窗口即可，如图 6-51 和图 6-52 所示。

3. PCB 走线样式切换

在工具栏中单击选中"　　"布线工具，单击一点拖动鼠标同时按下空格键可以改变
引线的纵向或横向转角；当同时按下 Shift、Ctrl、空格键可以切换导线的转角如 90°弧
形线、135°弧形线、直角线、45°角线、任意角度线，如图 6-53 所示。

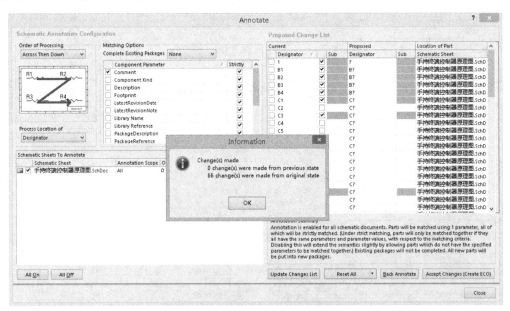

图 6-51　批量改元器件标识过程图 1

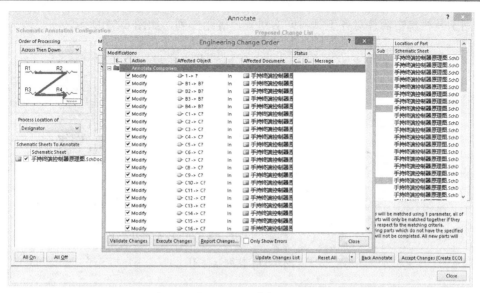

图 6-52　批量改元器件标识过程图 2

图 6-53　走线线样式图

4. PCB 修改单个元器件封装

选中某一元件封装双击进入封装属性设计框→将 Component Properties（组件的属性）的 Lock Primitives（保持原样）"√"去掉→点击"OK"回到 PCB 编辑器修改封装→修改好后进入 Component Properties（组件的属性）将 Lock Primitives（保持原样）"√"打上避免下次误修改，如图 6-54 所示。

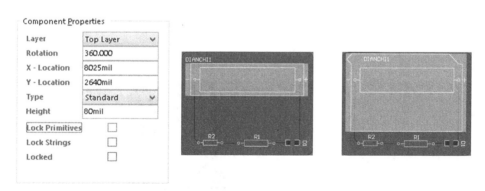

图 6-54　修改单个器件封装过程图

5. PCB 多器件排列对齐

鼠标单击拖动框选要对齐的器件（或者按下 Shift 键的同时单击器件鼠标逐一选中）→

在实用工具栏单击器件对齐工具→向右对齐，等距排列，如图 6-55 所示。

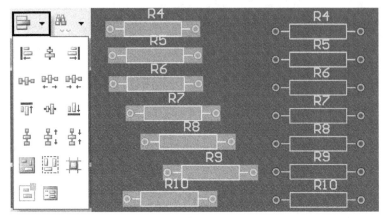

图 6-55　排列器件图

6. 工作面板的调出

在 Altium Designer 13 软件的右下角单击 System、SCH、PCB 会跳出相应的工作面板选择菜单如 Files、Libraries、Projects 等。

提示：SCH 只有在原理图文件或原理图库文件下显示，同样 PCB 只有在 PCB 文件或 PCB 库文件下显示，但是在不同的工作环境所包含的选择菜单不一样，如图 6-56 所示。

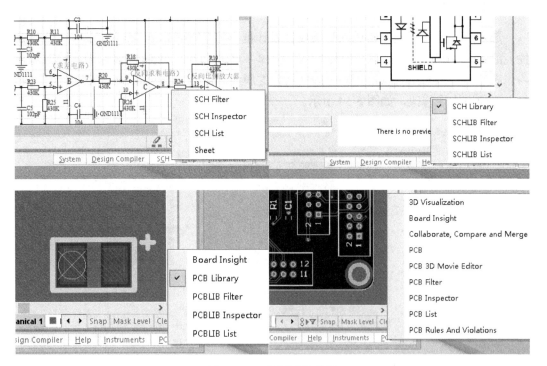

图 6-56　工作面板菜单栏

6.4　集成库工程设计基础

6.4.1　原理图库绘制

在 Altium Designer 13 原理图绘制过程中所用到的器件主要由标识图、引脚两部分组成，当然原理图库绘制的元器件也应当有标识图与引脚。

1. 编辑环境介绍

图 6-57 为原理图库编辑环境界面图。

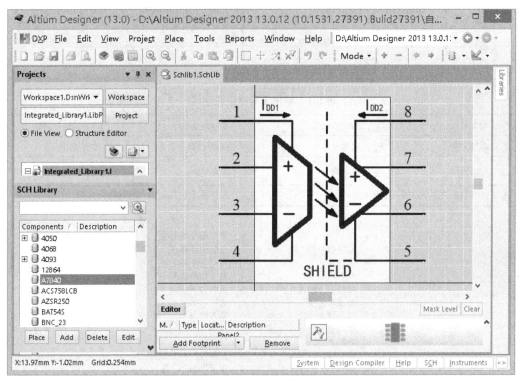

图 6-57　原理图库编辑环境

图 6-58 为绘制库元件常用到的实用工具如画线、文本输入、引脚等，常见的 IEEE 标准符号如点、左右信号流、反相器、与门等，原理图库 SCH Library 工作面板包含：原理图符号名称栏、原理图符号引脚栏、供应商信息栏等。

常用工具详细说明如表 6-1 所示。

IEEE 标准符号详细说明如图 6-59 所示。结合图 6-58 和图 6-59 的工具与符号按照美观、简单大方、图形形象原则绘制库元件。

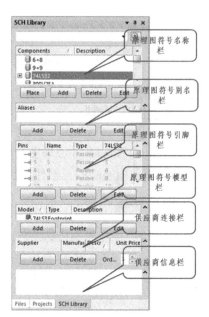

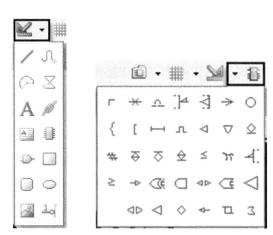

图 6-58　常用工具与面板图

表 6-1　常用工具详细说明表

╱：绘制直线	⧗：绘制多边形	⌒：绘制椭圆弧线	∿：绘制贝塞尔曲线
A：添加文字	▦：放置文本框	▭：绘制矩形	▢：绘制圆角矩形
⬭：绘制椭圆	▣：插入图片	⬩：放置引脚	✎：放置超链接
▯：在当前库文件中添加一个元件		▷：在当前元件中添加一个子模块	

○ 点		⬱ 集电极开路上拉	
← 左右信号流		⬦ 发射极开路	
▷ 时钟		⬧ 发射极开路上拉	
⌐ 低有效输入		# 数字信号输入	
⊔ 模拟信号输入		▷ 反向器	
✱ 非逻辑连接		⊐ 或门	
⌐ 迟延输出		⬦ 输入输出	
⊦ 集电极开路		▢ 与门	
▽ 高阻		⬒ 异或门	
▷ 大电流		← 左移位	
⌐ 脉冲		⩽ 小于等于	
⌐ 延时		∑ Sigma	
⌐ 线组		⬚ 施密特电路	
⟩ 二进制组		⌐ 右移位	
⊦ 低有效输出		◇ 开路输出	
π Pi 符号		▷ 左右信号流	
⩾ 大于等于		⬦ 双向信号流	

图 6-59　常用工具与面板图

2. 绘制 HCPL-3120 高速光耦

1）贴图方法（简便方法）

（1）新建集成库打开原理图库编辑器。

（2）新建库元件组件：菜单栏单击 Tools（工具）→选择 New Component（新组件）→进入组件对话框对新组件进行命名，这里命名为 HCPL-3120→按下 OK 可以在 SCH Library 工作面板里面找到，如图 6-60 所示。

（a）　　　　　　　　　　（b）　　　　　　　　　　（c）

图 6-60　库元件 HCPL-3120 编辑过程图 1

（3）上网下载 HCPL-3120 高速光耦的数据手册，如图 6-61 所示（建议使用网站：http://www.alldatasheet.com），打开数据手册查看 HCPL-3120 原理图图形，采用其他软件的截屏工具，将 HCPL-3120 原理图图形截取另存到相应文件夹。

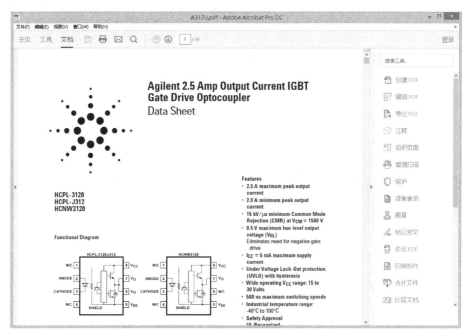

图 6-61　HCPL-3120 数据手册里表示图形

（4）在原理图库编辑器单击实用工具里的“ ”插入图片→选取位置→选择刚才另存的图片→单击打开，如图 6-62 所示。

（5）添加引脚：在使用工具栏中选择“ ”放置引脚→在图片相应位置放置引脚，同时按下键盘 Tab 键进入引脚属性对话框更改引脚的标识，如图 6-63 所示。

（6）在 SCH Library 工作面板中双击选中库元件 HCPL-3120，进入 HCPL-3120 组件对话框修改默认标识与默认注释等参数，如图 6-64 所示。

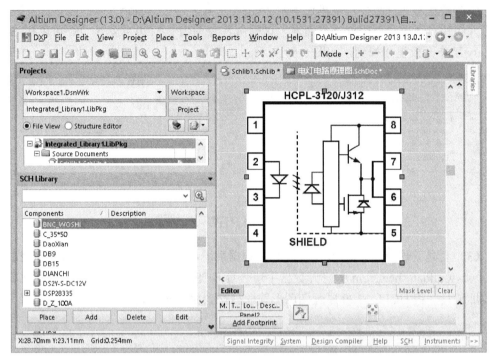

图 6-62　库元件 HCPL-3120 编辑过程图 2

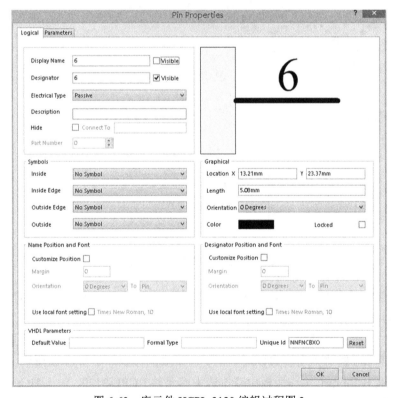

图 6-63　库元件 HCPL-3120 编辑过程图 3

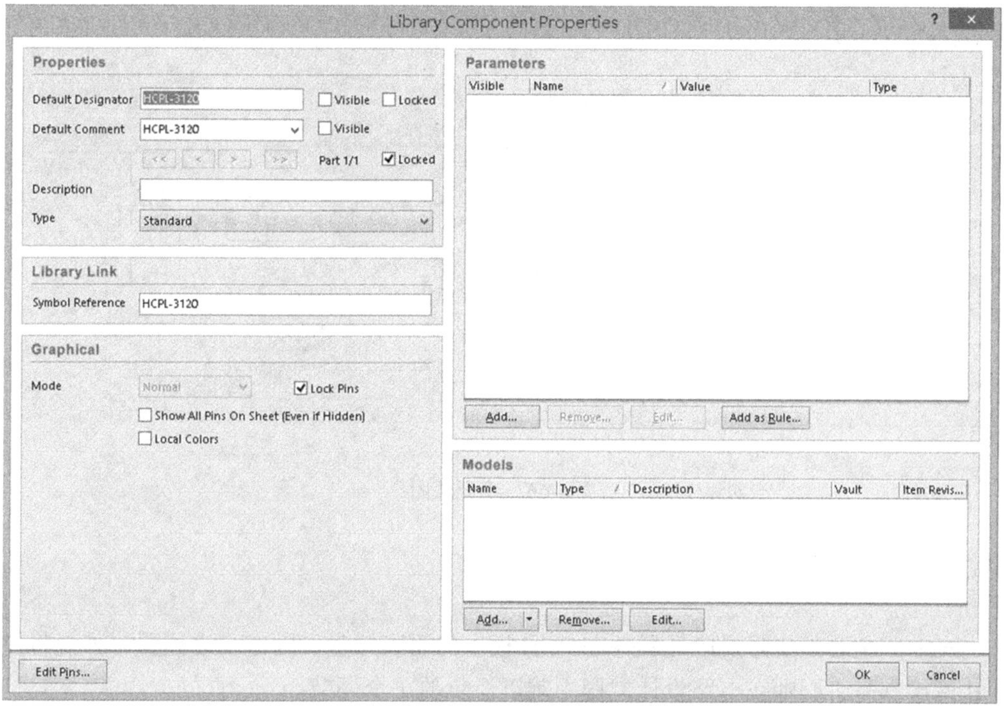

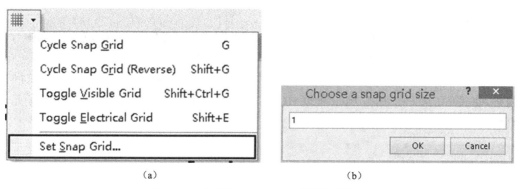

图 6-64　库元件 HCPL-3120 编辑过程图 4

（7）保存完成库元件 HCPL-3120 的绘制。

提示：当引脚无法与图形引脚对齐时，在实用工具栏单击"▦ ▼"栅格调整→Set Snap Grid（设置捕捉栅格）将单元格调小，如图 6-65 所示。

（a）　　　　　　　　　　　　　　　　　　（b）

图 6-65　库元件 HCPL-3120 编辑过程图 5

2）实用工具绘制方法

贴图的方式绘制库元件比较简便，但是手头一旦没有形象的表达元器件的图形时需要我们使用实用工具线条、文字、多边形、绘椭圆弧线等精心绘制，这里不再详细讲解。图 6-66 为两种方法建立的库元件图，左边为贴图绘制方法，右边为实用工具绘制方法，两种方法各有利弊需要设计者亲身体会。

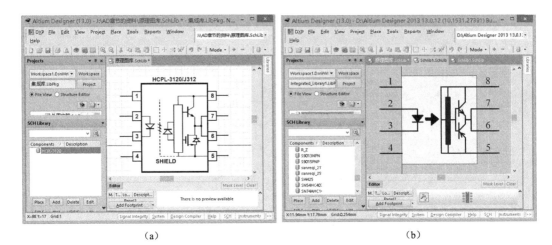

（a）　　　　　　　　　　　　　　（b）

图 6-66　库元件图

6.4.2　PCB库绘制

　　PCB 库主要是实际反应元器件在 PCB 板上的引脚焊盘、固定安装位置、外观特点。PCB 库绘制是工程师在电路设计过程中难以避免的一个环节。

　　新建元件封装一般有 7 个步骤，即建立库文件→添加新元件→工作层面参数设置、工作层面参数设置→绘制新元件（放置焊盘、在 top overlayer 层绘制外观）→在 PCB 库标签上重命名→保存该文件到一个路径下→生成元器件报告。

1．封装向导建立规则封装

1）创建 HCPL-3120 芯片 2D 封装

（1）在 HCPL-3120 数据手册中找到封装尺寸图（往往在数据手册的最后几页中），HCPL-3120 的封装尺寸图在数据手册的前几页，这里以 DIP 封装为例进行讲解。

（2）在菜单栏中选择 Tools（工具）单击 Component Wizard（组件向导）选择 DIP封装，如图 6-67 所示。单击 Next 根据 HCPL-3120 数据手册封装尺寸图，如图 6-68 所示。最后命名，如图 6-69 所示。

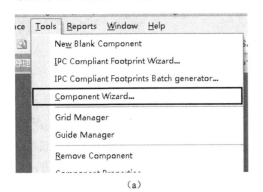
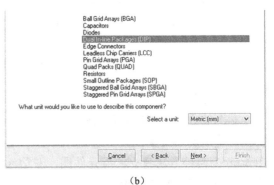

（a）　　　　　　　　　　　　　　（b）

图 6-67　HCPL-3120 库封装编辑过程图 1

Package Outline Drawings
HCPL-3120 Outline Drawing (Standard DIP Package)

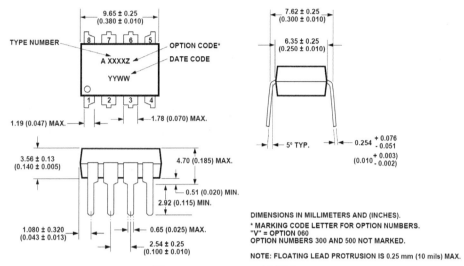

图 6-68　HCPL-3120 封装图

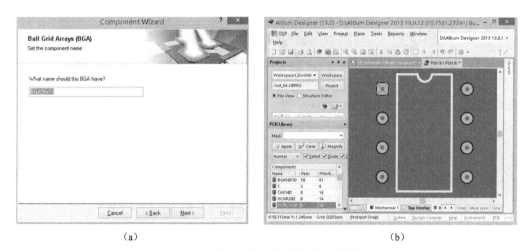

（a）　　　　　　　　　　　　　　　　　　　（b）

图 6-69　HCPL-3120 库封装编辑过程图 2

2）添加 3D 封装

方法一：利用 Altium Designer 13 本地资源创建。

（1）在菜单栏中选择 Tools（工具）单击 Manage 3D Bodies for Library（管理库的 3D 机构）→在 Component Body Manager（组件本体管理）属性框内找到 HCPL-3120 库元件→在 interactive 中 body state 栏进行 3D 封装位置与样式的选择→并且设置封装的高度，如图 6-70 所示。

（2）回到编辑器界面在菜单栏上单击选择 View（视图）→单击 Switch To 3D（切换到 3D）查看 3D 视图，在 3D 视图内可以同时按住 Shift+鼠标右键拖到鼠标检查外观特点（主要是器件的高度），如图 6-71 所示。

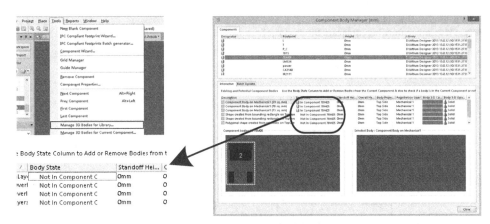

图 6-70　HCPL-3120 3D 封装编辑过程图 1

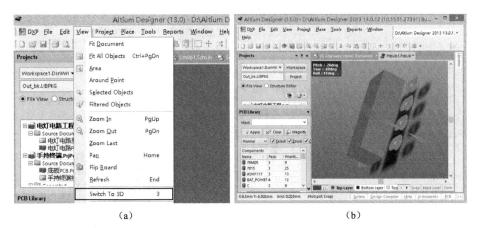

（a）　　　　　　　　　　　　　　　（b）

图 6-71　HCPL-3120 3D 封装编辑过程图 2

提示：也可以采用 3D 封装的封装向导进行封装的添加，在菜单栏中选择 Tools（工具）单击 IPC Compliant Footprints Wizard，然后根据向导操作如图 6-72 所示。

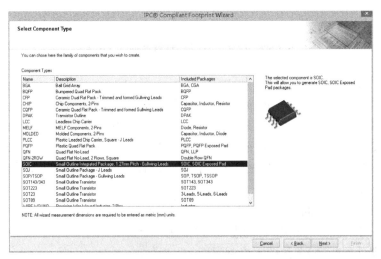

图 6-72　3D 封装向导

方法二：利用网上资源创建。

（1）利用网站 http://www.3dcontentcentral.cn/或其他查找 3D 封装，首先打开 http://www.3dcontentcentral.cn/网页，如图 6-73 所示。

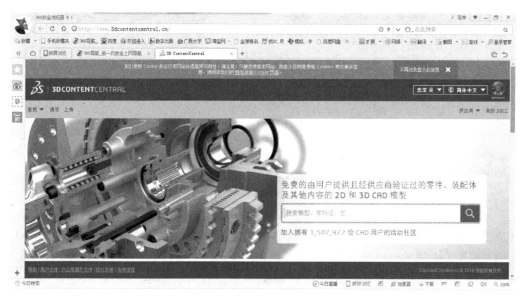

图 6-73　3D CONTENT CENTRAL 网页界面 1

（2）输入自己需要的元器件名称（不是所有的元器件都有），这里以排针为例，如图 6-74 所示。

图 6-74　3D CONTENT CENTRAL 网页界面 2

（3）寻找自己需要的排针样式，单击选中排针并且在右侧（网站如果出现更新位置不可确定，需要读者自我了解）寻找 STEP（*.step）文件进行下载，如图 6-75 所示。

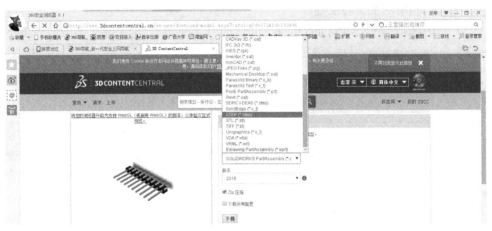

图 6-75　3D CONTENT CENTRAL 网页界面 3

（4）回到 Altium Designer 13 的 PCB 库文件 3D 视图编辑界面在菜单栏中单击 Place（放置）选择 3D Body 进入属性框在 3D Model Type 栏下里面选择 Generic STEP Model（通用模型）→在 Generic STEP Model（通用模型）栏下单击 Embed STEP Model（导入模型）进入文件夹进行下载好的排针模型→单击打开完成模型的导入→在 Altium Designer 13 的 PCB 库文件 3D 视图中双击排针封装可再次进入 3D Body 进入属性框，并且在 Generic STEP Model（通用模型）栏下进行对 3D 模型的翻转，如图 6-76 所示。图 6-77 给出了 3D 模型导入前后对比图。

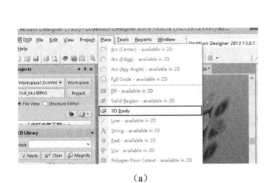

（a）

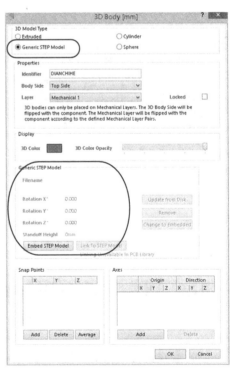

（b）

图 6-76　导入 3D 模型过程图

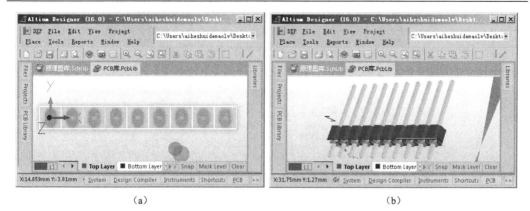

（a）　　　　　　　　　　　　　　（b）

图 6-77　3D 模型导入前后对比图

提示：当 http://www.3dcontentcentral.cn/找不到我们需要的器件 3D 模型时，我们需要在 3D 建模软件如：Solidworks2014 进行自定义建模，并且另存为.STEP 文件。

2. 不规则封装建立

（1）打开 PCB 库编辑器界面→在菜单栏中选择 Tools（工具）选择 New Blank Component 新建 PCB 库元件→在 PCB Library 里面双击刚刚新建的库元件进行命名，如图 6-78 所示。

（2）采用实用工具进行绘制。

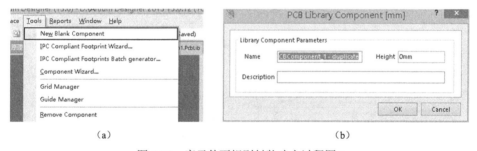

（a）　　　　　　　　　　　　　　（b）

图 6-78　库元件不规则封装建立过程图 1

6.4.3　库文件的关联

原理图库与 PCB 库的关联是自定义集成库的一个重要步骤，它成功与否关系着集成库创建的成与败。

（1）打开集成库里的原理图库文件→在 SCH Library 工作面板中找到 HCPL-3120 库文件单击左键选中→右键选择 Model Mannager（模型管理器）→选择 HCPL-3120→单击 Add Footprint→进入 PCB Model 对话框单击 Browse Libraries 进行选择 PCB 模型并保存文件，如图 6-79 和图 6-80 所示。

（2）在原理图库编辑器界面下，在菜单栏中单击 Project（工程）选择 Compile Integrated Library Integrated_Library1.libPkg，系统自动跳出 Libraries 工作面板，如图 6-81 所示。

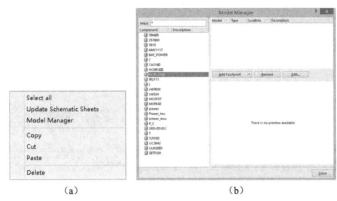

（a）　　　　　　　　　　　　　　（b）

图 6-79　库文件关联操作过程图 1

（a）　　　　　　　　　　　　　　（b）

图 6-80　库文件关联操作过程图 2

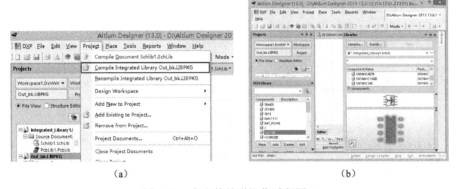

（a）　　　　　　　　　　　　　　（b）

图 6-81　库文件关联操作过程图 3

提示：当更新过程中出现错误停止时，需要仔细地根据 Messages 工作面板来修改。

6.5　线路板的制造与焊接

6.5.1　实验室利用热转印技术印制电路板

在条件受限的情况下可以采用热转印技术印制电路板，即使用激光打印机将在设计好的 PCB 图形打印到热转印纸上,再经过热转印机将原先打印上去的图形转移到敷铜板上,形成耐腐蚀的保护层。通过腐蚀液腐蚀后将设计好的电路留在敷铜板上面,从而得到 PCB。这一过程实际上是一种减材制作过程。下面将详细讲解热转印技术印制电路板。

（1）准备材料：激光打印机一台如 HP Laser Jet M1005 MFP、热转机一台、热转印纸一张、台钻一台、敷铜板一块、钻花数颗、砂纸一张、工业酒精、松香水、腐蚀剂若干。

（2）利用激光打印机打印 PCB 图纸：在 Altium Designer 13 PCB 编辑器界面菜单栏单击 File（文件）→Print Preview（打印预览）→在预览界面单击右键选择 Page Setup→进入 Composite Properties 界面在 Scaling 栏下选择 Scaled Print（打印比例）为例为 1→在 Color Set 为 Mono→单击 Close 回到预览界面, 如图 6-82 和图 6-83 所示。

（3）按右键选择 Configuration（配置）, 进入配置属性界面将除了走线层以外的层都去掉, 并且显示孔的位置→按下 OK 回到预览界面打印图纸, 如图 6-84 所示。

（4）根据 PCB 实际电路大小裁剪合适的敷铜板尺寸, 并将热转印纸上的电路小心贴在敷铜板上。提示：为了热转印纸与敷铜板在经过热转印机的时候不出现位移, 需要在热转印之前采用高温胶带进行固定, 如图 6-85（a）、（b）、（c）所示。

图 6-82　热转印印制电路板过程图 1

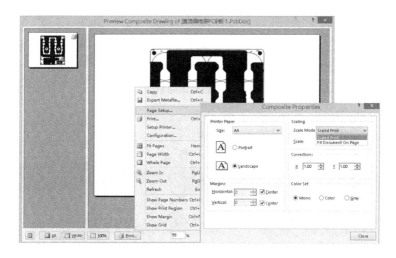

图 6-83　热转印印制电路板过程图 2

（a）

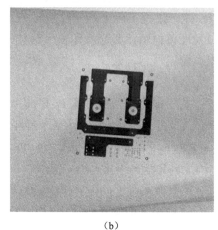

（b）

图 6-84　热转印印制电路板过程图 3

（5）利用腐蚀剂如图 6-85（d）进行铜板的腐蚀。提示：在腐蚀的时候为了加快腐蚀的速度尽量采用开水进行腐蚀，如图 6-86 所示。

（6）腐蚀完成之后，使用清水清洗之后采用钻台进行打孔处理，如图 6-87 所示。

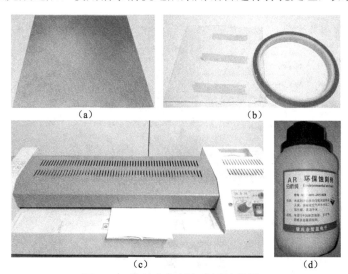

（a）　　　　　　　　　　　　　　　　　（b）

（c）　　　　　　　　　　　　　　　　　（d）

图 6-85　热转印印制电路板过程图 4

（a）

（b）

图 6-86　热转印印制电路板过程图 5

（a）　　　　　　　　　（b）

图 6-87　热转印印制电路板过程图 6

6.5.2　印制电路板的制作与焊接代加工

1. 印制电路板的制作代加工

当设计好 PCB 板后，联系商家并且选择加工工艺如：绿油白、蓝油白、是否沉金、板子的厚度等→发送 PCB 文件→等待 PCB 归来。PCB 板的样式如图 6-88 所示。

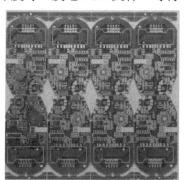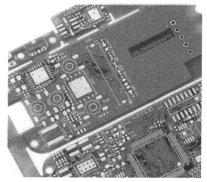

（a）绿油白　　　　　　　　　　　　（b）绿油白+沉金

（c）黑油白+沉金　　　　　　　　　　（d）蓝油白+沉金

图 6-88　PCB 样式图

2. 印制电路板的焊接代加工

　　为了提高生产率与可靠性，可以选择电路板的焊接代加工。Altium Designer 13 原理图界面下生成 BOM 表格（图 6-89）：在菜单栏中单击 Reports→选择 Bill of Materials→进入属性框将所有的器件封装进行标明，联系商家进行焊接代加工。提示：一般情况下除了寄元器件、PCB 板外，最好寄一块样板过去给商家。

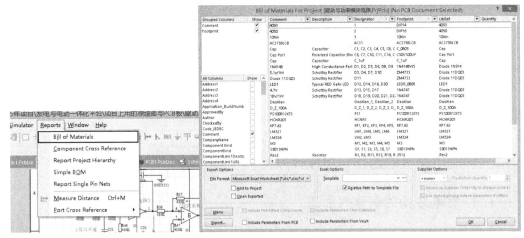

图 6-89　生成 BOM 表格图

6.6　小　结

　　本章要求掌握利用 Altium Designer 软件如何绘制原理图和印制板图及线路板制造与焊接的相关知识。扫描二维码 R6-1 可以获得 PCB 布线与器件布局经验及常用工艺。

R6-1　PCB 布线与器件布局经验及常用工艺

第 7 章　电器与电机

7.1　引　言

电器是一种电气器件，它由触点系统、执行（推动）系统、灭弧系统组成，它能根据特定的信号和要求自动或手动地接通或断开电路，能够断续或连续地改变电路参数，实现对电路或非电气对象的切换、控制、保护、检测、变换和调节。电器按工作电压可分为低压电器（low-voltage apparatus）和高压电器（high-voltage apparatus）两大类。工作电压低于交流 1200 V 或者直流 1500 V 以下的电器称为低压电器。额定电压在 3 kV 以上的电器称为高压电器，如真空断路器。

低压电器是构成电气控制系统的硬件基础，也是现代工业自动化的重要基础器件。目前采用先进控制技术的自动化设备要完成弱电对强电的控制都离不开低压电器。因此，对于自动化专业技术人员而言，熟悉和掌握低压电器的结构、性能、特点和用途，对设计、安装和调试自动控制系统十分重要。本章从功能、类别、性能指标和用途等方面对常用低压电器进行详细的介绍。

高压电器是电力系统的重要设备，它量多、面广，置于电力网络的各级电压系统和工业、农业及高层建筑的照明中。在电能生产、传输和分配过程中，高压电器在电力系统中起着控制、保护和测量作用，它的性能直接影响电力系统的稳定和安全运行。因此高压电器的正确使用和运行维护，在经济效益和社会效益上有着重大的意义。本章对几种常用的高压电器进行了介绍。

当前，电力电子器件已被广泛应用于电力系统各部分中并发挥重要的作用。因此，本章也简要介绍了弱电控制强电的基本电气控制元件及工作特点。

此外，本章还简要地介绍了实现电机与机械能相互转换的各种电机，较详细地阐述三相异步电机和直流电机的工作原理，以方便后续章节介绍继电器–接触器电气控制系统。

7.2　电器的基本知识

7.2.1　低压电器分类

低压电器包括接触器、继电器、熔断器、断路器、刀开关和主令电器等。低压电器用途广泛，品种规格和分类方法多样，常见的几种分类方法如下。

1. 按用途分类

（1）检测电器：用于检测生产现场各种状态的电器，如行程开关、光电开关等。

（2）控制电器：用于在控制系统中起控制作用的电器，如接触器、各种继电器等。

（3）主令电器：用于自动控制系统中发送控制指令的电器，如控制按钮、转换开关等。

（4）保护电器：用于保护电路及用电设备的电器，如热继电器、熔断器、避雷器等。

（5）配电电器：用于电能的输送和分配的电器，如刀开关、断路器等。

2. 按工作原理分类

（1）电磁式：其工作原理是基于电磁原理，如交流接触器、各种电磁式继电器等。

（2）非电量控制：其控制是依靠外力或某种非电物理的变化而动作的电器，如刀开关、行程开关、速度继电器、压力继电器等。

（3）电子式低压电器：利用集成电路或电子元件构成的低压电器。

（4）自动化电器：利用现代控制与通信原理构成的具有交互性的低压电器，也称为智能化电器或可通信电器。

3. 按动力来源分类

（1）手动电器：需要人工直接操作才能完成指令任务的电器，如刀开关、主令电器等。

（2）自动电器：不需要人工直接操作，而是根据电信号或非电信号自动完成指令任务的电器，如热继电器、熔断器、断路器和接触器等。

4. 按执行机构特点分类

（1）有接触点电器：通断电路的功能由触点来实现的电器，如继电器、接触器等。

（2）无接触点电器：通断电路的功能不是通过机械触点，而是根据输入信号的高低电平来实现的电器，如接近开关、光开关等都属于无接触点电器。

常用低压电器的分类如图 7-1 所示。

7.2.2　高压电器分类

高压电器一般用在发电厂、变电所、配电间。它的种类很多，按照它在电力系统中的作用可以分为以下 6 种。

（1）开关电器，如断路器、隔离开关、负荷开关、接地开关等。

（2）保护电器，如熔断器、避雷器。

（3）测量电器，如电压、电流互感器。

（4）限流电器，如电抗器、电阻器。

（5）成套电器与组合电器，如气体绝缘全封闭组合电器（gas insulated switchgear, GIS），主要含断路器、隔离开关、接地开关、母线、避雷器等一次设备。

（6）其他电器，如电力电容器等。

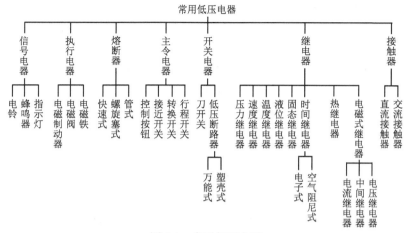

图 7-1　常用低压电器

7.2.3　电器性能指标

无论是低压电器，还是高压电器，它们均有如下一些性能指标：

（1）额定电压，应符合工作的线电压，单位为 V 或 kV。

（2）最高工作电压，应满足使用可能出现的最高工作线电压，单位为 V 或 kV。

（3）额定电流，应能满足工作场合长期通过的最大工作电流，单位为 A。

（4）额定短路开断电流，在规定条件下能开断运行出现的最大短路电流，单位为 A。

（5）短时耐受电流，在规定条件下能承受工作场合出现的时间为 t（s）的短路电流值，单位为 A 或 kA。

（6）峰值耐受电流，能耐受工作场合出现短路的最大峰值电流，单位为 A 或 kA。

（7）关合电流，即在规定条件下能关合而不造成触头熔焊的电流，应满足工作场合关合时电流最大峰值要求，单位为 A 或 kA。

电器的选用必须与使用场合相匹配，一般也要在性能指标上有所冗余。另外，由于高压电器的重要作用，高压电器还应满足：绝缘安全可靠；在额定电流下长期运行时，其温升（电子电气设备中的各个部件高出环境的温度）合乎国家标准，且有一定的短时过载能力；能承受短路电流的热效应和电动力效应而不致损坏；开关电器应能安全可靠地关合和开断规定的电流；提供继电保护和测量用信号的电器应具有符合规定的测量精度；户外工作的高压电器应能承受一定自然条件的作用。

7.3　电器基本理论

7.3.1　电弧理论与灭弧

电弧是一个客观存在的物理现象。开关电器中，当断开电路时，如果电路电压不低于 10～20 V，电流不小于 80～100 mA，电器的触头间便会产生电弧-蓝色的光柱。电弧的产生和维持是触头间隙的绝缘介质的中性质点（分子和原子）被游离的结果。电弧的形成过程就是气态介质或液态介质高温汽化后的气态介质向等离子体态的转化过程，这实际上就是气体放电中的电弧放电。

触头间产生的电弧是有害的，应尽快熄灭，以防止触头烧蚀。这里定义两个概念：

（1）击穿电压：击穿电压是指触头（电极）间产生电弧的最小电压。

（2）恢复电压：恢复电压是指电弧暂时熄灭后外电路施加在触头（电极）间的电压。要使电弧熄灭，介质恢复电压应小于介质击穿电压。

这里需要强调的是交流电弧的动特性，电流过零时，电弧自动熄灭，而后随着电流的增大，电弧又重新点燃。从熄弧角度来看，电流过零时，离子浓度、温度都低，电弧自动熄灭，只要使过零后的电弧不再重燃，则交流电弧就熄灭了。因此，对交流电弧灭弧问题，不是电弧能否熄灭，而是电流过零后，弧隙是否会再击穿而重新燃弧的问题。

关于电弧的理论与灭弧更详细内容可通过扫描二维码 R7-1 学习。

R7-1　电弧的理论与灭弧

7.3.2　电器中灭弧方法

电弧会带来的危害有：延长切断故障的时间，高温引起电弧附近电气绝缘材料烧坏或导致开关设备烧毁，也可能形成飞弧造成电源短路，甚至大面积停电或人身事故。所以在存在较大电弧时，需要进行灭弧处理。根据电弧现象和过程，可以归纳影响电弧熄灭的因素有以下两个方面。

1. 物理因素

（1）温度：高温离子活跃不利于灭弧；反之低温利于灭弧。

（2）离子浓度：浓度高，利于电流流通，不利于灭弧；反之，利于灭弧。

（3）距离（电弧长度）：距离长，电场强度相对小，击穿电压高，利于灭弧；反之，不利于灭弧。

2. 恢复电压因素

（1）电源电压：电源电压高，不利于灭弧，原因是恢复电压快。

（2）电路中感性（或容性）负载所占的比例：比例高，不利于灭弧。

（3）电弧电流的变化率：变化率高，产生高的电压，不利于灭弧。

灭弧的方式多种多样，可根据不同的要求选择不同的灭弧方法。广泛采用的基本灭弧方法有利用气体或油熄灭电弧，采用多断口、新介质（SF_6）、双断口电动力吹弧，磁吹灭弧，灭弧罩窄缝灭弧，栅片灭弧，等等。关于电器灭弧方法更详细的内容可通过扫描二维码 R7-2 学习。

R7-2　电器灭弧方法

7.3.3　电器绝缘

电器的绝缘性能是指电器耐高压冲击的能力，以及在高压下被击穿的时间长短。电器的绝缘性能指标主要包括交流耐压、直流泄漏、吸收比（极化系数）、介损系数、绝缘电阻等。无论是低压电器还是高压电器都有绝缘性能要求。绝缘结构承受电压的部位有载流部分和接地部分之间、相邻各相的载流部分之间、在分闸位置下同相的各分离触头之间。对于一般家庭用的低压电器设备的绝缘电阻应大于 0.5 MΩ，对于移动电器和在潮湿地方使用的电器，其绝缘电阻还应再大一些。而对于高压开关设备的绝缘，应特别能承受长期作用的最高工作电压和短时作用的过电压。

1. 高压电器绝缘分类

按高压开关设备绝缘结构所处的工作条件，可分为外绝缘与内绝缘两类。外绝缘是以大气为绝缘介质的绝缘结构部分，其电气强度由大气中间隙的击穿强度或由大气中沿固体绝缘表面的闪络强度所决定。内绝缘不直接以大气为绝缘介质，而是以油、压缩空气、真空、SF₆ 等为绝缘介质的绝缘结构部分。电器承受大气过电压的能力，用冲击试验电压来考验；承受内部过电压的能力，大多用工频试验电压来考验。

2. 高压电器绝缘特点

高压开关设备绝缘的主要特点是具有断口绝缘，对不同类型的开关设备，可分述如下。

（1）对于起控制保护作用的高压开关设备，断口绝缘必须考虑电弧与介质流动所造成的下列影响：电弧会使绝缘介质劣化，导致绝缘能力下降；开断过程断口间绝缘介质的流动，也会引起绝缘强度降低；在开断过程中，灭弧室向外排出的热气体和其他分解物，有可能影响断口间、相间或对地的外绝缘。

（2）对于主要起安全隔离作用的隔离开关，为了可靠地隔离电源，要求断口间的绝缘强度比任何其他绝缘部分都高。

综上，对绝缘的要求可以归纳为：

（1）防止绝缘击穿或沿面放电；

（2）防止固体绝缘材料被电弧烧灼损坏及由于机械力或热的长期作用而引起的绝缘损坏；

（3）尽量避免出现局部放电；

（4）高压开关设备的绝缘结构，对它的总体尺寸有很大影响。

7.3.4 电器触头

1. 电器触头及基本要求

电器触头是两个或几个导体之间接触的部分。电器触头直接影响设备和装置的工作可靠性，它的性能好坏直接决定了开关电器的品质。因此，对电器触头的基本要求有：

（1）材料合适，结构可靠，可通过扫描二维码 R7-3 进一步学习；

（2）接触电阻小且稳定，即有良好导电性能和接触性能；

（3）通过规定电流时，发热稳定而且温度不超过允许值；

（4）通过短路电流时，具有足够的动稳定性和热稳定性，可通过扫描二维码 R7-4 进一步学习；

（5）开断规定的短路电流时，触头不被灼伤，磨损尽可能小，不发生熔焊现象。

R7-3　触头的材料及预防氧化的措施

R7-4　触头的电动稳定和热稳定

2. 触头的分类及结构

1）按接触面的形式分

触头的接触形式如图 7-2 所示，有点接触（如球面对球面、球面对平面等）、线接触（如圆柱对平面、圆柱对圆柱等）和面接触（如平面对平面）三种。

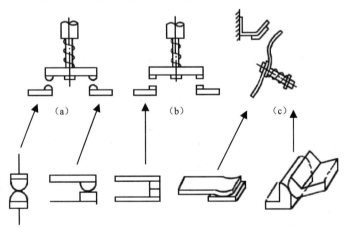

图 7-2　触头的三种接触形式

面触头在理想情况下，允许通过较大的电流，但是实际情况是在受到很大压力时，接触点数和实际接触面积仍比较小。这种触头只限于在低压开关电器中应用，如刀形开关、插入式熔断器、接触器主触点等。

点触头是指两个触头间的接触面为点接触的触头。这种触头通常应用在工作电流和短路电流较小的情况下，如继电器和开关电器的辅助接点等。

线触头接触区域是一条直线，线触点在通断过程中有滚动动作，同一压力下，线触头比面触头的实际接触点多。线触头适用于通电次数较多，电流较大的场合，适用于高、低压开关电器中。

2）按结构形式分

（1）可断触头。可断触头广泛应用于高低压开关电器中。

（2）固定触头。固定触头是指连接导体之间不能相对移动的触头，如母线之间、母线与电器引出端头的连接等。

7.3.5　低压电磁式电器的工作原理

电磁式电器是低压电器中应用最为广泛的一类电器。电磁式电器主要由感测、判断和执行机构三个部分组成。对于有触点的电磁式电器而言，感测和判断部分大都是电磁机构，而执行机构是触头。

1. 感测和判断部分

电磁机构的主要作用是将电磁能转换为机械能量，带动触头工作，从而完成接通和分断电路。感测部分采用电磁机构接受外界输入的信号，并通过转换放大。判断部分做出有规律的反应使执行部分动作，输出相应的指令，实现控制目的。

电磁机构由铁芯、衔铁和吸引线圈组成。吸引线圈两端施加一定电压或通以一定电流时，在电磁机构的磁路中产生磁场，从而产生向下的电磁吸力，吸引衔铁向下运动。当磁力大于弹簧的反作用力时，衔铁向下运动，直至衔铁和铁芯组成闭合磁路，与此同时，铁芯带动动触头运动，完成触头的断开和闭合，实现电器所在电路的分断和接通。其工作原理如图 7-3 所示，图中与衔铁一起运动的触头称为动触头；固定在电器上不运动的触头称为静触头。

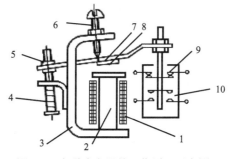

图 7-3　电磁式电器的工作原理示意图

1.线圈；2.铁芯；3.磁轭；4.弹簧；5.调节螺母；6.调节螺钉；7.衔铁；8.非磁性垫片；9.动断触点；10.动合触点

2. 继电特性

设加在吸引线圈上的电压或电流作为输入量 x，衔铁的位置作为输入量 y，则电磁机构中衔铁位置与吸引线圈上的电压或电流关系就称为电磁机构的输入-输出关系,通常称之为继电特性，如图 7-4 所示。当输入信号从 0 连续增加到 x_r 时，衔铁不动作，输入信号只有连续增加到衔铁吸合的动作值 x_0 时，即励磁电流产生的磁通使衔铁上的电磁引力正好使之吸合，输出信号 y 立即由 0 跳变到 1，即常闭触点由"通"到"断"，常开触点由"断"到"通"。此后，即使输入信号再增加，输出信号也不发生变化。

当输入信号从大于 x_0 降到 x_0 时，衔铁依然不动作，只有当降到复归值 x_r 时，输出信号 y 立刻从 1 跳变到 0，即常闭触点由"断"到"通"，常开触点由"通"到"断"。此后，即使输入信号再减少，输出信号也不发生变化。继电特性的最大特点是动作点附近有一回环，便于控制电器可靠工作。

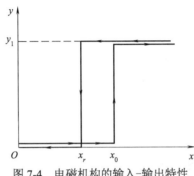

图 7-4　电磁机构的输入-输出特性

3. 执行机构

在有触点的电器元件中，其执行机构就是触头系统，它由动触头、静触头、灭弧装置和导电部分等组成，触头主要起接通和分断电路的作用。触头通常由铜、银、镍及其合金材料制成，其导电性、导热性良好，接触电阻小。

触头按其是否运动可分为静触头和动触头。当吸引线圈不通电时，一个动触头与相应的一个静触头相互接触并导通，则称此时的动触点、静触点构成一个常闭触点；当吸引线圈通电时，一个动触头与相应的某一个静触头相接触并导通，则称此时的动触点、静触点构成一个常开触点。触头按照其原始状态分为常开触头（点）和常闭触头（点）。触头是触点的一个端，但在实际应用中，常常将触头等同于触点。当线圈未通电时触点闭合，线圈通电后触点断开的触头称为常闭触点、常闭触头或动断触头；当线圈未通电时触头断开，线圈通电后触头闭合的触头称为常开触点、常开触头或动合触头。线圈断电后所有触头恢复到原始状态，称为触头的复位。常见电磁机构的形式如图 7-5 所示。

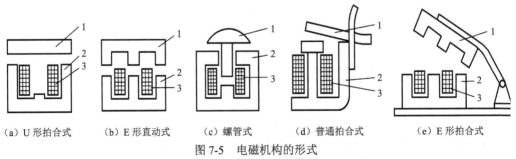

（a）U 形拍合式　　（b）E 形直动式　　（c）螺管式　　（d）普通拍合式　　（e）E 形拍合式

图 7-5　电磁机构的形式

1.衔铁；2.铁芯；3.线圈

按触头控制的电路又可将触头分为主触头和辅助触头。主触头用于主电路中，允许通过较大的电流，一般装有灭弧装置；辅助触头用于电气控制线路中，通过的电流较小。

7.3.6　高压电器的操作机构

1. 电磁式操作机构

电磁操动机构是用电磁铁将电能变成机械能作为合闸动力。它的优点是结构简单，工作可靠，能用于自动重合闸和远距离操作；缺点是合闸线圈消耗的功率太大，机构结构笨重，合闸时间长。

2. 手动操作机构

手动机构是指用手力直接关合开关的机构，它的分闸则有手动和电动两种。这种机构的合闸速度与操作者在操作时的体力、操作技巧、精神状态等因素有关。当关合短路时，若合闸速度降低，则可能降低关合能力，甚至在未合闸到底时，由于继电保护动作而使机构脱扣分闸，降低分闸速度，所以降低了开断能力。目前断路器分、合，趋向于用手力储能机构取代手动机构，以确保分、合闸速度。手动操作还有一个缺点是不能实现自动控制及自动重合闸，优点是结构简单、便于维护、故障少。

3. 弹簧蓄能式操作机构

机构合闸弹簧的储能方式有电动机储能和手力储能两种，合闸操作有合闸电磁铁和手按钮操作两种，分闸操作有分闸电磁铁和手按钮操作两种，机械寿命可达 10 000 次。

储能电机额定电压有直流 110 V、220 V，当电机电压为交流电时，需要增加整流装置。25 kA、31.5 kA 的电机功率为 70 W，40 kA、50 kA 电机功率为 120 W。

不同额定开断电流的断路器的分合闸电磁铁是相同的，尤其是分合闸电磁铁的本体是相同的，分合闸电磁铁额定电压有交直流 110 V、220 V。

7.4　低压开关电器

7.4.1　刀开关

1. 刀开关的用途

刀开关又称为闸刀开关，主要用于隔离低压电源和通断低压负荷（负荷开关）。在电气控制设备中，常用其作为电源开关。

2. 刀开关的分类

刀开关是低压电器中结构比较简单、应用比较广泛的一类手动电器。刀开关电器主要有开启/封闭式刀开关、组合开关、用刀与熔断器组合成的胶盖瓷底刀开关和熔断器式刀开关等。刀开关的外形、符号如图 7-6 所示。刀开关按刀的极数可分为单极、双极和三极；按灭弧装置可分为带灭弧装置和不带灭弧装置；按刀的转换方向可分为单掷和双掷；按接线方式可分为板前接线和板后接线；按操作方式可分为手柄操作和远距离连杆操作；按有无熔断器可分为带熔断器和不带熔断器。

（a）HK 系列开启式刀开关

（d）HZ 系列组合开关

（b）HD、HS 系列开启式

（d）HH3 系列封闭式刀开关

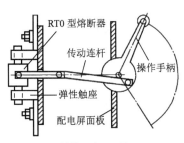

（c）熔断器式刀开关

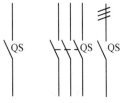

（e）图形符号（单极和三极）

图 7-6　刀开关的外形与符号

3. 刀开关的结构原理

胶盖瓷底刀开关主要由与操作瓷柄相连的动触刀、静触头刀座、熔丝、进线及出线接线座组成。刀开关的导电部分都固定在瓷底板上，且用胶盖盖着，当闸刀合上时，操作人员不会触及带电部分。

作为负荷开关用的刀开关主要 4 个部分组成：装在同一转轴上的三个闸刀、操纵手柄、速动弹簧和熔断器。在分断大容量的电路时，闸刀动触点与静触点之间的电压很高，产生强烈的电弧，容易烧坏开关。因此，这种闸刀开关装有速动弹簧，使刀开关能快速接通和分断电路，其分合速度与手柄的操作速度无关，同时有些也有一定的灭弧能力。为了保证用电安全，负荷开关都装有机械连锁装置，在负荷开关合闸位置，箱盖不能打开。

4. 刀开关的主要技术参数

（1）额定电压是在规定条件下，保证电器正常工作的电压值。一般我国规定刀开关的额定电压为 AC500V 以下，DC440V 以下。

（2）额定电流是在规定条件下，保证电器正常工作的电流值。一般我国规定刀开关的额定电流为 10～1500 A，有时可达到 50 000 A。

（3）通断能力即额定电压下接通和分断的电流值（比额定值大）。

5. 刀开关的选用

刀开关的种类很多，在机床电气控制中一般作为电源隔离开关。一般要根据电气控制系统的用途和安装位置确定采用哪种刀开关。根据分断负载的情况选择刀开关的型号，中央手柄式刀开关主要用于变电站，不切断负载电流，需要切断一定负载电流时，必须是带灭弧装置的刀开关。刀开关的额定电流和额定电压必须符合电路要求，比如，控制对象是 380 V/5.5 kW 以下异步电机时，可用 HK 系列刀开关直接操作，同时要考虑电机较大的起动电流，刀闸的额定电流值选择不应小于 3 倍的异步电机额定电流，最好 5~8 倍的异步电机额定电流。

7.4.2　低压断路器

低压断路器又称为自动开关（俗称自动空气开关，简称空开，air circuit breaker），低压断路器是一种保护电器，它是低压配电网中的主要开关器件。

1. 断路器的结构及工作原理

断路器主要由三个基本部分组成：触头、灭弧系统和各种脱扣器。断路器的结构、符号如图 7-7 所示。和主触头 2 连接在一起的有手动操作机构或电动合闸机构，当手动或电动合闸后，主触头闭合，来自电网的三相交流电通过断路器输送给下一级的用电设备；同时断路器中的弹簧受力，自由脱扣机构将主触头锁在合闸位置上。自由脱扣器和主触头之间有一个类似纽扣的机构，当自由脱扣受到外力作用弹起时，主触头在弹簧拉力的作用下自动断开电源，对用电设备起保护作用。

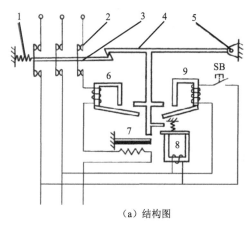
（a）结构图

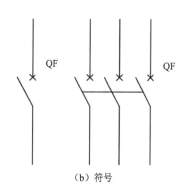
（b）符号

图 7-7　断路器

1.分闸弹簧；2.主触头；3.传动杆；4.锁扣；5.轴；6.过电流脱扣器；7.热脱扣器；8.欠压失压脱扣器；9.分励脱扣器

低压断路器所具备的多种保护功能都是以脱扣器的形式来实现的。根据用途不同，断路器可配备不同的脱扣器，包括过电流脱扣器、失压脱扣器、热脱扣器和分励脱扣器等。当电路发生短路、失压/断相、过载、漏电等故障时，通过各种脱扣器使自由脱扣机构动作，断路器自动跳闸断开故障电路。电流脱扣器的动作电流的调整范围为所控制负载额定电流的 3～7 倍。失压脱扣器动作电压一般为 40%～75% 的所控制负载额定电压。热脱扣器的整定电流应等于所控制负载额定电流。当然，断路器也可以手动或电动断开。

2. 断路器的用途和分类

断路器主要在不频繁操作的配电线路或开关柜中作为电源开关使用，同时对线路、电器设备及电动机等实行保护，当电路发生过电流、过载、短路、断相、漏电等故障时，能自动切断线路。断路器相当于闸刀开关、过电流继电器、热继电器、失压继电器及漏电保护器的部分或全部功能的总和。

断路器按照通入电流的性质分为直流断路器和交流断路器。断路器按照结构分为塑壳式和框架式（万能式），如图7-8所示。框架式断路器一般额定电流大于630 A，塑壳断路器额定电流一般小于630 A。塑壳式 DZ47-60 C60 如图7-8（a）所示，标识的意义为 DZ 代表塑壳式断路器；47 是设计序号；60 指断路器壳架等级电流；C60 表示额定电流为 60 A。根据操作方式可分为电动操作、储能操作和手动操作；按照动作速度分为快速型和普通型；按照灭弧介质分为油浸式、真空式、空气式；按位置数可分为两位置断路器和三位置断路器，其中三位置断路器合闸使触头关合、手柄在合闸位置；分闸使触头断开、手柄在分闸位置；脱扣位置是触头在分闸位置、手柄未到分闸位置，相当于有复位键的漏电保护开关，要将手柄掷到分闸位置后才能重合闸。在脱扣位置时的重新合闸方法：先往下压到位，再往上推，如图7-8（b）所示。

（a）塑壳式断路器   （b）三位置断路器

图 7-8   断路器实物图

3. 断路器的选择原则

断路器类型应根据使用场合和保护要求来选择。一般选用塑壳式；短路电流较大时选用限流型塑壳式；额定电流较大或有选择性保护要求时选用框架式；控制和保护含有半导体器件的直流电路时应选用直流快速断路器等。断路器的选择还应该从以下几个方面考虑：

（1）额定电流、额定电压等于或大于线路或设备额定电流、额定电压。

（2）通断能力等于或大于线路中可能出现的最大短路电流。

（3）欠压脱扣器额定电压等于线路额定电压。

（4）分励脱扣器额定电压等于控制电源电压。

（5）过电流脱扣器的额定电流大于或等于最大线路电流。

（6）长延时电流整定值等于电动机额定电流。

（7）瞬时整定电流：对笼型感应电动机，瞬时整定电流为8～15倍电机额定电流；对绕线型感应电动机，瞬时整定电流为3～6倍电机额定电流。

（8）6倍长延时电流整定值的可返回时间等于或大于电动机实际起动时间。

4. 模数化小型断路器——终端电器的一大类

模型化小型断路器安装于线路末端的电路中，起配电、控制和保护作用；在结构上具有外形尺寸模数化（9 mm 的倍数）和安装导轨化的特点。

7.4.3　漏电保护开关

漏电保护开关（RCD，Residual Current Device）除具有低压断路器的作用外，还具有漏电保护的功能。配电系统中装漏电保护开关，是防止电击事故的有效措施之一，也是防止电气线路和设备因绝缘损坏漏电引起电气火灾事故的技术措施，对工厂用电、家庭用电等起安全保护作用。

1. 漏电保护开关的分类和结构

漏电保护开关的特点是在检测到触电或漏电事故时，能自动切断故障电路。按保护功能分，漏电保护开关有两种，一种是带过电流保护的，它除了具备漏电保护功能外，还兼有过载保护功能，使用这种开关就不需要再配备熔断器；另一种是不带过流保护的，它在使用时还配备相应的过流保护装置（如熔断器）。

常用漏电保护开关根据级数有单相和三相之分，如图 7-9 所示。以单相为例，DZ47LE-63 C60 标识的意义为：DZ 表示塑壳式断路器；47 是设计序号；LE 表示电子式；63 指断路器壳架等级电流；C60 表示额定电流为 60 A。

（a）单相漏电保护开关　　　　　　　（b）三相漏电保护开关

图 7-9　漏电保护开关实物图

漏电保护开关由操作机构、电磁脱扣器、触头系统、灭弧室、零序电流互感器、漏电脱扣器、试验装置等组成。电气设备漏电时，将呈现异常的电流或电压信号，漏电保护器通过检测、处理此异常电流或电压信号，促使执行机构动作。把根据故障电流动作的漏电保护器称为电流型漏电保护器，根据故障电压动作的漏电保护器称为电压型漏电保护器。由于电压型漏电保护器结构复杂，受外界干扰动作特性稳定性差，制造成本高，现已基本淘汰。目前国内外漏电保护器的研究和应用均以电流型漏电保护器为主导地位。电流型漏电保护器是以电路中零序电流的一部分（通常称为残余电流）作为动作信号，且多以电子元件作为中间机构，灵敏度高，功能齐全，因此这种保护装置得到越来越广泛的应用，如图 7-10 所示，电流型漏电保护器由 4 个部分构成。

（1）检测元件：检测元件可以说是一个零序电流互感器。被保护的相线、中性线（若使用了中性线）穿过环形铁芯，构成了互感器的一次线圈 N1，缠绕在环形铁芯上的绕组构成了互感器的二次线圈 N2，如果没有漏电发生，这时流过相线、中性线的电流向量和等于零，因此在 N2 上也不能产生相应的感应电动势。如果发生了漏电，相线、中性线的电流向量和不等于零，就产生感应电动势，这个信号就会被送到中间环节进行进一步的处理。

（2）中间环节：中间环节通常包括放大器、比较器、脱扣器，当中间环节为电子式时，中间环节还要辅助电源来提供电子电路工作所需的电源。中间环节的作用就是对来自零序互感器的漏电信号进行放大和处理，并输出到执行机构。

（3）执行机构：该结构用于接收中间环节的指令信号，实施动作，自动切断故障处的电源。

（4）试验装置：由于漏电保护器是一个保护装置，所以应定期检查其是否完好、可靠。试验装置就是通过试验按钮（对应实物图 7-9 中标有"T"符号的按钮）和限流电阻的串联，模拟漏电路径，以检查装置能否正常动作。

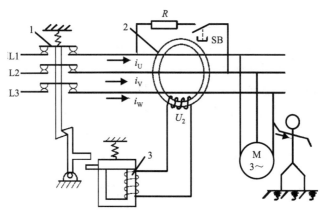

图 7-10　漏电检测与动作执行结构图

1.触头系统；2.零序电流互感器

2. 漏电保护开关的主要技术参数

漏电保护开关的选型主要根据其额定电压和额定电流、额定动作电流、动作时间等几个主要参数来选择。漏电保护开关的具体技术参数定义如下。

（1）额定电压规定为 220 V 或 380 V。

（2）额定（不动作）电流开关触点允许通过的最大电流。

（3）额定动作电流（mA）：漏电流大于此电流，漏电保护开关必须跳开，漏电保护装置额定不动作电流不得低于额定动作电流的 50%。

（4）动作时间（s）：从发生漏电到开关动作断开的时间。快速型在 0.2 s 以下，延时型一般为 0.2～2 s。

一般场所下使用的剩余电流保护装置，作为人身直接触电保护时，应选用额定漏电动作电流为 30 mA 和额定漏电动作时间 0.1s。

3. 漏电断路器使用注意事项

（1）使用时应按实际需要进行整定。

（2）安装时，来自电源的母线接到开关灭弧罩一侧的端子。

（3）每 6 个月检修一次，除尘，等等。

（4）发生开关短路事故后，应对触点进行清理、检查。

注意：低压断路器虽具有多种保护功能，但不是自动电器。

7.5　熔　断　器

熔断器基于电流热效应原理和发热元件热熔断原理设计，具有一定的瞬动特性，用于电路的短路保护和严重过载保护。使用时，熔断器串接于被保护的电路中，当电路发生短路故障时，熔断器中的熔体被瞬时熔断而分断电路，起到保护作用。它具有结构简单、体积小、使用维护方便、分断能力较强、限流性能好、价格低廉等特点。

7.5.1　熔断器的结构和分类

1. 结构与符号

熔断器在结构上主要由熔断管（或盖、座）、熔体及导电部件等元器件组成。其中熔体是主要部分，它既是感测元件又是执行元件。熔断管一般由硬质纤维或瓷质绝缘材料制成半封闭式或封闭式管状外壳，熔体则装于其内，同时有利于熔体熔断时熄灭电弧。熔体是由不同的金属材料（铅锡合金、锌、铜或银）制成丝状、带状、片状或笼状，它串接于被保护电路。图 7-11 为熔断管、RL1-100 型号的熔体（其中 R 表示熔断器，L 表示螺旋式，1 为设计序号，100 表示熔体的额定电流）、对应的符号。该熔断器适用于额定电压 380 V，额定电流 100 A 的线路中。

|（a）熔断管|（b）熔体|（c）图形和文字符号|

图 7-11　熔断器的图形和符号

2. 分类

熔断器按用途来分有一般工业用熔断器、半导体器件保护用快速熔断器和特殊熔断器（如自复式熔断器——金属钠熔体）。按结构来分有半封闭插入式（RC）、螺旋式（RL）、无填充密封管式（RM）和有填料密封管式（RT），如图 7-12 所示。

1）插入式熔断器

主要用于低压分支电路的短路保护，多用于工业和民用照明电路和小型动力电路。

2）螺旋式熔断器

该系列产品的熔管内装有石英砂或惰性气体，用于熄灭电弧，当熔体熔断时指示器自动弹出，具有较高的分断能力。通常用在机电设备中电压等级 500 V 以下，电流等级 200 A 以下的电路。

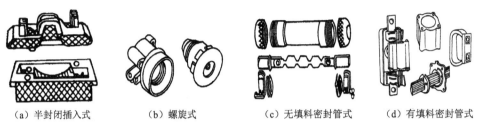

（a）半封闭插入式　　　（b）螺旋式　　　（c）无填料密封管式　　　（d）有填料密封管式

图 7-12　常用熔断器

3）密封管式熔断器

该种熔断器分为无填料、有填料和快速三种。

（1）无填料密封管式熔断器在低压成套配电设备中做短路保护和连续过载保护。特点是可拆卸，即当熔体熔断后，用户可以按要求自行拆开，重新装入新的熔体。用于电压 500 V 以下、电流 600 A 以下电路中。

（2）有填料密封管式熔断器具有较大的分断能力，用于较大电流的电力输配电系统中，以及熔断式隔离器、开关熔断器等电器中，还可用于电压 500 V 以下、电流 1 kA 以下电路中。

（3）快速密封管式熔断器，它主要用于半导体整流元件或整流装置的短路保护。由于半导体元件的过载能力很低。只能在极短时间内承受较大的过载电流，所以要求保护具有快速熔断的能力。快速密封管式熔断器的结构和有填料封闭式熔断器基本相同，但熔体材料和形状不同，它是以银片冲制的 V 形深槽的变截面熔体。

4）自复式熔断器

自复式熔断器是一种新型的熔断器。它利用金属钠作熔体，在常温下，钠的电阻很小，允许通过正常的工作电流。当电路发生短路时，短路电流产生高温使钠迅速气化；气态钠电阻变得很高，从而限制了短路电流。当故障消除后，温度下降，金属钠重新固化，恢复其良好的导电性，其优点是能重复利用，不必更换熔体。它在线路中只能限制故障电流，而不能切除故障电路。

7.5.2　熔断器的保护特性

熔断器的保护特性也称为熔化特性（或称安秒特性），指熔体的熔化电流 I 与熔化时间 t 之间的关系，如图 7-13 所示，具有反时限特性（电流越大，熔断时间越短）。其中 I_{min} 是最小熔化电流，I_N 熔体额定电流（$I_N < I_{min}$），当电流 I 大于 I_{min} 开始熔化。

定义 $K_r = I_{min} / I_N$ 为熔化系数，用于表征熔断器保护小倍数过载时灵敏度的指标。K_r 小时对小倍数过载保护有利，但易误动作、可靠性差。K_r 大时，对小倍数过载保护不利，但不易误动作。

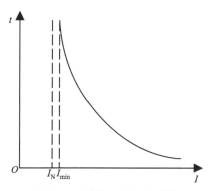

图 7-13　熔断器的保护特性

熔化系数主要取决于熔体的材料和工作温度及它的结构。当熔体采用熔点较低的金属材料（如铅、锡合金及锌等）时，熔化时所需要的热量小，故熔化系数较小，有利于过载保护。但它们的电阻系数较大，熔体截面积较大，熔断时产生的金属蒸汽较多，不利于灭弧，故分断能力较低。当熔体采用高熔点的金属材料（如铝、铜和银等）时，熔化时所需热量大，故熔化系数大，不利于过载保护，而且可能使熔断器过热；然而，它们的电阻系数低，熔体截面积较小，有利于灭弧，故分断能力较强。由此看来，不同的熔体材料的熔断器，在电路中起保护作用的侧重点是不同的。

7.5.3　熔断器的技术参数

熔断器的技术参数如下。

（1）额定电压：指熔断器长期工作时和分断后能承受的电压，其值一般等于或大于电气设备的额定电压。

（2）额定电流：指熔断器长期工作时，设备部件温升不超过规定值时所能承受的电流。为了减少熔断管的规格，熔断管的额定电流等级较少，而熔体的额定电流等级比较多，即在一个额定电流等级的熔断管内可以分为几个额定电流等级的熔体，但熔体的额定电流最大不能超过熔断管的额定电流。

（3）极限分断能力：指熔断器在规定的额定电压和功率的条件下，能分断的最大电流值（一般短路电流值）。极限分断能力也反映了熔断器分断短路电流的能力。

RC1A 系列瓷插式熔断器基本技术数据如表 7-1 所示。

表 7-1　RC1A 系列瓷插式熔断器基本技术数据

型号	额定电压值/V	熔断器（管）额定电流值/A	熔体额定电流值/A	极限分断能力值/A
RC1A-5	380	5	2，5	250
RC1A-10	380	10	2，4，6，10	500
RC1A-15	380	15	15	
RC1A-30	380	30	20，25，30	1500
RC1A-60	380	60	40，50，60	
RC1A-100	380	100	80，100	3000
RC1A-200	380	200	120，150，200	

7.5.4　熔断器的选择

1. 熔断器类型的选用

根据使用管径和负载性质选择适当类型的熔断器。例如,用于容量较小的照明线路,可选用 RC1A 系列插入式熔断器;在开关柜或配电屏中可选用 RM10 系列无填料的密封管式熔断器;对于短路电流相当大或有易燃气体的地方,应选用 RT0 系列有填料的密封管式熔断器;在机床控制线路中,多选用 RL1 系列螺旋式熔断器。

2. 熔体额定电流的选择

（1）用于保护照明或电热设备的熔断器,因负载电流比较稳定,熔体的额定电流一般应等于或稍大于负载的额定电流,即 $I_N \geqslant I_e$,其中, I_N 为熔断体的额定电流, I_e 为负载的额定电流。

（2）用于保护单台长期工作的电动机的熔断器,考虑电动机启动时不应熔断,即 $I_N \geqslant (1.5 \sim 2.5)I_e$,轻载启动或启动时间比较短时,系数可取近似 1.5;带重载启动或启动时间比较长时,系数可取近似 2.5。

（3）用于保护频繁启动电动机的熔断器,考虑频繁启动时发热而熔断器也不应熔断,即

$$I_N \geqslant (3 \sim 3.5)I_e$$

其中: I_N 为熔断体的额定电流, I_e 为电动机的额定电流。

（4）用于保护多台电机的熔断器,在出现尖峰电流时不应熔断。通常将其中容量最大的一台电动机启动,而其余电动机正常运行时出现的电流作为其尖峰电流。为此,熔体的额定电流应满足下述关系 $I_N \geqslant (1.5 \sim 2.5)I_{e,max} + \sum I_e$,其中, $I_{e,max}$ 为多台电动机中容量最大的一台电动机额定电流, $\sum I_e$ 为其余电动机额定电流之和。

（5）为防止发生越级熔断,上、下级熔断器间应有良好的协调配合。为此,应使上一级熔断器的熔体额定电流比下一级大 1～2 个级差。

（6）熔断器额定电压的选择应等于或大于所在电路的额定电压。

7.6　低压接触器

接触器是用来频繁地接通和分断交流、直流主电路及大容量电路的电器,主要用于控制交流、直流电动机和电热设备等。它还具有欠压保护功能,适用于频繁操作和远距离控制,在电气控制系统中使用广泛。

7.6.1　接触器的结构及工作原理

1. 接触器的结构

接触器实物图和结构剖面示意图如图 7-14 所示，它由 5 个部分组成。

（a）实物图

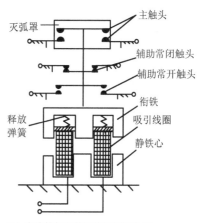

（b）交流接触器的结构剖面示意图

图 7-14　交流接触器

（1）电磁机构：电磁机构由线圈、铁芯和衔铁组成。交流接触器的铁芯一般都是由彼此绝缘的硅钢片叠压而成，做成双 E 形，衔铁有直动式电磁机构和采用绕轴转动的拍合式电磁机构；直流接触器的铁芯多由整块软铁制成，多为 U 形。交流接触器的线圈匝数少，通入的是交流电，而直流触器的线圈匝数多，通入的是直流电。

（2）主触点和灭弧系统：根据主触点的容量大小，有桥式触点和指形触点两种结构形式。直流接触器和电流在 20 A 以上的交流接触器均装有灭弧罩，前者常采用磁吹灭弧，后者常采用栅片灭弧。

（3）辅助触点：有常开和常闭辅助触点，在结构上均为桥式双断点形式，其容量较小。接触器安装辅助触点的目的是使其在控制电路中起联动作用，用于和接触器相关的逻辑控制。辅助触点不设灭弧装置，所以不能用来分合主电路。

（4）反力装置：该装置由释放弹簧和触点弹簧组成，均不能进行弹簧松紧的调节。

（5）支架和底座：用于接触器的固定和安装。

2. 接触器的工作原理

当交流接触器线圈接通后，在铁芯中产生磁通，由此在衔铁气隙处产生引力，使衔铁产生闭合动作，主触点在衔铁的带动下闭合，于是接通了主电路。同时衔铁还带动辅助触点动作，使原来断开的辅助触点闭合，而原来闭合的辅助触点断开。当线圈断电或电压显著降低时，吸力消失或减弱，衔铁在释放弹簧作用下打开，主、辅触点又恢复到原来状态。

3. 接触器的图形符号、文字符号和型号

（1）接触器的分类：按通过电流分为直流和交流；按操作机构分为电磁、液压、气动；按动作分为直动式、转动式；按灭弧介质分为空气式、油浸式、真空。其中空气电磁式直流和交流使用最为广泛。

（2）接触器的符号：接触器在电路中的图形符号和文字符号一般用 QA 或 KM 表示，如图 7-15 所示。注意常开常闭触头斜线所在的方位。

（3）接触器的型号：图 7-16 所示为直流接触器与交流接触器的国产型号标识。

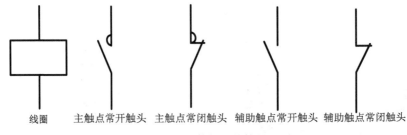

线圈　　主触点常开触头　主触点常闭触头　辅助触点常开触头　辅助触点常闭触头

图 7-15　接触器的符号

（a）直流接触器　　　　　　　　　　　　　　（b）交流接触器

图 7-16　交流接触器型号标识

7.6.2　接触器的主要技术参数

接触器的主要技术指标有：

（1）额定电压指示触点的额定电压，如表 7-2 所示。常见的有：交流 220 V、380 V 和 660 V；直流 110 V、220 V 和 440 V。

（2）额定电流指示主触点的额定电流，如表 7-2 所示。常用的电流等级有 10～800 A。

表 7-2　接触器的额定电压与额定电流

	直流接触器	交流接触器
额定电压/V	110，220，440，660	127，220，380，500，600
额定电流/A	5，10，20，40，60，100，150，250，400，600	5，10，20，40，60，100，150，250，400，600

（3）线圈的额定电压指加在线圈上的电压，如表 7-3 所示。常用的线圈电压有：交流 220 V 和 380 V；直流 24 V 和 220 V。

表 7-3　线圈的额定电压

直流线圈/V	交流线圈/V
24，48，110，220，440，660	127，220，380，500，600

（4）接通和分断能力指主触点在规定条件下能可靠的接通和分断的电流值。接通时触点不熔焊，分断时不发生长时间燃弧。接触器一般不能切断短路电流。

（5）额定操作频率指每小时的操作次数：交流<600 次/h，直流<1200 次/h。操作频率直接影响接触器的使用寿命，对于交流接触器还影响线圈的温升。

接触器的技术参数除了以上主要的几种还包括极数、机械寿命、电气寿命、线圈的起动功率、线圈的吸持功率等。

7.6.3　接触器的选用

首先要考虑控制负载是直流的，还是交流的。前者一般使用直流接触器，后者使用交流接触器。对于直流负载容量较小的情况，也可以使用交流接触器控制直流负载，但触头的额定电压应适当大一些。表 7-4 为常接触器使用类别和典型用途。

表 7-4　接触器使用类别及其典型用途

电流种类	类别	典型用途	IEC 标准
交流	AC-1	无感或微感负载，电阻炉	947-4
	AC-2	绕线式电动机的起动、分断	
	AC-3	鼠笼电机的起动、运转中分断	
	AC-4	鼠笼电机的起动、反接制动与反向、点动	
	AC-5a	控制放电灯的通断	
	AC-5b	白炽灯的通断	
	AC-6a	变压器通断	
	AC-6b	电容器的通断	
	AC-7a	家用及类似用途的微感负载	
	AC-7b	家用电动机负载	
	AC-8a	具有过载继电器手动复位的密封制冷压缩机中的电动机控制	
	AC-8b	具有过载继电器自动复位的密封制冷压缩机中的电动机控制	
	AC-12	控制电阻性负载和发光二极管隔离的固态负载	947-5
	AC-13	控制变压器隔离的固态负载	
	AC-14	控制小容量电磁铁负载	
	AC-15	控制交流电磁铁负载	
	AC-20	空载条件下"闭合"和"断开"电路	947-3
	AC-21	通断电阻负载，包括通断适度的过载	
	AC-22	通断电阻电感混合负载，包括通断适度的过载	
	AC-23	通断电动机负载或其它高电感负载	
交/直流	A	电路保护，不具有额定短时耐受电流	947-2
	B	电路保护，具有额定短时耐受电流	
直流	DC-1	无感或微感负载，电阻炉	947-4
	DC-2	并励电动机的起动、反接与反接制动，点动，电动机的动力分断	
	DC-5	串励电动机的起动、反接与反接制动，点动，电动机的动力分断	
	DC-6	白炽灯的通断	
	DC-12	控制电阻性负载和发光二极管隔离的固态负载	947-5

电流种类	类别	典型用途	IEC 标准
直流	DC-13	控制直流电磁铁	947-5
	DC-14	控制电路中有经济电阻的直流电磁铁负载	
	DC-20	空载条件下"闭合"和"断开"电路	947-3
	DC-21	通断电阻性负载包括适度的过载	
	DC-22	通断电阻电感混合负载，包括通断适度的过载（例如并励电机）	
	DC-23	通断高电感负载（例如串励电机）	

表 7-4 中经常使用的符号所表示的意思如下：

（1）AC1 允许接通和分断额定电流；

（2）AC2 允许接通和分断 4 倍的额定电流；

（3）AC3 允许接通 6 倍的额定电流和分断额定电流；

（4）AC4 允许接通和分断 6 倍的额定电流。

（5）DC1 允许接通和分断额定电流；

（6）DC3 允许接通和分断 4 倍的额定电流；

（7）DC5 允许接通和分断 4 倍的额定电流。

常用的国产交流接触器主要有 CJ20、CJX1、CJX2、CJ12、B、3TB 等，常用的国产直流接触器主要有 CZ0、CZ18、CZ21、CZ22 等。这些接触器均可以找到国外相应型号的品牌替代。

大多工业生产场合下，一般选用的是交流接触器。交流接触器在选用时一般从以下几个方面考虑。

（1）额定电压的选择：应大于或等于负载回路的额定电压。若接触器用于频繁动作的场合，额定电压应增大一倍左右。

（2）根据接触器所控制负载的工作任务（工况）选择相应的使用类别（ACX），实际上是额定电流 I_N 的选择问题：

①$I_N > I_L$：压缩机、水泵、风机、空调、冲床——电机操作频率不高。

②$I_N > 1.1 \sim 1.4 I_L$：机床主电机、电梯、破碎机、绞盘——电机操作频率高；照明、电容器。

③$I_N = I_L$：电热器、电阻炉——冷态电阻小，启动电流大，但影响不大。

（3）根据控制电路来选择线圈的电流种类和电压等级。如 AC220V 线圈不可接至 AC380V 上，交流接触器线圈不可接到直流电源上，当线圈电压有 85%～105%额定电压时，能可靠地工作；当线圈电压过低，电磁吸力不够、衔铁吸不上，可能烧损。

（4）根据主电路和控制线路的路数来确定触点数量和种类。

7.7　低压继电器

继电器是一种利用各种物理量的变化，将电量或非电量信号转化为电磁力或使输出状态发生阶跃变化，从而通过其触头或突变量促使在同一电路或另一电路中的其他器件或装置动作的一种控制元件。它用于各种控制电路中进行信号传递、放大、转换、联锁等，控制主电路和辅助电路中的器件或设备按预定的动作程序进行工作，实现自动控制和保护的目的。

7.7.1　继电器的分类

继电器有如下几种不同的分类：
（1）按用途分控制继电器、保护继电器、中间继电器、安全继电器、信号继电器等。
（2）按原理分电磁式、磁电式、感应式、电动式、光电式、压电式、热继电器等。
（3）按参数分电流、电压、速度、时间、脉冲、压力继电器、交流和直流继电器。
（4）按结构特性分固态、舌簧、微型、电子式、智能化、可编程继电器等。
（5）按输出触头容量分大功率、中功率、小功率继电器。
（6）按动作时间分瞬时继电器、延时继电器等。
（7）按动作功能分通用、灵敏、高灵敏继电器等。
（8）按输出形式分有触点、无触点继电器等。

7.7.2　继电器的结构、型号和图形符号

电磁式继电器的种类最多，应用最广，其外形和结构如图 7-17（a）所示。电磁式继电器主要用于控制回路，接通和分断电流小，一般不装灭弧装置。其基本结构由感测机构和执行机构两部分组成。

电磁继电器的型号标识如图 7-17（b）所示，继电器的种类有 T-通用继电器；L-电流继电器；Z-中间继电器；S-时间继电器。电磁继电器的图形符号如图 7-17（c）所示。

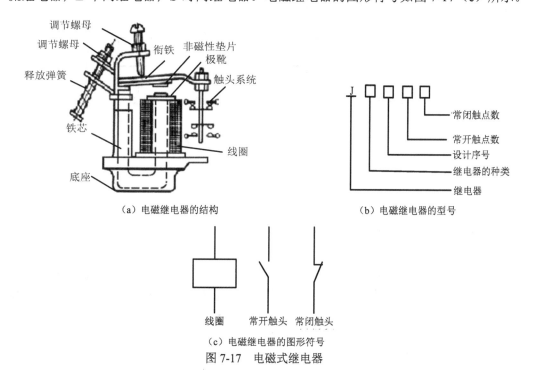

（a）电磁继电器的结构　　　　　　（b）电磁继电器的型号

（c）电磁继电器的图形符号

图 7-17　电磁式继电器

7.7.3　电磁式继电器的性能

电磁式继电器的性能指标主要包括额定参数：

（1）额定电压、电流。

（2）吸合电压、电流。

（3）释放电压、电流。

（4）整定值：根据要求，人为调节继电器吸合（释放）电压或电流。

（5）返回参数：释放电压（电流）与吸合电压（电流）之比，用 K 表示；其中控制继电器 $K<0.4$，避免电源电压短时降低而自行释放；保护继电器 $K>0.6$，反映较小输入量的波动范围。

（6）动作时间（吸合时间、释放时间）：瞬时继电器一般是 0.05～0.2 s；快速继电器小于 0.05 s；延时继电器大于 0.2 s。

7.7.4　几种常见的控制继电器

1. 电压继电器

电压继电器主要用于电气控制系统的电路保护和控制，根据电压大小动作，其线圈并联在被测电路中，反映电路中电压的变化。电压继电器根据用途不同可分为过电压和欠电压继电器。根据通过线圈电流的种类可分为交流电压继电器和直流电压继电器。电压继电器的外形与符号如图 7-18 所示。

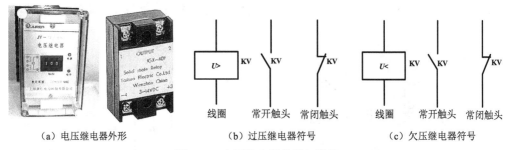

（a）电压继电器外形　　　　（b）过压继电器符号　　　　（c）欠压继电器符号

图 7-18　电压继电器外形与符号

2. 电流继电器

电流继电器主要用于电气控制系统的过载和短路保护。使用时电流继电器的线圈串联在被测量的电路中，以反映电路中电流的变化。电流继电器分为过电流继电器和欠电流继电器。图 7-19 为电流继电器的外形与符号。过电流继电器在电路正常工作时，衔铁不动作，常开触点处于断开状态，常闭触点处于闭合状态；当电流升至额定电流的 1.1～1.4 倍时，衔铁吸合，常开触点闭合，常闭触点处于断开。欠电流继电器在电路正常工作时衔铁处在吸合状态，常开触点闭合，常闭触点断开；当电流低于规定值时，衔铁才释放，常开触点断开，常闭触点闭合，欠电流继电器的吸引电流为线圈额定电流的 30%～65%，释放电流为额定电流的 10%～20%。

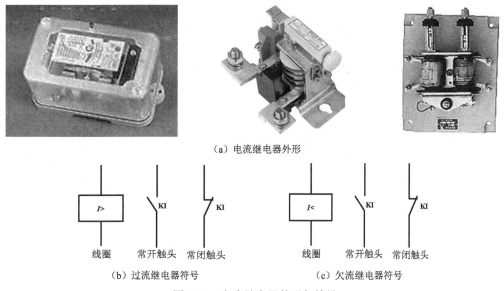

（a）电流继电器外形

（b）过流继电器符号　　　　　　　　　　　　（c）欠流继电器符号

图 7-19　电流继电器外形与符号

3. 中间继电器

中间继电器实质是一种电磁式电压继电器，是用来转换控制信号的中间元件。它输入的是线圈的通电、断电信号，输出信号为触点的动作，而且其触点数量较多，各触点的额定电流相同。中间继电器通常用来放大信号，增加控制电路中控制信号的数量，以及用来信号传递、联锁、转换及隔离。中间继电器只要求线圈电压为零时能可靠释放，对动作参数无要求。图 7-20 为中间继电器的外形与符号。

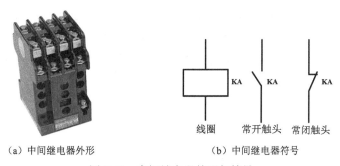

（a）中间继电器外形　　　　　　　（b）中间继电器符号

图 7-20　中间继电器外形与符号

7.7.5　热继电器

热继电器是电流通过发热元件加热使双金属片弯曲，推动执行机构动作的电器。主要用来保护电动机或其他负载免于过载及作为三相电动机的断相、电流不平衡运行保护。图 7-21 为热继电器实物图和符号。

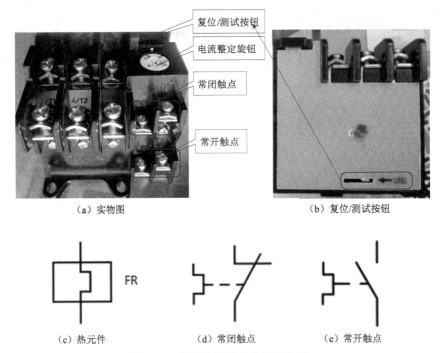

（a）实物图　　　　　　　　　　　（b）复位/测试按钮

（c）热元件　　　　　　（d）常闭触点　　　　　　（e）常开触点

图 7-21　热继电器的实物图和符号

1. 热继电器的工作原理

热继电器主要是通过热元件（热敏电阻或双金属片）串在电动机定子绕组中，在电动机正常运行时，双金属片弯曲，但不足以使继电器动作；当电动机过载时，热元件产生的热量增大，使双金属片弯曲位移增大，经过一定时间，双金属片弯曲到推动导板，并通过补偿金属片与推杆将触点分开，即常闭触点动作，常开触点相反。调节时通过一个偏心轮改变补偿双金属片和导板的接触距离，达到调节整定动作电流的目的，如图 7-22 所示。热继电器动作后大约在 5 min 内实现自复位。若手动复位可 2 min 后按键复位。

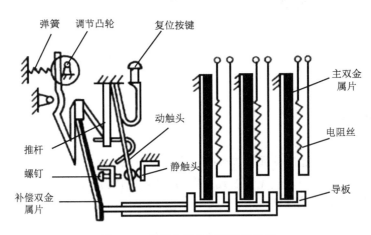

图 7-22　热继电器共组原理示意图

2. 电动机的过载特性与热继电器的保护特性

由于热继电器的触点动作时间和被保护的电动机过载程度有关，电动机在不超过允许温升的条件下，电动机的过载电流与电动机通电时间之间的关系，即电动机的过载特性，如图 7-23 所示，纵轴表示热继电器产生保护的时间，横轴表示实际电流与额定电流之比。当电动机过载时，会引起绕组发热，电动机通电时间和过载电流的平方成反比。因此可以得出电动机的过载特性具有反时限特性。为了适应电动机的过载特性而又起到过载保护作用，要求热继电器也具备反时限特性，因此必须有热阻性发热元件。

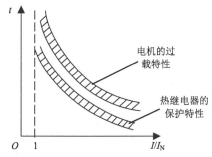

图 7-23 　 电动机的过载特性与热继电器的保护特性及其配合

3. 具有断相保护的热继电器

三相电动机的一根接线松开或一相熔丝熔断，是造成三相异步电动机烧坏的主要原因之一。如果热继电器所保护的电动机是 Y 接法，当线路发生一相断电时，另外两相电流便增大很多，由于线电流等于相电流，流过电动机绕组的电流和流过热继电器的电流增加比例相同，所以普通的两相或三相热继电器可以对此做出保护。如果电动机是△接法，发生断相时，由于电动机的相电流与线电流不等，流过电动机绕组的电流和流过热继电器的电流增加比例不相同，而热元件又串联在电动机的电源进线中，按电动机的额定电流即线电流来整定，整定值较大。当故障线电流达到额定电流时，在电动机绕组内部，电流较大的那一相绕组的故障电流将超过额定相电流，便有过热烧毁的危险。所以△接法必须采用带断相保护的热继电器，如图 7-24 所示。

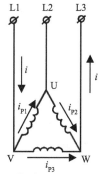

图 7-24 　 △接法 U 相断线时的电流

　　带有断相保护的热继电器是在普通热继电器的基础上增加一个差动机构。差动式断相保护装置结构原理如图 7-25 所示。热继电器的导板改为差动机构，由上导板 1、下导板 2 及杠杆 3 组成，它们之间都用转轴连接。图 7-25（a）为通电前机构各部件的位置。图 7-25（b）为正常通电时的位置，此时三相双金属片都受热向左弯曲，但弯曲的挠度不够，所以下导板向左移动一小段距离，继电器不动作。图 7-25（c）是三相同时过载时的情况，三相双金属片同时向左弯曲，推动下导板 2 向左移动，通过杠杆 3 使常闭触点立即打开。图 7-25（d）是 C（W）相断线的情况，这时 C（W）相双金属片逐渐冷却降温，端部向右移动，推动上导板 1 向右移。而另外两相双金属片温度上升，端部向左弯曲，推动下导板 2 继续向左移动。由于上、下导板一左一右移动，产生了差动作用，通过杠杆的放大作用，使常闭触点打开。由于差动作用，使热继电器在断相故障时加速动作，保护电动机。

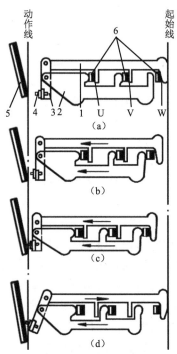

图 7-25　差动式断相保护机构及工作原理

1.上导板；2.下导板；3.杠杆；4.顶头；5.补偿双金属片；6.主双金属片

4. 热继电器的分类

热继电器的分类方式有以下 4 种。

（1）按热元件的种类分：可分为双金属片、热敏电阻式。

（2）按极数分：可分为两相式、三相式、三相不带/带缺相保护式。

（3）按复位方式：可分为自动复位和手动复位。其中自动复位的，如调整其复位螺钉的位置，也可以变成手动复位的。

（4）按控制触点分：可分为带常闭触点和带常闭常开触点的，并有带互感器和不带互感器之分。

5. 热继电器的选用

热继电器的选用是否得当，直接影响电动机进行过载保护的可靠性。通常选用时应按电动机形式、工作环境、启动情况及负荷情况等方面综合加以考虑：

（1）热继电器根据相数、常开还是常闭、是否要断相保护等方面来分类。

（2）热元件额定电流整定：一般该值与负载的额定电流相等。对冲击负荷，该值取负载额定电流的 1.1～1.5 倍，电机长期工作时选取线电流的 0.95～1.2 倍。热元件动作电流的调节范围为 60%～100% 的热元件额定电流。

（3）原则上热继电器的额定电流大于电动机的额定电流，应按电动机的额定电流选择，对于过载能力较差的电动机，其配用的热继电器的额定电流可适当小一些，通常选取热继电器的额定电流为电动机额定电流的 60%～80%。

（4）在不频繁启动场合，要保证热继电器在电动机启动过程中不产生误动作，通常当电动机启动电流为其额定电流 6 倍及启动时间不超过 6 s 且很少连续启动时，就可按电动机的额定电流选取继电器。

（5）电动机重复短时工作时，要注意热继电器的允许操作频率。

6. 热继电器在使用中常见的故障

（1）热继电器动作太快：整定电流值偏小，电动机起动时间过长，连接导线太细，操作频率过高或点动控制，环境温差太大。

（2）热继电器不动作：电动机烧坏，主回路断路，热元件烧坏，控制触点断路。

（3）动作不稳定，时快时慢：内部结构有问题。热继电器误动作：内部结构有问题。

7.7.6　时间继电器

继电器输入信号后，经一定的延时（可调节）才有输出信号的继电器称为时间继电器。它能够延时或周期性定时接通和切断某些控制电路的继电器。特别地，对电磁式时间继电器，当电磁线圈通电或断电后，经一段时间，延时触头状态才发生变化，即延时触头才动作。时间继电器的符号如图 7-26 所示。

时间继电器按延时方式分为通电延时型和断电延时型两种。按工作原理可分为直流电磁式、空气阻尼式、电动机式、晶体管式、电子式（单片机控制式），如图 7-27 所示。其中电子式时间继电器典型产品包括 JSJ、JSB、JS14、JS15、JS14A、JS20、JS14P 等型号。电动机式时间继电器是一种利用微型同步电动机拖动减速齿轮，经传动机构获得延时动作的时间继电器。电子式时间继电器是一种利用 RC 电路电容充电原理实现延时的继电器。在类型选择方面，凡是在延时要求不高的场合，一般宜采用价格较低的 JS7-A 系列空气阻尼式时间继电器，反之在延时要求较高的场合，则采用 JSH 系列电动式时间继电器。线圈电压根据控制线路电压来选择时间继电器吸引线圈的电压。

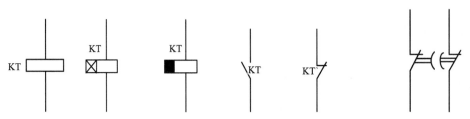

（a）线圈　（b）通电延时线圈　（c）断电延时线圈　（d）常开触头　（e）常闭触头　（f）通电延时断断电瞬时闭合常闭触头

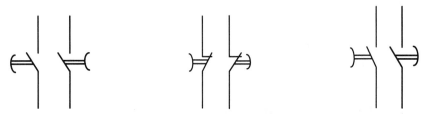

（g）通电延时闭合断电瞬时断开常开触头（h）通电瞬时断开断电延时闭合常闭触头（i）通电瞬时闭合断电延时断开常开触头

图 7-26　时间继电器的符号

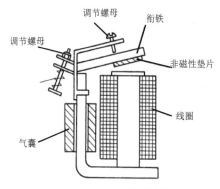

（a）直流电磁式时间继电器

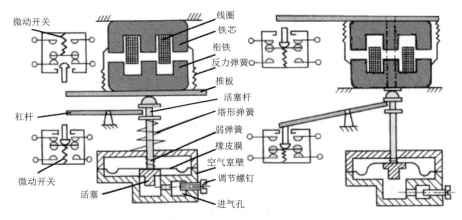

（b）JS7-A 系列空气阻尼式时间继电器结构原理图

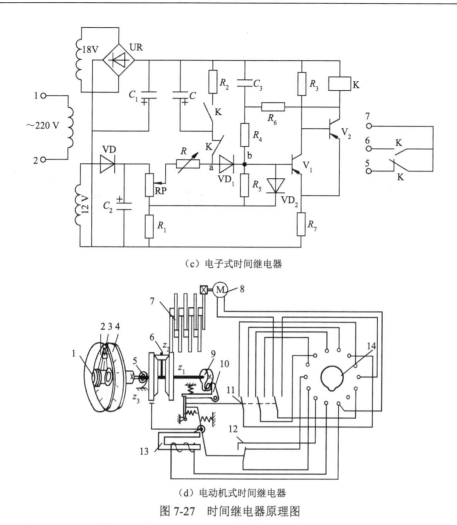

（c）电子式时间继电器

（d）电动机式时间继电器

图 7-27　时间继电器原理图

1.延时长短整定值；2.定位指针；3.指针；4.分度表；5.复位游丝；6.差动轮系；7.减速齿轮；8.同步电动机；9.凸轮；10.脱扣机构；11.延时触头；12.瞬动触头；13.离合电磁铁；14.接线插座

7.7.7　速度继电器

按速度原则动作的继电器称为速度继电器，它主要应用于三相笼型异步电动机检测电动机的转速和反接制动中。感应式速度继电器主要由定子、转子和触点三部分组成。转子是一块圆柱形永久磁铁，定子是一个笼型空心圆环，由硅钢片叠制而成，并装有笼型绕组。

图 7-28 为感应式速度继电器的原理示意图和实物图片。电动机转动时带动转子旋转，永久磁铁变成一个旋转磁场。旋转磁场切割定子导体，从而产生感应电动势，感应电流与旋转磁场相互作用，对定子产生电磁力。旋转磁场方向与转子的转向相同。转子转速越高，电磁转矩越大，当定子偏转到一定角度时，速度继电器动作，产生信号，常开触点必将闭合。当电动机转速下降到一定数值时，继电器的电磁转矩下降，当电磁转矩小于反力弹簧的反力力矩，触点恢复到原来的状态。一般感应式速度继电器转轴在 120～300 r/min 内触点动作，而在 100 r/min 以下时触点复位。

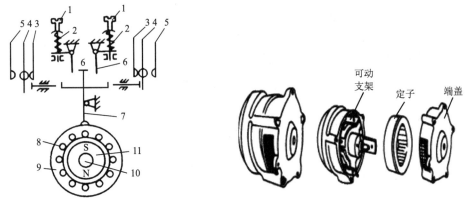

（a）感应式速度继电器的原理示意图　　　　　　　（b）实物图片

图 7-28　感应式速度继电器的原理示意图和实物图

1.调节螺钉；2.反力弹簧；3.常闭触头；4.动触头；5.常开触头；6.返回杠杆；7.杠杆；8.定子导条；
9.定子；10.转轴；11.转子

速度继电器的符号如图 7-29 所示。速度继电器的触点有正转动合触点和反转动合触点之分，也有常开触点和常闭触点之分。

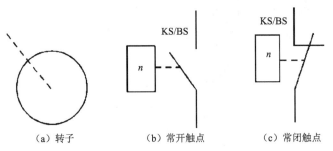

（a）转子　　　　　　（b）常开触点　　　　　　（c）常闭触点

图 7-29　速度继电器的图形和文字符号（也可以用 KS 表示）

7.7.8　温度继电器

在电网电压不高，但环境温度过高或通风不良时，使用热继电器将失去对负载的保护作用，此种情况下应采用温度继电器，可以认为它能对电动机进行"全热"保护。温度继电器有两种类型：双金属片式和热敏电阻式。温度继电器实物与符号如图 7-30 所示。

这里仅介绍双金属片式温度继电器的工作原理。双金属片式温度继电器用作电动机保护时，是将其埋在电动机发热部。当电动机发热部位温度升高时，产生的热量通过外壳传导给其内部的双金属片，达到一定温度时双金属片开始变形，双金属片使动触点与静触点瞬间跳开，从而控制接触器使电动机断电，达到过热保护的目的。双金属片共有 11 种规格：50℃、60℃、70℃、80℃、95℃、105℃、115℃、125℃、135℃、145℃、165℃。当温度降下来后，金属片自动重新回复到原来的状态，返回温度一般比动作温度低 5～40℃。

（a）双金属片式

（b）热敏电阻式

（c）符号

图 7-30　温度继电器

7.7.9　液位继电器

液位继电器的作用主要是在锅炉和水箱中根据液位的高低变化来控制水泵电动机，或者作为报警信号，如图 7-31 所示。浮筒置于被控锅炉或水柜内，浮筒的一端有一根磁钢，锅炉外壁装有一对触点，动触点的一端也有一根磁钢。当锅炉或水柜内的水位降低到极限值时，浮筒下落使磁钢端上翘，由于磁钢间互斥作用力减小，使动触点的磁指针端下落，通过支点使触点 2-2 接通，1-1 断开。反之，水位上升到上限位置时，浮筒上浮使触点 1-1 接通，2-2 断开。显然，液位继电器的安装位置决定了被控的液位。液位继电器价格低廉，主要用于不精准的液位控制场合。

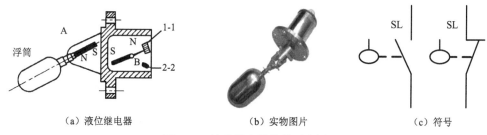

（a）液位继电器　　　　　　　（b）实物图片　　　　　　　（c）符号

图 7-31　液位继电器结构示意图

7.8　低压主令电器

主令电器是一种机械操作的控制电器，主要用于切换控制电路，向电气主回路发送命令，以及控制电机的启动、停止状态等。主要包括控制按钮、指示灯与发声器、转换开关（组合开关、万能转换开关）、行程开关，其中行程开关包括有触点行程开关、接近开关（无触点行程开关）。

7.8.1　控制按钮

控制按钮简称按钮，是一种结构简单且用途十分广泛的手动电器，在控制电路中用于手动发出控制信号以控制接触器、继电器等。图 7-32（a）为控制按钮实物图片。控制按钮一般由按钮帽、复位弹簧、触点和外壳等部分组成，其结构如图 7-32（b）

所示。按钮中触点的形式和数量根据需要可以装配成 1 常开 1 常闭到 6 常开 6 常闭的形式，接线时，也可以只接常开或常闭触点。当按下按钮时，先断开常闭触点，而后接通常开触点。按钮释放后，在复位弹簧作用下使触点复位。图 7-33 为控制按钮的符号。

 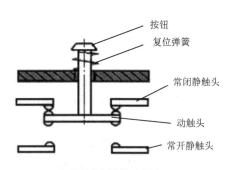

（a）控制按钮实物图片　　　　　　　　（b）控制按钮结构示意图

图 7-32　控制按钮实物图片和结构示意图

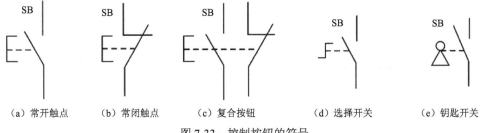

（a）常开触点　　（b）常闭触点　　（c）复合按钮　　（d）选择开关　　（e）钥匙开关

图 7-33　控制按钮的符号

　　控制按钮的分类方式如下：按驱动方式分直接推压、旋转、推拉、杠杆、带锁；按用途分动合、动断、复合、三联式；按结构形式和防护方式分开启式、紧急式、钥匙式、旋钮式、保护式、防腐式、带指示灯式；按接触面形式分平头、蘑菇头、带操纵杆；按颜色分红、绿、黑、黄、蓝、白等。可根据使用场合来选用不同类型的按钮。

　　控制按钮的主要参数有外观形式和安装孔尺寸、触头数量及触头的电流容量，可在使用时查阅具体的产品说明。为了避免误操作，通常将控制按钮做成不同的颜色，以示区别，如表 7-5 所示为控制按钮颜色及其含义。控制按钮的主要技术参数是额定电压与电流，如 AC100V&5A。选用方法如下：

（1）根据应用场合选择按钮的种类。

（2）根据用途选用合适的形式。

（3）根据控制回路的需要，确定按钮应具备的常开触点数和常闭触点数。

（4）按工作状态指示和工作情况要求，选择按钮的颜色。

表 7-5　控制按钮颜色及其含义

颜色	代表意义	典型用途
红	停车、开断、紧急停车	一台或多台电动机的停车 机器设备的一部分停止运行 磁力吸盘或电磁铁的断电 停止周期性的运行 紧急开断 防止危险性过热的开断
绿或黑	启动、工作、点动	控制回路激磁 辅助功能的一台或多台电动机开始启动 机器设备的一部分启动 激励磁力吸盘装置或电磁铁 点动或缓行
黄	返回的启动、移动出界、正常工作循环或移动一开始时去抑止危险情况	在机械已完成一个循环的始点，机械元件返回按黄色按钮的功能可取消预置的功能
白或蓝	以上颜色所未包括的特殊功能	与工作循环无直接关系的辅助功能控制保护继电器的复位

7.8.2　指示灯与发声器

指示灯用于电源指示及指挥信号、预告信号、运行信号、事故信号及其他信号的指示。它的颜色有 HR（RD-红）、HY（YE-黄）、HG（GN-绿）、HW（WH-白）、HB（BU-蓝）；灯的类型有 Ne、Xe、Na、HG、I、IN、EL、ARC、FL、IR、UV、LED。发声器包括电铃与蜂鸣器，用于指示、报警。指示灯与发声器的实物、符号如图 7-34 所示

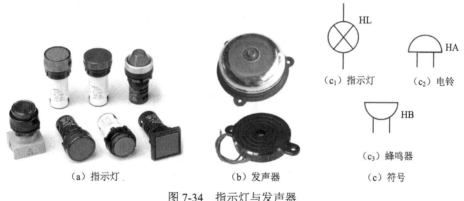

（a）指示灯　　　　　（b）发声器

HL
（c₁）指示灯

HA
（c₂）电铃

HB
（c₃）蜂鸣器

（c）符号

图 7-34　指示灯与发声器

7.8.3　转换开关

转换开关又称为组合开关，常用于机床电气控制线路中，作为电源的引入开关，也可以用来不频繁地通断电路、电源和负载，以及控制 5 kW 以下的小容量异步电动机的正、反转和 Y-Δ 起动，有时也用它来控制局部照明电路。转换开关主要由 HZ5 系列转换开关和 LD 自动转换开关（ATSE）。转换开关主要技术参数有额定电压、额定电流及额定分路输出电流。

转换开关由感测部分手柄、转轴、弹簧、凸轮、执行机构静触头、动触头及接线柱等组成。动静触头分别叠装于数层绝缘壳内，其层数由动触头的数量决定。当转动手柄时，每层的动触头随方轴一起转动，用以改变各对触头的通断状态，如图 7-35 所示为转

换开关的结构示意图。

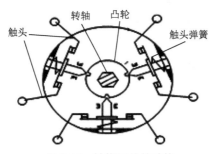

图 7-35　转换开关的结构

转换开关格挡位电路通断状态的表示法有图形表示法和列表表示法。图 7-36 中用"•"表示手柄的位置。当操作并位于 0 位置时，触点 1-2 闭合；列表表示法中用"×"表示闭合；当操作手柄处于左边位置时，触点 5-6 和触点 7-8 处于闭合状态；当操作手柄处于右边位置时，触点 3-4 和触点 5-6 处于闭合状态。

转换开关的主要技术参数包括额定电压、额定电流、额定分路输出电流。其中额定电压主要是输入三相 660 V、380 V；输出三相 660 V、380 V；单向 220 V、110 V、36 V、24 V。额定电流为 32 A、63 A、100 A、200 A、400 A、600 A、1000 A。额定分路输出电流为 16 A、32 A、63 A、125 A、250 A、400 A。转换开关选用时根据控制要求选择合适型号、额定电流和额定电压；根据应用场合选择面板形式、标志和手柄。不同电路中选择的侧重点有所不同，例如，控制电路中，路数和电路状态决定触点数目和定位特征，是考虑重点；控制电机中，容量和电压等级是考虑重点。

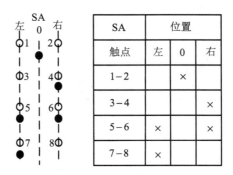

SA	位置		
触点	左	0	右
1-2		×	
3-4			×
5-6	×		×
7-8	×		

图 7-36　转换开关的表示法（图形与列表）

7.8.4　行程开关

行程开关又称限位开关，属小电流开关电器，能将机械位移转变为电信号，以控制机械运动。行程开关的结构和符号如图 7-37 所示。

图 7-37 中，当运动机械的挡铁压到行程开关的滚轮上时，传动杆连同转轴一起转动，使凸轮推动撞块，当撞块压到一定位置时，推动微动开关快速动作，使其常闭触点断开，常开触点闭合；当滚轮上的挡铁移开后，复位弹簧就使行程开关归位。

图 7-37　行程开关的结构和符号

7.8.5　接近开关

接近开关是一种非接触式的检测装置，能检测金属物或非金属物（仅对光电接近开关）存在与否，只要当运动的物体接近它一定距离时就能发出接近信号，以控制运动物体的位置。接近开关不等于行程开关，它具有计数作用。接近开关既有行程开关、微动开关的特性，同时具有传感器的性能，且工作可靠、寿命长、功耗低、复定位精度高、操作频率高及适应恶劣的工作环境等。

接近开关根据感应头的不同有如下几种形式：电感式接近开关、电容式接近开关、霍尔接近开关、光电接近开关、热释电接近开关、超声波接近开关和微波接近开关等。接近开关的外形及符号如图 7-38 所示。下面重点介绍三类接近开关。

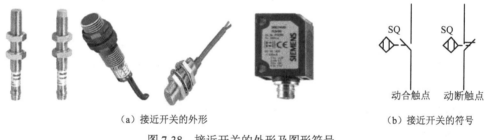

（a）接近开关的外形　　　　　　　　　　　（b）接近开关的符号

图 7-38　接近开关的外形及图形符号

1. 电容式接近开关

电容式接近开关属于一种具有开关量输出的位置传感器。它的测量头通常是构成电容器的一个极板，而另一个极板是物体的本身，当物体移向接近开关时，物体和接近开关的介电常数发生变化，使得和测量头相连的电路状态也随之发生变化，由此便可控制开关接通和关断。这种接近开关的检测物体，并不限于金属导体，也可以是绝缘的液体或粉状物体。

2. 霍尔式接近开关

当一块通有电流的金属或半导体薄片垂直地放在磁场中时，薄片的两端就会产生电位差（霍尔效应）。两端具有的电位差值称为霍尔电势 U，霍尔效应的灵敏度高低与外加磁场的磁感应强度成正比的关系。霍尔开关具有无触点、功耗低、使用寿命长、响应频率高等特点，内部采用环氧树脂封灌而成，所以能在各类恶劣环境下可靠地工作。

3. 光电接近开关

光电接近开关利用被检测物对光束的遮挡或反射，由同步回路选通电路，从而检测物体的有无。物体不限于金属，所有能反射光线的物体均可被检测。光电开关将输入电流在发射器上转换为光信号射出，接收器再根据接收到的光线的强弱或有无对目标物体进行探测。多数光电开关选用的是波长接近可见光的红外线光波型。光电开关的种类包括：漫反射式、镜反射式、对射式、槽式、光纤式。

7.9　高压开关电器

7.9.1　高压断路器（QF）

1. 高压断路器的作用

高压断路器（或称高压开关）是变电所主要的电力控制设备，它具有相当完善的灭弧结构和足够的断流能力，并且动作快速，具有自动重合闸功能。它主要有控制作用与保护作用。

控制作用：当系统正常运行时，根据电网运行的需要，能通、断各种性质的电流电路，将部分电气设备或线路投入或退出运行。

保护作用：在电气设备或电力线路发生故障时，继电保护装置发出跳闸信号，起动断路器，切断过负荷电流和短路电流，将故障部分设备或线路从电网中迅速切除，确保电网中无故障部分的正常运行。

控制与保护作用的直接结果是会起到安全隔离的作用。

2. 高压断路器的基本参数

（1）额定电压 U_e：指断路器长时间运行能承受的正常工作电压。它取决于绝缘水平、尺寸、灭弧条件。

（2）额定电流 I_e：指断路器的触头结构和导电部分在规定环境温度下允许通过的长期工作电流，其相应的发热温度不会超过国家标准。它取决于导体截面积、结构。

（3）额定开断电流 I_{ekd}：指断路器在额定电压下能可靠断开的最大电流的有效值。它表征开断能力。

（4）额定开断容量：$S_{ekd} = \sqrt{3}U_e I_{ekd}$。

（5）关合电流：指断路器在冲击短路电流作用下承受热量与电动力的能力，具体指保证断路器能可靠关合而不会发生触头或其他损伤时允许接通的最大短路电流。

（6）热稳定电流 I_{rw}：指断路器承受短路电流热效应的能力（一般取 2～4 s）。

（7）开断时间 t_{kd}：从操作机构跳闸线圈接通跳闸脉冲起，到三相电弧完全熄灭时止的一段时间（等于断路器的分闸时间和熄弧时间之和）。

（8）合闸时间：表征操作性能，从断路器操作动机构合闸线圈接通到主触头接触这段时间。

（9）分闸时间：表征操作性能，它是从操作机构分闸线圈接通到触头分离这段时间。

（10）熄弧时间：从触头分离到弧熄这段时间。

（11）操作循环：表征操作性能，指能承受一次或两次以上的关合、开断（分）、或关合后立即开断的动作能力。架空线路的短路故障大多是暂时性的，短路电流切断后，故障即迅速消失，为了提高供电的可靠性和系统运行的稳定性，需要此指标。操作循环有两种：

①自动重合闸操作循环：分—t'—合分—t—合分

②非自动重合闸操作：分—t—合分—t—合分

t 表示运行人员强送电时间，标准为 180 s；t' 表示无电流间隔时间，即断路器断开故障电路，从电弧熄灭到电路重新自动接通的时间，标准时间是 0.3 s 或 0.5 s；"分"表示分闸动作；"合分"表示合闸后立即分闸的动作。

3. 高压断路器的分类

高压断路器一般按灭弧介质的种类分为油断路器、压缩空气断路器、SF$_6$ 断路器和真空断路器。SF$_6$ 和真空断路器取代前两种是趋势。

1）油断路器

油断路器产生于 1895 年，采用绝缘油（即矿物油）作为灭弧介质，触头在油介质中闭合和断开，在短路时能迅速可靠地切断电流。它较早应用于电力系统中，技术已经十分成熟，价格比较便宜，广泛应用于各个电压等级的电网中。油断路器有多油断路器（D）和少油断路器（S）之分，如图 7-39 和图 7-40 所示。

多油断路器中的油不仅作为灭弧介质，同时也是绝缘介质，所以多油断路器的外壳是可以触摸没有危险。目前，多油断路器现在已经基本不用了。少油断路器是现在常用的断路器，其中油仅作为灭弧介质使用，而绝缘功能已经减弱，只作为断路器内部的各元件之间的绝缘使用，所以少油断路器外壳是带电的。少油断路器外形小，重量轻，内部充油量也少，便于维护检修，也便于安装布置。

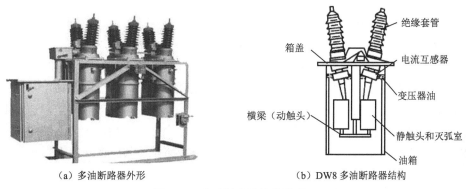

（a）多油断路器外形　　　　　　　　（b）DW8 多油断路器结构

图 7-39　多油断路器结构外形

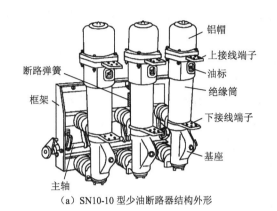
（a）SN10-10 型少油断路器结构外形

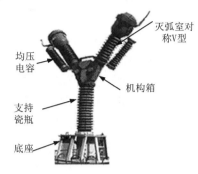
（b）SW6 少油断路器结构外形

图 7-40　少油断路器结构外形

油断路器灭弧室是由绝缘材料制成并装设在触头周围，用以限制电弧、并产生高速气流对电弧进行强烈气吹（气吹的方式可是纵、横、混合、环吹）使电弧熄灭。按照产生气吹的能源，灭弧室可以分为以下三类。

（1）自能气吹式灭弧室：利用电弧自身的能量使油分解出气体，提高灭弧室中的压力，当吹弧口打开时，由于灭弧室内外的压力差在吹弧口产生高速油气流，对电弧进行气吹使之熄灭。

（2）外能气吹式灭弧室：利用外界能量（通常是由油断路器合闸过程中被储能的弹簧提供）在分断过程中推动活塞，提高灭弧室的压力驱动油气吹弧而熄灭电弧，也有称此为强迫油吹式灭弧室。

（3）综合式灭弧室：它综合了自能吹弧和外能吹弧的优点，利用电弧自身的能量来熄灭大电流电弧，利用外界能量来熄灭小电流电弧，并可改善分断特性。这种灭弧室结构稍复杂，但分断性能好。超高压少油断路器中大多数采用这种灭弧室。

多油和少油断路器都要充油，其作用是灭弧，散热和绝缘。它的危险性不仅是在发生故障时可能引起爆炸，而且爆炸后由于油断路器内的高温油（10 kV 少油断路器开断20 kA 时的电弧功率可达 10 000 kW 以上，断路器触头之间产生的电弧弧柱温度可达六七千摄氏度，甚至超过 10 000℃）发生喷溅，形成大面积的燃烧，引起相间短路或对地短路，破坏电力系统的正常运行，使事故扩大，甚至造成严重的人员伤亡事故。

2）压缩空气断路器

压缩空气断路器 20 世纪 40 年代问世以来，在 50～60 年代迅速发展，它利用高压空气吹动电弧并使其熄灭的断路器。其工作时，高速气流吹弧对弧柱产生强烈的散热和冷却作用，使弧柱热电离，并迅速减弱以至消失。电弧熄灭后，电弧间隙即由新鲜的压缩空气补充，介电强度迅速恢复。它的主要特点是：①动作快，开断时间短，这在很大程度上提高了电力系统的稳定性；②具有较高的开断能力，可以满足电力系统所提出的较高额定参数和性能要求；③可以采用积木式结构，系列性强。其外形和吹弧形式如图 7-41所示。

压缩空气断路器广泛用于高压和超高压的电力系统中。此外，大容量发电机断路器要求开断容量大，动作迅速，现在还广泛应用压缩空气断路器。

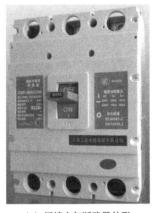

（a）压缩空气断路器外形

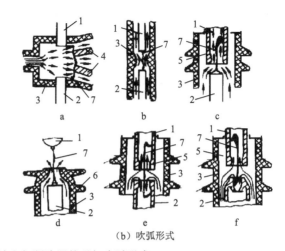

（b）吹弧形式

图 7-41　压缩空气断路器外形与吹弧形式

a.横吹；b.实心触头的单向纵吹；c.由金属喷口的单向纵吹；d.由绝缘喷口的单向纵吹（自由喷射）；
e.双向对称纵吹；f.双向非对称纵吹

1.静触头；2.动触头；3.灭弧室体壳；4.绝缘隔板；5.金属喷头；6.绝缘喷口；7.电弧

由于出现了结构简单、灭弧性能良好和寿命长的 SF_6 断路器，使得压缩空气断路器的使用范围缩小。但北欧等一些高寒地区，由于 SF_6 气体液化和开断能力降低（降低 20% 左右）等，有些国家在高压、超高压电网中还在使用压缩空气断路器。

3）SF_6 断路器

SF_6 是一种化学性能非常稳定的惰性气体，在常态下无色、无臭、无毒、不燃、不老化、易液化现象，对电气设备的金属不起腐蚀作用，具有良好的绝缘性能和灭弧性能。呈很强的电负性，对电子有亲和力，具有捕获电子的能力，形成活动性较低的负离子，是典型的三体复合材料，加之热容量大等因素，它的灭弧性能相当于同等条件下的空气的 100 倍，在三个大气压下时其绝缘性能相当于变压器油，在一个大气压时，其绝缘性能超过空气的二倍。在高温的作用下，少量的 SF_6 气体会分解成 SOF_2、SO_2F_2、SF_4、SOF_4，但在电弧过零后，它们又会结合成为 SF_6。

正是由于 SF_6 良好的性能，在 20 世纪 50 年代初在高压断路器中开始使用它，在 20 世纪 60～70 年代 SF_6 断路器已广泛用于超高压大容量电力系统中。目前已开发出 35 kV 单断口、363 kV 单断口、550 kV 双断口和额定开断电流达 80 kA、100 kA 的 SF_6 断路器。图 7-42 给出了 SF_6 断路器外形与结构。

SF_6 断路器优点表现为：

（1）使用寿命长（至少在 20 年以上），维修工作量小。

（2）该断路器不存在燃烧、爆炸等不安全问题，使用可靠。

（3）断口耐压高，断口数和绝缘支柱数少，零部件也少，结构简单，故外形尺寸小，占地面少。

（4）使电流过零时去游离过程大大加快，灭弧快。

（5）断路性能好，允许动作多次，断路电流大，灭弧时间短。

但是，SF_6 气体的电气性能受电场均匀程度及水分、杂质的影响很大，因此要求对水分子与气体杂质严格检测,对 SF_6 气体的纯度及密封性要求高,同时也对 SF_6 断路器的加工精度要求高。

4)真空断路器

真空断路器产生于 20 世纪 50 年代,广泛用于 35 kV 及以下的电压等级中,如图 7-43 所示。

LW3-12 SF_6 断路器(含隔离刀)

LW3-12 SF_6 开关

LW8-40.5 SF_6 断路器

LW8(A)-40.5 SF_6 断路器

(a)SF_6 断路器外形

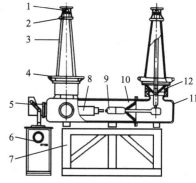

(b)LW-220 型罐式 SF_6 段路器单相结构图

图 7-42 SF_6 断路器外形与结构

1.接线端子;2.上均压环;3.出线瓷套管;4.下均压环;5.拐臂箱;6.机构箱;7.基座;8.灭弧室;9.静触头;10.盆式绝缘子;11.壳体;12.电流互感器

ZW32-12 真空断路器

ZW8-12 真空断路器

(a)真空断路器外形

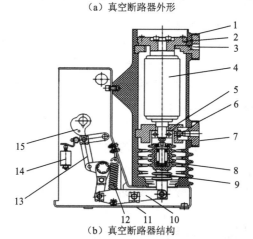

(b)真空断路器结构

图 7-43 真空断路器外形与结构

1.绝缘筒;2.上支架;3.上出线座;4.真空灭弧室;5.软连接;6.下支架;7.下出线座;8.碟簧;9.绝缘拉杆;10.四连杆机构;11.断路器壳体;12.分闸弹簧;13.四连杆机构;14.分闸电磁铁;15.合闸凸轮

真空间隙内的气体稀薄，分子的自由行程大，发生碰撞的概率很小，碰撞游离并不是真空间隙击穿产生电弧的主要因素。真空中的电弧是由触头间电极蒸汽形成的，具有很强的扩散作用，因而使电弧电流过零后，触头间隙的介质强度能很快恢复起来，使电弧迅速熄灭。

真空灭弧室的外壳是一个真空密闭容器，主要材料为玻璃和陶瓷，如图 7-44 所示。采用玻璃的优点是加工容易，有一定的机械强度，易与多种金属封接，可以观察到内部的运行情况，便于运行监视内部情况。但不能承受强烈冲击，其软化温度也较低。采用陶瓷则机械强度高，软化温度也高，但装配焊接工艺要求高。

波纹管是真空灭弧室的重要元件，它既可以实现动触头运动又不使灭弧室的密封受到破坏，每次跳合闸都使波纹管受到一次变形，故它是易损坏的元件，它决定了真空断路器的机械寿命。

触头结构分横向磁场触头和纵向磁场触头。其材料对电弧特性、弧隙介质恢复过程影响相当大，主要表现在机械强度与熔点的影响。为此除了要求触头材料的导电、耐弧性能好外，还要求抗焊性能截流值小、含气量低、导热性好、机械强度高、热电子发射能力低和电磨损速率低。现在广泛采用的是铜铬合金。

（a）玻璃

（b）陶瓷

图 7-44　真空灭弧室

屏蔽罩分主屏蔽罩、波纹管屏蔽罩、均压用屏蔽罩。主屏蔽罩的作用是：防止燃弧过程中电弧生成物喷到绝缘外壳内壁上，降低外壳绝缘；改善灭弧室内部电场，使其均匀化，促进真空灭弧室的小型化；吸收大部分电弧能量，冷却电弧生成物，有利于介电强度的恢复。波纹管屏蔽罩主要是保护波纹管不受金属蒸气的腐蚀而导致漏气。均压用屏蔽罩装在触头附近，用于改善触头间的电场分布。

真空断路器具有如下特点：

（1）结构轻巧，触头开距小，动作快，操作功率小，体积小，重量轻。

（2）灭弧时间短，只需半个周期。

（3）触头间隙介质恢复速度快。

（4）寿命长，电气寿命和机械寿命均长。

（5）维修工作量小，能防火防爆。

真空断路器也有缺点：

（1）开断小电感电流时，会出现熄弧过电压，可采用氧化锌避雷器、阻容串联元件等限制熄弧过压。

（2）开断后动态绝缘劣老化产生重击穿现象。

4. 高压断路器的型号与符号

高压断路器的型号如图 7-45（a）所示的标识。如 LW6-35/1250 为 SF_6 户外型、额定电压 35 kV、额定电流 1250 A 的高压断路器，但标识中并没有额定开断电流，实际上该断路器的开断电流是 25 kA。

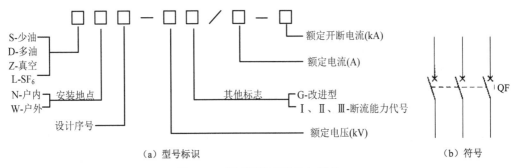

（a）型号标识   （b）符号

图 7-45   高压断路器型号与符号

5. 高压断路器选择与校验

1）断路器类型的选择

选择断路器的类型时，应依据各类断路器的特点及使用环境、条件决定。

2）额定电压和电流的选择

高压断路器的额定电压和电流选择需满足 $U_N \geqslant U_{SN}$ 和 $I_N \geqslant I_{max}$，这里 U_N、U_{SN} 分别为断路器和电网的额定电压（kV）；I_N、I_{max} 分别为断路器的额定电流和电网的最大负荷电流（A）。

3）开断电流的选择

高压断路器的额定开断电流 I_{Nbr} 是指在额定电压下能保证正常开断的最大短路电流，它是表征高压断路器开断能力的重要参数。高压断路器在低于额定电压下，开断电流可以提高，但由于灭弧装置机械强度的限制，故开断电流仍有一极限值，该极限值称为极限开断电流，即高压断路器开断电流不能超过极限开断电流。

4）短路关合电流的选择

在断路器合闸之前，若线路上已存在短路故障，则在断路器合闸过程中，动、静触头间在未接触时即有巨大的短路电流通过，更容易发生触头熔焊和遭受电动力的损坏，且断路器在关合短路电流时，不可避免地在接通后又自动跳闸，此时还要求能够切断短路电流，因此，额定关合电流是断路器的重要参数之一。为了保证断路器在关合短路时的安全，断路器的额定短路关合电流 i_{Ncl} 不应小于短路电流最大冲击值 i_{sh}。

5）短路动稳定和热稳定的校验

动稳定校验用的是短路发生后 0.01 s 时的短路电流的瞬时值，称为冲击电流。因为这时短路电流的瞬时值最大，破坏最严重。该值不应超过设备允许的峰值。

热稳定校验用短路电流的三个时刻的有效值，分别是 0 s，$0.5T_{SC}$，T_{SC}。这里 T_{SC} 是短路开始到短路切除时长，因为有效值本身的含义就是以发热来定义的。将它们用辛普森公式计算期间的发热，称为周期短路电流周期分量的热效应，按需（短路持续小于 1 s 不计）计算非周期分量的发热，再用总发热量推算电气设备的最高温度是否超出允许温度。

7.9.2　高压负荷开关（QL）

1. 高压负荷开关作用

高压负荷开关是一种功能介于高压断路器和高压隔离开关之间的电器，用于控制电力变压器。高压负荷开关具有简单的灭弧装置，能通断一定的负荷电流和过负荷电流。高压负荷开关在分闸状态时有明显的断口，可起隔离开关作用。但是它不能断开短路电流，所以它一般与高压熔断器串联使用，借助熔断器对线路进行短路保护。

2. 高压负荷开关分类

高压负荷开关有户内与户外之分，主要体现在环境防护方面有区别。按灭弧形式分有压气式、产气式和真空式，灭弧介质有油、SF_6 等。高压负荷开关按操作方式有三相同时操作和逐相操作两种，而操动机构有手动和电动储能弹簧机构等形式。负荷开关在柜架上配有跳扣、凸轮和快速合闸弹簧，组成了快速合闸机构。

3. 高压负荷开关工作原理

图 7-46 和图 7-47 给出了压气式高压负荷开关、高压真空负荷开关与 SF_6 负荷开关。下面以压气式高压负荷开关说明工作原理：

分闸时，在分闸弹簧的作用下，主轴顺时针旋转，一方面通过曲柄滑块机构使活塞向上移动，将气体压缩；另一方面通过两套四连杆机构组成的传动系统，使主闸刀先打开，然后推动灭弧闸刀使弧触头打开，气缸中的压缩空气通过喷口吹灭电弧。

合闸时，通过主轴及传动系统，使主闸刀和灭弧闸刀同时顺时针旋转，弧触头先闭合；主轴继续转动，使主触头随后闭合。在合闸过程中，分闸弹簧同时储能。

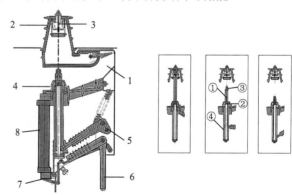

（a）压气式高压负荷开关外形　　　　　　　　　　　　（b）结构示意图

图 7-46　压气式高压负荷开关外形与结构

1.框架；2.上绝缘钟罩；3.引弧棒；4.下绝缘套；5.主轴；6.接地刀；7.熔断器架；8.熔断器
①动触头（气缸）；②固定活塞；③喷口；④固定支承

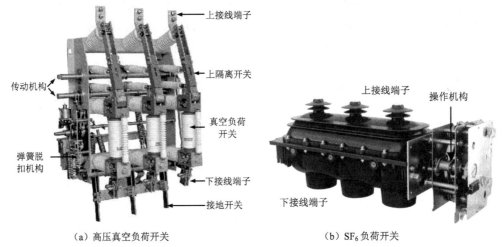

（a）高压真空负荷开关　　　　　　　　　（b）SF₆负荷开关

图 7-47　高压真空负荷开关与 SF₆ 负荷开关

4. 高压负荷开关的型号标识与符号

高压负荷开关的型号标识与符号如图 7-48 所示。如 FN12-12D/T630-20 为户内型、额定电压 12 kV、额定电流 630 A、最大开断电流是 20 kA 的高压负荷开关。

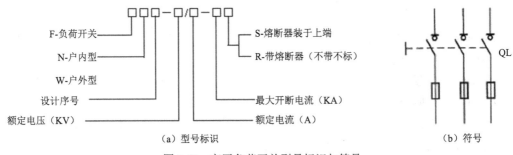

（a）型号标识　　　　　　　　　　　　　（b）符号

图 7-48　高压负荷开关型号标识与符号

5. 高压负荷开关选择

负荷开关结构简单、尺寸小、价格低，适合于无油化、不检修、要求频繁操作的场合。与熔断器配合可作为容量不大（400 kVA 以下）或不重要用户的电源开关，以代替断路器。

负荷开关按额定电压、额定电流选择，按动、热稳定性进行校验。当配有熔断器时，应校验熔断器的断流容量，其动、热稳定性可不作校验。

6. 高压负荷开关运行维护

（1）每年定期检修 1 次或在开断 20 次负载电流后进行全面检修，重点检修灭弧管。

（2）取下灭弧管，拆去旋转弹簧和销轴，打开接触室，把推板和静弧触取下。把灭弧管拉伸至它的悬挂点，缓慢地转动上半部直至白色灭弧棒出现约 20 mm，测量灭弧棒和灭弧管间的内环间隙，不应超过 3 mm，否则应更换灭弧管。然后插入静弧触头，装入推板啮合，检查搭口，装入灭弧管。

（3）检修中检查绝缘子有无损伤、触头接触是否良好。

（4）所有机械摩擦部分，涂以中性凡士林。

（5）检查接地线是否紧固、接地是否良好。

（6）全部检修调试完后，投入运行前应进行不少于 5 次的分闸试验。

（7）检修时必须在切断电源的情况下，采取完备的安全措施后，才准许进行。

7.9.3　高压隔离开关（QS）

1. 高压隔离开关的作用

（1）隔离电源：电气设备检修时，隔离检修电气设备与带电电源，形成断开点，保证人员和设备安全。

（2）倒换线路或母线：用隔离开关将电气设备或线路从一组母线切换到另一组母线上。

（3）关合与开断小电流电路：关合和开断电压互感器、避雷器电路，不超过 5 A 的电容电流空载线路，空载电力线路，空载变压器，等等。

2. 隔离开关的基本结构

（1）导电部分：传导电路中的电流，关合和开断电路，如触头、闸刀、接线座。

（2）绝缘部分：实现带电部分和接地部分的绝缘，如支持绝缘子、操作绝缘子。

（3）传动机构：接受操动机构的力矩，将运动传动给触头，以完成隔离开关的分、合闸动作，如拐臂、联杆、轴齿或操作绝缘子。

（4）操动机构：通过手动、电动、气动、液压向隔离开关的动作提供能源。

（5）支持底座：将导电部分、绝缘子、传动机构、操动机构等固定为一体，并使其固定在基础上。

3. 隔离开关的技术参数

额定电压（kV）：长期运行时承受的工作电压；

最高工作电压（kV）：能承受超过额定电压的电压；

额定电流（A）：长期通过的工作电流，其各部分的发热不超过允许值；

热稳定电流（kA）：某一规定的时间内，允许通过的最大电流，表明受短路电流热稳定的能力；

极限通过电流峰值（kA）：能承受的瞬时冲击短路电流，这个值与隔离开关各部分的机械强度有关。

4. 隔离开关的分类和型号

隔离开关按装设地点可分为户内式和户外式；按极数可分为单极和三极；按绝缘

支柱数目可分为单柱式、双柱式和三柱式，还有 V 形；按动作方式可分为闸刀式、旋转式、插入式，如图 7-49～图 7-51 所示；按有无接地刀闸可分为带接地刀闸和不带接地刀闸；按操动机构可分为手动式、电动式、气动式、液压式；按用途可分为一般用、快分用和变压器中性点接地用。

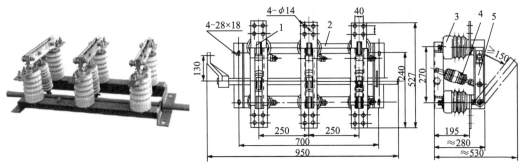

（a）插入式户内高压隔离开关　　　　　　　　（b）结构示意图（单位：mm）

图 7-49　GN19-10 系列插入式户内高压隔离开关

1.静触头；2.基座；3.支柱绝缘子；4.拉杆绝缘子；5.动触头

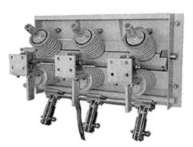

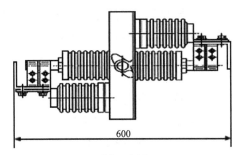

（a）插入式户内高压隔离开关　　　　　　　　（b）结构示意图

图 7-50　GN30-10 型旋转式户内高压隔离开关（单位：mm）

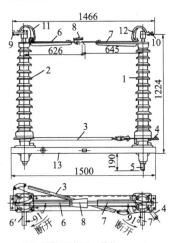

（a）户外式隔离开关　　　　　　　　（b）结构示意图（单位：mm）

图 7-51　GW4-110 型隔离开关

1,2.绝缘支柱；3.连杆；4.操动机构的牵引杆；5.绝缘支柱的轴；6,7.闸门；8.触头；9,10.接线端子；
11,12.挠性连接的导体；13.底座

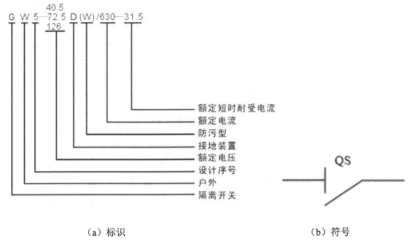

（a）标识　　　　　　　　　　　　　（b）符号

图 7-52　高压隔离开关型号标识与符号

5. 高压隔离开关的选择

隔离开关与断路器相比，额定电压、电流的选择及短路动、热稳定校验的项目相同，但由于隔离开关不用于接通和切除短路电流，故无须进行开断电流和短路关合电流的校验。高压隔离开关型式根据配电装置特点和要求及技术经济条件来确定。

6. 高压隔离开关的运行与维护

1）高压隔离开关的运行

（1）操作前检查断路器的分、合位置，严防带负荷操作隔离开关。

（2）手动合闸迅速果断，不能用力过猛。

（3）迅速拉开隔离开关，以便尽快灭弧。

（4）带负荷误合隔离开关，不准将隔离开关再拉开；若发生错拉隔离开关，刀片刚离开固定触头时，应立即合上。如隔离开关刀片已离开固定触头，则不得将误拉的隔离开关再合上。

（5）合闸操作后，应检查接触是否紧密；拉闸操作后，应检查每相是否均已在断开位置。

（6）操作完毕后，锁住操作把手。

（7）隔离开关一般可拉、合 35 kV、长度为 10 km 及以下空载架空线路。

2）高压隔离开关的维护

（1）清扫瓷件表面的尘土，检查瓷件表面是否掉釉、破损，有无裂纹和闪络痕迹，绝缘子的铁、瓷结合部位是否牢固。若破损严重，应进行更换。

（2）用汽油擦净刀片、触点或触指上的油污，检查接触表面是否清洁，有无机械损伤、氧化和过热痕迹及扭曲、变形等现象。

（3）检查触点或刀片上的附件是否齐全，有无损坏。

（4）检查连接隔离开关和母线、断路器的引线是否牢固，有无过热现象。

（5）检查软连接部件有无折损、断股等现象。

（6）检查并清扫操作机构和传动部分，并加入适量的润滑油脂。

（7）检查传动部分与带电部分的距离是否符合要求，定位器和制动装置是否牢固，动作是否正确。

（8）检查隔离开关的底座是否良好，接地是否可靠。

7.9.4　负荷开关、断路器、隔离开关相互关系与区别

负荷开关、断路器、隔离开关都是用来闭合与切断电路的电器，但它们在线路中所起的作用是不同的。其中：断路器可以切断负荷电流和短路电流；负荷开关只可切断负荷电流，短路电流是由熔断器来切断的；隔离开关则不能切断负荷电流，更不能切断短路电流，只用来切断电压或允许的小电流。

负荷开关可以分断正常负荷电流，具有一定的灭弧能力；隔离开关不具备任何分断能力，只能在没有任何负荷电流的情况下开断，起到隔离电气的作用，它一般装在负荷开关或断路器的两端，起到检修负荷开关或断路器时隔离电气的作用，负荷开关和隔离开关，都可以形成明显断开点，大部分断路器不具隔离功能，也有少数断路器具隔离功能。

断路器具有分断事故负荷的作用，依靠电流互感器与各种继电保护配合实现二次设备保护，起到保护电气设备或线路的作用，具有短路保护、过载保护、漏电保护等功能。隔离开关不具备保护功能，负荷开关有过载保护、速断功能。负荷开关和熔断器的组合电器能自动跳闸，具备断路器的部分功能。

负荷开关和断路器的本质区别就是它们的开断容量不同，断路器的开断容量可以在制造过程中做的很高，但是负荷开关的开断容量是有限的。断路器主要用在经常开断负荷的电机和大容量的变压器及变电站里。负荷开关主要用在开闭所和容量不大的配电变压器。

7.10　高压熔断器

高压熔断器按安装方式上分为插入式和固定式。

1. RW 系列熔断器

RW 系列熔断器，由瓷绝缘子、接触导电系统和熔丝三部分组成，属插入式安装，如图 7-53 所示。它用于 10 KV，交流 50 Hz 的送、配电线路及配电变压器进线侧作短路和过负荷保护。在一定条件下可以分断与关合空载架空线路、空载变压器和小负荷电流。

图 7-53 RW 系列熔断器

在正常工作时，熔丝使熔管上的活动关节锁紧，故熔管能在上触头的压力下处于合闸状态。当熔丝熔断时，在熔管内产生电弧，熔管内衬的消弧管在电弧作用下分解出大量气体，在电流过零时产生强烈的去游离作用而熄灭电弧。由于熔丝熔断，继而活动关节释放使熔管下垂，并在上下触头的弹力和熔管自重的作用下迅速跌落，形成明显的分断间隙。

2. RN 系列熔断器

RN 系列熔断器由熔体管、接触导电部分、支持绝缘子和底座等部分组成，属固定式，如图 7-54 所示。它适用于高压送、配电线路、电力变压器、电力互感器、电力电容器等电气设备过载及短路保护，它主要用在户内。

图 7-54 RN 系列熔断器

RN 系列熔断器是内充石英砂熔断器，当它通过过载电流或短路电流时熔体熔化，其金属蒸气及燃弧后的游离气体受到高温高压的作用喷射入石英砂之间空隙，与石英砂表面接触受到冷却凝结，结果减少了熔体蒸发后所留于狭沟中的游离气体与金属蒸气，从而使电流自然过零，迫使电弧熄灭。在熔丝熔断时弹簧的拉线也同时拉断并从弹簧管内弹出。

RN1 型作为供电线路、变电站设备的过载及短路保护用；RN2、RN4 型作为电压互感器的短路保护用；RN3 型作为电力线路的短路保护用；RNZ 型作为直流配电装置过载和短路保护用，如用于直流电机车的短路或过载保护，它遇到振动时，也能可靠地工作；RN5、RN6 型是在 RN1 及 RN2 型基础上改进了外形，改进前后两者的熔体管通用并能互换，且熔断特性和技术数据相同。改进后有体积小、重量轻、泄漏距离大、防污性能好、维护简单和更换方便的优点。

3. 熔丝

熔丝（fuse-link）又称熔体，是熔断器中的主要部件，利用它在电流的热作用下来熔化、断开电路。要求具有下列性质：熔点低、导电性能好、不易氧化和易于加工。任何熔断器的熔体有两种工作情况：正常工作情况和过载或短路情况。

（1）正常工作情况。在正常工作情况下，当熔断器熔体中通过等于或小于额定值的工作电流时，熔体和其他部分，如触头、外壳等都发热，温度升高，此温度不会超过各载流部分的长期允许发热温度。

（2）过载或短路情况。在过载或短路情况下，熔体中通过过载或短路电流，当熔体的温度升高到一定值后，熔体发热熔化，熔体熔断，电弧熄灭后电路被断开。

7.11　电力电容器

电力电容器是一种用于电力系统和电工设备的电容器。任意两块金属导体，中间用绝缘介质隔开，即构成一个电容器。电容器电容的大小，由其几何尺寸和两极板间绝缘介质的特性来决定。当电容器在交流电压下使用时，常以其无功功率表示电容器的容量，单位为乏（var）或千乏（kvar）。

1. 电力电容器的结构

电力电容器的基本结构为：电容元件、浸渍剂、紧固件、引线、外壳和套管。其结构如图 7-55 所示。外壳材料有金属外壳、瓷绝缘外壳、胶木筒外壳；芯子由电容元件串并联组成，电容元件用铝箔作电极，用复合绝缘薄膜绝缘。电容器内以绝缘油（矿物油或十二烷基苯等）作浸渍介质。

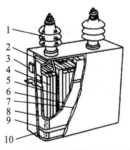

图 7-55　电力电容器的基本结构图

1.出线套管；2.出线连接片；3.连接片；4.扁形元件；5.固定板；6.绝缘件；7.包封件；8.连接夹板；9.紧箍；10.外壳

如图 7-56 所示为自愈式电容器的实物图和结构，其结构主要采用聚丙烯薄膜作为固体介质，表面蒸镀了一层很薄的金属作为导电电极，外壳用密封钢板焊接而成。这种自愈式电容器当作为介质的聚丙烯薄膜被击穿时，击穿电流将穿过击穿点，击穿点周围的金属化电极层就会迅速蒸发，自动恢复电容器性能。自愈式电容具有优良的自愈性能、介质损耗小、温升低、寿命长、体积小、重量轻的特点。

（a）低压自愈式电容器实物图

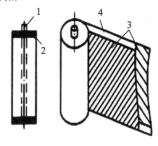

（b）低压自愈式电容器结构

图 7-56 低压自愈式电容器的实物图和结构

1.轴心；2.喷合金层；3.金属化层；4.薄膜

2. 电力电容器的分类与型号

电力电容器按安装方式可分为户内式和户外式两种，按其运行的额定电压可分为低压和高压两类；按其相数可分为单相和三相两种，除低压并联电容器外，其余均为单相。如图 7-57 所示。

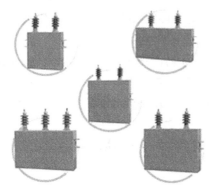

（a）BFM 系列高压电力电容器

（b）BCMJ-1.14-3-3 自愈式低压并联电容器（三相）

图 7-57 电力电容器的外观图

额定电压在 1kV 以下的电力电容器称为低压电容器，1kV 以上的称为高压电容器。1kV 以下的电容器都做成三相、三角形连接线，内部元件并联，每个并联元件都有单独的熔丝；高压电容器一般都做成单相，内部元件并联。如下图 7-58 所示为电力电容器的型号，额定电压用 kV 表示，高压的多为 10.5kV、6.3kV、35kV 等，低压的为 0.23kV、0.4kV、0.525kV 等。

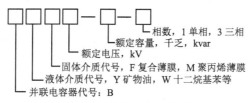

图 7-58 电力电容器的型号

电力电容器按其用途又可分为以下 8 种。

（1）并联电容器：原称移相电容器。主要用来补偿电力系统感性负荷的无功功率，以提高功率因数，改善电压质量，降低线路损耗。单相并联电容器的结构：主要由芯子、外壳和出线端等几部分组成。用金属箔（作为极板）与绝缘纸或塑料薄膜叠起来一起卷绕，由若干元件、绝缘件和紧固件经过压装而构成电容芯子，并浸渍绝缘油。电容极板的引线经串、并联后引至出线瓷套管下端的出线连接片。出线端由出线套管、出线连接片等元件构成。电容器的金属外壳用密封的钢板焊接而成，外壳上装有出线绝缘套管、吊盘和接地螺钉，外壳内充以绝缘介质油。目前在我国低压系统中采用自愈式电容器，如图 7-57（b）就是一种并联电容器。

（2）串联电容器：串联于工频高压输、配电线路中，用以补偿线路的分布感抗，提高系统的静、动态稳定性，改善线路的电压质量，加长送电距离和增大输送能力。其基本结构与并联电容器相似。

（3）耦合电容器：主要用于高压电力线路的高频通信，测量、控制、保护及在抽取电能的装置中作部件用。

（4）断路器电容器：原称均压电容器。主要用于并联在超高压断路器的断口上起均压作用，使各断口间的电压在分断过程中和断开时均匀、并可改善断路器的灭弧特性，提高分断能力。

（5）电热电容器：用于频率为 40～24000 Hz 的电热设备系统中，以提高功率因数，改善回路的电压或频率等特性。

（6）脉冲电容器：主要起储能作用，在较长的时间内由功率不大的电源充电，然后在很短的时间内进行振荡或不振荡放电，可得到很大的冲击功率。

（7）直流和交流滤波电容器：用于高压直流装置和高压整流滤波装置中。交流滤波电容器可用以滤去工频电流中的高次谐波分量。

（8）标准电容器：用于工频高压测量介质损耗回路中，作为标准电容或用作测量高电压的电容分压装置。

7.12　电气控制元件

二极管本身没有通断控制功能，只是简单地正向导通、反向截止，状态只能靠电流换向来改变。如果执行器是较大功率的机电设备，如电动机、电加热器、电磁阀等，在需要调速、调温等场合需要用到大功率的电气控制驱动元件，如无触点开关、固态继电器、大功率二极管、大功率晶体管、晶闸管（thyristor）、大功率场效应管、大功率绝缘栅双极型晶体管等，这一类元件也称为电力电子器件，它们通过控制信号既能使器件在任意时刻导通，又能使器件在另一个时刻关断，用于执行器的控制，必须与其他元器件组成特定的电路。变流器是实现电能的交-直、直-直、交-交、直-交变换的电力电子装置。电力电子器件的主要作用是以较小的电流或电压控制高电压、大电流以驱动电气执行元件。

电力电子器件按控制信号类型可分为电流控制型和电压控制型两类。电力双极型晶体管（giant transistor，GTR）、半控型晶闸管（silicon controlled rectifier，SCR）和门极可关断晶闸管（gate turn-off thyristor，GTO）是电流控制型器件；电力场效应晶体管（metal-oxide-Semiconductor field-effect transistor，MOSFET）、静电感应晶体管（static induction transistor，SIT）和绝缘栅双极型晶体管（insulated gate bipolar transistor，IGBT）等是电压控制型器件。

7.12.1　晶闸管

1. 晶闸管

晶闸管是晶体闸流管的简称，用文字符号为"V""VT"表示，其结构如图 7-59（a）所示。晶闸管是 PNPN 4 层半导体结构，它有三个极：阳极 A、门极 G、阴极 K，门极也称为控制极。晶闸管符号如图 7-59（b）所示。

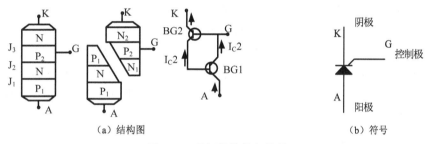

（a）结构图　　　　　　　　　　　　　　　　　　（b）符号

图 7-59　晶闸管结构与符号

晶闸管的伏安特性表示晶闸管的阳极与阴极间的电压和它的阳极电流之间的关系，如图 7-60 所示。第 I 象限正向特性有阻断状态和导通状态之分。在正向阻断状态时，晶闸管的伏安特性是一组随门极电流的增加而不同的曲线簇。当 I_G 足够大时，晶闸管的正向转折电压很小，可以看成与一般二极管一样。$I_G=0$ 时，器件两端施加正向电压，为正向阻断状态，只有很小的正向漏电流流过，正向电压超过临界极限即正向转折电压 U_{bo}，则漏电流急剧增大，器件开通（硬开通）。晶闸管导通后，不同型号的晶闸管的阳极电流可以从几十到几千安培，导通时阳极和阴极之间电压一般为 0.6～1.2 V。导通期间，如果门极电流为零，并且阳极电流降至接近于零的某一维持电流 I_H 以下，则晶闸管又回到正向阻断状态。晶闸管的门极触发电流从门极流入晶闸管，从阴极流出，阴极是晶闸管主电路与控制电路的公共端。门极触发电流通常是在门极和阴极之间施加触发电压而产生的。晶闸管的门极和阴极之间是 PN 结 J3，其伏安特性称为门极伏安特性。为保证可靠、安全的触发，触发电路所提供的触发电压、电流和功率应限制在可靠触发区。第 III 象限反向特性与一般二极管的反向特性相似。

由特性曲线知，当门极没有加正向触发电压时，晶体管即使阳极和阴极之间加上正向电压，一般是不会导通的，在正常情况下，晶闸管导通必须同时具备两个条件：

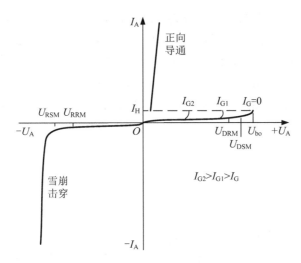

图 7-60 晶闸管的伏安特性

（1）晶闸管承受正向电压（阳极电位高于阴极电位）。

（2）加上适当的正向门极电压（门极电位高于阴极电位）。

晶闸管一旦导通，门极就失去了控制作用。正因为如此，晶闸管的门极控制信号只要是正向脉冲电压就可以了，称之为触发电压或触发脉冲。要使晶闸管关断，必须去掉阳极正向电压，或者给阳极加反向电压，或者降低正向阳极电压使通过晶闸管的电流降低到一定数值以下。

2. 晶闸管的主要参数

（1）断态重复峰值电压 U_{DRM}：指在门极开路而器件的结温为额定值时，允许重复加在器件上的正向峰值电压。若加在管子上的电压大于 U_{DRM}，管子可能会失控而自行导通。一般为正向转折电压的 80%。

（2）反向重复峰值电压 U_{RRM}：指门极开路而结温为额定值时，允许重复加在器件上的反向峰值电压。当加在管子上反向电压大于 U_{RRM} 时，管子可能会被击穿而损坏。一般为反向击穿电压的 80%。

通常把 U_{DRM} 和 U_{RRM} 中较小的那个数值标作晶闸管型号上的额定电压。在选用管子时，额定电压应为正常工作峰值电压的 2~3 倍，以保证电路的工作安全。

（3）额定正向平均电流 I_F：其定义和二极管的额定整流电流意义相同。要注意的是若晶闸管的导通时间远小于正弦波的半个周期，即使 I_F 值没超过额定值，但峰值电流将非常大，以致可能超过管子所能提供的极限。

（4）正向平均管压降 U_F：指在规定的工作温度条件下，使晶闸管导通的正弦波半个周期内 U_{AK} 的平均值，一般在 0.4~1.2 V。

（5）维持电流 I_H：指在常温门极开路时，晶闸管从较大的通态电流降到刚好能保持通态所需的最小通态电流。I_H 值一般为几十到几百毫安，视晶闸管电流容量大小而定。

（6）门极触发电流 I_G：在常温下，阳极电压为 6 V 时，使晶闸管能完全导通所需的门极电流，一般为几十至几百毫安。

（7）门极触发电压 U_G：产生门极触发电流所必需的最小门极电压，一般为 1～5 V。

（8）断态电压临界上升率：在额定结温和门极开路的情况下，不导致晶闸管从断态到通态转换的最大正向电压上升率。一般为每微秒几十伏。

（9）通态电流临界上升率：在规定条件下，晶闸管能承受的最大通态电流上升率。若晶闸管导通电流上升太快，则会在晶闸管刚开通时，有很大的电流集中在门极附近的小区域内，从而造成局部过热而损坏晶闸管。

3. 晶闸管的正确使用

（1）管脚的判别：用万用表 R×100Ω 档，分别测量各管脚间的正、反向电阻。因为只有门极 G 与阴极 K 之间正向电阻较小，而其他均为高阻状态，故一旦测出两管脚间呈低阻状态，则黑表笔所接为门极 G，红表笔所接为阴极 K，另一端为阳极 A。

（2）管子质量的判别：用万用表 R×100Ω 档，若测的以下情况之一，则说明管子是坏的：①任两极间正反向电阻均为零；②A、K 间正向电阻为低阻（注意：测量过程中黑表笔不要接触 G 极）；③各极之间均为高电阻。

（3）晶闸管额定电压的选择：晶闸管实际工作时承受的正常峰值电压应低于正、反向重复峰值电压 U_{DRM} 和 U_{RRM}，并留有 2～3 倍的额定电压值的余量，还应有可靠的过电压保护措施。

（4）晶闸管额定电流的选择：晶闸管实际工作通过的最大平均电流应低于额定通态平均电流 I_{TA}，并应根据电流波形的变化进行相应换算，还应有 1.5～2 倍的余量及过电流保护措施。

（5）关于门极触发电压和电流的考虑：晶闸管实际触发电压和电流应大于晶闸管参数 U_G 和 I_G，以保证触发晶闸管，但也不能超过允许的极限值。

4. 晶闸管的应用

晶闸管具有硅整流器件的特性，能在高电压、大电流条件下工作，且其工作过程可以控制。广泛应用于可控整流、交流调压、无触点电子开关、逆变及变频等电子电路中。

晶闸管被用作可控整流元件，早期被称为半控型可控硅（SCR）。一个单向晶闸管构成的最简单的可控整流电路见图 7-61。当阳极电位高于阴极电位，门极电流增大到规定的触发电流值时，晶闸管由截止转为导通，一旦导通以后，即使门极电流再变化为零，晶闸管仍保持导通，直到阳极电位小于等于阴极电位时，阳极电流小到一定值，晶闸管才由导通变为关断。晶闸管的门极只能控制导通，不能控制关断。触发脉冲信号可以用多种办法产生，电热元件是最常见的阻性负载。

将两个单向晶闸管反向并联，门极连接在一起，共用触发信号，就成为了双向晶闸管。如图 7-62（a）所示，双向晶闸管的功能和两个普通晶闸管反向并联完全一样，它有第一电极 T_1、第二电极 T_2 和门极 G。在门极 G 上加上正脉冲或者负脉冲可使双向晶闸管正向或反向导通。双向晶闸管能够双向可控导通，适用于作交流开关，如图 7-62（b）所示。

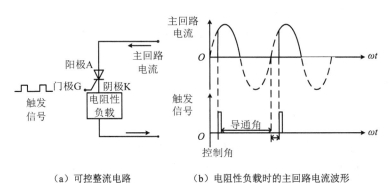

（a）可控整流电路   （b）电阻性负载时的主回路电流波形

图 7-61　一个单向晶闸管用作电阻性负载的可控整流

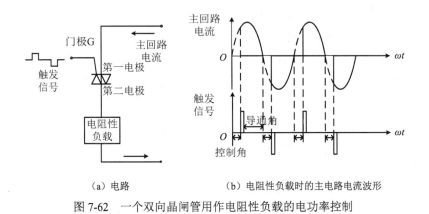

（a）电路   （b）电阻性负载时的主电路电流波形

图 7-62　一个双向晶闸管用作电阻性负载的电功率控制

7.12.2　绝缘栅双极晶体管IGBT

GTR 和 GTO 是双极型电流驱动器件，由于具有电导调制效应，其通流能力很强，但开关速度较低，所需驱动功率大，驱动电路复杂。而电力 MOSFET 是单极型电压驱动器件，开关速度快，输入阻抗高，热稳定性好，所需驱动功率小而且驱动电路简单。IGBT 综合了 GTR 和 MOSFET 的优点，因而具有良好的特性。IGBT 是三端器件，具有栅极 G、集电极 C 和发射极 E。

由 N 沟道 VDMOSFET 与双极型晶体管组合而成的 IGBT，比 VDMOSFET 多一层 P^+ 注入区，实现对漂移区电导率进行调制，使得 IGBT 具有很强的通流能力。简化等效电路表明，IGBT 是用 GTR 与 MOSFET 组成的达林顿结构，相当于一个由 MOSFET 驱动的厚基区 PNP 晶体管。如图所示 7-63 所示为 IGBT 的结构、简化等效电路和电气图形符号。

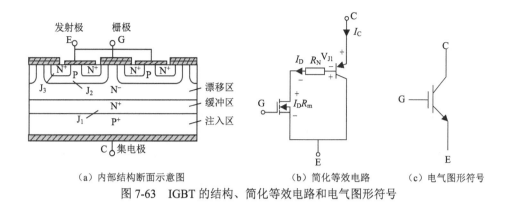

（a）内部结构断面示意图　　　　（b）简化等效电路　　　（c）电气图形符号

图 7-63　IGBT 的结构、简化等效电路和电气图形符号

7.13　电机及其分类

电机是实现能量转换和信号转换的电磁装置，一般是一个可逆运行的装置，如图 7-64 所示。其中控制电机实现信号的转换如测速电机、伺服电动机、自整角机、旋转变压器、步进电动机。动力电机实现能量的转换，即电动机和发电机。电动机的作用是将电能转换成机械能。电动机通常作为驱动与控制使用，能够简化生产机械的结构，提高生产效率和产品质量；并且可实现自动控制和远距离操作，减轻体力劳动。

电机的种类有很多种，分类方法也有很多。如按运动方式分，静止的有变压器，运动的有直线电机和旋转电机；直线和旋转电机按电源性质分，又有直流电机和交流电机两种；直流电机包括他励、并励、串励、复励直流电机，而交流电机按运行速度与电源频率的关系又可分为异步电机和同步电机两大类。异步电机按照绕组结构分为鼠笼式和绕线式异步电机。

交流电机分为异步电机和同步电机。异步电机也称感应电机，主要作电动机使用。异步电机应用广泛，主要由于它结构简单、运行可靠、制造容易、价格低廉、坚固耐用，而且有较高的效率和相当好的工作特性。但异步电机也有不足之处，不能经济地在较大的范围内实现平滑调速，必须从电网中吸收滞后的无功功率，改进异步电机调速问题需要付出很大的代价，因此，在负载要求电动机单机容量较大而功率因数较低的情况下，最好采用同步电动机。

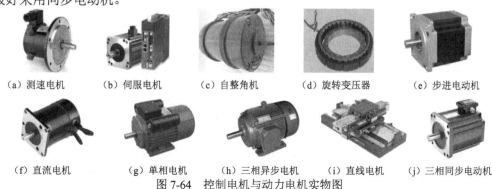

（a）测速电机　　（b）伺服电机　　（c）自整角机　　（d）旋转变压器　　（e）步进电动机

（f）直流电机　　（g）单相电机　　（h）三相异步电机　　（i）直线电机　　（j）三相同步电动机

图 7-64　控制电机与动力电机实物图

7.14　交流电机

交流电机包括单相交流电机、三相交流电机。三相交流电机又有同步电机和异步电机之分,特殊地,直线电机(有同步与异步两种)也属交流电机范畴,用于物流系统、工业加工与装配、信息及自动化系统、交通、军事领域。而单相交流电机的典型应用场合如排风、风扇等。本节重点对三相异步电动机进行介绍。

7.14.1　三相异步电动机的结构及工作原理

1. 三相异步电动机的结构

图 7-65 为三相异步电动机的构造示意图。三相异步电动机主要由两大部分组成:定子和转子。

三相异步电动机的定子是固定部分,主要由基座和装在基座内的圆筒形铁芯及其中的三相定子绕组组成。机座固定与支撑,有足够的机械强度和刚度,铁芯的内圆周表面有槽,用来放置对称三相定子绕组,绕组有 Y 与 Δ 接法。定子铁芯是磁路的一部分,装在机座中用 0.5 mm 硅钢片叠压,硅钢片两面涂绝缘漆。励磁电流是由定子电源提供的。

三相异步电动机的转子主要由转轴、轴承、风扇等组成,根据其构造上的不同可分为两种:笼型三相异步电动机和绕线式三相异步电动机。转子铁芯是圆柱状的,由硅钢片叠成,表面冲有槽。铁芯装在转轴上,转轴通过轴承和基座相连,转轴和生产机械相连,输出机械能。绕线转子的三条引线分别接到三个滑环上,用一套电刷装置引出来,可以将外接电路联到绕组回路中,从而改善特性或调速,但结构复杂、价格较贵、维护工作量大。但是鼠笼转子是自己短路的绕组:在转子的每个槽里放一根导体(铜或铝),每根导体比铁芯长,在铁芯的两端用两个端环把所有导条短路,因此结构简单、价格低廉、工作可靠。

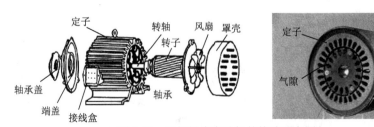

图 7-65　三相异步电动机的构造示意图

笼型转子做成鼠笼状,如图 7-66 所示,笼型三相异步电动机的“笼型”特点是在转子铁芯的槽中放铜条,两端用圆环连接,或者在槽中浇灌铝液铸成鼠笼。

| （a）转子外形 | （b）鼠笼绕组 | （c）转子冲片 |

图 7-66 笼型转子的构造

转子与定子之间有气隙。气隙大，磁阻大，要求的励磁电流也大，影响电动机的功率因数，同时气隙大，减少附加损耗及减少高次谐波磁通势产生的磁通。气隙过小，则容易引起定转子扫膛，以及由于附加损耗增加而使电机效率降低。气隙不均匀，使转子产生磁拉力，发生不平衡振动。

2. 三相异步电动机的工作原理

1）旋转磁场的产生

三相异步电动机的定子铁芯中放有三相对称绕组 U_1 与 U_2、V_1 与 V_2 和 W_1 与 W_2，每相相差 120° 空间角。设将三绕组接成星形，如图 7-67 所示，接在三相交流电源上，绕组中通入三相对称电流。当定子绕组通入三相电流后，它们共同产生的合成磁场随电流的交变而在空间不断地旋转，这就是旋转磁场。这个旋转磁场同磁极在空间旋转的作用是相同的。由于三相电流频率相同，它们合成产生的旋转磁场的频率和电流的频率也相同，只是相位不同。

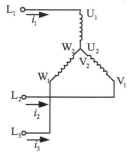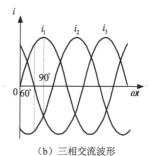

| （a）三相异步电机的内部线圈 | （b）三相交流波形 |

图 7-67 三相对称电流

$$i_1 = I_m \sin(\omega t)$$
$$i_2 = I_m \sin(\omega t - 120°)$$
$$i_3 = I_m \sin(\omega t + 120°)$$

(7-1)

2）旋转磁场的方向

旋转磁场的方向与通入定子绕组三相电流的相序有关，转向顺序是 $i_1 \rightarrow i_2 \rightarrow i_3$ 或 $L_1 \rightarrow L_2 \rightarrow L_3$ 相序。只要将同三相电源连接的三根导线中的任意两根的一端对调位置，则旋转磁场的方向就反向了。

3）旋转磁场的极数

三相异步电动机的极数就是旋转磁场的极数。旋转磁场的极数和三相绕组的安排有关。

如果每相绕组只有一个线圈，绕组的始端之间相差120°空间角，则产生的旋转磁场具有一对极，即 $p=1$（p 是磁极对数）；如果每相绕组有两个线圈串联，各相绕组的始端之间相差60°空间角，则旋转磁场具有两对极，即 $p=2$，如图7-68所示；依次类推，如果 $p=3$，则每相绕组必须有均匀安排在空间的串联的三个线圈，绕组始端之间相差40°空间角。

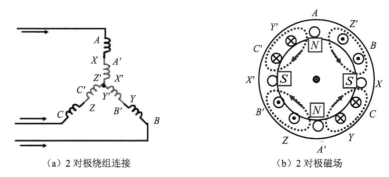

(a) 2对极绕组连接   (b) 2对极磁场

图7-68 2对极绕组连接与磁场

4）电动机的转动原理

三相异步电动机中旋转磁场旋转时，其磁通切割转子导条，导条中就感应出电动势，电动势 e 的方向用右手定则确定。如图7-69所示。在电动势 e 的作用下，闭合的导条中就有电流。这种电流与旋转磁场相互作用，使转子导条受到电磁力的作用，电磁力 f 的方向由左手定则确定。电磁力 f 产生转矩，转子就转动起来。线圈和磁铁的转动的转动方向一致，但是线圈转速 $n<n_0$，因此称为异步电动机。

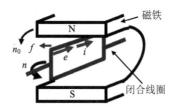

图7-69 电动机的转动原理图

5）旋转磁场的转速（r/min）

设电流的频率为 f_1，当旋转磁场只有1对极时，旋转磁场的转速为 $n_0=60f_1$。转速的单位为转每分（r/min）。同理，当旋转场具有 p 对极时，磁场的转速为

$$n_0 = \frac{60f_1}{p} \tag{7-2}$$

由式（7-2）可知，旋转磁场的转速 n_0 决定于电流频率 f_1 和磁极对数 p，因为磁极对数和电流频率是固定的，所以通常磁场转速 n_0 是个常数。

6）转差率

电动机转子转动的方向与磁场旋转的方向相同，但转子的转速 n 不可能达到与旋转磁场的转速 n_0 相等，即 $n<n_0$。因为，两者的相对运动使得磁通切割转子导条，产生了转子电动势、转子电流及转矩，前面在电动机的转动原理中已有详述，这里不再赘述。

因此，转子转速与旋转磁场转速之间必须有差别（否则就不会产生电磁转矩），这就是异步电动机名称的由来。

旋转磁场的转速 n_0 称为同步转速，用转差率 s 来表示转子转速 n 与磁场转速 n_0 相差的程度，即

$$s = \left(\frac{n_0 - n}{n_0}\right) \times 100\% \qquad (7\text{-}3)$$

在电动机启动的瞬间 $n=0$，$s=1$ 此时的转差率最大；转子最大转速时，n 接近于同步转速 n_0，此时的转差率最小，接近于 0。因此，转差率 $0 < s \leqslant 1$，通常异步电动机在额定负载时的转差率为 $1\% \sim 9\%$。

影响电动机转差率的因素较多，如电源电压、电动机（负载）电流、所拖动机械负载的功率及其变化率、机械润滑程度、环境温度。当电动机的实际负载率越高时转差率越大。同一个负载下电源供给的功率越大时转差率越小。

由 $n_0 = \dfrac{60 f_1}{p}$ 和 $s = \left(\dfrac{n_0 - n}{n_0}\right) \times 100\%$ 可知转子感应产生的电流频率为：$f_2 = s f_1$。

由上面两式可以得到三相异步电动机的转速公式：

$$n = \frac{60 f_1}{p}(1 - s) \qquad (7\text{-}4)$$

由式（7-4）可知，改变电机的转速有三种途径：改变转差率、改变极对数和改变供电电源的频率。后两者是常用的方式。改变极对数这个方法需要采用变极电动机，一般有双速、三速、四速之分，而改变供电电源的频率实际上就是变频调速，目前市面上有很多牌子和型号的变频器。

例 7-1 三相异步电动机 $p=3$，电源 $f_1 = 50\text{Hz}$，电机额定转速 $n=960\text{r/min}$。求：转差率 s，转子感应电动势的频率 f_2。

解 同步转速：$n_0 = \dfrac{60 f_1}{p} = \dfrac{60 \times 50}{3} = 1000\text{r/min}$。

转差率：$s = \dfrac{n_0 - n}{n_0} = \dfrac{1000 - 960}{1000} = 0.04$。

转子感应电动势的频率：$f_2 = s f_1 = 0.04 \times 50 = 2\text{Hz}$。

7.14.2 三相异步电动机的主要技术参数——铭牌数据

如图 7-70 所示为三相异步电动机的铭牌，它的主要技术参数包括型号、接法、电压、电流、功率、功率因数、声功率级、绝缘等级与温升、防护等级和转速。

1）型号

为了适应不同用途和不同工作环境的需要，电动机制成不同的系列。型号用以表明电动机的系列、几何尺寸和极数。如图 7-71 所示为电动机型号的含义，机座长度代号：S 表示短机座；M 表示中机座；L 表示长机座。

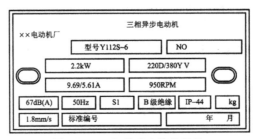

图 7-70　三相异步电机的铭牌

图 7-71　三相异步电动机型号

2）接法

一般笼型电动机的接线盒中有六根引出线，标有 U_1、U_2、V_1、V_2、W_1 和 W_2。其中：U_1、U_2 是第一绕组的两端；V_1、V_2 是第二绕组的两端；W_1、W_2 是第三相绕组的两端。这六个引线端有两种连接方法分别是星形（Y 接法）和三角形（△接法）两种。通常三相异步电动机功率在 3 kW 以下的，连接成星形，其他的连接成三角形。如图 7-72 所示为定子绕组的两种接法。Y 接法中，线电流与相电流一致，线电压是相电压的 $\sqrt{3}$ 倍；△接法中线电流是相电流的 $\sqrt{3}$ 倍，相电压与线电压一样。线电压的典型值 380 V。

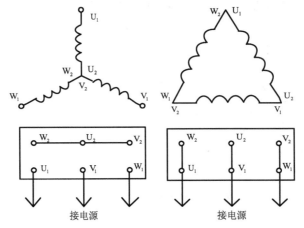

图 7-72　定子绕组的星形连接和三角形连接

3）电压

铭牌上所标的电压值是电动机在额定运行时定子绕组在指定接法上应加的线电压值。一般规定电动机的运行电压不能高于或低于额定值 5%。铭牌示例的额定电压 380 V，380/220 Y/△是指：线电压为 380 V 时采用 Y 接法；线电压为 220 V 时采用△接法。

4）电流

铭牌上所标的电流值是电动机在额定运行时定子绕组在指定接法下的线电流值。当电动机空载时，转子转速接近于旋转磁场的转速，没有发生相对运动不能切割磁场感应电流，因此此时转子电流近似为零，定子电流基本为建立旋转磁场时的励磁电流；当输出的功率增大时，转子电流和定子电流都随着相应增大。同理铭牌标注的△/Y 11.2A/6.4A 表示三角形连接下，电机线电流为 11.2 A，相电流为 6.4 A；星形连接时线、相电流均为 6.4 A。

5）功率

铭牌上所标的功率值都是指电动机在额定运行时轴上输出的机械功率值 P_2。它是不等于从电源吸收的功率 P_1。两者的关系为 $P_2 = \eta \times P_1$。

6）功率因数

电动机是电感性负载，定子相电流比相电压滞后一个 φ 角，$\cos\varphi$ 就是电动机的功率因数。额定负载时一般为 0.7～0.9，空载时很低约为 0.2～0.3，额定负载时最大。应选择合适容量的电机，防止"大马"拉"小车"的现象。

7）声功率级

声功率级（LW），也被称作电机的总噪声等级，表示式为 LW=10 lg（W/W_0），其单位是 dB。LW 值越小表示电动机运行的噪声越低。常用基准声功率 W_0 为 10^{-12} W。

8）绝缘等级与温升

根据不同绝缘材料耐受高温的能力，规定了 7 个允许的最高温度：Y、A、E、B、F、H 和 C，分别对应：90℃、105℃、120℃、130℃、155℃、180℃和 220℃以上。

9）防护等级（Ingress Protection）

按 IEC 制定的 IPXX 标准标识。

10）转速

转速标识以 RPM（r/min，即每分钟转数）结尾。

例 7-2　一台 Y225M-4 型的三相异步电动机，定子绕组△型联结，其额定数据为：P_{2N}=45kW，n_N=1480r/min，U_N=380V，η_N=92.3%，$\cos\varphi_N$=0.88，I_{st}/I_N=7.0，T_{st}/T_N=1.9，T_{max}/T_N=2.2，求：

（1）额定电流 I_N？

（2）额定转差率 s_N？

（3）额定转矩 T_N、最大转矩 T_{max} 和起动转矩 T_{st}？

解　（1）$P_{2N} = P_{1N} \times \eta_N = \sqrt{3}U_N I_N \eta_N \cos\varphi_N$

$$I_N = \frac{P_{2N} \times 10^3}{\sqrt{3}U_N \cos\varphi_N \eta_N} = \frac{45 \times 10^3}{\sqrt{3} \times 380 \times 0.88 \times 0.923} = 84.2\,\text{A}$$

（2）由 n_N=1480r/min，可知 p=2（四极电动机）

$$n_0 = 1500\,\text{r/min}, \quad S_N = \frac{n_0 - n}{n_0} = \frac{1500 - 1480}{1500} = 0.013$$

（3）$P_{2N} = 2\pi \cdot \dfrac{n_N}{60} T_N \Rightarrow T_N = 60 P_{2N}/2\pi n_N \approx 9.554\, P_{2N}/n_N\ (\text{kW}\cdot\text{min/r})$

$$T_N = 9554 \frac{P_{2N}}{n_N} = 9554 \times \frac{45}{1480} = 290.4932\,\text{N}\cdot\text{m}$$

$$T_{\max} = \left(\frac{T_{\max}}{T_N}\right) T_N = 2.2 \times 290.4932 = 639.0851 \text{N} \cdot \text{m}$$

$$T_{st} = \left(\frac{T_{st}}{T_N}\right) T_N = 1.9 \times 290.4932 = 551.9372 \text{N} \cdot \text{m}$$

例 7-2 中给出的电机是传统的非节能型电机，实际上，目前生产的电机为与 YE3 型相当的节能电机，并要求企业全面更换。

其他交流电机介绍请通过扫描二维码 R7-5 了解。

R7-5　其他交流电机介绍

7.15　直　流　电　机

直流电机指的是输出直流电流的发电机，或者通入直流电流而产生机械运动的电动机。根据是否配置有常用的电刷-换向器可以将直流电机分为两类，包括有刷直流电机和无刷直流电机。无刷直流电机按照供电方式的不同又可以分为两类：方波无刷直流电动机和正弦波无刷直流电动机。前者的反电势波形和供电电流波形都是矩形波，又称为矩形波永磁同步电动机；后者的反电势波形和供电电流波形均为正弦波。

直流发电机主要用作直流电源。直流电动机具有良好的启动性能和调速特性。前者主要表现在起动力矩大。后者主要表现在调速范围广、调速方便、调速平滑。有刷直流电机结构比较复杂，运行时可能产生环火。无刷直流电机既保持了传统直流电机良好的调速性能又具有无滑动接触和换向火花、可靠性高、使用寿命长及噪声低等优点。直流电动机被广泛应用于电力机车、无轨电车、轧钢机、航空航天、数控机床、机器人、电动汽车、计算机外围设备和家用电器等领域。此外，小容量直流电机大多在自动控制系统中以伺服电机、测速发电机等形式作为测量、执行元件使用。

无刷直流电机采用的是电子换向器，而有刷直流电机采用的是机械换向方式，下面以有刷直流电机为例介绍其工作原理。

7.15.1　直流发电机工作原理

如图 7-73（a）所示为直流发电机的物理模型，N、S 为定子磁极，abcd 是固定在可旋转导磁圆柱体上的线圈，线圈连同导磁圆柱体称为电机的转子或电枢。线圈的首末端a、d 连接到两个相互绝缘并可随线圈一同旋转的换向片上。转子线圈与外电路的连接是通过放置在换向片上固定不动的电刷进行的。

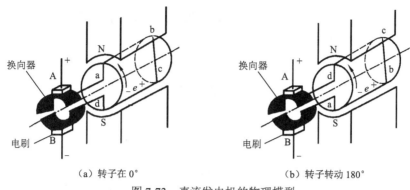

（a）转子在 0°　　　　　　　　　　　（b）转子转动 180°

图 7-73　直流发电机的物理模型

当原动机驱动电机转子逆时针旋转 180° 后，如图 7-73（b）所示，导体 ab 在 S 极下，a 点低电位，b 点高电位；导体 cd 在 N 极下，c 点低电位，d 点高电位；电刷 A 极性仍为正，电刷 B 极性仍为负。可见，和电刷 A 接触的导体总是位于 N 极下，和电刷 B 接触的导体总是位于 S 极下，因此电刷 A 的极性总是正的，电刷 B 的极性总是负的，在电刷 A、B 两端可获得直流电动势。实际直流发电机的电枢是根据实际需要有多个线圈，线圈分布在电枢铁芯表面的不同位置，按照一定的规律连接起来，构成电机的电枢绕组，一对或多对 N、S 磁极交替旋转。

7.15.2　直流电动机工作原理

直流电动机是将电能转变成机械能的旋转机械。把电刷 A、B 接到直流电源上，电刷 A 接正极，电刷 B 接负极。此时电枢线圈中将有电流流过，如图 7-74（a）。在磁场作

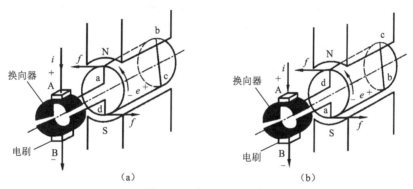

（a）　　　　　　　　　　　　　　（b）

图 7-74　直流电动机模型

用下，N 极性下导体 ab 受力方向从右向左，S 极下导体 cd 受力方向从左向右。该电磁力形成逆时针方向的电磁转矩。当电磁转矩大于阻转矩时，电机转子逆时针方向旋转。

当电枢旋转到图 7-74（b）所示位置时，原 N 极性下导体 ab 转到 S 极下，受力方向从左向右，原 S 极下导体 cd 转到 N 极下，受力方向从右向左。该电磁力形成逆时针方向的电磁转矩。线圈在该电磁力形成的电磁转矩作用下继续逆时针方向旋转。同直流发电机相同，实际的直流电动机的电枢并非单一线圈，磁极也并非一对。

直流电动机的起动方法有直接起动、电枢回路串电阻起动降压起动。直流电机的调速方法有改变电枢回路电阻、电源电压、磁通（弱磁）。

7.16 常用控制执行电机

常用的控制执行电机有伺服电动机和步进电动机。

伺服电动机也称执行电动机，在自动控制系统中作为执行元件，将收到的电信号转换成电动机轴上的角位移或角速度输出，以驱动控制对象。它有交流伺服和直流伺服之分。交流伺服电动机在同功率下有较小的体积和质量，适用于高速且大力矩工作状态，是主要发展方向。一般小功率（从几瓦到几十瓦）随动系统可以选用交流异步伺服电机，它是一种两相电机，其定子铁芯安放着互成90°电角度的两相定子绕组（励磁绕组与控制绕组），运行时励磁绕组始终接在交流源上，控制绕组则加上大小、相位均可变化的同频率的交流控制信号；其转子有细长笼型和杯形两种。高性能的伺服系统大多采用永磁同步型交流伺服电动机，这类伺服电动机自带的编码器，可以实现快速、准确的定位。三相永磁同步型交流伺服电动机符号如图7-75（a）所示。伺服电动机为了防止"反转"现象的发生，应该增大转子电阻，相当于电感相对变小，电机无力。

步进电动机是一种将电脉冲转化成角位移的执行机构。当步进驱动器接收到一个脉冲信号，它就驱动步进电动机按设定的方向转动一个固定角度（称为步进角）。通过控制脉冲的频率控制转动速度和加速度，控制脉冲的个数对应着角位移量。这种电机在非过载下，转速、位置只取决于脉冲信号的频率和脉冲个数，而不受负载变化的影响。这一线性关系，加之只有周期性的误差而无累积误差，使得在速度、位置等控制领域用步进电动机比较简单。步进电动机要与相应的驱动器一起使用。步进电动机符号如图7-79（b）所示。步进电机的定子绕组可以是任意相数的，常用的有三相、四相和五相；而转子有反应式、永磁式和永磁反应式三类，其中反应式最常用。

（a）交流伺服电动机　　　　　　　（b）步进电动机

图7-75　常用两种控制执行电动机符号

7.17　电动调节阀与电磁阀

电动调节阀（控制阀）以电为驱动能源的执行器，它通过接收DC4～20mA或DC0～10V的输入信号转变成相对应的特性（角或线）位移来驱动阀门电机（110VAC/220VAC/

380VAC/12VDC/24VDC）改变阀芯和阀座之间的截面积大小，控制管道介质的流量、温度、压力等工艺参数，从而实现自动化调节功能。电动调节阀由三接头的滑动变阻器输出阀门的定位信号，此外还有三根线的限位信号（全开、全闭、公共线）。

电磁阀是电磁线圈通电后产生磁力吸引克服弹簧的压力带动阀芯动作的电器，它用于液体和气体小管路的开关控制阀，其流通系数（每小时流经调节阀的流量数，单位 m³/h）很小，只能作用开关量。电动调节阀与电磁阀的实物图如图 7-76 所示。

（a）电动调节阀 　　　　　　　　　　　　（b）电磁阀

图 7-76　电动调节阀与电磁阀实物图

无论是电动阀还是电磁阀其优点是采用电信号，传输速度快，传输距离远，具有较高的灵敏度和精度，与计算机配合方便。其缺点是结构复杂，推力小，价格较贵。适用于防爆要求不高但要求环保的场合。

7.18　小　　结

电器与电机是电力系统和电气控制系统中重要器件或部件，本章介绍了电器的基本知识，对常用低压电器和高压电器进行了详细介绍。高压电器是电力系统输电、配电的重要部件，低压电器是电气控制系统中重要的元器件，从控制的角度来看，任何一个低压电器都应具有输入和输出两大部分；从系统的角度来看，每个电器都有特定的功能；从使用的角度来看，每个电器都有相应的技术指标；从器件构造来看，每个电器基本上都是由感测部分、判别部分、执行机构三部分组成。电气控制元件通常是实现功率执行器的驱动而引入的变流器机构。电机是机、电转换的常用设备，本章介绍了电机的种类，并重点阐述了异步电机工作原理与外特性。本章的内容在"电机与拖动""电力电子技术""工业企业配电""电气控制""过程控制技术与工程"等课程中将更进一步论述。

第8章 机械元件——机械执行器

8.1 引 言

机械执行器也称为执行机构,通常包括电器、液压气动、控制部分。它是执行机械运动的装置,用于变换或传递能量、物料和信息。一个工业机器系统中通常有一个或若干个执行机构进行着有序的运动,将力或力矩施加到需要的部位,引起物理状态的改变。机器的主体部分是由若干个机构组成,机构的研究是理解机器的核心。现代的机械机构包括轮机构、螺旋机构、直线导轨、连杆机构、杠杆机构、机架和组合机构。其中不同的机构可以实现不同的运动,也可以实现相同的运动。同一个机构经过巧妙的改造能够获得和原来完全不同的运动和动力特性。一个机械产品的动作有时只需要一个很简单的机构就可以实现,有时需要一些复杂的机构,甚至是需要多个机构共同协调运动才能实现。

8.2 机构的基本概念与分类

8.2.1 机构的基本概念

机构指由两个或两个以上构件通过活动联接形成的具有确定相对运动构件组合,用来传递运动和力。它通常由机架、原动件(1个或几个)、从动件(若干个)构成。机架是用来支撑活动的构件,机构中有且只有一个机架,如内燃机中的汽缸体;原动件是运动规律已知的构件,它的运动是外界输入的,又称为输入构件,如内燃机中的活塞;机构中随着原动件的运动而运动的其余活动构件,如内燃机中的连杆与曲轴。

机构要素包括构件和运动副。组成机构的运动单元体称为构件,构件可以是一个零件,也可以是若干个零件连接在一起的刚性结构;机构是由许多构件组成的,机构的每一个构件都以一定的方式与某些构件相互连接。这种连接不是固定连接,而是能产生一定相对运动的连接,这样使两构件直接接触并能产生一定的相对运动的连接称为运动副。把两个或两个以上的构件通过运动副的联接而构成的相对可动的系统称为运动链。

根据两构件的相对运动轨迹可以将运动副分为空间运动副和平面运动副;运动副直接接触部分可以是点、线、面,由此将运动副分为低副(面)和高副(点或线),前者又分为产生直线运动的移动副和产生转动运动的回转副。面接触的低副由于是面接触,压强小，承载能力较大，润滑好，且两构件之间一般为几何封闭，保证工作的可靠性，制造也方便，但一般只能近似实现给定的运动规律，而且设计较为复杂。点线接触的高副主要用于精密机械或测试仪器中，但压强大易磨损。

常见运动副、构件的表示法见表 8-1。

表 8-1　常见运动副、构件的表示法

续表

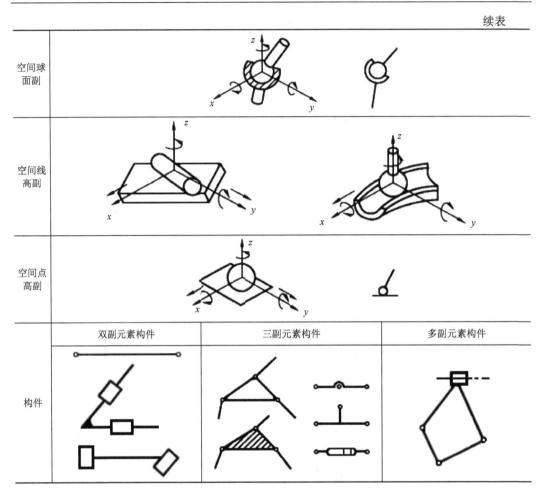

空间球面副	
空间线高副	
空间点高副	
构件	双副元素构件　　　三副元素构件　　　多副元素构件

机构的运动取决于运动副的类型和位置，而与构件的形状无关。因而描述机构运动原理的图形，可以用表征运动副类型（运动副元素形状）和位置的简单符号及代表构件的简单线条来画出。如果要准确地反映机构运动空间的大小或要用几何作图求解机构的运动参数，则运动副的位置要与实际机构中的位置相同或成比例关系，这样画出的简图称为机构运动简图。常见机构的简图符号见表 8-2。

表 8-2　常见机构运动简图符号

名称	简图符号		
	盘状凸轮		移动凸轮
平面凸轮机构			

名称	简图符号	
	外啮合	内啮合
圆柱齿轮机构		
非圆齿轮机构		
圆锥齿轮机构		
交错轴斜齿轮机构		
蜗杆蜗轮机构		
齿轮齿条		
棘轮机构		
槽轮机构		

(齿轮机构：圆柱齿轮机构、非圆齿轮机构、圆锥齿轮机构、交错轴斜齿轮机构、蜗杆蜗轮机构、齿轮齿条；棘轮槽轮机构：棘轮机构、槽轮机构)

续表

名称		简图符号
挠性传动机构	带传动	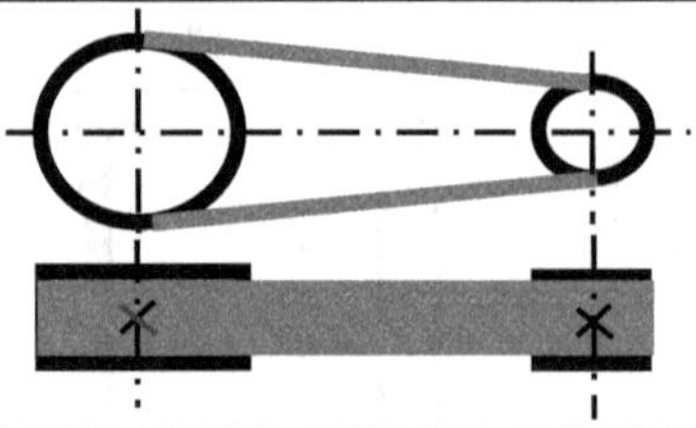
	链传动	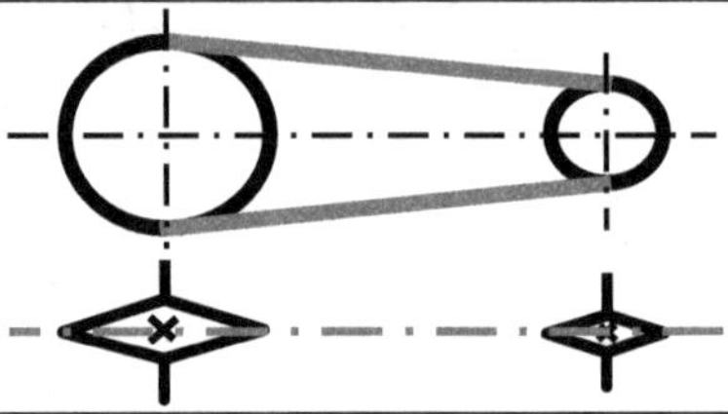
原动机	通用符号	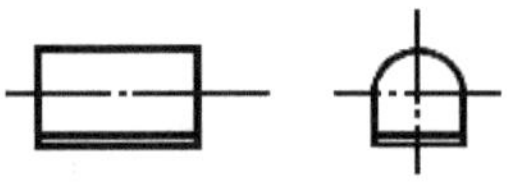
	电动机	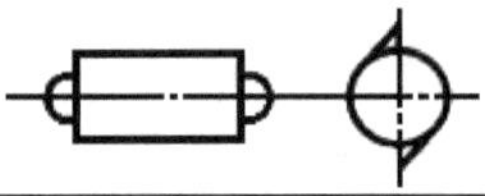
	装在支架上电动机	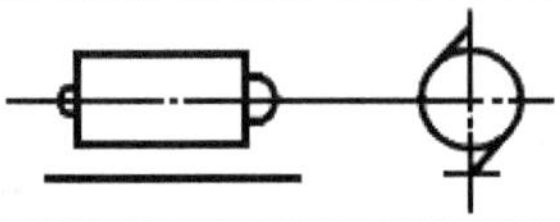

8.2.2 机构的运动与功能

为了实现机械执行机构的某一特定目的（即功能），其动作过程可以分解成几个基本动作执行。完成执行动作的构件称为执行构件，它是机构中许多从动件中能实现预期执行动作的构件，故亦称为输出构件。

1. 执行构件的基本运动

常见机构的执行构件运动种类有回转运动、直线运动和曲线运动三种。按照运动有无往复性和间歇性，执行构件基本运动的形式如表 8-3 所示。

表 8-3 执行构件的基本运动形式

序号	运动形式	举例
1	单向转动	曲柄摇杆机构中的曲柄、转动导杆机构中的转动导杆、齿轮机构中的齿轮
2	往复摆动	曲柄摇杆机构中的摇杆、摆动导杆机构中的摆动导杆、滑块机构中的摇块
3	单向移动	带传动机构或链传动机构中的输送带（链）移动
4	往复移动	曲柄滑块机构中的滑块、牛头刨床机构中的刨头
5	间歇运动	槽轮机构中的槽轮、棘轮机构中的棘轮，凸轮机构、连杆机构也可以构成间歇运动
6	实现轨迹	平面连杆机构中的连杆曲线、行星轮系中行星轮上任意点的轨迹

2. 机构的基本功能

机构的功能是指机构实现运动变换和完成某种功用的能力。利用机构的功能可以组合完成特定功能的新机械。机构的一些基本功能如表 8-4 所示。

表 8-4　机构的基本功能

序号	基本功能	举例
1	转动↔转动	双曲柄机构、齿轮机构、带传动机构、链传动机构
	转动↔摆动	曲柄摇杆机构、曲柄摇块机构、摆动导杆机构、摆动从动件凸轮机构
	转动↔移动	曲柄滑块机构、齿轮齿条机构、挠性输送机构
	转动↔单向间歇转动	螺旋机构、正弦机构、移动推杆凸轮机构
	摆动↔摆动	槽轮机构、不完全齿轮机构、空间凸轮间歇运动机构
	摆动↔移动	双摇杆机构
	移动↔移动	正切机构
	摆动↔单向间歇运动	双滑块机构、移动推杆移动凸轮机构、齿轮棘轮机构、摩擦式棘轮机构
2	变换运动速度	齿轮机构（用于增速或减速）、双曲柄机构（用于变速）
3	变换运动方向	齿轮机构、蜗杆机构、锥齿机构等
4	进行运动合成（或分解）	差动轮系、各种二自由度机构
5	对运动进行操纵或控制	离合器、凸轮机构、连杆机构、杠杆机构
6	实现给定运动位置和轨迹	平面连杆机构、连杆-齿轮机构、凸轮-连杆机构、联动凸轮机构
7	实现某些特殊功能	增力机构、增程机构、微动机构、急回特性机构、夹紧机构、定位机构

8.2.3　机构的分类

机构可以按不同的机制进行分类。按组成的各构件间相对运动的不同，机构可分为平面机构（如平面连杆机构、圆柱齿轮机构等）、空间机构（如空间连杆机构、蜗轮蜗杆机构等）；按运动副类别可分为低副机构（如连杆机构等）、高副机构（如凸轮机构等）；按结构特征可分为连杆、齿轮、斜面、棘轮、凸轮、棘轮、槽轮、螺旋、伸缩；按功用可分为安全保险机构、联锁机构、擒纵机构等；据组成机构的构件性质可分为刚性、柔性、挠性、气动、液压；按转换的运动或力的特征进行分类，分为匀速、非匀速、直线、换向、间歇，这种分类方式我们这里给出了相应的机构形式，如表 8-5，这将有利用进行机械设计和构建。

表 8-5　机构的分类

序号	执行构件实现的运动或功能	机构形式
1	匀速转动机构（包括定传动机构、变传动比机构）	摩擦轮机构；齿轮机构、轮系；平行四边形机构；转动导杆机构；各种有级或无级变速机构
2	非匀速转动机构	非圆齿轮机构；双曲柄四杆机构；转动导杆机构；组合机构
3	往复运动机构（包括往复运动和往复摆动）	曲柄摇杆往复运动机构；双摇杆往复运动机构；滑块往复运动机构；凸轮式往复运动机构；齿轮式往复运动机构；组合机构
4	间歇运动机构（间歇传动、间歇摆动、间歇移动）	间歇转动机构（棘轮、槽轮、凸轮、不完全齿轮机构）；间歇摆动机构（一般利用连杆曲线上近似圆弧或直线段实现）；间歇移动机构（连杆、齿轮、凸轮、组合机构等来实现单侧停歇、双侧停歇、步进移动）

序号	执行构件实现的运动或功能	机构形式
5	差动机构	差动螺旋机构；差动棘轮机构；差动齿轮机构；差动连杆机构；差动滑轮机构
6	实现预期轨迹机构	直线机构（连杆机构、行星齿轮机构） 特殊曲线绘制机构（椭圆、抛物线、双曲线） 工艺轨迹机构（连杆机构、凸轮机构、凸轮-连杆机构）
7	增力及夹持机构	斜面杠杆机构；铰链杠杆机构；肋杆式机构
8	行程可调机构	棘轮调节机构；偏心调节机构；螺旋调节机构；摇杆调节机构；可调式导杆机构
9	换向机构	是利用不同控制方法使从动件改变运动方向的机构，常与其他机构联合使用这种机构的具体形式很多，如利用皮带、齿轮、摩擦轮、棘轮、螺旋或离合器等换向

8.3　轮　机　构

8.3.1　齿轮机构

齿轮机构以啮合方式在两个轴之间传递运动和动力，轮齿受力的情况类似悬梁臂，且应力是交变的。齿轮机构的应用极为广泛，与其他的机构相比，它具有效率高、寿命长、瞬时传动比稳定、结构紧凑、传递功率大、圆周速度的范围宽等优点。但是由于轮齿易磨损，过载或疲劳会使轮齿发生塑性变形或折断，因而过载能力差，而且安装的精度要求高，故齿轮机构成本较高。

1. 齿轮传动的类型及其特性

齿轮传动的类型很多，有不同的分类方法。按照两轮的相对位置和齿向，齿轮机构分类如表 8-6 所示。

表 8-6　齿轮机构的类型及其特性

类型		简图	特性
圆柱齿轮副	直齿轮		①两传动轴平行，转动方向相反 ②承载能力较低 ③传动平稳性较差 ④工作时无轴向力，可轴向运动 ⑤结构简单，加工制造方便 ⑥这种齿轮机构应用最为广泛，主要应用减速、增速及变速，或者用来改变转动方向
	斜齿轮		①两传动轴平行，转动方向相反 ②承载能力比直齿圆柱齿轮机构的高 ③传动平稳性好 ④工作时有轴向力，不宜做滑移变速机构 ⑤轴承装置结构复杂 ⑥这种齿轮机构应用较为广泛，主要应用高速、重载的传动，也可用来改变转动方向

续表

类型		简图	特性
圆柱齿轮副	人字齿轮		①两传动轴平行，转动方向相反 ②每个人字齿轮相当于由两个尺寸相同而齿相反的斜齿轮组成 ③加工制造较困难 ④承载能力高 ⑤轴向力可以互相抵消，这种齿轮机构常用于重载传动
圆锥齿副轮	直齿圆锥齿轮		①两传动轴相交，一般机械中轴交角为90°，用于传递量垂直相交轴之间的运动和动力 ②承载能力小 ③齿轮分布在截圆锥体上 ④直齿圆锥齿轮的设计、制造及安装较容易，所以应用最广
圆锥齿副轮	曲齿圆锥齿轮		①由一对曲齿圆锥齿轮组成，两轮轴线交错，交错角为90° ②齿轮螺旋线切向相对滑动较大 ③承载能力高、传动平稳 ④这种机构常用来传递交错轴之间的运动或载荷很大的场合
蜗轮蜗杆		蜗轮 蜗杆	①用于传递空间交错轴之间的回转运动和动力，通常两轴交错角成90°。传动中蜗杆为主动轴，蜗轮为从动件，广泛用于各种机械和仪器中 ②传动比大，结构紧凑 ③传动平稳，噪声小 ④具有自锁功能 ⑤传动效率低，磨损较严重 ⑥蜗杆的轴向力较大，使轴承摩擦损失较大
齿轮齿条			①齿廓上各点的压力角相等，等于齿廓的倾斜角（齿形角），标准值为20° ②齿廓在不同高度上的齿距均相等，且齿距 $p=\pi m=\pi d/n$，但齿厚和槽宽各不相同，其中 $s=e$ 齿槽宽处的直线称为分度线 ③几何尺寸与标准齿轮相同

2. 齿轮机构例子与简要说明

例 8-1　如图 8-1 所示，当手柄 6 处于位置 I 时，齿轮 2 和 3 均不与齿轮 4 啮合；当处于位置 II 时，传动的路线为 1—2—4；当处于位置 III 时，传动的路线为 1—2—3—4，以上可以看出，只要改变手柄的位置，就可以使齿轮 4 获得两种相反的转动，这样就实现了转向的目的。图上的定位销 5 是用来固定手柄的位置。

例 8-2　如图 8-2 所示为一装载型复联式蜗杆-连杆组合机构，即风扇自动摇头机构，它是由一蜗杆机构 $Z_1 \sim Z_4$ 装载在一双摇杆机构 1—2—3—4 上所组成，电动机 M 装在摇杆 1 上，驱动蜗杆 Z_1 带动风扇转动，蜗轮 Z_2 与连杆 2 固连，其中心与杆 1 在 B 点铰接。当电动机 M 带动风扇以角速度 ω_1 转动时，通过蜗杆机构使摇杆 1 以角速度 ω_1 来回摆动，这样就达到风扇自动摇头的目的。

例 8-3　如图 8-3 所示为工件压紧机构，采用液压驱动，当活塞杆 2 在液压缸活塞的作用下往复移动时，齿扇 3 绕固定点 C 摆动，带动有压头的齿条 4 上下移动，完成工件压紧及工件松开的动作。

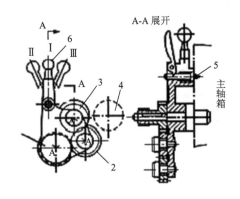

图 8-1　齿轮换向机构结构图

1～4.齿轮；5.定位销；6.手柄图

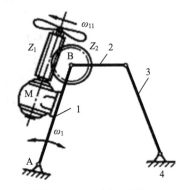

图 8-2　风扇摇头机构

1.摇杆；2.连杆；3.连架杆；4.机架

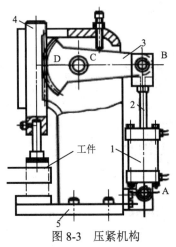

图 8-3　压紧机构

1.液压缸；2.活塞杆；3.齿扇；4.齿条

8.3.2　凸轮机构

凸轮机构是由具有曲线轮廓或凹槽的构件，凸轮和推杆一起常称为凸轮机构。凸轮往往是原动件，作转动或往复摆动，被凸轮直接推动的从动件称为推杆。从动件的常用的运动规律为等速运动、等加速等减速、简谐运动、摆线运动 4 种。它广泛地应用于各种机械，特别是自动机械、自动控制装置和装配生产线中，是工程中用于实现机械化和自动化的一种常用机构。

1. 凸轮机构的分类

凸轮机构的应用广泛，其类型也很多。按照凸轮的形状分，有盘形凸轮、移动凸轮、圆柱凸轮；按从动件的形式分，有尖顶从动件、滚子从动件、平底从动件；按锁合方式分，有力锁合、几何锁合（包括凸槽锁合、共轮凸轮、等径和等宽凸轮）。凸轮机构的分类见表 8-7。

表 8-7　凸轮机构的特点及应用

类型		图例	特点和应用
凸轮形状	盘形凸轮		凸轮为径向尺寸变化的盘形构件，它绕固定轴作旋转运动。从动件在垂直于回转轴的平面内作直线或摆动的往返运动。这种机构是凸轮的最基本形式，应用广泛
	移动凸轮		凸轮为一有曲面的直线运动构件，在凸轮往返移动的作用下，从动件可作直线或摆动的往返运动。这种机构在机床上应用较多
	圆柱凸轮		凸轮一有沟槽的圆柱体，它绕中心轴做回转运动。从动件在凸轮的轴线平行平面内作直线移动或摆动。它与盘形凸轮相比，行程较长，常用于自动机床
从动件形式	尖顶		尖顶能与任意复杂的凸轮轮廓保持接触，从而使从动件实现任意的运动。但因尖顶易于磨损，故只宜于传动不大的低速凸轮机构中
	滚子		这种推杆由于滚子和凸轮之间为滚动摩擦，种所以磨损较小，可用于传递较大的动力，应用普遍
	平底		凸轮对推杆的作用力始终垂直于推杆的底部，故受力比较平稳。而且凸轮和平底的接触面间易于形成油膜，润滑良好，所以常用于高速传动中
锁合方式	力锁合		利用从动件的重力、弹簧力或其他外力使从动件与凸轮保持接触
	凸槽锁合		其凹槽两侧间的距离等于滚子的直径，故能保证滚子与凸轮始终接触。因此这种凸轮只能采用滚子从动件
	共轭凸轮		利用固定在同一轴上但不在同一平面内的主、副两个凸轮来控制一个从动件，从而形成几何封闭，使凸轮与推杆始终保持接触
	等径和等宽凸轮		（a）为等径凸轮机构，因过凸轮轴心任一径向线与两滚子中心距离处处相等，可使凸轮与推杆始终保持接触　（b）为等宽凸轮，因与凸轮廓线相切的任意两平行线间距离处处相等且等于框形内壁宽度，故凸轮与推杆始终保持接触

2. 凸轮机构例子与简要说明

例 8-4　图 8-4 为凸轮式手部机构，其中滑块 1 和手指 4 及滚子 2 相连接，手指 4

的动作是依靠凸轮 3 的转动和弹簧 6 的抗力来实现的。弹簧 6 用于夹紧工件 5，而工件的松开则是由凸轮 3 转动，推动滑块 1 移动来达到的。这种机构动作灵敏，但由于弹簧决定加紧力的大小，所以加紧力不大，只适用于轻型工件的抓取。

例 8-5　图 8-5 为一自动定心夹具机构，凸轮 1 向上移动时，其上端的夹板 2 直接压向工件，同时利用凸轮曲线推动滚轮 3，使摆杆 4 摆动，故摆杆末端的夹板 5 也压向工件，从而使工件支承在三块夹板之间。自动定心的实现是合理的设计凸轮曲线，使凸轮位移量总是等于夹板与工件中心之间距离的变动量。自动定心夹具用于轴、套类工件的活动支承，以解决其工件直径在一定范围变化时的自动定心问题。

例 8-6　图 8-6 为摇床机构的示意图，摇床机构由连杆机构与移动凸轮机构组成，曲柄 1 为主动件，通过连杆 2 使大滑块 3（移动凸轮）作往返直线移动。滚子 G、H 与凸轮轮廓线接触，使构件 4 绕固定轴 E 摆动，再通过连杆 5 驱动从动件 6 按照预定的运动轨迹往复运动。该机构适用于中低轻负荷的摇床机构或推移机构。

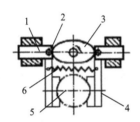

图 8-4　凸轮式手部机构

1.滑块；2.滚子；3.凸轮；4.手指；5.工件；6.弹簧

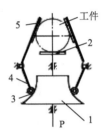

图 8-5　滑动支承自动定心夹具机构

1.凸轮；2.夹板；3.滑轮；4.摆杆；5.夹板

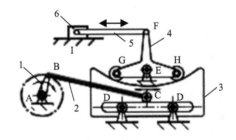

图 8-6　摇床机构

1.曲柄；2.连杆；3.大滑块；4.构件；5.连杆；6.从动件

8.3.3　棘轮机构

常常有这样的情况，原动件作连续运动时，此时要求从动件的运动有间隙。棘轮和棘爪构成的机构能将摆动变换为单向的间歇运动，棘轮机构可以实现步进、转向、反向制动、超越动作。下面给出两个例子。

例 8-7　图 8-7 为起重设备中的棘轮制动器，当轴 1 在转矩驱动下，逆时针方向转动时，带动棘轮 2 逆时针方向旋转，棘爪 3 在棘轮齿背上滑动。若轴 1 无驱动停止时，棘轮 2 在重物下不发生转动，起到制动的作用。

例 8-8　图 8-8 是自行车后轮上的超越式棘轮机构。链条 2 带动内圈具有棘背的链轮

3 顺时针转动，再通过棘爪 4 使后轮轴 5 转动，驱动自行车。在自行车前进时，若不踏曲脚蹬，后轮轴就会超越链轮 3 而转动。让棘爪在棘轮齿背上滑过，使自行车自由滑行。

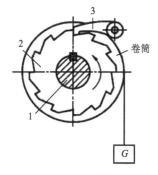

图 8-7　起重设备中的棘轮制动器

1.轴；2.棘轮；3.棘爪

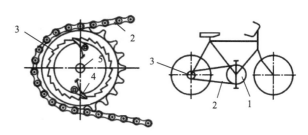

图 8-8　自行车超越式棘轮机构

1,3.棘轮；2.链条；4.棘爪；5.压轮轴

8.3.4　槽轮机构

槽轮机构是一种常见的间歇运动机构，又称马耳他机构。槽轮机构主要分成传递平行轴运动的平面槽轮机构和传递相交轴运动的空间槽轮机构两大类。常用的平面槽轮机构又有两种类型：一种是外啮合槽轮机构，另一种是内啮合槽轮机构。传递相交轴运动的空间槽轮机构如球面槽轮机构。槽轮机构的优点：结构简单、易制造、工作可靠、机械效率高，还有分度和定位的功能。但是槽轮的转角大小不能调节，且具有柔性冲击。

例 8-9　图 8-9 为分度数 $n = 4$ 的外啮合槽轮机构在电影放映机中的应用情况，其中，槽轮按照影片的放映速度转动，当槽轮间歇运动时，胶片上画面依次在方框中停留，通过视觉暂留而取得连续播放效果。

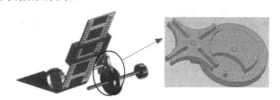

图 8-9　电影放映机卷片机构

8.3.5　摩擦带传动机构

带是挠性体，作为中间件紧贴在主动轮和从动轮的轮缘上，构成带轮机构。带传动运动平稳、噪声小、结构简单、维护方便、不需要润滑，还可以对整机起到过载保护的作用。然而，带传动的效率低、传送精度不高。

1. 摩擦带传动的类型和性能

摩擦带传动有多种传动形式，主要包括以下几种：平行开口传动、交叉传动、半交叉传动、有导轮的角度传动、多从动轮的传动、多级传动、复合传动和张紧惰轮传动，见表 8-8。

表 8-8　摩擦带轮传动形式

传动形式	机构图例	性能
平行开口传动		两带轴轮平行，转向相同，可双向传动，传动中带只单向弯曲，寿命高
交叉传动		两带轴轮平行，转向相同，可双向传动，传动中带只单向弯曲，寿命高
半交叉传动		两带轮轴平行，转向相反，可双向传动，带受附加扭矩，交叉处摩擦严重
有导轮的角度传动		两带轮轴线垂直或交错，两带轮轮宽的对称面与导轮柱面相切，可双向传动，带受附加扭矩
多从动轮传动		带轮轴线平行，可简化传动机构。带在传动过程中绕曲次数增加，降低了带的寿命
多级传动		带轮轴线平行，用阶梯轮改变传动比，可实现多级传动
复合传动		一个主动轮，多个从动轮，各轴平行，轴向相同
张紧惰轮传动		主动轮和从动轮奸安装了张紧惰轮，可增大小带轮的包角，自动调节带的初拉力，单向传动

摩擦带传动，按照横截面形状可以分为平带、V 带和特殊截面带（如多锲带、圆带等）三大类，如图 8-10 所示。

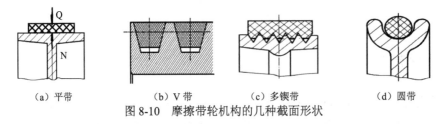

　（a）平带　　　　　　（b）V 带　　　　　（c）多锲带　　　　　（d）圆带

图 8-10　摩擦带轮机构的几种截面形状

2. 摩擦带传动机构图例与简要说明

例 8-10　图 8-11 为木材圆锯机，电机 1 通过带传动 2 减速，带动主轴旋转，圆锯片 4 安装在主轴上，木材固定在导板 6 上，随导板的移动而移动，当木材接触到圆锯片的时候，木材沿锯片径向方向被切割。图中 3 为工作台，5 为锯片罩。

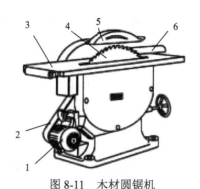

图 8-11　木材圆锯机

1.电机；2.带传动；3.工作台；4.圆锯片；5.锯片罩；6.导板

8.3.6　链轮传动

链轮传动是由装在平行轴上的主、从动链轮和绕在链轮上的环形链条所组成。链的张紧程度比带的张紧程度低，因此作用于轴的径向力小，可以减小轴承的摩擦损失。

链传动的主要优点是挠性好、承载能力大、相对伸长率低，结构十分紧凑，而且可以在温度较高的恶劣条件下工作、抗腐蚀性强，因此可以在矿山机械、石油机械上广泛使用。但是，链传动的缺点是瞬时链速和瞬时传动比不是常数，因而传动平稳性较差，而且自重大，工作中有一定的冲击和噪声。

例 8-11　图 8-12 为变速自行车链传动，自行车是通过人力驱动，用脚蹬施力，与曲轴固连的链轮动转动，通过链牵引带动后轴链轮，这样自行车向前行驶。现代的变速车还能实现变传动比，比骑普通自行车更省力。

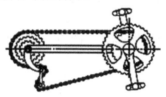

图 8-12　变速自行车链传动

对于变速自行车，在主动轴附近的链条上有个装置叫前拨，转动变速杆就会使前拨的位置发生变化，从而使链条转到不同的前齿轮上，这时，转动调节的从动轴的变速即可变速。一般的变速车，在主动轴上安装 3～5 个齿轮，从小到大排列，在从动轴上安装 6～9 个齿轮，从大到小排列好。同时在车身上有两个变速杆，分别对应着主动轴和从动轴。

8.4　螺　旋　机　构

8.4.1　螺旋传动的类型和应用

（1）根据螺杆和螺母的相对运动关系，螺旋传动的常用运动形式，主要有三种类型。

①螺杆轴向固定、转动，螺母运动。常用于机床进给机构，如车床横向进给丝杆螺母机构。

②螺杆转动又移动，螺母固定。多用于螺旋压力机构中，如摩擦压力加压螺旋机构。

③螺母原位转动，螺杆移动，常用于升降机构。

（2）螺旋传动按其用途不同，可分为三种类型。

①传动螺旋。如举重器、千斤顶、加压螺旋。

②传导螺旋。如机床进给机构。

③调整螺旋。一般用于调整并固定零件或部件之间的相对位置，要求自锁性能好，有时也能较高的调节精度要求。如车床尾座调整螺旋机构。

（3）螺旋机构按其螺旋副的摩擦性质不同，可分为三种类型。

①滑动螺旋（滑动摩擦）：机构简单，便于制造，易于自锁，但其主要的缺点是摩擦阻力大，传动效率低，磨损快，传动精度低。

②滚动螺旋（滚动摩擦）：摩擦阻力小，传动效率高，但结构复杂。

③静压螺旋（流体摩擦）：摩擦阻力小，传动效率高，精度高，但结构复杂，还需要供油系统。因此，只有在高精度、高效率的重要传动中采用这种传动方式，如数控机床、精密机床、测试装置或自动控制系统中的螺旋传动等。

8.4.2　螺旋机构的特点

螺旋机构与其他将回转运动变为直线运动的机构（如曲柄滑块机构）相比，具有以下的特点：

①结构简单，仅需内、外螺纹组成螺旋副；

②传动比很大，可以实现微调可降速传动；

③省力，可以很小的力，完成需要很大的力才能完成的任务；

④能够自锁；

⑤工作连续、平稳、无噪声；

⑥由于螺纹之间产生较大的相对滑动，所以其磨损大，效率低，特别用于机构有自锁作用的时候，其效率低于 50%，这个是螺旋机构的最大缺点。

8.4.3　螺旋机构例子和简要说明

螺旋机构是常见的机构，从精密的元件到轧钢机加载装置中的重载传动中均可采用这种机构。

例 8-12　如图 8-13 描述的千斤顶传力螺旋机构。螺杆 7 和螺母 5 是它的主要零件。螺母 5 用紧定螺钉 6 固定在底座 8 上。转动手柄 4 时，螺杆转动并上下运动。托杯 1 直接顶住重物，不随螺杆转动。挡环 3 防止托盘脱落，挡环 9 防止螺杆上有螺母脱落。

例 8-13　图 8-14 为转向控制的螺杆连杆机构。当主动螺杆 1 转动时，螺母 6 沿轴 z-z 直移运行，并经过连杆 2 给从动杆 3 传递运动。构件 4 绕定轴线 D 转动；螺杆 1 和构件 4 组成圆柱副，和摇杆 5 组成转动副，和螺母 6 组成螺旋副。连杆 2 和螺母 6 与连杆 3 组成转动副 A 和 B；连杆 3 绕轴 E 转动，并与摇杆 5 组成转动副 C。舵 a 和构件 3 固结，构件 1 能在轴承 4 中转动并滑动。

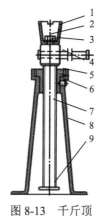
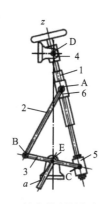

图 8-13　千斤顶　　　　　　　　　　图 8-14　转向控制的螺杆连杆机构

1.托杯；2.连杆；3.挡环；4.手柄；5.螺母；　　　1.主动螺杆；2.连杆；3.从动杆；4.轴承；

6.螺钉；7.螺杆；8.底座；9.挡环　　　　　　　　5.摇杆；6.螺母

8.5　导　　轨

8.5.1　导轨的定义

　　导轨是金属或其他材料制成的槽或脊，可承受、固定、引导运动部件/装置或设备沿给定轨迹和行程做往复运动，并减少其摩擦的一种装置。导轨由两个相对运动的部件组成，一个部件固定在机架上，称为定轨，另一个在定轨上运动，称为动轨。导轨表面上的纵向的槽或脊，用于导引、固定机械部件、专用设备、仪器等。导轨在日常生活中的应用很普遍，如滑动门的滑槽、火车的铁轨、图像标定等都是导轨的具体应用。

8.5.2　导轨的分类

　　导轨按照运动的形式，有直线运动导轨和圆周运动导轨两类，前者如车床和龙门刨床床身导轨，后者如立式车床和滚齿机的工作台导轨等。机床导轨按照运动面间的摩擦性质分为滑动导轨和滚动导轨两类。

　　导轨的截面形状主要有三角形、矩形、燕尾形和圆形等。三角形导轨的导向性能好；矩形导轨的刚度高；燕尾形导轨结构紧凑；圆形导轨制作方便，但磨损不宜调节。当导轨的防护条件较好，切屑不宜堆积其上时，下导轨面常设计成凹形，以便于储油，改善润滑条件；反之则宜设计成凸形。

　　现代的数控机床采用的导轨主要有滑动导轨，滚动导轨和静压导轨。

　　滑动导轨：导轨面间的摩擦性质是滑动摩擦，大多处于边界摩擦和混合摩擦的状态。滑动导轨结构简单，接触刚度高，阻尼大和抗震性好，但是启动摩擦力大，低速运行的时候易爬行，摩擦表面易磨损。

　　静压导轨：在相配的两导轨间通入压力油或压缩空气，经过节流器后形成定压的油膜或气膜，将运动部件略微浮起。两导轨不直接接触，摩擦因数小，运动平稳。

滚动导轨：相配的两导轨之间有滚珠、滚柱、滚针或滚动导轨块的导轨。这种导轨摩擦因数小，不易出现爬行，而且耐磨性能好，缺点是结构较复杂和抗震能力差。滚动导轨常用于高精度机床、数控机床和要求实现微量进给的机床中。现代数控机床常采用的滚动导轨有滚动导轨块和直线滚动导轨块两种。滚动导轨块是一种滚动体作循环运动的滚动导轨，直线滚动导轨是近年来出现的新型导轨。

8.5.3　导轨机构例子和简要说明

例 8-14　图 8-15 为两轴同步带传动运动平台，主要有电机 1、法兰 2、联轴器 5、两组带动同步带传动 3 及 11、轴承及轴承座 10、导轨副（导轨、滑块）、平台 9、机座、限位开关 8、远点开关 7 等组成。电机 1 通过法兰 2、联轴器 5 与轴相连，将运动传递给轴 6，同步带轮，轴承起支承作用，同步带与滑块 13 相连，随电机的正反转拉动平台沿导轨 12 滑动，来实现两个方向的运动。图中 7、8 为限位开关，控制平台的两端极限位置。

两轴运动控制系统的执行电机多采用步进电机或全数字式伺服电机，电机将动力通过同步带传送给工作部分，工作台沿导轨运动，实现两个方向的进给运动。工作时，两轴独立运动，各轴的运动之间可以是单轴运动，也可以是两轴同时按照各自的速度运动。

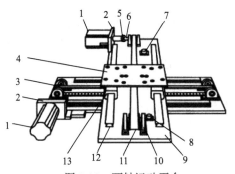

图 8-15　两轴运动平台

1.电机；2.法兰；3，11.同步带传动；4.工作台；5.联轴器；6.轴；7.远点开关；8.限位开关；9.平台；10.轴承及轴承座；
12.导轨；13.滑块

若将上面的平台用于机床上，就会成为两轴联动机床，如图 8-16 所示，除此之外，若在平台上安装立柱导轨，则演化成三轴联动机床，实现工作台沿 Z 轴方向的升降运动。

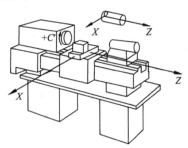

图 8-16　两轴联动机床

8.6 连杆机构

连杆机构被用于各种机械、仪器仪表及日常生活中，剪床、冲床、颚式破碎机、内燃机、缝纫机、人体假肢、挖掘机、公共汽车关开门机构、车辆转向机构及机械手和机器人等都巧妙地利用了各种连杆机构。

8.6.1　连杆的特点

连杆机构的优点如下：

（1）运动副为面接触，压强小，承载能力大，耐冲击，易润滑，磨损小，寿命长；

（2）运动副元素简单（多为平面或圆柱面），制造比较容易；

（3）运动副元素靠本身的几何封闭来保证构件运动，易于运动可逆性，结构简单，工作可靠；

（4）可以实现多种运动规律和特定的轨迹要求；

（5）可以实现增力、扩大行程、锁紧等功能。

连杆机构的缺点如下：

（1）由于连杆机构运动副之间有间隙，当使用长运动链时，易产生较大的积累误差，同时也使机械效率降低；

（2）连杆机构所产生的惯性力难以平衡，因而会增加机构的动载荷，不易高速转动；

（3）受杆数的限制，连杆机构难以精确地满足复杂的运动规律。

根据连杆机构的构件运动范围可以将其分为平面连杆和空间连杆。平面连杆机构是由一些刚性构件用转动副和移动副相互连接而组成的同一平面或相互平行的平面内的运动的机构。

8.6.2　连杆的例子

若铰链四杆机构的两个连架杆一个是曲柄，另外一个是摇杆，则该四杆机构称为曲柄摇杆机构。

曲柄摇杆机构的特点是两个连架杆，一个是曲柄，另一个是摇杆。曲柄摇杆的主动件为曲柄，也可以是摇杆。

曲柄摇杆机构能够将主动件曲柄的整周回转运动转变为摇杆的往复运动，也可以使摇杆的往复摆动转换为曲柄的整周回转运动。曲柄摇杆的应用非常广泛，如雷达设备、搅拌机、缝纫机、颚式破碎机等。

例 8-15　图 8-17 的加紧机构装置为曲柄摇杆机构，其中的扳手把 2（连杆）、杆 1 和杆 3（摇杆）均是逆时针旋转，这时与杆 1 相连的压头将工件 5 压紧，当工件被压紧时，连杆 2 和杆 3 共线，即铰链中心 B、C、D 共线，在力 F 的作用下，杆 2、3 为从动杆，此时机构出现死点位置而自锁。工件加在杆 1 上的反作用力 F 无论多大，也不能使杆 3 转动。去掉外力 F 之后，能可靠地加紧工件。当需要取出工件时，只需要向上扳动 2 上的手柄，带动杆 3 旋转，即能使整个系统运动且松开夹具。

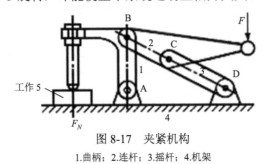

图 8-17　夹紧机构

1.曲柄；2.连杆；3.摇杆；4.机架

若铰链四杆机构的两个连架杆都是曲柄，则该四杆机构为双曲柄机构。双曲柄机构的作用是将一曲柄的等速回转转变为另一曲柄等速或变速回转。

例 8-16　如图 8-18（a）所示为机车车轮联动机构，图 8-18（b）为其机构运动简图。该机构是利用平行四边形机构的两曲柄回转方向相同、转速相等、角速度相等的特点，使被联动的各从动轮车轮与主动车轮 1 具有完全相同的方向。由于机车车轮联动机构还具有运动不确定性，所以利用第三个平行曲柄来消除平行四边形机构在这个位置的运动不确定状态。

（a）　　　　　　　　　　　　　　　（b）

图 8-18　机车车轮联动机构

1.主动车轮；2，3.从动车轮；4.机架

若铰链四杆机构的两个连架杆都是摇杆，则该四杆机构称为双摇杆机构，该机构将主动摇杆的摆动转换为从动摇杆的摆动。起重机吊臂中的双摇杆机构实际上是重物平移机构。

例 8-17　如图 8-19 所示，通过由 ABCD 构成的双摇杆机构的运动可以使得重悬吊在 E 处的物体作平移运动，当摇杆 DC 摆动时，连杆 CB 的延长线上悬挂的点 E 在近似水平线上移动，使重物避免不必要的升降，以减少能量的损耗。连杆 CB 延长线上的点 E 的选择要合适，点 E 的轨迹才能近似为水平直线。

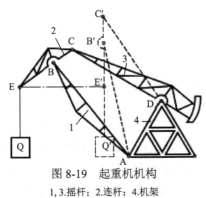

图 8-19　起重机机构

1，3.摇杆；2.连杆；4.机架

例 8-18 图 8-20（a）为一冲床机构，该机构是曲柄滑块机构。绕固定中心 A 转动的菱形盘 1 为原动件，与滑块 2 在 B 点铰接，滑块 2 推动拨叉 3 绕固定轴 C 转动，拨叉 3 与圆盘 4 为同一构件，当圆盘 4 转动时，通过连杆 5 使冲头 6 上下运动，从而完成对工件 8 的冲压。其中构件 4、5、6、7（机架）构成了曲柄滑块机构，如图 8-20（b）所示。

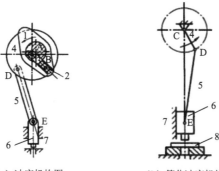

（a）冲床机构图　　　　（b）简化冲床机构

图 8-20　冲床机构

1.原动件；2.滑块；3.拨叉；4.圆盘（曲柄）；5.连杆；6.滑块（冲头）；7.机架；8.工件

例 8-19 图 8-21 为抽水唧筒机构，该机构为典型的定块机构。如图 8-21（a）所示，当曲柄 1 往复摆动时，活塞 4（移动滑块）在缸体 3（机架）中作往复移动将水抽出。如图 8-21（b）是其原理图。

例 8-20 图 8-22 所示的为六杆增量式抽油机机构。该机构是多杆机构。此机构由两个四杆机构组成，曲柄 1、连杆 2、游梁 3 和底座 6（支架 7 与底座 6 连为一体）构成曲柄摇杆机构；游梁 3、摆杆 4、驴头 5 和支架 7（底座 6）构成交叉双摇杆机构。动力由机构前部的带传动传递给曲柄 1，曲柄 1 为主动件并通过连杆 2 带动游梁绕铰链 D 摆动，配合摆杆 4 使驴头 5 做平面复杂运动，从而完成抽油工作。

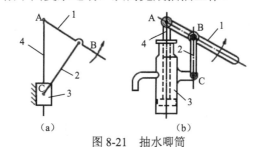

（a）　　　　　　　　（b）

图 8-21　抽水唧筒

1.曲柄；2.连杆；3.缸体（机架）；4.活塞（移动滑块）

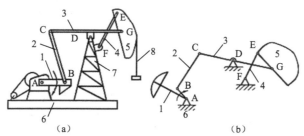

（a）　　　　　　　　（b）

图 8-22　六杆增量式抽油机机构

1.曲柄；2.连杆；3.游梁；4.摆杆；5.驴头；6.底座；7.支架

8.7 杠杆机构

8.7.1 杠杆的分类和特点

在工业系统中往往有这种情况：所需的运动形式与原动机的运动形式不同，或者需要运动的部分与原动机之间有一定的距离，这就需要某种装置来实现运动的传递或变换。同时工业系统中还常常需要在动力源和执行器之间进行力或力矩的传递、变换和放大。

滑轮是一个周边有槽，能够绕轴转动的小轮。由可绕中心轴转动有沟槽的圆盘和跨过圆盘的柔索组成的可以绕中心轴旋转的简单机构称为滑轮。滑轮是杠杆的变形，属于杠杆类的简单机械。滑轮有三种：定滑轮、动滑轮和滑轮组。

定滑轮的位置固定不变，实际上是等臂杠杆，动力和阻力的臂都等于滑轮半径，根据杠杆平衡条件也可以得出定滑轮不省力的特点，定滑轮在工作时，滑轮的轴固定不动，当定滑轮吊起物体的时候，改变力的方向，使操作方便。动滑轮使用时，滑轮随重物一起移动，实际上是动力臂为阻力臂二倍的杠杆，省 1/2 的力费 1 倍的距离。滑轮组实际上是由动滑轮和定滑轮组合起来的，既省力又可以改变力的方向。滑轮组用几段绳子吊着物体，提起物体所用的力就是总重的几分之一，绳子的自由端绕过动滑轮的算一段，而绕过定滑轮的不算。

8.7.2 杠杆的例子

例 8-21 如图 8-23 所示的杠杆力矩平衡图。在该图上满足杆的两端的力矩平衡这个定理，即 $F \times L_1 = G \times L_2$。

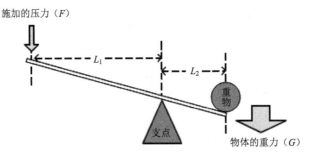

图 8-23 杠杆力矩平衡

例 8-22 图 8-24 为滑轮组，图中的滑轮组用到两个定滑轮和一个动滑轮。定滑轮改变了力的方向，动滑轮省下一半的力，通过上面的滑轮组，最终所需的拉力为重力的 1/4。

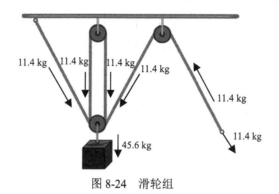

图 8-24　滑轮组

8.8　伸　缩　机　构

伸缩机构在日常生活中比较常见，如电动伸缩门、剪式升降台及起重设备的臂架伸缩机构。伸缩机构主要利用平行四边形的原理，通过连杆铰接，来实现伸缩。下面是一个伸缩机构的例子。

例 8-23　电动伸缩门主要是由门体、驱动器、控制系统构成。如图 8-25 所示，门体采用优质铝合金及普通方管管材制作，采用平行四边形原理进行铰接，伸缩灵活大、行程大。驱动器采用特种电机驱动，并设有手动离合器，停电时可手动启闭，控制系统有控制板、按钮开关，另可根据用户需求配置无线遥控装置。门体沿导轨移动，两端装有行程开关传感器，可以自行控制门的两端极限位置。

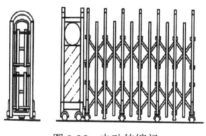

图 8-25　电动伸缩门

8.9　取　物　机　构

取物装置在起重设备和自动生产线上应用广泛，根据搬运物品的不同，可将取物装置分为通用和专用两类，通用的取物装置有吊钩和吊环，专用的取物装置有抓斗、吸盘、专用夹嵌等，本节主要介绍吊钩。

8.9.1　吊钩

吊钩是起重机械中最常见的吊具，吊钩按形状分为吊钩和双钩；按制造方法分为锻造吊钩和叠片式吊钩，如图 8-26 所示为常用吊钩形式，（a）为锻造单钩，（b）为锻造双钩，（c）为叠片式双钩。吊钩通常与滑轮组的动滑轮组合成吊钩组，并与起升机构的钢丝绳连在一起。

（a）锻造单钩　　　　（b）锻造双钩　　　　（c）叠片式双钩

图 8-26　吊钩

8.9.2　取物机构的例子

例 8-24　如图 8-27 所示为齿轮机械手抓取机构。机构由曲柄摇块机构 1-2-3-4 与齿轮 5、6 组合而成。齿轮机构的传动比等于 1，活塞杆 2 为主动件，当液压推动活塞时，驱动摇块 3 绕 B 点摆动，齿轮 5 与摇块 3 固结，并驱使齿轮 6 同步运动。机械手 7、8 分别与齿轮 5、6 固结，可实现铸工搬运压铁时夹紧和松开压铁的动作。

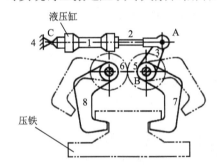

图 8-27　机械手抓取机构

1.液压缸；2.活塞杆；3.摇块；4.机架；5，6.齿轮；7，8.机械手

8.10　机构的组合

前面几节介绍了各种常见机构的原理和应用，大部分工作机械的运动系统都是由这些常见的机构组成的。实际上，对机构的运动特性和动力特性的要求是多种多样的，而齿轮机构、凸轮机构或连杆机构等单一的基本机构，由于结构形式等方面的限制往往难以达到要求。因此，为了满足生产中的各种要求，人们常常将若干种基本机构用一定的方式连接起来，以便得到单个基本机构所不能有的运动性能，创造出性能良好的组合机构。

8.10.1　组合机构组合方式分析

通常所说的组合机构是一些常用基本机构的组合，如所谓的凸轮-连杆机构、齿轮-连杆机构、齿轮-凸轮机构等，这些组合机构，通常是以两个自由度的机构为基础，也就是说要使机构具有确定的运动，必须给这种机构输入两种独立的运动，而从动件输出的运动则是这两个输入运动的合成。正是利用这种运动合成原理，才获得多种多样的运动特性。

常见的机构组合有以下几种：基本机构的串联式复合、基本机构的并联式复合、基本机构的反馈式机构、基本机构的复合式组合。

在机构组合系统内，若前一级子机构的输出机构为后一级子机构的输入构件，则这种组合机构称为串联式机构。串联式组合形成的机构系统，其分析和综合方法比较简单。其分析的顺序是：按照框图由左向右进行，即先分析运动已知的基本机构，再分析与其串联的下一个基本机构。而其设计的次序则刚好相反，按照框图由右向左进行，即先根据工作对输出构件的运动要求设计后一个基本机构，然后再设计前一个基本机构。

在机构组合系统中，若几个子系统共用同一个输入构件，而它们的输出运动又同时输入给一个多自由度的子机构，从而形成一个自由度为 1 的机构系统，则这种组合方式称为并联式组合。

在机构的组合系统中，在机构组合系统中，若多自由度子机构的一个输入运动是通过单自由度子机构的输出构件回授的，这种组合方式称为反馈式组合。

在机构组合系统中，若多自由度子机构的一个输入运动是通过单自由度子机构的输出构件回授的，这种组合方式称为复合式组合。

8.10.2　组合机构的例子和说明

凸轮-连杆组合机构多是自由度为 2 的连杆机构（作为基础机构）和自由度为 1 的凸轮机构（作为附加机构）组合而成。

例 8-25　如图 8-28 所示为一种结构简单的能实现复杂运动规律的凸轮-连杆组合机构。图中是自由度为 2 的五杆机构，即曲柄 1、连杆 2、滑块 3、摇块 5 和机架 6 组成，其附加机构为槽凸轮机构，其中槽凸轮 6 固定不动。只要适当地设计凸轮的轮廓曲线，就能使从动滑块 3 按照预定的复杂规律运动。

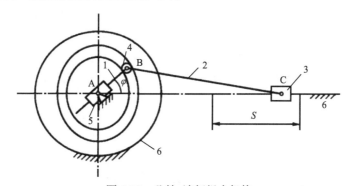

图 8-28　凸轮-连杆组合机构

1.曲柄；2.连杆；3.滑块；4.滚轮；5.摇块；6.机架

输送机构是由定传动比的齿轮机构和变传动比的连杆机构组合而成，具有动运特性多种多样，以及组合该机构的齿轮和连杆便于加工、精度易保证和运转可靠等特点。

例 8-26 图 8-29 所示的为铁板输送机构是应用齿轮-连杆组合机构实现的复杂运动规律的实例。在该组合机构中，中心轮 2、行星轮 3、内齿轮 4 及系杆 H 组合的自由度为 2 的差动轮系，它是该组合的基础机构。齿轮机构 1 和齿轮 2 及曲柄摇杆机构 ABCD 是该组合机构的附加机构。其中齿轮 1 和杆 AB 固结在一起，杆 CD 与系杆 H 是一个构件。当主动件 1 运动时，一方面通过齿轮机构传给差动轮系中的中心轮 2，另一方面又通过曲柄摇杆机构传给系杆 H。因此，齿轮 4 所输出的运动是上述两种运动的合成。通过合理选择机构中的各齿轮轮齿数和各杆件的几何尺寸，可以使齿轮 4 按照下面的运动规律运动：当主动曲柄 AB（即齿轮 1）从某瞬间开始转动 $\Delta\varphi = 30°$ 时，输出构件齿轮 4 开始转动 $\Delta\varphi = 30°$ 时，输出构件齿轮 4 停歇不动，以等待剪切机构将铁板剪断；当从动曲柄转动 1 周中的其他角度时，输出构件齿轮 4 转动 240°，这时刚好将铁板输送到所要求的长度。

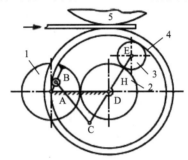

图 8-29　铁板输送机构简图

1.齿轮机构；2.中心轮；3.行心轮；4.内齿轮；5.输送辊

凸轮-齿轮组合机构多是由自由度为 2 的差动轮系和自由度为 1 的凸轮机构组合而成。其中，差动轮系为基础机构，凸轮为附加机构，即用凸轮机构将差动轮系的两个自由度约束掉一个，从而形成自由度为 1 的机构系统。

例 8-27 如图 8-30 所示为纺丝机的卷绕机构。该机构为凸轮-齿轮组合机构。当主动轴 O_1 连续回转时，圆柱凸轮 4 及与其固结的蜗杆 4′ 的变速移动使蜗轮 5 以 ω_5'' 变角速转动，该从动涡轮的运动为两者合成的变角速运动，时快时慢，以满足纺丝卷绕工艺的要求。固结在主动轴 O_1 上的齿轮 1 和 1′，分别将运动传给空套在轴 O_2 上的齿轮 2 和 3；齿轮 2 上的凸销 A 嵌于圆柱凸轮 4 上的纵向直槽中，带动圆柱凸轮 4 一起回转并允许其沿轴向有相对位移；齿轮 3 上的滚子 B 装在圆柱凸轮 4 的曲线槽 C 中；由于齿轮 2 和齿轮 3 的转速有差异，所以滚子 B 在槽 C 内将发生相对运动，使凸轮 4 沿轴 O_2 移动。

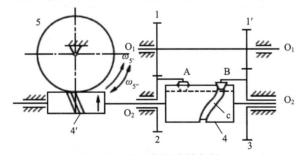

图 8-30　纺丝机的卷绕机构

1, 1′, 2, 3.凸轮；4.圆柱凸轮；4′.蜗杆；5.蜗轮

例 8-28 图 8-31 为梳毛机堆毛板传动机构。该机构由曲柄摇杆-导杆组合机构。它是由曲柄摇杆 1、2、3、7 与导杆滑块机构 4、5、6、7 组成。导杆 4 和摇杆 3 固接，曲柄 1 为主动件，从动件 6 往复运动。主动件 1 的回转运动转换为从动件的往复移动。如果采用曲柄滑块机构来实现，则滑块的行程受到曲柄长度的限制。而该机构在曲柄同样的长度下能实现滑块的大行程。

例 8-29 图 8-32 所示的为穿孔结构，该机构为凸轮-连杆机构。其中的构件 1、2 为具有凸轮轮曲线并在廓线上制成轮齿的凸轮齿轮构件。构件 1 与手柄相固接。当操纵手柄的时候，依靠构件 1 和 2 凸轮轮廓线上轮齿相啮合的关系驱使连杆 3、4 分别绕 D、A 摆动，使 E、F 移动或移开，实现穿孔的动作。

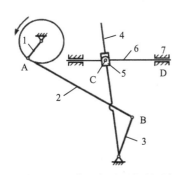

图 8-31 梳毛机堆毛板传动机构
1.曲柄；2.连杆；3.摇杆；4.导杆；5.滑块；6.从动件；7.机架

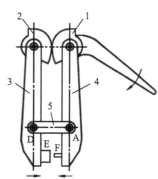

图 8-32 穿孔机构
1, 2.凸轮齿轮构件；3, 4.连杆；5.轴连杆

8.11 机 架

机架在工业系统中用于支撑和容纳各种零部件、机构。机架本身也就是构件，箱底、底座、机身、基础平台是常见的形式。

机架的作用是给定静态部件的定位基准和运动部件运动轨迹的基准。机架要承受静态和动态的各种力、振动、冲击和噪声，还要承受温度、辐射等作用，因此它的静刚度、动刚度、抗震能力、几何尺寸及力学性能的精度、热稳定度及长期稳定性、耐辐射能力等都非常重要。机架在很多装置中都被利用到，参见上面的诸多例子。

机架的外形有箱壳式、框架式、梁柱式、平板式等。机架可以用铸造、锻压、焊接、铆接、钣金、注塑等工艺制造。机架的材料有铸铁、铸铝合金、铝合金型材、钢型材、工程塑料、复合材料等。

8.12 小 结

在很多工业系统中，机械类执行器都是必不可少的，传统上将这类机构称为传动机构，传动的最终目的是执行某种动作，或产生某种运动，或输出力、力矩，完成机械作功。这一类执行器用刚性和挠性构件作为中介，产生力、力矩或运动，能够改变和维系系统的物理状态。

机械类执行器的材料种类繁多，设计制造手段灵活。但是机械类执行器的响应较慢，参数调整缺乏灵活性，构件易磨损，金属材料易疲乏。因而，为了实现更复杂多变的曲线运动轨迹，便于调整，能够实现更快捷、灵巧、高精度的运动，就需要创新机构。机构设计是机械创新设计的关键，在科学技术迅速发展的今天，机构的门类越来越多。现代机构除了纯机械化的传统机构，还有液压机构、气动结构、光电结构等广义的机构，将各类机构有机灵活地组合在一起，是机构创新设计中富有挑战的环节。

机构创新主要有两种形式，一是变异设计，二是构型设计。前者对已知机构进行改造创新，后者构造全新的机构。机构创新的主要方法有以下几种：

（1）组合法：基本机构的组合包括串联式、并联式、复合式和叠加式 4 种常用的组合方式。

（2）机构变异设计法：通过对构成的结构元素进行变化改造，使机构产生新的运动特性和使用功能。对结构元素进行改造包括：

①改变构件，如改变构件的形状、尺寸、原动件的位置及性质和机架位置等；

②改变运动副，如改变运动副元素形状、运动副约束、运动副数量和相互之间顺序；

③运动副替换，如低副之间的替换，高副之间的替换及高副低副之间的替换。

（3）移植法：把已知机构的原理、方法、结构、用途甚至材料运用到另一个机构中，使所研究的机构产生新的性质和新的使用功能，称为移植法。例如，将齿轮行星轮系的原理运用到带传动和链传动中；将胶带材料改成金属，如带式制动器、金属带无级变速器、带锯机等。

（4）还原法：从产品创造的原点出发，即保证实现既定功能的前提下，运用其他原理实现运动特性和动力特性。如合理引入机、电、磁、光、热、生、化等各种物理效应和化学效应并综合运用。例如，无叶片的电扇，无链条传动的自行车、电磁控制器、液压设备，等等。

本章的内容将在"机械学基础"课程中进一步展开。

第9章 流体（液压和气动）元件

9.1 引 言

传动机构除了机械传动和电气传动，还有流体传动。流体传动的分类如图 9-1 所示，本章仅关注液压传动与气压传动。

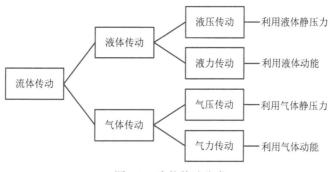

图 9-1　流体传动分类

液压传动始于 1795 年 J. Braman 发明的水压机。液压元件大约在 19 世纪末 20 世纪初才开始进入正式的工业生产阶段。1925 年 F. Vikers 发明了压力平衡式叶片泵，为近代液压元件工业或液压传动的逐步建立奠定了基础。第二次世界大战期间，美国机床中有 30% 应用了液压传动。日本液压传动的发展虽然较欧美等国家晚了近 20 多年，但在 1955 年前后，日本迅速发展液压传动，近 20～30 年，日本液压传动发展之快，居世界领先地位。

气动技术应用始于 1776 年 J. Wilkinson 发明能产生 1 个大气压左右的空气压缩机。1880 年，在火车的制动上人们第一次利用气缸做成气动制动装置。20 世纪 30 年代初，气动技术成功地应用于自动门的开闭及各种机械的辅助动作上。进入到 60 年代，尤其是 70 年代初，随着工业机械化和自动化的发展，气动技术才广泛应用在生产自动化的各个领域。

液压气动行业的知名品牌可以通过扫描二维码 R9-1 了解。

R9-1　液压气动行业的知名品牌

9.2　流体传动的基本原理

9.2.1　液压传动基本原理

液压传动基于 Pascal 定理[①]利用具有一定压力的液体[②]来传递运动和动力，液压传动装置本身就是能量转换装置。它首先将机械能转换为液压能，然后又将液压能转换为机械能而做功。它必须在密封容器内进行，并且容积要能发生交替变化。液体在管路或容器中流动符合流量连续性方程[③]和伯努利方程[④]，前者是质量守恒定律在流体力学中的表达方式，后者是能量守恒定律在流体力学中的表达方式。通过实验发现，液体在管路或容器中流动时存在两种流动状态：层流和湍流（紊流）。用雷诺数[⑤]（Reynolds number）来表征这两种流体流动情况：雷诺数小，意味着流体流动时各质点间的黏性力占主要地位，流体各质点平行于管路内壁有规则地流动，呈层流流动状态；雷诺数大，意味着惯性力占主要地位，流体呈紊流流动状态。另外，牛顿液体内摩擦定律[⑥]指出液体在流动时表现出黏性，但这种黏性不会使流体静止。

一个完整的液压系统应该由能源装置、执行装置、控制调节装置、辅助装置和工作介质组成。

（1）能源装置是供给系统压力油，把机械能转换成液压能的装置；

（2）执行装置是将液压能转换成机械能的装置；

（3）控制调节装置是对系统中的压力、流量或流动的方向进行控制或调节的装置；

（4）辅助装置是保证系统正常工作起着必不可少的作用，如油箱、滤油器、油管等；

（5）工作介质是传递能量的液体，即液压油，它用于实现运动和动力传递，同时也当润滑剂使用。

以图 9-2 所示的液压千斤顶为例。它包含三个工作过程：从油箱吸油过程、顶起重物过程、放油过程。

从油箱吸油过程：抬起杠杆手柄 1，小活塞下的油腔（泵体 2）容积增大形成局部真空，单向阀 4 开启同时单向阀 3 关闭，油箱 5 中的油在大气压作用下沿油管 6 被吸入小活塞下的油腔中。

顶起重物过程：压下杠杆手柄 1，小活塞下的油腔（泵体 2）容积减小、压力增大，单向阀 4 关闭同时单向阀 3 开启，小活塞下油腔（液压缸 11）中的压力油沿油管 9 和 10 被压入大活塞下的油腔内并顶起重物 12。

[①] 在密闭容器中的液体某一点的压力变化将等值地传递到液体的各个部位。

[②] 液体的密度随压力增大而增大，随温度升高而减小，液体具有压缩性、膨胀性、黏性。

[③] $vA=C$，式中，v 为流管通流截面 A 上的平均速度；C 是常量。

[④] $p+1/2\rho v^2+\rho gh=C$，式中，p 为流体中某点的压强；v 为流体该点的流速；ρ 为流体密度；g 为重力加速度；h 为该点所在高度；C 是一个常量。实际流体存在黏性，在方程中还要考虑流动时存在能量损失。

[⑤] 雷诺数 $Re=\rho vd/\mu$，其中 v、ρ、μ 分别为流体的流速、密度与黏性系数，d 为一特征长度。例如，流体流过圆形管道，则 d 为管道的当量直径。一般管道雷诺数 $Re<2100$ 为层流状态，$Re>4000$ 为紊流状态，$Re=2100\sim4000$ 为过渡状态。

[⑥] 流体流动时，相邻液层间的内摩擦力与液层间的接触面积及液层间的相对运动速度成正比，与液层间的距离成反比。

放油过程：打开放油阀 8，液压油沿油管 10 和 7 被压回油箱 5。

从上面的分析过程可以看出，液压系统的压力取决于负载，执行元件的速度取决于流量。液压系统两个最重要的参数是压力和速度。

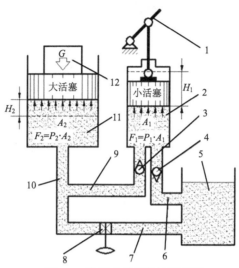

图 9-2 液压千斤顶结构原理图

1.杠杆手柄；2.泵体；3.排油单向阀；4.吸油单向阀；5.油箱；6, 7, 9, 10.油管；8.放油阀；11.液压缸；12.重物

液压传动采用油管连接使布置传动机构方便灵活，传动装置重量轻、惯性小，在大范围内实现无级调速，传递运动均匀平稳，液压传动已实现标准化、系列化和通用化，并且容易自动化。但是液压传动中不可避免存在漏油、黏性随温度变化、油管沿程压力损失等不利因素。特别是在液体传动中要预防和减小液压冲击[①]和气穴现象[②]，它们会影响液压系统的性能与寿命。液压传动常用于工程机械、起重机械、矿山机械、建筑机械、冶金机械、农业机械、轻工机械、汽车工业、智能机械中。

9.2.2 气压传动基本原理

气压传动利用空气压缩机将电动机或其他原动机输出的机械能转换成空气压力能，然后在控制元件的作用下，通过执行元件把压力能转换为直线运动或回转运动形式的机械能，从而完成各种动作，并对外做功。气压传动系统的组成有气源装置、控制元件、执行元件、辅助元件和工作气体。

（1）气源装置是获得压缩空气的装置。主体部分为气体压缩机，将原动机供给的机械能转换为气体的压力能。气源装置为气动系统提供符合规定质量要求的压缩气体。对压缩气体的主要要求是具有一定压力、流量和纯净度。

---

① 液压冲击是在阀门突然关闭或运动部件快速制动等情况下，液体流动突然受阻，在流管两端动能与液压能相互转化，产生压力冲击波，从而形成压力振荡，产生液压冲击的实质是动量变化。液压冲击可能损坏密封、管道、元件，产生噪声，也可能误动作。

② 气穴现象是液体中含有的空气由于液体压力过分低导致空气从液体中分离形成的大量气泡。气穴现象破坏了液体的连续状态，当气泡进入高压区时，气穴的体积急速缩小或溃灭，从而产生局部液压冲击，动能转化成压力能和热能，温度升高会加速液压油氧化变质，同时压力能会产生振动与噪声。

（2）控制元件是用来控制空气压力、流量和流动方向的。

（3）执行元件是将气体的压力能转换成机械能的一种能量转换装置。

（4）辅助元件是保证压缩空气的净化、元件的润滑、元件间的连接及消声所必需的。

（5）工作介质即传动气体，可以是空气，也可以是其他气体。

以如图 9-3 所示胀管机工作为例。该系统主要用于铜管管端挤压胀形。空气压缩机 2 由电动机带动旋转，从大气中吸入空气，空气经压缩机压缩后，通过气源净化处理装置（图中未画出）冷却、分离（将压缩空气中凝聚的水分、油分等杂质分离出去），送到储气罐 3 及系统，此过程中，空气压缩机将电动机旋转的机械能转化为压缩空气的压力能，实现了能量转换。过滤器 13 将过滤、去除杂质的气体输入到气缸，缸中的压缩空气的压力大小可根据负载的大小由减压阀 4 调节；气体通过油雾器 12 使润滑油雾化并注入气流中；气缸 9 活塞杆的伸出速度可通过流量控制阀 7 进行调节；气缸 8 和气缸 9 的往复运动方向分别由换向阀 5、6 和流量控制阀 7 进行控制；整个系统的最高压力由安全阀 1 限定。输入到气缸 8 和气缸 9 的是压缩空气的压力能，由气缸转换成输出往复直线运动的机械能，驱动模具合模、开模和对管端进行胀形。消声器 10、11 用于降低排气噪声。

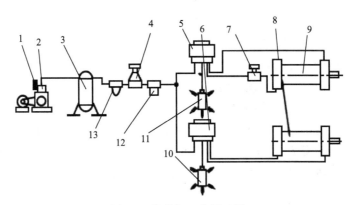

图 9-3　胀管机工作原理图

1.安全阀；2.空气压缩机；3.储气罐；4.减压阀；5,6.换向阀；7.流量控制阀；
8,9.气缸；10、11.消声器；12.油雾器；13.过滤器

气压传动以压缩空气作为工作介质实现能量传递和信号传递，来源经济方便，用过之后可直接排入大气，不污染环境；由于空气流动损失小，压缩空气可集中供气，能远距离输送，且对工作环境的适应性好，可安全应用于易燃易爆场所；气压传动具有动作迅速、反应快、维护简单、管路不易堵塞等优点，且不存在介质变质、补充和更换等问题；气压传动装置结构简单、重量轻、安装维护简单，压力等级低，使用安全；气压传动系统能够实现过载自动保护。但是由于空气具有可压缩性，所以气缸的动作速度受负载的影响比较大；气压传动系统工作压力较低（一般为 0.4～0.8 MPa），因而气压传动系统输出动力较小，而且信号传递速度比光、电控制速度慢，不宜用于信号传递速度要求十分高的复杂线路中；工作介质没有自润滑性，需要加设装置进行给油润滑。气压传动常用于汽车、电子、半导体制造行业，如机器人手爪。

9.3 流体动力装置

9.3.1 液压泵

1. 液压泵的工作原理和分类

液压泵是将泵的机械能转换为液压油的压力能（液压能）的装置，它为液压系统提供足够的流量和足够压力的液压油，必要时可以改变供油的流向和流量。液压泵的种类很多，按照泵的结构形式可分为齿轮泵、叶片泵、柱塞泵、螺杆泵和凸轮转子泵等；按照泵的输出流量能否调节可分为定量泵和变量泵；按泵的额定压力的高低可分为低压泵（2.5 MPa）、中压泵（2.5～8.0 MPa）、中高压泵（8.0～16 MPa）、超高压泵（>32 MPa）。

图 9-4 所示是一单柱塞式液压泵的工作原理图。图中柱塞 2 装在缸体 3 中形成一个密封容积 V，柱塞 2 在弹簧 4 的作用下始终压紧在偏心轮 1 上，原动机驱动偏心轮 1 旋转使柱塞 2 作往复运动，使密封容积 V 的大小发生周期性的交替变化。当 V 由小变大时形成部分真空，使油箱中的油液在大气压力的作用下，经吸油管顶开单向阀 6 进入 V 腔而实现吸油；反之，当 V 由大变小时，V 腔中吸满的油液将顶开单向阀 5 流入系统从而实现压油。这样，液压泵靠“油腔容积变化”进行工作，将原动机输入的机械能转换成液体的压力能，原动机驱动偏心轮不断旋转，液压泵就不断地吸油和压油。实际上，实际应用中很多是使用多柱塞式液压泵，它又分为偏心径向柱塞式和斜盘轴向柱塞式，如图 9-5 所示，读者自己可以思考一下它们的工作过程。

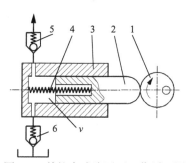

图 9-4 单柱塞式液压泵工作原理图

1.偏心轮；2.柱塞；3.缸体；4.弹簧；5.单向阀

液压泵的特点如下：

（1）具有密封又可以周期性变化的空间。液压泵输出流量与此空间的容量变化量和单位时间内的变化次数成正比，与其他因素无关。这是容积式液压泵的一个重要特性。

（2）为保证液压泵正常吸油，油箱必须与大气相通，或采用密闭的充压油箱。

（3）具有相应的配流装置（如图 9-4 中的单向阀 5 和 6），其作用是互斥油箱通道与供油通道。液压泵的结构原理不同，其配油机构也不相同。

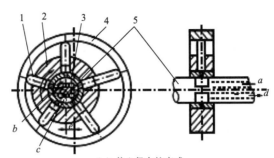

（a）偏心径向柱塞式

1.柱塞；2.转子；3.衬套；4.定子；5.配油轴

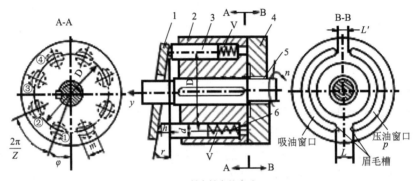

（b）斜盘轴向柱塞式

1.斜盘；2.缸体；3.柱塞；4.配流盘；5.轴；6.弹簧

图 9-5　多柱塞式液压泵工作原理图

液压泵的符号按泵的输出流量能否调节分为定量泵及变量泵，如表 9-1 所示。

表 9-1　液压泵符号

名称	符号	说明
液压泵		一般符号
单向定量液压泵		单向旋转 单向流动 定排量
双向定量液压泵		双向旋转 双向流动 定排量
单向变量液压泵		单向旋转 单向流动 变排量
双向变量液压泵		双向旋转 双向流动 变排量

2. 液压泵的主要性能参数

液压泵的主要参数有压力、排量、流量、功率和效率等。

1）压力

液压泵的功率流程图与特性曲线如图 9-6 所示。该图表达了下述各个参数随压力变化时的特性。

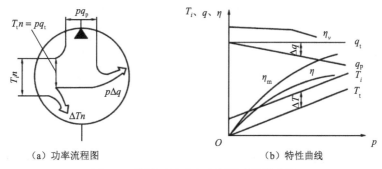

（a）功率流程图　　　　　　　　（b）特性曲线

图 9-6　液压泵的功率流程图及特性曲线

压力分工作压力、额定压力、最高允许压力和吸入压力等。用 p 表示，单位为 MPa。

（1）工作压力 p：指液压泵实际工作时的输出压力。工作压力的大小取决于负载和管路的压力损失，随着外加负载的变化而变化，和液压泵的流量无关。

（2）额定压力 p_n：液压泵在正常工作条件下，按试验标准规定的连续运转最高压力。液压泵的实际工作压力要小于额定压力，如果工作压力大于额定压力时，液压泵就过载。

（3）最高允许压力 p_{max}：指液压泵按试验标准规定的，允许短时间超过额定压力运行的最大压力值。

（4）吸入压力：指液压泵进口处的压力。为了保证液压泵正常工作而不产生气穴，应限制液压泵的吸油压力，即最低吸入压力必须大于相应的空气分离压力。

2）排量和流量

（1）排量：指液压泵每转一周，由其密封容积几何尺寸变化计算而得排出的液体体积。排量用 V 表示，其单位为 L/r。排量可调节的液压泵为变量泵，排量不可调节的液压泵为定量泵。

（2）流量：指在单位时间内排出的液体体积，有如下三种流量之分。用 q 表示，单位为 L/min。

①理论流量 q_t。理论流量是指在不考虑液压泵的泄漏流量的情况下，在单位时间内所排出的液体的体积。显然，如果液压泵的排量为 V，其主轴转速为 n，则该液压泵的理论流量为 $q_t = Vn$。

②实际流量 q_p：指液压泵在工作时，理论流量减去泄漏流量 Δq，即 $q_p = q_t - \Delta q$。

③额定流量 q_n：指液压泵在正常工作条件下，试验标准规定（如在额定压力和额定转速下）必须保证的流量。实际流量和额定流量都小于理论流量。

3）功率

液压泵的功率有输入功率、理论输出功率和实际输出功率。用 P 表示，单位是 W 或 kW。

（1）输入功率 P_i：指作用在液压泵主轴上的机械功率。当输入转矩为 T_i，主轴角速度为 n 时，有 $P_i=2\pi nT_i$。

（2）理论输出功率 P_t：指液压泵在工作过程中的实际吸、压油口间的压差和输出流量的乘积，即 $P_t=\Delta p\times q_p$。当不考虑液压泵的容积损失且将进口压力近似为零时，其输出液体所具有的液压功率为 $P_t=2\pi nT_t=pq_t=pVn$。

（3）实际输出功率 P_o：指当考虑液压泵的容积损失时，液压泵实际输出的液压功率。如果用驱动液压泵的实际转矩 T_p 代替理论转矩 T_t，则可得到液压泵的实际输出功率为 $P_o=2\pi nT_p$，用液压泵的实际流量 q_p 代替理论流量 q_t 可得到液压泵的实际输出功率 $P_o=pq_p$。

4）效率

液压泵存在的能量损失有三种，即容积损失、摩擦损失和压力损失，分别用容积效率、机械效率和液压效率表征，用 η 表示。其中压力损失很小，可以忽略不计。

（1）容积效率 η_V：由泄漏引起的能量损失为容积损失，用容积效率表征。容积效率为液压泵实际输出功率和理论输出功率的比值，也等于液压泵的实际流量与理论流量的比值，即 $\eta_V=q_p/q_t$。

液压泵的输出压力越高，泄漏越大，因此容积效率随着液压泵工作压力的增大而减小；如果液压泵的排量和转速越小，容积效率也越小，因此大排量泵的容积效率比小排量泵的容积效率高。

（2）机械效率 η_m：由液压泵零件之间的摩擦和液体流动时的内部摩擦产生的损失为摩擦损失，用机械效率是表征。机械效率等于驱动液压泵的理论转矩与实际输入转矩的比值，即 $\eta_m=T_t/T_i=pV/2\pi T_i$。

（3）总效率 η：指液压泵的实际输出功率与其输入功率的比值，也等于容积效率与机械效率的乘积，即 $\eta=P_o/P_i=pq_p/2\pi nT_i=(q_p/nV)\times(pV/2\pi T_i)=\eta_V\times\eta_m$。

3. 液压泵的选用

液压泵是液压系统提供一定流量和压力的油液动力元件，它是每个液压系统不可缺少的核心元件，合理地选择液压泵对于降低液压系统的能耗、提高系统的效率、降低噪声、改善工作性能和保证系统的可靠工作都十分重要。常用液压泵有齿轮泵（外啮合、内啮合、螺杆）、叶片泵（单/双向变量单作用、双作用）、柱塞泵（径向、轴向）。表 9-2 列出了液压系统中常用液压泵的主要性能。

表 9-2　常用液压泵的性能比较

性能	外啮合轮泵	双作用叶片泵	限压式变量叶片泵	径向柱塞泵	轴向柱塞泵	螺杆泵
输出压力	低压	中压	中压	高压	高压	低压
流量调节	不能	不能	能	能	能	不能
效率	低	较高	较高	高	高	较高

续表

性能	外啮合轮泵	双作用叶片泵	限压式变量叶片泵	径向柱塞泵	轴向柱塞泵	螺杆泵
输出流量脉动	很大	很小	一般	一般	一般	最小
自吸特性	好	较差	较差	差	差	好
对油的污染敏感性	不敏感	较敏感	较敏感	很敏感	很敏感	不敏感
噪声	大	小	较大	大	大	最小

一般来说，由于各类液压泵各自突出的特点，其结构、功用和转动方式各不相同，所以应根据不同的使用场合选择合适的液压泵。一般在机床液压系统中，往往选用双作用叶片泵和限压式变量叶片泵（3～6 MPa）；而在筑路机械、港口机械及小型工程机械中往往选择抗污染能力较强的齿轮泵（2～3 MPa）；在负载大、功率大的场合往往选择柱塞泵（20～25 MPa）。

选择液压泵的原则是：根据主机工况、功率大小和系统对工作性能的要求，首先确定液压泵的类型，然后按系统所要求的压力、流量大小确定其规格型号。

4. 几种常见的液压泵实物图

图 9-7 给出了几种常见的液压泵。

（a）SCY14-1B 型轴向柱塞泵　　　　（b）YB1 叶片泵　　　　（c）CB-B63 外啮合齿轮泵

图 9-7　几种常见的液压泵实物图

9.3.2　空气泵

1. 空气泵的工作原理和分类

空气泵是将电动机或其他原动机输出的机械能转换为压缩空气能的装置。由空气压缩机产生的压缩空气，必须经过降温、净化、减压、稳压等一系列处理后，才能供给控制元件和执行元件使用。而用过的压缩空气排放到大气中，会产生噪声，应采取一些措施，降低噪声，改善工作条件和环境质量。

空气压缩机的种类很多，其分类如表 9-3～表 9-5 所示。常用的有活塞式、螺杆式和叶片式压缩机。活塞式压缩机通常用于需要 0.3～0.7 MPa 压力范围的系统，排气为断续输出，有脉动，需要贮气罐。螺杆式压缩机可以连续输出流量超过 400 m³/min 的无脉动压缩空气，压力高达 1 MPa（中低压）。叶片式压缩机能连续排出脉动小的额定压力的压缩空气，一般不需要设置贮气罐。

表9-3　按工作原理分类

类型		名称		
容积型	往复式	活塞式	膜片式	
	回转式	滑片式	螺杆式	转子式
速度型		轴流式	离心式	转子式

表9-4　按压力分类

名称	鼓风机	低压空压机	中压空压机	高压空压机	超高压空压机
压力 p/MPa	<0.2	0.2～1	1～10	10～100	>100

表9-5　按流量分类

名称	微型空压机	小型空压机	中型空压机	大型空压机
输出额定流量 q/（m³/s）	<0.017	0.017～0.17	0.17～1.7	>1.7

以如图9-8所示的单级活塞式空压机为例说明工作过程。气缸内空气的状态由吸气、压缩、排气、膨胀4个基本过程构成一个工作循环。

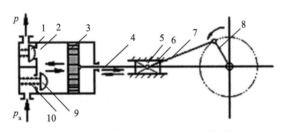

图9-8　单级活塞式空压机工作原理图
1.排气阀；2.气缸；3.活塞；4.活塞杆；5、6.滑块与滑道；7.连杆；8.曲柄；9.吸气阀；10.阀门弹簧

当活塞从气缸的左端向右运动时，气缸左腔容积逐渐增大，压力降低，当低于缸外大气压力时，外界空气推开吸气阀进入气缸，直至充满气缸，这个过程称为吸气过程。

当活塞开始返回运动时，吸气阀关闭，随着活塞的运动，气缸容积逐渐减少，空气被压缩，压力逐渐增大，这个过程称为压缩过程。

当气缸内的空气压力增大到排气压力时，排气阀打开，压缩空气经排气阀进入排气管，直到压缩空气被排出，这个过程称为排气过程。

当活塞再次向右运动时，残留于气缸余隙容积（即活塞位于气缸一端的极限位置时，活塞端面和气缸盖之间的容积、气缸与气阀连接通道之间容积）内的压缩空气容积逐渐膨胀增大，压力开始逐渐下降，当略低于吸气压力时，开始吸气，这个过程称为膨胀过程。

曲轴旋转一周，活塞在气缸内往复运动一次完成一个工作循环。电动机带动曲轴继续转动，空气压缩机就不断排出压缩空气。

单级活塞压缩在空气压力超过 0.6 MPa 时，产生的热量将大大降低压缩机的效率，工业中使用的多是两级活塞压缩机，中间加入冷却环节，输出的温度约在120℃。

空气泵的符号按泵的输出流量能否调节分为定量泵及变量泵，如表9-6所示。

表 9-6 气压泵符号

名称	符号	说明
气压泵		一般符号
单向定量气压泵		单向旋转 单向流动 定排量
双向定量气压泵		双向旋转 双向流动 定排量
单向变量气压泵		单向旋转 单向流动 变排量
双向变量气压泵		双向旋转 双向流动 变排量

2. 空气泵的主要性能参数

1) 流量

流量是指单位时间内流经压缩机流道任一截面的气体量，通常以体积流量和质量流量两种方法来表示。

（1）体积流量是指单位时间内流经压缩机流道任一截面的气体体积，其单位为 m^3/s。因气体的体积随温度和压力的变化而变化，当流量以体积流量表示时，须注明温度和压力。

（2）质量流量是指单位时间内流经压缩流道内任一截面的气体质量，其单位为 kg/s。

2) 功率

（1）轴功率：离心式压缩机的转子为气体升压提供有用功率，在气体升压过程中还伴有流体流动损失功率、轮阻损失功率和漏气损失功率；此外其本身也产生轴承的摩擦损失，这部分功率消耗约占总功率的 2%~3%。如果有齿轮转动，则传动功率消耗一样存在，约占总功率的 2%~3%。以上 6 个方面的功率消耗，都是在转子对气体做功的过程中产生的，它们的综合就是压缩机的轴功率，轴功率的大小是选择电动机或汽轮机功率的依据。

（2）电功率：指输入电动机的功率，即压缩机所消耗的功率。

3) 效率

压缩效率：在气体压缩的过程中，叶轮对气体所做的功绝大多数转变为气体的能量，也有一部分能量损失，损失主要包括流动损失、轮阻损失和漏气损失三部分，被压缩气体的能量与叶轮对气体所做功的比值称为压缩效率，即表征了传给气体的机械能的利用程度。

离心式压缩机的效率主要有内效率、机械效率和传动效率之分，一般来说内效率也称为多变效率，在工程上为了比较压缩机性能的优劣，人为地定义了压缩机的绝热效率和等温效率。

（1）离心式压缩机的多变效率是多变压缩功和叶轮总耗功之比。压缩机的多变效率除了通过测试得到以外，也可以按照类似压缩机的已知多变效率选取，一般级的多变效率在 0.70～0.84。

（2）绝热效率是假定气体压缩升压的过程是完全绝热的过程，其绝热过程中绝热压缩功和叶轮总耗功之比。

（3）等温效率是假定气体的压缩过程是完全等温的，其等温过程中等温压缩功和叶轮实际消耗功率之比。它常用来表示等温型离心压缩机（有级内冷却的压缩机）的效率，也用来衡量有中间冷却器的多段压缩机的工作质量。

3. 空气泵的选用

选择空气压缩机主要考虑气动系统所需要的工作压力和流量两个主要参数。活塞式空气压缩机适用于压力范围大，特别是压力较高的中心流量场合，是目前应用最广泛的空压机；而螺杆式、离心式空压机运转平衡、排气均匀，前者适用于低压力、中小流量场合，后者适用于低压力、大流量场合；叶片式空压机适用于低、中压力，中小流量场合。

4. 空气泵的例子

图 9-9 所示为常用的两级活塞式压缩机外形、内部结构及符号。

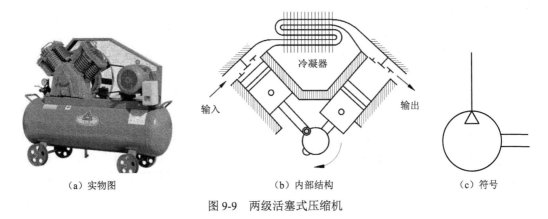

（a）实物图　　　　　　　　（b）内部结构　　　　　　　（c）符号

图 9-9　两级活塞式压缩机

9.3.3　真空发生器与真空泵

1. 真空与真空度

真空指低于该地区大气压的稀薄气体状态，用真空度衡量。真空度高表示真空度"好"的意思，真空度低表示真空度"差"的意思。真空度单位通常用托（Torr）为单位，目前国际上用帕（Pa）作为单位，1Torr＝1/760atm[①]＝1mmHg=133.322 Pa。真空容器经充分抽气后，稳定在某一真空度，此真空度称为极限真空。

2. 真空发生器

真空发生器是利用压缩空气通过喷嘴时的高速流动，在喷口处产生一定真空度的气动元件，如图 9-10 所示。真空发生器由先收缩后扩张的喷嘴、扩散管和吸附管等组成。压缩空气从输入口供给，当喷嘴两端压差高于一定值时，喷嘴射出超声速射流或近声速射流。在高速射流的卷吸作用下，扩散腔的空气被抽走，使得该腔形成真空。在吸附口处接上真空吸盘，便可通过吸引力将吊物吸起。真空发生器使用温度范围是 5～60℃。

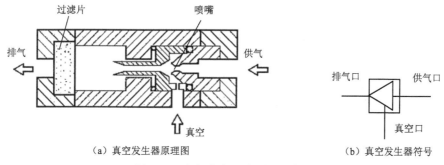

（a）真空发生器原理图   （b）真空发生器符号

图 9-10 真空发生器原理图与符号

图 9-11（a）为真空发生器的排气特性曲线。该特性表示最大真空度、空气消耗量和最大吸入流量三者分别与供给压力之间的关系。最大真空度是真空口完全封闭时，真空口内的真空度；空气消耗量是标准状态下，通过供给喷管的流量；最大吸入流量是标准状态下，真空口敞开时从真空口吸入的流量。图 9-11（b）为真空发生器的流量特性曲线。该特性表明在供给压力 0.45 MPa 条件下，真空口处于变化的不封闭状态下，吸入流量和真空度的关系。

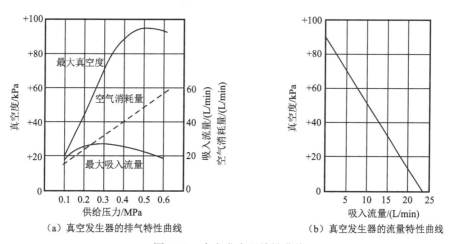

（a）真空发生器的排气特性曲线   （b）真空发生器的流量特性曲线

图 9-11 真空发生器特性曲线

---

① 1atm=101.325kPa。

3. 真空泵

真空泵是吸入口（进气口）形成负压，排气口直接与大气相通，对容器进行抽气，以获得真空的机械设备，如图 9-12 所示。从图中可看出，当偏心转子在电动机的拖动下旋转时，旋片也随着旋转。当顺时针旋转时，吸气口不断从外界吸入气体进入空腔，使之不断扩大。与此同时，排气空腔则越来越小，原先已吸入的气体则被彻底压缩，气压升高，达到一定压力后就可冲开排气阀穿过泵油，由排气管排出。如此循环不停，就可以起到抽取真空的作用。

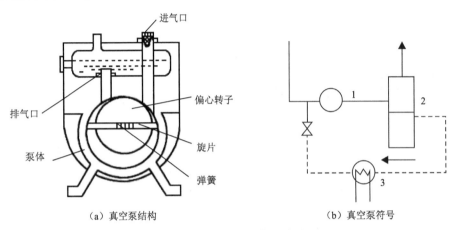

（a）真空泵结构　　　　　　　　（b）真空泵符号

图 9-12　真空泵结构与符号

真空泵相对于真空发生器来说，其体积较大，结构较为复杂，能同时获得最大真空度和吸入量的最大值，适合连续大流量工作。

9.4　液压执行元件

9.4.1　液压缸

液压缸是液压系统中的一种执行元件，是将液压能转换成直线往复式的机械能的能量转换装置，它使运动部件实现往复直线运动或摆动。

1. 液压缸的类型和特点

液压缸的种类很多，其详细分类见表 9-7。单作用式液压缸是指其中一个方向的运动用油压实现，返回时靠自重或弹簧等外力，这种油缸的两个腔只有一端有油，另一端则与空气接触。双作用液压缸就是两个腔都有油，两个方向的动作都要靠油压来实现。

表 9-7　常见液压缸的种类及特点

分类	名称	符号	说明
单作用液压缸	柱塞式液压缸		柱塞仅单向运动，返回行程是利用自重或负荷将柱塞推回
	单活塞杆液压缸		活塞仅单向运动，返回行程是利用自重或负荷将活塞推回
	双向塞杆液压缸		活塞的两侧都装有活塞杆，只能向活塞一侧供给压力油，返回行程利用弹簧力、重力或外力
	伸缩液压缸		它以短缸获得长行程。用液压油由大到小逐次推出，靠外力由小到大逐节缩回
双作用液压缸	单活塞杆液压缸		单边有杆，两向液压驱动，两向推力和速度不等
	双向塞杆液压缸		双边有杆，双向液压驱动，可实现往复运动
	伸缩液压缸		双向液压驱动，伸出由大到小逐步推出，由小到大逐节缩回
组合液压缸	弹簧复位液压缸		单向液压驱动，由弹簧力复位
	串联液压缸		用于缸的直径受限制，而长度不受限制处，获得最大的推力
	增压缸（增压器）		由低压力室左缸驱动，使右室获得高压油源
	齿条传动液压缸		活塞往复运动经装在一起的齿条驱动齿轮获得往复回转运动
摆动液压缸			输出轴直接输出扭矩，其往复回转的角度小于 360°，也称摆动马达

液压缸也可按照不同的使用压力来进行分类，分为中低压、中高压和高压液压缸。对于机床类机械一般采用中低压液压缸，其额定压力为 2.5～6.3 MPa；对于中高压液压缸其额定压力小于 16 MPa，应用于体积要求小、重量轻、出力大的建筑车辆和飞机用液压缸；而高压类液压缸，其额定压力小于 31.5 MPa，应用于油压机类机械。

2. 液压缸的例子

图 9-13 是一个较常用的双作用单活塞杆液压缸结构图。由图可看出，这种液压缸主要由缸底 1、缸筒 2、缸盖 10、活塞 4、活塞杆 7 和导向套 8 等零部件组成。缸筒一端与缸底焊接，另一端与缸盖采用螺纹连接。活塞与活塞杆采用半环 2（也称卡键）连接。为了保证液压缸的可靠密封，在相应部位设置了密封圈 3、5、9、11 和防尘圈 12。

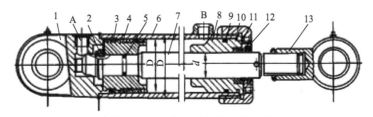

图 9-13　双作用单活塞杆液压缸

1.缸底；2.半环；3、5、9、11.密封圈；4.活塞；6.缸筒；7.活塞杆；8.导向套；10.缸套；12.防尘圈；13.耳环

9.4.2　液压马达

液压马达是将液体的压力能转换为旋转运动能量的液压执行元件,即输入是液压能,输出机械能。液压马达与液压泵在理论上是可逆的,即前面提到的齿轮泵、叶片泵、柱塞泵等,理论上都可以作为液压马达使用。但实际上除了个别型号的齿轮泵和柱塞泵可作液压马达使用外,大多数泵由于本身结构的原因不能直接作为液压马达来使用。

1. 液压马达的类型和特点

液压马达按照转速分为高速(>500 r/min)和低速(<500 r/min)两类。高速液压马达的基本形式有齿轮式、螺杆式、叶片式和轴向柱塞式等。它们的主要特点是转速较高、转动惯性小,便于启动和制动(调速及换向),灵敏度高。通常高速液压马达输出转矩不大所以又称为高速小转矩液压马达。低速液压马达的基本形式是径向柱塞式,此外在轴向柱塞式、叶片式和齿轮式中也有低速的结构形式,低速液压马达的主要特点是排量大、体积大、转速低,因此可直接与工作机构连接,不需要低速装置,使传动机构大为简化。通常低速液压马达输出转矩较大,所以又称为低速大转矩液压马达。

2. 液压马达的符号

液压马达按马达旋转排量能否调节分为定量马达及变量马达,液压马达的符号如表9-8所示。

表 9-8　液压马达符号

名称	符号	说明
液压马达		一般符号
单向定量液压马达		单向旋转 单向流动 定排量
双向定量液压马达		双向旋转 双向流动 定排量
单向变量液压马达		单向旋转 单向流动 变排量
双向变量液压马达		双向旋转 双向流动 变排量
摆动马达		双向摆动,定角度

3. 液压马达的性能参数

（1）工作压力 p_m：指输入油液的压力，其大小决定于马达的负载。

（2）额定压力：指按试验标准规定，液压马达允许达到的最高工作压力。

（3）转速：液压能全部转化成动能得到理论转速 n_t，但并不是进入马达的液体都推动马达做功，所以实际转速 $n < n_t$，即存在滑差率。

最低稳定转速 n_{min}：在额定负载下，不出现低速爬行现象的最低转速，一般都期望最低转速越小越好。

最高稳定转速 n_{max}：满足机械效率与寿命最高稳定运行的转速。

调速范围用 $i = n_{max}/n_{min}$ 表示。

（4）排量和流量。

排量 V_m：在不考虑损失下，马达每转一周转，由其密封腔内几何尺寸变化计算而得的排出液体的体积，单位 m^3/r。排量表征了马达工作容腔的大小，直接对应马达的工作能力。推动同样大小的负载，就马达的压力而言，工作容腔大者低于工作容腔小者。

流量 q：不计泄漏时液压能全部用于做功的单位时间内液体体积称为理论流量 q_t；而考虑存在泄漏流量，为了满足实际转速要求，实际需要的流量称为实际流量 q_p，$q_p > q_t$，$q_p = q_t + \Delta q$。

根据流量与转速的关系，可得理论转速 $n_t = q_p/V_m$，而实际转速 $n = q_t/V_m$。

（5）转矩。

液压马达的理论转矩 T_t：指在不计损失情况下，液压马达输入的液压能全部转化成机械功率产生的转矩。令进、出油口间的压力差 Δp，马达实际转速为 n，则由 $\Delta p q_t = 2\pi n T_t$，得 $T_t = \Delta p V_m/2\pi$。

液压马达的实际转矩 T_p：由于马达实际存在机械损失而产生损失扭矩 ΔT，使得比理论转矩 T_t 小，即 $T_p = T_t - \Delta T$。需要注意的是，在同样的压力下，液压马达由静止到开始转动的输出转矩要比正常运转中的转矩大。

（6）效率。

容积效率：理论输入流量与实际输入流量的比值，即 $\eta_V = q_t/q_p$。于是，马达的实际转速可表示为 $n = n_t \eta_V$。

机械效率：等于马达的实际输出扭矩与理论输出扭矩的比，即 $\eta_m = T_p/T_t$。

总效率：等于容积效率与机械效率之积，即 $\eta = \eta_m \cdot \eta_V$。

4. 液压马达型号的选择

在对液压马达进行选型时需要考虑转速范围、工作压力、运行扭矩、总效率、容积效率、滑差率及安装等因素和条件。首先根据使用条件和要求确定马达的种类，并根据系统所需的转速和扭矩及马达的特性曲线确定压力降、流量和总效率。然后确定其他管路配件和附件。选取液压马达时还要注意以下问题：

（1）在系统转速和负载一定的前提下。选用小排量液压马达可使系统造价降低，但系统压力高，使用寿命短；选用大排量液压马达则使系统造价升高. 但系统压力低，使用寿命长。至于使用大排量还是小排量液压马达需要综合考虑。

（2）由于受液压马达承载能力的限制，不得同时采用最高压力和最高转速，同时还要考虑液压马达输出轴承受径向负载和轴向负载的能力。

（3）马达的起动力矩应大于负载力矩。

5. 液压马达的例子

图 9-14 为 ZM 型轴向柱塞液压马达的结构图。在缸体 6 和斜盘 2 之间装入鼓轮 3。在鼓轮半径为 R 的圆周上均匀地分布着推杆 9，液压力作用于缸体 6 孔中的柱塞 8 上，并通过推杆作用在斜盘上。推杆在斜盘的反作用下产生一个对轴 1 的转矩，迫使鼓轮转动。鼓轮又通过链接键带动马达的轴转动。缸体还可在预紧弹簧 4 和柱塞孔内压力油的作用下，紧贴在配油盘 7 上。这种结构可使缸体只承受轴向力，因此配油盘表面，缸体上的柱塞孔磨损均匀；还可使缸体内孔与马达轴的接触面较小，有一定的自定位作用，保证缸体与配油盘很好的贴合，来减少端面的泄漏，并使配油盘表面磨损后得到自动补偿。这种液压马达的斜盘倾角固定，所以是一种定量液压马达。该液压马达没有自吸能力，所以它不能作液压泵使用。

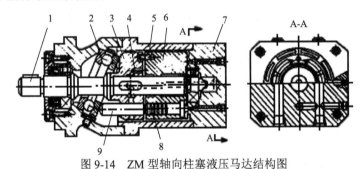

图 9-14　ZM 型轴向柱塞液压马达结构图

1.输出轴；2.斜盘；3.鼓轮；4.预紧弹簧；5.拔销；6.缸体；7.配油盘；8.柱塞；9.推杆

9.5　气动执行元件

9.5.1　气缸

气缸是气动执行元件，将压缩空气的压力能转变为机械能（往复直线运动或回转运动）。

1. 气缸的类型和特点

气缸的种类很多，分类方法也各有侧重，从气缸活塞承受气体压力是单向还是双向可以分为单作用气缸和双作用气缸；从气缸的安装形式分为固定式气缸、轴销式气缸和回转式气缸；从气缸的功能及用途进行分类包括普通气缸、缓冲气缸、气-液阻尼缸、摆动气缸和冲击气缸。表 9-9 给出了常见气缸的结构和功能。

表 9-9　常见气缸的结构及功能

类型	名称	简图	原理及功能
单作用气缸	活塞式气缸		压缩空气驱动活塞向一个方向运动，借助外力复位，可以节约压缩空气，节省能源
			压缩空气作用在膜片上，使活塞杆向一个方向运动，靠弹簧复位，密封性好，适用于小行程
	薄膜式气缸		压缩空气作用在膜片上，使活塞杆向一个方向运动，靠弹簧复位，密封性好，适用于小行程
	柱塞式气缸		柱塞向一个方向运动，靠外力返回。稳定性较好，用于小直径气缸
双作用气缸	普通式气缸		利用压缩空气使活塞向两个方向运动，两个方向箱出的力和速度不等
	双出杆气缸		活塞两个方向运动的速度和输出力均相等，适用于长行程
	不可调缓冲式气缸	（a）（b）	活塞临近行程终点时，减速制动，减速值不可调整。（a）为单向缓冲，（b）为双向缓冲
	可调式缓冲气缸	（a）（b）	活塞临近行程终点时，减速制动，可根据需要调整减速值。（a）为单向缓冲，（b）为双向缓冲

2. 气缸的例子

　　气液阻尼气缸是由气缸和液压缸组合而成，它以压缩空气为能源，利用油液的不可压缩性和控制流量来获得活塞的平稳运动，调节活塞的运动速度。如图 9-15 所示，它的液压缸和气缸共用同一缸体，两活塞固定在同一活塞杆上。气液阻尼缸运动平稳，停位精确，噪声小，与液压缸相比，它不需要液压源，经济性好。同时具有气缸和液压缸的优点。

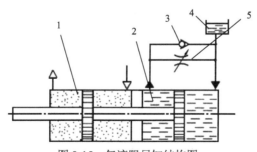

图 9-15　气液阻尼缸结构图
1.气缸；2.液压缸；3.单向阀；4.油箱；5.节流阀

9.5.2 气马达

气动马达（也称气马达）是将压缩空气的压缩能转换成机械能的装置。

1. 气马达的分类和特点

气马达按照结构形式分为叶片式气马达、活塞式气马达和齿轮式气马达等。最常见的是叶片式气马达和活塞式气马达。叶片式气马达制造结构简单、结构紧凑，但低速性能不好，适用于中、小功率的机械，目前，在矿山及风动工具中应用普遍。活塞式气马达在低速情况下有较大的输出功率，它的低速性能好，适用于载荷较大和要求性能好的机械，如起重机、绞车、绞盘、拉管机等。

与液压马达相比，气马达具有以下特点：

（1）耗气量大，效率低，噪声大。

（2）工作安全，可以在易燃易爆的场合工作，同时不受高温和振动的影响。

（3）可以长时间满载工作而温升较小。

（4）可以无级调速。控制进气流量，就能调节马达的转速和功率。额定转速可从每分钟几十转到几十万转。

（5）具有较高的启动转矩，可以直接带负载运动。

（6）结构简单，操作方便，维护容易，成本低。

（7）输出功率相对较小，最大只达到 20 kW 左右。

2. 气马达的符号

气马达按马达旋转排量能否调节分为定量马达及变量马达，气马达的符号如表 9-10 所示。

表 9-10　气马达符号

名称	符号	说明
气马达		一般符号
单向定量气马达		单向旋转 单向流动 定排量
双向定量气马达		双向旋转 双向流动 定排量
单向变量气马达		单向旋转 单向流动 变排量
双向变量气马达		双向旋转 双向流动 变排量
摆动马达		双向摆动，定角度

3. 气马达的例子

如图 9-16 所示，压缩空气由孔 A 输入时，分为两路；一路经定子两端盖内的槽进入叶片底部将叶片推出，使其贴紧定子内表面；另一路则进入相应的密封容腔，作用于悬伸的叶片上。由于转子和定子偏心放置，相邻两叶片伸出的长度不一样，就产生了转矩差，从而推动转子按逆时针方向旋转。做功后的气体由孔 C 排出，剩余残气经孔 B 排出。若使压缩空气改为由 B 孔输入，便可使转子按照顺时针方向旋转。

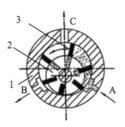

图 9-16　叶片式气马达
1.定子；2.转子；3.叶片

9.5.3　真空吸盘和微爪

吸盘是利用真空泵或真空发生器产生真空直接吸吊物体的元件，通常由橡胶材料与金属骨架压制成型。可根据工件的形状和大小，在安装支架上安装单个或多个真空吸盘。真空微爪指的是通过一些微型的吸盘在特殊情况下（如凹凸不平的平板）吸附吊物，增加了真空吸盘的灵活性、方便性。真空吸盘结构、符号和实物如图 9-17 所示。

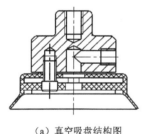　　　　

（a）真空吸盘结构图　　　　（b）真空吸盘符号图　　　　（c）真空吸盘实物图
图 9-17　真空吸盘

9.6　液压调节控制元件

按照元件（液压缸、液压马达）在工作时经常启动、制动、换向及改变运动速度以适应外负载的变化，液压阀就是控制或调节液压系统中液压的压力、流量和方向的元件。液压控制阀对外不做功，仅用于控制执行元件，使其满足主机工作性能要求。因此，液压阀性能的优劣、工作是否可靠对整个液压系统能否正常工作将产生直接影响。液压阀可按照不同的特性分类，如表 9-11 所示。

表 9-11　液压阀的分类

分类方法	种类	详细分类
机能分类	压力控制阀	溢流阀、顺序阀、卸荷阀、平衡阀、减压阀、比例压力控制阀、缓冲阀、仪表截止阀、限压切断阀、压力继电器
	流量控制阀	节流阀、单向节流阀、调速阀、分流阀、集流阀、比例流量控制阀
	方向控制阀	单向阀、液控单向阀、换向阀、行程减速阀、充液阀；梭阀；比例方向阀
连接方式分类	管式连接	螺纹式连接；法兰式连接
	板式及叠加式连接	单层连接板式、双层连接板式、整体连接板式、叠加阀
	插装式连接	螺纹式插装（二、三、四通插装阀）、法兰式插装（二通插装阀）
结构分类	滑阀	圆柱滑阀、旋转阀、平板滑阀
	座阀	锥阀、球阀、喷嘴挡板阀
	射流管阀	射流阀
其他方式分类	开关或定值控制阀	压力控制阀、流量控制阀、方向控制阀
操作方法分类	手动阀	手把及手轮、踏板、杠杆
	机动阀	挡板及碰块、弹簧、液压、气动
	电动阀	电磁铁控制、伺服电动机和步进电动机控制
	管式连接	螺纹式连接、法兰式连接
	伺服阀	单级电流流量伺服阀、两级电流流量伺服阀、三级电液流量伺服阀
	数字控制阀	数字控制、压力控制流量阀与方向阀

9.6.1　方向控制阀

液压系统中用的最多是方向控制元件，即方向阀。方向阀按照用途可以分为单向阀和换向阀。

1. 单向阀（止回阀）

液压系统中常见的单向阀有普通单向阀和液控单向阀两种。

1）普通单向阀

普通单向阀的作用是使油液只能沿一个方向流动，不许反向倒流。图 9-18 所示的普通单向阀，其工作原理如下：单向阀开启，压力油由左端 P_1 克服弹簧作用在阀芯上的力，使阀芯向右移，打开阀门，压力油经径向孔和轴向孔从阀体右端 P_2 流出。

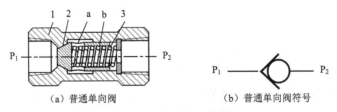

（a）普通单向阀　　　　　　　　　（b）普通单向阀符号

图 9-18　普通单向阀及其符号

1.阀体；2.阀芯；3.弹簧

对单向阀的主要性能要求：油液通过时压力损失小、反向截止时密封性能好。单向阀中的弹簧主要是用来克服阀芯运动时的摩擦力和惯性力的，为了使单向阀工作灵敏可靠，应采用刚度较小的弹簧，以免液流产生过大的压力降，一般单向阀的开启压力约在 $0.035\sim0.1$ MPa，若将弹簧换成硬弹簧，使其开启压力达到 $0.2\sim0.6$ MPa，则可将其作为背压阀用。背压描述了系统排出的液体在出口处或二次侧受到的与流动方向相反的压力。

2）液控单向阀

液控单向阀根据控制活塞泄油方式不同分为内泄式（泄到 T 口）和外泄式（泄到外接油箱），外泄式的控制活塞的背压腔直接通油箱，如图 9-19 所示；内泄式的控制活塞的背压腔通过活塞缸上对称铣去两个缺口与单向阀的油口 P_1 相通。一般在反向压力较低时采用内泄式，在反向压力较高时，若采用内泄式结构将需要较高的控制压力。

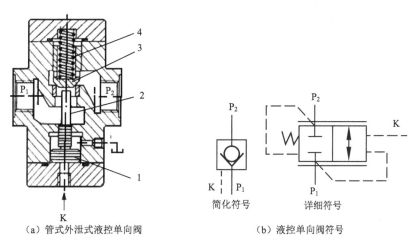

（a）管式外泄式液控单向阀　　　　　　（b）液控单向阀符号

图 9-19　管式外泄式液控单向阀及其符号

1.活塞；2.顶杆；3.阀芯；4.弹簧

3）双向液压锁

工程运输起重等机械中的油缸需保压的油路中，如汽车的支腿回路等（汽车吊、轮胎吊），用到由两个液控单向阀组成双向液压，其工作原理是一个油腔正向进油时，另一腔反向出油，反之亦然，当两腔正向不进油时，反向也不通，不受外界负荷干扰，起到锁的作用。如图 9-20 所示，AA_1 通 BB_1 则通，AA_1 不通 BB_1 则不通，反之亦然。

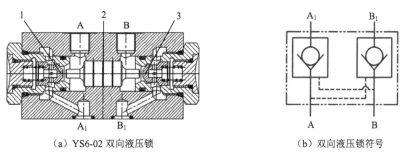

（a）YS6-02 双向液压锁　　　　　　　　（b）双向液压锁符号

图 9-20　双向液压锁及其符号

1.阀芯；2.控制活塞；3.阀芯

2. 换向阀

换向阀利用阀芯相对于阀体的相对运动，使与阀体相连的几个油路之间接通、关断，或变换油流的方向，从而使液压执行元件启动、停止或变换运动方向。图 9-21 为滑阀式换向阀，当阀芯向右移动一定的距离时，由液压泵输出的压力油从阀的 P 口经 A 口输向液压缸左腔，液压缸右腔的油经 B 口流回油箱，液压缸活塞向右运动；反之，若阀芯向左移动某一距离时，液流反向，活塞向左运动。

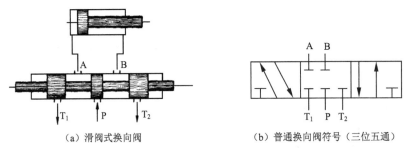

（a）滑阀式换向阀　　　　　　（b）普通换向阀符号（三位五通）

图 9-21　滑阀式换向阀及其符号

根据换向阀阀芯的运动形式、结构特点和控制方式的不同，换向阀的分类如表 9-12 所示。

表 9-12　换向阀的类型分类

分类方式	类型
按阀芯运动方式	滑阀、转阀、锥阀
按阀的工作位置数和通路数	二位三通、二位四通、三位四通、三位五通等
按阀的操纵方式	手动、机动、电动、液动、电液动
按阀的安装放式	管式、板式、法兰式

根据上面的分类可知，换向阀按阀芯的可变位置数可分为二位和三位，通常一个方框符号代表一个位置。按照主油路进、出油口可分为二通、三通、四通、五通等，表示方法是在相应位置的方框内表示油口的数目和通道的方向，如图 9-22 所示，框内的"↗"代表两油口连通（并不表示流向），而"⊥"则代表不通。

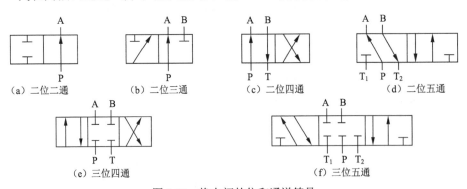

（a）二位二通　　　（b）二位三通　　　（c）二位四通　　　（d）二位五通

（e）三位四通　　　　　　　　　　　（f）三位五通

图 9-22　换向阀的位和通道符号

同时根据改变阀芯的位置的操纵方式的不同，换向阀可以分为手动、机动、电磁、液动和电液动换向阀。其符号如图 9-23 所示。

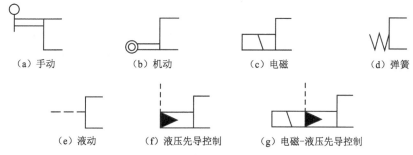

（a）手动　　　　（b）机动　　　　（c）电磁　　　　（d）弹簧

（e）液动　　　（f）液压先导控制　　　（g）电磁-液压先导控制

图 9-23　换向阀操纵方式符号

几种换向阀的符号见图 9-24。

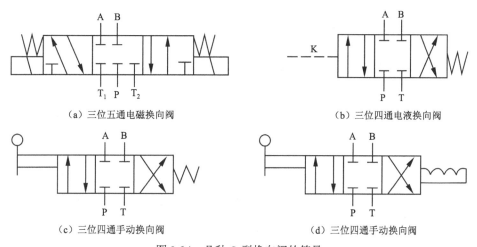

（a）三位五通电磁换向阀　　　　　　（b）三位四通电液换向阀

（c）三位四通手动换向阀　　　　　　（d）三位四通手动换向阀

图 9-24　几种 O 型换向阀的符号

换向阀里的滑阀处在中间位置或原始位置（二位阀有弹簧的位置）时（有时称为常态位）阀中各油口的连通形式，体现了换向阀的控制机能，称为中位机能。采用不同形式的滑阀会直接影响执行元件的工作状况。因此，在进行工程机械液压系统设计时，必须根据该机械的工作特点选取合适的中位机能的换向阀。中位机能有 O 型、H 型、X 型、M 型、Y 型、P 型、J 型、C 型、U 型、K 型等多种类型，它们的含义如表 9-13 所示。表中 P 表示进油口，T 表示回油口，A、B 表示工作油口。

表 9-13　中位机能含义与特点

类型	中位机能含义	中位机能特点
O 型	各油口全封闭，油不流通	（1）工作装置的进、回油口都封闭，工作机构可以固定在任何位置静止不动，即使有外力作用也不能使工作机构移动或转动，因而不能用于带手摇的机构 （2）从停止到启动比较平稳，因为工作机构回油腔中充满油液，可以起缓冲作用，当压力油推动工作机构开始运动时，因油阻力的影响而使其速度不会太快，制动时运动惯性引起液压冲击较大 （3）油泵不能卸载 （4）换向位置精度高

类型	中位机能含义	中位机能特点
H型	各油口全开,系统没有油压	(1) 进油口P、回油口T与工作油口A、B全部连通,使工作机构成浮动状态,可在外力作用下运动,能用于带手摇的机构 (2) 液压泵可以卸荷 (3) 从停止到启动有冲击,因为工作机构停止时回油腔的油液已流回油箱,没有油液起缓冲作用;制动时油口互通,故制动较O型平稳 (4) 对于单杆双作用油缸,由于活塞两边有效作用面积不等,因而用这种机能的滑阀不能完全保证活塞处于停止状态
X型	A、B、P都与T相通	(1) 各油口与回油口T连通,处于半开启状态,因节流口的存在,P油口还保持一定的压力 (2) 在滑阀移动到中位的瞬间使P、A、B与T油口半开启的接通,这样可以避免在换向过程中由于压力油P突然封堵而引起的换向冲击 (3) 油泵不能卸荷 (4) 换向性能介于O型和H型之间
M型	A、B关闭,P、T直接相连	(1) 由于工作油口A、B封闭,工作机构可以保持静止 (2) 液压泵可以卸荷 (3) 不能用于带手摇装置的机构 (4) 从停止到启动比较平稳 (5) 制动时运动惯性引起液压冲击较大 (6) 可用于油泵卸荷而液压缸锁紧的液压回路中
Y型	P关闭,A、B与T相通	(1) 因为工作油口A、B与回油口T相通,工作机构处于浮动状态,可随外力的作用而运动,能用于带手摇的机构 (2) 从停止到启动有些冲击,从静止到启动时的冲击、制动性能O型与H型之间 (3) 油泵不能卸荷
P型	T关闭,P与A、B相通	(1) 对于直径相等的双杆双作用油缸,活塞两端所受的液压力彼此平衡,工作机构可以停止不动。也可以用于带手摇装置的机构。但是对于单杆或直径不等的双杆双作用油缸,工作机构不能处于静止状态而组成差动回路 (2) 从停止到启动比较平稳,制动时缸两腔均通压力油故制动平稳 (3) 油泵不能卸荷 (4) 换向位置变动比H型的小,应用广泛
J型	P和A封闭,B与T相连	(1) 油泵不能卸荷 (2) 两个方向换向时性能不同
C型	P与A连通,而B与T连通	(1) 油泵不能卸荷 (2) 从停止到启动比较平稳,制动时有较大冲击
U型	A、B接通,P、T封闭	(1) 由于工作油口A、B连通,工作装置处于浮动状态,可在外力作用下运动,可用于带手摇装置的机构 (2) 从停止到启动比较平稳 (3) 制动时也比较平稳 (4) 油泵不能卸荷
K型	P、A与T连通,而B封闭	(1) 油泵可以卸荷 (2) 两个方向换向时性能不同

9.6.2 压力控制阀

在液压传动系统中,利用作用在阀芯上的液压力和弹簧力相平衡的原理,制成控制油液压力高低的液压阀称为压力控制阀,简称压力阀。其分类如表9-14所示,直动式阀指只使用一个阀实现压力控制,一般用于低压系统中;先导式阀指使用一个导阀和一个主阀实现压力控制,一般用于高压系统中。为了方便理解,在介绍工作原理时,主要以直动式压力控制阀为例。

表9-14 压力阀的类型分类

功能 ＼ 模式	直动式	先导式
溢流阀	√	√

功能　＼　模式	直动式	先导式
减压阀	√	√
顺序阀	√	√
压力继电器	—	—

1．溢流阀

溢流阀控制输入量是调压弹簧的预压缩量，而其输出量是阀的进口受控压力（保持基本不变）。调节溢流阀的调压弹簧预压缩量，就能控制泵出口处的最高压力。

几乎所有的液压系统中都需要用到溢流阀，其性能好坏随整个液压系统的正常工作有很大的关系。溢流阀在液压系统中能分别起到调压溢流、安全保护、远程调压、使泵卸荷及使液压缸回油腔形成背压等多种作用。直动式溢流阀如图 9-25 所示，当溢流阀静止位置时，在调压弹簧作用下，其溢流口关闭，进出油口不通；一旦进油口 P(A) 上油压所产生的作用力大于调压弹簧力，溢流阀开启，并直接通油箱（不必单独外接油箱）。溢流阀具有背压功能。

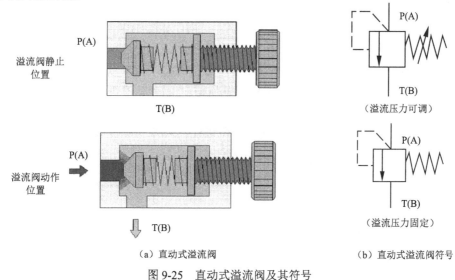

（a）直动式溢流阀　　　　　　　　（b）直动式溢流阀符号

图 9-25　直动式溢流阀及其符号

2．减压阀

减压阀是利用油液流过缝隙时产生压降的原理，使出口压力（二次压力）低于进口压力（一次压力）且保持不变的一种压力控制阀。它可以使用一个油源同时向系统提供两个或几个不同的压力。为保证减压阀出口压力恒定，一般减压阀的导阀弹簧腔需通过泄油口单独外接油箱。减压阀分定值输出减压阀、定差减压阀和定比减压阀三种，以定值输出减压阀为最常见。

1）定值输出减压阀

定值输出减压阀有直动式和先导式。直动式定值输出减压阀如图 9-26 所示，不工作时，阀芯在弹簧作用下处于最下端位置，阀的进、出油口是相通的，即阀是常开的。若忽略其他阻力，仅考虑作用在阀芯上的液压力和弹簧力相平衡的条件，则可以认为出口压力基本上维持在某一调定值上。这时若出口压力减小，阀芯就下移，开大阀口，使出口压力回升到调定值；若出口压力增大，则阀芯上移，关小阀口，阀口处阻力加大，压降增大，使出口压力下降到调定值。

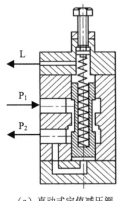
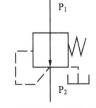

（a）直动式定值减压阀　　　　　　　　（b）直动式定值减压阀符号

图 9-26　直动式定值减压阀及其符号

2）定差减压阀

定差减压阀是无论进油压力如何变化均使进、出油口的压力差（近似）恒定的减压阀，如图 9-27 所示。高压油 P_1 经过节流口减压后以低压油 P_2 流出，同时低压油经阀芯 A 中心孔将压力传到阀芯上腔，则其进、出口油液压力在阀芯有效作用面积上的压力差与弹簧力相平衡。只要弹簧力基本不变，就可以使压力差 Δp 近似保持定值。通常定差减压阀与节流阀串联组成的调速阀可实现节流阀两端压差及输出流量的恒定。

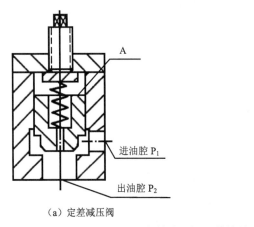

（a）定差减压阀　　　　　　　　（b）定差减压阀符号

图 9-27　定差减压阀及其符号

3）定比减压阀

定比减压阀是指输出压力与输入压力成比例的减压阀，如图 9-28 所示。该阀的弹簧主要用于复位，复位时，液压油由 T 处泄到油箱。该阀的输入是进口压力，若忽略液动力变化和弹簧力的影响，无论 P_1（对应压力 p_1）或 P_2（对应压力 p_2）发生变化时或通过流量发生变化时，通过定比减压阀可变节流口 x_R 的调节作用，其减压比基本保持不变，即 $p_1/p_2=A_2/A_1$。显然选择不同的面积 A_1 和 A_2 可得到所要求的压力比。

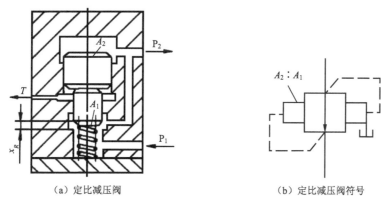

（a）定比减压阀　　　　　　　　　　（b）定比减压阀符号

图 9-28　定比减压阀及其符号

3. 顺序阀

顺序阀是利用油路中压力的变化控制阀口的启停，从而实现执行元件顺序动作的液压元件。液压系统中有两个以上工作机构需要获得预先规定的先后次序顺序动作时，可用顺序阀来实现。如定位夹紧系统，必须先定位后夹紧；夹紧切削系统，必须先夹紧后切削。根据控制压力的不同，顺序阀分为内控式和外控式两种，所谓内控式顺序阀是指控制阀芯的压力油来自进口，外控式顺序阀就是控制阀芯的压力油来自阀以外的控制油路。顺序阀也具有背压功能。

图 9-29 是一个直动式内控式顺序阀及其符号。当进油口 P_1 无压力油进入时，顺序阀的阀口关闭，即顺序阀不工作时阀口常闭。当进油口 P_1 有压力油进入时，如果进油口 P_1 的压力小于调定压力时，顺序阀阀口关闭，进、出油口不通；如果进油口 P_1 的压力大于调定压力时，顺序阀阀口打开，进出油口相通，出油口 P_2 的压力由负载决定，可以大于或小于顺序阀的调定压力。

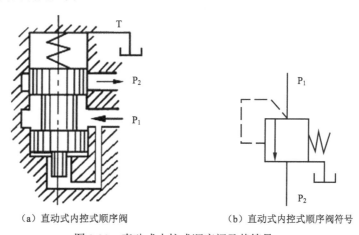

（a）直动式内控式顺序阀　　　　　　（b）直动式内控式顺序阀符号

图 9-29　直动式内控式顺序阀及其符号

图 9-30 是一个直动式外控式顺序阀及其符号。当控制油口 K 无压力油进入时，顺序阀的阀口关闭，即顺序阀不工作时阀口常闭。当控制油口 K 有压力油进入时，如果控制油口 K 的压力小于调定压力时，顺序阀阀口关闭，进出油口不通；如果控制油口 K 的压力大于调定压力时，顺序阀阀口打开，进出油口相通，出油口 P_2 的压力由负载决定，可以大于或小于顺序阀的调定压力。

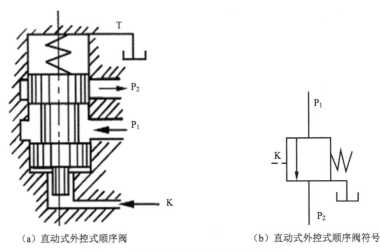

（a）直动式外控式顺序阀 （b）直动式外控式顺序阀符号

图 9-30 直动式外控式顺序阀及其符号

另外一些压力控制阀符号，见图 9-31 所示。

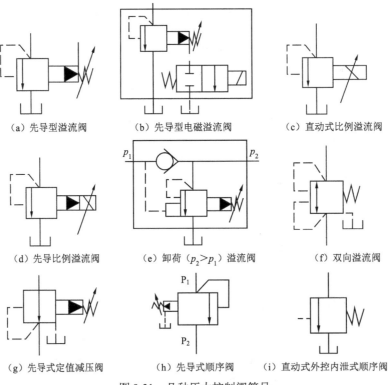

（a）先导型溢流阀 （b）先导型电磁溢流阀 （c）直动式比例溢流阀

（d）先导比例溢流阀 （e）卸荷（$p_2 > p_1$）溢流阀 （f）双向溢流阀

（g）先导式定值减压阀 （h）先导式顺序阀 （i）直动式外控内泄式顺序阀

图 9-31 几种压力控制阀符号

4. 压力继电器

压力继电器是将液压信号转换为电信号的转换装置，即继电器达到压力继电器调整压力时，发出电信号，操纵电磁阀或通过中间继电器，使油路换向、卸压或实现顺序动作要求及关闭电动机等，从而实现程序控制和安全保护。

压力继电器按照信号压力的大小分为低压型（0～0.1 MPa）、中压型（0.1～0.6 MPa）和高压型（＞1 MPa）三种。图 9-32 为压力继电器及其符号，压缩空气进入下部气室 A 后，膜片 6 受到由下往上的空气压力作用，当压力上升到某一数值后。膜片上方的圆盘 5 带动爪枢 4 克服弹簧力向上移动，使两个微动开关 3 的触头受压发出电信号。旋转定压螺母 1，可调节转换压力的范围。

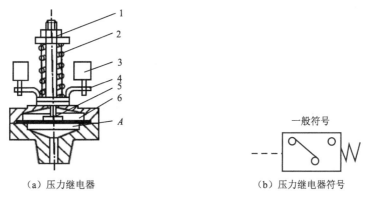

（a）压力继电器　　　　　　　　（b）压力继电器符号

图 9-32　压力继电器及其符号

1.定压螺母；2.弹簧；3.微动开关；4.爪枢；5.圆盘；6.膜片

9.6.3　流量控制阀

液压系统中执行元件运动速度的大小，由输入执行元件的油液流量来确定。流量控制阀可以控制油液流量，它主要有节流阀、调速阀、温度补偿调速阀、溢流节流阀等多种，其中节流阀和调速阀应用较多。调节流量控制阀的开口面积，改变可调节执行元件的运动速度，同时也具有背压功能。流量控制阀在定量泵的液压系统中与溢流阀配合，组成节流调速回路，即进口、出口、旁路节流调速回路，或者与变量泵和安全阀结合使用。

1. 节流阀

由液压系统执行元件的速度 $v=q/A$ 和 $n=q/V_\mathrm{m}$ 知，改变输入液压缸的流量 q 或改变液压缸的有效面积 A 和液压马达的每转排量 V_m，都可以达到调速的目的。

对于液压缸来说，在工作中要改变缸的面积 A 来调速是比较困难的，一般都采用改变 q 来调速，但是对于液压马达，既可以改变输入液压马达的流量 q，也能改变液压马达的每转排量 V_m 来实现调速，而改变输入流量可以采用流量阀来调节，只要控制了流量就控制了速度。无论哪一种流量控制阀，内部一定有节流阀的构造。

图 9-33 为节流阀及其符号。它的节流油口为轴向三角槽式。压力油从进油口 $\mathrm{P_1}$ 流

入，经阀芯左端的轴向三角槽后由出油口 P_2 流出，阀芯 1 在弹簧力的作用下始终紧贴在推杆 2 的顶部，旋转手轮 3，可使推杆沿轴向移动，改变节流口的通流截面积，从而调节通过阀的流量。

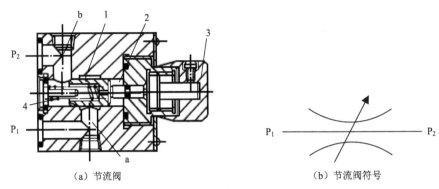

（a）节流阀　　　　　　　　　（b）节流阀符号

图 9-33　节流阀及其符号

1.阀芯；2.推杆；3.手轮；4.弹簧

节流阀的结构简单、制造容易、体积小、使用方便、造价低，但负载和温度的变化对流量的稳定性影响较大，因此，只适用于负载和温度变化不大或速度稳定性要求不高的液压系统。

2. 调速阀

节流阀调速时，受控流体的压力损失比较大，节流阀的进、出口压力随负载变化而变化，影响节流阀流量的均匀性，使执行机构速度不稳定。如果在负载变化时，设法使节流阀的进、出口压力差保持不变，执行机构的运动速度也就相应地得到稳定。为此，在阀门内部结构上增设了一套压力补偿装置，改善节流后压力损失大的现象，使节流后流体的压力基本上等同于节流前的压力，并且减少流体的发热，这种根据"流量负反馈"原理设计而成的流量阀称为调速阀。节流阀就像一个水龙头，开关的开度大，水量就大，不过在水龙头拧相同圈数的情况下管道里的压力高，水流的速度大，压力小，水流的速度小。而调速阀是不管管道里压力有多高（相对）在水龙头拧相同圈数时，水流的速度一样。调速阀适用于执行元件负载变化大而运动速度要求稳定的系统中，也可用于容积节流调速回路中。

根据"串联减压式"和"并联减压式"的差别，调速阀又分为串联减压式调速阀和溢流节流阀（旁路型调速阀）两种。

图 9-34 为串联减压式调速阀，它是在节流阀前串接一个定差减压阀组合而成。调速阀的进口压力 p_1 由溢流阀调整基本保持不变，而调速阀的出口压力 p_3 则由液压缸负载 F 决定。油液经过减压阀将压力降到 p_2，再经通道 e 和 f 作用到减压腔 d 和 c；节流阀的出口压力 p_3 又经反馈通道 a 的作用到减压阀的上腔 b，当减压阀的阀芯在弹簧力与 p_3A 之和等于油液压力 $p_2A_2 + p_2A_1$ 时，处于某一平衡位置，此时节流阀的压力差 Δp 基本不变，从而保证了节流阀的流量稳定。这里 A、A_1、A_2 分别为 b、c、d 腔内压力作用于阀的有效面积，其中 $A = A_1 + A_2$。

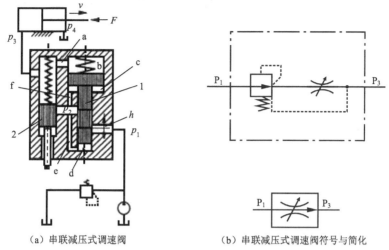

（a）串联减压式调速阀　　　　　　　　（b）串联减压式调速阀符号与简化

图 9-34　串联减压式调速阀及其符号

1.减压阀；2.节流阀

图 9-35 为溢流节流阀，它是在节流阀上并联一个溢流阀组合而成。从液压泵输出的油液一部分从节流阀 4 进入液压缸左腔推动活塞向右运动，另一部分经溢流口流回油箱，溢流阀阀芯 3 的上端 a 腔同节流阀 4 上腔相通，其压力为 p_2；腔 b 和腔 c 同溢流阀阀芯 3 前的油液相通，其压力即为泵的压力 p_1，当液压缸活塞上的负载力 F 增力时，压力 p_2 升高，a 腔的压力也升高，使阀芯 3 下移，关小溢流口，这样就使液压泵的供油压力 p_1 增加，从而使节流阀 4 的前后压力差（$\Delta p = p_1 - p_2$）基本保持不变。这样溢流阀一般附带一个安全阀 2，以避免系统过载。可见，溢流节流阀就是通过 p_1 随 p_2 的变化使流量基本上保持恒定。

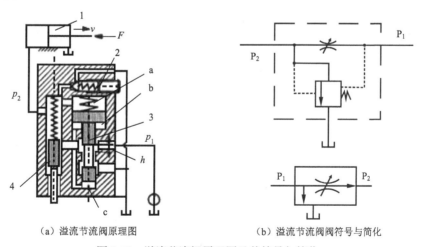

（a）溢流节流阀原理图　　　　　　　　（b）溢流节流阀阀符号与简化

图 9-35　溢流节流阀原理图及其符号与简化

1.液压阀；2.安全阀；3.溢流阀；4.节流阀

溢流节流阀与串联减压式调速阀虽都有压力补偿的作用，但其组成调节系统时是有区别的。串联减压式调速阀无论在执行元件的进油路上或回油路上，执行元件的负载发生变化的时候，泵出口处的压力随溢流阀保持不变，而溢流节流阀进口压力随负载压力变化而变化，从而使流量保持不变。因而溢流节流阀具有功率损耗低、发热量小的优点。但是溢流节流阀中流过的流量比串联减压式调速阀大，阀芯运动时阻力较大，弹簧较硬，其结果使节流阀前后压差加大，因此它的稳定性稍差。

另外，在某些场合需要在液压系统中由同一个能源向两个执行元件按比例供应流量，以实现两个执行元件保持同步或定比关系，这就需要分流阀；相反，从两个执行元件按比例的收集回油量，以实现其间的同步和定比关系，这就是集流阀。将两者的功能集成起来，使其兼具分流、集流功能，这种阀称为分流集流阀。在分流阀的基础上增加两个单向阀就可构成单向分流阀，带单向阀的分流阀，仅在一个方向起分流作用，执行元件反向运动时，油液通过单向阀流出，以实现运动部件的快速移动。如图9-36所示。

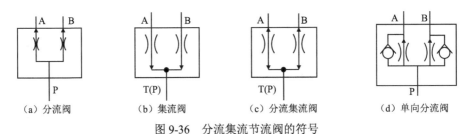

（a）分流阀　　　（b）集流阀　　　（c）分流集流阀　　　（d）单向分流阀

图9-36　分流集流节流阀的符号

9.6.4　插装阀

前面介绍的三类普通液压控制阀，功能单一，其通径最大不超过32 mm，而且结构尺寸大，不适应小体积、集成化的发展方向和大流量液压系统的应用要求。插装阀是把锥阀作为主控元件插装在油路中，也称为插装式锥阀或逻辑阀。它是一种结构简单，标准化、通用化、系列化程序高，通油能力大，液阻小，密封性能和动态性能好的新型液压控制阀。目前在液压压力机、塑料成型机械、压铸机等高压大流量系统中应用很广泛。插装阀根据用途不同，分为插装方向控制阀、插装压力控制阀、插装流量控制阀。

1. 插装方向控制阀

插装方向控制阀是根据控制腔X的通油方式控制主阀芯的开关：若X腔通油箱，则主阀芯阀口开启；若X腔通主阀进油路，则主阀阀口关闭。它有单向阀、二位二通换向阀、二位三通换向阀、二位四通换向阀和三位四通换向阀，分别如图9-37～图9-41所示。通过简单的分析便可理解，这里不再赘述。利用对电磁换向阀的控制还可实现多机能功能。

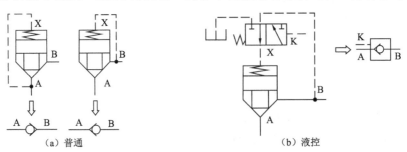

（a）普通　　　　　　　　　　　　　（b）液控

图9-37　插装单向阀

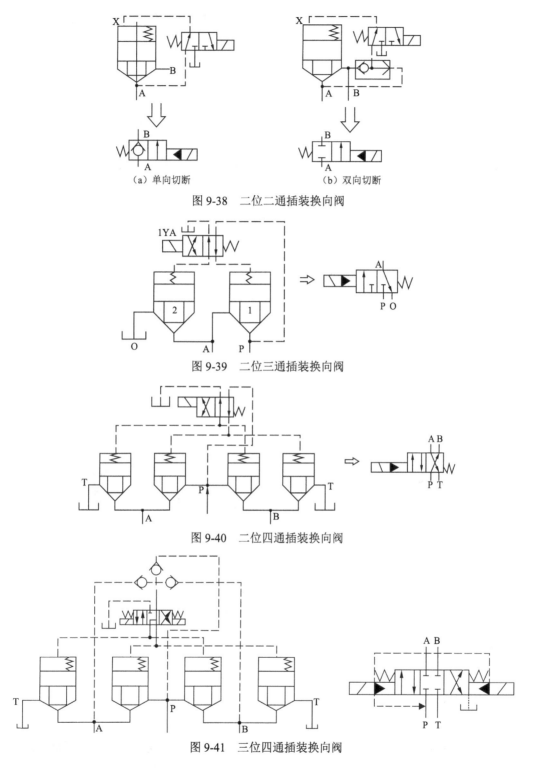

图 9-38 二位二通插装换向阀

图 9-39 二位三通插装换向阀

图 9-40 二位四通插装换向阀

图 9-41 三位四通插装换向阀

2. 插装压力控制阀

插装压力控制阀由直动式调压阀作为先导阀对插装组件控制腔 X 进行压力控制，它分为溢流阀、顺序阀、卸荷阀、减压阀。图 9-42（a）所示为由先导溢流阀和内设阻尼孔的插装组件组成的溢流阀，其工作原理与普通的先导式溢流阀相同。图 9-42（b）所示为由外设阻尼孔的插装组件和先导溢流阀组成的先导式顺序阀，其工作原理与普通的先导式顺序阀相同。图 9-42（c）在插装溢流阀的控制腔 X 再接一个二位二通电磁换向阀。当电磁铁断电时，具有溢流阀功能；电磁铁通电时，成为卸荷阀。图 9-42（d）所示的插装阀芯是常开的滑阀结构，B 口为进口，A 口为出口，A 口压力经内设阻尼孔与 C 腔和先导压力阀相通，当 A 口压力上升达到或超过先导压力阀的调定压力时，先导压力阀开启，在阻尼孔压差作用下，滑阀芯上移，关小阀口，控制出口压力为一定值，所以构成了先导式定值减压阀的功能。

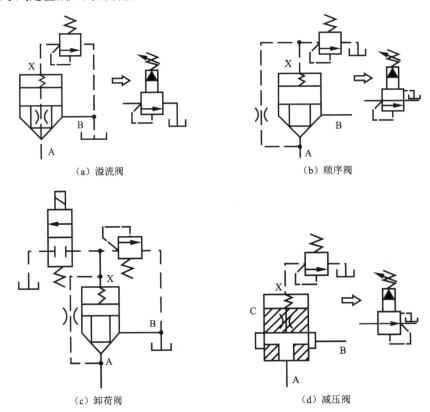

（a）溢流阀　　　　　　　　　　　　　（b）顺序阀

（c）卸荷阀　　　　　　　　　　　　　（d）减压阀

图 9-42　插装压力控制阀

3. 插装流量控制阀

插装流量控制阀分为节流阀、调速阀、调速回路。插装阀用作流量控制阀的插装组件在锥阀芯的下端带有台肩尾部，其上开有三角形或梯形节流槽；在控制盖板上装有行程调节器（调节螺杆），以调节阀芯行程的大小，即控制节流口的开口大小，从而构成节流阀，如图 9-43（a）所示。将插装式节流阀前串接一插装式定差减压阀，减压阀芯两端分别与节流阀进出口相通，就构成了调速阀，如图 9-43（b）所示，和普通调速阀的原理一样，利用减压阀的压力补偿功能来保证节流阀进出口压差基本不变，使通过节流阀的流量不受负载压力变化的影响。

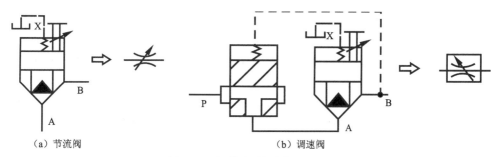

（a）节流阀　　　　　　　　　　（b）调速阀

图 9-43　插装流量控制阀

9.6.5　电液比例阀

电液比例阀是一种按给定的输入电气信号连续地应用比例电磁铁把输入的电信号按比例地转换成力或位移，从而对液流的压力、流量和方向进行远距离控制的液压控制阀。可以看出它可以避免压力和流量有级切换时的冲击；采用电信号可进行远距离控制，即可开环控制，也可闭环控制。图 9-44 所示为电液比例阀工作原理框图，图中虚线反馈部分只有要对位置和速度要求较高的场合才需要。比例阀由直流比例电磁铁和液压阀两部分组成。前者与一般的电磁阀所用的电磁铁不同，采用比例电磁铁可得到与给定电流成比例的位移输出和吸力输出；而后者同样有压力阀、流量阀、方向阀三大类。

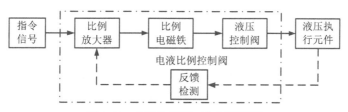

图 9-44　电液比例阀工作原理框图

几种电液比例阀的符号如图 9-45 所示。比例溢流阀可以无级调节系统压力，且压力变化过程平稳，若控制信号置零，则可获得卸荷功能，另外，合理调节控制信号的幅值可获得液压系统的过载保护功能；比例节流阀用电信号控制油液流量，使其与压力和流量的变化无关；比例换向阀不仅能控制执行元件的运动方向，还可以控制它的运动速度。

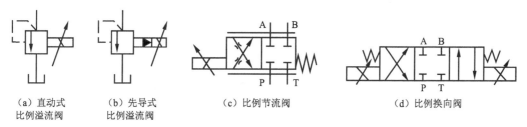

（a）直动式　　　（b）先导式　　　　（c）比例节流阀　　　　　　（d）比例换向阀
比例溢流阀　　　比例溢流阀

图 9-45　电液比例阀符号

9.6.6　叠加式液压阀

　　叠加式液压阀简称叠加阀，其阀体本身既是元件又是具有油路通道的连接体，选择同一通径系列的叠加阀，叠合在一起用螺栓紧固，即可组成所需的液压传动系统。叠加阀现有 5 个通径系列：$\Phi6$、$\Phi10$、$\Phi16$、$\Phi20$、$\Phi32$，额定压力 20 MPa，额定流量 10～200 L/min。根据叠加阀的工作功能，它可以分为单功能阀和复合功能阀两类。单功能叠加阀与普通板式液压阀相似，也具有压力控制阀、流量控制阀和单向控制阀。复合功能叠加阀，又称为多机能叠加阀，是在一个控制阀芯单元中实现两种以上控制机能的叠加阀。

　　几种叠加式液压阀的符号如图 9-46 所示。

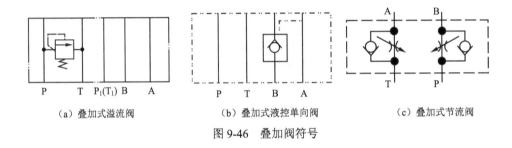

　（a）叠加式溢流阀　　　　　（b）叠加式液控单向阀　　　　（c）叠加式节流阀

图 9-46　叠加阀符号

9.6.7　电液伺服阀

　　电液伺服阀是电液伺服控制系统中的重要控制元件，在系统中起着电液转换和功率放大的作用。具体地说，系统工作时，它直接接受系统传来的电信号，并将电信号转换成具有极性、成比例的、能够控制电液伺服阀的负载能量或负载压力的信号，从而使系统输出较大的液压功率，用于驱动相应的执行机构。

　　如图 9-47 所示，电液伺服阀工作原理可以表述为：初始状态滑阀处于零位。当无电流信号输入时，力矩马达没有输出，喷嘴挡板阀不产生控制作用，滑阀两端的液压力相同，滑阀处于平衡位置，没有流量输出。当正向电流信号输入力矩马达时，衔铁产生的力矩与弹簧管反力矩平衡，使挡板向左偏离中位；喷嘴挡板阀控制左腔压力增大、右腔压力减小，滑阀在压差作用下向右移动，并带动反馈杆使挡板回复到中间平衡位置；滑阀两端压力再次达到平衡，稳定在一定的开口位置，输出一定的流量。同理，当负向电流信号输入力矩马达时，滑阀向左移动，并稳定在一定的开口位置，反向输出一定的流量。滑阀输出的流量与输入电流的大小成对应关系，并近似按线性关系变化。

　　电液伺服阀本身是一个闭环控制系统，一般有电-机转换部分、机-液转换和功率放大部分、反馈部分和电控器部分。大部分伺服阀仅由三部分组成，如图 9-48 所示，只有电反馈伺服阀才含有电控器部分。

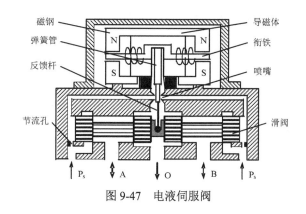

图 9-47　电液伺服阀

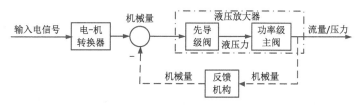

图 9-48　电液伺服阀的组成

电液伺服阀常用于自动系统中的位置控制、压力控制、速度控制和同步控制等。

（1）位置控制回路，这些回路用来实现执行元件的准确位置的控制，指令信号使电液伺服阀的力矩马达动作，通过能量的转换和放大，驱动执行元件达到某一预定位置。

（2）压力控制回路，这种回路能维持液压缸中的压力恒定。

（3）速度控制回路，它是使执行元件（如液压马达）的速度保持一定值的控制回路。

（4）同步控制回路，这种回路是使两个液压缸的位移和速度同步，并且具有高的同步精度。

电液伺服控制技术是集机械、电子、计算机、传感等一体的自动化技术，在精密机床、工程机械及冶金、矿山、石化、电化、船舶、军工、建筑、起重、运输等主机产品中有着广泛的应用，是这些产品的重要控制手段。在工业发达的国家，电液伺服控制技术的应用和发展已被认为是衡量一个国家工业制造水平和现代工业发展的重要标志之一。

9.7　气压调节控制元件

在气压传动系统中，气动控制元件是控制和调节压缩空气的压力、流量、方向的控制阀，其作用是保证气动元件（如气缸、气马达等）按设计的程序进行工作。气压控制阀按照作用可以分为方向控制阀、压力控制阀、流量控制阀。另外，以压缩空气为工作介质，通过元件内部可动部件的动作，改变气体流动方向，从而实现一定逻辑功能的流体控制元件，这种元件称为气动逻辑元件。还有，在有些不适于夹持或抓取的物体，可采用真空吸附，利用真空发生装置产生真空压力（动力源），由真空吸盘吸附抓取物体，从而移动物体，为产品的加工和组装服务。真空吸附这也广泛应用于电子电器生产、汽车制造、产品包装、板材输送、纸张输送等作业中。

9.7.1　方向控制阀

气动方向控制阀和液压方向控制阀相似，按其作用特点分为单向型和换向型两类，方向控制阀的类型可以根据表 9-15 进行分类。

表 9-15　方向控制阀的类型

分类方式	形式
按阀内气体的流动方向	单向阀、换向阀
按阀芯的结构形式	截止阀、滑阀
按阀的密封形式	硬质密封、软质密封
按阀的工作位置及通道数	二位三通、二位五通等
按控制阀芯运动的控制方式	气压控制、电磁控制、机械控制、手动控制

1. 单向型控制阀

单向型控制阀包括单向阀、或门型梭阀、与门型梭阀和快速排气阀。单向阀的结构和符号与液压阀里面的单向阀基本相同。下面介绍或门型梭阀和与门型梭阀。

1）或门型梭阀

在气压传动系统中，当两个通路 P_1 和 P_2 均与另外一通路 A 相通，而不允许 P_1 和 P_2 相通时，就要用或门型梭阀，如图 9-49 所示。

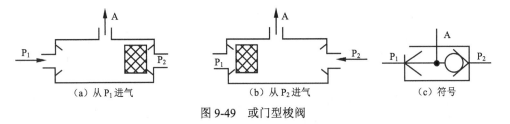

（a）从 P_1 进气　　　　（b）从 P_2 进气　　　　（c）符号

图 9-49　或门型梭阀

2）与门型梭阀

与门型梭阀又称为双压阀，该阀只有的两个输入口 P_1、P_2 同时进气时，A 口才能输出，如图 9-50 所示。

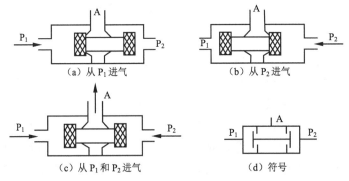

（a）从 P_1 进气　　　　　　（b）从 P_2 进气

（c）从 P_1 和 P_2 进气　　　　　（d）符号

图 9-50　与门型梭阀

2. 换向型控制阀

换向型控制阀简称换向阀，按阀芯的结构形式可分为滑柱式（又称滑阀式）、截止式（又称提动式）、平面式（又称滑块式）和膜片式等。在气压传动中，有气压控制换向、机械控制换向、人力控制换向、时间控制换向、电磁控制换向等换向工作方式。电磁换向阀的应用较为普遍，按照电磁力作用的方式不同，电磁换向阀分为直动式和先导式两种。

图 9-51 为单向磁铁直动型电磁换向阀的工作原理和符号。激励线圈不通电，此时阀在复位弹簧的作用下处于上端位置，其通路状态为 A 与 O 相通，A 口排气。激励线圈通电时，电磁铁推动阀芯向下移动，气路换向，其通路为 P 与 A 相通，A 口进气。

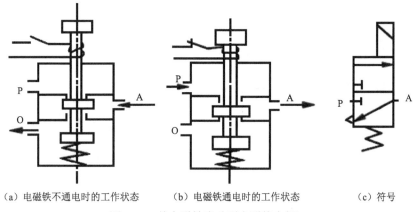

（a）电磁铁不通电时的工作状态　　　（b）电磁铁通电时的工作状态　　　（c）符号

图 9-51　单电磁铁直动型电磁换向阀

图 9-52 为双电磁铁直动型电磁换向阀与符号。它有两个电磁铁，当线圈 1 通电、2 断电，阀芯被推向右端，其通路状态是 P 与 A、B 与 O_2 相通，A 口进气，B 口排气。当线圈 1 断电时，阀芯仍处于原有状态，即具有记忆性。当电磁线圈 2 通电、1 断电，阀芯被推向左端，其通路状态是 P 与 B、A 与 O_1 相通，B 口进气，A 口排气。若电磁线圈断电，气流通路仍保持原状态。图 9-52 中的双电磁铁换向阀也可做成三位阀。双电磁铁二位换向阀具有记忆功能，即通电时换向，断电时仍能保持原有的工作状态，为保证双电磁铁换向阀正常工作，两个电磁铁不能同时通电，电路中要考虑互锁。

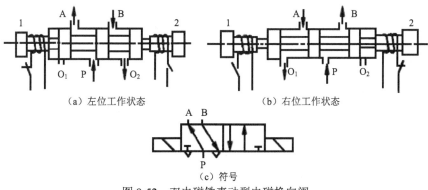

（a）左位工作状态　　　　　　　　（b）右位工作状态

（c）符号

图 9-52　双电磁铁直动型电磁换向阀

直动型电磁阀是由电磁铁直接推动阀芯移动的，当阀通径较大时，用直动式结构所需的电磁铁体积和电力消耗都必然加大，为克服此缺点可采用先导式结构。图9-53为双电磁铁先导型电磁换向阀的工作原理图，由电磁铁首先控制气路，产生先导压力，再由先导压力推动主阀阀芯，使其换向。当电磁先导阀1的线圈通电，而先导阀2断电时，由于主阀3的K_1腔进气，K_2腔排气，使主阀阀芯向右移动。此时与A与P、B与O_2相通，A口进气、B口排气。当电磁先导阀2通电，而先导阀1断电时，主阀的K_2腔进气，K_2腔排气，使主阀阀芯向左移动。此时户与B与P、A与O_1相通，B口进气、A口排气。先导式双电控电磁阀具有记忆功能，即通电换向，断电保持原状态。为保证主阀正常工作，两个电磁阀不能同时通电，电路中要考虑互锁。先导式电磁换向阀便于实现电、气联合控制，所以应用广泛。

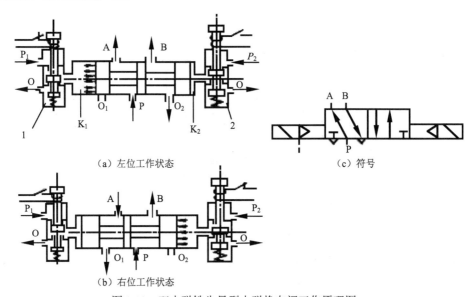

（a）左位工作状态　　　　　　　　（c）符号

（b）右位工作状态

图9-53　双电磁铁先导型电磁换向阀工作原理图

9.7.2　压力控制阀

气动控制系统的压力阀有减压阀、顺序阀和安全阀（溢流阀）。

1）减压阀

气动系统不同于液压系统，一般每一个液压系统都自带液压源（液压泵），而在气动系统中，一般来说，由空气压缩机先将空气压缩储存在贮气罐里，然后经管道输送到各个气动装置中。而贮气罐空气压力比各设备实际需要的压力高，同时压力的波动值也较大，因此，需要用减压阀将其压力减小到各台设备需要的压力，并将减压后的压力稳定在所需的压力值上，不受输出空气流量的变化和气源压力波动的影响。

安装减压阀时，要按照气流的方向和减压阀上所指示的箭头方向，依照分水滤气器、减压阀、油雾器的安装次序进行安装。调压时应该由低向高调，直至规定的调压值为止。阀不用时应把手柄放松，以免膜片经常受压变形。

如图 9-54 为直动型减压阀，阀芯 5 的台阶面上边形成一定的开口，压力为 P_1 的压缩空气流过此阀口后，压力降低为 P_2，与此同时，出口边的一部分气流经阻尼孔进入膜片室，对膜片产生一定的向上的推力与上方的弹簧力平衡，减压阀便有稳定的压力输出，当输入压力 P_1 增高时，输出压力便随之增高，膜片室的压力也升高，将膜片向上推，阀芯 5 在复位弹簧 6 的作用下上移，使阀口开度减小，节流作用增强，直至输出压力降低到调定值；反之，若输入压力下降，则输出压力也随之下降，膜片下降，阀口开度增大，节流作用减弱，直至输出压力回升到调定值再保持稳定，通过调节调压手柄 10 控制阀口开度的大小即可控制输出压力的大小。

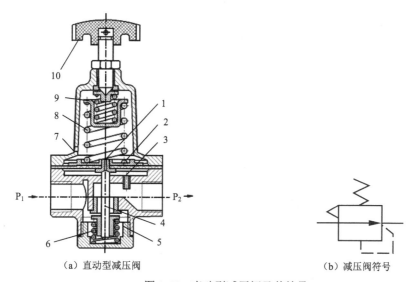

（a）直动型减压阀　　　　　　　　　（b）减压阀符号

图 9-54　直动型减压阀及其符号

1.溢流孔；2.膜片；3.阻尼孔；4.阀杆；5.阀芯；6.复位弹簧；7.阀体排气孔；8、9.调压弹簧；10.调压手柄

2）顺序阀

有些气动回路需要依靠回路中的压力变化来实现两个执行元件的顺序动作，所用的这种阀就是顺序阀，其工作原理与液压顺序阀的基本相同。如图 9-55 所示，它根据弹簧的预压缩量来控制其开启压力。当输入压力 P 达到或超过开启压力时，顶开弹簧，A 才有输出；反之 A 无输出。

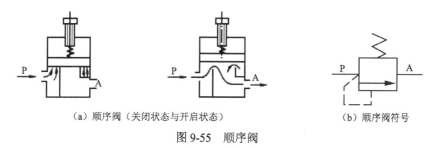

（a）顺序阀（关闭状态与开启状态）　　　　　（b）顺序阀符号

图 9-55　顺序阀

顺序阀一般很少单独使用，往往与单向阀配合在一起，构成单向顺序阀。图 9-56 所示为单向顺序阀的工作原理图。当压缩空气由左端进入阀腔后，作用于活塞 3 上的气压

力超过压缩弹簧 3 上的力时，将活塞顶起，压缩空气经 A 输出，此时单向阀 4 在压差力及弹簧力的作用下处于关闭状态。反向流动时，输入侧变成排气口，输出侧压力将顶开单向阀 4 由 O 口排气。调节旋钮就可改变单向顺序阀的开启压力，以便在不同的开启压力下，控制执行元件的顺序动作。

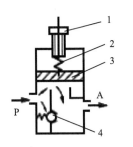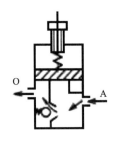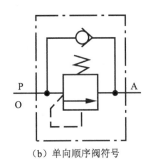

（a）单向顺序阀（关闭状态与开启状态）　　　　（b）单向顺序阀符号

图 9-56　单向顺序阀及其符号

1.调节手柄；2.弹簧；3.活塞；4.单向阀

3）安全阀

为了防止气动装置和设备及管道等被破坏，所有气动回路或贮气罐当压力超过允许的压力值时，需要实现自动向外排气直到气压低于最高限制压力，这种压力控制阀称为安全阀（溢流阀）。安全阀在系统中起过载保护作用。

图 9-57 是安全阀工作原理图。当系统中气体压力在调定范围内时，作用在活塞 3 上的压力小于弹簧 2 的力，活塞处于关闭状态。当系统压力升高，作用在活塞 3 上的压力大于弹簧的预定压力时，活塞 3 向上移动，阀门开启排气。直到系统压力降到调定范围以下，活塞又重新关闭。开启压力的大小与弹簧的预压量有关。

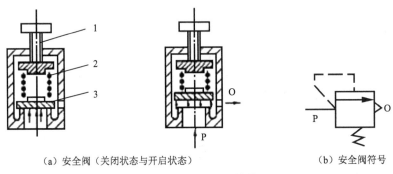

（a）安全阀（关闭状态与开启状态）　　　　　　（b）安全阀符号

图 9-57　安全阀及其符号

9.7.3　流量控制阀

流量控制阀通过改变阀的通流面积来调节压缩空气的流量，进而控制气缸的运动速度、换向阀的切换时间和气动信号的传递速度。流量控制阀包括节流阀、单向节流阀、排气节流阀和快速排气阀。

节流阀和单向节流阀的工作原理和液压中同型阀相同。如图 9-58 所示，压缩空气由

P 口进入，经过节流后，由 A 口流出，旋转阀芯螺杆可以改变节流口的开度，这种节流阀的结构简单、体积小、应用广泛。如图 9-59 所示，单向节流阀由单向阀和节流阀并联而成，气流沿一个方向经过节流阀节流（P→A），而反方向单向阀打开，不节流（A→P）。单向节流阀常用于气缸的调速和延时回路中。

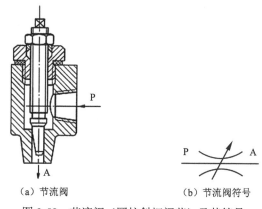

（a）节流阀 （b）节流阀符号

图 9-58 节流阀（圆柱斜切阀芯）及其符号

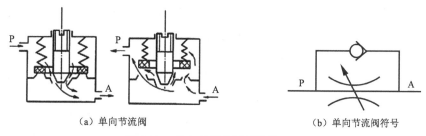

（a）单向节流阀 （b）单向节流阀符号

图 9-59 单向节流阀及其符号

排气节流阀是装在执行元件的排气口处，不仅能调节执行元件的运动速度，还常带有消声器，所以也能起降低排气噪声的作用，旋转阀芯螺杆可以改变排气流量，如图 9-60 所示。需要注意的是，通过液压实现流量控制气缸内活塞的运动速度比采用气压控制容易，特别在极低速控制中；另外，在外部负载变化很大时，仅用气动流量阀也不能达到满意的调速效果，为提高其运动平稳性，建议采用气液联动。

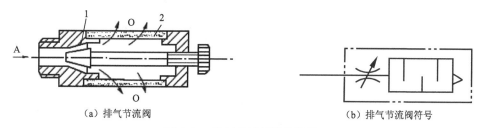

（a）排气节流阀 （b）排气节流阀符号

图 9-60 排气节流阀及其符号

快速排气阀常安装在换向阀和气缸之间，它使气缸排气不用通过换向阀而快速排出，从而加快气缸往复的运动速度，缩短了工作时间。如图 9-61 所示，进气口 P 进入压缩空气，并将密封活塞迅速上推，开启阀口 2，同时关闭排气口 O，使进气口 P 与工作口 A 相通，而没有压缩空气时，在进气口 P 与工作口 A 压差作用下，密封活塞迅速下降，关闭 P 口，使 A 口通过 O 口快速排气。

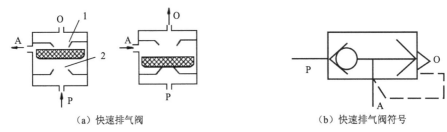

（a）快速排气阀　　　　　　　　　　　　（b）快速排气阀符号

图 9-61　快速排气阀及其符号

9.7.4　气动阀门定位器

阀门定位器是气动调节阀的关键附件之一，其作用是把调节装置输出的电气信号变成驱动调节阀动作的气压信号，以压缩空气或氮气为工作气源来控制阀门的开度大小，起阀门定位的作用。它具有阀门定位功能，既克服阀杆摩擦力，又可以克服因介质压力变化而引起的不平衡力，从而能够使阀门快速的跟随，并对应于调节器输出的控制信号，实现调节阀快速定位，提升其调节品质。

如图 9-62 所示，当输入信号增大时，即信号增加时，力矩马达产生电磁场，挡板受电磁场力远离喷嘴。喷嘴和挡板间距变大，排出先导阀内部的线轴上方气压。受其影响，线轴向右边移动，推动挡住底座的阀芯，气压通过底座输入到执行机构。随着执行机构气室内部压力增加，执行机构推杆下降，通过反馈杆把执行机构推杆的位移变化传达到滑板。这个位移变化又传达到量程反馈杆，拉动量程弹簧。当量程弹簧和力矩马达的力保持平衡时，挡板回到原位，减小与喷嘴间距。随着通过喷嘴排出空气量的减少，线轴上方气压增加。线轴回到原位，阀芯重新堵住底座，停止气压输入到执行机构。当执行机构的运动停止时，定位器保持稳定状态。图 9-63 是阀门定位器实物图。

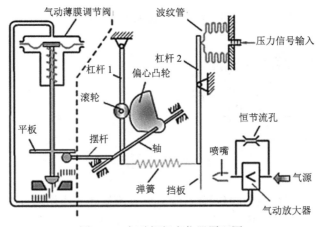

图 9-62　气动阀门定位器原理图

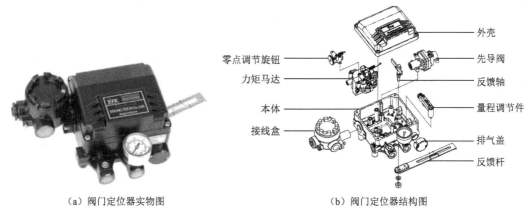

（a）阀门定位器实物图　　　　　　　　　　　　（b）阀门定位器结构图

图 9-63　电-气阀门定位器

由此可以看出，气动阀门定位器按力矩平衡原理工作，它将阀杆位移信号作为输入的反馈测量信号，以控制器输出信号作为设定信号，进行比较，当两者有偏差时，改变其到执行机构的输出信号，使执行机构动作，建立了阀杆位移与控制器输出信号之间一一对应的关系。因此，阀门定位器组成以阀杆位移为测量信号，以控制器输出为设定信号的反馈控制系统。该控制系统的操纵变量是阀门定位器执行机构的输出信号。

9.7.5　气动逻辑元件

1. 气动逻辑元件的特点与分类

气动设备在工作时不仅要求执行机构对外输出功率，而且要求执行机构按一定规律协调工作，实现这一要求需要气动逻辑元件。所谓"逻辑"指用"1"和"0"表示两个对立的状态或动作，如表示气缸进退、管道有无压力、元件有无输出。一个气动系统可以用若干个逻辑表达式表达，气动逻辑控制系统始终遵循布尔代数的运算规律。气动元件自 20 世纪 60 年代以来经历了三代。

第一代为滑阀式元件。可动部件是可以阀孔中移动的滑柱，利用空气轴承的原理，反应速度快，但要求制造精度高。

第二代为注塑型元件。可动部件为橡胶塑料膜片，结构简单，成本低，适于大量生产。

第三代为集成化组合元件。综合利用磁、电控制，便于组成通用程序回路或与电气-电子控制器匹配。

气动逻辑元件是采用压缩空气为介质，通过元件的可动部件——膜片、阀芯在气控信号的作用下动作，改变气流方向，以实现一定逻辑功能的气动控制元件，也称逻辑阀。实际上气动方向控制阀也具有逻辑元件的功能，与逻辑阀不同的是，它的尺寸大、功率大。

气动逻辑元件由于通孔较大，抗污染能力较强，对气源的洁净度要求较低。元件在完成切换动作后，能切断气源与排气孔间的通道，无功耗，用气量较少。元件输入阻抗很大，所以承受负载能力强。元件的响应时间一般在毫秒级。气动逻辑元件的适应能力强，可在各种恶劣条件下工作，但不能在强冲击和强振动条件下工作。

气动逻辑元件一般按下面三种方式分类。

（1）按工作压力分：高压型（0.2～0.8 MPa）、低压型（0.05～0.2 MPa）、微压型（0.005～0.05 MPa）。高压型逻辑元件输出功率较大，气源要求净化程度不高；低压型逻辑元件用于气动仪表配套的控制系统；微压型逻辑元件用于与射流系统、气动传感器配套系统。

（2）按结构形式分：截止式（气路的通断依赖于可动件端面与气嘴构成的气口的开闭）、滑柱/块式（气路的通断依赖于滑块的移动实现气口的开闭）、膜片式（气路的通断依赖于弹性膜片的变形实现气口的开闭）。

（3）按逻辑功能分：单功能元件（单一功能——与、或、非、双稳）、多功能元件（不同的连接方式实现不同的功能）。

2. 常用高压截止式气动逻辑元件

高压截止式气动逻辑元件应用最多，它是依靠控制气压信号推动阀芯或通过膜片的变形推动阀芯动作，从而改变气流的流动方向。这类元件行程小，流量大，工作压力高，对气源洁净度要求低，也便于实现集成安装与拆卸。

1）"是门""与门"元件

图 9-64 为是门和与门元件。在 A 口接信号，S 为输出口，中间孔接气源 P 情况下，元件为是门。在 A 口没有信号的情况下，由于弹簧力的作用，阀口处在关闭状态；当 A 口接入控制信号后，气流的压力作用在膜片上，压下阀芯导通 P、S 通道，S 有输出。指示活塞 8 可以显示 S 有无输出；手动按钮 7 用于手动发讯。若中间孔不接气源 P 而接信号 B，则元件为与门。也就是说，只有 A、B 同时有信号时 S 口才有输出。

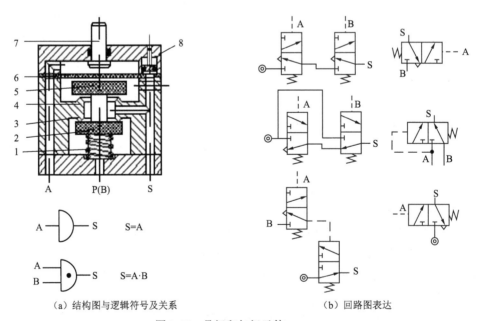

（a）结构图与逻辑符号及关系　（b）回路图表达

图 9-64　是门和与门元件

1.弹簧；2.下密封阀芯；3.下截止阀座；4.上截止阀座；5.上密封阀芯；6.膜片；7.手动按钮；8.指示活塞

2）"或门"元件

图 9-65 为或门元件。A、B 为元件的信号输入口，S 为信号的输出口。气流的流通关系是：A、B 口任意一个有信号或同时有信号，则 S 口有信号输出。

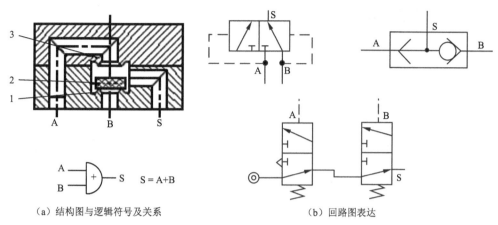

（a）结构图与逻辑符号及关系　　　　　　　（b）回路图表达

图 9-65　或门元件

1.下阀座；2.阀芯；3.上阀座

3）"非门"与"禁门"元件

图 9-66 为非门和禁门元件。在 P 口接气源，A 口接信号，S 为输出口情况下元件为非门。在 A 口没有信号的情况下，气源压力 P 将阀芯推离截止阀座 1，S 有信号输出；当 A 口有信号时，信号压力通过膜片把阀芯压在截止阀座 1 上，关断 P、S 通路，这时 S 没有信号。在 A 口无信号而 B 口有信号时，S 有输出。A 信号对 B 信号起禁止作用。

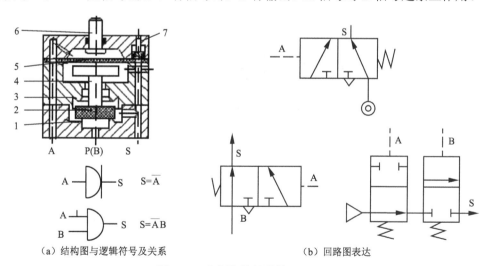

（a）结构图与逻辑符号及关系　　　　　　　（b）回路图表达

图 9-66　非门和禁门元件

1.下截止阀座；2.密封阀芯；3.上截止阀座；4.阀芯；5.膜片；6.手动按钮；7.指示活塞

4）"或非门"元件——多功能逻辑器件

图 9-67 是或非门元件，它是在非门元件的基础上增加了两个输入端，即具有 A、B、C 三个信号输入端。在三个输入端都没有信号时，P、S 导通，S 有输出信号。当存在任

何一个输入信号时，元件都没有输出。或非元件是一种多功能逻辑元件，可以实现是门、或门、与门、非门或记忆等逻辑功能。

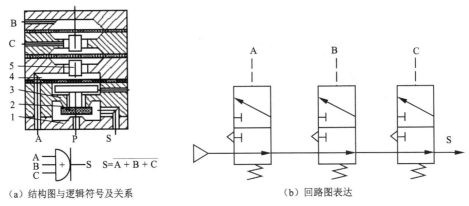

（a）结构图与逻辑符号及关系　　　　　　　　（b）回路图表达

图 9-67　或非门元件

1.下截止阀座；2.密封阀芯；3.上截止阀座；4.膜片；5.阀柱

5）"双稳"元件——双记忆器件

图 9-68 为双稳元件，属于记忆型元件，在逻辑线路中具有重要的作用。当 A 有信号输入时，阀芯移动到右端极限位置，由于滑块的分隔作用，P 口的压缩空气通过 S_1 输出，S_2 与排气口 T 相通；在 A 信号消失后 B 信号到来前，阀芯保持在右端位置，S_1 总有输出；当 B 有信号输入时，阀芯移动到左端极限位置，P 口的压缩空气通过 S_2 输出，S_1 与排气口 T 相通；在 B 信号消失后 A 信号到来前，阀芯保持在左端位置，S_2 总有输出；这里，两个输入信号不能同时存在。

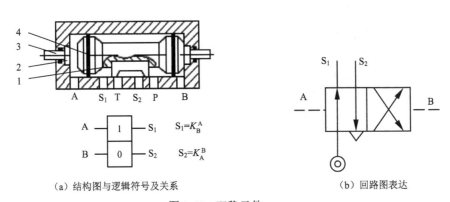

$$S_1 = K_B^A$$

$$S_2 = K_A^B$$

（a）结构图与逻辑符号及关系　　　　　　　　（b）回路图表达

图 9-68　双稳元件

1.滑块；2.阀芯；3.手动按钮；4.密封圈

6）"单稳"元件——单记忆器件

图 9-69 为单记忆元件，此元件对 A 信号有记忆功能，使气源 P 由 S 输出。当 A 信号输入，膜片 1 使阀芯 2 上移，小活塞 4 顶开气源通道，关闭排气排气口，使 S 输出，如果此时 A 信号撤销，膜片 1 复位，阀芯 2 在输出端的压力下仍保持在上面的位置，S 仍有输出。当 B 信号输入时，膜片 3 使阀芯 2 下移，打开排气孔，小活塞 4 下移切断气

源，S 无输出。对 A、B 不可同时有信号。

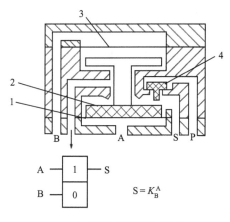 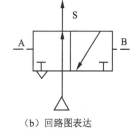

（a）结构图与逻辑符号及关系　　　　　（b）回路图表达

$$S = K_B^A$$

图 9-69　单记忆元件

1.膜片；2.阀芯；3.膜片；4.活塞

3. 高压膜片式气动逻辑元件

高压膜片式气动逻辑元件是利用膜片式阀芯的变形来实现其逻辑功能的，它有三门和四门这两个基本元件，由它们也可构成逻辑回路中常用的或门、与门、非门、记忆元件等。

1）三门元件

图 9-70 为三门元件（元件共有三个口）。它由上、下气室及膜片组成，下气室有输入口 A 和输出口 S，上气室有一个输入口 B，膜片将上、下两个气室隔开，A 口接气源（输入），S 口为输出口，B 口接控制信号。若 B 口无控制信号，则 A 口输入的气流顶开膜片从 S 口输出，如图 9-70（a）①；如 S 口接大气，若 A 口和 B 口输入相等的压力，由于膜片两边作用面积不同，受力不等，S 口通道被封闭，A、S 气路不通，如图 9-70（a）②；若 S 口封闭，A、B 口通入相等的压力信号，膜片受力平衡，无输出，图 9-70（a）③。但在 S 口接负载时，三门的关断是有条件的，即 S 口降压或 B 口升压才能保证可靠地关断。利用这个压力差作用的原理，关闭或开启元件的通道，可组成各种逻辑元件。

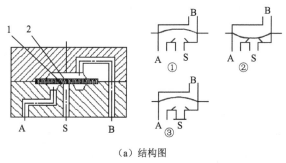 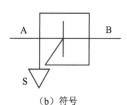

（a）结构图　　　　　　　　　　　　　　　（b）符号

图 9-70　三门元件

1.截止阀口；2.膜片

2）四门元件

图 9-71 为四门元件（元件共有四个口）。膜片将元件分成上、下两个气室，上气室有输入口 A 和输出口 B，下气室有输入口 C 和输出口 D。四门元件是一个压力比较元件，即膜片两侧都有压力且压力不相等时，压力小的一侧通道被断开，压力高的一侧通道被导通；若膜片两侧气压相等，则要看哪一通道的气流先到达气室. 先到者通过，迟到者不能通过。

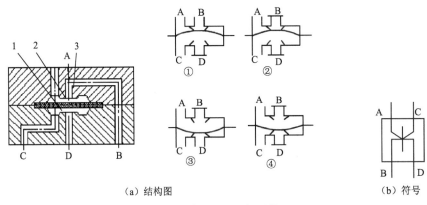

（a）结构图　　　　　　　　（b）符号

图 9-71　四门元件

1.下阀止阀口；2.膜片；3.上截止阀口

当 A、C 口同时接气源，B 口通大气，D 口封闭时，则 D 口有气无流量，B 口关闭无输出，如图 9-71（a）①，此时若封闭 B 口，情况与上述状态相同，如图 9-71（a）②，再放开 D，则 C 至 D 气体流动，放空，下气室压力很小，膜片上气室气体由 A 输入，为气源压力，膜片下移，关闭 D 口，则 D 无气，B 有气但无流量，如图 9-71（a）③，同理，此时再将 D 封闭，元件仍保持这一状态，如图 9-71（a）④。

4. 气动逻辑元件的选用

要根据需要与各种气动逻辑元件的特点选择合适的气动逻辑元件。同时还应注意以下事项：

（1）气动逻辑控制系统所用气源的压力变化必须保障逻辑元件正常工作需要的气压范围和输出端切换时所需的切换压力，逻辑元件的输出流量和响应时间等在设计系统时可根据系统要求参照有关资料选取。

（2）无论采用截止式或膜片式高压逻辑元件，都要尽量将元件集中布置，以便集中管理。

（3）逻辑元件的响应时间较短，一般在 10 ms 以下，但气压信号在管道中传输延时往往是此时间的数倍，而传输速度取决于管道内径、长度和两端的压差，所以信号的发出点（如行程开关）与接收点（如元件）之间，不能相距太远，一般不超过几十米。

（4）当逻辑元件要相互串联时一定要有足够的流量，否则可能无力推动下一级元件。

（5）逻辑元件的带载能力有限，必要时可增加是门进行压力恢复。

（6）主控回路中气缸大气容会造成延迟，必要时采用是门隔离和增加流量放大元件。

（7）对于有橡胶可动元件，必须与需要润滑的气动系统分开，以避免橡胶件的污损。

（8）气源压力的波动一般可达 20%，如果这种波动频繁，会影响系统的正常工作，所以在一些场合，需要控制气源压力波动。

（9）当气动回路中发现逻辑元件损坏时，一般应及时更换，即使修好，也容易出现误动作。

另外，尽管高压逻辑元件对气源过滤要求不高．但最好使用过滤后的气源，一定不要使加入油雾的气源进入逻辑元件。

9.7.6　真空控制元件

1. 真空用气阀

真空用气阀主要包含减压阀、换向阀、节流阀和单向阀等。减压阀用于调控真空发生器中的气压大小。一般在真空回路中的换向阀有供给阀、真空破坏阀、真空切换阀和真空选择阀等，其中供给阀常设置于压力管路中，以供给真空发生器压缩空气，而真空破坏阀、真空切换阀、真空选择阀设置于真空回路中，故必须选用可以在真空压力下工作的换向阀。节流阀用于控制真空破坏的快慢，通常情况下，为了保护真空压力开关和抽吸过滤器，节流阀的出口压力应不高于 0.5 MPa。单向阀对于真空吸盘的使用有辅助作用，一方面，当供给阀停止供气时，利用单向阀可保持吸盘内的真空压力不变；另一方面，当系统突然处于断电状态时，采用单向阀可延缓被吸吊物脱落的时间，以便及时采取安全对策，通常选用流通能力大、启动电压低的单向阀。

以图 9-72 所示的真空减压阀为例说明工作原理图。真空口接真空泵，输出口接负载用的真空罐。当真空泵工作后，真空口压力降低。顺时针旋转手轮 3，设定弹簧 4 被拉伸，膜片 1 上移，从而带动气阀 2 抬起，使供气口 7 打开，输出口与真空口接通。输出真空压力通过反馈孔 6 作用于膜片下腔。通过改变气阀 2 的开度大小来控制吸入流量。

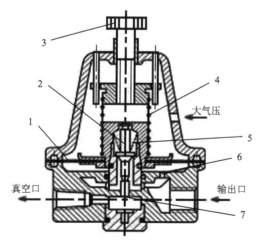

图 9-72　真空减压阀工作原理图

1.膜片；2.供气阀；3.手轮；4.设定弹簧；5.复位弹簧；6.反馈孔；7.供气口

2. 真空压力开关

真空压力开关是用于检测真空压力的开关。当真空压力未达设定值时，开关断开；当真空压力达到设定值时，开关接通，发出信号，指挥真空吸附机构动作。真空开关可对真空系统的真空度进行控制、确认是否存在工件、确认工件吸着或脱离状态。

图 9-73 为小孔口吸着确认型真空压力开关的外形，它与吸着孔口的连接方式如图 9-74 所示。

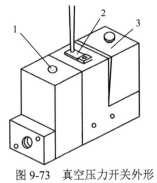

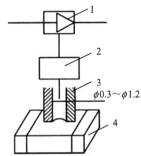

图 9-73　真空压力开关外形　　　　　　　图 9-74　吸着孔口连接

1.调节用针阀；2.指示灯；3.抽吸过滤器　　1.真空发生器；2.吸着确认开关；3.着孔；4.毫米级工件

9.8　液压与气动辅助装置

液压与气动的辅助元件对系统工作的稳定性、工作效率、使用寿命、噪声和温升等影响很大，应给予应有的重视。

9.8.1　密封元件

在液压与气动系统中，为防止介质的泄漏及外界尘埃或异物侵入，必须装备密封装置和密封元件。密封装置的可靠性和使用寿命是衡量系统好坏的一个重要指标，但要注意，有些场合密封并非越严越好。根据两个需要密封的偶合面在机器运转时有无相对运动，将其分为静密封和动密封。前者有 O 形密封圈、组合密封垫圈、金属密封垫圈、密封胶；后者分接触式密封和非接触式密封，接触式密封有 O 形密封圈、V/Y 形密封圈、活塞环、机械密封件、油封件、防尘圈。非接触式密封有迷宫密封和动力密封等。接触式密封的性能较好，但受摩擦和磨损限制，适于密封面线速度较低的场合；非接触式密封中迷宫密封的性能较差，而动力密封的密封性较好，适用于密封面线速度较高的场合。

9.8.2　液压辅助元件

1. 滤油器

液压介质污染将导致液压系统故障，所以需要引入滤油器过滤分离悬浮在液压介

质中污染微料。常用的滤油器有网式、线隙式、纸质、磁性、烧结式。滤油器的结构
和符号如图 9-75 所示。

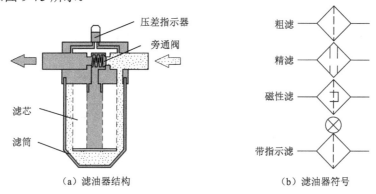

（a）滤油器结构　　　　　　　　　　（b）滤油器符号

图 9-75　滤油器结构和符号

2. 油箱

任何液压系统中均有油箱，它不仅贮存油液，而且有散热、沉淀油中杂质、分离油中
空气的功能。油箱分为开式和闭式，闭式又分为隔离式和充气式（压力）。开式油箱与大
气相通，应用最普遍；闭式油箱始终不与大气直接接触。隔离式油箱在避免尘埃混入油液
的同时，要保持液面上的压力是大气压力，适用于粉尘较严重的场合；充气式油箱则使
用压缩空气保持液面 0.05～0.15 MPa 的压力，通常需要增高安全阀，适用于水下作业。

3. 蓄能器

蓄能器是液压系统中用于储存压力能的装置，用于间歇需要大量油液的液压系统，
也应用于需要吸收压力脉动及减小液压冲击的系统。蓄能器有重锤式、弹簧式和充气式
等多种类型，其中常用的是充气式中的活塞式蓄能器和气囊式蓄能器。气囊式蓄能器是
目前最广泛使用的一种，它的结构图与符号如图 9-76 所示。

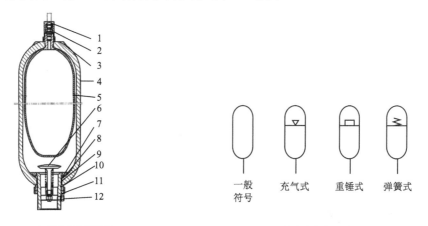

（a）气囊式蓄能器结构　　　　　　　　　（b）气囊式蓄能器符号

图 9-76　气囊式蓄能器结构和符号

1.阀防护罩；2.充气阀；3.止动螺母；4.壳体；5.胶囊；6.菌形阀；7.橡胶托环；
8.支承环；9.密封环；10.压环；11.阀体座；12.螺堵

4．油液热交换器

液压系统中油液的工作温度一般在 40～60℃比较合适，所以为控制油液温度，在油箱上配有热交换器。热交换器包括冷却器和加热器，如图 9-77 所示。

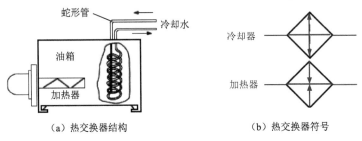

（a）热交换器结构　　　　　　　　　（b）热交换器符号

图 9-77　热交换器结构和符号

5．油管和管接头

油管和管接头用于连接液压回路，保证工作油液的循环和能理传递。常用的油管有钢管、紫铜管、橡胶软件管、耐油塑料管、尼龙管等。接头有焊接管接头、卡套式管接头、扩口式接口、软管接头、快速接头、法兰式管接头。油管安装时尽量缩短管路，避免过多交叉，弯曲部分保持圆滑，接着要求"横平竖直"，不要有倾角，连接处要留有胀缩余地。

9.8.3　气动辅助元件

气动辅助元件通常包括热冷却器、油水分离器、干燥器、贮气缸和送气管道、油雾器（将润滑油雾化经压缩空气携带入系统中各润滑部位）、消声器、各种转换器（电-气、气-电、气-液等）。相关的符号如图 9-78 和图 9-79 所示。

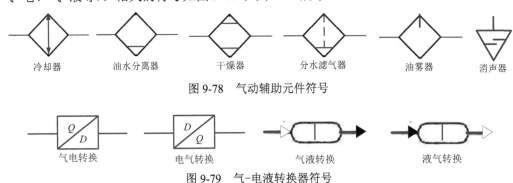

冷却器　　　油水分离器　　　干燥器　　　分水滤气器　　　油雾器　　　消声器

图 9-78　气动辅助元件符号

气电转换　　　　电气转换　　　　气液转换　　　　液气转换

图 9-79　气-电液转换器符号

9.8.4　真空辅助元件

常用到的其他真空元件还有真空过滤器、真空计、真空用气缸、真空处理元件和管道及管道接头等，如图 9-80 所示。

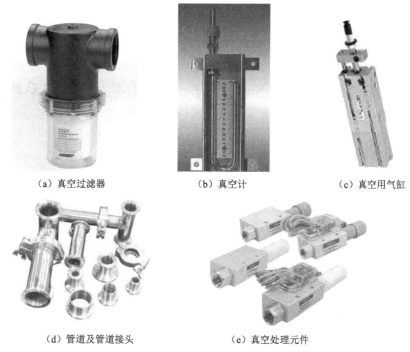

（a）真空过滤器 （b）真空计 （c）真空用气缸

（d）管道及管道接头 （e）真空处理元件

图 9-80 其他真空元件

9.9 小 结

流体传动是以流体为工作介质，利用密闭系统中的受压流体传递运动和动力的一种传动方式。流体传动与机械传动及电传动相比，能量使用效率较低，还将引起发热等各种不良的后果。在某些特定的场合，流体传动是无法取代的，因此，为了改进这些问题，引入自动化学科相关技术，实现机电一体化，同时也使得流体相关学科在系统设计、控制、故障诊断、虚拟仿真都取得很大的进步。目前，多功能集成电液元件、具有数字接口的电液元件和检测元件得到快速的发展。由于内置电子线路及串行通讯总线技术的发展，在一些大型现代化的电液系统，如冶金、大型矿山机械及工程机械中，泵、马达、阀等元器件装有各种必要的传感器和两路数据连接器，不仅可实现各种功能的控制。还可实现各种元件状态的监测。本章相关的内容将在"液压与气动技术及系统"课程中展开，即使不再详细学习这些课程，通过本章掌握一些基本的液压与气动方面的知识对于自动化与电气控制系统的构建也是大有裨益的。

第10章 电气、液压、气动基本控制系统

10.1 引　言

一般，机电设备（如机床）由机械、电气/液压/气动、控制三大部分组成，电气/液压/气动与控制使电能/液压能/气压能换成机械能，实现机械部分的自动运转。本章介绍电气、液压、气动基本控制系统。

10.2　电气传动控制系统的概念与考虑的问题

电气控制系统通常由电器、电动机、导线、控制器有机连接构成。传统的电气控制系统只由主电路和辅助控制电路组成，主电路为电动机提供电力和保护线路较简单且比较典型，辅助控制电路根据实现功能确定，有的简单，有的复杂。采用数字式（微计算机）控制器的系统一般是比较复杂或先进的自动化系统。机电设备各不相同，加工工艺也各有不同，但是电气控制系统的设计原则和设计方法却基本相同。

三相异步电动机具有可靠性高、价格低廉和便于维护等优点，在机电设备中应用最为广泛，因此本章将以三相异步电动机作为驱动部件，重点介绍基于继电器-接触器的电气控制系统，为此需要考虑：

（1）根据现实需要，如何选择电机与电器的型号与参数？

（2）主电路如何设计，需要引入什么样的保护？

（3）为实现特定的功能，如何设计辅助控制电路？

10.3　电气传动控制系统的选型问题

针对一个实际的工况，为了防止出现"大马拉小车"或"小马拉大车"情况，需要通过适当计算与比较选择电气控制系统中电机与电器的参数，才能使设计的控制系统满足特定工况需要。在进行选型时要参考第7章关于各低压电器与电机的特点。

例 10-1　长期工作的某转台需要额定输入转矩为 $14.6\,\mathrm{N\cdot m}$，要求转速 $n_N=1440\,\mathrm{r/min}$，试为此转台选择一台三相异步电动机，要求功率因数达到 0.81 以上，效率达到 86.7% 以上，并对其主电路和辅助电路所需要的低压电器进行选型。

解　考虑转速为 n_N=1440 r/min，说明选用的异步电动机的磁场转速为 1500 r/min，故其磁极对数为 2。同时，由题要求电机的额定功率达到

$$P_N = 2\pi \cdot \frac{n_N}{60} T_N = 2\pi \cdot \frac{1440}{60} \cdot 14.6 \approx 2.2(\text{kW})$$

设三相异步电动机额定电压 $U_N = 380\text{V}$，功率因数取 $\cos\varphi_N$ =0.81，效率取 η=0.867，则其额定是电流为 $I_N = 4.75\text{A}$。由此选择异步电动机型号可以是 YE3-100L1-4，它的标注数据为额定功率 2.2 kW，额定电流 4.8 A，转速 1440 r/mim，效率 86.7，功率因数 0.81，额定转矩 14.6 N·m，启动转矩是额定转矩的 2.3 倍，启动电流是额定电流的 7.6 倍，最大转矩是额定转矩的 2.3 倍。

构成电气控制系统需要选择接触器、刀开关、熔断器和热继电器的型号。在主电路中同时采用熔断器和热继电器进行保护，它们的作用是对线路或设备同时进行保护，前者针对线路过载或短路进行保护，后者则对设备过载进行保护。

1）主电路中接触器 KM 型号的选择

（1）根据接触器控制的负载性质，选择交流接触器；

（2）电动机额定电压为 380 V，故接触器主触头额定电压选为 AC380 V；

（3）这里的电机是长期工作的，故以一般接触器额定电流选择在 1.5～2.5 倍电动机额定电流（这里是 4.8 A）即可，即 7.2～12 A，不过有时也考虑电动机起动电流较大（这里是额定电流的 7.6 倍），接触器额定电流等级选择也可以放大到 40 A（实际上，接触器在设计时已考虑了能够承受起动电流的冲击，故一般不用考虑起动电流的影响）。

故可以选择型号为 CJ10-40 的交流接触器。

2）刀开关 QS 的选择

（1）首先确定选择单投刀开关 HD 系列；

（2）额定电流为 40 A，大多数 HD 系列的刀开关额定电流达到 100 A，满足要求；

（3）确定带有中央手柄；

（4）带有灭弧罩，可以选择型号为 HD11-100/31 的刀开关。

3）主电路中熔断器的选择

（1）电动机功率为 2.2 kW，容量不大，故可选用 RL 系列熔断器，用于过载及短路保护；

（2）考虑本题中单台电动机长期工作，熔断器的熔体电流可以选负载额定电流的 1.5～2.5 倍以上，不用考虑起动电流，故熔体额定电流应大于 7.2～12 A。

综上分析：选择型号为 RL1-60 的熔断器，其熔断器额定电流为 60 A，放上 15 A 的熔体，可满足要求。

4）辅助电路中熔断器的选择

控制电路中的电流较小，可用 RC1A-5（熔体额定电流 2A）型号的熔断器。

5）热继电器 FR 的选择

例 10-1 中电动机长期工作，一般可选用热继电器的额定电流大于电动机的额定电流，这里选择 20 A，可忽略启动瞬时电流的影响，其热元件整定值选择 4.8 A 即可。故可选择型号为 JR26-20/3D 的热继电器。

10.4　三相异步电动机常用典型控制电路

本节给出直接启动控制、降压启动控制和制动控制的典型电路。复杂的电气控制系统通常是在这些典型控制电路的基础上进行修改、完善和综合而得到的。

10.4.1　三相异步电动机直接启动控制

根据经验，当三相异步电动机可以直接启动的条件是

$$\frac{I_{st}}{I_N} \leqslant \frac{3}{4} + \frac{S}{4P} \qquad (10\text{-}1)$$

其中，I_N 是电动机额定电流，I_{st} 是全压启动电流，S 是电源容量（kVA），P 是电动机功率（kVA）。

1. 点动控制

图 10-1 为三相异步电动机的点动控制电路原理图。

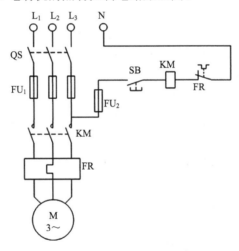

图 10-1　点动控制电路原理图

点动控制电路的工作原理是：首先合上三相刀开关 QS，为电动机的启动做好准备。按下启动按钮 SB，交流接触器 KM 线圈通电，其常开主触头闭合，电动机通电启动运行；松开按钮，KM 线圈失电，主触头断开复位，电动机 M 断电停车，实现了一点就动、松手就停的控制过程。

2. 单向直接起停控制

单向直接起停要求按下启动控制按钮后，电动机单方向持续运转，要使电机停车，按下停止按钮即可，如图 10-2 所示。图中在启动按钮 SB_2 的左边并联了一个交流接触器 KM 的常开辅助触点，以保证启动后 KM 线圈持续带电，电机持续运转，这种作用称为自锁，

SB_2 右方的 KM 常开辅助触点称为自锁触点。要使电机停车，按下停止按钮 SB_1 即可。

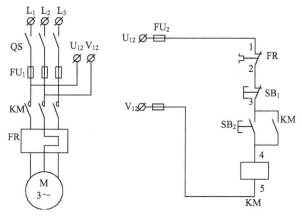

图 10-2　单向直接起停控制电路电气原理图

如果对图 10-2 进行修改，使其具有点动、启动和停止功能，该如何做呢？下面介绍两种方案：

（1）加入联动开关：如图 10-3（a）所示，在 2-4 端并上一个常开操作按钮，同时在自锁支路上串一个与该常开按钮联锁的常闭按钮就可以实现单向直接点动、起停控制。SB 按钮实现点动，SB_2 按钮实现单向连续运行，SB_1 按钮实现停止。

（2）利用中间继电器实现点动：如图 10-3（b）所示，SB_3 按钮实现单向连续运行，SB_2 按钮实现点动，SB_1 按钮实现停止。

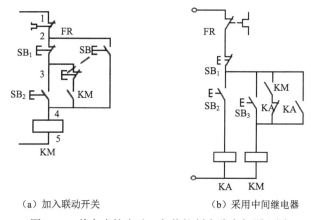

（a）加入联动开关　　　　　　（b）采用中间继电器

图 10-3　单向直接点动、起停控制电路电气原理图

3. 多地点控制

实际生产中，有很多需要用到两个或两个以上地点进行控制操作的。例如，电梯在梯厢内能在里面控制，在任意一楼层的楼道上也能控制，因此，需要多组按钮控制。多组按钮的连接原则：各地点启动按钮的常开触点并联，各停车按钮的常闭触点串联。图 10-4 是实现两地控制的线路，根据这一原则可推广于更多地点的控制。

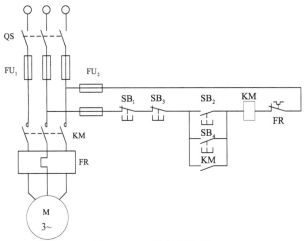

图 10-4　两地控制线路

4. 联锁控制

自动生产线由许多运动部件组成，不同运动部件之间有联系又互相制约，特别是电机的运转有先后顺序，实现这种控制称为联锁。例如，车床的主轴（由主拖动电机出力）必须在油泵电动机启动后，并使齿轮箱有充分的润滑油后才能启动等。如图 10-5（a）所示为主电路。辅助电路如图 10-5（b）所示，联锁控制是将油泵电动机接触器 KM_1 的常开触头串入主拖动电动机接触器 KM_2 的线圈电路中实现的，只有当 KM_1 先启动，KM_2 才能启动。图 10-5（c）所示为一种改进的联锁控制，这种接法可以省去 KM_1 的常开触头，使线路得到简化。

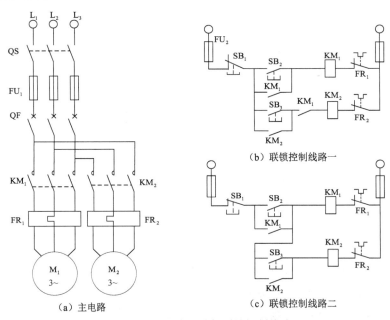

图 10-5　三相异步电动机联锁控制线路

5. 正、反转控制

　　机械设备左右、前后、上下的移动，均涉及电动机的正反转。要使三相异步电动机由正转变为反转，只需将接入的三相电源的任意两根相线对调位置即可。因此，需要有两个交流接触器 KM_2、KM_1，分别控制电动机的正、反转，负责对调前后的接线方式，引入的操作按钮与停止按钮提供了人机接口。

　　主电路如图 10-6（a）所示。显然，KM_1、KM_2 这两组主触点不能同时闭合，否则会造成主电路电源短路。即要求 KM_1、KM_2 这两个接触器不能同时带电，在任意时刻都只能有一个接触器线圈带电，这种功能称为互锁功能。在直接起停控制电路的基础上进行改进，得到如图 10-6（b）所示的电机正反转控制电路原理图。为了使两接触器不能同时工作，只需将两接触器的常闭触点互相串入对方的线圈电路中即可。图中在 KM_1 线圈回路中串入了 KM_2 的常闭辅助触点，在 KM_2 线圈回路中串入了 KM_1 的常闭辅助触点，这两个常闭触点起互锁作用。图 10-6（b）所示控制电路有一缺陷，就是当 KM_1 线圈得电，电机处于正转过程中，要切换到反转即 KM_2 线圈得电，必须首先按下停止按钮 SB 使 KM_1 线圈断电使其触点复位，然后再按反转启动按钮 SB_2，KM_2 线圈得电，电机才能反转，这样操作上不方便。为了直接切换，控制电路中除了有电气互锁外，还需加机械按钮互锁，得其控制电路如图 10-6（c）所示。

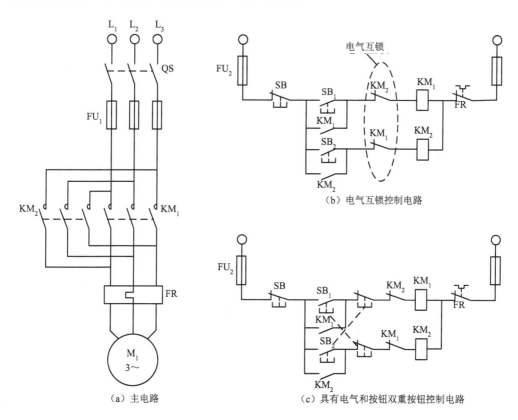

图 10-6　电动机正反转控制电路原理图

6. 行程控制

行程控制的对象是往返运行的工作台，如图 10-7 所示。在电动机正、反转控制电路的基础上，添加行程开关及时间继电器可构成自动循环控制电路。其中 SQ_1 是反向变正向行程开关，一般用复合开关；SQ_2 是正向变反向行程开关；SQ_3 是反向极限行程开关（常闭），超过就断开，避免事故；SQ_4 是正向极限行程开关（常闭），超过就断开，避免事故。

图 10-7　往返运行的工作台

行程控制分为两类：单循环自动往返和全自动往返。图 10-8（a）所示为单循环自动往返控制电路原理图。首先合上三相刀开关 QS，为电动机启动做好准备。按下 SB_1，线圈 KM_1 得电，主触点 KM_1 闭合，接通电动机正转，当电动机带动刀架碰到行程开关 SQ_2 时，SQ_2 常闭触头断开，KM_1 线圈失电，电动机停止运行，同时接通时间继电器，延时时间到后，KT 常开触点闭合，线圈 KM_2 得电，接通反转线路电动机带动刀架退回直到碰到行程开关 SQ_1，SQ_1 常闭触头断开，电机停止运行。仿照"回行程"添加相应的延时继器和触点及行程开关，得到图 10-8（b）所示的全自动往返控制电路。

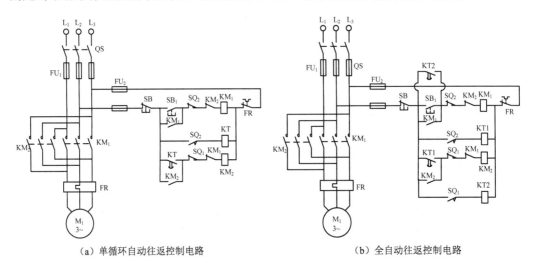

（a）单循环自动往返控制电路　　　　　　　（b）全自动往返控制电路

图 10-8　行程控制电路原理图

图 10-9 所示为含有极限开关情况下的全自动往返控制电路原理图，自行分析其工作过程。注意该电路的主要特点是电气互锁、按钮互锁、行程开关互锁、极限保护、正转支路和反转支路均有启动按钮。

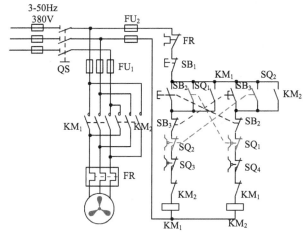

图 10-9　含有极限开关情况下的全自动往返控制电路原理图

10.4.2　三相异步电动机降压启动控制

全压启动即启动时加在电动机定子绕组上的电压为电动机的额定电压。降压启动即利用启动设备将电压适当降低后，加到电动机的定子绕组上进行启动，待电动机启动运转后，再使其电压恢复到额定电压正常运转。由于异步电动机直接启动的电流高达额定电流的 5～8（典型值 6）倍，如图 10-10 所示，其启动转矩为额定值的 0.8～2.2（典型值 1.25）倍。当启动频繁时，由于热量的积累，会使电动机过热。电动机启动电流近似与定子的电压成正比，因此要采用降低定子电压的办法来限制启动电流。同时，电动机过大的启动电流在短时间内会在线路上造成较大的电压降，从而使负载端的电压降低，影响邻近负载的正常工作。对于中、大功率电动机而言，必须降压启动；在因直接启动冲击电流过大而无法承受，并且对启动转矩要求不高的场合也应采用降压启动。

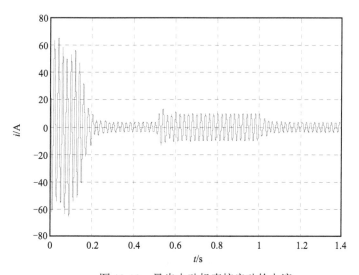

图 10-10　异步电动机直接启动的电流

全压启动与降压启动的原则：

（1）用电单位如有独立的变压器时，

①在电动机启动频繁时，它的容量小于变压器容量的20%时允许直接启动；

②如果电动机不经常启动，它的容量小于变压器容量的30%时允许直接启动。

（2）用电单位如果没有独立的变压器，电动机直接启动时所产生的电压降不应超过线路电压的5%。

（3）一般小容量的异步电动机，如10 kW以下的都是采用全压直接启动的。

异步电动机的降压启动分为5种类型，即Y-Δ降压启动、自耦降压启动、定子串电阻降压、延边三角启动和电子式软启动器。

1. Y-Δ降压启动控制

假设线电压为U_L，Y接法相电压为U_p，异步电动机的阻抗为Z，Δ接和Y接时，启动电流分别为

$$I_\Delta = \sqrt{3}U_L/Z = \sqrt{3}\sqrt{3}U_p/Z = 3U_p/Z, \quad I_Y = U_p/Z$$

由此，星形接启动电流是三角接的1/3。电动机额定转矩为

$$T_N = 60P_{2N}/2\pi n_N \approx 9.554 P_{2N}/n_N$$

故电动机转矩与功率成正比。而电动机功率与电流成正比，即

$$P_{2N} = \sqrt{3}U_N I_N \eta_N \cos\phi_N$$

所以启动电流为直接启动的1/3，启动转矩亦为直接启动的1/3。

图10-11为Y-Δ降压启动控制电路图。

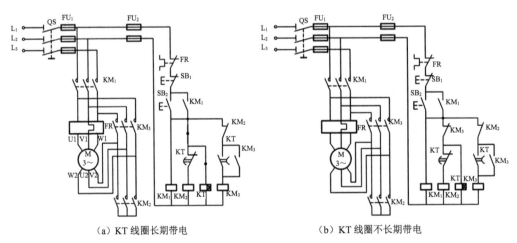

（a）KT线圈长期带电　　　　（b）KT线圈不长期带电

图10-11　Y-Δ降压启动控制一

降压启动原理如下：首先合上三相刀开关QS，为电动机启动做好准备。按下SB_2，线圈KM_1、KT、KM_2同时得电，主触点KM_1、KM_2闭合，接通电动机，在Y形连接下降压启动。经过整定的延时，KT常闭触点断开，线圈KM_2失电，主触点KM_2断开，解

除电动机 Y 形连接，KM_2 辅助互锁触点复位闭合，KT 常开触点经延时后闭合，线圈 KM_3 得电，主触点 KM_3 闭合，电动机换接成 Δ 形全压运行。显然在后续的正常工作过程中，时间继电器 KT 线圈长期带电。为此，在如图 10-11（a）中两个小黑圆点其中之一处串联常闭的 KM_3 辅助触点，得到图 10-11（b），线圈 KM_3 得电后，其辅助常闭触点断开，KT 线圈即失电。为防止电源相间短路，在接触器 KM_3 线圈启动电路中串接一个适量的电阻来延长接触器 KM_3 的吸合动作时间，从而错开 KM_2 主触点的燃弧时间。

　　上述电路中，KM_3 与 KM_2 是带电切换，容易产生电弧。为了保证 Y-Δ 换接是在断电条件下进行，可采用如图 10-12 所示控制电路。首先合上三相刀开关 QS，为电动机启动做好准备。按下 SB_2，线圈 KM_1、KT、KM_2 同时得电，KM_2 的辅助常闭触点断开，KM_1 的辅助常闭触点断开，KM_3 线圈断电，经过延时，KM_1 线圈首先断电，KM_3 通电，KM_2 断电，切换完毕后 KM_1 再通电，电动机在连接下正常运转，同时由于 KM_3 和 KM_3 通电致使继电器 KT 断电，使其正常工作时不带电。本线路的特点是在接触器 KM_1 断电的情况下进行 Y-Δ 换接，接触器 KM_2 的常开主触点在无电下断开，不发生电弧，同时 KT 线圈不长期带电，可延长使用寿命。为防止接触器主触点熔焊，KM_2 三个主触点由原来的 Y 闭接法改为 Δ 闭接法（如图 10-12 虚框内），这样可以使接触器主触点的负载电流明显减少，减轻主触点的电气磨损、防止熔焊，同时即使发生接触器一个主触点接触不良故障时，电路仍能形成 Y 中性点。

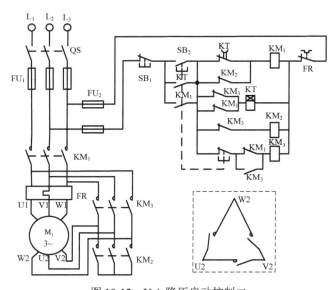

图 10-12　Y-Δ 降压启动控制二

上述电路也可以采用断电延时型时间继电器，请自行思考如何修改电路。

2. 延边三角启动控制

　　延边三角形降压启动和 Y-Δ 降压启动的原理相似，即在启动时将电动机定子绕组的一部分接成 Y 形，另一部分接成 Δ 形，从图形上看好像将一个三角形的三条边延长，因此称为延边三角形，当电动机启动结束后再将定子绕组接成三角形进行正常运行，这种启动方法称为延边三角形降压启动。延边三角形降压启动时，每相绕组所承受的电压，比接成全星形接法时大，故启动转矩较大。延边三角形降压启动时可采用改变每相两段绕组的匝数比来得到不同的启动电流和启动转矩。由于采用延边三角形降压启动的三相交流鼠笼式异步电动机的三相定子绕组比一般的多了三个中间抽头，结构复杂，电动机须专门生产，从而限制了此方法的实际应用。

启动时，把定子三相绕组的一部分联接成三角形，另一部分联接成星形，每相绕组上所承受的电压，比三角形联接时的电压要低，比星形联接时的电压要高，故称为延边三角形降压启动。待电动机启动运转后，再将绕组联接三角形，全压运行。延边三角形降压启动电动机定子绕组的联接方式如图 10-13 所示。

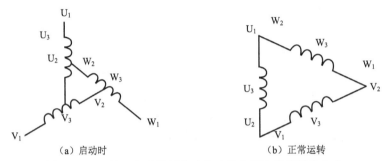

（a）启动时　　　　　　　　　　　　（b）正常运转

图 10-13　延边三角形降压启动电动机定子绕组的联接方式

图 10-14 为延边三角形降压启动控制电路图。合上电源开关 QS，按 SB_2，KM_3 线圈得电，KM_3 联锁辅助常闭触头分断，KM_3 联锁主触头闭合，连接成延边三角形，KM_3 动合辅助触头闭合，KM_1 线圈得电，KM_1 自锁触头闭合，自锁，松开 SB_2。KM_1 主触头闭合，电动机延边三角形降压启动，KT 线圈得电，KT 延时断开的动断触头延时分断，KM_3 线圈失电，KM_3 动合触头分断，KM_3 动断触头复位，KM_3 主触头分断，电动机失电惯性运行，KT 延时闭合的动合触头延时闭合，KM_2 线圈得电，KM_2 线圈得电，KM_2 自锁触头闭合，电动机全压运行，KM_2 联锁动断触头断开，KT 线圈失电，KT 触头复位。

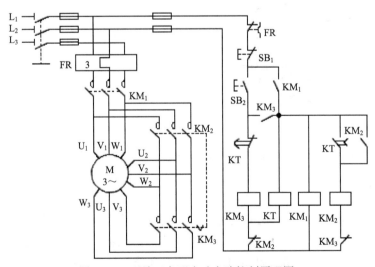

图 10-14　延边三角形启动电路控制原理图

延边三角形启动优点：体积小，质量小，允许经常启动，适用于重载启动。延边三角形启动缺点：接线复杂，要求每相绕组附加一路中间抽头。

3. 自耦降压启动控制

自耦变压器降压启动：在电动机启动时利用自耦变压器来降低加在电动机定子绕组上的启动电压。待电动机启动后，再使电动机与自耦变压器脱离，从而在全压下正常运行。启动时对电网的电流冲击小，功率损耗小，但是自耦变压器相对结构复杂，价格较高，用于较大容量的电动机，以减小启动电流对电网的影响。如图 10-15 所示为自耦降压启动控制电路图。

图 10-15 的控制电路中，要启动电动机，首先合上刀开关 QS，然后按下启动按钮 SB_1，接触器 KM_1 与时间继电器 KT 线圈同时得电，KM_1 主触点闭合，主电路电源经自耦变压器接至电动机定子绕组，实现降压启动，同时，KT 辅助触点闭合，自锁。当时间继电器 KT 到达延时值，其常闭延时触点断开，KM_1 线圈失电，主触点断开，辅助常闭触点复位，主电路中的自耦变压器切除。同时，KT 常开延时触点闭合，KM_2 线圈得电，KM_2 主触点闭合，电动机全压正常运行；KM_2 辅助触点闭合并自锁，同时 KM_2 两个常闭辅助触点动作，KT 线圈即失电，切除时间继电器，并互锁 KM_1 线圈。

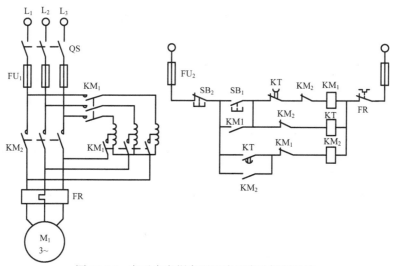

图 10-15　定子串自耦变压器降压启动控制线路

4. 定子串电阻降压启动控制

定子串电阻降压启动控制线路如图 10-16 所示。起动时在定子绕组上串上电阻，起动结束，将电阻旁路。

5. 软启动器原理

传统三相异步电动机的降压启动线路简单,电动机停机时都是控制接触器触点断开,切掉电源,自由停车,这样会造成剧烈的电网波动和机械冲击。表 10-1 是降压启动时的启动电流和启动转矩与它们额定值的倍数。

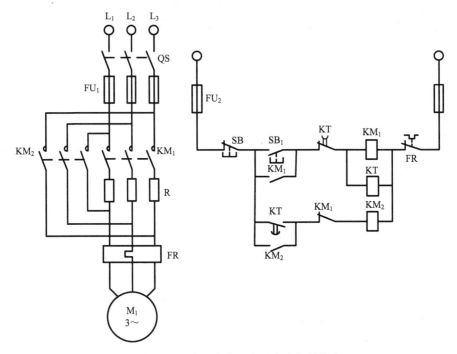

图 10-16　定子串电阻降压启动控制线路

表 10-1　各种降压启动方法的启动电流和启动转矩与它们额定值的倍数

降压启动方法	启动电流/额定电流	启动转矩/额定转矩
Y-△降压启动	1.8～2.6	0.5
延边三角启动	2～4	0.7
自耦降压启动	1.7～4	0.4～0.85
定子串电阻降压启动	4.5	0.5～0.75

　　在一些对启动要求较高的场合，可选用电子软启动方法。在三相电源与电动机间串入三相并联晶闸管，利用晶闸管移相控制原理，改变晶闸管的触发角，启动时电动机端电压随晶闸管的导通角从零逐渐上升，就可以调节晶闸管调压电路的输出电压，电动机转速逐渐增大，直到满足启动转矩的要求而结束启动过程。软启动器的输出是一个平滑的升压过程且具有限流功能，直到晶闸管全导通，电机在额定电压下工作；为了避免电动机在运行中对电网形成谐波污染，延长晶闸管寿命，在实际使用时引入旁路接触器，通过辅助控制将旁路接触器接通，电动机进入稳态运行状态；停车时先切断旁路接触器，然后由软启动器内晶闸管导通角由大逐渐减小，使三相供电电压逐渐减小，电动机转速由大逐渐减小到零，停车过程完成。如图 10-17 所示为软启动器集成在应用系统中。图 10-18 为软启动器模块和实物图。

　　软启动具有软启动和软停车功能，启动电流、启动转矩可调节。另外，它还具有对电动机和软启动器本身的热保护、限制转矩和电流冲击、三相电源不平衡、缺相、断相等保护功能和实时检测并显示如电流、电压、功率因数等参数的功能。

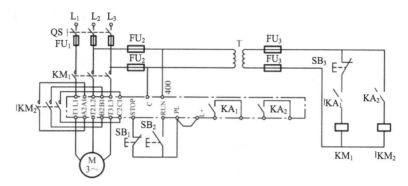

图 10-17　软启动集成模块与控制线路

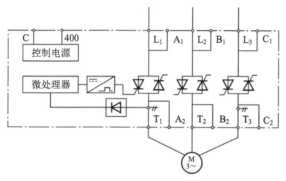

图 10-18　软启动器模块

10.4.3　三相异步电动机的制动控制

为满足生产机械的工艺要求或提高生产质量和效率，要求生产机械迅速停止和准确定位，即要求对电动机进行有效的制动。制动的方法有很多种，如机械制动和电气制动。

机械制动——采用力的方式构成的制动机构抑制设备的现有运动，定位准确，制动效果较好但是产生机械撞击，对设备、结构等损伤较大，主要包括轮式制动、盘式制动、抱闸式制动。

电气制动——通过改变电气连接方式使驱动设备达到加速停止的效果。这种方法科学，可减小设备损伤，缺点是产生惯性滑动，因此不适合大功率电机。电气制动主要包括反接制动、能耗制动、再生制动[①]。本节介绍反接制动、能耗制动。

1. 反接制动控制电路

如图 10-19 所示为反接制动控制电路图，通过改变电动机定子绕组中三相电源的相序，产生与转子转动方向相反的制动转矩，从而使电动机尽快停车。反接制动采用速度继电器，按转速原则进行控制，这种控制方式制动迅速，效果好，冲击大，但仅适用于 10 kW 以下的小容量电动机。由于反接制动时旋转磁场相对于转子转速较高，

---

① 再生制动（regenerative braking）也称为反馈制动，这种技术使用在电动车辆上，在制动时把车辆的动能转化及储存起来，而不是变成无用的热。

电流较大，为了减小制动电流，常在定子回路中串入降压电阻 R 以减小制动电流（可以串对称电阻——三相上都串，也可以串不对称电阻——只串在两相上）。

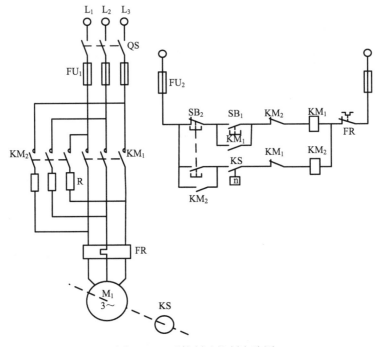

图 10-19　反接制动控制电路图

反接制动的过程是电动机启动时，首先合上刀开关，按下启动按钮 SB_1，KM_1 线圈通电，电动机正向启动运转。停车时，按下复合按钮 SB_2，断开 KM_1 线圈，使 KM_1 常闭辅助触头闭合，此时转子转速很高，速度继电器 KS 常开触点仍处于闭合状态，于是接通 KM_2 线圈，主电路电源交换相序，制动开始，电动机转速则迅速下降。当电机转速低于 $100\ r/min$ 时，速度继电器释放，其常开触点 KS 断开，反接制动结束。

2. 能耗制动控制电路

能耗制动就是在运行中的三相异步电动机停车时，在切除三相交流电源的同时，将一直流电源（可以半波整，也可以全波整流）接入电动机定子绕组中的任意两个绕组中，以获得大小和方向都不变化的恒定磁场，从而产生一个与电动机原来的转矩方向相反的电磁转矩以实现制动。其工作原理如图 10-20 所示。

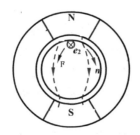

图 10-20　能耗制动电动机工作原理图

当电动机转速下降到一定速度时，再切除直流电源。这种制动方法实质上是把转子原来储存的机械能转变为电能，并消耗在转子的制动上，所以称为能耗制动。根据制动控制的原则，实现方法一般分为时间继电器控制、速度继电器控制。

图 10-21 所示是时间原则控制的单向能耗制动控制电路，图中用变压器 T 和整流器 VC 为制动提供直流电源，KM_2 为制动用接触器。能耗制动过程如下：按下复合停止按钮 SB_1，线圈 KM_1 失电，主触点 KM_1 断开，电动机脱离三相电源，互锁常闭触点 KM_1 复位闭合。这时，线圈 KT 得电，但是其通电延时断开触点仍闭合，则 KM_2 线圈得电，主触点 KM_2 闭合，电动机定子两相绕组通入直流电，能耗制动开始，经过整定的延时，KT 的通电延时断开触点断开，KM_2 线圈失电，直流磁场消失，能耗制动结束。

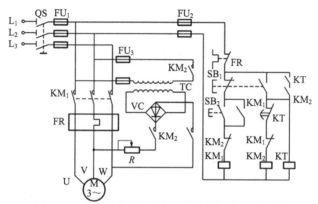

图 10-21　时间原则控制的单向能耗制动控制电路

图 10-22 所示是速度原则控制的单向能耗制动控制电路。按下制动按钮 SB_1 后，KM_1 线圈失电，主电路断开，制动电路闭合，当速度下降到 100 r/min 时，图中的速度继电器开关断开，KM_2 失电，制动结束。

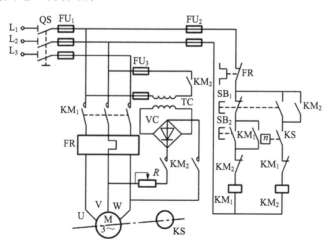

图 10-22　速度原则控制的单向能耗制动控制电路

3. 能耗制动和反接制动的比较

能耗制动的制动电流比反接制动时小得多，但能耗制动的制动效果不及反接制动明显，同时还需要一个直流电源，控制线路相对比较复杂。反接制动一般适合于电动机容量较小和不频繁制动的场合，能耗制动则适用于电动机容量较大和启动、制动频繁的场合。

按时间原则控制的能耗制动适用于负载转速比较平稳的机械上，而对于要求通过传动系统实现负载速度变化或加工零件经常变动的生产机械，则采用按速度原则控制的能耗制动。

10.5　电气控制系统图的绘制与识读

根据生产机械运动形式对电气控制系统的要求，采用国家统一规定的电气图形符号和文字符号，按照电气设备和电器的工作顺序，详细表示电路、设备或成套装置的全部组成和连接关系。电气控制系统图的种类分为电气控制系统原理图、电气控制系统接线图、电气控制系统布置图。

10.5.1　电气控制系统原理图的绘制原则

电气控制系统原理图包括主电路和辅助电路。主电路通过大电流，包括从电源到电机之间相连的电器元件，如组合开关、主熔断器、接触器主触点、热继电器的热元件和电动机等。辅助电路通过小电流，包括控制、照明、信号和保护电路。其中控制电路是由按钮、接触器和继电器的线圈及辅助触点、热继电器触点、保护电器触点等组成。

图 10-23 为异步电机起停运行的电路原理图。图上方设有用途栏，用文字注明该栏下方的电路或元件的功能，以便理解电气原理。图下方是图区，主要目的是便于检索电气线路、方便阅读。图区一般是等均等分布，也可以不均等分布。

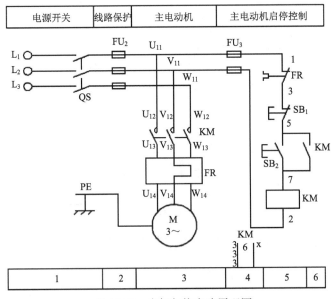

图 10-23　电机起停电路原理图

一般在设计时应该遵循以下原则：

（1）所有电器元件都应采用国家标准中统一规定的图形符号和文字符号表示。

（2）电器元件的布局，均按功能布置，尽可能按动作顺序从上到下、从左到右排列，便于阅读。主电路安排在图面左侧或上方，辅助电路安排在图面右侧或下方。

（3）电气原理图中，当同一电器元件的不同部件分散在不同位置时，要在电器元件的不同部件处标注统一的文字符号。对于同类器件，要在其文字符号后加数字序号来区别。

（4）所有电器的可动部分均按原始状态画出。如对于继电器、接触器的触点，按其线圈不通电时的状态画出；控制器按手柄处于零位时的状态画出；对于按钮、行程开关等触点按未受外力作用时的状态画出。

（5）主电路标号由文字符号和数字组成。文字符号标明主电路中元件或线路的主要特征，数字标号区别电路不同线段。

（6）辅助电路中连接在一点上的所有导线具有同一电位而标注相同的线号；线圈、指示灯等以上线号标奇数，线圈、指示灯等以下线号标偶数。

（7）应尽量减少线条和避免线条交叉。有电联系的导线交点处画实心圆点。根据图面布置需要，可以将图形符号旋转 90° 绘制，文字符号不可倒置。

（8）对非电气控制和人工操作的电器，必须在原理图上用相应的图形符号表示其操作方法及工作状态。对同一机构操作的所有触头，应用机械连杆表示其联动关系。各个触头运动方向和状态，必须与操作件动作方向和位置协调一致。

（9）在原理图中需要将接触器/继电器触头索引（所在的图区号）用列表方式一一列出，其顺序是：主（继电器无）、辅助常开、辅助常闭。

另外，需要注意的是，对与电气控制有关的机、液、气等装置，应用符号绘制出简图，以表示其关系。

10.5.2　电气控制线路接线图的绘制原则

电气控制线路接线图用于电气设备和电器元件的安装、配线、维护和检修电器故障。图中标示出各元器件之间的关系、接线情况及安装和敷设的位置等。对某些较为复杂的电气控制系统或设备，当电气控制柜中或电气安装板上的元器件较多时，还应该画出各端子排的接线图，一般情况下，电气安装接线图和原理图需配合使用。图 10-24 是异步电机起停运行电路的接线图。

绘制电气安装接线图应遵循以下的主要原则：

（1）必须遵循相关国家标准绘制电气安装接线图。

（2）各电器元器件的位置、文字符号必须和电气原理图中的标注一致，同一个电器元件的各部件必须画在一起，各电器元件的位置应与实际安装位置一致。

（3）不在同一安装板或电气柜上的电器元件或信号的电气连接一般应通过端子排连接，并按照电气原理图中的接线编号连接。

（4）走向相同、功能相同的多根导线可用单线或线束表示。画连接线时，应标明导线的规格、型号、颜色、根数和穿线管的尺寸。

（5）要清楚表示出接线关系和接线走向。表示接线关系的画法有两种：一种是直接接线法即直接画出两个元件之间的连线，适用于简单的电气系统，电器元件少，接线关系不复杂的情况。另一种是间接标注接线法即接线关系采用符号标注，不直接画出两元件之间的连线，适用于接线关系复杂的电气系统。

（6）端子的排列要清楚，便于查找。可按线号数字大小顺序排列，或按动力线、交流控制线、直流控制线分类后，再按线号顺序排列。

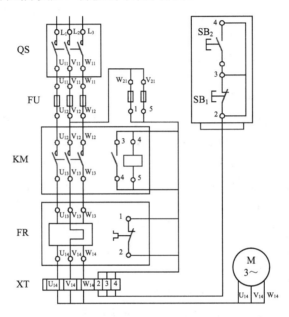

图 10-24　电机起停电路接线图

10.5.3　电气控制系统布置图

电气控制系统布置图主要用来表明电气设备或系统中所有电器元器件的实际位置，为制造、安装、维护提供必要的资料。图 10-25 是异步电机起停运行电路的布局图。

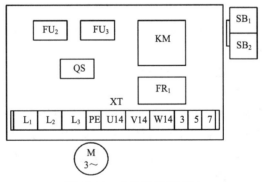

图 10-25　电机起停布局图

绘制电气控制系统布置图应遵循以下的主要原则：

（1）遵循相关国家标准设计和绘制电器元件布置图。

（2）相同类型的电器元件布置时，应把体积较大和较重的安装在控制柜或面板的下方。

（3）发热的元器件应该安装在控制柜或面板的上方或后方，但热继电器一般安装在接触器的下面，以方便与电机和接触器连接。

（4）需要经常维护、整定和检修的电器元件、操作开关、监视仪器仪表，其安装位置应高低适宜，以便工作人员操作。

（5）强电、弱电应该分开走线，注意屏蔽层的连接，防止干扰的窜入。

（6）电器元器件的布置应考虑安装间隙，并尽可能做到整齐、美观。

10.5.4　复杂电气控制系统识读

复杂电气控制系统分析内容包括电气控制分析的内容与要求、电气原理图的阅读分析方法。其中电气控制的内容与要求包括设备说明书、电气控制原理图、电气设备的总装接线图、电器元件布置图与接线图。电气原理图的阅读分析方法包括阅读的基本原则、常用方法、基本步骤。

1. 电气控制分析的内容与要求

电气控制分析首先要阅读设备说明书，设备说明书中包括设备的构造、主要技术指标、机械、液压、气动部分的传动方式与工作原理、电气传动方式、电机及执行电器的数目、规格型号、安装位置、用途与控制要求。要了解设备的使用方法，各操作手柄、开关、旋钮、指示装置的布置及在控制线路中的作用。必须清楚地了解与机械、液压部分直接关联的电器（行程开关、电磁阀、电磁离合器、传感器等）的位置、工作状态及与机械、液压部分的关系，以及在控制中的作用。另外电气控制原理图是控制线路分析的中心内容，分析电路图时必须与阅读其他技术资料结合起来。通过选用电器元件的技术参数，分析控制线路的主要参数和技术指标，估算各部分的电流、电压值，以便在调试或检修中合理地使用仪表。其次需要分析电气设备的总装接线图，分析总装接线图可了解系统的组成分布状况，各部分连接方式，主要电气部件的布置、安装要求，导线和穿线管的规格型号，等等。最后分析电器元件布置图与接线图，元件布置图与接线图是制造、安装、调试和维护电气设备必需的技术资料。

2. 电气原理图的阅读分析

电气原理图阅读分析的主要原则是化整为零、顺藤摸瓜、先主后辅、集零为整、安全保护、全面检查。常采用的方法是查线分析法，化整为零的原则即以某一对象开始，从电源开始，自上而下，自左而右，逐一分析其接通断开关系，并区分出主令信号、联锁条件、保护要求。电气原理的阅读分析方法基本步骤如下：

（1）分析主电路——类型、工作方式，启动、转向、调速、制动等控制要求与保护要求等。

（2）分析控制电路——从电源和主令信号开始，经过逻辑判断，写出控制流程。

（3）分析辅助电路——执行元件的工作状态显示、电源显示、参数测定、照明和故障报警等。

（4）分析联锁与保护环节。

（5）分析特殊控制环节——计数、检测、晶闸管、调温等。

（6）总体检查——集零为整检查整个控制线路。

10.6　液压基本回路

液压基本回路是由一些液压元件组成并能完成某项特定功能的典型油路结构。在液压基本回路中，用来控制系统全局或局部压力的称为压力控制回路；用来调节执行元件（液压缸和液压马达）运动速度的称为速度控制回路；方向控制回路可以改变和锁停执行元件的运动方向；同步和顺序回路控制几个执行元件同时完成动作或按先后顺序协调完成动作。复杂的液压传动系统通常是在这些控制回路的基础上进行修改、完善和综合得到的，因此，熟悉和掌握这些基本回路是分析和设计液压传动系统的基础。

10.6.1　压力控制回路

压力控制回路是用压力阀来控制和调节液压系统主油路或某一支路的工作压力，以满足执行元件速度环节回路所需的力和力矩的要求。它包括调压、减压、增压、卸荷、保压/泄压和平衡回路。

1．调压回路

调压回路用来调定和限定液压系统的最高压力，或者使执行元件在工作过程的不同阶段能够实现多种不同的压力变换，这一功能一般由溢流阀来实现。如图 10-26 所示是 4 个基本的调压回路，实现一级、二级、三级和无级调压。

如图 10-26（a）所示为单级调压回路，当溢流阀的调定压力确定后，液压泵 1 就在溢流阀 2 的调定压力下工作，从而实现了对液压系统进行调压和稳压控制。如果将液压泵改换为变量泵，这时溢流阀将作为安全阀来使用，即当系统出现故障，液压泵的工作压力上升时，一旦压力达到溢流阀的调定压力，溢流阀将开启，使液压系统不致因压力过载而受到破坏，从而保护了液压系统。溢流阀调定压力一般必须高于执行元件的最大工作压力和管路上各种压力损失的总和的 5%～10%，在作安全使用时此数据可改成 10%～20%。

图 10-26（b）所示为二级调压回路，该回路可实现两种不同的系统压力控制。由先导型溢流阀 2 和直动式溢流阀 4 各调一级，当二位二通电磁阀 3 处于图示位置时系统压力由阀 2 调定，当阀 3 得电后处于右位时，系统压力由阀 4 调定。但要注意：阀 4 的调

定压力一定要小于阀 2 的调定压力，否则不能实现。当系统压力由主阀 4 调定时，先导型溢流阀 2 的先导阀口关闭，但主阀 4 开启，液压泵的溢流流量经主阀回油箱，这时阀 4 处于工作状态，并有油液通过。将阀 4 安装在操作方便的地方并去掉换向阀 3，二级调压回路便是远程调压回路。

图 10-26（c）所示为三级调压回路，三级压力分别由溢流阀 1、2、3 调定，当电磁铁 1YA、2YA 失电时，系统压力由主溢流阀调定。当 1YA 得电时，系统压力由阀 2 调定。当 2YA 得电时，系统压力由阀 3 调定。在这种调压回路中，阀 2 和阀 3 的调定压力要低于主溢流阀的调定压力，而阀 2 和阀 3 的调定压力之间没有一定的关系。当阀 2 或阀 3 工作时，阀 2 或阀 3 相当于阀 1 上的另一个先导阀。

图 10-26（d）示为电液比例溢流阀调压回路，连续改变比例溢流阀的输入电流，泵的出口便得到连续的压力变化，故可实现无级调速。其优点是调压过程平缓、无冲击。思考：为何不直接采用比例溢流阀，还要多一个先导溢流阀呢？

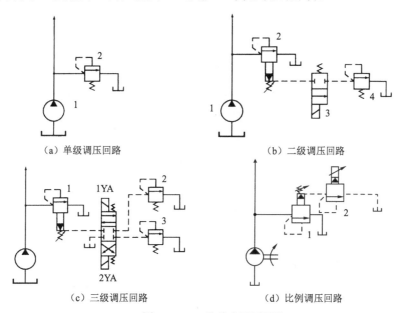

（a）单级调压回路　　　　　　　　　（b）二级调压回路

（c）三级调压回路　　　　　　　　　（d）比例调压回路

图 10-26　4 种基本调压回路

2. 减压回路

液压系统定位、夹紧、分度及控制油路等支路，所需的压力是不同，需要稳定的低压，一般在该支路上串接一个减压阀来满足要求。采用减压回路虽能方便地获得某支路稳定的低压，但压力油经减压阀口时要产生压力损失，所以大流量的减压回路或系统有多处需要低压输出时，应另外采用单独的泵供油。

图 10-27（a）所示为单级减压回路。回路中串接直动式减压阀 1 减压，并且引入单向阀 2 为主油路压力降低（低于减压阀调整压力）时防止油液倒流，起短时保压作用。

图 10-27（b）所示为二级减压回路。回路中利用先导型减压阀 1 的远控口接一远控溢流阀 2，则可由阀 1、阀 2 各调得一种低压。但要注意，阀 2 的调定压力值一定要低于阀 1 的调定减压值。减压回路中也可以采用类似多级调压的方法获得两级以上减压。

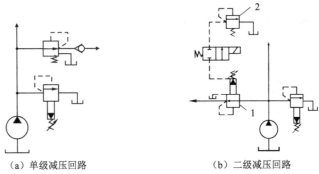

（a）单级减压回路　　　　　　　　（b）二级减压回路

图 10-27　减压回路

为了使减压回路工作可靠，减压阀的最低调整压力不应小于 0.5 MPa，最高调整压力至少应比系统压力小 0.5 MPa。当减压回路中的执行元件需要调速时，调速元件应放在减压阀的后面，避免减压阀泄漏（指由减压阀泄油口流回油箱的油液）对执行元件的速度产生影响。

3. 增压回路

如果系统或系统的某一个油路需要压力较高但流量又不大的压力油，而采用高压泵又不经济，或者根本就没有必要增设高压力的液压泵时，就常采用增压回路。增压回路中提高压力的主要元件是增压缸或增压器。

图 10-28（a）为利用增压缸的单作用增压回路。当系统在图示位置工作时，系统的供油压力 p_1 进入增压缸的大活塞腔，此时在小活塞腔即可得到所需的较高压力 p_2，增压的倍数等于增压缸 2 的大、小活塞面积之比；当二位四通电磁换向阀 1 右位接入系统时，增压缸返回，辅助油箱 3 中的油液经单向阀 4 补入小活塞。因而该回路只能间歇增压，所以称之为单作用增压回路。

图 10-28（b）为采用双作用增压缸的增压回路。在图示位置，液压泵输出的压力油经换向阀 5 和单向阀 1 进入增压缸左端大、小活塞腔，右端大活塞腔的回油通油箱，右端小活塞腔增压后的高压油经单向阀 4 输出，此时单向阀 2、3 被关闭。当增压缸活塞移到右端时，换向阀得电换向，增压缸活塞向左移动。同理，左端小活塞腔输出的高压油经单向阀 3 输出，这样，增压缸的活塞不断往复运动，两端便交替输出高压油，从而实现连续增压。

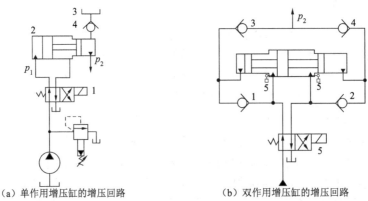

（a）单作用增压缸的增压回路　　　　　（b）双作用增压缸的增压回路

图 10-28　增压回路

4. 卸荷回路

在液压系统工作中，有时执行元件短时间停止工作，或者执行元件在某段工作时间内保持一定的力，而运动速度极慢，甚至停止运动，在这种情况下，不需要液压泵输出油液，或者只需要很小流量的液压油，于是液压泵输出的压力油全部或绝大部分从溢流阀流回油箱，造成能量的无谓消耗，引起油液发热，使油液加快变质，而且还影响液压系统的性能及泵的寿命。为此，需要在液压泵驱动电动机不频繁启闭的情况下，使液压泵在功率输出接近于零的情况下运转，以减少功率损耗，降低系统发热，延长泵和电动机的寿命。因为液压泵的输出功率为其流量和压力的乘积，所以两者任一近似为零，功率损耗即近似为零。由此，液压泵的卸荷有流量卸荷和压力卸荷两种，前者主要是使用变量泵，使变量泵仅为补偿泄漏而以最小流量运转，此方法比较简单，但泵仍在高压状态下运行，磨损比较严重；压力卸荷的方法是使泵在接近零压下运转，这种方法较为普遍。常见的压力卸荷方式有以下几种。

1）执行元件不需保压的卸荷回路

（1）换向阀卸荷回路。M、H 和 K 型中位机能的三位换向阀处于中位时，泵即卸荷。图 10-29（a）为利用与泵的额定流量相适用的二位二通阀直接接回油箱卸荷。图 10-29（b）为采用 M 型中位机能的电液换向阀的卸荷回路，这种回路切换时压力冲击小，但回路中必须设置单向阀，以使系统能保持 0.3 MPa 左右的压力，供操纵控制油路之用。当然，若将三位换向阀改成电磁控而非电液控，则可以不用单向阀。这种卸荷回路适用于低压小流量（压力小于 2.5 MPa，流量小于 40 L/min）的液压系统。高压大流量时需要在换向阀上采取缓冲措施，如图 10-29（c）采用装有时间调节器的电液换向阀，同时为保证控制油路获得必需的控制压力，要在回油路上安装背压阀，在泵卸荷时，可以保持 0.2～0.6 MPa 的启动压力。

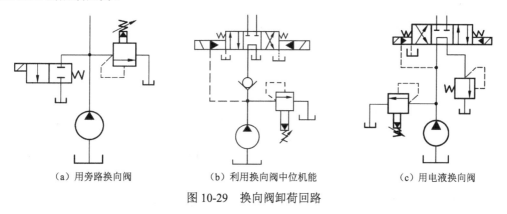

（a）用旁路换向阀　　　　（b）利用换向阀中位机能　　　　（c）用电液换向阀

图 10-29　换向阀卸荷回路

（2）电磁溢流阀卸荷回路。图 10-30 中使先导型溢流阀的远程控制口直接与二位二通电磁阀相连，便构成用先导型溢流阀的卸荷回路，这种卸荷回路卸荷压力小，切换时冲击也小。

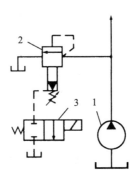

图 10-30　电磁溢流阀卸荷回路

2）执行元件需要保压的卸荷回路

图 10-31 为三种执行元件需要保压的卸荷回路。

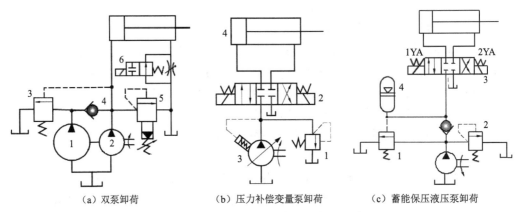

（a）双泵卸荷　　　　　　（b）压力补偿变量泵卸荷　　　　　（c）蓄能保压液压泵卸荷

图 10-31　执行元件需要保压的卸荷回路

图 10-31（a）为双泵卸荷回路。卸荷阀 3 设定大流量时双泵供油的压力，溢流阀 5 设定为高压小流量泵 2 供油的最高压力。系统压力低于卸荷阀 3 的压力时，两个泵同时向系统供油，当系统压力超过卸荷阀 3 的压力，低压大流量泵 1 输出的油液通过卸荷阀 3 流回油箱，只有高压小流量泵向系统供油，减小功率消耗。一般为避免干扰，卸荷阀 3 的压力设定要至少比溢流阀 5 低 0.5 MPa。这种回路用于流量变化较大的液压系统。

图 10-31（b）为压力补偿变量泵的卸荷回路。当系统压力升高达到变量泵 3 压力调节螺钉调定压力时，压力补偿装置动作，液压泵 3 输出流量随供油压力升高而减小，直到维持系统压力所必需的流量（由泄漏造成的损失），回路实现保压卸荷，系统中的溢流阀 1 作安全阀用，以防止泵的压力补偿装置的失效而导致压力异常。安全阀 1 的调整压力取系统压力的 120%。

图 10-31（c）为蓄能保压液压泵卸荷回路。当电磁铁 1YA 得电时，泵和蓄能器同时向液压缸左腔供油，推动活塞右移，接触工件后，系统压力升高。当系统压力升高到卸荷阀 1 的调定值时，卸荷阀打开，液压泵通过卸荷阀卸荷，而系统压力用蓄能器保持。溢流阀 2 作为安全阀使用。

5. 保压与泄压回路

在如压力成形这类液压系统中，常要求液压执行机构在一定的行程位置上停止运动或在有微小的位移下稳定地维持一定的压力，这就要采用保压回路。同时，高压系统保压时，由于液压缸和管路存在弹性变形和油液压缩，储存一部分弹性势能，回程时或释放过快，将引起液压系统剧烈冲击、振动和噪声，甚至导致管路和阀门破裂，所以保压后必须缓慢泄压。

利用液压泵的保压是最简单的保压方法，但在保压过程中，液压泵仍以较高的压力（保压所需压力）工作，若采用定量泵则压力油几乎全经溢流阀流回油箱，系统功率损失大，易发热，故只在小功率的系统且保压时间较短的场合下才使用；若采用变量泵，在保压时泵的压力较高，但输出流量几乎等于零，因而，液压系统的功率损失小。这种保压方法能随泄漏量的变化而自动调整输出流量，因而其效率也较高。除了液压泵保压外，常用的保压回路还有以下几种。

1）液控单向阀+自动补油保压回路

图 10-32 是采用密封性能较好的液控单向阀+自动补油的保压回路。换向阀 2 处于中位时利用单向阀 3 的阀形阀座的密封性能实现保压，但一般在 20 MPa 的工作压力下保压 10 min，压降不超过 2 MPa。通过这种方式保压，阀座的磨损和油液污染会使保压性能逐渐下降。通常需要加自动补油装置，在保压缸液流管路装接触式压力表，当液压缸上腔压力下降到预定下限值时，控制电液换向阀 2 的电磁铁 2YA 通电实现补油保压。由此，这一回路便能使液压缸上腔压力能长期保持在一定范围内。

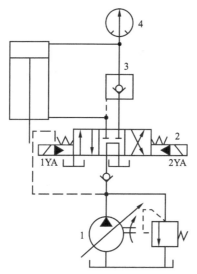

图 10-32　液控单向阀+自动补油保压回路

2）辅助液压泵或蓄能器保压回路

图 10-33（a）是采用辅助液压泵的保压回路。回路中增设一台小流量高压泵 5。当液压缸加压完毕要求保压时，由压力继电器 4 发信，使换向阀 2 中位接入回路，主泵 1

实现卸荷；同时二位二通换向阀 8 处于左位，由高压辅助泵 5 向封闭的保压系统供油，维持系统压力稳定。由于辅助泵只需补偿系统的泄漏量，可选用微小流量泵，尽量减少系统的功率损失。泵 5 保压的压力由溢流阀 7 确定。如果用蓄能器来代替辅助泵 5 也可以达到上述目的，如图 10-33（b）所示。

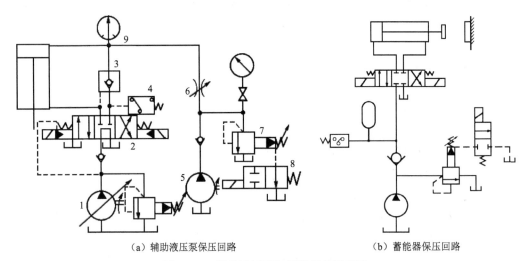

（a）辅助液压泵保压回路　　　　　　　　　　（b）蓄能器保压回路

图 10-33　辅助液压泵与蓄能器保压回路

保压完毕之后要缓慢泄压，在图 10-33 中在保压结束后，阀门 8 的电磁铁断电，压力腔的压力油通过节流阀 6 和溢流阀 7 泄压。在图 10-32 中同样也可以加上类似的支路实现泄压。泄压也可以通过顺序阀控制。

6. 平衡回路

平衡回路用于防止立式或倾斜放置的液压缸和垂直运动部件因自重自行下落。

图 10-34（a）所示为采用内控式平衡阀的平衡回路，当 1YA 通电后活塞下行时，回油路上就存在着一定的背压；只要将这个背压调到能支承住活塞和与之相连的工作部件自重，活塞就可以平稳下落。当换向阀处于中位时，活塞就停止运动，不再继续下移。这种回路当活塞向下快速运动时功率损失大，锁住时活塞和与之相连的工作部件会因单向顺序阀和换向阀的泄漏而缓慢下落，因此它只适用于工作部件重量不大、活塞锁住时定位要求不高的场合。

图 10-34（b）为采用液控顺序阀的平衡回路。当活塞下行时，控制压力油打开液控顺序阀，背压消失，因而回路效率较高；当停止工作时，液控顺序阀关闭以防止活塞和工作部件因自重而下降。这种平衡回路只有上腔进油时活塞才下行，比较安全可靠。但因活塞下行时，液压缸上腔油压降低，将使液控顺序阀关闭，活塞停止下行，使液压缸上腔油压升高，又打开液控顺序阀，这样液控顺序阀始终工作于时启时闭的过渡状态，因而影响工作的平稳性。这种回路适用于运动部件重量不大、停留时间较短的液压系统中。

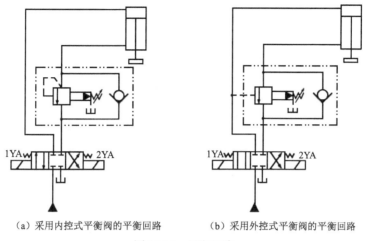

（a）采用内控式平衡阀的平衡回路　　　　（b）采用外控式平衡阀的平衡回路

图 10-34　平衡回路

10.6.2　速度控制回路

机床工作台带动工件进行切削加工时，负载大，速度慢（工进）；加工结束后，负载小。为了提高效率，液压系统执行元件的运动速度应能在一定范围内调节，完成这一功能的回路称为调速回路。为提高效率，空载快进，速度应能超越泵的流量有所增加，完成这一功能的回路称为快速运动回路。由空载快进平稳地转换为工作进给，实现不同速度相互转换，完成这一功能的回路称为速度转换回路。

1．调速回路

在不考虑液压油的压缩性和泄漏情况下，液压缸的运动速度 $v=q/A$，而液压马达的转速 $n=q/V_m$，由此可知，改变液压缸（或液压马达）的流量 q 或改变液压缸有效面积 A（或改变液压马达的排量 V_m）都可以达到改变速度的目的。但是液压缸有效面积 A 一般不能改变，而有些液压马达的排量是可改变的。改变流量可以采用两种方式：一种是定量泵+节流元件调节输入执行元件的流量；另一种是变量泵改变排量或转速以调节输入执行元件的流量。由此，调速回路主要有三种方式，即节流调速回路、容积调速回路和容积节流调速回路。

1）节流调速回路

节流调速回路是用调节流量阀的通流截面积的大小来改变进入执行机构的流量，以调节其运动速度。按照流量阀相对于执行机构的安装位置的不同，有进油、回油和旁路节流这三种，如图 10-35 所示。

进油节流调速回路是将节流阀串联在执行机构的进油路上，其调节原理如图 10-35（a）所示。回油节流调速回路是将节流阀安装在执行元件（液压缸）的回油回路上，其调节原理如图 10-35（b）所示，在磨削和精镗的组合机床中可以见到这种结构。旁路节流调速回路是将节流阀安装在与执行元件并联的支路上，其调节原理如图 10-35（c）所示，在牛头刨床的主传动系统可以见到这种结构。它们的调速过程很容易分析。

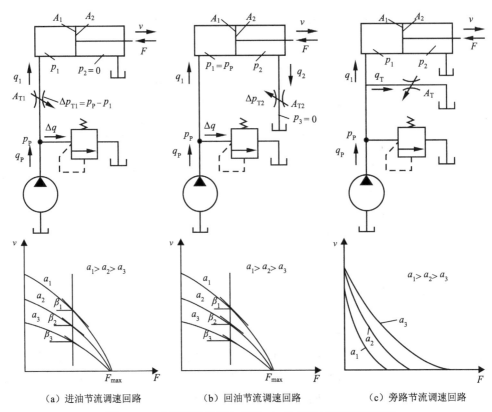

（a）进油节流调速回路　　　　（b）回油节流调速回路　　　　（c）旁路节流调速回路

图 10-35　节流调速回路与特性（a 为节流口的通流面积）

三种回路的参数比较见表 10-2，可知三种回路的速度均由节流阀调节；溢流阀在进油、回油节流调速回路中起调压作用，在旁路节流调速回路中作为安全阀使用。

表 10-2　回路参数比较

类型	p_p	q	v	p_1	p_2	Δq	η
进油	溢流阀调定	节流阀控制 q_1	$q_1\big/A_1$	$F\big/A_1$	0	$q_p - q_1$	低
回油	溢流阀调定	节流阀控制 q_2	$q_2\big/A_2$	p_p	Δp_{T2}	$q_p - q_1$	低
旁路	取决于负载	节流阀控制 q_T	$(q_p - q_T)\big/A_1$	$F\big/A_1$	0	0	高

三种回路的工作性能从承受负值负载能力、停车后的启动性能、运动的平稳性（包括低速稳定性）、实现压力控制等方面进行比较见表 10-3。

表 10-3　三种节流调速方式特性比较

特性	调速方式		
	进口节流	出口节流	旁路节流
速度负载特性及运动平稳性	（1）速度负载特性较差； （2）平稳性较差； （3）不能在负值负载下工作	（1）速度负载特性较差； （2）平稳性较好； （3）可以在负值负载下工作	（1）速度负载特性差； （2）平稳性差； （3）不能在负值负载下工作
负载能力	（1）最大负载由溢流阀调定； （2）恒转矩调速	（1）最大负载由溢流阀调定； （2）恒转矩调速	最大负载随节流阀开口增大而减小，低速能力差

续表

特性	调速方式		
	进口节流	出口节流	旁路节流
调速范围	较大，可达 100（最高速比最低速）	较大，可达 100（最高速比最低速）	低速稳定性差，调速范围小
功率消耗	（1）功率消耗与负载、速度无关； （2）低速、轻载时功率消耗较大，效率低发热大	（1）功率消耗与负载、速度无关； （2）低速、轻载时功率消耗较大，效率低发热大	（1）功率消耗与负载成正比； （2）效率高，发热小
发热及泄漏的影响	油经节流孔发热后进入液压缸，影响液压缸泄漏，从而影响液压缸速度	油通过节流孔后回油箱冷却，对泵、缸泄漏影响较小，从而较小影响液压缸速度	泵、阀、缸的泄漏都影响速度
其他	（1）停车后启动冲击小； （2）便于实现压力控制	（1）停车后启动有冲击； （2）压力控制不方便	（1）停车后启动冲击小； （2）便于实现压力控制
适用范围	适用于轻负载或负载变化不大，以及速度不高的场合	适用于功率不大，但载荷变化较大，运动平稳性要求较高的液压系统中	适用于功率不大，负载变化小，对运动平稳性要求不高的高速大功率的场合，有时候也可用在随着负载增大，要求进给速度自动减小的场合

从上述的分析可知，采用节流阀调速方式，速度稳定性并不是很好。若用调速阀来代替节流阀，速度平稳性将大为改善，调整范围也会变宽。虽然液压缸的工作压力随负载变化，但调速阀中的减压阀能自动调节其开口的大小，使节流阀前后的压差保持基本不变，进而进入液压缸的流量保持不变，液压缸速度稳定（±4%），调速刚度（速度对负载变化的鲁棒性）提高。但是，由于调速阀中包含着定差减压阀、节流阀的损失，并同样存在溢流阀损失，故此回路比节流阀调速损失还要大。

2）容积调速回路

容积调速回路是通过改变回路中的液压泵或液压马达的排量来实现调速的。它的主要优点是功率损失小，且其工作压力随负载变化，所以效率高、油的温度低，适用于高速、大功率系统，如工程机械、矿山机械等领域。

容积调速回路按油液循环方式不同，分为开式回路和闭式回路。前者通过油箱进行油液循环的回路，泵从油箱吸油，执行元件的回油仍流回油箱。后者将泵的吸油口与执行元件的回油口直接相接，油液在系统内封闭循环，油气隔绝，不需要大的油箱，只需设补油装置。它们的特点见表 10-4。

表 10-4　开式回路和闭式回路的特点

	结构	散热性	平稳性	噪声	空气侵入	杂质沉淀	油箱体积
开式回路	松散	好	差	大	是	是	大
闭式回路	紧凑	不好	好	小	否	无	小

容积调速回路按所用执行元件的不同分为泵-缸式和泵-马达式两类。下面分别讨论变量泵-定量液动机（液压缸、定量马达）、定量泵-变量马达、变量泵-变量马达的容积调速回路。

（1）变量泵-定量液动机容积调速回路。变量泵-定量液动机容积调速回路如图 10-36（a）和（b）所示。在图 10-36（a）开式回路中，活塞 5 的运动速度 v 由变量泵 1 调节，2 为安全阀，4 为换向阀，6 为背压阀。在图 10-36（b）闭式回路中，采用变量泵 3 来调节液压马达 5 的转速，安全阀 4 用以防止过载，低压辅助泵 1 用以补油，其补油压力由低压溢流阀 6 来调节。

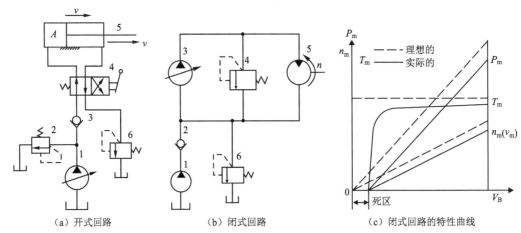

图 10-36　变量泵-定量液动机容积调速回路

1.变量泵；2.安全阀；3.变量泵；4.换向阀；5.液压马达；6.溢流阀

令变量泵的排量为 V_B，变量泵的转速为 n_B，定量马达的排量为 V_m（不变），液压缸的有效工作面积 A（不变），定量马达的输出转矩为 T_m，缸的输出推力为 F，定量马达的速度为 n_m，活塞的速度是 v_m，执行机构的输出功率为 P_m，各物理量有一定的关系[①]。闭式回路的速度特性、转矩特性、功率特性如图 10-50（c）所示，从图中可以看出，由于回路的泄漏是不可避免的，在一定负载下，需要一定流量才能启动和带动负载，所以 $n_m - V_B$ 和 $P_m - V_B$ 关系均为 V_B 正截距的一次函数关系，而不是正比例关系；而 $T_m - V_B$ 关系是存在死区的继电特性（死区之后恒转矩输出与 V_B 无关）。这种回路可正反向实现无级调速，调速范围主要决定于变量泵的变化范围，还受回路的泄漏和负载的影响，采用变量叶片泵可达 10，变量柱塞泵可达 20。适用于调速范围较大，要求恒扭矩输出的场合，如大型机床的主运动或进给系统中。

（2）定量泵-变量马达容积调速回路。定量泵-变量马达容积调速回路如图 10-37（a，b）所示。在图 10-37（a）开式回路中，由定量泵 1、变量马达 2、安全阀 3、换向阀 4 组成；图 10-37（b）闭式回路中，1、2 为定量泵和变量马达，3 为安全阀，4 为低压溢流阀，5 为补油泵。

令定量泵 1 的输出流量为 q_B，变量马达转速为 n_m，变量马达两边的压力分别为 p_B 和 p_0，变量马达排量 V_m，执行机构的输出功率为 P_m，缸的输出推力为 F，液压马达的输出转矩为 T_m，各物理量有一定的关系[②]。闭式回路的速度特性、转矩特性、功率特性如图 10-37（c）所示，从图中可以看出，由于回路的泄漏是不可避免的，在一定负载下，需要一定流量才能启动和带动负载，所以 $n_m - V_m$ 关系并不是理想的反比关系，$T_m - V_m$ 为 V_m 正截距的一次函数关系，而不是正比例关系；而 $P_m - V_m$ 关系是存在死区的继电特性

① 当不考虑回路的泄漏时，$n_m=n_B V_B/V_m$ 或 $v_m=n_B V_B/A$，$T_m=V_m(p_B-p_0)/2\pi$ 或 $F=A(p_B-p_0)$，$P_m=(p_B-p_0)q_B=(p_B-p_0)n_B v_B$ 或 $P_m=n_m T_m=V_B n_B T_m/V_m$。

② 当不考虑回路的泄漏时，$n_m=q_B/V_m$ 或 $v_m=q_B/A$，$T_m=V_m(p_B-p_0)/2\pi$ 或 $F=A(p_B-p_0)$，$P_m=n_m T_m=q_B(p_B-p_0)$ 或 $P_m=n_m T_m=q_B T_m/V_m$。

（死区之后恒功率输出，其与排量 V_m 无关）。这种回路用调节变量马达的排量 V_m 进行调速，如果用变量马达来换向，在换向的瞬间要经过"高转速—零转速—反向高转速"的突变过程，所以不宜用变量马达来实现平稳换向，调速范围比较小（一般为 3~4），因而较少单独应用。

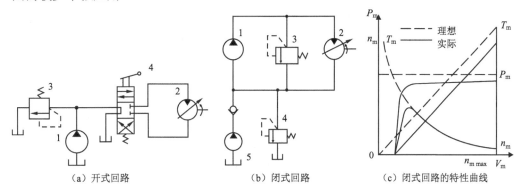

（a）开式回路　　　　　（b）闭式回路　　　　　（c）闭式回路的特性曲线

图 10-37　定量泵-变量马达容积调速回路

1.变量泵；2.变量马达；3.安全阀；4.低压溢流阀；5.补油泵

（3）变量泵-变量马达的容积调速回路。变量泵-变量马达的容积调速回路是上述两种调速回路的组合，如图 10-38 所示为由双向变量泵和双向变量马达等组成闭式容积调速回路。在图 10-38（a）中，改变双向变量泵 1 的供油方向，可使双向变量马达 2 正向或反向转换。左侧的两个单向阀 6 和 8 保证补油泵能双向地向变量泵 1 的吸油腔补油，补油压力由补油泵 4 左侧的溢流阀 5 调定。右侧两个单向阀 7 和 9 使安全阀 3 在变量马达 2 的正反向时，都能起过载保护作用。

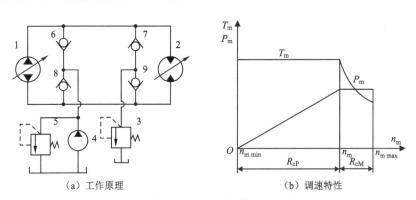

（a）工作原理　　　　　　　　　（b）调速特性

图 10-38　变量泵-变量马达的容积调速回路

1.变量泵；2.变量马达；3.安全阀；4.补油泵；5.溢流阀；6~9.单向阀

为合理地利用变量泵和变量马达调速中各自的优点，在实际应用时，一般采用分段调速的方法，如图 10-38（b）所示。

第一阶段将变量马达的排量 V_m 调到最大值并使之恒定，然后调节变量泵的排量 V_B 从最小逐渐加大到最大值，则马达的转速 n_m 便从最小逐渐升高到相应的最大值（变量马达的输出转矩 T_m 不变，输出功率 P_m 逐渐加大）。这一阶段相当于变量泵-定量马达的容积调速回路。

第二阶段将已调到最大值的变量泵的排量 V_B 固定不变，然后调节变量马达的排量 V_m，之从最大逐渐调到最小，此时马达的转速 n_m 便进一步逐渐升高到最高值（在此阶段中，马达的输出转矩 T_m 逐渐减小，而输出功率 P_m 不变）。这一阶段相当于定量泵-变量马达的容积调速回路。

这样，就可使马达换向平稳，且第一阶段为恒转矩调速，第二阶段为恒功率调速。这种容积调速回路的调速范围是变量泵调节范围和变量马达调节范围的乘积，所以其调速范围可达 100，并且有较高的效率。它适用于大功率的场合，如矿山机械、起重机械及大型机床的主运动液压系统。

3）容积节流调速回路

容积节流调速回路采用压力补偿式变量泵供油、调速阀（或节流阀）调节进入液压缸的流量并使泵的输出流量自动地与液压缸所需流量相适应。常用的容积节流调速回路有：限压式变量泵与调速阀等组成的定压容积节流调速回路和压差式变量泵与节流阀等组成的变压容积节流调速回路。

（1）定压容积节流调速回路。在图 10-39（a）所示位置，活塞 4 快速向右运动，泵 1 按快速运动调节输出流量为 q_{max}，同时调节限压式变量泵的压力调节螺钉，使泵的限定压力 p_C 大于快速运动所需压力[图 10-39（b）中 AB 段]。当换向阀 3 通电，泵输出的压力油经调速阀 2 进入缸 4，其回油经背压阀 5 回油箱。调节调速阀 2 的流量 q_1 就可调节活塞的运动速度 v，由于 $q_1 < q_B$，压力油迫使泵的出口与调速阀进口之间的油压升高，即泵的供油压力升高，泵的流量便自动减小到 $q_B \approx q_1$ 为止。由图 10-39（b）可知，此回路只有节流损失而无溢流损失。

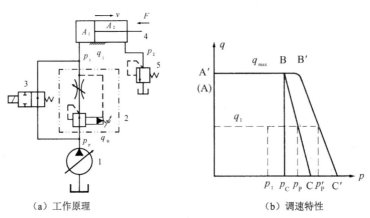

（a）工作原理　　　　　　　　　　（b）调速特性

图 10-39　限压式变量泵与调速阀组成的定压容积节流调速回路

1.变量泵；2.调速阀；3.换向阀；4.液压缸；5.背压阀

当不考虑回路中泵和管路的泄漏损失时，回路的效率为

$$\eta_c = [p_1 - p_2(A_2 / A_1)]q_1 / (p_P q_1) = [p_1 - p_2(A_2 / A_1)] / p_P$$

上式表明，泵的输油压力 p_P 调得低一些，回路效率就可高一些，但为了保证调速阀的正常工作压差，泵的压力应比负载压力 p_1 至少大 5×10^5 Pa。当此回路用于"死档铁（触发压力继电器动作的限位器）停留"，压力继电器发信实现快退时，泵的压力还应调高

些，以保证压力继电器可靠发信，故此时的实际工作特性曲线如图 10-39（b）中 AB′C′ 所示。此外，当 p_C 不变时，负载越小，p_1 便越小，回路效率越低。

综上所述，限压式变量泵与调速阀等组成的定压容积节流调速回路的运动稳定性、速度负载特性、承载能力和调速范围均与采用调速阀的节流调速回路相同，并且具有效率较高、结构较简单等优点。目前已广泛应用于负载变化不大的中、小功率组合机床的液压系统中。

（2）变压容积节流调速回路。如图 10-40（a）所示，换向阀 9 通电时快进，节流阀 4 被短路，泵 3 输出的压力油经换向阀 9 进入液压缸 5 的左腔，泵 3 的定子处于左端位置，使转子与定子的偏心处处于最大值 e_{max}，泵的流量最大，液压缸便快速向右运动，如图 10-40（b）的曲线 2 平坦部分；换向阀 9 断电时工进，泵 3 输出的压力油经节流阀 4 进入液压缸 5，此时节流阀 4 前的压力 p_1 升高，节流阀前后压力差变大，使泵的流量沿曲线 2 减少。图 10-40（b）中 1′、1、1* 分别表示节流阀的流通面积为 A'，A，A^*（$A'>A>A^*$）时的流量-压差曲线，随压差增大，流量增大，与曲线 2 的交点，压差不再变化，从而实现了稳流。这里节流阀 7 实际上是固定阻尼的小孔，用于防止变量泵定子移动过快发生振荡。

这种调速回路在工作时，执行元件的速度基本不受负载变化的影响（调速刚度好）。这种调速回路只有压力损失，没有流量损失，由于节流阀两端的压力差一般较调速阀两端压力差小，且泵的压力随负载变化而变化，故其效率较定压容积节流调速回路高。

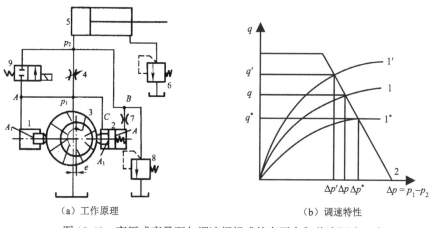

（a）工作原理　　　　　　　　　　（b）调速特性

图 10-40　变压式变量泵与调速阀组成的变压容积节流调速回路

4）调速回路的比较和选用

将上述三类调速回路的进行比较，见表 10-5。由此，在调速回路的选用上，需要综合考虑执行机构的负载性质、运动速度、速度稳定性、工作环境、经济性等因素。

考虑执行机构的负载性质、运动速度、速度稳定性等要求，负载小，且工作中负载变化也小的系统可采用节流阀节流调速；在工作中负载变化较大且要求低速稳定性好的系统，宜采用调速阀的节流调速或容积节流调速；负载大、运动速度高、油的温升要求小的系统，宜采用容积调速回路。一般来说，功率在 3 kW 以下的液压系统宜采用节流调速；功率在 3～5 kW 的宜采用容积节流调速；功率在 5 kW 以上的宜采用容积调速回路。

表10-5　调速回路的比较

主要性能		节流调速回路				容积调速回路	容积节流调速回路	
	回路类	用节流阀		用调速阀			定压式	变压式
		进回油	旁路	进回油	旁路			
机械特性	速度稳定性	较差	差	好		较好	好	
	承载能力	较好	较差	好		较好	好	
调速范围		较大	小	较大		大	较大	
功率特性	效率	低	较高	低	较高	最高	较高	高
	发热	大	较小	大	较小	最小	较小	小
适用范围		小功率、轻载的中、低压系统				大功率、重载 高速的中、高压系统	中、小功率的中压系统	

考虑工作环境要求，处于温度较高的环境下工作，且要求整个液压装置体积小、重量轻的情况，宜采用闭式回路的容积调速。

考虑经济性要求，节流调速回路的成本低，功率损失大，效率也低；容积调速回路因变量泵、变量马达的结构较复杂，所以价格高，但其效率高、功率损失小；而容积节流调速则介于两者之间。

2. 快速运动回路（增速回路）

为了提高生产效率，机床工作部件常要求在空行程快速运动，这里要求液压系统流量大而压力低，为尽量减小液压泵的输出流量和减少能量消耗，提高执行元件速度，引入快速运动回路，也称增速回路。一般采用自重充液、蓄能器、差动缸、辅助缸、双泵供油和增速缸实现。差动连接回路是在不增加液压泵输出流量的情况下，来提高工作部件运动速度的一种快速回路，其实质是改变了液压缸的有效作用面积。双泵供油的快速运动回路利用低压大流量泵和高压小流量泵并联为系统供油实现增速。增速缸增速回路采用复合液压缸实现增速。蓄能器增速回路引入蓄能器，在液压缸工作时，由液压泵与蓄能器同时供油，使活塞获得短期较大速度。带辅助液压缸的增速回路引入成对的辅助液压缸实现增速。自重充液增速回路常用于质量大的立式运动部件中，引入高位油箱对液压缸上腔补油以实现增速。它们的回路如图10-41所示。

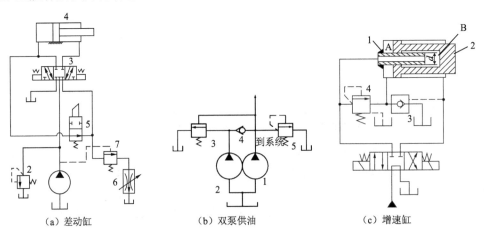

（a）差动缸　　　　　　　　（b）双泵供油　　　　　　　　（c）增速缸

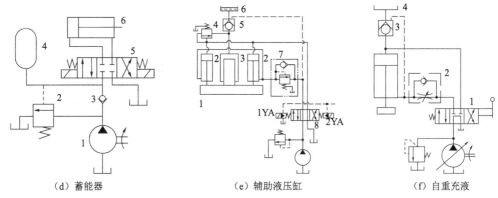

（d）蓄能器　　　　　（e）辅助液压缸　　　　　（f）自重充液

图 10-41　快速运动回路

3. 速度转换回路

速度转换回路用来实现运动速度的变换，即在原来设计或调好的几种运动速度中，从一种速度换成另一种速度，包括快进与工进之间的转换。对这种回路的要求是速度换接要平稳，即不允许在速度变换的过程中有前冲（速度突然增加）现象。

快进与工进转换可以用电磁阀与调速阀并联实现，也可以采用行程阀（机动换向阀）切换实现，如图 10-42 所示。而二次工进速度换接回路则可以采用调速阀串联或并联实现，如图 10-43 所示。串联时，第二次工进速度只能小于第一次工进速度；并联时，两种进给速度可以分别调整，互不影响，工作部件有时会出现突然前冲现象。

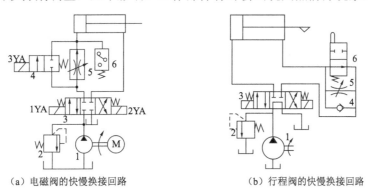

（a）电磁阀的快慢换接回路　　　　　　（b）行程阀的快慢换接回路

图 10-42　快进与工进转换回路

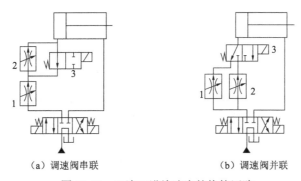

（a）调速阀串联　　　　　　　　（b）调速阀并联

图 10-43　二次工进给速度的换接回路

10.6.3　方向控制回路

在液压系统中，利用方向阀控制油液的流通、切断和换向，从而控制执行元件的启动、停止及改变执行元件运动方向的回路，称为方向控制回路。高品质的方向控制回路要求方向控制迅速、位置准确和运动平稳无冲击。方向控制回路有换向回路和锁紧回路。

1. 换向回路

运动部件的换向，一般可采用各种换向阀来实现。在容积调速的闭式回路中，也可以利用双向变量泵控制油液的流动方向来实现液压缸（或液压马达）的换向。

依靠重力或弹簧返回的单作用液压缸，可以采用二位三通电磁换向阀进行换向，如图 10-44（a）所示。双作用液压缸的换向，一般都可采用二位四通（或五通）及三位四通（或五通）换向阀来进行换向，如图 10-44（b）所示，按不同用途还可选用各种不同的控制方式的换向回路。电磁换向阀使用方便但电磁阀运动快，换向时会有冲击。因此，换向阀一般不宜频繁使用，但是换向阀在自动化程度要较高的组合机床液压系统中被普遍使用。

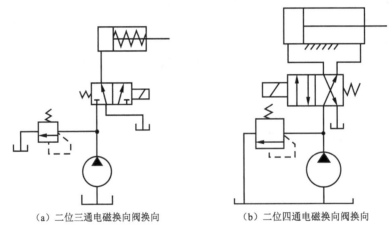

（a）二位三通电磁换向阀换向　　　　　　　　（b）二位四通电磁换向阀换向

图 10-44　换向回路

对于流量较大和换向平稳性要求较高的场合，电磁换向阀的换向回路已不能适应上述要求，往往采用手动换向阀或机动换向阀作先导阀，而以液动换向阀为主阀的换向回路，或者采用电液动换向阀的换向回路。

图 10-45 所示为手动转阀（先导阀）控制液动换向阀的换向回路。回路中用辅助泵 2 提供低压控制油，通过转阀 3（三位四通转阀）来控制液动换向阀 4 的阀芯移动，实现主油路的换向，当转阀 3 在右位时，控制油进入液动阀 4 的左端，右端的油液经转阀回油箱，使液动换向阀 4 左位接入工件，活塞下移。当转阀 3 切换至左位时，即控制油使液动换向阀 4 换向，活塞向上退回。当转阀 3 中位时，液动换向阀 4 两端的控制油通油箱，在弹簧力的作用下，其阀芯回复到中位、主泵 1 卸荷。这种换向回路，常用于大型压机上。

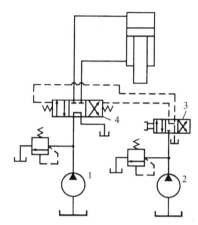

图 10-45　手动转阀（先导阀）控制液动换向阀的换向回路

1.主泵；2.辅助泵；3.转阀；4.换向阀

2. 锁紧回路

为了使工作部件能够在任意位置上停留，以及在停止工作时防止在受力的情况下发生移动，可以采用锁紧回路。

图 10-46 为采用 O 型或 M 型机能的三位换向阀，当阀芯处于中位时，液压缸的进、出口都被封闭，液压缸两腔都充满油液，可以将活塞锁紧，不同的是前者液压泵不卸荷，并联的其他元件不受影响，后者液压泵卸荷。这种闭锁回路结构简单，但由于换向阀密封性差，存在泄漏，所以闭锁效果较差。

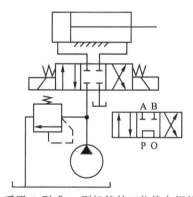

图 10-46　采用 O 型或 M 型机能的三位换向阀的锁紧回路

图 10-47 是采用 H 型液控单向阀的锁紧回路。在液压缸的进、回油路中都串接液控单向阀（又称液压锁），活塞可以在行程的任何位置锁紧。其锁紧精度只受液压缸内少量的内泄漏影响，因此，锁紧精度较高。采用液控单向阀的锁紧回路，换向阀的中位机能应使液控单向阀的控制油液卸压（换向阀采用 H 型或 Y 型），此时，液控单向阀便立即关闭，活塞停止运动。假如采用 O 型机能，在换向阀中位时，由于液控单向阀的控制腔压力油被闭死而不能使其立即关闭，直至由换向阀的内泄漏使控制腔泄压后，液控单向阀才能关闭，从而影响其锁紧精度。

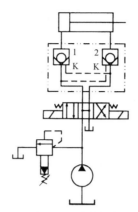

图 10-47　采用液控单向阀的锁紧回路

10.6.4　多缸运动回路

某些机械，特别是自动化机床，在一个工作循环中往往有两个及两个以上的执行元件工作，控制多个执行元件的回路包括多缸顺序动作回路、多缸同步回路、多缸快慢速互不干涉回路。

1. 顺序动作回路

在多缸液压系统中，往往需要按照一定的要求顺序动作。例如，自动车床中刀架的纵横向运动、夹紧机构的定位和夹紧，等等。顺序动作回路按其控制方式不同，分为压力控制、行程控制和时间控制三类，其中前两类用得较多。

1）用压力控制的顺序动作回路

压力控制就是利用油路本身的压力变化来控制液压缸的先后动作顺序，它主要利用压力继电器和顺序阀来控制顺序动作，如图 10-48 所示。

图 10-48（a）是用压力继电器控制的机床夹紧、进给系统（顺序回路），要求的动作顺序是：先将工件夹紧，然后动力滑台进行切削加工，动作循环开始时，二位四通电磁阀处于图示位置，液压泵输出的压力油进入夹紧缸的右腔，左腔回油，活塞向左移动，将工件夹紧。夹紧后，液压缸右腔的压力升高，当油压超过压力继电器的调定值时，压力继电器发出信号，指令电磁阀的电磁铁 2DT、4DT 通电，进给液压缸动作。油路中要求先夹紧后进给，工件没有夹紧则不能进给，这一严格的顺序是由压力继电器保证的。压力继电器的调整压力应比减压阀的调整压力低 $3 \times 10^5 \sim 5 \times 10^5$ Pa。

图 10-48（b）是采用两个单向顺序阀的压力控制顺序动作回路。其中单向顺序阀 4 控制两液压缸前进时的先后顺序，单向顺序阀 3 控制两液压缸后退时的先后顺序。当电磁换向阀通电时，压力油进入液压缸 1 的左腔，右腔经阀 3 中的单向阀回油，此时由于压力较低，顺序阀 4 关闭，缸 1 的活塞先动。当液压缸 1 的活塞运动至终点时，油压升高，达到单向顺序阀 4 的调定压力时，顺序阀开启，压力油进入液压缸 2 的左腔，右腔直接回油，缸 2 的活塞向右移动。当液压缸 2 的活塞右移达到终点后，电磁换向阀断电

复位，此时压力油进入液压缸 2 的右腔，左腔经阀 4 中的单向阀回油，使缸 2 的活塞向
左返回，到达终点时，压力油升高打开顺序阀 3 再使液压缸 1 的活塞返回。这种顺序动
作回路的可靠性，在很大程度上取决于顺序阀的性能及其压力调整值。顺序阀的调整压
力应比先动作的液压缸的工作压力高 $8×10^5 \sim 10×10^5$ Pa，以免在系统压力波动时，发生
误动作。

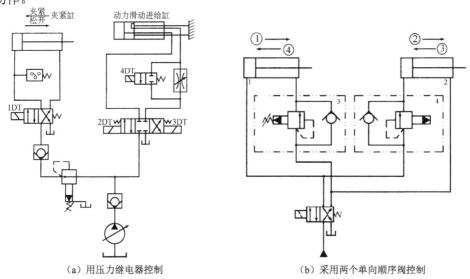

（a）用压力继电器控制　　　　　　　（b）采用两个单向顺序阀控制

图 10-48　用压力控制的顺序动作回路

2）用行程控制的顺序动作回路

行程控制顺序动作回路是利用工作部件到达一定位置时，发出信号来控制液压缸的
先后动作顺序，它可以利用行程开关、行程阀或顺序缸来实现。

图 10-49 是利用行程开关发信来控制电磁阀先后换向的顺序动作回路。其动作顺序
是：按启动按钮，电磁铁 1DT 通电，缸 1 活塞右行；当挡铁触动行程开关 2XK，使 2DT
通电，缸 2 活塞右行；缸 2 活塞右行至行程终点，触动 3XK，使 1DT 断电，缸 1 活塞
左行；而后触动 1XK，使 2DT 断电，缸 2 活塞左行。至此完成了缸 1、缸 2 的全部顺序
动作的自动循环。采用电气行程开关控制的顺序回路、调整行程大小和改变动作顺序均
甚方便，且可利用电气互锁使动作顺序可靠。

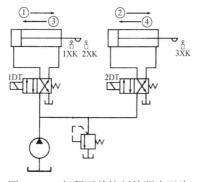

图 10-49　行程开关控制的顺序回路

2. 同步运动回路

使两个或两个以上的液压缸，在运动中保持相同位移或相同速度的回路称为同步运动回路。在一泵多缸的系统中，尽管液压缸的有效工作面积相等，但是由于运动中所受负载不均衡，摩擦阻力也不相等，泄漏量的不同及制造上的误差，等等，不能使液压缸同步动作。同步回路的作用就是为了克服这些影响，补偿它们在流量上所造成的变化。

1）串联液压缸的同步回路

图 10-50 是两种串联液压缸的同步回路。

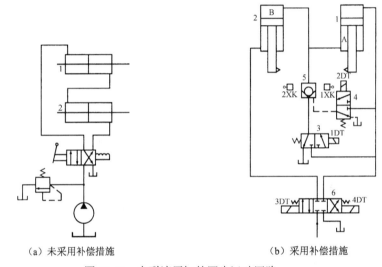

（a）未采用补偿措施　　　　　　（b）采用补偿措施

图 10-50　串联液压缸的同步运动回路

图 10-50（a）是串联液压缸的同步运动回路。图中第一个液压缸回油腔排出的油液，被送入第二个液压缸的进油腔。如果串联油腔活塞的有效面积相等，便可实现同步运动。这种回路两缸能承受不同的负载，但泵的供油压力要大于两缸工作压力之和。

由于泄漏和制造误差影响了串联液压缸的同步精度，当活塞往复多次后，会产生严重的失调现象，为此要采取补偿措施。图 10-50（b）是两个单作用缸串联，并带有补偿装置的同步运动回路。为了达到同步运动，缸 1 有杆腔 A 的有效面积应与缸 2 无杆腔 B 的有效面积相等。在活塞下行的过程中，如液压缸 1 的活塞先运动到底，触动行程开关 1XK 发信，使电磁铁 1DT 通电，此时压力油便经过二位三通电磁阀 3、液控单向阀 5 向液压缸 2 的 B 腔补油，使缸 2 的活塞继续运动到底。如果液压缸 2 的活塞先运动到底，触动行程开关 2XK，使电磁铁 2DT 通电，此时压力油便经二位三通电磁阀 4 进入液控单向阀的控制油口，液控单向阀 5 反向导通，使缸 1 能通过液控单向阀 5 和二位三通电磁阀 3 回油，使缸 1 的活塞继续运动到底，对失调现象进行补偿。

2）流量控制式同步运动回路

图 10-51（a）是两个并联的液压缸，分别用调速阀控制的同步运动回路。两个调速阀分别调节两缸活塞的运动速度，当两缸有效面积相等时，则流量也调整得相同；若两缸面积不等时，则改变调速阀的流量也能达到同步运动。用调速阀控制的同步运动回路，

结构简单，并且可以调速，但是由于受油温变化及调速阀性能差异等影响，同步精度较低，一般在 5%～7%。

图 10-51（b）为用电液比例调整阀实现同步运动回路。回路中使用了一个普通调速阀 1 和一个比例调速阀 2，它们装在由多个单向阀组成的桥式回路中，并分别控制着液压缸 3 和 4 的运动。当两个活塞出现位置误差时，检测装置就会发出信号，调节比例调速阀的开度，使缸 4 的活塞跟上缸 3 活塞的运动而实现同步。这种回路的同步精度较高，位置精度可达 0.5 mm，已能满足大多数工作部件所要求的同步精度。比例调整阀性能虽然比不上伺服阀，但费用低，系统对环境适应性强。

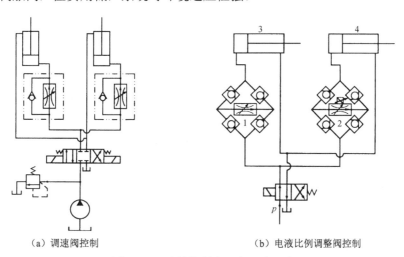

（a）调速阀控制　　　　　　　　　　　　（b）电液比例调整阀控制

图 10-51　流量控制式同步运动回路

3. 多缸快慢速互不干涉回路

在一泵多缸的液压系统中，往往由于其中一个液压缸快速运动时，会造成系统的压力下降，影响其他液压缸工作进给的稳定性。因此，在工作进给要求比较稳定的多缸液压系统中，必须采用快慢速互不干涉回路。

在图 10-52 所示的回路中，各液压缸分别要完成快进、工作进给和快速退回的自动循环。回路采用双泵的供油系统，泵 1 为高压小流量泵，供给各缸工作进给所需的压力油；泵 2 为低压大流量泵，为各缸快进或快退时输送低压油，它们的压力分别由溢流阀 3 和 4 调定。

当开始工作时，电磁阀 1DT、2DT 和 3DT、4DT 同时通电，液压泵 2 输出的压力油经单向阀 6 和 8 进入液压缸的左腔，此时两泵供油使各活塞快速前进。当电磁铁 3DT、4DT 断电后，由快进转换成工作进给，单向阀 6 和 8 关闭，工进所需压力油由液压泵 1 供给。如果其中某一液压缸（如缸 A）先转换成快速退回，即换向阀 9 失电换向，泵 2 输出的油液经单向阀 6、换向阀 9 和阀 11 的单向元件进入液压缸 A 的右腔，左腔经换向阀回油，使活塞快速退回。

而其他液压缸仍由泵 1 供油，继续进行工作进给。这时，调速阀 5（或 7）使泵 1 仍然保持溢流阀 3 的调整压力，不受快退的影响，防止了相互干扰。在回路中调速阀 5

和 7 的调整流量应适当大于单向调速阀 11 和 13 的调整流量，这样，工作进给的速度由阀 11 和 13 来决定，这种回路可以用在具有多个工作部件各自分别运动的机床液压系统中。换向阀 10 用来控制 B 缸换向，换向阀 12、14 分别控制 A、B 缸快速进给。

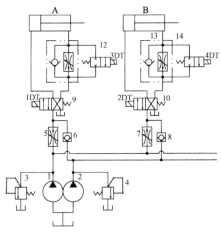

图 10-52　防干扰回路

10.7　气动基本回路

气动基本回路是由气动元件组成能完成特定功能的典型气路结构，包括换向回路、压力控制回路、力与转矩控制回路、速度控制回路、同步控制回路、位置控制回路、往复动作回路和真空回路等。

10.7.1　换向回路

换向回路是利用换向阀实现气动执行元件运动方向的变化。

图 10-53 为单作用气缸换向回路。图 10-53（a）为用二位三通电磁阀控制的单作用气缸上、下回路。该回路中，当电磁铁得电时，气缸向上伸出，失电时气缸在弹簧作用下返回，图 10-53（b）为三位四通电磁阀控制的单作用气缸上、下和停止的换向回路，该阀在两电磁铁均失电时自动复位，使气缸停于任何位置，但定位精度不高，且定位时间不长。

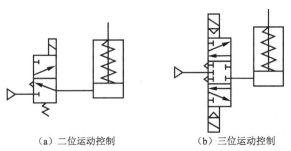

（a）二位运动控制　　　　　（b）三位运动控制

图 10-53　单作用气缸换向回路

图 10-54 为双作用气缸的换向回路。图 10-54（a）通过对换向阀左右两侧分别输入控制信号，使气缸活塞伸出和缩回。此回路不允许两边同时加等压控制信号。图 10-54（b）则允许两边同时加等压控制信号，此时，换向阀位于中位，封闭通路，使活塞在行程中停止。

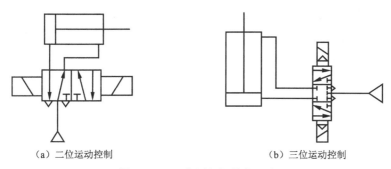

（a）二位运动控制　　　　　　　　　　　（b）三位运动控制

图 10-54　双作用气缸换向回路

图 10-55（a）所示为气马达单方向旋转回路，采用二通电磁阀实现转停控制，马达转速用节流阀来调整。图 10-55（b）和图 10-55（c）所示分别为采用两个二位三通阀和一个三位五通阀来控制气马达正反转的回路。

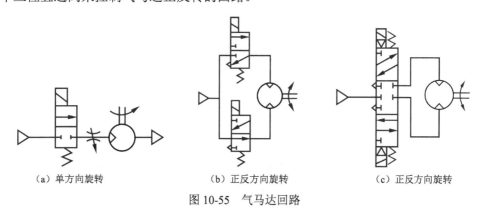

（a）单方向旋转　　　　　　（b）正反方向旋转　　　　　　（c）正反方向旋转

图 10-55　气马达回路

差动回路是指气缸的两个运动方向采用不同压力供气，从而利用差压进行工作的回路，如图 10-56 所示。当双作用缸仅在活塞的一个移动方向上有负载时，采用该回路可减少空气的消耗量。但是在气缸速度比较低的时候，容易产生爬行现象。

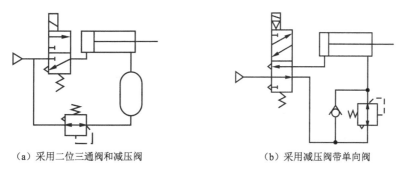

（a）采用二位三通阀和减压阀　　　　　　　　　（b）采用减压阀带单向阀

图 10-56　差动回路

图 10-56（a）是采用二位三通阀和减压阀组成的差动回路。气缸有杆腔由减压阀设定为较低的供气压力。电磁阀通电时高压空气流入气缸无杆腔，活塞杆伸出。电磁阀断电时气缸无杆腔的高压空气经排气口排出，活塞在较低的供气压力作用下缩回。在气缸伸出的过程中，如果气缸有杆腔的配管容积小，有杆腔的压力上升使气缸两腔压力达到平衡状态，气缸将停止运动。为防止该现象的产生，可以设置气罐。图 10-56（b）是采用减压阀带单向阀的差动回路，电磁阀断电后，气缸以较低供气压力缩回。

10.7.2 压力控制回路

压力控制回路的作用是使系统保持在某一规定的压力范围内。

1）一次压力调节回路

如图 10-57 所示，用外控溢流阀或用电接点压力表控制贮气罐的压力，使之不超过气源装置规定的压力值。用减压阀串联在回路中，为设备提供稳定的低于主系统的工作压力。这种回路工作可靠，但气量浪费大，电接点压力表对电机与其控制要求高，所以常用于小型空气压缩机。

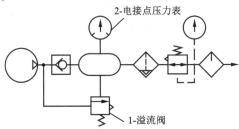

图 10-57 一次压力调节回路

2）二次压力控制回路

如图 10-58 所示，二次压力控制是指把空气压缩机输送出来的压缩空气经一次压力控制后作为减压阀的输入压力，再经减压阀减压后，得到气动控制系统所需要的二次压力。二次压力控制回路通常由气动三大件（即空气过滤器、减压阀和油雾器）组成。在组合时 3 个元件的相对位置不能改变，由于空气过滤器的过滤精度较高，所以在它的前面还要加一级粗过滤装置。若控制系统不需要油雾润滑，则可省去油雾器或在油雾器之前用三通接头引出支路。

（a）二次压力调节回路　　　　　　　　　　　　　（b）简图

图 10-58 二次压力调节回路及其简图

3）稳压回路

图 10-59 所示为稳压回路，用于供气压力变化大或气动系统瞬时耗气量很大的场合。

在过滤器和减压阀的前面或后面设置气罐，以稳定工作压力。

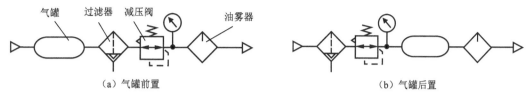

（a）气罐前置　　　　　　　　　　　　　　　　（b）气罐后置

图 10-59　稳压回路

4）卸荷回路

图 10-60 为用闭式二位二通阀组成的气源卸荷回路，当需要气源排空时，使电磁阀通电，并将阀门打开，使气源处于卸荷状态。

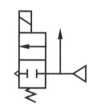

图 10-60　气源卸荷回路

5）高、低压力控制回路

当系统中同时需要高、低压力时，就需引入由多个减压阀控制，实现多个压力同时输出的控制回路，如图 10-61（a）所示。

当系统中可能需要高、低压力，就需要利用换向阀和减压阀实现高低压切换控制回路，如图 10-61（b）所示。

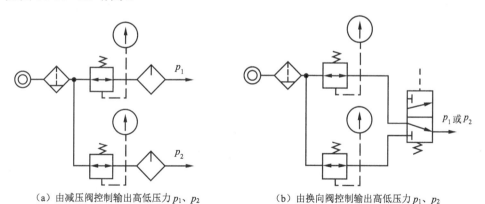

（a）由减压阀控制输出高低压力 p_1、p_2　　　　（b）由换向阀控制输出高低压力 p_1、p_2

图 10-61　高、低压力控制回路

6）增压回路

如图 10-62 所示，压缩空气经电磁换向阀进入增压缸 2 或 3 的活塞端，推动活塞杆把串联在一起的小活塞的液压油压入工作缸的无杆腔或有杆腔，使活塞在高压下运动。节流阀是调节活塞运动速度的装置。该回路的增压比为 D^2 / D_1^2。

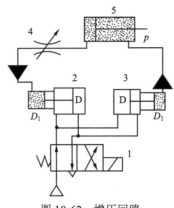

图 10-62　增压回路

7）排出回路

气动系统中用过的压缩空气可直接排入大气，但排气时排出的雾化油分对环境的污染必须加以控制。另外，排气会引起噪声，可采用安装消声器的方法降低噪声，如图 10-63 所示。排气回路中常加有过滤装置除油，减少排出的油分对周围环境的污染。在食品、医药和半导体等应用场合，应尽量采用不供油润滑的空气压缩机和不供油气动元件，以尽量减少排气对产品的不良影响。

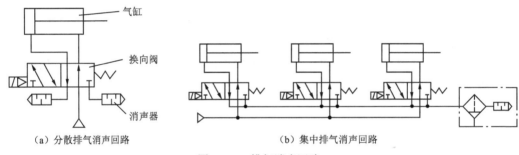

（a）分散排气消声回路　　　　　　　　　（b）集中排气消声回路

图 10-63　排气消声回路

8）平衡回路

平衡回路是指保持外负载与气缸压力所产生的力相平衡，保持气缸速度或位置的回路。气动平衡回路不同于液压回路，由于空气的压缩性，从理论上说，只要气缸内压与负载稍有不同，就会发生移动，但实际上因活塞的摩擦阻力，气缸可以在平衡点附近一个小的范围内保持停止状态。图 10-64 是平衡回路。在负载移动剧烈的装置中，有时也采用气液转换回路或气液阻尼缸。

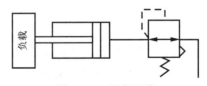

图 10-64　平衡回路

10.7.3　力与转矩控制回路

1. 力控制回路

气动系统一般压力较低，所以经常通过改变执行元件的受力面积来增加输出力。

1）串联气缸回路

如图 10-65 所示，三段活塞缸串联气缸的增力回路通过控制电磁阀的通电个数，实现对分段式活塞缸的活塞杆输出推力的控制。初始，气体充满第一段（右边）活塞缸的右腔，阀 3 开始电磁铁通电，工作右位，第三段（左边）活塞缸的左腔充气，活塞向右移动，待与第一段（右边）活塞缸的右腔等压力后停止；接着阀 2 电磁铁通电，工作右位，第二段活塞缸的左腔充气，活塞继续向右移动，待与第一段（右边）活塞缸的右腔等压力后停止；最后接着阀 1 电磁铁通电，工作右位，第一段活塞缸的左腔充气，活塞继续向右移动，待与第一段（右边）活塞缸的右腔等压力后停止。由此，串联气缸增力倍数就是缸的串联段数。回程时，阀的电磁铁断电顺序是阀 1、阀 2、阀 3。

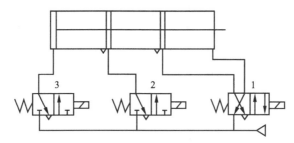

图 10-65　三段活塞缸串联气缸的增力回路

2）增压器增力回路

当压缩空气的压力较低，或气缸设置在狭窄的空间里，不能使用较大面积的气缸，而又要求很大的输出力时，可采用增压器。增压器可分为气体增压器和气液增压器。气液增压器高压侧用液压油，以实现从低压空气到高压油的转换。

图 10-66（a）为采用气体增压器的增压回路。气体增压器的输入气体压力为驱动源，根据输出压力侧受压面积小于输入压力侧受压面积的原理，得到大于输入压力的增压装置。它可以通过内置换向阀实现连续供给。五通电磁阀通电，气控信号使三通阀换向，经增压器增压后的压缩空气进入气缸无杠腔。五通电磁阀断电，气缸在较低的供气压力作用下缩回，可以达到节能的目的。

图 10-66（b）气液增压器增力回路利用气液增压器 1 把较低的气压变为较高的液压力，提高了气液缸 2 的输出力。初始，气体充满气缸 2 的右腔，当液控阀下位工作时，压缩气体通入气缸 1 的上腔，使活塞下腔的油液通过节流阀进入气缸 2 的左腔，从而实现活塞杆增力。使用该增力回路时，必须把工作缸所需容积限制在增压器容量以内，并留有足够裕量；油、气关联部密封要好，油路中不得混入空气。

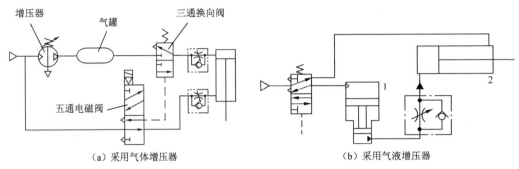

（a）采用气体增压器　　　　　　　　　（b）采用气液增压器

图 10-66　增力回路

3）冲压回路

冲压回路，主要用于薄板冲床、压力机等。由于在实际冲压过程中，往往仅在最后很小一段行程里做功，其他行程不做功。因而宜采用低压-高压二级回路，无负载时低压，做功时高压。

如图 10-67 所示为冲压回路，电磁换向阀通电后，压缩空气进入气液转换器，使工作缸动作。当活塞前进到某一位置，触动三通高低压转换阀时。该阀动作，压缩空气供入增压器，使增压器动作。由于增压器活塞动作，气液转换器到增压器的低压液压回路被切断（内部结构实现），高压油作用于工作缸进行冲压做功。当电磁阀复位时，气压进入增压器活塞及工作缸的回程侧，使之分别回程。

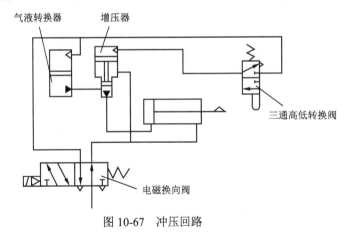

图 10-67　冲压回路

4）冲击回路

图 10-68 为冲击回路，它利用气缸的高速运动给工件以冲击。此回路由压缩空气的储气罐、快速排气阀及操纵气缸的换向阀组成。置缸在初始状态时，由于机械式换向阀处于压下状态，气缸活塞杆一侧通大气。二位五通电磁阀通电后，三通气控阀换向，气罐内的压缩空气快速流入冲击气缸，气缸启动，快速排气阀快速排气，活塞以极高的速度运动，该活塞具有的动能给出很大的冲击力。使用该回路时，应尽量缩短各元件与气缸之间的距离。

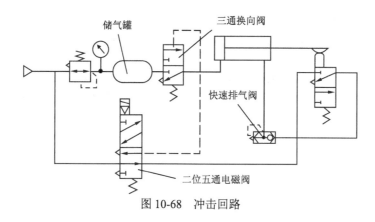

图 10-68 冲击回路

2. 转矩控制回路

1）气马达转矩控制回路

气马达是产生转矩的气动执行元件。一般情况下，对于已选定的气马达，其转矩是由进排气压差决定的。图 10-69 为活塞式气马达转矩控制回路。通过改变减压阀设定压力，即可改变气马达的输出转矩。

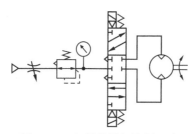

图 10-69 气马达转矩控制回路

2）摆动马达转矩控制回路

摆动马达转矩控制与气马达类似，通过调节供气压力来改变输出转矩。图 10-70 为其转矩控制回路。在转矩控制回路中，摆动马达的速度控制可参考速度控制回路。

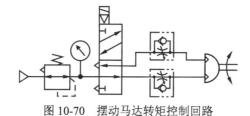

图 10-70 摆动马达转矩控制回路

10.7.4 速度控制回路

控制气缸速度包括调速与稳速两部分。调速的一般方法是改变气缸进排气管路的阻力。因此，利用调速阀或节流阀等流量控制阀来改变进排气管路的有效截面积，即可实现调速控制。气缸的稳速控制通常是采用气液转换的方法，克服气体可压缩的缺点，利用液体的特性来稳定速度。

1. 单作用气缸速度控制回路

如图 10-71（a）所示为两反向安装单向节流阀分别控制活塞杆的伸出和缩回速度，进气与排气均节流。图 10-71（b）为快排气阀单向节流调速回路，活塞伸出时可调速，活塞缩回时通过快排气阀快速返回。

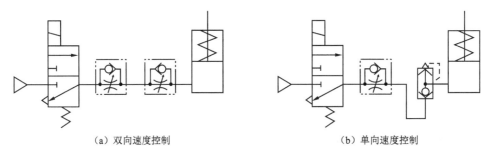

（a）双向速度控制　　　　　　　　　　　　　（b）单向速度控制

图 10-71　单作用气缸速度控制回路

2. 双作用气缸的速度控制回路

双作用气缸一般采用排气节流调速回路，可使活塞运动较平稳，比进气节流调速效果好，如图 10-72 所示。图 10-72（a）为换向阀前节流控制回路，它是采用单向节流阀式的双节流调速回路，在排气节流时，排气腔内会产生与负载相适应的背压，在负载保持不变或微小变动的条件下，运动比较平稳，调节节流阀的开度即可调节气缸往复运动速度；图 10-72（b）为换向阀后节流控制回路，它是采用排气节流阀的双向调速回路，但在管路比较长时，较大的管内容积会对气缸的运行速度产生影响，此时不宜采用排气节流阀控制。为了提高气缸的速度，可以在气缸出口安装快速排气阀，这样气缸内气体可通过快速排气阀直接排放。图 10-72（c）为采用快速排气阀构成的气缸快速返回回路。

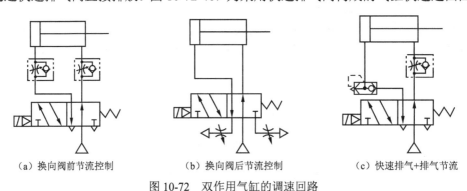

（a）换向阀前节流控制　　　（b）换向阀后节流控制　　　（c）快速排气+排气节流

图 10-72　双作用气缸的调速回路

3. 缓冲回路

如图 10-73 所示，当活塞伸出时，气缸有杆腔的气腔经机控换向阀和三位五通换向阀排空。当活塞运动到末端时，活塞杆压下机控换向阀，气缸有杆腔的气体则必须经单向节流阀和三位五通阀排空。由于节流阀的节流作用，使通过节流阀的气体流速变慢，活塞运动速度得到缓冲。调整机控阀的安装位置，可改变缓冲的开始时间。

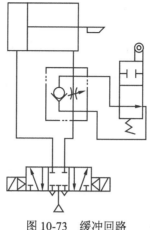

图 10-73　缓冲回路

4. 气液联动稳速回路

在气动回路中，若采用气液转换器或气液阻尼缸后，就相当于把气缸传动转换成液压传动，就能使执行元件的速度调节更加稳定，运动也更加平稳。

1）气液转换器的速度控制回路

如图 10-74 所示，利用气液转换器将气压变成液压，利用液压油驱动液压缸，得到平稳易于控制的活塞运动速度，调节节流阀可改变活塞的运动速度。通过调节两个节流阀的开度实现气缸两个运动方向的速度控制。采用此回路时应注意气液转换器的容积应大于液压缸的容积，气、液间的密封要好，避免气体混入油中。

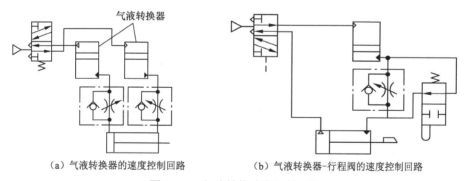

（a）气液转换器的速度控制回路　　　　（b）气液转换器-行程阀的速度控制回路

图 10-74　气液转换速度控制回路

2）气液阻尼缸的速度控制回路

图 10-75 为气液阻尼缸的速度控制回路，气缸是动力缸，油缸是阻尼缸，气缸、油缸串联在一起。图 10-75（a）利用液压油不可压缩的特点实现慢进快退。气控阀工作在右位时，由单向节流阀调速实现慢进，而气控阀工作在左位时，实现快退。在单向节流阀处在串联一个相对的单向节流阀，便可实现双向调速。图 10-75（b）利用液压油不可压缩的特点实现快进变慢退。气控阀工作在右位时，活塞快速向左运动，运动到 a 处时，

液压油将经 b 处节流阀流回液压缸的右腔，活塞退回速度变慢，其程度由节流阀调节；气控阀工作在左位时，实现快进。

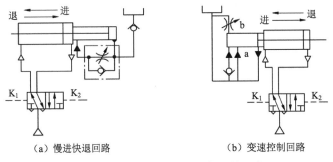

（a）慢进快退回路　　　　　　　　（b）变速控制回路

图 10-75　气液阻尼缸的速度控制回路

　　图 10-76 为气液缸并联且有中间位置停止的变速回路。此回路采用两缸并联形式，调节连接液压缸两腔回路中设置的可变节流阀即可实现速度控制。气缸活塞杆端滑块空套在液压阻尼缸活塞杆上，当气缸运动到调节螺母 2 处时，气缸由快进转为慢进。液压阻尼缸流量由单向节流阀控制，蓄能器能调节阻尼缸中油量的变化。此种回路比串联形式结构紧凑，气、液不易相混，但如果安装时两缸轴线不平行，会由于机械摩擦导致运动速度不平稳。

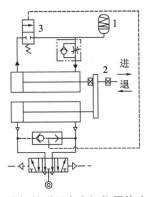

图 10-76　气液缸并联且有中间位置停止的变速回路

10.7.5　同步控制回路

　　同步控制回路是指控制多个气缸以相同的速度移动或在预定的位置同时停止的回路。由于气体的可压缩性及负载的变化等因素，单纯利用调速阀来调节气缸的速度以达到各缸同步的方法是很难实现的。实现同步控制的可靠方法是采用气动与机械机构并用、气液转换或气液阻尼缸等方法。

1. 气动与机械机构并用方法

　　图 10-77 为使用刚性连接的同步控制回路。该回路采用同轴齿轮连接两活塞杆上齿条达到气缸位移同步。虽然机构存在一定的机械误差，但能可靠地实现同步控制。

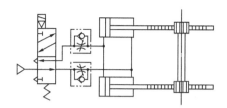

图 10-77　使用刚性连接的同步控制回路

2. 气液转换同步控制回路

图 10-78 为气液转换同步控制回路。该回路缸 1 下腔与缸 2 上腔采用配油管连接，此结构只要保证两缸的缸径、活塞直径相同就可实现同步。

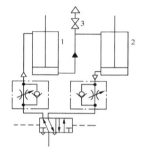

图 10-78　气液转换同步控制回路

3. 气液阻尼缸同步控制回路

图 10-79 是一种使工作台水平升降的气液阻尼缸同步控制回路。该回路使用两个气缸与液压缸串联而成的同步气液缸使承受不对称负载（$F_1 \neq F_2$）的工作台水平升降。当三位五通电磁阀 A 端电磁铁通电后，压缩空气通过管路自下而上作用在两个气液缸的气缸活塞的无杆腔，使之克服各自的负载向上运动。此时，来自梭阀 9 的控制气压使常开式二通阀 3 和 4 关闭，所以气液缸 7 和 8 的液压缸部分的上侧液压油分别被压送到 7 和 8 的液压缸部分的下侧，可以保证缸 7 和 8 向上同步移动。同理电磁阀的 B 端电磁铁通电时，可以保证缸向下同步移动。这种上下运动中由于泄漏造成的液压油不足可在电磁阀不通电的图示状态下从油箱 2 自动补充。为了排出液压缸中的空气，需设置放气塞 5 和 6。

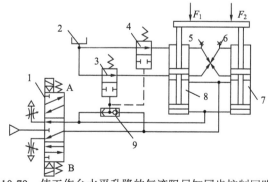

图 10-79　使工作台水平升降的气液阻尼缸同步控制回路
1.换向阀；2.油箱；3，4.二通阀；5，6.放气阀；7，8.气液缸；9.梭阀

10.7.6 位置控制回路

由于空气的可压缩性，纯气动控制方式一般用在控制精度要求不高的场合，而对精度要求较高的场合，则引入气液转换器。气动位置控制包括阀控气压方式、内外部挡块方式、锁定机构方式（包括制动）和气液变换方式等，还有采用闭环控制系统的方式。

1. 采用三位阀的方法

图 10-80（a）为使用中位封闭式三位五通阀的位置控制回路。当阀处于中位时，气缸两腔的压缩空气被封闭，活塞可以停留在行程中的某一位置。这种回路不允许系统有内泄漏，否则气缸将偏离原停止位置。另外，由于气缸活塞两端作用面积不同，阀处在中位后活塞仍可能移动一段距离。为此，可以在活塞面积较大的一侧和控制阀之间增设调压阀，使作用在活塞上的合力为零，如图 10-80（b）所示。当使用对称气缸（活塞两侧作用面积相等）时，可采用图 10-80（c）的中位加压式（也可使用中位封闭式）三位五通换向阀。

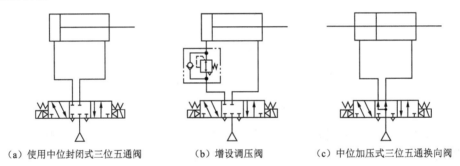

（a）使用中位封闭式三位五通阀　　（b）增设调压阀　　（c）中位加压式三位五通换向阀

图 10-80　采用三位阀的位置控制回路

2. 机械挡块方法

图 10-81 为采用机械挡块辅助定位的控制回路。该回路简单可靠，在定位状态下驱动气缸始终压紧挡块，不产生间隙，可以完全停止在确定位置上，其定位精度取决于挡块的机械精度。为防止系统压力过高，使用挡块定位机构应设置安全阀，为保证精度应考虑冲击的吸收及挡块的刚性。

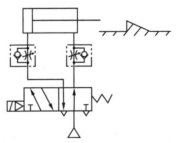

图 10-81　采用挡块的位置控制回路

3. 机械式制动器方法

图 10-82 为气缸内带有制动机构的位置控制回路。当活塞到达期望位置时，气缸上的制动机构靠摩擦力强制活塞杆停止运动。

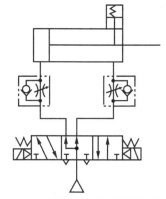

图 10-82　采用制动器的位置控制回路

4. 气液转换方法

图 10-83 为采用气液转换器的位置控制回路。当五通电磁阀和二通电磁阀同时通电时，液压缸活塞杆伸出。液压缸运动到指定位置时，控制信号使二通电磁阀断电，液压缸有杆腔的液体被封闭，液压缸停止运动。反之亦然。

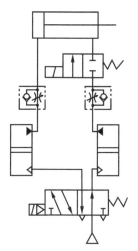

图 10-83　采用气液转换器位置控制回路

5. 比例阀、伺服阀方法

比例阀和伺服阀可连续控制压力或流量的变化，不采用机械式辅助定位也可达到较高精度的位置控制。图 10-84 为采用流量伺服阀的位置控制回路。该回路由气缸、流量伺服阀、位移传感器及计算机控制系统组成。活塞位移由位移传感器获得并输入计算机，计算机按一定算法求得伺服阀的控制信号的大小，从而控制活塞停留在期望的位置上。

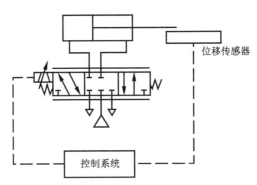

图 10-84　采用流量伺服阀的连续位置控制回路

6. 高速开关阀方法

高速开关阀构成的数字式位置控制系统，是指在一系列给定脉冲信号的作用下，高速开关阀频繁开闭实现压力或流量的连续控制，进而实现气缸活塞位置的控制。根据给定的脉冲信号，可分为脉宽调制（PWM）和脉冲编码调制（PCM）等控制方式。图 10-85 为采用脉宽调制方法的位置控制回路。控制系统输出的脉宽调制信号作用于二位二通阀的电磁线圈上，通过控制两个阀的通断，来控制气缸无杆腔的进气和排气，进而实现气缸位置的控制。

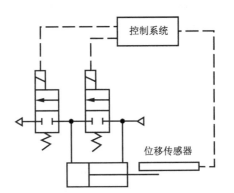

图 10-85　采用 PWM 方法的连续位置控制回路

10.7.7　往复动作回路

1. 单往复动作回路

图 10-86 为三种单往复动作回路。图 10-86（a）是行程阀控制的单往复回路，当按下阀的手动按钮后压缩空气使阀 3 换向，活塞杆向前伸出，当活塞杆上的挡铁碰到行程阀 2 时，阀 3 复位，活塞杆返回。图 10-86（b）是压力控制的往复动作回路，当按下阀 1 的手动按钮后，阀 3 工作在左位，气缸无杆腔进气使活塞杆伸出（右行），同时气压还作用在顺序阀 4 上。当活塞到达终点后，无杆腔压力升高并打开顺序阀，使阀 3 又切换至右位，活塞杆就缩回（左行）。图 10-86（c）是利用延时回路形成时间控制单往复动

作回路，当按下阀 1 的手动按钮后，阀 3 换向，气缸活塞杆伸出，当压下行程阀 2 后，延时一段时间后，阀 3 才能换向，然后活塞杆再缩回。由以上可知，在单往复动作回路中，每按下一次按钮，气缸就完成一次往复动作。

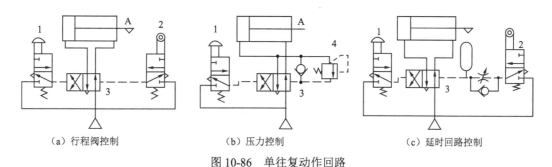

（a）行程阀控制　　　　　　　（b）压力控制　　　　　　　（c）延时回路控制

图 10-86　单往复动作回路

2. 连续往复动作回路

图 10-87 是连续往复动作回路。按下手阀 1，主阀 4 切换，气缸活塞向右运动，此时由于阀 3 复位而将控制气路断开，主阀 4 不复位。当活塞前行至行程终点压下阀 2 时，主阀 4 的控制气体经阀 2 排出，气缸活塞返回，主阀 4 在弹簧作用下复位。当活塞返回至行程终点压下阀 3 时，主阀 4 切换，重复上一循环动作。断开手阀 1，便使往复运动在活塞返回到原位时停止。

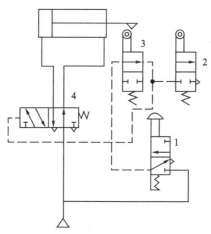

图 10-87　连续往复动作回路

10.7.8　真空回路

真空发生器或真空泵与真空吸盘及一些控制与辅助元件构成真空回路，可以达到吊运物体、移动物体、组装产品的目的。

图 10-88 为真空泵组成的真空回路，采用二位三通阀控制真空吸着和真空破坏。当真空用电磁阀通电后，吸盘将工件吸起；当阀断电时，真空消失，工件依靠自重与吸盘脱离。

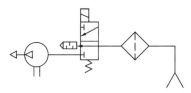

图 10-88　真空泵回路

图 10-89（a）为采用真空发生器组件的回路。当电磁阀 1 通电后，压缩空气通过真空发生器 3，由于气流的高速运动产生真空，真空开关 5 检测真空度发出信号给控制器，吸盘 7 将工件吸起。当电磁阀 1 断电，电磁阀 2 通电时，真空发生器停止工作，真空消失，压缩空气进入真空吸盘，将工件与吸盘吹开。此回路中，过滤器 6 的作用是防止在抽吸过程中将异物和粉尘吸入发生器。完成些回路的功能，也可以采用用三位三通阀控制真空吸着和真空破坏，如图 10-89（b）所示。

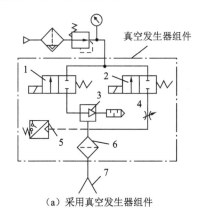

（a）采用真空发生器组件

1，2.电磁阀；3.真空发生器；4.节流阀；5.压力继电器；6.过滤器；7.吸盘

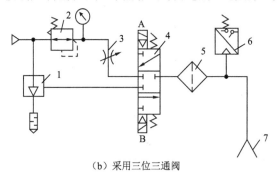

（b）采用三位三通阀

1.真空发生器；2.减压阀；3.节流阀；4.换向阀；5.过滤器；6.真空开关；7.吸盘

图 10-89　由真空发生器组成的回路

在真空回路中，一个真空发生器配一个真空吸盘是理想的。当一个真空发生器带动多个真空吸盘，若其中一个吸盘损坏或发生泄漏，所有吸盘的真空度应都会下降，因而必须采取相应的措施。图 10-90 为采用真空保护阀的回路，当一组吸盘中一个失灵或密封不良，由此产生的气流会压住真空保护阀的膜片，只有少量气体从膜片的小孔通过，从而不影响整个系统的真空状态。

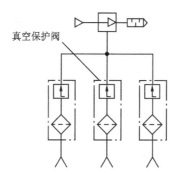

真空保护阀

图 10-90　多个吸盘真空保护阀的回路

10.7.9　特殊气动基本回路

1. 自动和手动并用回路

图 10-91（a）所示为采用五通电磁阀和五通手动阀组成的自动和手动并用回路。五通电磁阀不通电时，气缸处于缩回位置。当五通手动阀换向至左位时，则气缸伸出。也就是说，通过改变手动阀的切换位置，可以改变原来由电磁阀控制的气缸的位置。从而保证系统在电磁阀发生故障时，可以临时用手动阀进行操作，以保证系统的正常运转。

图 10-91（b）所示为采用三通手动阀、三通电磁阀和梭阀控制的自动和手动转换回路。当电磁阀通电时，气缸的动作由电气控制实现；当手动阀操作时，气缸的动作用手动实现。此回路的主要用途是当停电或电磁阀发生故障时，气动系统也可进行工作。

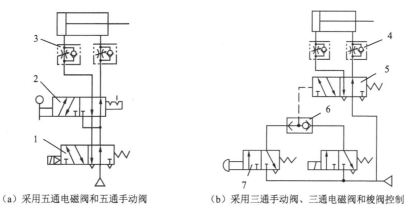

（a）采用五通电磁阀和五通手动阀　　　（b）采用三通手动阀、三通电磁阀和梭阀控制

图 10-91　自动和手动并用回路

2. 延时控制回路

图 10-92（a）为延时输出回路，当控制信号切换阀 4 后，压缩空气经单向节流阀 3 向气容 2 充气。充气压力延时升高到一定值后使阀 1 换向，压缩空气就从该阀输出。

图 10-92（b）为延时退回回路，按在按钮阀 1，主控阀 2 换向，活塞杆伸出至行程终端，挡块压下行程阀 5，其输出的控制气经节流阀 4 向气容 3 充气，当充气压力延时升高到一定值后，阀 2 换向，活塞杆退回。

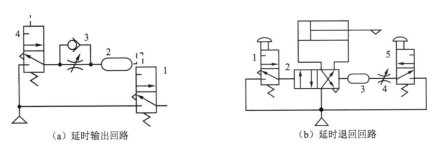

（a）延时输出回路　　　　　　　（b）延时退回回路

图 10-92　延时控制回路

3. 保护回路

气动机构负荷的过载、气压的突然降低及气动执行机构元件的快速动作等原因都可能危及操作人员和设备的安全，因此在启动回路中常常加入安全回路。

1）过载保护回路

图 10-93 为过载保护回路。当活塞杆在伸出过程中，若遇到挡铁 6 或其他情况使气缸过载时，无杆腔压力升高，打开顺序阀 3，使阀 2 换向，阀 4 随即复位，活塞立即缩回，实现过载保护；若无障碍，气缸继续向前运动时压下阀 5，活塞即刻返回。

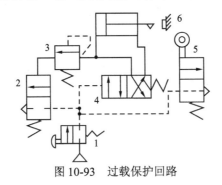

图 10-93　过载保护回路

2）联锁回路

图 10-94 为联锁回路。四通阀的换向受三个串联的机动三通阀控制，只有三个都接通，主控制阀才能换向。

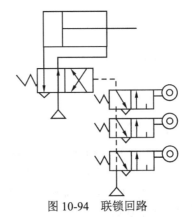

图 10-94　联锁回路

3）互锁回路

图 10-95 为互锁回路，该回路利用梭阀 1、2、3 和换向阀 4、5、6 实现互锁，防止各缸活塞同时动作，保证只有一个活塞动作。

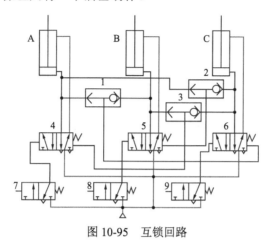

图 10-95　互锁回路

4）双手同时操作回路

双手同时操作回路是使用两个启动用的手动阀，只有同时按动两个阀才动作的回路，这种回路主要是为了保障安全。图 10-96 为三位主控阀的双手操作回路，把此主控换向阀的信号 A 作为手动换向阀 2 和 3 的逻辑与回路，也就是手动换向阀 2 和 3 同时动作时，主控换向阀 1 换向至上位，活塞杆前进；把信号 B 作为换向阀 2 和 3 的逻辑或非回路，即当 2 和 3 同时松开时，主控换向阀 1 换向至下位，活塞杆退回；若手动换向阀 2 或 3 任何一个动作，将使主控阀复位至中位，活塞杆处于停止状态。

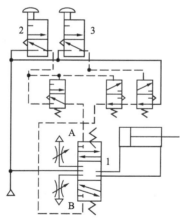

图 10-96　双手操作回路

4. 计数回路

计数回路可以采用气动逻辑元件组成，也可以采用气阀组成。

1）气动逻辑元件组成的计数回路

如图 10-97 所示，设原始状态双稳 SW1 的"0"端有输出 s0，"1"端无输出。其输出反馈使禁门 J1 有输出，J2 无输出。因此，双稳 SW2 的"1"端有输出，"0"端无输出。当有脉冲信号输入给与门时，y1 有输出并切换 SW1 至"1"端，使 s1 有输出。当下一个脉冲信号输入时，又使 SW1 呈现 s0 输出状态，就这样使 SW1 交替输出，起到分频计数的作用。

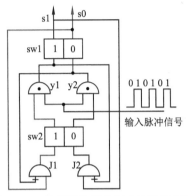

图 10-97　气动逻辑元件组成的计数回路

2）气阀元件组成的计数回路

如图 10-98 所示，假定初始状态为图示状态，第一次按下手动阀 1，高压气体经阀 2、阀 3 到达阀 4 右侧，使阀 4 切换至右位，s1 输出，第 2^0 位输出为 1。与此同时，阀 3 也被切换至右位，但此时阀 3、4 的右侧都处于加压状态，因此阀 4 仍维持 s1 输出状态。当松开阀 1，或经过一段时间后，单向节流阀 7 后的压力升到一定值使阀 2 换向，单向阀 5、6 将随之开启，使阀 3、4 的左右两侧的空气经阀 2（或阀 1）排出。

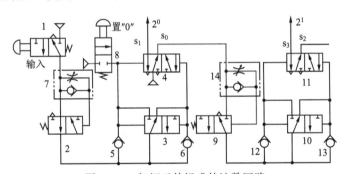

图 10-98　气阀元件组成的计数回路

第二次按下阀 1，因阀 3 已被切换至右位，高压气体进入阀 3、4 的左侧，切换阀 4 使 s0 输出，s1 无输出，使 2^0 位变为 0。阀 4 的输出经阀 9、10 到达阀 11 右侧，使阀 11 切换至右位，使 s3 输出，第 2^1 位为 1。第三次按下阀 1 时，2^0 位也变为 1。

5. 脉冲回路

图 10-99 为脉冲回路，该回路可把长信号变为一个脉冲信号输出，其宽度可由气阻 R 和气容 C 调节。该回路要求长信号的持续时间应大于脉冲宽度。若将该回路制成一个脉冲阀，使用更方便。

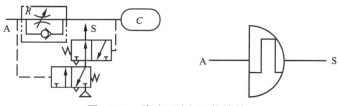

图 10-99　脉冲回路与职能符号

10.8　液压气动传动系统图绘制与识读

在液压气动传动与控制系统中，一般采用标准图形符号或半结构式将各个液压元件及它们之间的连接与控制方式画在图纸上，形成液压气动系统图。其表达方式有三种：结构原理图、职能符号图和装配结构图。其中结构原理图采用结构或半结构式图形画出示意图，这种图直观形象，但图形绘制比较复杂，也不能反映各元件的职能作用，分析系统性能也比较复杂；职能符号图则是脱离元件的具体结构，只表示元件功能，便于阅读分析、设计绘制；装配结构图能准确表达出系统和元件的结构形状、几何尺寸和装配关系，但绘制最复杂，不能直观表示各元件在传动系统中的功能作用，它主要用于施工设计、制造、安装和拆卸、维修等场合。本书重点介绍结构原理图与职能符号图，职能符号遵循 GB/T786.1—2009 规定。

无论是液压系统图还是气动系统图，在对各图形符号所代表元件的名称、功能，对元件的原理、结构及性能有一定了解基础上通过识读便可以系统的功能，并能够结合动作循环表对照分析、判断故障。识图时先要了解除液压或气动系统所要完成的任务。接着按泵、执行机构、控制操纵机构及变量机构、辅助装置的顺序找出系统中的元件及它们相互间的连接关系。对于复杂的系统图，要以执行元件为中心，分解成若干子系统，进行逆向反推，再正向整合理顺形成一个循环。在绘图时，要注意执行元件、控制元件的初始位置，若有电磁控制部分，还要画出相应的电气控制回路。

1. 液压传动系统

液压传动系统按照工作介质循环方式不同，可以分为开式系统和闭式系统。前者的液压泵自油箱吸油，经换向阀送入液压缸，液压缸回油返回油箱，工作油在油箱中冷却及沉淀之后再进入工作循环；后者液压泵的吸油管直接与液压马达相连通，形成闭合回路，通常需要增加一个液压泵以补偿泄漏损失。液压传动系统按照控制方式不同，可分为阀控制系统和泵控系统，前者应更普遍，因为泵控往往要与阀控相结合。

图 10-100 为驱动工作台的液压传动系统的结构原理图和职能符号图，该系统是开式系统，同时也是一个阀控系统，其工作原理为：液压泵由电动机驱动后，从油箱中吸油。油液经滤油器进入液压泵，油液在泵腔中从入口低压到泵出口高压，在换向阀 5 手柄在右位状态下，通过开停阀、节流阀、换向阀进入液压缸左腔，推动活塞使工作台向右移动，这时，液压缸右腔的油经换向阀和回油管 6 排回油箱。如果将换向阀手柄转换成换向阀 5 手柄在左位状态下，则压力管中的油将经过开停阀、节流阀和换向阀进入液压缸

右腔、推动活塞使工作台向左移动，并使液压缸左腔的油经换向阀和回油管 6 排回油箱。

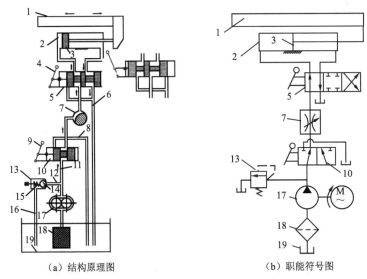

（a）结构原理图　　　　　　　　　（b）职能符号图

图 10-100　驱动工作台的液压传动系统

1.工作台；2.液压缸；3.活塞；4.换向手柄；5.换向阀；6、8、16.回油管；7.节流阀；9.开停手柄；10.开停阀；11.压力管；12.压力支管；13.溢流阀；14.钢球；15.弹簧；17.液压泵；18.滤油器；19.油箱

2. 气动传动系统

图 10-101 为气动剪切机系统的结构原理图和职能符号图。空气压缩机 1 产生的压缩空气→后冷却器 2→油水分离器 3→贮气罐 4→空气过滤器 5→调压阀 6→油雾器 7→气控换向阀 9→气缸 10，此时换向阀 A 腔的压缩空气将阀芯推到上位，使气缸上腔充压，活塞处于下位，剪切机的剪口张开，处于预备状态。当送料机构将工料 11 送入剪切机并到达规定位置时，工料将行程阀 8 的阀芯向右推，换向阀 A 腔经行程阀 8 与大气相通，换向阀阀芯在弹簧的作用下移到下位，将气缸上腔与大气相通，下腔与压缩空气连通。此时活塞带动剪刀快速向上运动将工料切下。工料被切下后，即与行程阀脱开，行程阀复位，将排气口封死。换向阀 A 腔压力上升，阀芯上移，使气路换向。气缸上腔进压缩空气，下腔排气，活塞带动剪刀向下运动，系统又恢复到图示状态，等待第二次进料剪切。

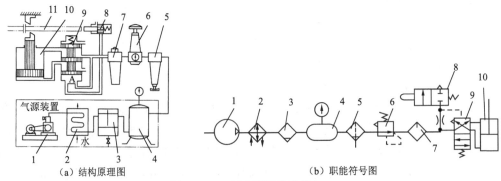

（a）结构原理图　　　　　　　　　（b）职能符号图

图 10-101　气动剪切机系统

1.空气压缩机；2.后冷却器；3.油水分离器；4.贮气罐；5.空气过滤器；6.调压阀；7.油雾器；8.行程阀；9.气孔换向阀；10.气缸；11.工料

10.9　机械传动系统图的绘制与识读

为了清晰地表示机械传动系统中各零件及其相互连接关系，按照《机械制图　机械运动简图符号》（GB4460-84）和（GB138-74）的图形符号绘制机械传动系统各个传动链之间的综合简图，称之为机械传动系统图。图中使用简单的符号表示各种传动元件，且各元件按照运动传递的先后顺序以展开的形式画出来。另外，一般机械传动也需要电气部分，所以还要绘制出电气控制系统回路。

图 10-102 为一带式传输机传动系统图。这个系统按牵引力方式被分为滚筒驱动式，其工作原理是输送带连接成封闭环形，用紧张装置将它们张紧，在电动机 1 的驱动下，通过联轴器 2 将驱动力传递给减速器 3，减速器调整好传动速度之后通过联轴器将驱动力传递到驱动滚筒 4，驱动滚筒开始旋转之后与输送带有了摩擦，输送带与驱动滚简之间的摩擦力使输送带连续运转，从而达到将货载由装载端运到卸载端的目的。

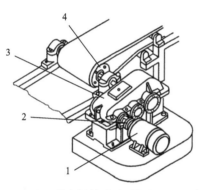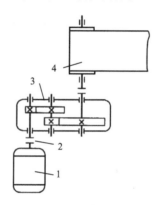

（a）带式传输机传动系统原理图　　　　　　（b）带式传输机传动系统结构简图

图 10-102　带式传输机传动系统
1.电动机；2.联轴器；3.减速器；4.驱动滚轴

10.10　典　型　系　统

10.10.1　C650车床电气系统

1. C650 结构控制要求

车床是机械加工中最常用的一种机床，占机床总数的 20%～35%。在各种机床中用的最多的是普通车床，其中卧式车床是普通车床应用最广泛的一种机床。普通车床加工范围：加工各种轴类、套筒类和盘类零件上的回转表面，如切削内外圆柱面、圆锥面、端面及各种常用公、英制螺纹，还可以钻孔、扩孔、铰孔、滚花等。下面以 C650 型卧式车床为例，进行分析。

1）结构和工作要求

C650 型卧式车床属中型车床。加工件回转半径最大可达 1020 mm，长度可达 3000 mm，其结构如图 10-40 所示。图 10-103 为普通车床的结构示意图，主要由床身、主轴变速箱、进给箱、溜板箱、刀架、尾架、丝杆和光杆等部分组成。

车床切削加工包括主运动、进给运动和辅助运动三部分。进行切削加工时，刀具的温度高，需要冷却液冷却。为此，C650 型卧式车床备有一台冷却泵电动机，拖动冷却泵，实现刀具冷却。

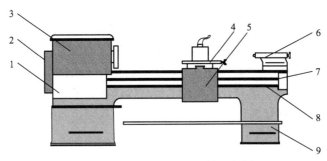

图 10-103 普通车床的结构示意图

1.进给箱；2.挂轮箱；3.主轴变速箱；4.溜板与刀架；5.溜板箱；6.尾架；7.光杆；8.丝杆；9.床身

2）控制要求

从车削加工工艺要求出发，对各电动机的控制要求是：

（1）M_1（30 kW）为主轴正、反转拖动电动机，完成主轴旋转运动，并通过进给机构实现刀具的进给运动；

（2）M_2 为冷却泵拖动电动机，提供冷却液；

（3）M_3（2.2 kW）为拖动刀架快速移动的快速移动电动机，为实现快速停车，一般采用机械制动或电气反接制动；

（4）有必要的保护和联锁，有安全可靠的照明电路。

2. 电气控制线路

C650 型卧式车床的电气控制电路如图 10-104 所示，下面对其进行分析。

1）主电路分析

主轴电机 M_1，其电源开关采用旋转开关、电机外壳应有可靠的保护接地、主轴电机工作时冷却泵才能工作、正反转控制 KM_1、KM_2。电流互感器 TA 和电流表 A 用于监视主电动机 M_1 的工作电流，以防止启动时冲击电流过大造成损坏，启动时将电流表暂时短接，在点动时以 KM_3 控制限流电阻 R 接入和切除。速度继电器与电动机同轴连接，完成制动。冷却泵电机 M_2 完成单向运行和长动。快速移动电机 M_3 实现单向运行，手动控制。

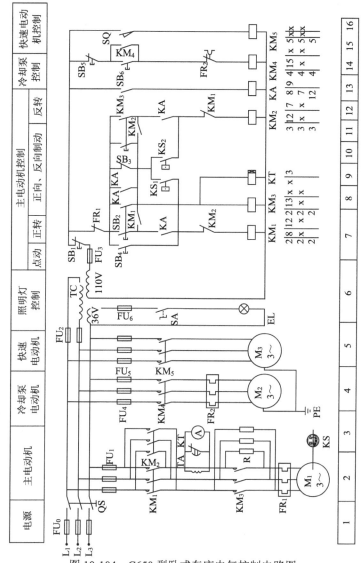

图 10-104　C650 型卧式车床电气控制电路图

2）电气控制线路分析

图 10-104 中组合开关 QS 为电源开关。FU_1 和 FR_1 分别为主电动机 M_1 的短路保护用的熔断器及过载保护用热继电器。R 为限流电阻，在主轴点动时，限制启动电流，在停车反接制动时，又起限制过大的反接制动电流的作用。电流表 A 用来监视主电动机 M_1 的绕组电流，M_1 功率较大，故 A 接入电流互感器 TA 回路。机床工作时，可调整切削量，使电流表 A 的电流接近主电动机 M_1 的额定电流经 TA 后的对应值，以便提高生产效率和充分利用电动机的潜力。KM_1、KM_2 为正反转接触器，KM_3 为用于短接限流电阻 R 的接触器，由它们的主触点来控制电动机 M_1。图中 KM_4 为接通冷却泵电动机 M_2 的接触器，FR_2 为 M_2 过载保护用热继电器。KM_5 为接通快速电动机 M_3 的接触器，由于 M_3 点动短时运转，故不需设置热继电器。

3）主电动机的正反转、点动与停车控制

图 10-105 为 M_1 主轴电机的正转过程：按下 SB_3，一方面使接触器 KM_3 得电，继而 KA 中间继电器得电，从而接触器 KM_1 得电并自锁；另一方面，时间继电器 KT 也得电，到时间后才断开，电流表接入回路，避开起动电流对电流表的影响。反转过程是由 SB_4 控制，过程与正转过程类似。点动控制由 SB_2 完成，停车则由 SB_1 完成。

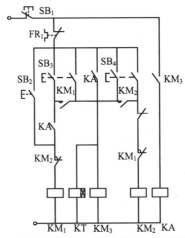

图 10-105　主轴电动机正反转与点动控制线路主电路

4）反接制动控制电路分析

C650 型卧式车床采用速度继电器实现电气反接制动控制，如图 10-106 所示，速度继电器 KS 与电动机 M_1 同轴连接。当 M_1 正转时，速度继电器正向触头 KSF 动作；当 M_1 反转时，速度继电器反向触头 KSR 动作。

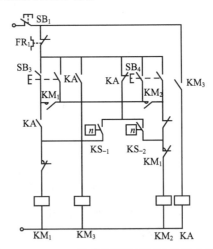

图 10-106　C650 卧式车床反接制动控制电路

M_1 正转反接制动过程如下：当电动机正转时，速度继电器正向常开触头 KSF 闭合。制动时，按下停止按钮 SB_1，接触器 KM_3、时间继电器 KT、中间继电器 KA、接触器 M_1 均断电，主回路串入电阻 R，松开 SB_1，接触器 KM_2 得电，M_1 电源反接，实现反接制动。当速度接近于零时，速度继电器正向常开触头 KSF 断开，KM₂ 断电。M₁ 反转反接制动过程如下：当电动机反转时，速度继电器反向常开触头 KSR 闭合。制动时，按下停止按钮 SB₁，接触器 KM₃、时间继电器 KT、中间继电器 KA、接触器 KM₂ 均断电，主回路串入电阻 R，松开 SB₁，接触器 KM₁ 得电，M₁ 电源反接，实现反接制动。当速度接近于零时，速度继电器反向常开触头 KSR 断开，KM₁ 断电，M₁ 停转，制动结束。

5）刀架的快速移动和冷却泵电动机的控制

刀架快速移动是由转动刀架手柄压动位置开关 SQ，接通控制快速移动电动机 M₃ 的接触器、KM₅ 的线圈电路，KM₅ 的主触头闭合，M₃ 启动，经传动系统驱动溜板箱带动刀架快速移动。刀架快速移动电动机 M₃ 是短时间工作，故未设置过载保护。冷却泵电动机 M₂ 由启动按钮 SB₆、停止按钮 SB₅ 控制接触器 KM₄ 线圈电路的通断，以实现对电动机 M₂ 的控制。

6）照明电路分析和电流表 A 保护电路

控制变压器 TC 的二次侧输出 36 V、110 V 电压，分别作为车床低压照明和控制电路电源。EL 为车床的低压照明灯，由开关 SA 控制，Fu₆ 作短路保护。

虽然电流表 A 接在电流互感器 TA 回路里，但主电动机 M₁ 启动时对它的冲击仍很大。为此，在线路中设置了时间继电器 KT 进行保护。当主电动机正向或反向启动后，KT 通电，延时时间尚未到时，A 就被 KT 延时常闭触点短路，延时结束后，才接入电路中用于指标 M₁ 的工作电流。

3. C650 卧式车床电器控制线路的特点

从对 C650 卧式车床电气原理图的分析可知，C650 车床电气线路有以下几个特点：

（1）主轴的正反转不是通过机械方式来实现的，而是通过电气方式即主电动机的正反转来实现的，这样就简化了机械结构。

（2）主电动机的制动采用电气反接制动形式，并利用速度继电器按速度原则进行控制。

（3）控制回路由于电器元件很多，故通过控制变压器 TC 同三相电网进行电隔离，提高了操作和维修时的安全性。

中间继电器 KA 起着扩展接触器 KM₃ 触点的作用。从电路中可以见到 KM₃ 的常开触点直接控制 KA，故 KM₃ 和 KA 的触点的闭合和断开情况相同。从图 10-104 中可见 KA 的常开触点用了三个，常闭触点一个，而 KM₃ 的辅助常开触点只有二个，故不得不增设中间继电器 KA 进行扩展。可见，电气线路在设计时要考虑电器元件尤其是接触器的触点数量。

10.10.2 SZ-250/160 型注塑机液压系统

1. 注塑机的结构与要求

塑料注射成型机简称注塑机，是将颗粒状的塑料加热融化到流动状态，以高速、高压注入模腔，并保压一定时间，经冷却后成型为塑料制品。由于注塑机具有成型周期短，对各种塑料的加工适应性强，可以制造外形各异、复杂、尺寸较精确或带有金属镶嵌件的制品及自动化程度高等优点，得到广泛应用。SZ-250/160 型注塑机属中小型注塑机，如图 10-107 所示。该机每次理论最大注射容量分别为 201 cm³、254 cm³、314 cm³，分别对应 Φ40 mm、Φ45 mm、Φ50 mm 三种机筒螺杆的注射量。

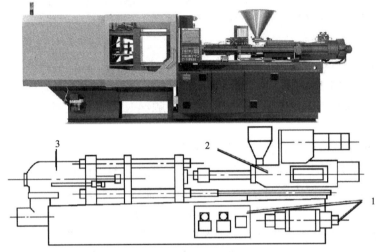

图 10-107　SZ-250/160 型注塑机与结构

1.液压传动系统；2.注射部分；3.合模部分

　　液压控制系统要求合模力为 1600 kN；要有可调节的合模、开模速度，快慢速之比达 50～100；要有可调节的注射压力和注射速度；要有保压和可调的保压压力；系统应设安全联锁装置。

　　该机要求液压系统完成的主要动作有：合模和开模、注射座前移和后退、注射、保压及顶出等。根据塑料注射成型工艺，注射机的工作循环如图 10-108 所示，这些工作动作分别由合模缸、注射座移动缸、预塑液压马达、注射缸、顶出缸完成。

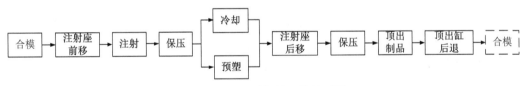

图 10-108　注塑机的工作循环图

2. SZ-250/160 型塑料注射成型机液压系统

　　图 10-109 为 SZ-250/160 型塑料注射成型机液压系统原理图。该注塑机采用了液压-机械式合模机构。合模液压缸通过对称五连杆机构推动模板进行开模与合模。连杆机构具有增力和自锁作用，依靠连杆弹性变形所产生的预紧力来保证所需的合模力。液压系统多级压力是通过多个远程调压阀获得，压力值大小由压力计 26、37 示出。多级速度是靠变量泵和节流阀组合而获得。表 10-6 是 SZ-250/160 型注塑机动作循环及电磁铁动作顺序表。

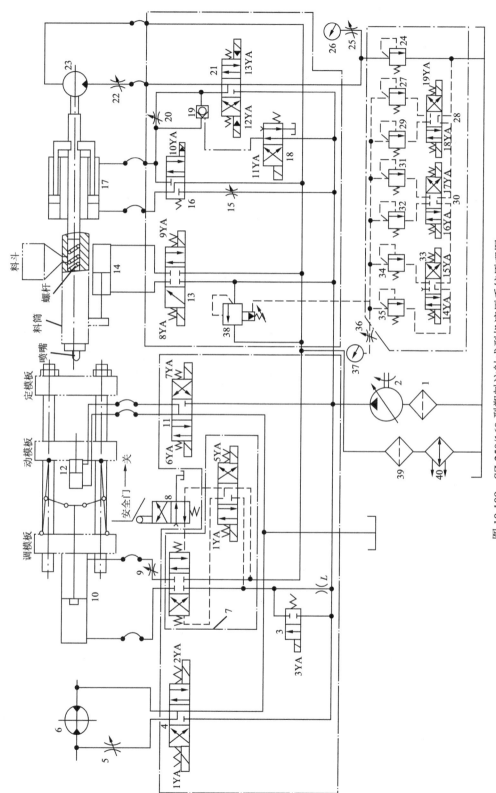

图 10-109　SZ-250/160 型塑料注射成型机液压系统原理图

表 10-6 SZ－250/160 型注塑机动作循环及电磁铁动作表

电磁铁 动作循环		1YA	2YA	3YA	4YA	5YA	6YA	7YA	8YA	9YA	10YA	11YA	12YA	13YA	14YA	15YA	16YA	17YA	18YA	19YA
合模	快速			+		+														+
	慢速、低压					+														
	慢速、高压					+										+				
注射座前移									+									+		
注射	慢速								+					+			+			
	快速								+					+	+					
	慢速								+		+			+						
保压									+					+						
预塑									+		+				+					
防流涎									+									+		
注射座后退										+								+		
开模	慢				+										+					
	快			+																+
	慢				+															
顶出缸	前进						+											+		
	后退					+														
装模	开模				+														+	
	合模					+													+	
调模	调开	+																+		
	调闭		+															+		

注："+"表示通电，"－"表示断电。

下面阐述液压系统的工作原理。

1）合模

合模过程按快、慢两种速度顺序进行。合模时，首先应将注塑机的安全门关上，此时行程换向阀 8 恢复常态位置，控制油才得以进入电液换向阀 7。

（1）快速合模电磁铁 19YA、3YA、5YA 通电，系统压力由阀 29 调整，液压泵输出的压力油（由于负载小，所以压力低、流量大）经阀 3、阀 7 进入合模缸左腔，推动活塞带动连杆进行快速合模，合模缸右腔的油液经阀 7 和过滤器 9、冷却器 40 回油箱。

（2）慢速、低压合模电磁铁 5YA 通电，系统压力由低压远程调压阀 35 控制，由于是低压合模，缸的推力较小，即使在两个模板间有硬质异物，继续进行合模动作也不致损坏模具表面，从而起保护模具的作用。合模缸的速度受固定节流孔 L 的影响，因此是慢速移动。

（3）慢速、高压合模电磁铁 5YA、15YA 通电，系统压力由高压溢流阀 38 控制。由于压力高而流量小，利用高压油来进行高压合模，模具闭合并使连杆产生弹性变形，从而牢固地锁紧模具。

2）注射座整体前移

电磁铁 8YA、17YA 通电，系统压力由阀 32 调整，液压泵的压力油经阀 13 进入注射座移动液压缸 14 的右腔，推动注射座整体向前移动，缸 14 左腔的油液则经阀 13 和过滤器 39、冷却器 40 回油箱。

3）注射

注射过程按慢、快、慢三种速度注射。快、慢速注射时的系统压力均由阀 31 来调节。

（1）慢速注射电磁铁 8YA、11YA、13YA、16YA 通电，液压泵输出的压力油经阀 21、阀 20 进入注射缸 17 的右腔，缸 17 左腔的油液经阀 16、过滤器 39 和冷却器 40 回油箱。由于节流阀 20 的作用，使注射缸的活塞带动注射螺杆进行慢速注射，注射速度由节流阀 20 进行调节。

（2）快速注射电磁铁 8YA、13YA、16YA 通电，液压泵输出的压力油经阀 1、阀 19 进入注射缸右腔，由于不再经过节流阀 20，压力油即可大量进入注射缸 17 右腔，所以注射缸 17 左腔回油经阀 16 回油箱，使注射活塞得到快速运动。

4）保压

电磁铁 8YA、13YA、16YA、18YA 通电，系统压力由阀 27 控制。由于保压时只需要极少的油液，所以系统中的压力高，使液压泵 2 处于高压、小流量状态下运转。

5）预塑

电磁铁 8YA、12YA、14YA 通电，液压泵输出的压力油经电液换向阀 21、节流阀 22 驱动预塑液压马达 23。液压马达 23 使螺杆旋转，料斗中的塑料颗粒进入料筒，并被转动着的螺杆带至前端，进行加热塑化。注射缸 17 右腔的油液在螺杆反推力的作用下，经单向阀 19、阀 21 和阀 24 回油箱。阀 24 作背压阀用，其背压力的大小可以调节。同时注射缸左腔产生局部真空，液压马达的部分回油经阀 16 被吸入注射缸左腔。液压马达的转速可由节流阀 22 调节。

6）防流涎

电磁铁 8YA、10YA、17YA 通电，系统压力由阀 32 调节，液压泵输出的压力油经阀 16 进入注射缸 14 的右腔，使喷嘴继续与模具保持接触，从而防止了喷嘴端部流涎。

7）注射座后退

电磁铁 9YA、17YA 通电，系统压力由阀 32 调节。液压泵输出的压力油经阀 13 进入注射座液压缸 14 的左腔，右腔通油箱，使注射座后退。

8）开模

（1）慢速开模电磁铁 4YA、15YA 通电，系统压力由阀 38 限定，液压泵输出的压力油经固定节流孔 L、阀 7、阀 9 进入合模缸 10 的右腔，左腔则经阀 7 回油箱，使液压缸 10 的活塞后退而完成开模动作。

（2）快速开模电磁铁 3YA、4YA、19YA 通电，系统压力由阀 29 控制。由于此时液压泵输出的压力油不再经过固定节流孔 L，而经过阀 3、阀 9 进入合模缸 10 的右腔，所以开模速度提高。在开模完成之前，开模速度又减慢，压力降低，以减少冲击。

9）顶出缸运动

（1）顶出缸前进电磁铁 7YA、17YA 通电，系统压力由阀 32 调定。液压泵输出的压力油经阀 11 进入顶出缸 12 左腔，顶出缸右腔则经阀 11 回油，于是推动顶出杆顶出制品。

（2）顶出缸后退电磁铁 6YA、17YA 通电，液压泵输出的压力油经阀 11 进入顶出缸 12 的右腔，顶出缸左腔则经阀 11 回油，于是顶出缸后退。

10）装模

安装、调整模具时，采用的是低压、慢速开、合动作。

（1）开模电磁铁 4YA、19YA 通电，系统压力由阀 29 控制，液压泵输出的压力油经阀 7、阀 9 进入合模缸 10 的右腔，使模具打开。

（2）合模电磁铁 5YA、19YA 通电，系统压力由阀 29 调节，液压泵输出的压力油使合模缸合模。

11）调模

调模采用液压马达 6 来进行，液压泵输出的压力油驱动液压马达旋转，传动到中间一个大齿轮（图中未示出），再带动四根拉杆上的齿轮螺母同步转动，通过齿轮螺母移动调模板，从而实现调模动作，另外还有手动调模，只要扳手动齿轮，便能实现调模板进退动作，但移动量很小（0.1 mm），所以手动调模只作微调用。

（1）调开电磁铁 1YA、17YA 通电，系统压力由阀 32 控制，液压泵输出的压力油经阀 4 进入液压马达，液压马达的回油经节流阀 5、阀 4 回油箱，使液压马达旋转，调模板后退，其速度由节流阀 5 来调节。

（2）调闭电磁铁 2YA、17YA 通电，液压泵输出压力油经阀 4、阀 5 进入液压马达，液压马达回油经阀 4 回油箱，使液压马达旋转，调模板前移。

由以上分析可以看出，注塑机液压系统中的执行元件数量多，是一种速度和压力均变化较多的系统。在完成自动循环时，主要依靠行程开关；而速度和压力的变化则主要靠电磁阀的切换来实现。近年来开始采用比例阀来调节速度和压力，这样可使系统中的元件数量减少。

3. SZ-250/160 型注塑机液压系统的特点

（1）由于注塑机通常要将熔化的塑料以 40～150 MPa 的高压注入模腔，模具合模力要大，否则注射时会因模具闭合不严而产生塑料制品的溢边现象。系统中采用液压-机械式合模机构，合模液压缸通过增力和自锁作用的五连杆机构进行合模和开模，这样可使合模缸压力相应减小，且合模平稳、可靠。最后合模是依靠合模液压缸的高压，使连杆机构产生弹性变形来保证所需的合模力，并把模具牢固地锁紧。

（2）为了缩短空行程时间以提高生产率，又要考虑合模过程中的平稳性，以防损坏制品和模具，所以合模机构在合模、开模过程中需要有慢速—快速—慢速的顺序变化，系统中的快速是用变量泵通过低压、大流量供油来实现的。

（3）考虑塑料品种、制品的几何形状和模具浇注系统不同，因而注射成型过程中的压力和速度是可调的。系统中采用了节流调速回路和多级调压回路。

（4）为了使注射座喷嘴与模具浇口紧密接触，注射座移动液压缸右腔在注射、保压时，应一直与压力油相通，从而使注射座移动缸活塞具有足够的推力。

（5）为了使塑料充满容腔而获得精确的形状，同时在塑料制品冷却收缩过程中，熔融塑料可不断补充，以防止充料不足出现残次品，在注射动作完成后，注射缸仍通压力油来实现保压。

（6）为了保证安全，注塑机安全门未关闭时，行程阀 8 切断了电液动换向阀 7 左端的控制油路，合模缸左腔不能通压力油，从而合模缸不能合模。

（7）为了满足用户对注射工艺的要求，有三种不同直径和长径比的螺杆及螺杆头供选用。

（8）调模采用液压马达驱动，因而给装拆模具带来极大的方便。

（9）为了适应操作动作和维修，将阀类元件分装在三块阀板上（见图 8-5）。这样可使连接管道减少，安装、调整和维修方便。

10.10.3　气动机械手气压传动系统

1. 气动机械手的结构与要求

气动机械手是机械手的一种，它具有结构简单、重量轻、动作迅速、平稳可靠、不污染工作环境等优点。在要求工作环境洁净、工作负载较小、自动生产的设备和生产线上应用广泛，它能按照预定的控制程序动作。图 10-110 为一种简单的可移动式气动机械手的结构示意图。它由 A、B、C、D 四个气缸组成，能实现手指夹持、手臂伸缩、立柱升降、回转 4 个动作。要求其工作循环为：立柱上升后伸臂—立柱顺时针转—抓取工件—立柱逆时针转—缩臂—立柱下降。

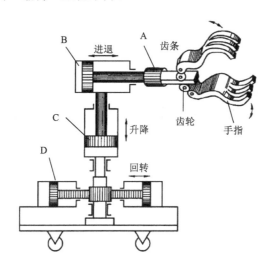

图 10-110　气动机械手

2. 机械手的气动系统

图 10-111 为一种通用机械手的气动系统工作原理图（这里手指部分为真空吸头，即无 A 气缸部分），三个气缸均有三位四通双电控换向阀 1，2，7 和单向节流阀 3，4，5，6 组成换向、调速回路。各气缸的行程位置均有电气行程开关进行控制。表 10-7 为该机械手在工作循环中各电磁铁的动作顺序表。

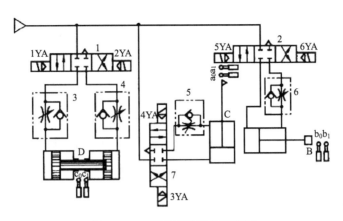

图 10-111　气动系统工作原理图

表 10-7　机械手在工作循环中各电磁铁的动作顺序

电磁铁 \ 动作	垂直缸上升	水平缸伸出	回转缸转位	回转缸复位	水平缸退回	垂直缸下降
1YA		+	−			
2YA			+	−		
3YA						+
4YA	+	−				
5YA		+	−			
6YA					+	−

注："+"表示通电，"−"表示断电

下面分析它的工作过程。

按下它的启动按钮，4YA 通电，三位四通双电控换向阀 7 处于上位，压缩空气进入垂直气缸 C 下腔，活塞杆上升。

当气缸 C 活塞上的挡块碰到电气行程开关 a_1 时，4YA 断电，5YA 通电，三位四通电双电控换向阀 2 处于左位，水平气缸 B 活塞杆伸出，带动真空吸头进入工作点并吸取工件。

当气缸 B 活塞上的挡块碰到电气开关 b_1 时，5YA 断电，1YA 通电，三位四通双电控换向阀 1 处于左位，回转气缸 D 顺时针方向回转，使真空吸头进入下料点下料。

当回转气缸 D 活塞杆上的挡块压下电气行程开关 c_1 时，1YA 断电，2YA 通电，三位四通双电控换向阀 1 处于右位，回转气缸 D 复位。

回转气缸复位时，其上挡块碰到电气行程开关 c_0 时，6YA 通电，2YA 断电，三位四通双电控换向阀 2 处于右位，水平气缸 B 活塞杆退回。

水平气缸退回时，挡块碰到 b_0，6YA 断电，3YA 通电，三位四通双电控换向阀 7 处于下位，垂直气缸活塞杆下降，到原位时，碰上电气行程开关 a_0，3YA 断电，至此完成一个工作循环，如再给启动信号，可进行同样的工作循环。

根据需要只要改变电气行程开关的位置，调节单向节流阀的开度，即可改变各气缸的运动速度和行程。

10.11 电气、液压、气动传动系统设计

无论是电气传动，还是液压气动传动，系统设计都要遵守满足机电设备需求原则、简单实用、经济原则、可靠性原则、安全性原则、使用方便原则。其设计步骤一般均是按明确设计要求，分析设计依据；确定主要参数；拟定系统原理图，计算和选择元件；对系统性能进行仿真与验算；绘制正式的液压气动系统图、工作图，编制技术文件。通常采用典型电路或回路进行组合，"边计算、边绘图、修改"。

电气传动的主回路一般按能量的传递路径设计，比较容易。而控制线路设计通常有经验设计法和逻辑设计法。前者根据现场工艺要求和工作过程在设计人员掌握的典型环节和经验电路基础上完善、补充，边分析边整合补充，反复修改、试验得到控制线路图。得到的方案往往虽易看懂，但不一定是最佳方案。后者则将执行元件需要的工作信号及主令电器的接通与断开看成逻辑变量，并根据控制要求将它们之间的关系用逻辑函数关系式来表达，然后再运用基本逻辑关系（与、或、非）和逻辑函数的基本公式及运算规律进行简化，使之成为最简单的逻辑表达式，并依该表达式画出电气控制线路图，最后再进一步检查和完善，以获得既满足工艺要求，又经济合理的最佳设计方案。

液压、气动传动系统的主回路与控制回路并不是分开的。对液压系统一般要按明确设计要求，包括用液压传动实现的主机的动作及其循环要求；主机的主要技术指标；生产工艺过程；工作环境（温度、湿度、振动冲击及是否有腐蚀性和易燃物质存在等）及重量尺寸等。对要设计的液压系统进行工况分析，分析工作过程中速度与负载的变化规律，画出运动（位置或速度）和动力负载（力或力矩）随时间变化的折线或曲线。以此确定液压系统的工作压力、流量，以及液压元件选型，进一步拟定液压系统原理图（由液压系统图、工艺循环动作图表和元件明细表三部分）。为了判断液压系统的设计质量，需要对系统的压力损失、发热温升、效率和系统的动态特性等进行验算。气动系统图设计所用的工具有工程程序图、信号（X）-动作（D）图（或卡诺图）、逻辑原理图。有时为了特殊需要，在气动系统中还加入一些气液转换、电磁控制等环节。由于液压系统的验算较复杂，只能采用一些简化公式近似地验算某些性能指标，如果设计中有经过生产实践考验的同类型系统供参考或有较可靠的实验结果可以采用时，可以不进行验算。

目前进行电气、液压、气动仿真与性能验算比较常用的一款软件是 AMESim（advanced modeling environment for performing simulation of engineering systems），它是多学科领域复杂系统建模仿真平台。用户可以在这个单一平台上建立复杂的多学科领域的系统模型，并在此基础上进行仿真计算和深入分析，也可以在这个平台上研究任何元件或系统的稳态和动态性能；它提供了与其他工程软件的接口。该软件现有的应用库有：机械库、信号控制库、液压库、液压元件设计库、动力传动库、液阻库、注油库、气动库、电磁库、电机及驱动库、冷却系统库、热库、热液压库、热气动库、热液压元件设计库、二相库、空气调节系统库。该软件使设计电气、液压、气动传动系统在实施前得

到全面的仿真与校验。

10.12　小　　结

本章分别介绍了电气、液压、气动典型控制回路，以及系统图的识读与绘制，简单说明了电气、液压、气动系统设计涉及的内容。电传动、机械传动、流体传动的性能比较见表 10-8。

表 10-8　几种传动方式的性能比较

类型		操作力	动作快慢	环境要求	构造	负载变化影响	操作距离	无级调速	工作寿命	维护	价格
流体传动	气压传动	中等	较快	适应性好	简单	较大	中距离	较好	长	一般	便宜
	液压传动	最大	较慢	不怕振动	复杂	有一些	短距离	良好	一般	要求高	稍贵
电传动	电气	中等	快	要求高	稍复杂	几乎没有	远距离	良好	较短	要求较高	稍贵
	电子	最小	最快	要求特高	最复杂	没有	远距离	良好	短	要求更高	最贵
机械传动		较大	一般	一般	一般	没有	短距离	较困难	一般	简单	一般

本章的相关内容将在"电气控制技术""液压与气动技术及系统""机械学基础"课程中详细展开。

第11章 AutoCAD 绘制工程图

11.1 AutoCAD 软件概况

Autodesk 公司于 1982 年成立，经过产品的一代代完善与创新，AutoCAD 由容量为一张 360 KB 的软盘，无菜单、命令需要熟记，并且操作类似 DOS 命令的小软件，发展成兼容 2D、3D 绘制，适用于城市规划、建筑、机械、电气、电子、造船、汽车、航空等行业，用户量也由几十个发展至数百万。AutoCAD 发展史可通过扫描二维码 R11-1 阅读。

R11-1　AutoCAD 发展史

AutoCAD 是一个辅助设计软件，可以满足通用设计和绘图的主要需求，并提供各种接口；可以和其他软件共享设计成果，并能十分方便地进行管理，它主要提供如下功能。

（1）具有强大的图形绘制功能：AutoCAD 提供了创建直线、圆、圆弧、曲线、文本、表格和尺寸标注等多种图形对象的功能。

（2）精确定位定形功能：AutoCAD 提供了坐标输入、对象捕捉、栅格捕捉、追踪、动态输入等功能，利用这些功能可以精确地为图形对象定位和定形。

（3）具有方便的图形编辑功能：AutoCAD 提供了复制、旋转、阵列、修剪、倒角、缩放、偏移等方便实用的编辑工具，大大提高了绘图效率。

（4）图形输出功能：图形输出包括屏幕显示和打印出图。AutoCAD 提供了缩放和平移等显示工具，模型空间、图纸空间、布局、图纸集、发布和打印等功能极大地丰富了出图选择。

（5）三维创建功能：AutoCAD 三维建模可以让用户使用实体、曲面和网格对象创建图形。

（6）辅助设计功能：可以查询绘制好的图形的尺寸、面积、体积和力学特征等；提供多种软件的接口，可以方便地将设计数据和图形在多个软件中共享，进一步发挥各软件的特点和优势。

（7）允许用户进行二次开发：AutoCAD 自带的 AutoLISP 语言让用户自行定义新命令和开发新功能。通过 DXF、IGES 等图形数据接口，可以实现 AutoCAD 和其他系统的集成。此外，AutoCAD 支持 ObjectARX、ActiveX、VBA 等技术，提供了与其他高级编程语言的接口，具有很强的开发性。

11.2 AutoCAD 2014基础知识

11.2.1 工作界面

AutoCAD 2014 工作界面包括 AutoCAD 经典、草图与注释、三维基础、三维建模 4 种工作界面，如图 11-1～图 11-4 所示。

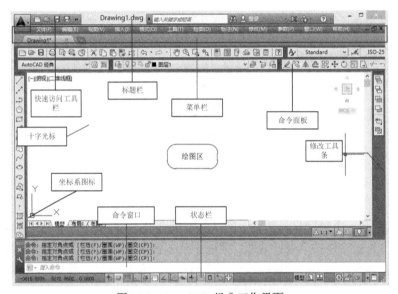

图 11-1 AutoCAD 经典工作界面

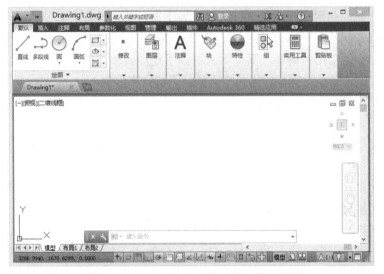

图 11-2 AutoCAD 草图与注释工作界面

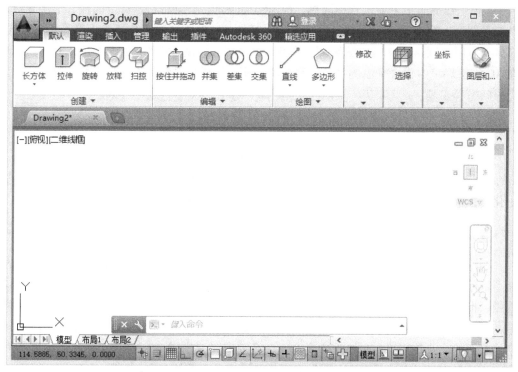

图 11-3　AutoCAD 三维基础工作界面

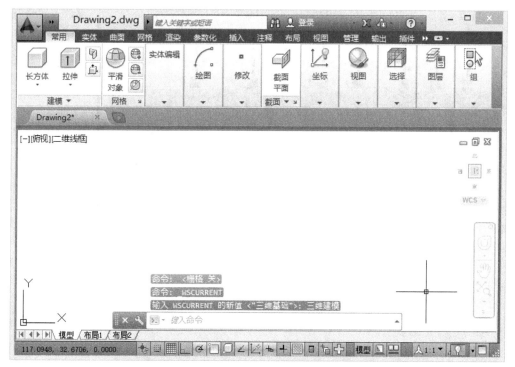

图 11-4　AutoCAD 三维建模工作界面

　　4 种工作界面中主要包含标题栏、快速访问工具栏、菜单栏、命令面板、十字光标、坐标系图标、命令窗口、状态栏、绘图区、工具条。在不同的工作环境下命令面板与工具条会有所不同，比如，2D 编辑环境中包含点、线的绘制、修改，平面颜色填充等工具；在 3D 编辑环境中包含平面的拉升、修改，曲面的生成、过渡、修补、偏移，颜色渲染、光照状态等工具。

1. 标题栏

　　当新建一个文件时，软件系统默认命名为 Drawing(n).dwg（其中 n 为 1，2，3，4，…，n 的值主要由新建文件的数量而定）。标题栏右侧的三个按钮"　－　□　×　"分别是"最小化"、"恢复"和"关闭"用来控制软件窗口的显示状态。

2. 快速访问工具栏

　　快速访问工具栏用于存储经常使用的命令。设计者可根据自己的操作习惯存储常用的命令，有助于提高设计效率。软件系统默认的常用命令有新建、打开、保存、打印、撤销、重做、批量打印等如图 11-5（a）所示；单击快速访问工具栏最后的工具可以展开下拉菜单，定制快速访问工具栏中要显示的工具，也可以删除已经显示的工具。在快速访问工具栏中显示的命令使用鼠标单击选中命令，命令前有"✔"说明已经在工作界面中显示出来；设计者也可以在"更多命令…"中添加显示自己习惯的命令，如图 11-5（b）所示。

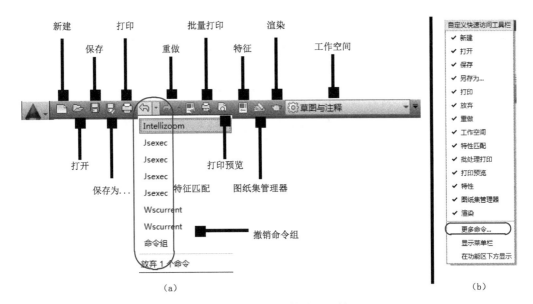

图 11-5　AutoCAD 快速工具栏

3. 坐标系图标

　　坐标系图标用来表示当前绘图所使用的坐标系形式及坐标的方向性等特征。在不需要时可以将其关闭，具体方法：单击菜单栏中的"视图"→"显示"→"UCS 图标"→"　↙　开(O)　"去掉前面的钩既可，如图 11-6 所示。

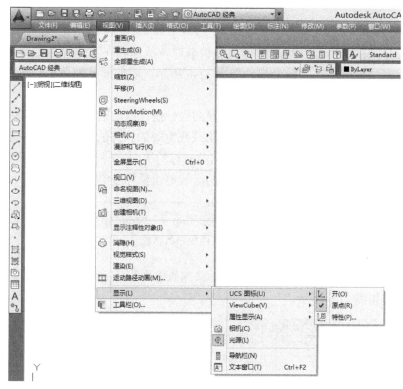

图 11-6　关闭坐标系图标过程图

4. 命令窗口

　　命令窗口不仅是用于键盘输入操作命令的地方，还是系统显示 AutoCAD 信息与提示的交流区域。在其用键盘输入操作命令需要设计者记住操作命令符。命令窗口能显示鼠标指针的形状变化，以及前期操作命令，可方便设计者必要时查询前面的操作过程，如图 11-7 所示。

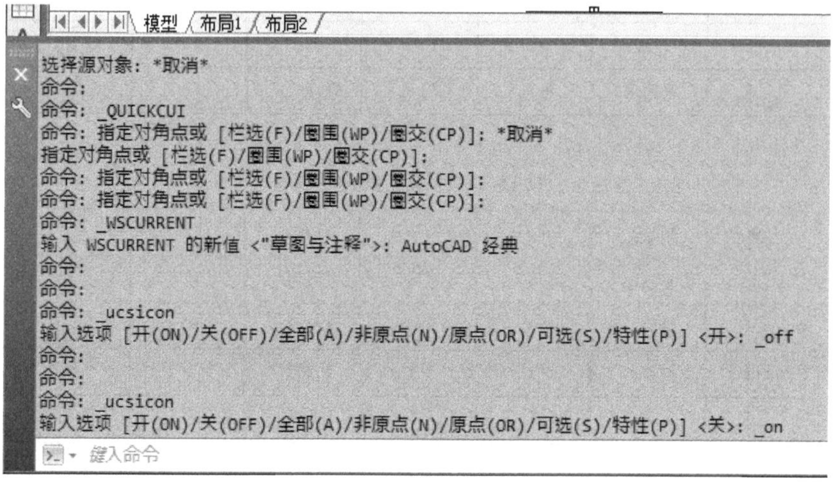

图 11-7　AutoCAD 命令窗口

5. 状态栏

状态栏分为：应用程序状态栏与图形状态栏。状态栏在工作界面的最底部，其中应用程序状态栏时状态栏的前半部分如图 11-8 所示，后半部分为图形状态栏如图 11-9 所示。

应用程序状态栏可以显示光标所在位置的坐标值，以及辅助绘图工具栅格显示、极轴跟踪、对象捕捉、三维对象捕捉、显示/隐藏线宽等的状态的地方。当光标在绘图区域移动时，状态栏的左边区域可以实时显示当前光标的 X、Y、Z 三维坐标值（即图形坐标），如果不想动态显示坐标，只需在显示坐标的区域单击鼠标左键即可，如图 11-8 所示。

图 11-8　应用程序状态栏

图形状态栏主要包含模型选择功能键、快速查看图形、注释比例、工作空间选择键、隔离对象等，如图 11-9 所示。

图 11-9　图形状态栏

11.2.2　常用工具

日常绘制过程中常用到绘图工具、修改工具、标注工具，详细如表 11-1～表 11-3 所示。

表 11-1　绘图工具介绍表

a)		直线；	e)		矩形；	i)		曲线；
b)		构造线；	f)		圆弧；	j)		椭圆；
c)		多段线；	g)		圆；	k)		插入块；
d)		正多边形；	h)		修订云；	l)		文字；

表 11-2　修改工具介绍表

a)		删除；	f)		移动；	k)		延伸；
b)		复制；	g)		旋转；	l)		打断于点；
c)		镜像；	h)		缩小；	m)		打断；
d)		偏移；	i)		拉伸；	n)		合并；
e)		阵列；	j)		剪切；	o)		倒角；

表 11-3　标注工具介绍表

a)		线性;	e)		半径;	i)		基线;
b)		对齐;	f)		折弯;	j)		连续;
c)		弧长;	g)		直径;	k)		标注间距;
d)		坐标;	h)		角度;	l)		标注打断;

11.2.3　文件基本操作

基本操作包含新建文件、创建基本线条、保存文件。

1. 新建文件

在菜单栏中左键单击"文件"命令→鼠标单击"新建"命令 新建(N)…（也可以在快速访问工具栏直接左键单击新建命令按钮）→选择新建文件的模板选择，如图 11-10 所示。

图 11-10　新建文件

2. 创建基本线条

下面以画长度为 300，并且采用 5 段定数等分和长度为 120 的定距等分两种方式进行分段标注。

（1）在建好的图纸中左键单击绘图工具中的"／"直线工具→在绘图区单击左键选定线段的第一个点→输入长度 300 在键盘上按下"Enter"键完成线段的绘制。

（2）在命令窗口输入定数等分命令"DIV"按下"Enter"键确定→在绘图区选中绘制好的线段→在键盘上输入线段的数目 5 按下"Enter"键确定如图 11-11（a）、（b）所示。

（3）如果线段没有看到分段段点可以在菜单栏中单击"格式"→选择"点样式" 点样式(P)…，进入改变点的形态，如图 11-11（c）、（d）所示。

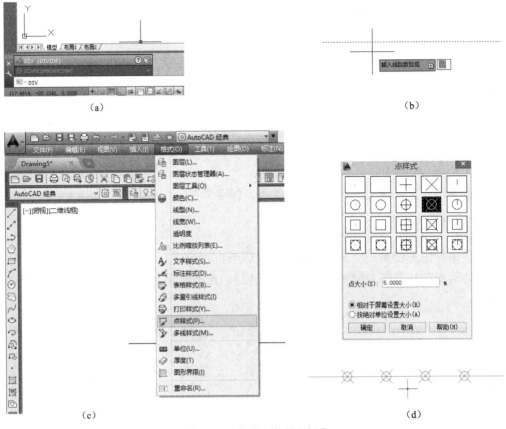

图 11-11　线段定数等分操作

（4）完成线段的 5 段等分绘制。

（5）在上述绘制好的线段下面绘制一条长度为 300 的线段，在命令窗口输入"ME"定距命令→输入线段需要定距的长度 120→完成定长度为 120 的等分线段绘制。

（6）最后使用标注工具标注线段的长度如图 11-12 所示。

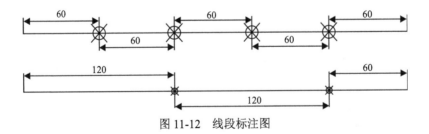

图 11-12　线段标注图

提示：修改标注的方法

在命令窗口输入标注样式修改命令 D→单击"修改（M）…"进入标注样式修改管理器进行修改，主要包含：线、符号与箭头、文字、调整、主单位、换算单位、公差，如图 11-13 所示。

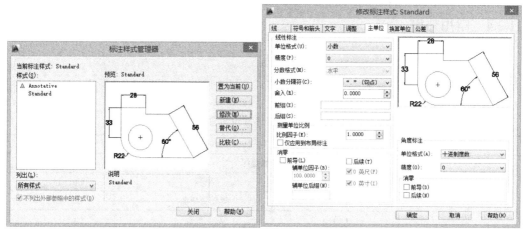

图 11-13　标注样式修改管理器图

3. 保存文件

保存文件可以通过单击菜单"文件"→"保存"或"文件"→"另存为（A）…"命令来完成。通常，在打印文件前我们将文件转换成 PDF 文件，具体步骤如下：

单击左上角菜单"开始"或 "文件"按钮，单击"打印" 🖶 打印(P)...→进入打印模型设置界面→页面设置保持默认，打印机/绘图仪选择"PDF 打印机"（PDF 打印机选项需要电脑安装有 PDF 才可以显示），选择 A4 纸张（图纸大张的可根据实际进行调整），打印范围选择"窗口"之后，进入绘图窗口框，选择要打印的范围，勾选"居中打印"，单击确定即可。如图 11-14 所示。

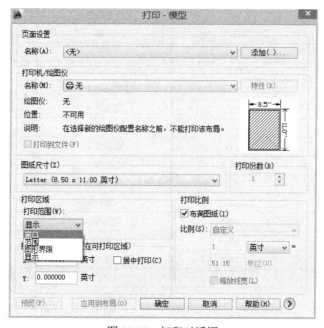

图 11-14　打印对话框

11.2.4 常用热键

1. 默认热键设置

默认热键设置介绍见表11-4。

表 11-4 默认热键设置介绍

操作名称	快捷键方式	操作名称	快捷键方式
通常快捷键			
新建	Ctrl+n	坐标	Ctrl+d
打开	Ctrl+o	等轴测平面	Ctrl+e
退出	Ctrl+q	对象捕捉	Ctrl+f
保存	Ctrl+s	栅格	Ctrl+g
打印	Ctrl+p	超级链接	Ctrl+k
撤销	Ctrl+z	正交	Ctrl+1
剪切	Ctrl+x	对象特征	Ctrl+1
复制	Ctrl+c	CAD 设计中心	Ctrl+2
粘贴	Ctrl+v	带基点复制	Ctrl+Shift+c
删除	Delete	对象跟踪	Ctrl+w
编组	Ctrl+a	帮助	Ctrl+m
捕捉	Ctrl+b		
绘图常用命令			
直线	L	标注高置	D
圆	C	插入	-I
弧	A	拉伸图形	S
椭圆	EL	偏移	O
矩形	REC	炸开	X
圆环	DO	定义字体	ST
多义线	PL	编辑标注文字	DIMTEDIT
点	PO	文字样式	DD 或 STYLE/STYLE
图样填充	H	单行文字	TEXT
样条曲线	SPL	编辑文字	MTEXT（MT）
双点射线	XL	查找	FIND
删除	E	拼定检查	SPELL（SP）
复制	CO 或 CP	单位	UNITS
镜像	MI	图形界限	CINITS
阵列	AR	光标移动间距	SNAP（SN）
移动	M	端点	END
旋转	RO	交点	INT
比例缩放	SC	圆心	CEN
折断	BR	节点	NOD
剪切	TR	垂足	PER
延伸	EX	最近点	NEA

续表

操作名称	快捷键方式	操作名称	快捷键方式
绘图常用命令			
倒角	CHA	基点	FRO
圆角	F	草图高置	DSETTINGS/OSNAP
视窗缩放	Z	图层	LAYER
视窗平移	P	线型控制	CINETYPE
图块定义	B	中心	MID
外观交点	APPINT	水平标注	DLI
象限点	QUA	平齐标注	DAL
插入点	INS	基差标注	DBA
切点	TAN	边续标注	DCO
延伸	EXT	半径标注	DRA
临时追踪点	TT	直径标注	DDI
编辑标注	ED	角度标注	DAN
样条曲线	SPL	线宽标注	CWIGHT
双点射线	XL	坐标标注	DOR
三维旋转	ROTATE 3D	指引标注	LE
三维镜像	MIRROR 3D	中心标注	DCE
三维阵列	3DARRAY（3A）	形位公差	TOL
剖切	SLICE（SL）	拉伸实体	EXT
并集	UNION（UNI）	旋转实体	REV
干涉	INTERFERE（INF）	求并运算	UNI
交集	INTERSECT（IN）	求差运算	SU
差集	SUBTRACT（SU）	求交运算	IN
命名视图	VIEW/DDVIEW/VIEW	剖切运算	SL
三维面	3DFACE（3F）	实体剖面	SEC
旋转曲面	REVSRRF	消隐	HI
平移曲面	TABSURF	锁点	OS
直纹曲面	RULESURF	正交	F8
边界曲面	EDGESURF	环境设置	OP
三维网格	3DMESH	颜色控制	COLOR
长方体	BOX	实时缩放	ZOOM（Z）
球体	SPHERE	快速缩放	VIEWRES
圆柱体	CYLINDER	实时平移	PAN/-PAN（P）
圆锥体	CONE	恢复	OOPS
楔体	WEDGE（WE）	放弃	UNDO
位伸	EXTRUDE（EXT）	重做	REDO
旋转	REVOLVE（REV）	点坐标	ID
线型控制	CINETYPE	距离	DIST
多行文本	MT	面积	ATEA
单行文本	DT	图形空间切换	MSPACE/PSPACE
字体炸开	TXTEXP	视点	VPOINT/DDVPOINT

2. 更改快捷键设置

在菜单栏中选择"工具" 工具(T) → 鼠标左键单击"自定义" 自定义(C) → 鼠标左键单击 "编辑程序参数" 编辑程序参数 (acad.pgp)(P) ，进入命令编辑文本文件找到想要更改的 命令→删除默认的命令符在键盘上输入自定义符号保存文本文件→重启 AutoCAD 即可， 如图 11-15 所示。

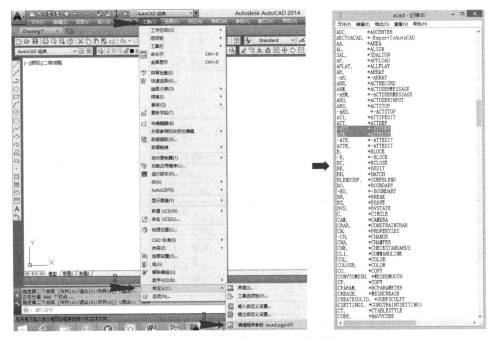

图 11-15　更改快捷键设置流程图

11.2.5　制图的规范

1. 图纸格式

图纸的模板设计一般需要考虑装订位置与标题栏位置。如图 11-16 所示，左侧为留 装订边格式，右侧为不留装订边格式。

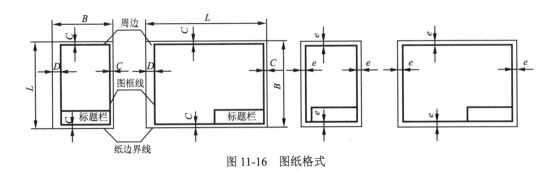

图 11-16　图纸格式

2. 标题栏格式

目前我国尚没有统一规定标题栏的格式，图 11-17 是一种标题栏格式，可做参考。

设计单位名称		工程名称	设计号
			图　号
总工程师		主要设计人	项目名称
设计总工程师		技　核	
专业工程师	制图		
组长		描　图	图　号
日期	比例		

图 11-17　标题栏格式

3. 图纸幅面尺寸

图纸幅面尺寸见图 11-18。

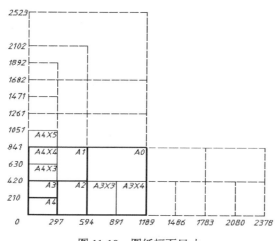

图 11-18　图纸幅面尺寸

4. 尺寸标注规定

（1）图样中的尺寸以 mm 单位时，不需注明计量单位代号或名称。若采用其他单位，则必须标注相应的计量单位或名称。

（2）图样中所标注的尺寸数值是零件的真实大小，与图形大小及绘图的准确度无关。

（3）零件的每一尺寸，在图样中一般只标注一次。

（4）图样中所注尺寸是该零件最后完工时的尺寸，否则应另加说明。

5. 文字规范

（1）汉字示例：横平竖直注意起落结构均匀填满

（2）字母示例：ABCDEFGHIJKLMN

（3）罗马数字：Ⅰ Ⅱ Ⅲ Ⅳ Ⅴ Ⅵ Ⅶ Ⅷ Ⅸ Ⅹ

（4）数字示例：1234567890

11.3 电气工程图绘制

11.3.1 电气工程图内容与特点

电气工程图用来阐述电气工程的构成和功能，描述电气装置的工作原理，提供安装和使用维护的信息。

1. 电气工程图内容

一项工程的电气图通常包含以下内容：目录和前沿，电气系统图，电路图，接线图，电气平面图，设备布置图、大样图、产品使用说明书用电气图、其他电气图。

2. 电气工程图的一般特点

（1）图形符号、文字符号和项目代号是构成电气图的基本要素。
（2）简图是电气工程图的主要形式。
（3）元件和连接图是电气图描述的主要内容。
（4）电气元件在电路图中的三种表示方法：①表示连接线去向的两种方法：连续线表示法、中断线表示法。②功能布局法和位置布局法是电气工程图两种基本布局方法。③对能量流、信息流、逻辑流、功能流的不同描述方法，构成了电气图的多样性。

11.3.2 电气工程图绘制实例

1. 常开触点

（1）单击"✎"按钮，绘制一条水平直线段，令其长度足够长如图 11-19（a）所示。
（2）单击"✎"按钮，绘制一条竖直直线段，令其过水平直线段的中点重合，长度同样要足够长如图 11-19（b）所示。
（3）单击"⬁"按钮，输入偏移距离 4，选择操作（1）中水平直线段为偏移对象向上进行偏移操作，生成一条新的水平直线段如图 11-19（c）所示。
（4）单击"⬁"按钮，输入偏移距离 1，选择操作（3）中水平直线段为偏移对象向上进行偏移操作，生成一条新的水平直线段如图 11-19（d）所示。
（5）单击"⬁"按钮，输入偏移距离 3，选择操作（2）中竖直直线段为偏移对象向左进行偏移操作，生成一条新的竖直直线段如图 11-19（e）所示。

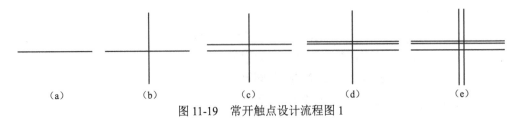

图 11-19 常开触点设计流程图 1

（6）单击""按钮，绘制一条斜线如图 11-20（a）所示。

（7）单击""按钮，修剪对象如图 11-20（b）所示。

（8）删除操作（1）中生成的水平直线段和左边的竖直直线段如图 11-20（c）所示。

（9）单击""按钮，输入偏移距离 4，选择两条水平直线段为偏移对象进行偏移操作，向上边的则向上偏移，向下的向下偏移，分别生成一条新的水平直线段如图 11-20（d）所示。

（10）单击""按钮，选择操作（9）中偏移生成的水平线段为修剪对象如图 11-20（e）所示。

（11）删除所有水平直线段得到常开触点原件 CAD 单元如图 11-20（f）所示。

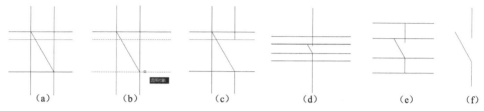

图 11-20　常开触点设计流程图 2

2. 笼型式三相交流异步电机符号的绘制步骤

（1）单击""按钮，绘制一个半径为 4 的圆，如图 11-21（a）所示。

（2）单击""按钮，绘制一条竖直直线段，令其长度为 8，如图 11-21（b）所示。

（3）单击""按钮，移动竖直直线段，使其下端点与圆心重合。

（4）单击""按钮，指定偏移距离为 2，向左右两个方向分别偏移生成一条直线段，如图 11-21（c）所示。

（5）单击""按钮，以圆为修剪对象，选择三条直线段为删除对象。用鼠标左键单击圆内直线段，删除圆部分，如图 11-21（d）所示。

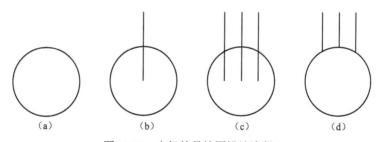

图 11-21　电机符号绘图设计流程 1

（6）单击""按钮，在多行文字编辑中添加"M"，其他相关设置如下图所示，按"确定"完成文字编辑如图 11-22 所示。

图 11-22　文字格式

（7）单击"✛"按钮，移动文字"M"至圆内，如图 11-23（a）所示。

（8）同样方法在文字"M"下方添加文字"3～"，如图 11-23（b）所示。

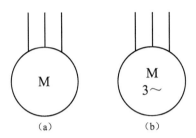

图 11-23　电机符号绘图设计流程 2

11.4　机械工程图绘制

11.4.1　机械图纸的特点

1. 图纸视图

机械图纸一般有 6 个基本视图：

（1）主视图——由前向后投射所得到的视图。

（2）俯视图——由上向下投射所得到的视图。

（3）左视图——由左向右投射所得到的视图。

（4）右视图——由右向左投射所得到的视图。

（5）仰视图——由下向上投射所得到的视图。

（6）后视图——由后向前投射所得到的视图。

但是，在许多复杂的零件上以上 6 个视图难以说明零件的样子与尺寸，所以机械图纸引入剖面图、断面图、局部放大图对零件的深入解说，本章不作详细介绍。

2. 标题栏

机械图纸的标题栏除了有一般的设计者信息外还包含零件信息如材料、重量、加工工艺、零件表面粗糙程度，如图 11-24 和图 11-25 所示。

图 11-24　常用机械图纸标题栏案例 1

图 11-25　常用机械图纸标题栏案例 2

11.4.2　绘制连接杆固定件

1. 设置图层

（1）在工作界面的命令面板中左键点击"图层特性管理器" 如图 11-26 所示→在图层属性框单击右键跳出图层操作对话框，如图 11-27 所示→左键单击新建图层命名为"中心线层"→图层颜色选"红色"→线型选择"CENTER"（当线型选择对话没有需要的线型时需要加载进去）→单击 确定完成新建图层。

（2）按照相同的方法创建"轮廓线层"图层要求：图层颜色"黑色"、宽度选择 0.5 其他设置为默认；创建"虚线线层"要求：图层颜色"红色"，线型选择"Dashed"其他选择默认设置；创建"标注线层"图层要求：图层颜色"红色"其他选择默认设置，如图 11-28 所示。

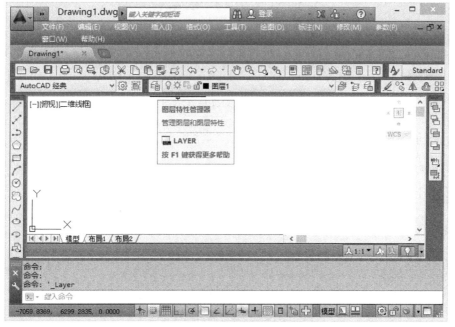

图 11-26　图层特征管理器位置图

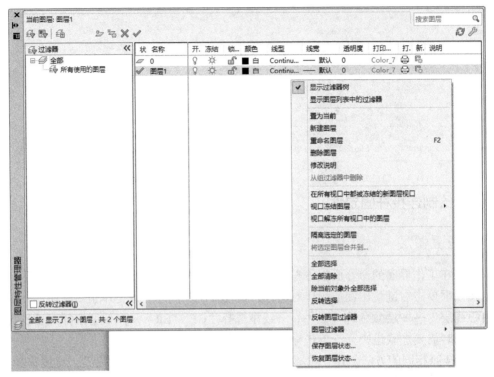

图 11-27　图层特征管理器

状	名称	开.	冻结	锁...	颜色	线型	线宽	透明度	打印...	打.	新.	说明
📄	0	💡	☼	🔓	■白	Continuous	—— 默认	0	Color_7	🖨	🖫	
📄	标注线层	💡	☼	🔓	■红	Continuous	—— 默认	0	Color_1	🖨	🖫	
📄	轮廓线层	💡	☼	🔓	■250	Continuous	■ 0.5...	0	Color...	🖨	🖫	
✓	虚线线层	💡	☼	🔓	■红	DASHED	—— 默认	0	Color_1	🖨	🖫	
📄	中心线层	💡	☼	🔓	■红	CENTER	—— 默认	0	Color_1	🖨	🖫	

图 11-28　建好图层展示图

2. 绘制零件图纸

连接杆固定件的样式如图 11-29 所示。需要绘制连接杆固定件的正视图、俯视图及它对应的剖面图如图 11-30 所示。

图 11-29　连接杆固定件样式图

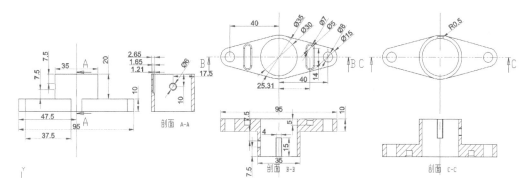

图 11-30　正视、底视、俯视及剖面图

绘制正视图的步骤如下。

（1）在"轮廓线层"图层界面下，点击"╱"按钮，画出两条水平线两条竖直线构成一个 47.5×10 的矩形，单击"╬"按钮将矩形一边偏移 10，如图 11-31（a）所示。

（2）在"中心线层"图层界面下，距离矩形一边为 10 处点击"╱"按钮绘制中心线，如图 11-31（b）所示。在绘图区按住左键拖动框选矩形，单击修改工具条"▲"镜像命令，以中心线为镜像点移动鼠标选择合适镜像位置不要删除源对象 要割除源对象吗？ ▣▣直接确定如图 11-31（c）所示。在"轮廓线层"图层界面下，采用直线"╱"命令完成绘图。

（3）在螺钉的位置采用画圆弧命令 ⌒起点，端点，半径，设半径为 20，完成正视图的绘制。

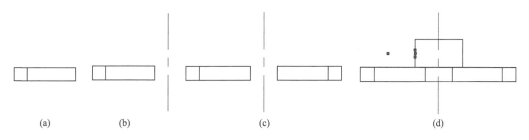

(a)　　　　　　(b)　　　　　　　　(c)　　　　　　　　　(d)

图 11-31　主视图绘制流程

绘制底视图的步骤如下。

（1）在"中心线层"图层绘制一条中心线。

（2）在"轮廓线层"图层界面下，绘制直径为 30 与 35 的同心圆（可以单击"◎"或者在命令窗口输入字母"c"调出画圆命令）如图 11-32（a）所示。

（3）点击"╱"按钮在中心线的右侧画一条长度为 40 的线，在顶点绘制直径为 8 与 15 同心圆如图 11-32（b）所示。

（4）画圆的公切线。在将鼠标移到状态栏的"对象捕捉"上，单击右键选择"设置（s）…" 设置(S)... ，进入草图设置只勾选"切点（N）" ☑切点(N)，确定完成如图 11-33（a）、（b）所示。点击"╱"按钮在圆上选择一个点拖动鼠标在另一个圆上绘制另一个点得到如图 11-32（c）所示。

（5）单击"⌀"按钮，在键盘上按下"空格键"→在命令窗口输入字母"c"窗交命令如图 11-33（c）所示，单击圆内侧修剪，在绘图区鼠标单击选中多余的线在键盘上按下"Delete"删除。最后得到如图 11-32（d）所示。

（6）根据上述提供的尺寸图绘制，最后镜像、修剪得到如图 11-32（f）所示图纸。

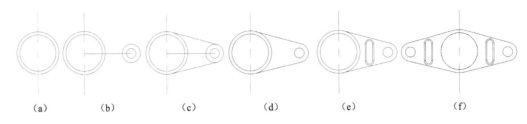

(a)　　　(b)　　　(c)　　　(d)　　　(e)　　　(f)

图 11-32　主视图绘制流程 1

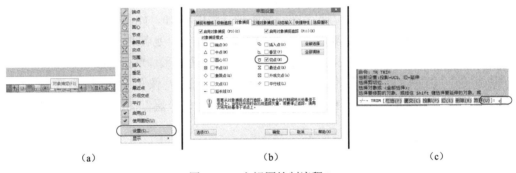

(a)　　　　　　　(b)　　　　　　　(c)

图 11-33　主视图绘制流程 2

绘制剖面图的步骤如下。

（1）采用直线、圆角、圆弧等命令绘制剖面图如图 11-34（a）所示。

（2）在命令窗口键盘输入填充命令"h"，跳出填充对话框→单击样例选择 JIS_W00D 如图 11-35（a）、（b）、（c）所示。

（3）在填充对话框单击"添加：拾取点（K）" 添加:拾取点(K)，在绘图区单击图纸需要填充的位置（注意：在不封闭的图纸上是不能填充的），确定后得到如图 11-34（b）所示。

（4）如果发现图纸填充位置比例太小导致看不到斜线则需要调整比例。在绘图区鼠标双击填充图层进入图案填充属性对话框如图 11-35（f）所示，在比例框中将比例增大到 4 确定后得到图 11-34（c）。

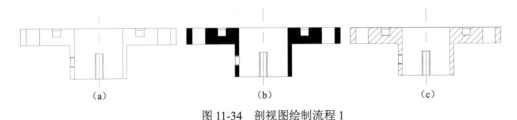

(a)　　　　　　　(b)　　　　　　　(c)

图 11-34　剖视图绘制流程 1

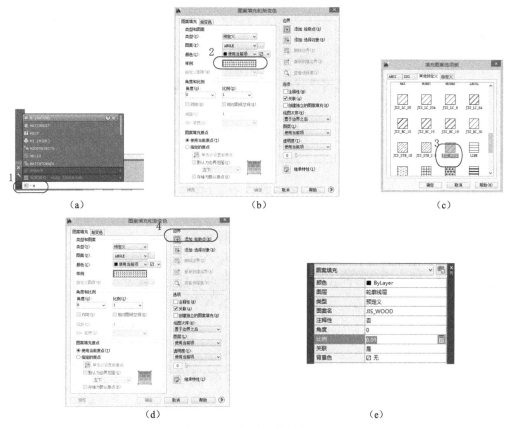

图 11-35　剖视图绘制流程 2

最后在"标注线层"图层下进行尺寸标注。

11.5　小　　结

AutoCAD 绘图软件在建筑、机械、电气领域用得比较多。随着产品的不断升级，AutoCAD 在快速创建图形轻松共享设计资源和高效项目管理等方面的功能得到了进一步增强。AutoCAD 2014 拓展了以前版本的优势和特点，在用户界面、性能、操作、用户定制、协同设计、图形管理、产品数据管理等方面得到了进一步增强，并且定制了符合我国国家标准的样板图、字体和标注样式等，使设计人员能够更加方便地使用。

第12章 检测与仪表

12.1 引　言

检测就是利用各种物理或化学效应，选择合适的测量方法和装置，对被测对象的特征参数赋予定性或定量结果，并掌握其发生、发展客观规律的全部操作。人们通常利用各类传感器和计量器具完成检测工作，随着科学技术的发展，传感器和计量器具逐步从传统的模拟式、机械式和指针式向数字式、网络化和智能化方向发展。本章主要介绍测量和检测的基本概念和方法、常用电工测量仪表的基本原理和传感器、检测系统的组成及性能指标等内容。

12.2　检测的基本概念

12.2.1　测量与检测

1. 测量的基本概念

对于每一个物理对象，都包含有一些能表征其特征的定量信息，这些定量信息往往可用一些物理量的量值来表示。测量就是借助一定的仪器或设备（计量器具），采用一定的方法和手段，对被测对象获取表征其特征的定量信息的过程，其结果体现形式是被测对象物理量的量值。测量的实质是将被测量与同种性质的标准单位量进行直接或间接比较的过程，可用公式表示为

$$X = nE \tag{12-1}$$

式中，X 为被测量的测量结果，E 为测量单位的标准量，n 为两者的比值（是一个纯数）。测量结果可用一定的数值表示，也可以用曲线或图表表示。无论表示形式如何，测量结果都应包括两个部分：一部分是比值的大小（含符号），另一部分是相应标准量的单位，测量结果若不注明单位是没有意义的。

由测量的定义可知，测量过程的核心环节是比较，在大多数情况下，被测量和测量单位不便于直接比较，这时需把被测量和测量单位都变换到某个便于比较的中间量，然后再进行比较。

测量过程的三要素为测量装置、测量方法和测量单位。例如，图 12-1 所示的测量矿

石重量例子中，测量装置为托盘天平，测量范围或量程（0～200 g）和测量精度（0.2 g）是其两个主要的性能指标。在测量中，使用标准砝码和游码的重量平衡被测矿石重量，在指针指零时进行读数，其测量方法称为零位法。测量结果中，标准量或测量单位为$E=1\ \mathrm{g}$，比值$n=100+50+5+2.8=157.8$，则被测重量的测量结果为$X=157.8\times1\ \mathrm{g}=157.8\ \mathrm{g}$。

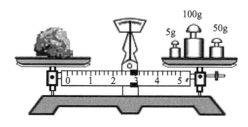

图 12-1　用天平测量矿石重量

2. 检测与测量的关系

通过测量可以得到被测量的测量值，但是在有些情况下测量的目标还没有全部达到。为了准确地获取表征对象特性的定量信息，往往还要对测量数据进行数据处理和误差分析，并估计测量结果的可靠程度。

检测则是意义更为广泛的测量，包括测量、信息提取、信号转换与传输、存储与显示等环节。检测技术包括测量方法、检测装置和检测信号处理等内容。

以图 12-2 所示的地下输油管道漏损位置探测为例说明检测与测量的关系：输油管的泄漏处会产生噪声，在油料流动速度远小于声音在油料中传播速度的情况下，可认为噪声向泄漏处两侧传播的速度相等，设该传播速度为v。假设泄漏处刚好处于声音传感器 1 和 2 之间，且离两个声音传感器的距离不等，则漏油的声响传至两传感器的时间就会有差异，设该时差为Δt。很明显，只要测量出时间差Δt，即可算出泄漏处离两个声音传感器的安装位置中心线的距离：

$$S=\frac{1}{2}v\Delta t \qquad (12\text{-}2)$$

可认为使用示波器记录下两个传感器测量到的声音信号波形$x_1(t)$和$x_2(t)$的过程为测量过程，但是由于干扰的影响声音波形是比较杂乱的，再加上人眼分辨力的制约，测量人员直接通过眼睛从$x_1(t)$和$x_2(t)$波形上精确读出时差t是非常困难的。因此要对测量到的$x_1(t)$和$x_2(t)$波形进行信号分析与处理：明显的，$x_1(t)$时移Δt后与$x_2(t)$相似程度最大，所以可以使用互相关分析法对$x_1(t)$与$x_2(t)$进行互相关运算，并做出$x_1(t)$与$x_2(t)$互相关函数$R_{xy}(\tau)$的曲线，如图 12-2 所示，在互相关函数曲线图上的最大值处对应的横坐标为$\tau=\tau_{\mathrm{d}}$，这个τ_{d}就是时差Δt，即

$$S=\frac{1}{2}v\tau_{\mathrm{d}} \qquad (12\text{-}3)$$

由此，可称这一声音波形测量+互相关分析的过程为检测过程。

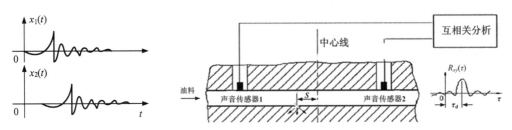

图 12-2　使用互相关分析方法探测地下输油管道的泄漏位置原理

12.2.2　测量方法的分类

选择何种测量方法是由被测对象的种类、数值大小、所需的测量精度和测量速度、测量环境和测量条件等一系列因素决定的。

测量方法可从不同的角度进行分类,按获取被测量的手段可以分为直接测量和间接测量;按测量敏感元件(传感器)是否与被测介质接触,可以分为接触式测量和非接触式测量;按测量的方式可以分为偏差测量法、零位测量法、微差测量法和组合测量法;按测量系统是否向被测对象施加能量,可以分为主动式测量和被动式测量。

1. 直接测量法与间接测量法

1)直接测量法

在使用仪表进行测量时,对仪表读数不需要经过任何运算,就能直接表示测量所需要的结果,称为直接测量。例如,使用米尺测长度、用玻璃管水位计测水位等均为直接测量。直接测量过程简单、迅速,缺点是测量准确度往往不高。

需要注意的是,直接测量法并不限于用直读式仪表进行的测量,例如,使用电压表(直读式仪表)和电位差计(比较式仪表)测量电压,两者均属于直接测量。只要参与测量的对象就是被测量本身,都属于直接测量。

2)间接测量

某些被测量的量值不能通过直接测量获取。对这类被测量进行测量时,首先应对与被测量有确定函数关系的几个量进行直接测量,然后将测量结果代入函数关系式,经过计算得到所需要的结果,这种测量方法称为间接测量。对于未知待测变量 y 有确切函数关系的其他变量 x(或 n 个变量)进行直接测量,然后再通过确定的函数关系式 $y=f(x_1, x_2, \cdots, x_n)$,计算出待测量 y。例如,金属导线的电阻率 ρ 是无法直接测量的,可通过使用万用表测量导线电阻 R,使用卷尺测量导向长度 L 和直径 D,再以间接测量的方法求得电阻率:

$$\rho = \frac{\pi R D^2}{4L}(\Omega \cdot m) \tag{12-4}$$

间接测量的缺点在于测量过程比较烦琐,所需的时间较长,且由于需要测量的量较多,引起误差的因素也较多,通常在直接测量误差较大、直接测量不方便甚至无法直接测量时采用。

2. 接触式测量与非接触式测量

1）接触式测量

在测量过程中，检测仪表的敏感元件或传感器与被测介质直接接触，感受被测介质的作用，这种测量方法称为接触式测量，典型例子为使用金属热电阻测量介质温度。接触式测量比较直观、可靠，但传感器会对被测介质造成干扰。例如，金属热电阻本身的热容和温度会引起被测介质的温度波动，引起测量误差，且当被测介质具有腐蚀性、氧化性等特殊性质时，对传感器的性能会有特殊要求。

2）非接触式测量

在测量过程中，检测仪表的敏感元件或传感器不直接与被测介质接触，而是采用间接方式来感受被测量的作用，这种测量方法称为非接触式测量，非接触式测量在测量时不干扰被测介质，适于对运动对象、腐蚀性介质及在危险场合下的参数测量。例如，图 12-3 中高压输电塔上的电缆温度（若电缆内部产生裂纹，裂纹处的电阻会增大，在电流通过的情况下会发热产生异常温升），宜采用红外测量枪进行远距离非接触式测量，既可避免触电危险，又不会干扰电力系统的正常运行。

图 12-3　用红外测温枪测量输电塔温度

3. 偏差测量法、零位测量法、微差测量法和组合测量法

1）偏差测量法

该方法以检测仪表指针相对于刻度起始线（零线）的偏移量（即偏差）的大小来确定被测量值的大小。在应用这种测量方法时，标准量具没有安装在检测仪表的内部，但是事先已经用标准量具对检测仪表的刻度进行了校准。输入被测量以后，按照检测仪表在刻度标尺上的示值来确定被测量值的大小。偏差法测量过程简单、迅速，但是当偏移量较大时，测量误差也会增大。

图 12-4 所示的使用压力表测量介质压力就是这类偏差法测量的例子。由于被测介质压力的作用，使弹簧变形，产生一个弹性反作用力。被测介质压力越高，弹簧反作用力越大，弹簧变形位移越大。当被测介质压力产生的作用力与弹簧变形反作用力相平衡时，活塞达到平衡，这时指针位移在标尺上对应的刻度值，就表示被测介质压力值。图 12-5

所示的使用弹簧秤测量重量也是属于偏差法测量的典型例子。

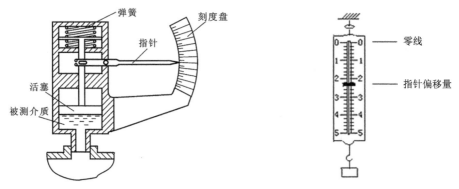

图 12-4　压力表测压力原理　　　　　　　　图 12-5　弹簧秤测重量原理

2）零位测量法

被测量和已知标准量都作用在测量装置的平衡机构上，根据指零机构示值为零来确定测量装置达到平衡，此时被测量的量值就等于已知标准量的量值，因此零位法也称为补偿法或平衡法。在测量过程中，用指零仪表的零位指示来检测测量装置的平衡状态。在应用这种测量方法时，标准量具一般安装在检测装置内部，以便于调整。

零位法测量精度较高，但在测量过程中需要调整标准量以达到平衡，耗时较多。零位法在工程参数测量和实验室测量中应用很普遍，如用天平称重（图 12-1 所示）、用电位差计和平衡电桥测毫伏信号或电阻值、用零位式活塞压力计测压力等都属于零位法测量。

图 12-6 为用电位差计测量电势的简化等效电路。图中 E_t 为被测电势，滑线电位器 W 与稳压电源 E 组成一闭合回路，因此流过 W 的电流 I 是恒定的，这样就可以将 W 的标尺刻成电压数值。测量时，通过调整 W 的触点 C 的位置，使检流计 G 的指针指向零位（即 $U_{CB}=E_t$），此时 C 所指向的位置即为被测电势 E_t 的大小。

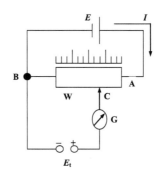

图 12-6　电位差计零位法测量原理图

3）微差法测量

微差法测量是偏差法测量和零位法测量的组合，用已知标准量的作用去抵消被测量的大部分作用，再用偏差法来测量被测量与已知标准量的差值。微差法测量综合了偏差法测量和零位法测量的优点，由于被测量与已知的标准量之间的差值是比较微小的，所以微差法的测量精度高，反应也比较快，比较适合于对被测量进行较高精度的在线实时检测。

假设被测量为 X，与之相近的标准量为 B，被测量与标准量之差为 A，微差法只需要用检测仪表测量 A 的数值，则被测量的数值：

$$X = B + A \tag{12-5}$$

根据误差的传递理论，测量 X 的误差：

$$\Delta X = \frac{\partial X}{\partial B}\mathrm{d}B + \frac{\partial X}{\partial A}\mathrm{d}A = \Delta B + \Delta A \tag{12-6}$$

式中，ΔB 为标准量 B 的加工误差，ΔA 为用仪器测量 A 的误差，则测量 X 的相对误差：

$$\frac{\Delta X}{X} = \frac{\Delta B}{X} + \frac{\Delta A}{X} = \frac{\Delta B}{B + A} + \frac{A}{X} \cdot \frac{\Delta A}{A} \tag{12-7}$$

因为加工标准量时 ΔB 很小，可近似认为测量 X 的相对误差为

$$\frac{\Delta X}{X} = \frac{A}{X} \cdot \frac{\Delta A}{A} \tag{12-8}$$

又微差 $A \ll X$，则有 $(A/X) \ll 1$，可看出，测量 X 的相对误差远小于测量微差 A 的相对误差，即

$$\frac{\Delta X}{X} \ll \frac{\Delta A}{A} \tag{12-9}$$

可见，微差法可以提高测量精度，并且不需要像零位法那样不断调整平衡机构，因此测量速度较快。

图 12-7 所示为用微差法测量电机轴直径的例子。图中标准量块的高度正好为电机轴的标称尺寸 D，被测电机轴的直径为 d，两者之间的微差为 $a=d-D$。测量前，将百分表测头与标准量块顶部接触，并将百分表指针归零；在测量时，沿水平线平移百分表，使百分表测头与待测电机轴顶端接触，此时百分表指针偏离零位的最大摆动量，即为待测电机轴直径 d 与公称尺寸 D 的实际偏差，也即所谓的测量微差 a，则 $d=D+a$，测量的相对误差为（$\Delta a/(D+a)$），远小于直接测量 d 的相对误差，且可以在生产线上对多个电机轴进行连续测量。

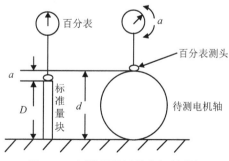

图 12-7　用微差法测量电机轴直径

4）组合测量法

该方法利用直接或间接法测得一定数目的被测量的不同组合，列出一组方程，通过求极值的方法实现测量。组合测量法在科学实验和计量检测工作中，是一种常用的有效方法。下面是组合测量及其计算的一个例子。

例 12-1　求出图 12-8 所示刻线 AB、BC 和 CD 间的距离。设 AB、BC 和 CD 的实际值分别为 X、Y、Z。采用一般的方法解决这个问题时是用量具直接量出 AB、BC、CD 段的尺寸，然而这样的测量精度有限，欲提高其测量精度，可以同时测出 AB、BC、CD 及 AC、BD、AD 各段尺寸，设直接测得的尺寸为：AB=a_1，BC=a_2，CD=a_3，AC=a_4，BD=a_5，AD=a_6，又设 6 次测量的测量值和实际值之间的误差是 $\varepsilon_i (i = 1 \sim 6)$，请根据上述直接测量结果求 X、Y、Z。

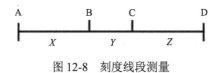

图 12-8　刻度线段测量

解　根据上述直接测量的结果，可以列出如下方程组：

$$\begin{cases} X - a_1 = \varepsilon_1 \\ Y - a_2 = \varepsilon_2 \\ Z - a_3 = \varepsilon_3 \\ X + Y - a_4 = \varepsilon_4 \\ Y + Z - a_5 = \varepsilon_5 \\ X + Y + Z - a_6 = \varepsilon_6 \end{cases}$$

本题即可转化为求解 X、Y、Z，使得目标函数 $F = \sum_{i=1}^{6} \varepsilon_i$ 为最小值。将上式代入目标函数，对目标函数 F 对 X、Y、Z 分别求偏导，并令其都等于零，即可解出各变量的值如下：

$$\begin{cases} X = \dfrac{1}{4}(2a_1 + a_4 + a_6 - a_2 - a_3) \\ Y = \dfrac{1}{4}(-a_1 + 2a_2 - a_3 + a_5) \\ Z = \dfrac{1}{4}(-a_2 + 2a_3 - a_4 + a_6) \end{cases}$$

4. 主动式测量与被动式测量

1）主动式测量

主动式测量通过投射能量或使用某种辅助工具等手段主动对被测对象施加影响以求获得更好的测量效果。测量过程中，需从外部辅助能源向被测对象施加能量。主动式测量相当于用被测量对一个能量系统的参数进行调制，故又称为调制式测量。主动式测量往往可以取得较强的信号，但测量装置的结构一般比较复杂。

图 12-9 所示的用光纤传感器测量流体流速即为主动式测量的一个例子。图中，激光器发出一定模态的光信号经光纤传输后，被光电二极管检测到并转换为交流电信号，由于流体流动而使光纤发生机械变形，从而使光纤中传播的各模式光强出现强弱变化，其振幅的变化与流速变化成正比，即光电二极管输出的交流电信号振幅与流速变化成正比，对该交流电信号进行放大、滤波、整流等处理后变成直流电压信号，即可用电压表进行测量，电压表上显示的数值经一定换算后即可用于直接显示流速的大小。

2）被动式测量

被动式测量依据一定的几何和物理定律，对直接来自被测对象的、不受观测者控制的某种可用信息进行处理，以获得被测对象有关参量的数值。测量过程中，无须从外部向被测对象施加能量。被动式测量所需能量由被测对象提供，被测对象的部分能量转换为测量信号，故又称为转换式测量。被动式测量的测量装置一般比较简单，但所取得的信号较弱。

图 12-10 所示的基于目标辐射强度测量的被动测距即为被动式测量的典型例子。图中，假定目标为一个辐射强度恒定的点源（如战斗机的尾喷口）且匀速运动，其与红外探测器的距离为 R，若红外探测器探测到的光谱辐射照度为 E，则 R 与 E 之间满足距离平方反比关系，连续 3 次测量目标的角度和辐照度 E，即可推导出距离公式。

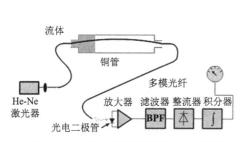 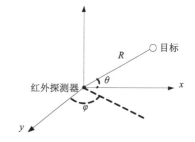

图 12-9　光纤传感器测流速工作原理图　　　图 12-10　基于目标辐射强度测量的被动测距原理

12.2.3　测量误差

1. 测量误差的定义

测量是一个变换、放大、比较、显示、读数等环节的综合过程。由于检测系统（仪表）不可能绝对精确，测量原理的局限、测量方法的不尽完善、环境因素和外界干扰的存在及测量过程可能会影响被测对象的原有状态等，也使得测量结果不能准确地反映被测量的真值而总存在一定的偏差（误差公理），这个偏差就是测量误差。简而言之，测量误差就是测量结果与被测量真值之间的差，即

$$\delta = x - \mu \tag{12-10}$$

式中，δ 表示测量误差；x 表示示值或测量结果（由测量所得到的被测量值）；μ 表示被测量的真值。

与真值相关的几个概念：

（1）真值：某一被测量在一定条件下客观存在的、实际具有的量值。如三角形三内角和为 180° 等。

（2）约定真值：指人们定义的，得到国际上公认的某个物理量的标准值，通常用于在测量中代替真值。例如，保存在国际计量局的 1 kg 铂铱合金原器就是 1 kg 质量的约定真值。

（3）标称值：计量或测量器具上标注的量值，称为标称值。如天平的砝码上标注的 100 g、精密电阻器上标注的 250 Ω 等。由于制造工艺的不完备或环境条件发生变化，这些计量或测量器具的实际值与标称值之间通常存在一定的误差，使计量或测量器具的标称值存在不确定度，通常需要根据精度等级或误差范围进行测量不确定度的评定。

（4）相对真值：日常工作中的测量仪器不可能一一都与国家计量院的基准仪器进行对比，即真值或约定真值很难获得。通常只能通过多级计量网，按照法定的规程，进行一系列的标准的逐级传递来作为相对真值。高级标准器的误差与低级标准器或普通仪器的误差相比，为其 1/5 时，可认为前者的示值是后者的相对真值。

注意：计量器具一般是由计量检测部门（质量技术监督局）授权企业制造，生产的计量器具需要定期检定。

2. 测量误差的表示方法

1）绝对误差

式（12-10）表示的误差称为绝对误差。绝对误差可以为正值也可以为负值，且是一个有单位的物理量。由于被测量的真值往往无法得到，实际应用中常用相对真值 A（高一级以上的测量仪器或计量器具测量所得之值）来代替真值，即可用 $\delta = x - A$ 表示绝对误差。

2）相对误差

相对误差定义为绝对误差与真值之比，用百分数表示，即

$$\gamma = \frac{\delta}{\mu} \times 100\% \qquad (12\text{-}11)$$

因测得值与真值接近，所以也可将真值 μ 换成测得值 x，得到的相对误差称示值相对误差。

由于绝对误差可能为正值或负值，所以相对误差也可能为正值或负值。相对误差通常用于衡量测量的准确度。

3）引用误差

引用误差是一种简化和实用方便的相对误差，常在多挡和连续刻度的仪器仪表中应用。这类仪器仪表可测范围不是一个点，而是一个量程，这时若按相对误差的计算公式表示，由于分母是变量，随被测量的变化而变化，计算很烦琐。为了计算和划分准确度等级的方便，通常采用引用误差，它是从相对误差演变过来的，定义为绝对误差与测量装置的量程 B 之比，用百分数表示，即

$$\gamma_{\mathrm{m}} = \frac{\delta}{B} \times 100\% \qquad (12\text{-}12)$$

其中，$B = x_{\max} - x_{\min}$ 为测量装置的量程；$x_{\max}$ 为测量上限；$x_{\min}$ 为测量下限。

最大引用误差可表示为

$$R_{\mathrm{m}} = \left| \frac{\delta_{\max}}{B} \right| \times 100\%$$　　　　　　　（12-13）

式中，$\delta_{\max}$ 为最大绝对误差。

电工及热工仪表确定精度等级由其最大引用误差决定，例如，我国电工仪表的精度等级 α 分为 0.1、0.2、0.5、1.0、1.5、2.5、5.0 等，表示这些测试仪表的最大引用误差不能超过该仪表精度等级指数的百分数。不难看出，量程为 B 的电工仪表在使用时所产生的最大可能误差为

$$\delta_{\mathrm{m}} = \pm B \cdot \alpha\%$$　　　　　　　（12-14）

由此可知，电工仪表产生的示值测量误差不仅与仪表的精度等级指数 α 有关，而且与仪表的量程有关。因此在使用以"最大引用误差"表示精度的检测仪表时，量程选择应使测量值尽可能接近仪表的满刻度值的 50%，通常应尽量避免让检测仪表在小于其量程 1/3 的范围内工作。

例 12-2　现有 0.5 级 2～20 m³/h 和 1.0 级 2～5 m³/h 的两个流量计，要测量的流量在 3 m³/h 左右，试问采用哪一个流量计好？

解　若采用 0.5 级流量计。

最大可能误差为：$\delta_{\mathrm{m}} = \pm 18 \times 0.5\% = \pm 0.09$ m³/h。

相对误差为：$\gamma_x = \dfrac{|\delta_{\mathrm{m}}|}{x} \times 100\% = \dfrac{0.09}{3} \times 100\% = 3\%$。

若采用 1.0 级流量计。

最大可能误差为：$\delta_{\mathrm{m}} = \pm 3 \times 1.0\% = \pm 0.03$ m³/h。

相对误差为：$\gamma_x = \dfrac{|\delta_{\mathrm{m}}|}{x} \times 100\% = \dfrac{0.03}{3} \times 100\% = 1\%$。

结果表明，仪表工作在量程下限时相对误差较大。用 1.0 级流量计比用 0.5 级流量计的示值相对误差反而小，所以更合适。

3. 测量误差的分类随机系统粗大

测量误差一般根据其性质（或出现的规律）和产生的原因（或来源）可分为随机误差、系统误差和粗大误差这三类。

1）随机误差

在相同条件下多次重复测量同一被测参量时，测量误差的大小与符号均无规律变化，这类误差称为随机误差。随机误差主要是由于检测仪器或测量过程中某些未知或无法控制的随机因素（如仪器的某些元器件性能不稳定，外界温度、湿度变化，空中电磁波扰动，电网的畸变与波动，等等）综合作用的结果。随机误差的变化通常难以预测，因此也无法通过实验方法确定、修正和消除。但是通过足够多的测量比较可以发现随机误差服从某种统计规律（如正态分布、均匀分布、泊松分布等，这部分知识将在后续课程"概率论与数量统计"中学习）。

2）系统误差

在相同条件下，多次重复测量同一被测参量时，其测量误差的大小和符号保持不变，或者在条件改变时，误差按某一确定的规律变化，这种测量误差称为系统误差。

系统误差产生的原因大体上有：测量所用的工具（仪器、量具等）本身性能不完善或安装、布置、调整不当而产生的误差；在测量过程中因温度、湿度、气压、电磁干扰等环境条件发生变化所产生的误差；因测量方法不完善或测量所依据的理论本身不完善等原因所产生的误差；因操作人员视读方式不当造成的读数误差，等等。总之，系统误差的特征是测量误差出现的有规律性和产生原因的可知性。系统误差产生的原因和变化规律一般可通过实验和分析查出。因此，系统误差可被设法确定并消除。

3）粗大误差

粗大误差是指明显超出规定条件下预期的误差。其特点是误差数值大，明显歪曲了测量结果。粗大误差一般由外界重大干扰或仪器故障或不正确的操作等引起。存在粗大误差的测量值称为异常值或坏值，一般容易发现，发现后应立即剔除。即正常的测量数据应是剔除了粗大误差的数据，所以我们通常研究的测量结果误差中仅包含系统误差和随机误差。

值得注意的是，在实际测量中系统误差和随机误差之间不存在绝对的界限，二者并在一定条件下可相互转化。同一种误差，在一定条件下可当成随机误差，而在另外条件下则可认为是系统误差，反之亦然。例如，动圈式万用表的刻度误差，对于同一批次的万用表来说是随机误差；但用特定的一个万用表作为基准去测量某电压值时，则刻度误差就会造成测量结果的系统误差。

例 12-3　用步枪向靶子进行三组射击,每组射击 10 发子弹,弹着点如图 12-11 所示，请分析每组射击中的随机误差、系统误差的大小情况。

解　（a）组射击的弹着点较为密集，但是都偏离靶心较远，说明该组射击中的随机误差较小，而系统误差较大，可能的原因有准星未校准、射手射击技术有问题等。

（b）组射击的弹着点较为分散，但是都离靶心较近，说明该组射击中的随机误差较大，而系统误差较小，可能的原因是风速、温湿度随机因素的影响。

（c）组射击的弹着点较为密集，且都离靶心较近，说明该组射击中的随机误差和系统误差都较小。

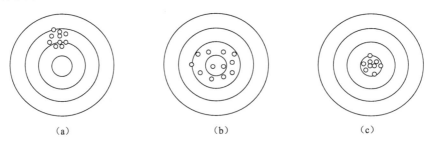

（a）　　　　　　　　（b）　　　　　　　　（c）

图 12-11　随机误差、系统误差对测量结果分布特性的影响

测量结果的精度通常用"精确度"来定性描述，"精确度"是"精密度"和"正确度"的综合。图 12-11（a）说明测量结果的随机误差小，"精密度"高。图 12-11（b）说明测量结果的系统误差小，"正确度"高。图 12-12（c）说明测量结果的"精确度"高。

例 12-4　用三位半和四位半数字万用表的 DC20V 挡测量电压读数分别为 V_1 和 V_2，测量某直流可调电源的读数如表 12-1 所示，分别求出用三位半表测量数据的绝对误差、相对误差、引用误差、最大引用误差。

表 12-1　两只万用表测直流可调电源的测量值

序号	1	2	3	4	5	6	7	8	9
V_1/V	0.51	2.49	5.02	7.50	9.99	12.51	15.00	17.51	19.49
V_2/V	0.500	2.500	5.000	7.500	10.000	12.500	15.000	17.500	19.500

解　（1）四位半的数字万用表精度比三位半数字万用表高一个数量级，按标准的逐级传递规程，其测量值可作为后者的相对真值 A。

（2）三位半数字万用表的 DC20V 挡能够显示的最大数值是 19.99 V，考虑其系统误差是 1 个字，可取其量程 B 为 0～20.00 V。

（3）根据以上参数，计算结果见表 12-2。

表 12-2　例 12-4 计算结果

序号	1	2	3	4	5	6	7	8	9
x/V	0.51	2.49	5.02	7.50	9.99	12.51	15.00	17.51	19.49
A/V	0.500	2.500	5.000	7.500	10.000	12.500	15.000	17.500	19.500
δ/V	0.01	−0.01	0.02	0	−0.01	0.01	0	0.01	−0.01
$\gamma = (\delta/A) \times 100\%$	2%	−0.4%	0.4%	0	−0.1%	0.08%	0	0.06%	−0.05%
$\gamma_m = (\delta/B) \times 100\%$	0.05%	−0.05%	0.10%	0	−0.05%	0.05%	0	0.05%	−0.05%
最大引用误差	0.1%								

（4）校验。查三位半数字万用表的使用说明书可知：DC20V 挡的精确度为（0.5%RDG+1 个字）。可见该三位半数字万用表 DC20V 挡合格。注：RDG 是 reading 的缩写，即读出值。

12.2.4　测量数据的读取

1. 数据的有效数字及运算规则

1）有效数字的概念

为了保证测量数据的有效性，记录的测量数据应当由准确数字、估计数字和单位三部分组成。其中，"准确数字"和"估计数字"两部分合起来称为有效数字。关于有效数字，应掌握以下概念：

（1）在一个数据的有效数字中，仅最末一位数字是欠准确的（称之为估计数字），其余数字都是准确的。即只允许保留一位估计数字。

（2）一个数据的全部有效数字所占有的位数称为该数的有效位数。

（3）有效数字位数越多，准确度越高。

例如，图 12-12（a）所示为一只量程为 50 V，最小刻度为 1V/DIV 的电压表的测量结果，其指针指向 34 V 和 35 V 之间，其读数可记为"34.4"，其中数字"34"是准确可靠的，而最后一位"4"是由测量员估计出来的不可靠数字（估计数字），因此，其测量值应记录为"34.4 V"，有效数字是 3 位。

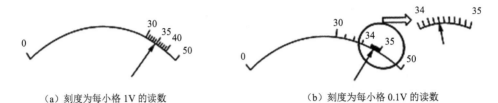

（a）刻度为每小格 1V 的读数　　　　　　　　（b）刻度为每小格 0.1V 的读数

图 12-12　有效数字的读取

图 12-12（b）中的电压表最小刻度为 0.1V/DIV，其读数可记为"34.40"，具有 4 位有效数字，其中"34.4"为准确数字，最后一位"0"为估计数字。

2）有效数字的表示法

在应用有效数字记录测量数据时，应遵循以下原则。

（1）数字"0"是否有效数字的判别规则：处于第一个非零数字前的"0"不是有效数字，如 0.00326 的前面三个"0"不是有效数字，它的有效数字是最后三位，即 0.00326 有 3 位有效数字；而 30.00 的有效数字是 4 位，30 的有效数字是 2 位。需要注意的是：数字末尾的"0"不能随意增减，它是由测量仪器的准确度来决定的。

（2）大数值与小数值要用幂的乘积形式来表示。例如，测量某电阻为 35000 Ω 时，若取有效数字为三位，则应为 $3.50×10^4 Ω$，而不能记为 35000 Ω，因为 35000 表示该数字有 5 位有效数字。

（3）一般情况下，误差只取一位有效数字；对重要的或是比较精密的测量，误差通常应取两位有效数字，最多可取三位有效数字。

（4）对需要标明误差的数据，其有效位数应取到与误差同一数量级。如 5.324±0.003。

（5）在对数据判定应取的有效位数以后，就应当把数据中的多余数字舍弃进行修约。修约的基本原则是："4 舍 6 入 5 凑偶"。对于应舍弃数字的第一位数字是"5"的情况，若"5"后面的数字不全是 0，则将数字舍弃，并把应保留部分的末位数字加 1，例如，在保留 3 位有效数字情况下，6.34501 应记为 6.35。而对于"5"后面的数字全是 0 没有数字的情况，则应将保留数字的最后一位"凑偶"，例如，5.43500 应记为 5.44，而 7.26500 应记为 7.26。

（6）表示常数（π、e）或非检测所得的计算因子（倍数、分数）的数字可认为其有效数字位数无限制，可按需要取任意位。

3）有效数字的运算规程

有效数字的运算规则：当测量结果需要进行中间运算时，有效数字的取舍，原则上取决于参与运算的各数中精度最差的那一个数的有效数字位数，一般应遵循以下规则。

（1）多项数据的加、减运算：应以数据中有效数字末位数的数量级最大者为准，其余各数据均向后多取一位有效数字，项数过多时可向后多取两位有效数字。最终结果的有效数字末位数的数量级应该与有效数字末位数的数量级最大者一致。

例如，2643.0＋987.7＋4.187＋0.2354，其中 2643.0 和 987.7 的有效数字最末一位都是 "10^{-1}" 级，为最大，而 4.187 的有效数字最末一位是 "10^{-3}" 级，0.2354 的有效数字最末一位是 "10^{-4}"，所以 4.187 应修约为 4.19，而 0.2354 应修约为 0.24，即计算结果应表示为

$$2643.0＋987.7＋4.19＋0.24=3635.13 \approx 3635.1$$

（2）乘、除运算：应以数据中有效位数最少者为准，其余各数多取一位有效数字，最终结果的有效位数应该与有效位数最少者一致。

例如，15.132 和 4.12 相乘，则计算结果应表示为

$$15.13 \times 4.12=62.3356 \approx 62.3$$

（3）开方或乘方运算：所得结果的位数应比原数的有效位数多一位。

（4）对数运算：所取对数的位数应与原数的有效位数相等。

2. 数字式仪表测量数据的读取

数字式仪表可直接读出被测量的量值，读出值即可作为测量结果予以记录而无须再换算。需注意的是：对数字式仪表而言，若测量时量程选择不当，则会丢失有效数字，因此应合理地选择数字式仪表的量程。

例如，用三位半数字万用表的不同挡位测量一个约 1.3 V 的电压时的测量数据见表 12-3。从表中可以看出，测量值在不同挡位时显示的数据不同，有效位也不同。本例中应选择 "2 V" 挡最为合适。为保证测量数据的准确性，应合理选择仪表的量程。在实际测量时，一般选择大于但最接近测量值的一挡量程，切不可选择小于或远大于测量值的量程。

表 12-3　数字式仪表的有效数字

量程/V	2	20	200
显示值	1.282	1.28	1.3
有效数字位数	4	3	2

3. 指针式仪表测量数据的读取

使用指针式仪表之前，应通过调节调零旋钮使仪表的指针指到零的位置。指针式仪表在读数时，应使视线与仪表标尺平面垂直，并读取足够的位数，以减小和消除视觉误差。为减少测量误差，一般应采取多次测量取平均值。

和数字式仪表不同，直接读取的指针式仪表的指示值一般不是被测量的量值，需经过换算才可得到所需的测量结果，不过目前的很多仪表在刻度的标识上已完成换算。

1）指针式仪表的读数

指针式仪表的读数用其指针所指的标尺值记录，用格数表示。图 12-13（a）所示的某指针式电压表的有效数字应读取为 0.75，有效数字为 2 位，而 12-13（b）所示的有效数字应读取为 21.9 格，有效数字为 3 位。

2）指针式仪表的仪表常数

指针式仪表的标尺上每分格所代表的被测量大小称为仪表常数或分格常数，用 C_a 表示，其计算式为

$$C_a = \frac{B}{a_m} \tag{12-15}$$

式中，B 为选择的仪表量程；a_m 为指针式仪表的满刻度格数。

3）被测量的示值=读数（格）×仪表常数 C_a，示值的有效数字位数应与格数的有效数字位数相同。

例 12-5 若图 12-13 中所示电压表量程为 3 V，请给出（a）、（b）两指针所对应的示值。

图 12-13　指针式仪表有效数字的读取示意图

解 电压表的量程为 3 V，分格常数为 C_a=3/30=0.1V/格。

指针（a）的示值为 $U_1 = a_1 \times C_a$=0.75×0.1=0.075V，2 位有效数字。

指针（b）的示值为 $U_2 = a_2 \times C_a$=21.9×0.1=2.19V，3 位有效数字。

12.2.5　数据处理

数据处理是对测量数据进行加工以得到实验结果和被测对象特征的过程。

1. 列表法

列表法是数据处理中最常用的一种，它将实验数据按照某种规则、次序列成表格，以发现实验结果的规律。列表法应遵循以下原则：

（1）表格上方应注明表格名称，表内标题栏应有物理量的中文名称、英文名称和单位。

（2）表格要简单明了，分类清楚，便于查阅、分析和归纳。

（3）表格中的数据要用正确的有效数字表示。

列表法常用的软件工具有 Excel、Word 等。

2. 作图法

将两个或三个物理量的一系列对应测量值用坐标纸描绘出来，以几何图线直观地反映物理量之间的某种对应关系。作图法的具体要求如下：

（1）在使用坐标纸进行绘图时，坐标纸的大小以不降低测量数据的有效数位为原则，为了能够精确显示，应以两小格代表数据的最后一位。

（2）两个物理量之间的关系用二维坐标图表示，三个物理量之间的关系用三位维坐标图表示。

（3）必须完整标出坐标轴的名称、方向、分度值和单位，并注明坐标图的名称。

（4）所有数据应先用列表法列成表格，再根据表格中的数据按顺序逐个描点，用"+"（或"×"、"○"）等符号标出数据点。

（5）连线一般用光滑曲线或折线。图线不一定经过每一个数据点，对个别偏离图线较大的数据点，应剔舍去或重新进行校核。画校正曲线时应用直线连接相邻的两个实验点。

除了在坐标纸上进行绘图外，还可借助计算机进行绘图，常用的绘图软件工具有 Excel、MATLAB、Origin 等。

例 12-6　用实验方法测量 Pt50 铂电阻在 10～20℃时电阻-温度特性。实验测量数据已用列表法进行处理，结果如表 12-4 所示。请使用图解法对实验数据进行处理。

表 12-4　Pt50 铂电阻温度特性的实验测试数据

测量序号 n	1	2	3	4	5	6	7	8	9
测试温度 $t/(℃)$	10.0	11.0	12.0	13.0	14.0	15.0	16.0	18.0	20.0
输出电阻 $R_t/Ω$	51.98	52.18	52.36	52.60	52.79	52.97	53.15	53.53	53.95

解　将实验数据中的电阻 R_t 用纵轴表示，每小格为 0.05 Ω，温度 t 用横轴表示，每小格为 0.2℃。数据点用"⊕"符号标注在图 12-14 上，得到一条 R_t-t 直线。

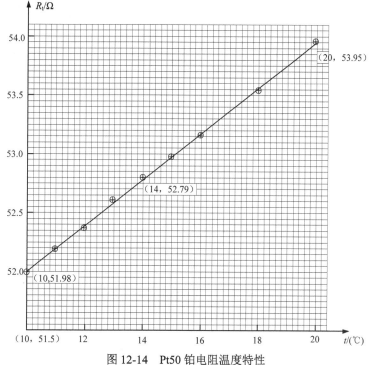

图 12-14　Pt50 铂电阻温度特性

3. 线性拟合

在测量数据的处理中，经常需要根据实际测量所得的数据，求得反映各变量之间的函数关系 $y = f(x_1, x_2, \cdots, x_n)$ 的表达式，这一过程称之为数据拟合。若所求得的函数关系式为形如 $y = ax + b$（a，b 为常数）线性方程式，则称之为直线拟合。表征检测仪表实测的特性曲线的偏离所选定的某一参考直线的程度的指标称为线性度，线性度的大小程度用非线性误差来描述，检测仪表的非线性误差越小越好。

线性拟合的方法主要有理论直线法、最小二乘直线法、端基直线法等，以下主要介绍端基直线法。在检测仪表测量数据的特性曲线图上，将首、尾两个数据点用直线连接起来作为拟合直线，例如，图 12-14 中的那条连接（10，51.98）和（20，53.95）两个端点的直线，称为端基直线，相对应的线性度称为端基线性度。

例 12-7　计算例 12-6 中 Pt50 铂电阻温度特性的端基线性度。

解　（1）为了求端基线性度，应先求端基直线方程。

端基直线的斜率为

$$k = \frac{R_{\text{tm}} - R_{\text{t0}}}{t_{\max} - t_{\min}} = \frac{53.95 - 51.98}{20 - 10} = 0.197(\Omega / ℃)$$

所以端基直线方程为

$$R_{\text{t}} = R_{\text{t0}} + k(t - t_0) = 51.98 + 0.197(t - 10) \quad (\Omega)$$

（2）将每个测量点的输入值 t 代入上式，求端基直线对应点的计算值，然后将每个测量点实际电阻值与端基直线对应点的计算值相比较，并将结果列入表 12-5 中。

表 12-5　Pt50 铂电阻温度特性端基线性度计算结果

测量序号 n	1	2	3	4	5	6	7	8	9
测试温度 t/（℃）	10.0	11.0	12.0	13.0	14.0	15.0	16.0	18.0	20.0
输出电阻 R_{t}/Ω	51.98	52.18	52.36	52.60	52.79	52.97	53.15	53.53	53.95
端基直线计算值/Ω	51.980	52.177	52.374	52.571	52.768	52.965	53.162	53.556	53.950
偏差值/Ω	0.000	−0.003	0.014	−0.029	−0.022	−0.005	0.012	0.026	0.000
最大偏差值/Ω	0.029								

（3）可求出端基线性度 e_{f} 为

$$e_{\text{f}} = \pm \frac{\Delta_{\max}}{R_{\text{tm}} - R_{\text{t0}}} \times 100\% = \pm \frac{0.029}{53.95 - 51.98} \times 100\% = \pm 1.47\%$$

12.3　电工电子测量仪表及其性能

电工电子测量是指对各类电信号如电压、电流、电功率、电能、相位、频率、功率因数、电阻等进行的测量。测量各类电信号的仪器仪表统称为电工电子测量仪表。电气或电子作业人员无论是在电气或电子设备的安装、调试、运行、维修中，还是对电气或电子产品进行检测试验中，都经常需要进行电气测量。此外，各类非电类信号如温度、压力、流量等也经常需要使用传感器转换成电信号后才能送入自动控制系统中进行分析和处理。因此，理解和掌握这些基本电气参数的测量方法，以及常用电工测量仪表的使用及其性能是十分重要的。

电工测量仪表的品种、规格繁多，但通常可以分为三大类，即指示仪表、比较仪表和数字式仪表。指示仪表能将被测电量转换为仪表可动部分的机械偏转角，并通过指针直接显示出被测电量的大小，因此又称为直读仪表。图 12-15 为常用的指示仪表实物图。在电工测量过程中，需要通过度量器将被测量与同类标准量进行比较，才能确定被测量数值的仪表称为比较仪表，如用于测量电阻的直流电桥和表 12-6 所示的电位差计均为比较仪表。数字式仪表采用数字测量技术，并以数码的形式直接显示出被测电量的大小。比较仪表和数字式仪表的工作原理与非电量检测仪表相同，因此本节主要介绍电测指示仪表。

（a）电流表　　　　（b）电压表　　　　（c）功率表　　　　（d）功率因数表

图 12-15　常用指示仪表

12.3.1　电工测量指示仪表的分类与型号

1. 电工测量指示仪表的分类

常用电工测量指示仪表的种类很多，且根据不同的概念可以有不同的分类方式，按被测量、测量原理、测量电路、仪表的准确度、防护性能、使用条件等都可以对常用的电工测量仪表进行分类。常见的分类方式如表 12-6 所示。

表 12-6　常用电工测量指示仪表的分类

分类方式	仪表名称	符号、代号或性能	可测物理量	备注
按被测量分类	电流表（安培表、毫安表）	Ⓐ、mA	安培 A、毫安 mA、微安 μA	每一种表又可分为直流表，交流表和交直两用表，其中，交流表显示的是正弦交流电的有效值
	电压表（伏特表、千伏表）	Ⓥ、kV	伏特 V、毫伏 mA、千伏 kV	
	功率表（瓦特表、千瓦表）	Ⓦ、kW	瓦特 W、千瓦 kW	
	电阻表（欧姆表、兆欧表）	Ω、MΩ	欧姆 Ω、兆欧 MΩ	
	电能表	kW·h	度（千瓦小时 kW·h）	用于测量交流信号，其中相位表用于测量两个交流信号之间的相位差
	频率表	f	频率（Hz）	
	相位表	φ	相位表（0～360°）	

续表

分类方式	仪表名称	符号、代号或性能	可测物理量	备注
按测量原理分类	磁电式	C	直流电流、电压、电阻	除此之外，还有静电式、热电式、振动式、电子式等类型
	电磁式	T	直流或交流电流、电压	
	电动式	D	直流或交流电流、电压、电功率、电能量	
	感应式	G	交流电能量	
	整流式	L	交流电流、电压	
按仪表准确度分类	0.1 级	基本误差（%）±0.1%	—	标准表计量用
	0.2 级	基本误差（%）±0.2%	—	副标准器用
	0.5 级	基本误差（%）±0.5%	—	精度测量用
	1.0 级	基本误差（%）±1.0%	—	大型配电盘用
	1.5 级	基本误差（%）±1.5%	—	配电盘、教师、工程技术人员用
	2.5 级	基本误差（%）±2.5%	—	小型配电盘用
	5.0 级	基本误差（%）±5.0%	—	学生试验用
按仪表对电场或外界磁场的防御能力分类	I	±0.5	—	仪表在外磁场或外电场的影响下，仪表读数允许的变化量（满刻度的百分数）（%）
	II	±1.0	—	
	III	±2.0	—	
	IV	±5.0	—	
按使用方式分类	固定式	—	—	固定在机柜或操作台上，常用于实验室
	便携式	—	—	自带电源，可用于野外作业

此外，还可按照仪表外壳的防护性能分为普通式、防尘式、气密式、防溅式、防水式、水密式和隔爆式等。按仪表的使用条件（温度、盐雾、沙尘）可分为 A、m、B、B1、C 五组。

2. 指示仪表的代号规则

安装式指示仪表的代号规则：第一位代号按仪表的面板形状最大尺寸编制，第二位代号按仪表的外壳尺寸编制，系列代号按仪表工作原理的系列编制。例如，44C2-A 型电流表，其中"44"为形状代号，"C"表示磁电系仪表，"2"为设计序号，"A"表示用于电流测量。

便携式指示仪表不用形状代号，其他部分则与安装式指示仪表完全相同。例如，T62-V 型电压表，其中"T"表示电磁系仪表，"62"为设计序号，"V"则表示用于电压测量。

12.3.2 电工测量指示仪表上的指示符号

电工测量指示仪表的表盘上常可以看到一些标志符号和文字，用于表示仪表的结构形式、测量对象、准确度等级、灵敏度、放置方式、防御外电场或磁场级别、使用环境条件和绝缘水平等参数。电工测量指示仪表常见符号如表 12-7 所示。

表 12-7　电工测量指示仪表常用符号

分类	名称	标志符号	含义
结构和工作原理符号	磁电系仪表		适用于直流电表、A、V、Q、MΩ、检流计等
	电磁系仪表		适用于交、直流电表、V、A、Hz、$\cos\varphi$
	电动系仪表		适用于交、直流电表、A、V、W、Hz、$\cos\varphi$、同步表
	静电系仪表		适用于高电压测量电表
	感应系仪表		适用于工频交流电能计量、交流电能表
	整流系仪表		带变换器的磁电系整流式适用于组成专用表
电种类	直流表		测量直流信号
	单相交流表		测量交流信号（一般指正弦波交流）
	交直流两用表		测量交、直流信号
	对称三相交流表		测量三相平衡负载的电表
	三相交流表		测量不平衡负载的电表
	三相交流表		测量三相四线制不平衡负载的电表
准确度等级符号	1.5 级表	1.5	以标度尺上量限百分数表示的准确度
		1.5	以标度尺长度百分数表示的准确度
		1.5	以指示值的百分数表示的准确度
工作位置符号	水平使用	— 或 ⌐	仪表水平放置
	垂直使用	↑ 或 ⊥	仪表垂直设置
	倾斜使用	60° 或 30°	表盘或仪表本身与水平成 60° 或 30°
防御性能	防御级别	Ⅰ Ⅱ 和 Ⅰ Ⅱ	仪表防外磁场级别和防外电场的级别
使用条件	环境级别	A B C	仪表允许的工作环境级别
绝缘试验符号	绝缘强度	2kV 或 2	仪表绝缘经 2 kV 耐压试验
		☆	仪表绝缘经 500 V 耐压试验
		☆0	仪表不进行绝缘强度试验
端钮和调零器符号	端钮	—	负端钮
		+	正端钮
		✳	公共端钮（多量程仪表）
		∼	交流端钮

分类	名称	标志符号	含义
端钮和调零器符号	端钮	⏚	接地用的端钮
		⏛	与外壳相连接的端钮
		◯	与屏蔽相连接的端钮
		⤳	与仪表可动线圈相连接的端钮
	调零器	⌣	调整零位时用
	止动器	止	止动器
		↑	止动方向
	注意符	⚠	要遵照使用说明书及质量合格证书规定

12.3.3　电工测量指示仪表的工作原理

电工测量指示仪表的基本组成结构如图 12-16 所示，由测量线路和测量机构两部分组成，主要基于电磁感应相互作用原理工作。

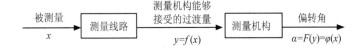

图 12-16　电工测量指示仪表的基本组成

测量线路的作用是把各种不同的被测量按一定的比例转换为能被测量机构所接受的过渡量（通常是电流或电压信号）。测量机构中通入电流信号后产生的电磁作用，将使其可转动部分受到电磁转矩而发生偏转，偏转角 α 与通入电流成一定的比例关系，从而反映出被测量的大小，它是电测指示仪表的核心。

电工测量指示仪表通常由三个部分组成：转动力矩装置、反作用力装置和阻尼器。转动力矩装置在被测量或过渡量的作用下，能产生使仪表偏转的转动力矩。而且这个转动力矩的大小要随被测量或过渡量的变化而按一定的关系变化。根据测量机构产生转动力矩的原理的不同，指示仪表可分为磁电系、电磁系、电动系等。反作用力装置在可动部分偏转时，能产生随偏转角增加而增加的反作用力矩以平衡转动力矩，使偏转角能够反映被测量的大小。反作用力矩一般由游丝或张丝产生，还有利用磁力来产生反作用力矩的，其大小与偏转角成正比。阻尼器的作用是在可动部分作偏转运动时，能产生适当的阻尼力矩以限制其摆动，从而使可动部分（指针）尽快地稳定在平衡的位置上。

1. 磁电式仪表

磁电式仪表的测量机构（又称表头）的基本构造如图 12-17 所示，主要部分包括带极掌的马蹄形永久磁铁、圆柱形铁芯、可动线圈、指针、游丝、校正器等。

将可动线圈置于永久磁铁的气隙磁场中，被测电流通过游丝引入可动线圈，通有电流的线圈在磁场中感受电磁力产生的转动力矩，并带动指针偏转，同时游丝因为被扭转而产生反作用力矩，当转动力矩与游丝反作用力矩平衡时，指针便停止转动，此时即可从标尺指示器上获得读数。当线圈中通过的电流为零时，指针应指向零位，否则需要通过校正器进行调零。

磁电式仪表的表头中，由于永久磁铁是固定的，所以通常只能用来测量直流电流、直流电压和电阻，当配有整流装置后也可用来测量交流信号。

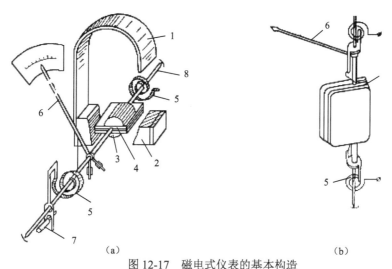

(a)　　　　　　　　　　　　　　　　　(b)

图 12-17　磁电式仪表的基本构造

1.永久磁铁；2.极掌；3.圆柱形铁芯；4.可动线圈；5.游丝；6.指针；7.校正器；8.转轴

磁电式仪表的特点是：

（1）准确度和灵敏度高。由于永久磁铁磁性很强，能在很小电流下产生很大的转矩，所以摩擦力小，温度和外磁场所造成的误差小。

（2）刻度均匀。由于指针的偏转角与被测电流的大小成正比，所以该系列仪表刻度均匀，易读数。

（3）功率消耗小。由于通过测量机构的电流很小，所以本身消耗功率很小。

（4）过载能力小。由于被测电流要通过游丝与线圈连通，而线圈的导线又很细，所以一旦过载，易引起游丝弹性变化，甚至烧表。

2. 电磁式仪表

电磁式仪表的表头的基本结构如图 12-18 所示，主要由固定线圈、线圈内部的固定铁皮、固定在转轴上的可动铁片和指针等构成。电磁式仪表和磁电式仪表一样，也是依靠电磁相互作用原理制成的。但是与磁电式仪表的磁场由永久磁铁产生不同，电磁式仪表的磁场是由被测电流产生的。

当固定线圈中有被测电流通过时，固定铁片和可动铁片同时被磁化并呈现同一极性，由于同性相斥的缘故，可动铁片便带动转轴转动，当与游丝的反作用力矩平衡时，指针稳定，便可获得读数。

当线圈通以交流电时，由于两铁片的极性是同时改变的，所以仍能产生转动力矩，此时转动力矩与交流电流有效值的平方成正比。因此，电磁式仪表不仅可测直流电信号，还能测交流电信号，此外，还能测量非正弦量的有效值。

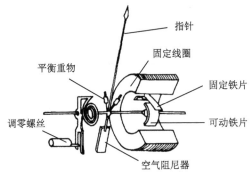

图 12-18　电磁式仪表的基本构造

电磁式仪表的特点是：

（1）既可测量直流，又可测量交流，但测量直流时有磁滞误差，只有当铁片采用优质坡莫合金材料时，才可以制成交直流两用仪表。

（2）可直接测量较大电流，过载能力强，结构简单，制造成本低（被测电流不是游丝导入导出，而是通过固定线圈）。

（3）标尺刻度不均匀，因为指针偏转角与被测电流的平方成正比，所以标尺具有平方律的特性，即起始端分布较密，而末端分布稀疏。

（4）易受外磁场影响。因为它的磁场是由固定线圈通入电流而产生，强度较弱，极易受外界磁场干扰，所以需要采取磁屏蔽措施。

3. 电动式仪表

电动式仪表的表头的结构如图 12-19 所示，主要由固定线圈和装在固定线圈内的可动线圈组成，可动线圈与指针、空气阻尼器都固定在转轴上。

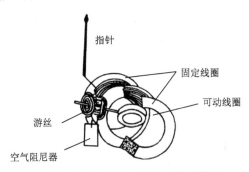

图 12-19　电动式仪表的基本构造

电动式仪表利用通过电流的固定线圈代替磁电式仪表的永久磁铁。当两个线圈都通有电流后，由于载流导体磁场间的相互作用而使可动线圈偏转，当与游丝反作用力矩平衡时，便可获得读数。电动式仪表与磁电式仪表一样，可动线圈中的电流也是通过游丝引入的，而固定线圈中的电流不需要经过游丝，因此固定线圈中可通过较大的电流。

由于固定线圈可以通过直流，也可以通过交流，从而既可测量直流，又可测量交流。当两个线圈都通以交流电时。偏转角不仅取决于两个交流电流的有效值大小，还取决于两者之间的相位差，因此，可用于测量相位或功率因数。

电动式仪表的特点是：

（1）准确度高。由于这种仪表内没有铁芯，不存在磁滞后误差，准确度等级最高可达 0.1 级。

（2）能构成多种类仪表。将固定和可动线圈串联，就是电动式电流表；将固定和可动线圈分别与分压电阻串联，就是电动式电压表；另外还能组成功率表、相位表、功率因数表等。

（3）因为指针偏转角 α 与电流电压的平方成正比，刻度有平方律特性，所以电动系电流、电压表刻度不均匀。但是，电动系功率表刻度标尺均匀。

（4）本身消耗功率大。

（5）过载能力小。

4. 感应式仪表

感应式仪表的表头结构如图 12-20 所示，主要由一个或数个绕在铁芯上的线圈和铝盘、制动磁铁、计数机构组成，铝盘装在一个转轴上面，转轴上装有传递铝盘转数的蜗杆。

当线圈中通有交流电流时，在气隙中便产生交变磁场，铝盘在交变磁通的作用下产生感应电流，感应电流又和交变磁场相互作用，产生转动力矩，推动铝盘转动，制动磁铁用来在铝盘转动时产生制动力矩，使铝盘转数与被测功率成正比。计数机构用来计算铝盘转数，由齿轮、滚轴及计数器等组成。

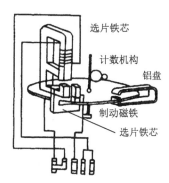

图 12-20　感应式仪表的基本构造

感应式仪表的特点：

（1）只能用于测量一定频率的交流电。

（2）转矩大，过载能力强。

（3）受外界磁场影响小。

（4）准确度较低。

12.3.4　电流的测量

1. 直流电流的测量

测量电流时，电流表需串接在被测电路中，在使用时需要注意根据被测电流的大小选择量程，极性也不能接错。电流表直接接入电路的方法如图 12-21 所示。

指针式直流电流表通常由过载能力较小的磁电式仪表构成，因此直流电流表本身只能作为微安表或毫安表。为了测量较大电流，必须采用分流器，磁电式电流表通常由测量机构和分流器并联构成。分流器从原理上来讲是一个阻值远小于电流表内阻 r_c 的电阻，因此，当分流器与电流表并联后，大部分的电流从分流器流过，流过电流表的电流很小，不至于把表头线圈烧坏，带分流器的电流表测量电路如图 12-22 所示。

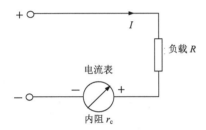

图 12-21　电流表直接接入被测电路

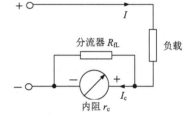

图 12-22　带分流器的电流表接入法

若电流表的表头满偏电流为 I_c，要将其量程扩大 n 倍，即 $I=I_c \times n$，则可得

$$I_c r_c = I(r_c // R_{fL}) = nI_c \frac{r_c R_{fL}}{r_c + R_{fL}} \qquad (12\text{-}16)$$

式中，R_{fL} 为分流器的电阻值，可得

$$R_{fL} = \frac{r_c}{n-1} \qquad (12\text{-}17)$$

即，所并联的分流电阻 R_{fL} 应为表头内阻 r_c 的 $1/(n-1)$ 倍。

例如，一只内阻为 200 Ω，满刻度为 500 μA 的磁电式表头，若要将其改制成量程为 1 A 的直流电流表（即量程扩大 2000 倍），应并联 $R_{fL}=200/(2000-1) \approx 0.1$ Ω 的分流器。

分流器用温度系数很小的锰铜电阻制成。为了防止通过电流时温度过高而造成误差，分流器要有足够的散热面积。当电流较小时，分流器一般装在电流表内部，称为内附式分流器。当电流在 50 A 以上时，分流器一般装在电流表外部，称为外附式分流器。

外附式分流器实物如图 12-23 所示，有两对接线端钮，外侧粗的一对称为"电流接头"，串接于被测的大电流电路中，内侧细的一对称为"电位接头"，与磁电式表头并联。分流器与电流表的连接方法如图 12-24 所示。

图 12-23　分流器实物

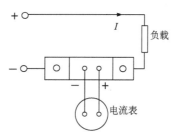

图 12-24　分流器与电流表的连接方法

2. 交流电流的测量

指针式交流电流表通常由电磁式或电动式仪表构成。使用电磁式表头的交流电流表，由于其固定线圈允许通过较大电流，一般不必并联分流器。当被测电流不是很大时，只要把交流电流表直接串入被测电路中即可，其接线不必考虑极性，如图 12-25 所示。当被测交流电流较大时，则采用加接电流互感器来实现。

电流互感器是一种特殊的变压器，其一次绕组的匝数很少而导线很粗，与被测电流电路串联；而二次绕组匝数很多，导体较细，与电流表、继电器等的电流线圈串联，形成一个闭合回路。带电流互感器的交流电流测量如图 12-26 所示（注意：电流互感器一、二次侧的同名端不要接错）。根据变压器工作原理，电流互感器二次侧通过的电流为被测电流的 $1/K$（K 为电流互感器的变比）。测量时，被测电流应为电流表的读数乘以 K。

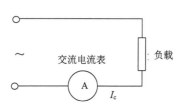

图 12-25　电流表直接接入交流电路

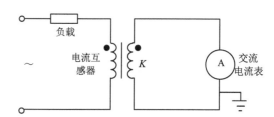

图 12-26　带电流互感器的交流电流测量电路

我国生产的电流互感器二次绕组额定电流为 5 A 或 1 A，变比 K 通常为 50、75、100、300 等，使用时需要根据被测电流选择相应的型号。电流互感器二次侧不能开路，也不能串入保险丝、熔断器等，如需要在带负载的情况下装拆电流表，必须先把电流互感器二次侧短路，才能将电流表连接线拆开。此外，二次回路必须采取一点接地，以防止绝缘损坏时，一次绕组的高压串入二次绕组造成人员或设备事故，而一次回路不能接地。

12.3.5　电压的测量

1. 直流电压的测量

根据欧姆定律可知，一只内阻为 r_c，满刻度电流为 I_c 的磁电式直流电流表，可用作满刻度电压为 $U_c=I_cr_c$ 的直流电压表，只是由于 I_c 很小，所以其电压量程也很小。为了测量更高的电压，就必须扩大其电压量程。方法就是将直流电流表的表头与一个较大的电

阻 R_V（称为附加电阻或倍压器）串联，其结构如图 12-27 所示，图中，虚线框内为磁电式直流电流表，U 为扩大量程后的电压，若要求量程扩大 m 倍，则有

$$\frac{U_c}{r_c} = \frac{U}{r_c + R_V} = \frac{mU_c}{r_c + R_V} \qquad (12\text{-}18)$$

可计算出：

$$R_V = (m-1)r_c \qquad (12\text{-}19)$$

通过选择不同的附加电阻即可得到不同量程的电压表，附加电阻越大，量程越大。例如，一只内阻为 500 Ω，满刻度为 100 μA 的磁电式直流电流表，要改制成 50 V 量程的直流电压表，应串联[50/(500×0.0001) – 1]×500=499500 Ω 的附加电阻。

附加电阻分内附、外附，一般 600 V 以下用内附，高于 600 V 用外附。

直流电压表在测量时，与被测负载并联，将被测电压高电位端接电压表的"+"接线端钮，低电位端接"–"接线端钮。电压表量程的选择应根据被测量电压的大小而定。如事先估计不出被测电压大小的范围，则应先使用量程较大的电压表测试，然后再换一个合适量程的电压表，其接法如图 12-28 所示。

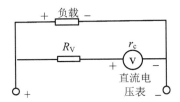

图 12-27　直流电压表的组成结构

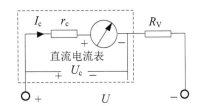

图 12-28　直流电压表接入直流电路

2. 交流电压的测量

交流电压表可由电磁式测量机构（表头）与附加电阻串联而成，或者由电动式测量机构的可动线圈与固定线圈串联后再与附加电阻串联构成。

当被测交流电压不是很大时，可把交流电压表与被测负载并联直接测量，其接线不必考虑极性问题。如图 12-29 所示。

当被测交流电压较大时，则需通过电压互感器扩大量程。

电压互感器的工作原理、构造和接线方式相当于一个降压变压器，其一次绕组并联在被测电压上，匝数较多，二次绕组与二次回路中的交流电压表并联，匝数较少，一次绕组与二次绕组的匝数比称为变比 K，其接法如图 12-30 所示。

图 12-29　交流电压表接法

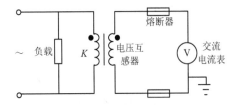

图 12-30　使用电压互感器扩大交流电压表的量程

当使用电压互感器时，被测电压为交流电压表的读数乘以电压互感器的变比 K。相当于交流电流表的量程扩大了 K 倍。

我国生产的电压互感器，其二次绕组的额定电压为 100 V，测量不同范围的被测电压，需要选择合适的变比。

电压互感器的二次绕组导线较细，在使用时，其二次绕组不能短路，否则会使二次回路电流过大而烧坏绕组，因此电压互感器二次回路需要加熔断器保护。此外，二次回路还需要采取接地措施，防止一、二次绕组的绝缘击穿时，一次侧的高压窜入二次回路危及设备及人身安全。

12.3.6　直流电阻的测量

在直流条件下测得的电阻称直流电阻。在工程和实验应用中，所需测量的电阻范围很宽，可达 $10^{-6} \sim 10^{17}\,\Omega$ 或更宽。从测量角度出发，一般将电阻分为小电阻（1 Ω 以下，如接触电阻、导线电阻等）、中值电阻（$1 \sim 10^6\,\Omega$）和大电阻（$10^6\,\Omega$ 以上，如材料的绝缘电阻等）。

直流电阻的测量方法很多，按使用的仪表可分为电表法、电桥法、变换器法等。

1. 电表法测电阻

电表法测量电阻的原理建立在欧姆定律之上，电压-电流表法（简称伏安法）、欧姆表法是常见形式。

1）伏安法

测量直流电阻的伏安法是一种间接测量法，利用电流表和电压表同时测出流经被测电阻 R_x 的电流及其两端电压，根据欧姆定律，被测电阻的阻值为

$$R_x = U_V / I_A \qquad\qquad (12\text{-}20)$$

式中，U_V 和 I_A 分别为电压表和电流表的示值。

伏安法测量电阻有两种方案，如图 12-31 所示，图中 R_V、R_A 分别为电压表和电流表的内阻。图 12-31（a）所示方案电流表示值包含了流过电压表的电流，适用于测量阻值较小的电阻；图 12-31（b）所示方案电压表的示值包含了电流表上的压降，适用于测量阻值较大的元件。

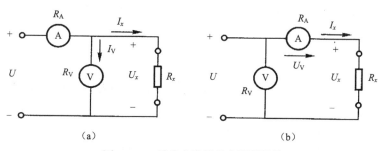

图 12-31　用伏安法测量电阻的阻值

伏安法的优点是可按被测电阻的工作电流测量，因此非常适合测量电阻值与电流有关的非线性元件（如热敏电阻等），且测量简单。但由于电表有内阻，故无论用哪种方案均存在方法误差，所以伏安法测量精度不高。

2）欧姆表法

从欧姆定律可知，如果电阻上的电压保持不变，则被测电阻 R_x 将与流过电流表的电流 I_A 成单值的反比关系，由于磁电式电流表指针的偏转角与通过的电流成正比，则电流表指针的偏转角能反映 R_x 值大小。因此，如将磁电式电流表按欧姆值（Ω 或 $k\Omega$）刻度，即可成为可直接测量电阻值的仪表，称为欧姆表。

欧姆表法测量电阻的电路如图 12-32 所示。

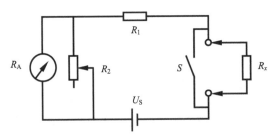

图 12-32   欧姆表法测量电阻

图 12-32 中，R_A 为欧姆表内阻，这里欧姆表实际是按欧姆值刻度的磁电式微安表。R_1 为限流电阻，改变 R_1 的阻值可以调整欧姆表的量程。S 是短接开关。欧姆表中以电池的电压 U_S 作为恒定电压源。考虑电池的电压会逐渐降低，为了消除电压变化对电阻测量的影响，设有调零电阻 R_2。被测电阻 R_x 串联接入电路中。

测量前，先将 S 闭合并调节 R_2 直至欧姆表指针指在 0 刻度，然后断开 S，接入被测电阻 R_x 进行测量，并从欧姆表的标尺盘上直接读出被测电阻值。

2. 电桥法测电阻

测量直流电阻最常用的电桥是不平衡直流电桥。

直流不平衡电桥由 4 个电阻桥臂、检流计 G 和电源 U_S 组成，如图 12-33 所示。图中 R_x 是被测电阻，R_1、R_2、R_3 是标准电阻，通常由高精度的电阻箱（一种可以调节电阻并且能够显示出电阻阻值的变阻器）构成；G 是高灵敏度的 μA 级磁电式电流表（检流计）。测量时调节 R_1、R_2、R_3 使电桥平衡，电桥达到平衡时 U_{BD} 为零，检流计 G 中无电流，其指针指向零位，由电桥平衡条件 $R_1 \times R_3 = R_2 \times R_x$，可得被测电阻为

$$R_x = R_1 \cdot R_3 / R_2 \qquad (12\text{-}21)$$

由式（12-21）可见，这种方法实质上是用标准电阻与被测电阻 R_x 相比较，用指零仪表指示被测量与标准量是否相等（平衡），从而求得被测量，属于零位测量法，测量的精度几乎等于标准量的精度，这是它的优点。缺点在于测量过程中，为获得平衡状态，需要进行反复调节，测试速度慢，不能适应大量、快速测量的需要，也不适合用于测量变化的电阻值（如铂电阻测温时的阻值）。

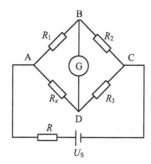

图 12-33　直流不平衡电桥测电阻

直流不平衡电桥测电阻的范围在 1 Ω～1 MΩ。电阻大于 1 MΩ 时，电桥的漏电流对测量误差的影响已不能忽略；而电阻小于 1 Ω 时，接线电阻和接触电阻的影响开始增大。

对于直流小电阻，可采用直流双电桥（开尔文电桥）、脉冲电流法等方法测量。而对于直流大电阻，可采用高内阻电桥、冲击电流法等方法测量。

12.4　传　感　器

人们在生产和实验过程中，为了从外界获取信息，必须借助于眼睛、耳朵、鼻子等感觉器官。类似的，自动化可通俗地理解为用自动控制系统代替人的工作，也需要一种具有特殊功能的装置来检测被控对象的参数等信息，并将信息转换成自动控制系统易于分析和处理的信号。这种装置通常就称为传感器。

12.4.1　传感器的定义、作用和特点

传感器是能感受到被测量（如压力、温度、流量等）的信息，并能将信息按一定规律变换成为易处理（放大、滤波、存储、远传、显示和计算）的电信号或其他所需形式的信息输出，以满足信息的传输、处理、存储、显示、记录和控制等要求。可以说，传感器的基本功能就是信号检测和信号转换。

目前的传感器大多是将被测物理量转换为电压、电流、频率、电阻、电感、电容等电量或电参数。例如，半导体应变片式传感器能把被测对象受力后的微小变形感受出来，通过一定的测量电路转换成相应的电压信号输出；固态图像传感器（如手机摄像头、超市里的扫描机等）利用光电器件的光-电转换功能，将被测物体的光像转换成相应比例关系的电信号输出给图像处理器，再由图像处理器将这些电信号在 LCD 液晶屏上输出以构成被测物体的图像。

传感器是实现自动检测和自动控制的首要环节，所以在工业应用中，将传感器称为"一次仪表"，它直接决定了自动控制系统从被控对象获得的信息的质和量。在现代工业生产尤其是自动化生产过程中，要用各种传感器来监视和控制生产过程中的各个参数，使设备工作在正常状态或最佳状态，并使产品达到最好的质量。

　　传感器是以材料的电、磁、光、声、热、力等功能效应和形态变换原理为基础，将被测量转换为信号的，这些原理、效应和规律不仅为数众多，而且它们往往彼此独立，甚至完全不相关。因此传感器所涉及的内容极为广泛，而知识点分散。

12.4.2　传感器的组成

　　传感器一般由敏感元件和转换元件两部分组成，如图 12-34 中的虚线框内所示。随着半导体、集成电路、微机电系统（micro electro-mechanical systems，MEMS）等技术的发展，部分传感器将信号调理电路集成在其壳体或同一芯片上，从而能够将被测量转换成标准电信号输出，这类传感器又称为变送器。

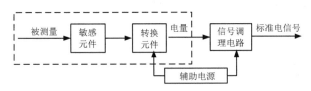

图 12-34　传感器组成框图

　　敏感元件又称为检测元件，其作用是直接被测量，并以确定关系输出某一易于转成电量的非电量。例如，在电阻应变式压力传感器中，压力的变化不易于直接转换成电信号的变化，需要利用弹性敏感元件将被测压力转换为位移或应变输出。

　　转换元件的作用是利用各种物理、化学效应，将敏感元件输出的非电物理量（如位移、应变、光强等）转换成对应的电路参数（如电阻、电感、阻抗、频率等）或电量。例如，粘贴在弹性敏感元件上的电阻应变片，将弹性元件的应变转换成电阻的变化输出。

　　需要注意的是，很多传感器将敏感元件和转换元件合二为一了，其敏感元件直接将被测量转换成电信号输出。例如，热电偶能够直接将温度变化转换成电压信号。

　　信号调理电路作用是，通过对传感器输出的微弱信号进行检波、转换、滤波、放大等处理后，变换为方便检测系统后续环节处理或显示的标准电信号。例如，将电阻应变片接入电桥，将电阻值的变化转换为电压或电流信号，然后经放大、滤波、整流、温度补偿等信号调理后变为标准电信号，远距离输出至计算机或控制器进行处理。常见的标准电信号有 1～5 V DC，0～10 V DC，4～20 mA DC，0～10 mA DC，等等。

　　随着科技的发展，传感器正朝着集成化、智能化、微型化、网络化的方向发展。集成化是指将敏感元件、信号调理电路和辅助电源集成在一个半导体芯片上，实现检测与信号处理一体化。智能化是指将传感器与微处理器相结合，并采用模式识别、并行计算等智能算法，使之具有智能信息处理能力。网络化是指将传感器与通信技术相结合构成传感器网络，实现信息采集、传输、处理、融合的一体化。

12.4.3　传感器的分类

　　传感器有多种分类方法，可按测量原理、被测量的性质、信号转换机制、能量传递方式、输出信号形式等来分类。

1. 按测量原理分类

传感器是基于物理、化学、生物等学科的某种原理、规律或效应将被测量转换为电信号的，因此可按其测量原理分为应变式、压电式、电感式、电容式、光电式等。该分类方法利于研究和掌握传感器的工作原理和性能，但是不利于用户选择传感器。

2. 按被测量的性质分类

根据被测量的性质将传感器分为温度传感器、力/压力传感器、位移传感器、流量传感器、加速度传感器等，有多少种被测量，就有多少种传感器。这种分类方法阐明了传感器的用途，这对传感器的选用来说是很方便的，但是将不同测量原理的传感器归为一类，不利于研究各类传感器的共性和差异。

3. 按信号转换机制分类

传感器可分为物理型传感器、化学型传感器、生物型传感器和物性传感器。物理型传感器的信号转换机制是基于某些物理效应和物理定律。化学型传感器的信号转换机制是基于某些化学反应和化学定律。生物型传感器的信号转换机制是基于某些生物活性物质的特性。物性型传感器利用检测元件材料的物理特性或化学特性的变化，将被测量转换为信号。

4. 按能量传递方式分类

按能量传递方式可将传感器分为有源传感器和无源传感器。有源传感器又称为发电型传感器，能够将非电功率转换为电功率，传感器起能量转换的作用，如热电式传感器、压电式传感器等。有源传感器的信号调理电路通常是信号放大器。无源传感器不能将能量转换为电信号，被测量仅对能量起控制作用，又称为能量控制型传感器，因此必须有辅助电源。典型的无源传感器为电阻式、电感式传感器等。无源传感器的信号调理电路通常是电桥或谐振电路。

5. 按输出信号形式分类

按输出信号形式可将传感器可分为模拟式传感器和数字式传感器。模拟式传感器的输出信号为电压、电流、电阻、电容、电感等模拟量。模拟式传感器的输出信号需要经模数转换环节后，才能被计算机、数字控制器处理和显示。数字式传感器能够将被测量直接转换为数字量或频率量输出，具有较强的抗干扰能力。

下面重点介绍温度传感器，几种其他物理量传感器简介请通过扫描二维码 R12-1 阅读。

R12-1 几种其他物理量传感器简介

12.4.4　温度传感器

温度是一个重要的物理量,任何物理、化学过程都与温度相联系,它是工农业生产、科学试验中需要经常测量和控制的主要参数。

温度是无法直接测量的,只能通过测量装置的某些特性(如体积、长度、电阻、辐射强度等)随温度变化的情况来间接测量。例如,水银温度计就是通过测量水银体积来测量温度的。

温度传感器是将温度值不失真地转换为电量的装置。它利用敏感元件的某个电量参数随温度变化而变化的特性来达到测量温度的目的。敏感元件与被测对象相接触,两者之间若存在温度差,则必然会进行充分的热交换,热量由高温物体向低温物体传递,最后两者达到相同的温度,处于热平衡状态,这时敏感元件的某一电量参数的量值就代表了被测对象的温度值。

常见的温度传感器有金属热电阻、半导体热敏电阻、热电偶、集成温度传感器等。

1. 测温方法的分类

根据传感器的测温方式,温度基本测量方法通常可分为接触式和非接触式两大类。接触式温度测量的特点是感温元件直接与被测对象接触,两者进行充分的热交换,最后达到热平衡,此时感温元件的温度与被测对象的温度必然相等,感温元件的示值就是被测对象的温度。接触式测温可分为膨胀式、热阻式、热电式等多种形式。

非接触式温度测量的特点是感温元件不与被测对象直接接触,而是通过接受被测物体的热辐射能实现热交换,据此测出被测对象的温度。因此,非接触式测温的优点有不改变被测物体的温度分布,热惯性小,测温上限高,便于测量运动物体的温度和快速变化的温度,等等。

接触式测温与非接触式测温的对比如表 12-8 所示。

表 12-8　接触式测温与非接触式测温的对比

	接触式测温	非接触式测温
必要条件	感温元件要与被测对象良好接触;感温元件的加入不改变对象的温度;被测温度不超过感温元件能承受的上限;被测对象不对感温元件产生腐蚀	需准确知道被测对象表面辐射率;被测对象的辐射要能充分照射到检测元件上
测量范围	特别适合 1200℃ 以下、热容大、无腐蚀性、连续的在线测温,对于 1300℃ 以上的温度测量困难	原理上测量范围可以从超低温到极高温,但 1000℃ 以下测量误差大,能够测运动物体和热容小的物体温度
精度	工业用表通常为 1.0、0.5、0.2 及 0.1 级,实验室用表可达 0.01 级	通常为 1.0、1.5、2.5 级
响应速度	慢,通常为几十秒到几分钟	快,通常为 2~3 s
滞后	较大	较小
其他特点	结构简单、体积小、价格低廉、可靠性好,可方便地组成多路温度控制系统	结构复杂、体积大、价格昂贵、可靠性好但难以集成在温度控制系统中

常用温度传感器的类型及特点如表 12-9 所示。

表 12-9　常用温度传感器的类型及特点

测温方式	传感器类型		测温范围/（℃）	精度/%	特点
接触式	热膨胀式	水银	−100～600	0.1～1	结构简单、耐用，但感温部体积较大
		双金属	−50～500	1.0～3.0	
		压力　液	−100～600	1.0	
		气	−200～600		
	热电偶	钨-铼	1000～2800	0.3～0.5	种类多、适应性强，结构简单，应用广泛。须注意冷端温度补偿及动圈式仪表电阻对测量结果的影响
		铂铑-铂	0～1600	0.2～0.5	
		其他	−200～1200	0.4～1.0	
	热电阻	铂	−200～650	0.1～0.3	标准化程度高，精度及灵敏度均较好，感温部体积大。须注意环境温度的影响
		镍	−150～300	0.2～0.5	
		铜	−50～150	0.1～0.3	
	热敏电阻		−50～300	0.3～1.5	体积小，响应快，灵敏度高；线性差，须注意环境温度影响
非接触式	辐射温度计		100～3500	1.0	不干扰被测温度场。辐射率影响小。应用简便，不能用于低温测量
	光高温计		200～3200	1.0	
	热电探测器		200～2000	1.0	不干扰被测温度场。响应快，测量范围大。易受外界干扰，定标困难
	热敏电阻探测器		−50～3200	1.0	
	光子探测器		0～3500	1.0	

2. 金属热电阻测温

金属热电阻又称为热电阻。它是利用金属导体的热电阻效应来测量温度的：温度每升高 1℃，大多数金属导体的电阻值将增加 0.4%～0.6%。利用金属导体的电阻值随温度变化的性质，将温度值转换为电阻值，然后通过信号调理电路转换为标准电信号后用仪表进行测量，从而达到测温的目的。

工业用热电阻的基本构造如图 12-35 所示。

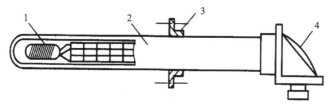

图 12-35　工业用热电阻基本构造
1.电阻丝；2.保护管；3.安装固定件；4.接线盒

热电阻主要由感温元件（金属电阻丝）、内引线、保护管三部分组成。

电阻丝是用来感受温度变化的元件，是热电阻的核心部分。制造热电阻的金属材料电阻率和电阻温度系数要大，热容量和热惯性要小，并且电阻与温度的关系在较大范围内近似线性，物理、化学性质要稳定，复现性好。常用的有铂电阻、铜电阻和镍电阻等。

1）铂电阻及其温度特性

铂电阻在氧化性介质中，甚至高温下，物理、化学性质都很稳定。国际 ITS-90 规定，在 −259.35～961.78℃温度范围内，以铂电阻温度计作为基准温度仪器。具有测温范围宽，精度高，材料易提纯，复现性好等优点。

铂电阻丝的电阻值与温度之间的关系，在 0～630℃范围内可表示为

$$R_t = R_0(1 + At + Bt^2) \tag{12-22}$$

在 −190～0℃范围内可表示为

$$R_t = R_0(1 + At + Bt^2 + Ct^3) \tag{12-23}$$

式中，R_t 为温度为 t℃时的电阻值；R_0 为 0℃时的电阻值；A、B、C 为温度系数，由实验测定，A 大约为 10^{-3}℃$^{-1}$ 数量级，B 约为 10^{-7}℃$^{-1}$ 数量级，C 约为 10^{-12}℃$^{-1}$ 数量级。

可见，铂电阻与温度之间属于非线性关系，且低温时非线性增大。

铂电阻的温度特性经线性化处理后可表示为

$$R_t = R_0(1 + \alpha t) \tag{12-24}$$

式中，$\alpha = 0.003850$℃$^{-1}$ 为温度系数。

2）铜电阻及其温度特性

铜电阻温度系数高；容易提纯，价格便宜；电阻率小；当温度超过 100℃时，铜容易氧化，故它只能在较低温度的环境中工作。在 −50～150℃温度范围内，铜电阻与温度之间的关系可表示为

$$R_t = R_0[1 + \alpha_0(t - t_0)] \tag{12-25}$$

式中，R_t 为温度为 t℃时的电阻值；R_0 为 t_0℃时的电阻值；α_0 为初始温度为 t_0 时的系数。

可见，铜电阻的线性度较好。在测温范围较小时且精度要求不高时，可用铜电阻代替铂电阻。

3）热电阻的分度表

在工业生产和实验中，当测量到热电阻的电阻值后，并不是由热电阻与温度的函数关系式去推算温度值，因为这样要进行比较复杂的开方运算，占用计算机/数字控制器的资源较多，且精度不高。

在实际工程中，通常根据热电阻的分度表来推算电阻值对应的温度值。

对于每一种标准化热电阻，根据精密测定的数据，编制了其电阻值 R_t 与温度 t 的对应表格，称为"分度表"。分度表按照热电阻在 0℃时的电阻值和电阻丝的材料赋予一个分度号，以对应于不同的热电阻。例如，标准化铂电阻的分度号有 Pt100、Pt50 和 Pt10，意味着其 0℃的电阻值 R_0 分别为 100 Ω、50 Ω 和 10 Ω。铜电阻常用的分度号为 Cu50 和 Cu100。Pt100 热电阻的分度号如表 12-10 所示，表中只列了 −40～249℃的分度表。

表 12-10　Pt100 工业铂电阻分度表

分度号：Pt100　　　　$R_0 = 100\Omega$　　　　$\alpha = 0.003850\text{℃}^{-1}$

温度/℃	0	1	2	3	4	5	6	7	8	9
	电阻值/Ω									
−40	84.27	83.87	83.48	83.08	82.69	82.29	81.89	81.50	81.10	80.70
−30	88.22	87.83	87.43	87.04	86.64	86.25	85.85	85.46	85.06	84.67
−20	92.16	91.77	91.37	90.98	90.59	90.19	89.80	89.40	89.01	88.62
−10	96.09	95.69	95.30	94.91	94.52	94.12	93.73	93.34	92.95	92.55
0	100.00	99.61	99.22	98.83	98.44	98.04	97.65	97.26	96.87	96.48
0	100.00	100.39	100.78	101.17	101.56	101.95	102.34	102.73	103.12	103.51
10	103.90	104.29	104.68	105.07	105.46	105.85	106.24	106.63	107.02	107.40
20	107.79	108.18	108.57	108.96	109.35	109.73	110.12	110.51	110.90	111.29
30	111.67	112.06	112.45	112.83	113.22	113.61	114.00	114.38	114.77	115.15
40	115.54	115.93	116.31	116.70	117.08	117.47	117.86	118.24	118.63	119.01
50	119.40	119.78	120.17	120.55	120.94	121.32	121.71	122.09	122.47	122.86
60	123.24	123.63	124.01	124.39	124.78	125.16	125.54	125.93	126.31	126.69
70	127.08	127.46	127.84	128.22	128.61	128.99	129.37	129.75	130.13	130.52
80	130.90	131.28	131.66	132.04	132.42	132.80	133.18	133.57	133.95	134.33
90	134.71	135.09	135.47	135.85	136.23	136.61	136.99	137.37	137.75	138.13
100	138.51	138.88	139.26	139.64	140.02	140.40	140.78	141.16	141.54	141.91
110	142.29	142.67	143.05	143.43	143.80	144.18	144.56	144.94	145.31	145.69
120	146.07	146.44	146.82	147.20	147.57	147.95	148.33	148.70	149.08	149.46
130	149.83	150.21	150.58	150.96	151.33	151.71	152.08	152.46	152.83	153.21
140	153.58	153.96	154.33	154.71	155.08	155.46	155.83	156.20	156.58	156.95
150	157.33	157.70	158.07	158.45	158.82	159.19	159.56	159.94	160.31	160.68
160	161.05	161.43	161.80	162.17	162.54	162.91	163.29	163.66	164.03	164.40
170	164.77	165.14	165.51	165.89	166.26	166.63	167.00	167.37	167.74	168.11
180	168.48	168.85	169.22	169.59	169.96	170.33	170.70	171.07	171.43	171.80
190	172.17	172.54	172.91	173.28	173.65	174.02	174.38	174.75	175.12	175.49
200	175.86	176.22	176.59	176.96	177.33	177.69	178.06	178.43	178.79	179.16
210	179.53	179.89	180.26	180.63	180.99	181.36	181.72	182.09	182.46	182.82
220	183.19	183.55	183.92	184.28	184.65	185.01	185.38	185.74	186.11	186.47
230	186.84	187.20	187.56	187.93	188.29	188.66	189.02	189.38	189.75	190.11
240	190.47	190.84	191.20	191.56	191.92	192.29	192.65	193.01	193.37	193.74

例 12-8　已测得 Pt100 铂电阻的电阻值为 $R_t = 180.20\Omega$，求被测温度 t。

解　查 Pt100 分度表得：$t = 211\text{℃}$ 时，$R_t = 179.89\Omega$；$t = 212\text{℃}$，$R_t = 180.26\Omega$。

显然，被测温度 t 处于 211℃和 212℃之间，具体数值可由线性内插法计算为

$$t = 211 + \frac{180.20 - 179.89}{180.26 - 179.89} \times 1 = 211.84\text{℃}$$

4）热电阻的外引线接法及测量电路

热电阻内引线位于保护管内。工业铂电阻常用银丝作为内引线，内引线直径通常比热电阻丝的直径大很多，且长度较短，因此内引线电阻对热电阻阻值的影响可忽略不计。

热电阻的外引线有二线制、三线制及四线制三种，如图 12-36 所示。

为了将热电阻的电阻值转换成计算机或控制器能够接受的电压或电流信号，通常采用电桥作为信号调理电路。将热电阻作为一个桥臂接入电桥，通过电桥将热电阻的阻值变化转换为电压 U_0 输出至显示仪表。

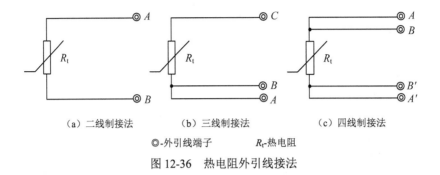

（a）二线制接法　　　　（b）三线制接法　　　　（c）四线制接法

◎-外引线端子　　　　R_t-热电阻

图 12-36　热电阻外引线接法

（1）二线制接法。采用二线制的热电阻测温电桥如图 12-37（a）所示。在实际测量中，热电阻引出线处于保护管内，其电阻值 R_t 随被测温度而变化。而外引线处于周围环境中，长度较长，其电阻值 R_W 随环境而变化，当环境温度变化时，R_W 也随之变化。

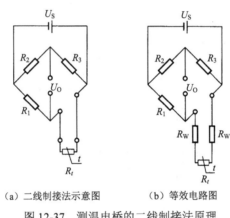

（a）二线制接法示意图　　　（b）等效电路图

图 12-37　测温电桥的二线制接法原理

由图 12-37（b）的等效电路，可以看出，二线制接法中，热电阻和两条外引线串联在一起接入同一个桥臂，外引线电阻值的变化 $2\Delta R_W$ 全部加到 ΔR_t 上，由于 ΔR_t 一般为几欧姆到几十欧姆，因此 ΔR_W 是不可忽略的，必然会造成测量误差，并且这种误差是很难估计和修正的。图 12-37（b）中，若采用等臂电桥，即 $R_1=R_2=R_3=R_{t0}=R$，其中 R_{t0} 为热电阻的初始电阻值（平衡点温度对应的电阻值）。则输出电压为

$$U_O = \left[\frac{R_2}{R_2+R_3} - \frac{R_1}{R_1+R_t+2(R_W \pm \Delta R_W)}\right]U_s = -\frac{1}{2}\frac{\Delta R_t+2(R_W \pm \Delta R_W)}{2R+\Delta R_t+2(R_W \pm \Delta R_W)}U_s \quad (12\text{-}26)$$

式中，ΔR_t 为温度变化时热电阻的变化值，$R_t = R_{t0}+\Delta R_t$。

由式（12-26）可以看出，采用二线制接法，在平衡点温度时，电桥的输出电压不为零，若要将电桥调零，则 R_3 必然偏离 R。当温度变化时，电桥的输出电压受引线电阻的变化影响较大（式中 R_W 及其变化量 ΔR_W 出现在分子中），从而引起较大的测量误差。

（2）三线制接法。采用三线制的热电阻测温电桥如图 12-38 所示（图中热电阻 R_t 相当于电桥的与 R_2 相对的桥臂）。相当于把电源 U_s 与电桥的连接点从显示仪表内部的桥路上移到热电阻体附近。三条外引线（即热电阻的三条引线）中，C 作为公共线，A 和 B 分

别接到相邻的两个桥臂上，当环境温度变化时，若三条外引线的长度和温度相等，则它们的电阻变化 ΔR_W 也相等，根据电桥的和差特性，其变化对电桥平衡基本无影响，即可以减少热电阻测量过程中外引线电阻变化对测量的影响。

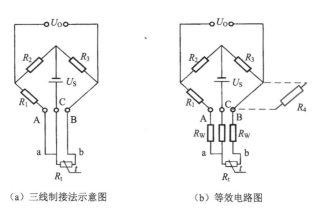

（a）三线制接法示意图　　　　　　（b）等效电路图

图 12-38　测温电桥的三线制接法原理

在图 12-38（b）中，因引线 C 为公共线，其阻值对电桥的两个支路的影响是相同的，其阻值可以不予考虑，则电桥的输出电压 U_O 可按下式计算：

$$U_O = \left[\frac{R_2}{R_1 + R_2 + (R_w \pm \Delta R_w)} - \frac{R_3}{R_3 + R_t + (R_w \pm \Delta R_w)} \right] U_s$$

$$= -\frac{1}{2} \frac{\Delta R_t}{2R + \Delta R_t + 4(R_w \pm \Delta R_w)} U_s \qquad (12\text{-}27)$$

对比式（12-26）和式（12-27），可以看出，采用三线制接法，在平衡点温度时，电桥的输出电压等于零（此时 $\Delta R_t = 0$），且当温度变化时，电桥的输出电压与 ΔR_t 近似为线性关系，测量相对误差也较小。

由此可见，三线制接法的精度高于二线制。目前三线制在工业检测中应用最广。而且，在测温范围窄或导线长较长、导线途中温度易发生变化的场合必须采用三线制热电阻。

需要注意的是，为了避免流过热电阻的电流过大（一般要求小于 6 mA），造成电阻发热而引入附加误差，在设计电桥时，应合理选择热电阻所在桥臂阻值，热电阻阻值较小时，应串联一个大电阻[如图 12-38（b）中 R_4]。

（3）四线制接法。四线制接法可获得高精度的测量结果，该接法通过给热电阻施加一个稳定电流，然后再测量热电阻上的电压（电势），来提高测量精度和灵敏度。如图 12-39 所示，当测量仪表采用电位差测量原理工作时，虽然导线有电阻，但在电流流过的导线上其电压降不在测量范围之内，连接测量仪表的导线虽然也有电阻，但没有电流流过，所以四根导线的电阻变化对测量结果没有影响，只是要求恒流源的电流稳定。在工业生产中与热电阻连接的仪表、板卡模块等都有四个接线端子：$I+(A)$、$I-(A')$、$V+(B)$、$V-(B')$。

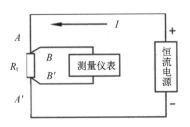

图 12-39 测温电桥的四线制接法原理

2. 热敏电阻测温

1）热敏电阻的结构与特点

热敏电阻是一种用半导体材料制成的温度敏感元件。其常见结构如图 12-40 所示。

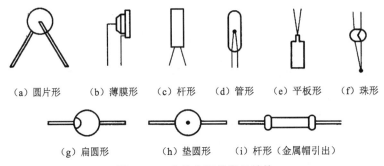

（a）圆片形　　（b）薄膜形　　（c）杆形　　（d）管形　　（e）平板形　　（f）珠形

（g）扁圆形　　　　　　（h）垫圆形　　　　　（i）杆形（金属帽引出）

图 12-40 热敏电阻的常见结构

与金属热电阻相比，热敏电阻具有的特点是：

（1）体积小，因而热惯性小，响应快，时间常数通常为 0.5～3 s，可用于动态测量。

（2）温度系数大，灵敏度高。

（3）电阻值大，因此不必考虑外引线电阻和接线方式等问题，容易实现远距离测量。

（4）化学稳定性好，可用于环境较恶劣的场合。

（5）主要缺点是其电阻值与温度变化呈非线性关系；元件稳定性和互换性较差。除特殊高温热敏电阻外，通常只仅适合测量 0～300℃的温度。

2）热敏电阻的分类

热敏电阻根据电阻率随温度变化特性的不同，可分为负温度系数热敏电阻（NTC）、正温度系数热敏电阻（PTC）和临界温度系数热敏电阻（CTR）。这三种热敏电阻的温度特性曲线如图 12-41 所示。

NTC 型热敏电阻的电阻率 ρ 随温度 t 的升高而比较均匀地减小，其线性度较好，最为常用。近年来新研制出一些采用新材料的热敏电阻，如 $CdO\text{-}Sb_2O_3\text{-}WO_3$ 系热敏电阻和 $MnO\text{-}CoO\text{-}CaO\text{-}RuO_2$ 系热敏电阻，是新型的 NTC 型热敏电阻，它们的电阻-温度特性近似线性，非线性误差小于 2%，可用于-100～300℃的温度测量。

PTC 型热敏电阻的电阻率 ρ 随温度 t 的升高而增加，但超过某一温度后急剧增加。电阻率急剧变化的温度称为居里点。

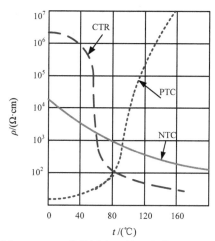

图 12-41　三种热敏电阻的温度特性曲线

CTR 型热敏电阻当温度 t 达到某一数值（约 68℃）时，电阻率 ρ 产生突变，电阻率突变的数量级约为 2~4。

3）热敏电阻的应用

根据电阻-温度特性的不同，热敏电阻的用途主要分成两大类，一类是作为测温元件，另一类是作为电路元件。

NTC 型热敏电阻有较均匀的感温特性和比较大的电阻温度系数，因而可用于温度测量，亦可用于空气的湿度测量、作各种电路元件的温度补偿和热电偶冷端温度补偿等。

NTC 热敏电阻测温时，通常也是用电桥作为信号调理电路，其接法与二线制热电阻接法一样，如图 12-37 所示。

PTC 型热敏电阻和 CTR 随温度变化的特性属于剧变型（开关型），因而不能用于大范围的温度测量，而用在某一小范围内的温度控制却是十分优良的，它们适用于制作温度开关和电器设备的过热保护。

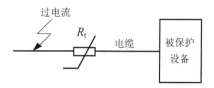

图 12-42　PTC 型热敏电阻的应用

图 12-42 所示为使用热敏电阻做过电流保护的例子。图中的热敏电阻 R_t 为 PTC 型，当电缆上的电流过大时，R_t 会由于电阻热效应而发热，当温度超过临界点之后，R_t 的阻值会急剧增大 10^4~10^5 倍，从而限制了电流的增长。

3. 热电偶测温

热电偶是工业和试验中温度测量应用最多的器件。其优点在于：测温范围宽，测量精度高，性能稳定，结构简单，且动态响应较好；输出直接为电信号，可以远传，便于集中检测和自动控制。常用的热电偶从−50～1600℃均可连续测量，某些特殊热电偶最低可测到−269℃（如金铁镍铬热电偶），最高可达2800℃（如钨-铼热电偶）

1）热电偶测温原理

热电偶的测温原理基于热电效应：将两种不同的导体A和B连成闭合回路，如图12-43所示。当两个接点处的温度不同时，回路中将产生热电势。这种热电效应现象是1821年塞贝克（Seeback）首先提出的，故又称塞贝克效应。

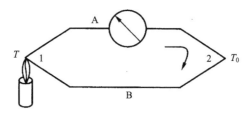

图12-43 热电效应原理

图12-43中两种不同材料构成的热电变换元件称为热电偶，导体A和B称为热电极，通常把两热电极的一个端点固定焊接，用于对被测介质进行温度测量，这一接点称为测量端或工作端，俗称热端，用符号T表示；两热电极另一接点处通常保持为某一恒定温度或室温，被称作参比端或参考端，俗称冷端，用符号T_0表示。

热电偶闭合回路中产生的热电势由接触电势（又称珀尔帖电势）和温差电势（又称汤姆逊电势）两种电势组成。

热电偶的接触电势产生原理是：由不同材料构成的两个热电极具有不同的自由电子密度，因此在热电极接点处会产生自由电子的扩散现象；扩散的结果是使接触面上逐渐形成静电场，该静电场具有阻碍原扩散继续进行的作用，当达到动态平衡时，在热电极接点处便产生一个稳定电势差，称为接触电势，其数值取决于热电偶两热电极的材料和接触点的温度，当两热电极材料确定时，接点温度越高，接触电势越大。

热电偶的温差电势产生原理是：同一热电极两端温度不同时，高温端的电子能量比低温端的大，因而从高温端扩散到低温端的电子数比逆向的多，结果造成高温端因失去电子而带正电荷，低温端因得到电子而带负电荷，当电子运动达到平衡后，在导体两端便产生较稳定的电位差，即为温差电势，当热电极的材料确定时，其值取决于热电极两端的温度差，温差越大热电势越高。

根据理论分析，图12-43中，由A、B两种不同电极构成的热电偶，在热端温度为T，冷端温度为T_0时，闭合回路产生的总热电势为

$$E_{AB}(T,T_0) = [E_{AB}(T) - E_{AB}(T_0)] + [-E_A(T,T_0) + E_B(T,T_0)] \qquad (12\text{-}28)$$

式中，$E_{AB}(T)$和$E_{AB}(T_0)$分别指热电偶热端和冷端产生的接触电势，而$E_A(T, T_0)$和$E_B(T, T_0)$分别指A、B两个电极，在温差为$(T - T_0)$时产生的温差电势。

由式（12-30）可以看出，当热电偶的两个不同的电极材料确定后，热电势便只与两个接点温度T、T_0有关。即回路的热电势是两个接触点的温度函数之差，可写为

$$E_{AB}(T,T_0) = f(T) - f(T_0) \tag{12-29}$$

更进一步的，若参考端温度 T_0 是一个定值，则回路中的热电势便是被测温度 T 的单值函数，即

$$E_{AB}(T,T_0) = f(T) \tag{12-30}$$

由上式可知，只要保持参考端温度 T_0 不变，测出热电偶回路中的热电势 E，即可推算出被测温度 T，这就是热电偶测温原理。

2）常用热电偶

常用热电偶可分为标准热电偶和非标准热电偶两大类。标准热电偶是指国家标准规定了其热电势与温度的关系、允许误差、并有统一的标准分度表的热电偶，它有与其配套的显示仪表可供选用。非标准热电偶在使用范围或数量级上均不及标准化热电偶，一般也没有统一的分度表，主要用于某些特殊场合的测量。适于制作热电偶的材料有 300 多种，其中广泛应用的有 40～50 种。常用 8 种标准化热电偶如表 12-11 所示。

表 12-11 8 种标准化热电偶

8 种标准化热电偶		
型号标志	材料	使用温度/(℃)
S	铂铑 10-铂	−50～1768
R	铂铑 13-铂	−50～1768
B	铂铑 30-铂铑 6	0～1820
K	镍铬-镍硅	−270～1372
N	镍铬硅-镍硅	−270～1300
E	镍铬-铜镍合金（康铜）	−270～1000
J	铁-铜镍合金（康铜）	−210～1200
T	铜-铜镍合金（康铜）	−270～400

（1）铂铑 10-铂热电偶：性能稳定，准确度高，可用于基准和标准热电偶。热电势较低，价格昂贵，不能用于金属蒸汽和还原性气体中。

（2）铂铑 30-铂铑 6 热电偶：较铂铑 10-铂热电偶更具较高的稳定性和机械强度，最高测量温度可达 1800℃，室温下热电势较低，可作标准热电偶，一般情况下，不需要进行补偿和修正处理。由于其热电势较低，需要采用高灵敏度和高精度的仪表。

（3）镍铬-镍硅或镍铬-镍铝热电偶：热电势较高，热电特性具有较好线性，良好的化学稳定性，具有较强的抗氧化性和抗腐蚀性。稳定性稍差，测量精度不高。

（4）镍铬-考铜热电偶：热电势较高，电阻率小，适于还原性和中性气氛下测量，价格便宜，测量上限较低。

（5）镍铬-康铜热电偶：热电势较高，价格低，高温下易氧化，适于低温和超低温测量。

3）热电偶的分度表

如热电阻的分度表一样。当测出热电势后，并不是由公式计算出被测温度，而是在

参考端温度 T_0=0℃时，编制了其被测端温度 T 与热电势 E 的对应表格，称为热电偶的"分度表"。K 型热电偶的分度表（部分）如表 12-12 所示。

表 12-12　K 型热电偶分度表

分度号：K（参考端温度=0℃）

测量端温度/(℃)	0	1	2	3	4	5	6	7	8	9
	热电势/mV									
0	0.000	0.039	0.079	0.119	0.158	0.198	0.238	0.277	0.317	0.357
10	0.397	0.437	0.477	0.517	0.557	0.597	0.637	0.677	0.718	0.758
20	0.798	0.838	0.879	0.919	0.960	1.000	1.041	1.081	1.122	1.162
30	1.203	1.244	1.285	1.325	1.366	1.407	1.448	1.489	1.529	1.570
40	1.611	1.652	1.693	1.734	1.776	1.817	1.858	1.899	1.949	1.981
50	2.022	2.064	2.105	2.146	2.188	2.229	2.270	2.312	2.353	2.394
60	2.436	2.477	2.519	2.560	2.601	2.643	2.684	2.726	2.767	2.809
70	2.850	2.892	2.933	2.975	3.016	3.058	3.100	3.141	3.183	3.224
80	3.266	3.307	3.349	3.390	3.432	3.473	3.515	3.556	3.598	3.639
90	3.681	3.722	3.764	3.805	3.847	3.888	3.930	3.971	4.012	4.054
100	4.095	4.137	4.178	4.219	4.261	4.302	4.343	4.384	4.426	4.467
110	4.508	4.549	4.590	4.632	4.673	4.714	4.755	4.796	4.837	4.878
120	4.919	4.960	5.001	5.042	5.083	5.124	5.164	5.205	5.246	5.287
130	5.327	5.368	5.409	5.450	5.490	5.531	5.571	5.612	5.652	5.693
140	5.733	5.774	5.814	5.855	5.895	5.936	5.976	6.016	6.057	6.097
150	6.137	6.177	6.218	6.258	6.298	6.338	6.378	6.419	6.459	6.499
160	6.539	6.579	6.619	6.659	6.699	6.739	6.779	6.819	6.859	6.899
170	6.939	6.979	7.019	7.059	7.099	7.139	7.179	7.219	7.259	7.299
180	7.338	—	—	—	—	—	—	—	—	—

12.5　检 测 仪 表

在工业生产和实验中，需要检测的非电量种类远多于电量，因此，非电量检测仪表的数量和种类也远超电测仪表。如无特殊规定，检测仪表通常指非电量检测仪表。

检测仪表就是指将传感器与电测仪表相结合，并采取特定的测量方法和手段，以发现与特定非电物理量对应的电信号，并完成在特定环境最佳的信号获取、变换、处理、存储、传输、显示记录等任务的全套检测装置。

12.5.1　检测仪表的基本功能

各种类型的检测仪表，尽管它们的被测对象及参数、工作原理和结构千差万别，但它们在完成检测任务时所必备的基本功能是相同的。检测系统的基本功能有检出变换、信号选择、运算比较、数据处理和结果显示等。

1. 检出变换

检出变换是检测仪表最基本和最核心的功能，它是指把某一个物理量按一定的规律变换成便于被后一个环节接受和处理的另一个物理量的过程。检测仪表的输出量为电压、电流、频率等标准电信号。

要求得到的测量信号 y 与被测量 x 之间有确定的关系，最简单也是最理想的变换规律是线性变换，即变换后的量 y 与变换前的量 x 呈线性关系，亦即 $y=kx$，k 为常数，称为变换系数。

2. 信号选择

信号选择功能是指检测仪表仅对被测物理量 x 有响应，而对干扰量的影响有抑制作用。实际的检测系统中，除了被测量 x 外，还有许多其他的影响量，它们以不同程度影响输出信号 y，这些影响量称为干扰量。为了保证输出信号 y 与被测量 x 之间有一一对应的单值函数关系，检测仪表必须具有信号选择功能。

3. 运算比较和数据处理

现代检测仪表往往以计算机为核心，具有极强的运算功能。检测仪表通常能按照一定的规则和方法对测量数据进行分析、加工和处理，以便从大量的、可能是杂乱无章的、难以理解的数据中将被测物体的运行规律和特点提炼出来。

4. 结果显示

结果显示功能是检测仪表实现人机联系的一种手段，即把测量结果用便于人们观察的形式表示出来。通常人们都希望及时知道被测参量的瞬时值、累积值或其随时间的变化情况，在现代检测仪表中，LCD 显示器是人机交互的主要环节。

12.5.2　检测系统的组成

一般说来，检测系统由传感器、信号调理电路、信号处理和显示记录装置等几部分组成，如图 12-44 所示。

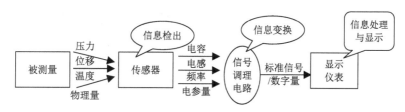

图 12-44　检测系统的组成结构

1. 信号调理

传感器输出的电参量往往不能直接被显示仪表所接受，因此，通常需要将传感器检测到的信号转换成电压或电流信号。当传感器的输出为单元组合仪表中规定的标准信号时称为变送器。信号调理电路在检测系统中的作用就是，通过对传感器输出的微弱信号进行检波、隔离、滤波、放大、线性化、电平变换等处理后变换为方便检测仪表后续环节处理或显示的标准信号。

2. 信息处理

对于经信号调理后的信号，现代检测仪表通常使用各类模/数（A/D）转换器进行采样、编码等离散化处理转换成与模拟信号相对应的数字信号，并传递给单片机、工业控制计算机、可编程逻辑控制器、数字信号处理、嵌入式微处理器等数字信号处理模块，进行特征提取、频谱分析、相关运算等信号处理与分析。

由于大规模集成电路技术的迅速发展和数字信号处理芯片的价格不断降低，数字信号处理模块相对于模拟式信号处理模块具有明显的性价比优势，在现代检测系统的信号处理环节都应尽量考虑选用数字信号处理模块，从而使所设计的检测系统获得更高的性能价格比。

3. 显示仪表

显示仪表是一种能接受检测元件或传感器、变送器送来的信号，以一定的形式显示测量结果的装置。显示仪表由信号调理环节和显示器构成，并在结构上构成一个整体。有一些显示仪表仅由显示器构成。

显示仪表按照其显示结果的形式，可分为模拟式、数字式、图像式三种类型。

（1）模拟式显示仪表又称为指针式。被测量的数值大小由指针在标尺上的相对位置来表示。

（2）数字式显示仪表将被测量以数字形式直接显示在 LED 或液晶屏上，能有效地克服读数的主观误差，并提高显示和读数的精度，还能方便地与计算机连接并进行数据传输。

（3）图像显示仪表通常采用较大的 LED 点阵或大屏幕 LCD 显示多个被测量的变化曲线和历史数据，这有利于对被测量进行比较和分析。

4. 传输通道

传输通道的作用是联系仪表的各个环节，给各个环节的信号输入、输出提供通路。信号的传输方式可分为有线传输和无线传输，有线传输又分为模拟信号传输和数字信号传输。工业用仪表多采用有线传输方式，即采用电缆或导线传输电信号。

12.5.3　检测仪表的分类

检测仪表的分类形式有很多。

1. 按被测量分类

检测仪表按被测量分类可分为温度检测仪表、压力检测仪表、流量检测仪表、液位/

物位检测仪表、成分检测仪表、转速检测仪表等。

2. 按输出信号形式分类

检测仪表按输出信号形式分类可分为模拟式仪表和数字式仪表。模拟式仪表输出的为电压、电流等模拟信号。数字式仪表输出的为"0/1""开/关""通/断"等数字信号或二进制编码。

3. 按是否具有远传功能分类

检测仪表按是否具有远传功能分类可分为就地测量显示式仪表和远传式仪表。

4. 按用户对象分类

检测仪表按使用性质分类可分为民用仪表、工业用仪表和军用仪表。民用仪表一般在常温、常压下工作，准确度要求不高。工业用仪表对精度和耐高温、耐腐蚀、防水等性能有较高要求。军用仪表抗震、抗电磁干扰性能有特别要求，测量准确度和可靠性也比工业用仪表要高。

5. 按使用性质分类

检测仪表按使用性质分类可分为标准表、实验室表和工业用表。

"标准表"是专门用于校准非标准仪表的，它必须经过具有相关资质的部门定期检定，检定合格则发给检定合格证书，方可使用。标准表的精度等级一般要求比被校准仪表高一个数量级。

"实验室表"多用于实验室中。因使用环境较好，故对防水、防尘无特殊要求。对于温度、相对湿度、机械振动的要求也较低。此类仪表的精度等级比工业用表高，但只适合在实验室条件下使用。

"工业用表"是长期用于工业生产现场的仪表。一般精度要求不高，但要求能长期可靠地工作，对某些场合有防爆要求。

12.5.4　检测仪表的基本性能指标

1. 测量范围与量程

检测仪表能够正常工作时，被测量的量值范围称为测量范围。测量范围可能是单向的，也可能是双向的。双向时，可能是对称的，也可能是不对称的。其中，被测量的最大值 X_{max} 称为测量上限，被测量的最小值 X_{min} 称为测量下限。

测量上限与测量下限的代数差，称为量程：

$$B = X_{max} - X_{min} \qquad (12\text{-}31)$$

例如，集成温度传感器 AN6701 的输入特性中，测量范围：$-10 \sim 80℃$，说明其测量下限 $X_{min} = -10℃$，测量上限 $X_{max} = 80℃$，量程 $B = X_{max} - X_{min} = 90℃$。

2. 精确度

检测仪表的精确度简称精度，用来表示仪表测量结果的可靠程度。在工程实际中，往往用精确度等级来描述检测装置精确度的大小程度。

精确度等级又称为精度等级，它的数值为检测仪表在测量范围中的允许误差去掉"±"号和"%"号后的数值。对于定型生产的检测装置，我国的国家标准规定了其精确度等级的系列值。常用检测装置的精确度等级的系列值为：…，0.0005，0.02，0.05，0.1，0.2，0.5，1.0，1.5，2.5，4.0，…等。

检测仪表的精度等级以一定的符号形式显示在仪表的标尺版上，如 0.5 外加一个圆圈或三角形，表示该仪表的精度等级为 0.5 级，说明该仪表的允许误差为 0.5%。

例 12-9　DT890C 型 3 位半数字万用表的说明书上写明，其 DC2V 档精度为±(0.5%RDG+1 个字)，现用该档测量得到 1.650 V 的直流电压，请问真值范围是多少？

解　因为精确度=±（0.5%×1.650+1 个字）V≈±（0.00825+1 个字）V≈±0.009V

所以真值应该在 1.650±0.009 V 之间，即 1.641～1.659 V。

例 12-10　某台测温仪表的量程是 600～1100℃，经标定其在测量范围内的最大绝对误差为±4℃，试确定该仪表的精度等级。

解　仪表的最大引用误差为

$$R_m = \frac{\pm 4}{1100 - 600} \times 100\% = \pm 0.8\%$$

由于国家规定的精度等级中没有 0.8 级仪表，而该仪表的最大引用误差超过了 0.5 级仪表的允许误差，所以这台仪表的精度等级应定为 1.0 级。

例 12-11　某台测温仪表的量程是 600～1100℃，工艺要求该仪表指示值的误差不得超过±4℃，试问应选精度等级为多少的仪表才能满足工艺要求？

解　根据工艺要求，该仪表的最大引用误差为

$$R_m = \frac{\pm 4}{1100 - 600} \times 100\% = \pm 0.8\%$$

±0.8%介于允许误差±0.5%～±1.0%，如果选择允许误差为±1.0%，则其精度等级应为 1.0 级。量程为 600～1100℃，精度为 1.0 级的仪表，可能产生的最大绝对误差为±5℃，超过了工艺的要求。所以只能选择一台允许误差为±0.5%，即精度等级为 0.5 级的仪表，才能满足工艺要求。

由此可知，仪表精度与量程有关，量程是根据所要测量的工艺变量来确定的。在仪表精度等级一定的前提下适当缩小量程，可以减小测量误差，提高测量准确性。

一般而言，检测仪表的测量上限应为被测变量的 4/3～3/2 倍。当被测变量波动较大时，例如要测量泵的出口压力，所选择的流量计的测量上限应为出口压力的 3/2～2 倍。

例 12-12　欲测量某往复泵的出口压力（约 1.6 MPa），工艺要求仪表的指示值误差小于±0.05 MPa。可供选择的弹簧管压力表精度为 0.5、1.0、1.5、2.5 级，可选量程为 0～2.0、0～2.5、0～5.0 MPa。请选择合适的压力表的量程和精度。

解　对于往复泵的出口压力，因工艺变量波动较大，测量仪表的上限应取被测压力的 1.5 倍或 2 倍比较合适，即压力表的测量上限为

$$1.6\,\text{MPa} \times (1.5 \sim 2) = 2.4 \sim 3.2\,\text{MPa}$$

因此可选择量程为 0～2.5 MPa 的压力表。此时仪表的最大引用误差为

$$R_\text{m} = \frac{\pm 0.05}{2.5 - 0} \times 100\% = \pm 2.0\%$$

所以应选择一台允许误差小于±2.0%的仪表，因待选仪表中没有 2.0 级的，可选择精确度等级为 1.5 级的仪表。

3. 线性度

线性度表征了检测仪表实测的校准特性曲线的偏离所选定的某一参考直线的程度。线性度的大小程度用非线性误差来描述。往往又将非线性误差称为线性度。非线性误差越小，用线性方程来描述检测仪表的输入-输出的关系越准确，越有利于仪表进行数据处理，因此，通常希望检测仪表的非线性误差越小越好。

在静态测量中,通常采用实验的办法求取系统的输入-输出关系曲线,称为标定曲线。实际上遇到的测试系统大多为非线性的。在测试系统非线性项的阶次不高、输入量变化范围不大的条件下，可以用一条参考直线来近似地代表实际曲线的一段，所采用的直线称为拟合直线。标定曲线偏离其拟合直线的程度即为非线性度，如图 12-45 所示。

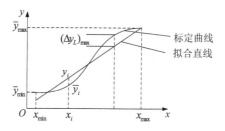

图 12-45　非线性度示意图

标定曲线与拟合直线偏差的最大值与检测仪表标称的量程的百分比为

$$\delta_\text{L} = \frac{(\Delta y_L)_\text{max}}{Y_\text{FS}} \times 100\% \tag{12-32}$$

$$(\Delta y_L)_\text{max} = \max|\Delta y_{iL}| \quad (i = 1, 2, \cdots, n) \tag{12-33}$$

式中，Y_FS 为检测仪表的满量程输出值，$Y_\text{FS} = |k(x_\text{max} - x_\text{min})|$，$k$ 为拟合直线的斜率；Δy_{iL} 为第 i 个标定点平均输出值与拟合直线上相应点的偏差，$\Delta y_{iL} = y - y_i$；$(\Delta y_L)_\text{max}$ 为 n 个标定点中的最大偏差，$(\Delta y_L)_\text{max} = \max(\Delta y_{iL})$。

确定非线性度的主要问题是拟合直线的确定，拟合直线确定的方法不同会得到不同的非线性度。拟合直线的确定目前尚无统一标准，常用的方法有两种，即端基直线和最小二乘直线。

任何检测仪表都有一定的线性范围，线性范围越宽，表明检测仪表的有效量程越大。

4. 灵敏度

灵敏度是指在稳定状态下，检测仪表输出的变化量与输入变化量之比的极限，用以反映检测装置对被测量的变化响应的灵敏程度，灵敏度用符号 K 表示，即

$$K = \lim_{\Delta x \to 0} \frac{\Delta y}{\Delta x} = \frac{\mathrm{d}y}{\mathrm{d}x} \tag{12-34}$$

灵敏度的有关性质：

（1）灵敏度的单位为输出量的单位与输入量的单位的比。

（2）对于线性系统，灵敏度 K 为常数，对于非线性系统，其灵敏度是变化的。

（3）灵敏度反映了测试系统对输入量变化反应的能力，灵敏度愈高，测量范围往往愈小，稳定性愈差（对噪声越敏感），因此灵敏度不是越高越好。

5. 分辨率与灵敏限

1）分辨率

分辨率是指能引起输出量发生变化时输入量的最小变化量 Δx，它反映了检测装置响应和分辨输入量微小变化的能力。

2）灵敏限（阈值、死区）

灵敏限是指在测量下限能引起输出量发生可察觉变化时输入量的最小变化量，亦即在测量下限的分辨率。

例 12-13　四位半数字万用表的 0.2 V 档的分辨率是多少？

解　四位半数字万用表在 0.2 V 档显示的示值范围为 0～199.99 mV，因此，其示值末位 1 个字对应的电压值为 0.01 mV，即分辨率为 0.01 mV。

同理，四位半数字万用表在 2 V 档、20 V 档，200 V 档的分辨率分别为 0.1 mV、1 mV 和 10 mV。

需要注意的是，分辨率与准确度属于不同的概念。分辨率表征检测仪表对最小被测物理量的"识别"能力，而准确度表征测量结果与真值的一致程度。分辨率高不代表测量结果一定准确，二者之间没有必然的联系。例如，四位半数字万用表在 0.2 V 档的分辨率为 0.01 mV，不能说明其测量 0～199.99 mV 的直流电压误差小于 0.01 mV。

6. 其他性能指标

（1）回程（也称迟滞或滞后）误差。由于检测仪器仪表中磁性材料的磁滞及机械结构中的摩擦和游隙等原因，在测试时输入量在递增过程中（正行程）与递减过程中（反行程）的标定曲线不重合。

（2）重复性。在同一个测点，检测仪表按同一方向对被测量作全量程的多次重复测量时，仪表输出值之间的一致程度。

（3）漂移。检测仪表的输入-输出特性随时间缓慢变化的现象。其中，检测仪表在无输入时的输出示值随时间或温度发生的变化称为"零点漂移"。

12.6　小　结

本章首先对测量与检测的基本概念和方法、测量误差、测量数据读取和数据处理等方面的知识进行了阐述，然后介绍了电工测量仪表，接着对非电量测量的传感器相关的定义、分类和典型传感器进行了介绍。最后介绍了检测仪表的基本功能、组成、分类和指标。本章的目的是掌握检测仪表的基本知识和技能，更详细的内容将在"传感器与检测技术"课程中展开。

第13章 温度控制系统与构建

温度控制系统是一个利用反馈的闭环系统,它在农业大棚、材料成型与处理、医疗恒温、空调系统等领域均有大量应用。本章以温度控制系统为主线,介绍通用仪表控制系统和计算机控制系统的组成和工作原理,重点介绍控制器的调节原理和 PID 控制器参数的整定方法。

13.1 温度控制系统的构成

机电工业中常用的原材料(如硅钢片)在热处理过程中需要进行 10 h 连续保温 680℃后,才能达到预期的性能,这就需要对退火炉的温度进行控制。温度控制系统有模拟式温度自动控制系统和数字式温度自动控制系统。随着计算机技术和电力电子技术的发展,以计算机为核心的数字式控制器凭借着强大的控制和通信功能、灵活方便的操作手段、易于扩展和升级、抗干扰能力强、安全可靠等优点,大大地提高了控制系统的性能,所以后者有取代前者之势。

13.1.1 模拟式炉温自动控制系统

如图 13-1 所示的模拟式炉温自动控制系统的原理图,它是一个过程控制系统,其方框结构图如图 13-2 所示。根据给定温度与实际炉温的偏差控制调压器,调压器使电压降低或升高,进而流经电炉中电阻丝的电流也会相应地减小或增大,最终实现对电炉温度的控制。

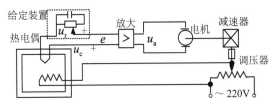

图 13-1 模拟式炉温控制系统原理图

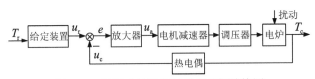

图 13-2 模拟式炉温控制系统方框结构图

　　该系统的控制对象是电炉，被控变量是炉温 T。热电偶将电炉中的实际温度 T_c 提取出来，通过信号调理（图中并未画出）以电压形式 u_c 体现，而给定温度 T_r 也通过电压 u_r 给出，两者电压范围通常为 1～5 V 或 0～10 V，两者进行比较，得到一个偏差值 $e=u_r-u_c$。放大器对调节器的输出电压进行放大以驱动执行机构，包含了电压放大和功率放大，假设放大倍数为 K_d，相当于一个比例控制，则其输出电压为 $u_a=K_d \times e$。执行机构由伺服直流电动机、减速器、调压器和电阻丝等组成。u_d 越大，则伺服直流电动机的转角越大，调压器的输出轴头越高，输出的加热电压 u_o 越高，电阻丝流过的电流越大，炉温越高。

13.1.2　数字式炉温自动控制系统

　　数字式炉温自动控制系统原理图如图 13-3 所示，其最大的特点是，使用数字控制器（以数字计算机为核心，再加上 A/D 转换、D/A 转换等环节组成）代替图 13-1 中的模拟式控制器（以集成运算放大器为核心）。同时，原有的执行机构由采用电力电子技术的可控硅整流电路代替，避免了因电动机、调压器轴头等机械装置磨损带来的控制精度降低和机械故障等不利因素。

　　需要注意的是，目前大多数的数字式控制器都采用直接由人机交互装置（键盘、鼠标、触摸屏）等输入设定值和控制参数的方式，从而可以代替图 13-3 中的给定环节。

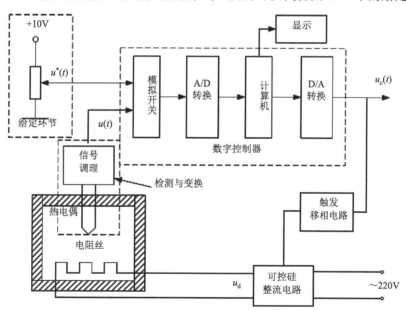

图 13-3　数字式电炉炉温自动控制系统原理图

　　数字式炉温自动控制系统的方框结构图如图 13-4 所示。其工作原理与模拟式控制系统的主要区别在于，炉温 T_c 与设定值 T_r 的比较运算，以及对二者偏差值的（比例、积分、微分等）运算是在计算机中用数值方法进行的，为此，需要使用 A/D 转换将信号调理电路输出的炉温 T 对应的电压信号 u 转换为数字信号，并且运算结果需要使用 D/A 转换为模拟电压信号 u_c 去控制执行机构（移相触发和可控硅整流电路）。

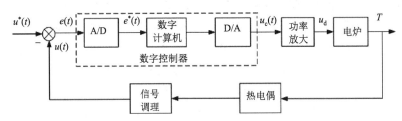

图 13-4　数字式电炉炉温自动控制系统方框结构图

13.2　通用测量控制系统的组成与品质指标

通过对温度自动控制系统的分析可知，一个闭环自动控制系统由若干个环节组成。实践证明，无论石化、电站、冶炼等大工业的集中控制还是印染、包装、橡胶成型、组织培养、热处理等行业的单机设备，除被控对象外，工业过程测量控制系统主要由检测变送器、控制器和执行器三部分组成，判断控制性能的指标也基本一致。

13.2.1　通用测量控制系统的基本组成

根据图 13-2 和图 13-4，可知通用测量控制系统方框图如图 13-5 所示。

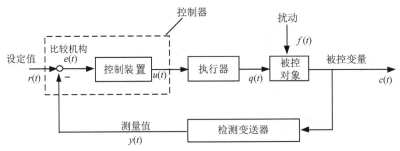

图 13-5　通用测量控制系统方框图

图 13-5 中的各个符号对应的含义如下。

$r(t)$——设定值：工艺过程要求的被控物理量（或称工艺变量）需要保持的数值，一般可以通过人机界面进行设定。

$c(t)$——被控变量：工艺变量实际的数值。

$y(t)$——测量值：被控变量对应的标准信号。

$e(t)$——偏差值：$e(t)= r(t) - y(t)$。

$u(t)$——控制作用：控制器输出的控制信号量。

$q(t)$——操纵变量：影响被控变量使之趋于设定值的物理量，通常是给水量、燃料量、蒸汽量、加热电流等。

$f(t)$——外扰变量：外部扰动量，一般是随机的。

需要注意的是，$r(t)$、$y(t)$、$e(t)$、$u(t)$、$f(t)$ 和 $c(t)$ 等尽管对应的是实际物理量，但它们在控制系统中通常用统一的标准信号来表示的，例如，4～20 mA DC 或 1～5V DC 信号。图 13-5 中的每一部分称为一个环节，作用于它的信息称为该环节的输入信号，它送出的信息称为输出信号。前一环节的输出就是后一环节的输入信号。每一环节的输出信号与输入信号之间的关系只取决于该环节的特性。从整个系统来看，$r(t)$ 和 $f(t)$ 是输入信号，$c(t)$ 或 $y(t)$ 是输出信号。系统中各个信号都是随时间变化的函数，整个系统是一个动态的过程。

各个环节的作用分别如下。

（1）检测变送器，主要由传感器和相应的信号调理电路构成。作用是将工业生产过程的温度、压力、流量、物位、加速度、转速等被控工业参数转换成标准电信号供控制器或显示调节仪表进行处理。

（2）控制器，通常由显示调节仪表（二次仪表）等构成。主要作用有两个，一是把检测变送器送来的信号进行滤波、线性拟合、数据转换等处理后，用显示器把被控温度、压力、流量等物理量用表格、曲线、动画等形式显示出来，供操作人员及时且直观地了解现场各种参量的当前值及变化过程。二是将测量值 $y(t)$ 与设定值 $r(t)$ 进行比较得出偏差值 $e(t)$，并根据偏差的大小、极性和变化趋势，按照一定的控制规律进行计算，得出控制信号 $u(t)$ 并输出至执行器。

控制器的种类、外形、测量调节方式、信号形式等极其丰富。常见的数字式控制器有 KMM、YS1000、PMK、Micro760/761 等系列。

（3）执行器，通常是指各种调节阀、可控硅、继电器等执行机构。作用是根据控制器输出的控制信号 $u(t)$，相应地去改变操纵变量 $q(t)$ 使被控变量趋于设定值，或发出报警信号。

执行器一般工作于高电压、大电流、强腐蚀等恶劣环境，种类和型号繁多，但主要分为电动和气动两大类。目前主流的 DDZ-Ⅲ 型电动执行器由 4～20 mA 或 1～5 V 直流电信号操纵。对安全防爆有要求的场合通常使用气动执行器，因为控制器输出的 $u(t)$ 为电信号，还需要使用电-气转换器转换成标准气压信号（20～100 kPa）。

13.2.2　通用测量控制系统的分类

通用测量控制系统的分类方法有很多，按照设定值的不同，可将自动控制系统分为：定值控制系统、随动控制系统和程序控制系统三类。

1. 定值控制系统

此类控制系统要求设定值保持不变（为一恒定值）。例如，图 13-1 所示的炉温控制及稳压电源的电压控制等即为定值控制系统。

2. 随动控制系统

此类控制系统的设定值不断变化且事先是不知道的，并要求系统的输出（被控变量）随之而变化。例如，雷达跟踪系统（要求雷达波束跟随目标）及电测指示仪表（要求仪表指针跟随被测量变化）即为随动控制系统。

3. 程序控制系统

此类控制系统的设定值按照已知的时间函数变化。例如，啤酒发酵罐的温度控制，程序控制机床，等等。

13.2.3　通用测量控制系统的品质指标

　　自动控制系统的品质指标，或者说控制性能，主要是看其能否使被控变量平稳、准确、迅速的趋近或恢复到设定值。被控对象是千变万化的，自动控制系统的种类也非常繁多，但是评价自动控制系统的品质指标基本上是一致的。时域指标有上升时间、峰值是时间、超调量、调节时间、稳态误差、衰减比、最大动态偏差；频域指标有剪切频率、稳定裕度，闭环谐振情况、带宽等。

　　下面重点介绍峰值时间、超调量、调节时间、稳态误差、衰减比、最大动态偏差几个时域指标。假设某控制系统的阶跃响应如图 13-6(a)所示，由此定义这些时域指标。

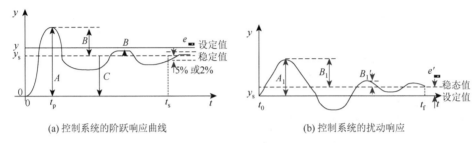

(a) 控制系统的阶跃响应曲线　　　　　　　　　(b) 控制系统的扰动响应

图 13-6　通用测量控制系统品质指标示意图

1. 峰值时间 t_p 与超调量 σ_p

　　峰值时间 t_p 是控制系统的阶跃响应最大值对应时刻点。超调量被控变量最大峰值与稳态值之差除以稳态值得到的结果，通常采用百分比表示，即 $\sigma_p=(B/C)\times100\%$。它是描述被控变量偏离稳态值最大程度的指标，所以对于实际的过程，要将其限制在一定范围内。

2. 调节时间 t_s

　　调节时间，也称过渡时间，是指控制系统在受到阶跃作用后，被控变量从原有稳态值达到新的稳态值所需要的时间，它表征了控制系统过渡过程的长短。控制系统要完全达到稳定的平衡状态需要无限长的时间，但一般，调节时间取被控变量进入于稳态值的 5%或 2%的范围内且不再越出时为止所经历的时间。一般希望过渡时间短一些。

3. 稳态误差 e_∞

　　稳态误差，也称为余差，是指被控变量的设定值与之稳态值差，即 $e_\infty=r—C$。稳态误差是反映控制系统准确性的主要指标，一般希望稳态误差为零或不超过预定范围。通常对温度或流量控制的稳态误差要求比较高，而对液位控制的稳态误差要求不高。

4. 衰减比 η

　　衰减比是指被控变量第一个波的幅值与第二个波的幅值之比，即 $\eta=(B/B')$。它是衡量控制系统快速性的动态指标。显然，若要求被控变量最终趋于某个稳定值，必然要求 $\eta>1$。η 越小，意味着被控变量的振荡越剧烈，系统越不稳定。当 $\eta=1$ 时，说明系统发生了等幅振荡；当 $\eta<1$ 时，说明系统发散振荡。根据实际经验，为了保证系统有足够的稳定裕度，希望被控变量在两个波峰之后尽快趋于稳定，与此对应的衰减比为 4∶1～10∶1。

5. 扰动响应下的最大动态偏差 e_{max} 以及回复时间 t_t

控制系统在稳定到设定值后，在 t_0 时刻加扰动后的响应如图 13-6(b)，此种情况下定义最大动态偏差 e_{max} 以及回复时间 t_t。

最大动态偏差 e_{max} 是系统稳定在设定值后，在扰动作用下，被控变量第一个波的峰值与设定值之差，即 $e_{max}=A_1$。最大动态偏差越大表明，生产过程受扰后瞬时值离设定值越远，实际中，必须根据工艺要求确定允许值。若设定值与再次到达新的稳定态之间的误差为 e'_∞，则 $A_1=B_1+e'_\infty$。

系统在受扰后再次逐渐稳定，按调节时间的计算方式，得到回复时间 $t_t=t_f-t_0$。

13.3 温度控制器的调节原理

在自动控制系统中，显示调节仪表、测量元件、执行机构的选型确定之后，其特性基本确定，控制性能的调整主要通过改变控制器的控制规律和控制参数进行。控制器的控制规律，是指控制器的输入信号即偏差值 $e(t)$，与控制器输出至执行器的控制信号 $u(t)$ 之间的数学关系，或者是 $u(t)$ 随 $e(t)$ 变化的规律。下面以温度控制系统为例，分别介绍几种经典的控制规律。

13.3.1 二位式调节原理

电炉炉温的二位式调节控制系统原理如图 13-7 所示，其执行器使用了只具有"通""断"调节功能的继电器或接触开关，代替图 13-1 和图 13-3 中可连续调节加热电功率的调压器、可控硅等执行机构，因此其加热功率只有"0"和"100%"两种选择。

二位式调节的原理是，二次仪表（控制器）将一次仪表（检测变送器）发送过来的炉温测量值与设定值（如 $T_r=680℃$）相比较。当测量值低于设定值时，控制器输出"通"信号，执行器线圈通电，主触头导通，220 V 的电压全部加在电阻丝上，以 100%功率加热，使炉温上升。当炉温上升至测量值大于设定值时，控制器输出"断"信号，执行器线圈失电，主触头断开，电阻丝上无电压，加热功率为零，炉温逐步降低。可见，此调节规律，控制器只有两种信号输出，故称为二位式调节。

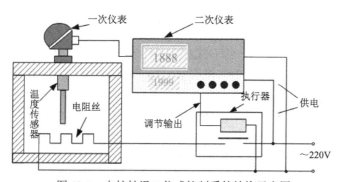

图 13-7 电炉炉温二位式控制系统结构示意图

理想的二位式控制器，其输出与输入之间的关系为

$$u(t)=\begin{cases}u_{\max}, & e(t)>0\\u_{\min}, & e(t)<0\end{cases}\quad 或 \quad u(t)=\begin{cases}u_{\max}, & e(t)<0\\u_{\min}, & e(t)>0\end{cases}$$

电炉炉温的二位式调节过程如图 13-8 所示。注意：图中回差上限是自然上升形成的，与保温箱的传热特性有关。

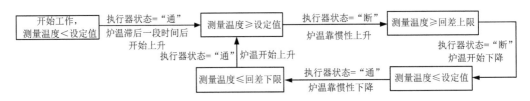

图 13-8　电炉炉温二位式调节过程示意图

当测量温度小于设定值时，控制器输出"通"信号使电阻丝加热，炉温上升；在测量温度超过设定温度的瞬间，控制器输出"断"信号使电阻丝停止加热，但是因为电炉本身存在热容，温度仍惯性上升；当测量温度惯性上升至回差上限时，炉温开始降低；当测量温度降至低于设定值的瞬间，控制器输出"通"信号使电阻丝又开始加热，但是温度仍惯性下降；当测量温度惯性下降至回差下限时，炉温开始上升。上述控制过程周而复始，其实际调节效果曲线和执行器状态如图 13-9 所示。

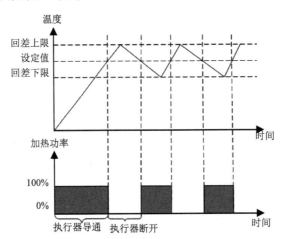

图 13-9　电炉炉温二位式温度调节效果曲线及执行器工作状态示意图

由此可见，采用二位式调节规律，被控变量的波动是不可避免的。回差越小，温度波动范围越小，但执行器的开关动作越频繁，寿命越低。反之，回差越大，执行器的开关频率降低，但是温度波动范围变大，影响控制质量。

为了降低执行机构的开关频率，延长控制系统中运动部件的使用寿命。在实际工作中，采用的是改进的二位式调节规律，其原理是将回差下限和回差上限之间设为中间区（这里的回差上下限是设定的，一般取仪表全量程的 0.2%～0.5% 比较合适），当测量温度在中间区内变化时，执行机构保持当前状态不变。改进的二位式控制器，其输出与输

入之间的关系为

$$u(t) = \begin{cases} u_{max}, & e(t) > e_{max} \\ u(t), & e_{min} < e(t) < e_{max} \\ u_{min}, & e(t) < e_{min} \end{cases}$$

改进后的二位式调节效果曲线及执行器工作状态如图 13-10 所示。

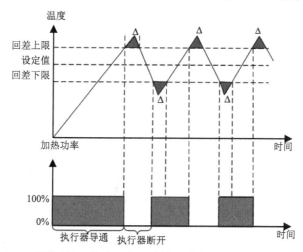

图 13-10　改进后的二位式温度调节效果曲线及执行器工作状态示意图

二位式调节系统结构简单、成本较低、易于实现，但控制质量差，工业上一般不采用，多用于家用电器如冰箱、空调的控制。

13.3.2　三位式调节原理

三位式调节是为了克服二位式调节容易产生的升温速度与温度过冲量（超调）之间的矛盾而改进的。图 13-11 所示为电炉炉温三位式控制系统结构示意图，其执行器使用两个继电器组成"升温加热（强加热）""恒温加热（弱加热）""停止加热"三种输出状态。具体实现方法为采用辅助加热器（电阻丝 A）和主加热器（电阻丝 B）两组加热器。一般情况下，辅助加热器 A 的功率为总功率的 30%～50%，视具体工况而定。

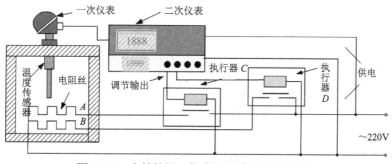

图 13-11　电炉炉温三位式控制系统结构示意图

当温度测量值低于下限设定值时，温度控制器输出控制信号，使执行器 A 和 B 均导通加热，处于"升温加热"（强加热）状态，升温较快。当温度测量值上升并到达下限设定值时，电阻丝 A 断开而电阻丝 B 导通，升温速率降低，处于"恒温加热"（弱加热）状态，且在测量值超过上限设定值之前保持该状态。当温度测量值超过上限设定值时，电阻丝 A 和 B 均断开，处于"停止加热"状态，炉温在经过过冲之后开始下降，直到降低至设定值下限后，温度控制器输出控制系统使电阻丝 B 导通，使系统再次处于"恒温加热"（弱加热）状态，温度又开始上升，周而复始。三位式温度调节效果曲线和执行器工作状态如图 13-12 所示。

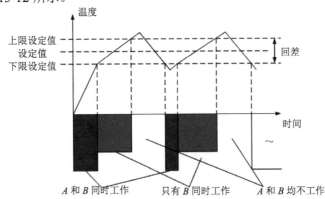

图 13-12　三位式温度调节效果曲线及执行器工作状态示意图

由此可见，三位式调节升温速度快，进入恒温状态后温度波动小，精度高。

13.3.3　比例、积分、微分调节原理

二位或三位式温度调节系统，因为执行器只有两种工作状态（即加热功率不能连续调节），被控温度不可避免地会产生持续的等幅振荡过程。为了解决这一问题，需要采用加热功率可连续调节的控制规律。工业控制中应用最为广泛采用的 PID 就是可以实现连续调节的控制规律，P（Proportional）表示比例调节，I（Integral）表示积分调节，D（Derivative）表示微分调节。可以只取一项或两项构成控制规律，如 P 调节器、I 调节器、PI 调节器、PD 调节器和 PID 调节器，但不能用单独的微分作用为调节器。图 13-13 是 PID 控制闭环框图。

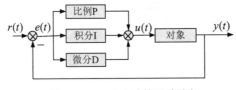

图 13-13　PID 控制闭环框图

PID 是比例、积分、微分控制规律的简称，其表达式为

$$u(t) = K_P \left(e(t) + \frac{1}{T_I} \int_0^t e(t) \mathrm{d}t + T_D \frac{\mathrm{d}e(t)}{\mathrm{d}t} \right) + u(0)$$

其中，$u(0)$表示控制器输出初始值，即 $e = r - y = 0$；K_P是比例系数；T_I是积分时间常数；T_D是微分时间常数。显见，T_I越大积分作用越小，T_D越大微分作用越大。

下面以前面提到的炉温自动控制系统为例说明各种调节原理。

1. P 调节原理

若在正常情况下，要使炉温保持在设定值 $T_r = 680℃$上，调压器的输出电压 $u(0) = 180V$。根据经验，有人采用这样的控制方法：若发现测量温度高于 $680℃$，则每高出 $5℃$，就将调压器的输出电压减小 $1\,V$；若低于 $680℃$，则每降低 $5℃$，就将调压器的输出电压增加 $1\,V$。显然，调压器的输出电压 u_o 与温度偏差成比例关系，用数学公式表示为

$$u_o = 180 + \frac{1}{5}(680 - y)$$

式中，y 为温度测量值。

P 控制规律模仿上述操作方式，控制器（或调节器）的输出 $u(t)$与偏差成比例关系，即

$$u(t) = u(0) + K_P e(t)$$

即得到相对于稳态下的控制器的输出差值为

$$\Delta u(t) = u(t) - u(0) = K_P e(t)$$

式中，$u(t)$是比例控制器的输出；$u(0)$ 表示控制器输出初始值；K_P是比例放大倍数。需要注意的是，虽然控制器输出电压 u 与调压器输出电压 u_o 不是同一个范围，但是两者之间存在一一对应的关系，因此原理是相通的。图 13-14 说明了 P 调节控制器输出信号 $u(t)$与偏差 $e(t)$的关系，可见，P 调节在时间上没有延迟，当偏差 $e(t)$变化时，$u(t)$随之变化。

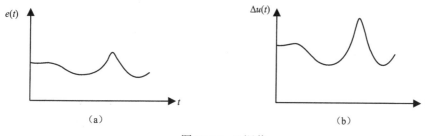

（a）　　　　　　　　　　　　　　　　　（b）

图 13-14　P 调节

从表达式上看，P 调节作用的强弱由 K_P决定，K_P越小，则系统响应速度越慢，K_P越大，输出的控制信号越强，系统响应速度越快，但是稳定性会下降，K_P增大到某个值时，系统会产生等幅振荡。单纯使用 P 调节，被控变量与设定值之间可能会存在余差，特别是对于对象不含积分的情况，如这里所讨论的炉温一定存在余差，$e(\infty) \neq 0$。

例如，图 13-1 所示例子中，若被加热原材料（硅钢片）的数量增加了，或者温度设

定值由 680℃增加到 700℃（炉温度越高，向环境中散发的能量越多），这个时候还是采取温度每变化 5℃，调压器输出电压改变 1 V 的调节方案，是不能使炉温返回设定值的。

P 调节是最基本、最主要、应用最普遍的控制规律，它能迅速克服扰动的影响，使系统很快稳定。P 调节的余差大小与 K_P 有关。K_P 越大，余差越小；K_P 越小，余差越大。这是因为当 K_P 较大时，对于同样的 Δu 需要的 e 越小。

2. I 调节原理

为了消除余差，有人这样做：把调压器输出电压调整到初始值（180 V）后，不断观察温度测量值，若低于 680℃，则慢慢地继续增大调压器输出电压；若高于 680℃，则慢慢地减小调压器输出电压；温度偏差越大，调整调压器轴头的速度越快，直到温度回到 680℃。与比例调节的基本差别是，这种调节方式是按照温度偏差的大小来决定调压器输出电压增大或减小的速度，而不是直接决定调压器输出电压的大小。I 调节就是模仿上述操作方式的，即控制器输出信号的变化速度与偏差成正比，用数学公式表示为

$$\frac{\mathrm{d}u(t)}{\mathrm{d}t} = K_I e(t)$$

对上式等号两边进行积分运算，可得

$$u(t) = u(0) + K_I \int_0^t e(t)\mathrm{d}t$$

即有相对于稳态下的控制器的输出差值为

$$\Delta u(t) = u(t) - u(0) = K_I \int_0^t e(t)\mathrm{d}t$$

式中，K_I 表示积分速度（系数），它是积分时间常数的倒数。K_I 越大，积分控制作用越强。

由 I 调节公式可以看出，其输出信号的大小不仅与偏差大小有关，还与偏差存在的时间长短有关，只要偏差存在，控制器的输出信号 u 总是在不断变化的，直到偏差 e 为零时，控制信号才停止变化而稳定在某一值上，因而用 I 调节可以达到无余差。

在幅值为 E 的阶跃偏差作用下，I 调节的输出为

$$\Delta u(t) = K_I E \cdot t$$

其输出信号 u 按线性增长，如图 13-15（a）所示。若偏差 e 的变化曲线如图 13-15（b）所示，则可看出，只要有偏差存在，输出信号 u 将一直增大。t_2 时刻，当 $e=0$ 时，u 保持在稳定值 U_s 上。此后偏差 e 一直为零，被测量无余差。

由图 13-15（b）还可以看出，在 t_1 时刻，偏差 e 已经开始减小，但是因为积分运算的关系，偏差曲线下的面积（图中阴影部分）还在增长，使得控制器的输出信号 u 仍在增长，说明 I 调节的控制作用总是滞后于偏差的，存在滞后性，加入积分作用会使系统响应变慢，稳定性下降。因此，单纯的 I 调节在工业生产中很少使用。常常将 P 调节和 I 调节相结合，组成 PI（比例积分）控制作用来使用。

$e(t)$

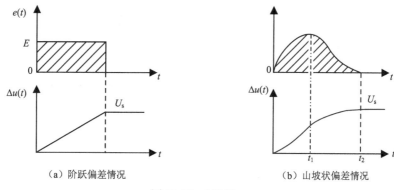

（a）阶跃偏差情况　　　　　　　　　　　（b）山坡状偏差情况

图 13-15　I 调节

3. PI 调节原理

PI 调节既能及时控制又能消除余差，其数学表达式为

$$\Delta u(t) = K_{\mathrm{P}} e(t) + K_{\mathrm{I}} \int_0^t e(t) \mathrm{d}t$$

PI 调节有 K_{P} 和 K_{I}（$= (1/T_{\mathrm{I}}) \times K_{\mathrm{P}}$）两个参数可以调节，因此适用范围比较广。但是对于生产对象容量滞后大、时间常数大的情况，由于积分作用比较迟缓，在控制指标达不到要求时，可以加入微分调节。

4. D 调节原理

为了提高响应速度，根据经验，有人这样做：观察温度偏差的变化速度来调整调压器的输出电压，偏差变化速度越快，调压器的输出电压变化越大。D（微分）调节就是模仿这种操作方式的，可认为是根据偏差的未来趋势去进行控制的，即

$$\Delta u(t) = T_{\mathrm{D}} \frac{\mathrm{d}e(t)}{\mathrm{d}t}$$

T_{D} 越大，微分控制作用越强，系统响应速度越快，但是越容易出现振荡。

对一个固定不变的偏差，不管这个偏差的数值有多大，由于偏差的变化速率为零，其输出为零。因为 D 调节不能消除偏差，所以不能单独使用 D 控制器。微分调节通常与比例调节、积分调节组合，构成 PD 或 PID 调节器。

当输入偏差为阶跃信号时，微分调节输出为一个幅度无穷大，脉冲宽度趋于零的冲击信号，如图 13-16（a）所示，此时的微分表达式称为理想微分。但是实际工程中很难造出一个能够输出无穷大窄脉冲的控制器去推动执行器。因此需要给理想微分作用加上惯性环节，称为实际微分，实际微分的阶跃响应如图 13-16（b）所示。

D 调节能产生超前的控制作用，可以改善系统的动态性能。在微分时间常数选择合适情况下，可以减少超调和调节时间，对温度、成分等惯性较大的对象控制效果较好。但是，微分作用对噪声干扰有放大作用，过强的微分调节，对系统抑制干扰不利，故流量、液位等含有较大噪声的对象一般不采用微分调节。

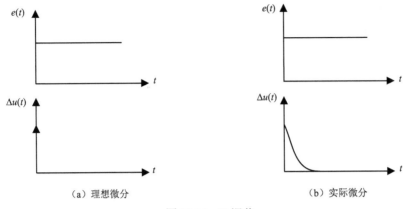

（a）理想微分　　　　　　　　　（b）实际微分

图 13-16　D 调节

5. PD 调节原理

对于惯性较大的对象，受到干扰作用的初始时刻偏差值很小，若使用纯比例调节，在偏差值很小时，控制作用也很小。要等到干扰发生了一段时间，偏差增大时，控制作用才增强。因此，纯比例调节对惯性较大的对象控制过程缓慢，控制品质不佳。此时可将比例调节与微分调节组合成 PD 调节。理想的 PD 调节规律表示为

$$\Delta u(t) = K_{\mathrm{P}} \left(e(t) + T_{\mathrm{D}} \frac{\mathrm{d}e(t)}{\mathrm{d}t} \right)$$

在幅值为 E 的阶跃偏差作用下，理想的 PD 调节阶跃响应特性如图 13-17（a）所示。可以看出，在偏差 e 跳变瞬间，输出信号 u 达到了最大值，通常干扰刚开始发生时，偏差的数值最小而变化率最大，因此，PD 调节可以在干扰刚发生时输出较强的控制作用，起到超前控制的效果。

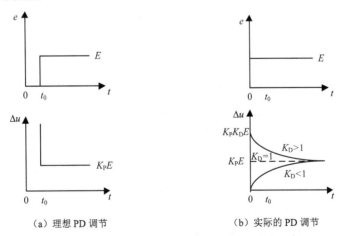

（a）理想 PD 调节　　　　　　　　（b）实际的 PD 调节

图 13-17　PD 调节

理想的 PD 调节器是难以实现的，工业上使用时往往进行柔化，产生实际的 PD 调节器。在幅值为 E 的阶跃偏差作用下，实际的 PD 调节器输出信号为

$$\Delta u(t) = \left[K_\mathrm{P} + K_\mathrm{P}(K_\mathrm{D} - 1)\mathrm{e}^{-\frac{K_\mathrm{D}}{T_\mathrm{D}}t} \right] E$$

实际的 PD 调节器阶跃响应特性如图 13-17（b）所示。在偏差跳变瞬间，输出信号 u 的跳变幅度为 P 调节器输出的 K_D 倍，然后按指数规律变化，当时间趋于无穷时，仅有比例输出 $K_\mathrm{D}E$。K_D 的值一般取 5～10。如果 $K_\mathrm{D}=1$ 则为纯比例调节；若 $K_\mathrm{D}<1$，称为反微分调节，在偏差跳变瞬间，反微分能抑制输出信号的跳变，因此反微分作用于噪声较大的系统中时，会起到较好的滤波效果。

6. PID 调节原理

比例、积分、微分调节器，即 PID 调节器可认为是综合考虑了偏差的当前值（P 调节）、偏差的过去情况（I 调节）和偏差的未来趋势（D 调节）来输出控制信号的。理想的 PID 调节规律为

$$\Delta u(t) = K_\mathrm{P}\left(e(t) + \frac{1}{T_\mathrm{I}} \int_0^t e(t)\mathrm{d}t + T_\mathrm{D}\frac{\mathrm{d}e(t)}{\mathrm{d}t} \right)$$

当输入偏差为阶跃信号时，PID 调节控制作用输出为比例、积分、微分三部分输出之和，既能快速控制，又能消除余差，具有较好的控制性能。

PID 调节器有比例系数 K_P，积分时间常数 T_I 和微分时间常数 T_D 三个参数可以调整。如果令 $T_\mathrm{I}=\infty$ 就变成了 PD 调节器；令 $T_\mathrm{D}=0$ 就变成了 PI 调节器。三者只要根据被控对象的特性配合得当，就能充分发挥各自优点，达到较好的控制效果，这在温度和成分控制系统中得到广泛的应用。

7. PID 参数的整定

在控制器（调节器）投入运行前，必须先整定其控制参数。所谓整定，就是按照已定的控制方案，求取使控制品质指标最优的控制器参数值。即确定最合适的控制器的比例系数 K_P、积分时间常数 T_I 和微分时间常数 T_D。在实际生产中，被控对象的种类非常多，对象特性（惯性、噪声等）也存在很大差别，对控制器的控制规律会有不同的要求，如果 PID 参数整定得不好，控制效果就比较差，可能会产生等幅或发散振荡，或长时间不能消除余差，或是在受到扰动后不能很快回复等。因此，根据被控对象的工况，选取合适的 PID 参数，是 PID 控制系统设计的关键步骤。

在大多数场合，选取 $K_\mathrm{P}=10\sim20$，$T_\mathrm{I}=20\sim60\mathrm{s}$，$T_\mathrm{D}=30\sim120\mathrm{s}$，就能达到较为理想的控制效果。但是对滞后特别大或加热功率特别不匹配的系统，就必须另行整定相应的参数。常用的工程整定法是临界比例度法。临界比例度，即基于仅有比例控制时的闭环系统在出现临界振荡时得到临界比例值 K_u（临界比例度 $\mathrm{PB}=100/K_\mathrm{u}$），同时测定振荡周期 T_u。则较理想的 PID 参数整定如图 13-18 所示。

临界比例度法比较简单方便，容易掌握和判断，适用于一般的控制系统。但是，对于临界比例度很小的系统不适用，因为 PB 很小，即 K_P 很大，容易使被控变量超出允许范围。此外，对于工艺上不允许产生等幅振荡的系统也不适用。

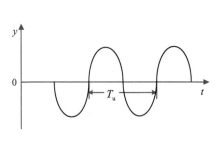

类型	K_P	T_I	T_D
P	$0.5K_u$	∞	0
PI	$0.45K_u$	$\dfrac{T_u}{1.2}$	0
PID	$0.6K_u$	$0.5T_u$	$0.125T_u$

图 13-18　临界比例度法与 PID 参数整定

除临界比例度法外,还可以根据被控对象的特性和经验按表 13-1 整定控制器参数。

表 13-1　控制器参数的经验整定数据

被控变量	对象特性和控制规律选择	比例度 PB/%	积分时间 T_I/s	微分时间 T_I/s
流量	对象时间常数小,有波动。PB 要大;T_I 要短,不用微分	40～100	0.3～1	—
温度	容量滞后和惯性大。PB 要小;T_I 要长,一般要加微分	20～60	3～10	0.5～3
压力	滞后和惯性小。一般不加微分	30～70	0.4～3	—
液位	时间常数范围较大。要求不高时,PB 可在一定范围内选取;一般不加微分	20～80	—	—

13.3.4　时间PID调节原理

连续 PID 控制系统需要执行器能够输出幅值随时间连续变化的控制信号,其执行机构一般比只具有"通""断"两种状态的执行机构复杂和昂贵。

图 13-7 所示的二位式调节温度控制系统具有执行机构简单、可靠性高、成本低和被控变量不可避免出现振荡等特点,能否通过采用 PID 控制规律提高其控制效果呢?答案是肯定的,方法就是在数字式控制器中采用时间 PID 调节规律。以下以时间比例调节原理为例进行介绍。

1. 时间比例调节原理

以图 13-7 为例,假设该电炉在 220 V 供电电压下的加热功率为 1000 W,若以 30 s 为一个周期,执行器导通 15 s,断开 15 s,如此反复,若不考虑热量散失和滞后等因素,则在一个周期内,电炉得到的实际加热功率为 500W。以此类推。

进一步推广,假设执行器的开关周期为 T,在一个开关周期内,当 $0 \leqslant t \leqslant t_{on}$ 时,控制器输出控制信号使执行器导通,电阻丝加热;当 $t_{on} \leqslant t \leqslant T$ 时,控制器输出控制信号使执行器断开,电阻丝停止加热。设电阻丝的额定加热功率为 P_{nom},实际加热瞬时功率为 p,平均加热功率为 P,则控制器输出信号 u、瞬时功率 p、平均功率 P 和瞬时炉温 t 的波形如图 13-19 所示。

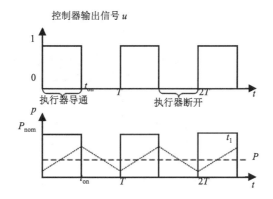

图 13-19 控制器输出信号 u、瞬时功率 p、平均功率 P 和瞬时炉温 t_1 的波形

从图 13-19 可以看出，加热平均功率的表达式为

$$P = \frac{t_{\text{on}}}{T} P_{\text{nom}} = \rho P_{\text{nom}}$$

式中，ρ 称为占空比，$0 \leqslant \rho \leqslant 1$，其意义为执行器导通时间 t_{on} 与周期 T 之比。

可见，改变 ρ 就可以改变电炉的平均功率加热 P，因为 ρ 是连续可调的，使得加热功率也是连续可调的，所以通过控制执行器在一个周期内的导通时间，就可以把原来只具有"通""断"两种状态的执行器，模拟为能够输出具有一定分辨率连续控制信号的执行器，该原理称为脉冲宽度调制（pulse width modulation，PWM）技术。一般而言，数字式控制器因为具有较为强大的定时功能，比较适于采用 PWM 技术。

时间比例调节规律的原理是使执行器导通的占空比 ρ 与偏差成比例关系，其数学表达式为

$$\Delta \rho(t) = K_{\text{p}} e(t)$$

由于大多数温度对象具有较大热容，若采用半导体固体继电器或可控硅使开关周期在 2 s 左右，则在一个周期内被控对象的温度不可能产生较大变化，所以其实际控制效果与连续比例调节几乎无差别，并具有无机械噪声、寿命长、价格低等优势。

2. 具有比例带的时间比例调节原理

在实际应用中，因为当测量温度小于比例带下限值时，执行器一直导通（相当于占空比 $\rho=1$）；当测量温度大于比例带上限值时，执行器一直断开（相当于占空比 $\rho=0$），所以时间比例调节只在测量温度位于比例带下限和上限值之间时起作用。

假设控制器的温度设定值为 SV，温度测量值为 PV，比例带下限值为 $SV - SP$，上限值为 $SV+SP$；则在比例带范围内，占空比 ρ 和测量温度之间的关系为

$$\rho = \frac{PV - SV}{2SP} + 0.5$$

据此可以画出 ρ-PV 关系曲线，如图 13-20 所示。

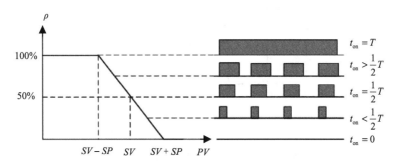

图 13-20　占空比 ρ 和测量温度 PV 的关系曲线

　　与二位或三位式控制相比，时间比例调节对加热功率的调节是根据偏差去连续改变输出信号的大小这一方式实现的，因此被控变量的波动较小。在有扰动时，被控变量也能较快趋于稳定。但是，与纯比例调节一样，时间比例调节只考虑了当前偏差的大小，没有考虑偏差的过去和未来情况，因此，其实际温度值与温度设定值之间必然存在余差。其实际的控制效果如图 13-21 所示。余差的大小和方向取决于全输出时加热功率的高低、被加热原材料的数量、供电电压的波动、环境温度的变化和比例带的大小等多种因素。

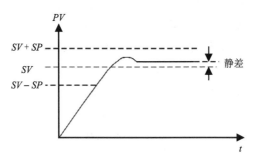

图 13-21　时间比例调节实际调节效果

　　若要达到无余差的控制效果，需要采用时间 PI 或时间 PID 调节，参考 13.3.3 节中介绍的相关内容。

13.4　一个简易温度控制系统的构建

　　以市场上一般用的温控仪为核心，再加上保温筒、Pt100 热电阻传感器（三线制接法）、灯泡构成一个简单的温度控制系统，如图 13-22 所示。图中的温控仪可以采用市面上购买的任意一款产品，图中拨码开关的用处在于对系统进行校调：拨码开关处于通的状态下，外部的热电阻与内部电路有连接关系，此时对热电阻的阻值测量不准确，并且温控仪处于通电状态，也不能带电测电阻。

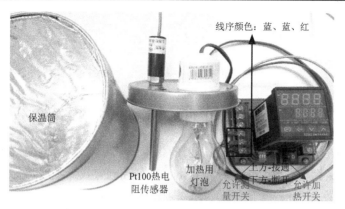

图 13-22　一个简易温度控制系统实物图

　　这里简单介绍 WG5412 温度控制智能化仪表，它适用于注塑、挤出、吹瓶、食品、包装、印刷、恒温干燥、金属热处理等设备的温度控制。该控制器的 PID 参数可以自动整定。WG5412 温度控制器内部一般是以处理器为核心的电子线路板、电源模块、人机接口构成。WG5412 温度控制器的外部接线图如图 13-23 所示。

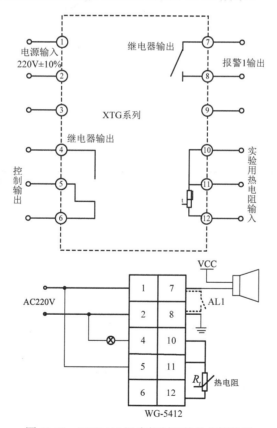

图 13-23　WG5412 温度控制器的外部接线图

　　该系统的闭环结构图如图 13-24 所示，包含了控制系统的 4 个基本组成部分：对象、传感单元、控制单元、执行单元。这里的执行单元应含有继电器开关与灯泡。

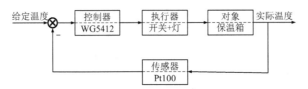

图 13-24　简易温度控制系统的闭环结构图

该系统分别在 P、PI、PID 三种控制器的作用下，响应曲线如图 13-25 所示，横坐标是时间（s），纵坐标是温度。由图可以看出，三种控制方式，最终都稳定了；仅 P 控制存在稳态误差，而 PI 和 PID 控制无稳态误差；在 P 基础上加入积分后，暂态响应速度变慢，而在 PI 基础上加入微分控制后，暂态响应速度加快了。这说明 I 可以消除稳态误差，D 可以加快响应速度。

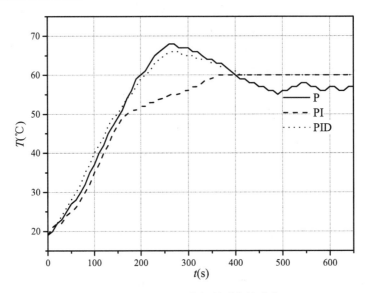

图 13-25　简易温度控制系统的响应

13.5　小　　结

本章以工业测控过程中最典型的温度系统为例，介绍了自动控制系统的组成及其各组成环节的作用。在此基础上，介绍了常用温度控制器的调节原理，重点是 PID 调节原理。本章最后给出了一个温度控制系统的构建例子。本章的相关内容将在"自动控制理论"、"过程控制系统"课程中展开。

第14章　基于SolidWorks的屏箱柜体三维造型

14.1　SolidWorks软件概况

14.1.1　SolidWorks发展史与特点

　　SolidWorks是一款三维设计建模的软件。1993年PTC公司的技术副总裁与CV公司的副总裁成立SolidWorks公司，并于1995年成功推出了SolidWorks软件。1995～1999年获得全球微机平台CAD系统评比第一名。从1995年至今，已经累计获得17项国际大奖,其中从1999年起,美国权威的CAD专业杂志CADENCE连续4年授予SolidWorks最佳编辑奖。SolidWorks的每一个创新都促使着行业不断向前发展。SolidWorks不仅是基于特征及参数化的造型，还具备多重关联性；能将人们所熟悉的三维物体（如凸台、螺纹孔等零件特征）直观地展示，很好地体现设计者的设计意图，方便了设计者之间交流沟通；SolidWorks能自由地在三维与二维之间切换，让设计过程变得更加顺畅、简单及准确，大大缩短了设计周期。SolidWorks简单易懂的设计流程纷纷得到国际与国内知名高校的青睐，甚至把SolidWorks列为制造专业的必修课。SolidWorks简单、快捷、灵活的功能特点为3D建模设计者提供了前所未有的服务。

14.1.2　设计环境

　　SolidWorks设计环境包含：三维零件编辑环境、三维装配体编辑环境、二维工程图编辑环境。三维零件编辑环境提供特征编辑界面、草图编辑界面、钣金编辑界面、焊件编辑界面、曲面编辑界面、视图查看工具（上视图、下视图、左视图、右视图、前视图、后视图、剖面视图、鼠标滚轮拖动目标旋转、鼠标滚轮转动目标缩放）等功能，通过这些功能设计者可以在三维零件编辑环境下对简单的零部件进行设计，轻松的体验从点到面再到立体的设计过程。SolidWorks三维零件建模编辑环境见图14-1。

　　三维装配体编辑环境在上述基础上添加了爆炸视图与运动算例使产品装配过程更加的清晰，解决了实际装配生产中无装配步骤参考的空白，真正实现了零件设计、零件加工、零件装配、产品定型的数字化，做到有图可看、有数可查。SolidWorks三维装配体建模编辑环境见图14-2。

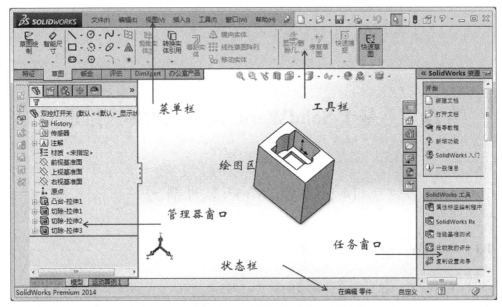

图 14-1　SolidWorks 三维零件建模编辑环境

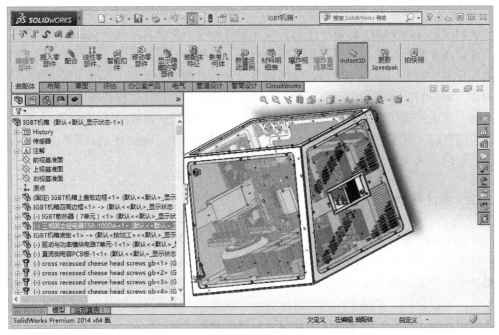

图 14-2　SolidWorks 三维装配体建模编辑环境

　　二维工程图编辑环境是基于三维零件编辑环境、三维装配体编辑环境的平面编辑环境，设计者可以直接从三维零件编辑环境、三维装配体编辑环境导出到二维工程图，SolidWorks 可直接将尺寸、比例按默认参数呈现直接免去设计者对尺寸的编辑，减少了工作量。SolidWorks 二维工程图纸编辑环境见图 14-3。

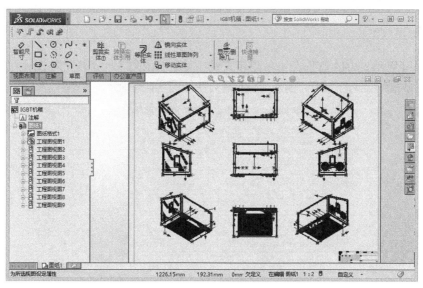

图 14-3　SolidWorks 二维工程图纸编辑环境

14.1.3　基本设计

1. 新建文件

双击打开 SolidWorks 2014 软件→进入软件启动界面如图 14-4（a）所示→在软件的左上角单击文件→选择新建→可选择新建零件工程、装配体工程、工程图纸工程（提示：新建选择界面分新手与高级 2 种情况，在新手新建选择界面情况下新建的 SolidWorks 2014 文件，系统会分配默认的图纸模板，高级的情况则是设计者自己选择图纸模板）如图 14-4 所示。

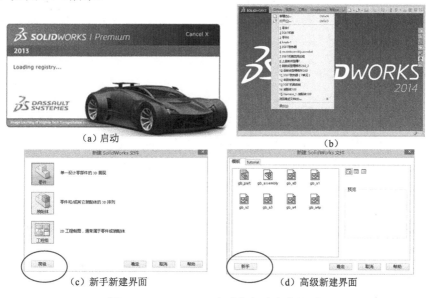

（a）启动　　　　　　　　　　　　　　　　（b）

（c）新手新建界面　　　　　　　　　　　　（d）高级新建界面

图 14-4　SolidWorks 启动与新建文件界面

2. 保存文件

在 SolidWorks 2014 软件左上角单击文件→选择保存（S）或另存为 A...→进入文件保存格式如.prt、.dwg、.dxf、.step、.AI 等文件如图 14-5 所示。

图 14-5　SolidWorks 保存文件格式选择界面

14.2　零件实例设计讲解

零件设计是学习 SolidWorks 的一个重要环节，也是一个基本环节，它是装配体与工程图的一个关联点。在不同的行业中零件设计所用工具命令的着重点也不一样，比如，在汽车、航空、包装上多涉及钣金设计、焊件设计、曲面设计，对于机械零件主要是在特征设计。对于初学者，主要从简单实例出发，下面给出几个简单设计实例：螺栓绘制、机箱制作、牙膏设计。

14.2.1　螺栓绘制

（1）画草图：在管理器窗口选择前视基准面→单击绘图窗口 ⌗ ▾ 视图定向按钮选择前视图→左上角单击工具栏的草图绘制→利用画多边形工具画内切圆直径为 10 mm 的正六边形如图 14-6 所示（可以用尺寸测量工具进行图纸线条的尺寸标注）。

（2）特征编辑：单击工具栏的特征选项→使用拉伸凸台/基体对六边形进行立体拉伸 4 mm ⬡。

（3）单击六边形的一个底面进入草图→在工作界面的左上角单击 ⌗ 进行绘制图纸，画直径为 6 mm 的圆→拉伸 50 mm 如图 14-7 所示（提示：当选中平面不是正面对设计者时可以通过以下步骤进行调整：在工作界面中单击 ⌗ ▾ 的下拉视图工具栏选择 ⚓ 即可如图 14-8 所示）。

（4）倒角：选择螺栓顶面进行距离为 0.5 mm 角度 45° 的倒角处理如图 14-9 所示。

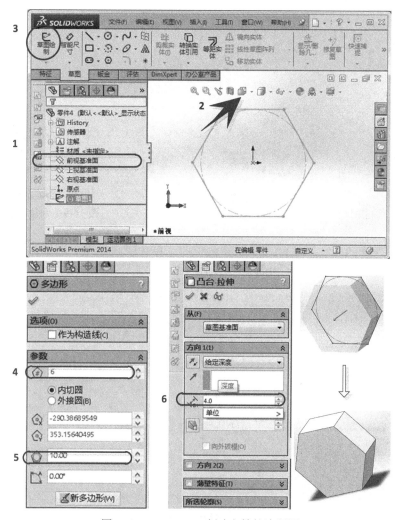

图 14-6　SolidWorks 创建六棱柱流程图

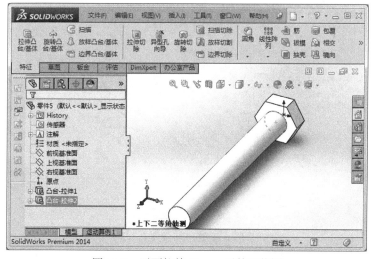

图 14-7　平面拉伸 50 mm 后的形状图

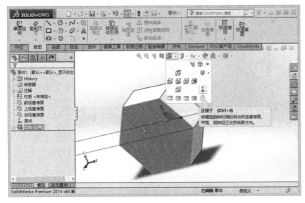

图 14-8　"正视与"功能介绍

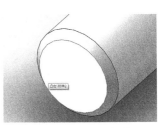

图 14-9　倒角功能介绍

（5）添加螺旋线：选择螺栓顶面画直径为 6 mm 的圆→单击菜单栏插入按钮→曲线→螺旋线/旋涡线如图 14-10 和图 14-11 所示。

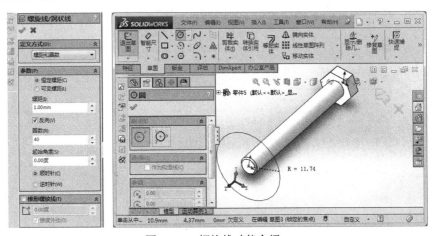

图 14-10　螺旋线功能介绍 1

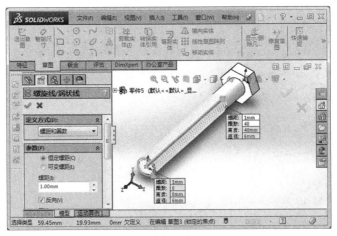

图 14-11　螺旋线功能介绍 2

二维码 R14-1 螺钉国标规格表。

R14-1　螺钉国标规格表

（6）切除：选择上视基准面→画正三角形→插入→切除→扫描如图 14-12 所示（轮廓为正三角形，路径为螺旋线/旋涡线如图 14-13 和图 14-14 所示）。

图 14-12　扫面功能位置介绍

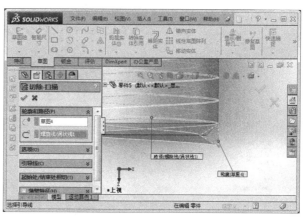

图 14-13　扫面切除功能介绍 1

（7）螺栓六角柱拉伸切除：选择螺栓正上面的正六边形→在工作界面中单击 的下拉视图工具栏选择 正视选择平面，单击编辑草图命令画内切圆如图 14-15（a）所示；单击到特征编辑工作界面→选择实用工具"拉伸切除" →深度为 0.5 mm、反向切除、拔模角度 60°如图 14-15（b）所示。利用相同的方法对另一个平面进行"拉伸切除"。

（8）圆角：在特征编辑工具界面下选择圆角命令 →圆角半径为 0.2 mm 如图 14-15（c）所示。

（9）得到完整的螺栓。

图 14-14　扫面切除功能介绍 2

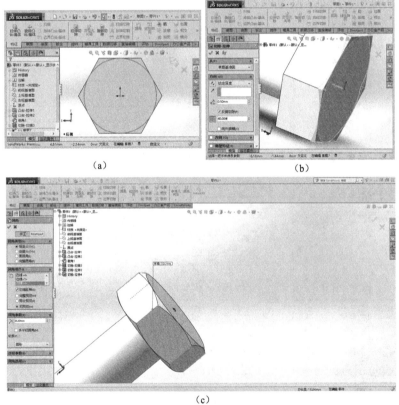

（a）　　　　　　　　　　　　（b）

（c）

图 14-15　实体反向拉升处理流程图

14.2.2　机箱制作

采用钣金件设计长、宽、高为 200×100×100 的装置盒。

（1）新建零件文件→选择前视图为基准面绘制 200×100 的矩形→在钣金设计界面单击 ，设计钣金厚度为 1 mm、折弯系数 K 因子为 0.5 如图 14-16（a）所示。

（2）选择钣金的同一平面的边线作为"边角法兰"，在按下"Shift"键之下同时选择同一平面的 4 根边线→在实用工具栏中单击 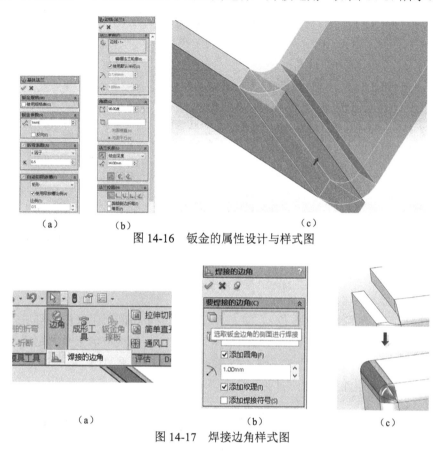 边线法兰，折弯半径为 1 mm、深度 100 mm、法兰位置为材料在内，如图 14-16（b）、（c）所示。

（3）焊接边角→单击实用工具中的边角选择"焊接边角"如图 14-17 所示。

（a）　　　　　　（b）　　　　　　　　　　　　　（c）

图 14-16　钣金的属性设计与样式图

（a）　　　　　　　　　（b）　　　　　　　（c）

图 14-17　焊接边角样式图

（4）成形工具的绘制。使用钣金功能建立一个圆柱形的成形工具件图 14-18 所示→在管理器窗口里面单击右键选择"添加到库" 添加到库 (H)，在设计库文件夹中找到"embosses"单击 ✓ 图 14-19（b）所示→我们可以看到圆形的成型工具已经在库文件中如图 14-19（c）所示。

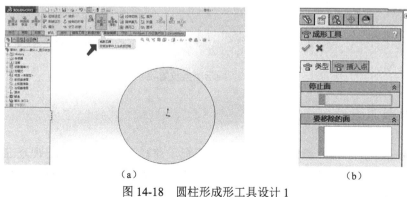

（a）　　　　　　　　　　　　　　　　　　　（b）

图 14-18　圆柱形成形工具设计 1

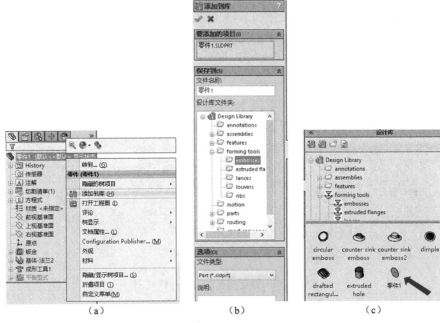

图 14-19　圆柱形成形工具设计 2

（5）成形工具在机箱里面定位。①在成形工具库中单击圆形工具拖动到机箱的平面上，单击左侧管理器窗口"位置"→利用草图工具定位→拖动成形工具的定位点到目标定点如图 14-20 所示；②根据上述方法添加散热孔与机箱提手凹槽。

（6）完成一个机箱设计。

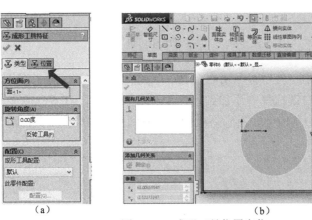

图 14-20　成形工具位置定位

14.2.3　牙膏盒设计

（1）新建零件工程。新建 4 个基准面，正视于前视基准面并且将前视基准面显示出来→在特征编辑界面下选择"参考几何体"→单击基准面 ▧ 基准面，两两基准面之间的距离为 40 mm，如图 14-21 所示。

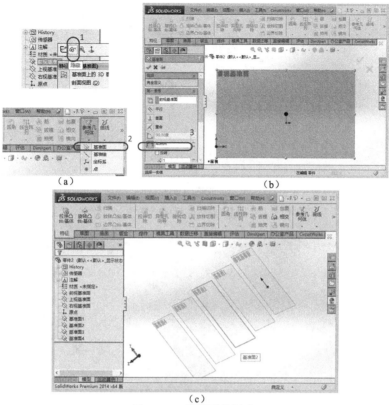

图 14-21　基准面的新建

（2）在基准面上绘制草图。在前视基准面画长宽为 35 mm、2 mm 的矩形，基准面 1 画长半轴为 16 mm、短半轴为 8 mm 的椭圆，基准面 2 画长半轴为 15 mm、短半轴为 9 mm 的椭圆，基准面 3 画长半轴为 14 mm、短半轴为 10 mm 的椭圆，基准 4 画长半轴为 7 mm、短半轴为 7 mm 的椭圆。

（3）在特征编辑界面选择 放样凸台/基体 →在轮廓属性框依次选择基准面的草图→左侧确定后得到牙膏的形状。

（4）隐藏基准面。

（5）添加牙膏嘴及圆角处理。

（6）得到一个牙膏盒实体如图 14-22 所示。

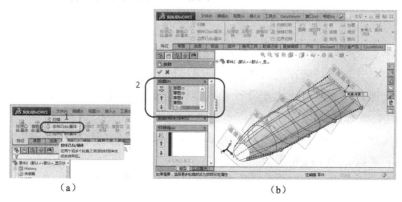

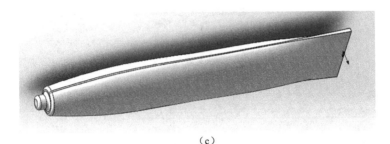

（c）

图 14-22　牙膏盒成型

提示：放样可以按照中心线变换，在如图 14-23（a）所示在两个底平面绘制一条曲线，在放样属性框中的中心线参数选择曲线→确定后的到放样后的实体如图 14-23（b）所示。

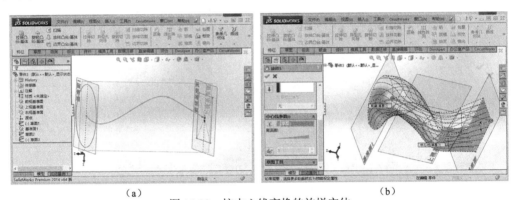

（a）　　　　　　　　　　　　　　　　　　（b）

图 14-23　按中心线变换的放样实体

14.3　工程图纸设计

14.3.1　图纸模板

（1）新建工程图（页面 A4）。

（2）编辑工程图纸：①在管理器窗口选中图纸 1，单击右键选择"编辑图纸格式"，利用直线与注释工具对图纸按照公司要求进行编辑，如图 14-24 所示；②在管理器窗口选中图纸 1，单击右键选择"属性"可以进行工程图纸的比例设计，如图 14-25 所示。

（3）保存文件：①保存为工程图模板（.DRWDOT 文件）该文件可以在 AutoCAD 中进行编辑运用，工具栏→另存为→选择工程图模板.DRWDOT 文件；②保存图纸格式文件（.slddrt 文件）该文件可以方便设计者从零件图纸转换到工程图纸，菜单栏→保存图纸格式如图 14-26 和图 14-27 所示。

（4）添加默认模板位置：菜单栏→工具→选项→系统选项→文件位置→文件模板添加自己定义的模板如图 14-28 所示。

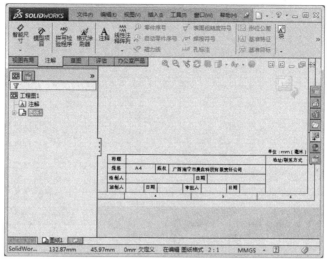

图 14-24　工程图纸模板绘制 1

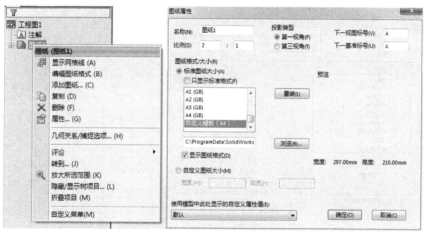

图 14-25　工程图纸模板绘制 2

图 14-26　工程图纸模板绘制 3

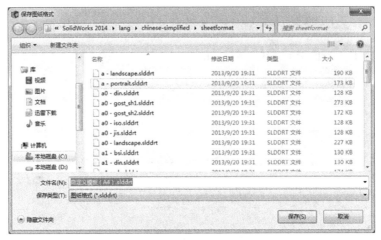

图 14-27　工程图纸模板绘制 4

图 14-28　工程图纸模板绘制 5

14.3.2　零件图到工程图

（1）默认模板文件已经损坏的：①建好零件模型；②单击"新建按钮"旁边倒立三角展开新建下拉命令框选择"从零件/装配体制作工程图"如图 14-29（a）所示→选择图纸模板的大小如图 14-29（b）所示；③进入工程图绘制界面如图 14-30 所示。

（2）默认模板文件完好，则从零件/装配体制作工程图可省去工程图纸模板的选择。

（3）工程图纸默认尺寸格式改变：在软件上方菜单栏中单击"选项" ![icon]→进入文档属性→选择"单位"进入系统默认单位的设置如图 14-31 所示。

（a）　　　　　　　　　　　　（b）

图 14-29　零件到工程图纸 1

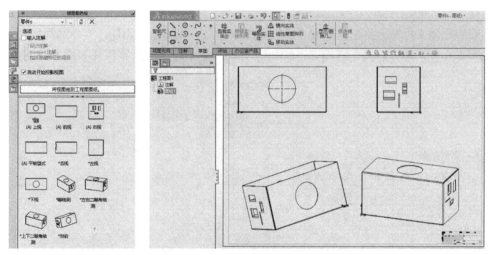

图 14-30　零件到工程图纸 2

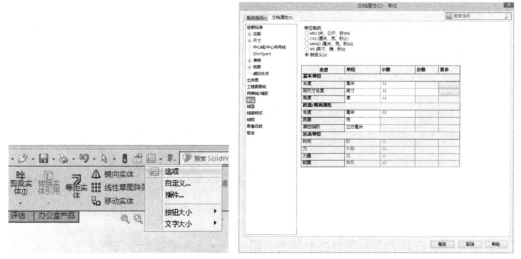

图 14-31　系统默认单位设置

14.4　装配体设计

装配体是由多和零件经过线与点、线与线、线与面、面与面等之间的配合后形成的实体工程，在装配体中可以对各个零件的尺寸进行装配考核与审查，一旦发现尺寸有出错的可以及时更改，不至于在实际生产中产生次品浪费。在装配体工程中也可以进行零件的尺寸修改，修改之后一旦进行保存则相关联的零件也会随之变化。装配体中的零件配合功能主要包含：重合、平行、垂直、相切、中轴心等。

14.4.1　零件配合

在装配体工程左上角左键单击"插入零件命令"→单击"浏览(B)..."→选择已经设计好的零部件→单击"打开"→在 SolidWorks 界面下单击左键装入零部件如图 14-32 所示。

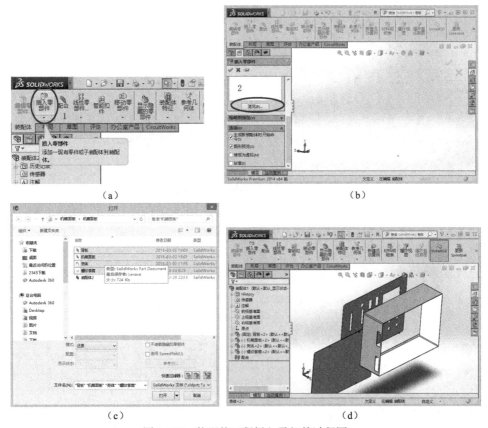

图 14-32　装配体工程插入零部件过程图

（1）配合。在软件上方菜单栏中单击"配合"→选择需要配合的两个平面（或者两根线段、点与线、线与面），这时软件将会出现配合的动作出现如图 14-33 所示（提示：

为反相配合对齐)。

(2)插入螺钉配件。①在软件右侧设计库中单击"Toolbox"→现在插入→单击 GB→screws→机械螺钉→单击拖动十字槽沉头螺钉到装配体工作界面如图 14-34 所示。②根据自己的需要在软件左侧的螺钉设置属性内进行螺钉样式的参数设置,在这里我们选择大小为 M3,长度 10 mm,开槽数为 H,深度系列 1series,螺纹线显示为图解如图 14-35 所示。

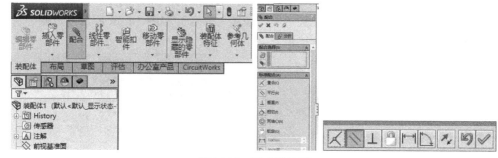

图 14-33　配合设计图

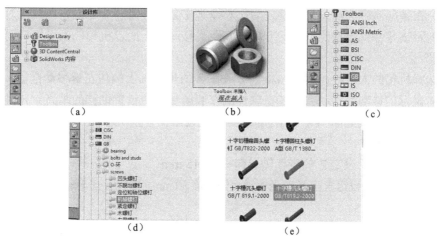

(a)　　　　　　　　(b)　　　　　　　　(c)

(d)　　　　　　　　(e)

图 14-34　添加库螺钉配件 1

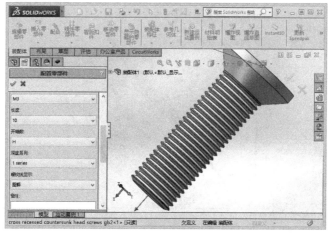

图 14-35　添加库螺钉配件 2

14.4.2　爆炸视图

爆炸视图有助于观察装配体的装配过程，直接为实际生产提供了生产装配的第一手视频资料，为形成规范化生产提供参考。

（1）在装配体中把零件装完整之后，单击工具栏中的"爆炸视图"命令（或者在菜单栏"插入"下拉命令中也可以找到"爆炸视图"命令）如图 14-36 所示，左侧的管理器窗口将会弹出爆炸视图的属性对话框。

图 14-36　添加爆炸视图命令 1

（2）在装配体中选择一个零件之后，选择 X\Y\Z 的任意一个方向，在属性对话框输入移动的距离零件就会按照设定的方向及其距离移动。下面以机箱的人机接口面板为例进行讲解。

①选择机箱的人机接口面板→将鼠标放在 Z 的坐标轴上按住左键移动鼠标，这时面板会跟着鼠标的移动而移动（或者在软件的左侧属性框中设置偏移的距离）并且在移动的轴方向会出现标尺如图 14-37 所示，这里我们设定偏移量 15 mm→同样方法向 X 坐标轴上偏移量 30 mm。

②选择机箱背板设定 Z 的坐标轴上偏移量-15 mm。

③选择四周面板设定先在 Y 的坐标轴上偏移量 60 mm，再向 X 坐标轴上偏移量-40 mm，如图 14-38 所示。

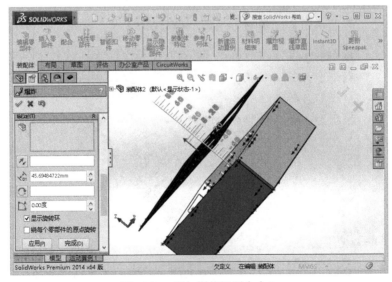

图 14-37　添加爆炸视图命令 2

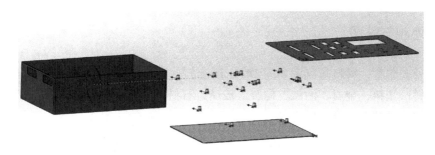

图 14-38　添加爆炸视图命令 3

④在软件的左侧设计树中单击右键选择"动画解除爆炸"→在动画控制器单击保存动画→进入动画保存界面（可以选择文件格式与图像大小与高宽比例）如图 14-39 所示。

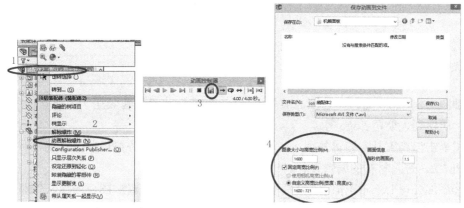

图 14-39　爆炸动画存储

14.5　PhotoView 360渲染

渲染可以让我们更容易了解模型的真实情况，SolidWorks 渲染包含材质、光照、布景等功能。自 SolidWorks 2011 开始 PhotoView 360 插件成了模型渲染工具，使得模型更接近实际效果。PhotoView 360 插件包含编辑外观、复制外观、粘贴外观、编辑布景、编辑贴图、整合预览、预览渲染、最终渲染等功能如图 14-40 所示。下面从外观与贴图、布景与光源着手进行简单的工程学习。

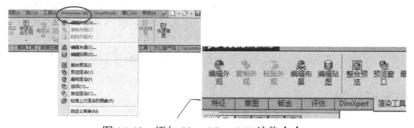

图 14-40　添加 PhotoView 360 渲染命令 1

14.5.1　外观与贴图

（1）外观包含：材料与纹理如图 14-41 所示。

①材料：塑料、金属、油漆、橡胶、玻璃、石材、织物、有机材料等。

②纹理：颗粒、条纹、抛光等。

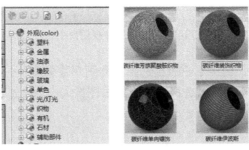

图 14-41　SolidWorks 外观与材料

（2）具体操作步骤。

贴图：不同的产品之间贴图的类型不一样，如洗发水瓶的包装罐一般包含使用说明、成分、质保期、公司 Logo 等。

①单击渲染工具→编辑外观，或者在工作界面右侧的任务窗口单击外观、布景和贴图按钮 🔵，进入材料的编辑设计。

②添加公司 Logo 操作：菜单栏单击 PhotoView 360→编辑贴图→图像文件路径选择公司 Logo 图片→在零件表面选择公司 Logo 所在的位置→通过使用贴图图像 alpha 通道（U），然后调整文件的大小，最后确定如图 14-42 所示。

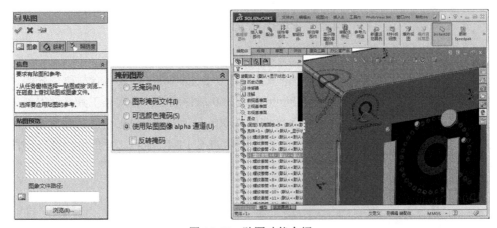

图 14-42　贴图功能介绍

14.5.2　布景与光源

（1）布景。SolidWorks 2014 自带的布景包含：基本布景、工作间布景、演示布景等。

我们可以在菜单栏中单击 PhotoView 360 选择编辑布景，或者在任务窗口单击外观、布景和贴图按钮 ● →选择布景。

①使用系统中的布景：在任务窗口中进行选择；

②自定义布景：在布景属性对话框中的背景单击浏览，然后进入选择背景图，单击 ✓ 即可完成如图 14-43 所示。

图 14-43　布景功能介绍图

（2）光源。SolidWorks 2014 自带的光源包含：线光源、点光源、聚光源、日光等。在菜单栏中单击视图选择光源与相机→选择添加线光源如图 14-44 所示。

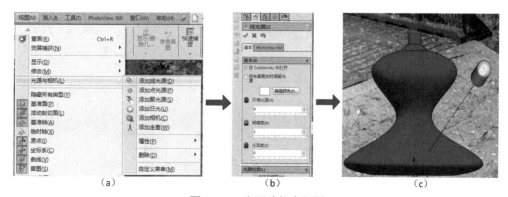

（a）　　　　　　　　　　　（b）　　　　　　　　　　　（c）

图 14-44　光源功能介绍图

14.6　SolidWorks与其他软件的关联

在工程产品开发中为了更好地与生产方沟通，经常用到 AutoCAD 与 CorelDRAW 软件对产品做进一步的修饰。下面从简单的例子出发介绍 SolidWorks 与 AutoCAD、CorelDRAW 的关联性，如图 14-45 所示。

图 14-45　SolidWorks 与 AutoCAD、CorelDRAW 关联图

1. 与 AutoCAD 的关联

AutoCAD 是日常生产中常用到的软件之一，许多加工工厂控制机床的软件都是可兼容 AutoCAD。所以 SolidWorks3D 转化为 AutoCAD 平面图纸也是非常必要的。

尺寸从 SolidWorks 到 AutoCAD。按照设计好机箱外观→从零件或装配体到工程图纸，按照 1∶1 进行工程图纸的创建→将工程图纸另存为.DWG 文件→在 AutoCAD 中打开.DWG 文件进行编辑，如图 14-46 所示。

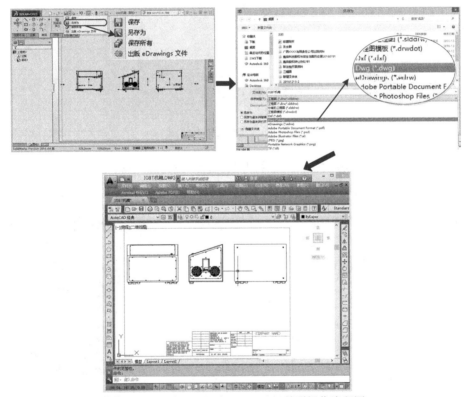

图 14-46　SolidWorks 与 AutoCAD 关联操作流程图

2. 与 CorelDRAW 的关联

在产品设计过程中，往往先在 SolidWorks 进行机箱的设计，所以尺寸均是从 SolidWorks 软件得到，但是在许多时候我们需要机箱上面贴有产品说明面板来引导用户的使用操作。

尺寸从 SolidWorks 到 CorelDRAW。设计好机箱外观→从零件或装配体到工程图纸，按照 1∶1 进行工程图纸的创建→将工程图纸另存为.AI 文件→在 CorelDRAW 中打开.AI 文件进行编辑，如图 14-47 所示。

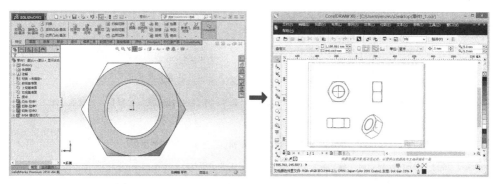

图 14-47　SolidWorks 与 CorelDRAW 关联操作流程图

14.7　小　　结

本章主要对 SolidWorks 中零件设计、工程图纸、装配体设计进行了入门介绍，也介绍了简单的渲染问题。要用熟练使用软件，必须结合机械设计理论与方法进行大量实战。

二维码 R14-2 给出了 SolidWorks 软件推荐的快捷键及快捷键定义方法。二维码 R14-3 给出了 SolidWorks 软件的常用技巧。

R14-2　推荐的快捷键及快捷键定义

R14-3　SolidWorks 软件的常用技巧

参 考 文 献

汪贵平，雷旭，李登峰，等，2012. 自动化实践初步[M]. 北京：高等教育出版社.

周献中，2016. 自动化导论（第二版）[M]. 北京：科学出版社.

赵曜，2009. 自动化概论[M]. 北京：机械工业出版社.

韩璞，王建国，2011 编著. 自动化专业概论（第二版）[M]. 北京：电力出版社.

戴先中，马旭东，2016 主编. 自动化学科概论（第二版）[M]. 北京：高等教育出版社.

李祥新，安学立，宋宇，2007. 常用电子电工器件基本知识[M]. 北京：中国电力出版社. 范泽良，龙立钦，2009. 电子产品
　　装接工艺[M]. 北京：清华大学出版社.

孙余凯，吴鸣山，项绮明，等，2005. 企业电工实用技术 300 问[M]. 北京：电子工业出版社.

张大彪，等，2007. 电子技能与实训（第二版）[M]. 北京：电子工业出版社.

毕满清，等，2003. 电子工艺实习教程[M]. 北京：国防工业出版社.

松原洋平，2003. 电器知识与应用[M]. 北京：科学出版社.

程绪琦，王建华，刘志峰，等，2014. AutoCAD 2014 中文版标准教程[M]. 北京：电子工业出版社.

周冰，2014. Altium Designer13 标准教程. 北京：清华大学出版社.

郑凤翼，1999. 电工工具与电工材料[M]. 人民邮电出版社.

湛迪强，孔杰，2014. SolidWorks 2014 快速入门、进阶与精通[M].北京：电子工业出版社.

本书教案可扫描上　　本书课件可扫描上　　本书习题可扫描上
方二维码查阅　　　　方二维码查阅　　　　方二维码查阅